延长油田注水开发特色技术与管理

李文明 等著

石油工业出版社

内容提要

本书系统回顾和总结了延长油田“注水大会战”的实践经验和创新成果，介绍了延长油田注水项目区综合调整治理实践过程中形成的低渗透油藏开发渗流理论、配套技术与工艺、管理模式和典型实例。

本书可供从事石油勘探开发的科研技术人员以及高等院校相关石油专业师生参考阅读。

图书在版编目（CIP）数据

延长油田注水开发特色技术与管理 / 李文明等著 .
—北京：石油工业出版社，2023.7
ISBN 978-7-5183-6131-1

Ⅰ. ①延… Ⅱ. ①李… Ⅲ. ①油田注水 - 油田开发
Ⅳ. ① TE357.6

中国国家版本馆 CIP 数据核字（2023）第 133341 号

出版发行：石油工业出版社
（北京安定门外安华里 2 区 1 号 100011）
网 址：www.petropub.com
编辑部：（010）64249707
图书营销中心：（010）64523633
经 销：全国新华书店
印 刷：北京中石油彩色印刷有限责任公司

2023 年 7 月第 1 版 2023 年 7 月第 1 次印刷
787×1092 毫米 开本：1/16 印张：29.5
字数：710 千字

定价：150.00 元
（如出现印装质量问题，我社图书营销中心负责调换）
版权所有，翻印必究

《延长油田注水开发特色技术与管理》

编 委 会

主　任： 李文明

副主任： 高振东　王永东　薛　涛

委　员： 王遵贵　周学文　魏登峰　郑忠文　尚俊喜　张　斌

张晓东　贺建宏　高　伟　李兴斌　张家明　王旭庄

吴文春　李　军　高安平　李玉生　李　伟　石东峰

叶政钦　贾文生　齐　利　许延军　郭永宏（财务资产部）

周绍凯　冯志荣　张　捷　王文涛　魏繁荣　王彦龙

孟选刚　王海洋　高　军　贺长雄　杜文哲　张志军

李志江　高　玲　尚进锋　田建华　陈　强　王　磊

齐丕宁　任小辉　宋春鹤　雷俊杰　王汉雄　马　涛

刘志昌　米保有　刘雪峰　杜智林　郭永宏（宝塔采油厂）

官保林　寇明灵　朱延军　袁　冲　李剑锋　张　强

孙兵华　李江山　李广青　张　创　张　彬　张新春

梅进华　崔维兰　高　岭　张志升　张建国　沈渭滨

安亚峰　童长兵　闫凤平　樊平天　汪　洋　高建武

李星红　杨连如　董满仓　张恒昌　金永辉　杜建军

康小斌　李海峰　张治祥　郭　鹏

《延长油田注水开发特色技术与管理》
编 审 人 员

主　　编：李文明
执行副主编：高振东　王永东　薛　涛　王彦龙
副 主 编：杜建军　安亚峰　梅进华　李广青　李江山　康小斌
李海峰　张治祥　郭　鹏
参编人员：宁　涛　齐春民　薛　泽　刘　小　高彦斌　白惠文
王晓辉　席　萌　仇复银　陈　静　王　攀　仵　改
屈亚宁　樊欣欣　张朋辉　高腾飞　段领兵　任　浪
高祖发　郝锦涛　魏建亮　黄　哲　刘　刚　李　键
李金阳　赵　博　蓝　天　同红艳　韩占鑫　宜海友
刘磊峰　李　硕　闫钰琦　高　良　延　宇　刘　璐
赵　伦　王振龙　陈　浩　郝江涛　江东奇　李海飞
赵　淼　成　城　程进虎　刘永卫　张铭存　张　鹏
张明明　党世杰　郭建军　张志春　刘　军　高海生
宗彦琪　王玉国　刘　耀　杜晓东　马宝鹏　马　帅
宋泰鹏　霍海强　屈渊博　李江江　郭明杰　杭天宇
李　磊　李　铭　曹　宗　汪昌尧　王　瑞　叶杨青
李晓航　周世泽　杨　阳　李铭韬　郭良良　郭　培
朱星星　李晓琴　刘　阳　李延生　薛　怡　姜　恒
李　东　杨　彤　李梦华　郭栋栋　张　帆　母建飞
郭永鑫　白恒超　刘　鹏　王存明
参审人员：张　强　高　岭　张志升　张建国　樊平天　高建武
李星红　董满仓　金永辉　王国政　王炳刚　刘小健
韩红卫　胡进宝　张　旭　王　峰　吴向阳　刘建雄
胡延毅　党晓峰　郝　杰　罗江云　尹　虎　李源流
刘生福　崔　强　闫　博　龚建洛　解　伟

前 言

100 多年前，“延一井”在陕北延长县正式出油，点燃了中国陆上石油开采的第一簇圣火，开创了近代中国陆上石油开采的新纪元，掀开了中国陆上石油工业的历史篇章，成为中华民族石油工业发展的重要里程碑。“延一井”开创了延长石油的壮大之路，也奠定了延长石油百年发展的基业。延长石油走过的百余年，是“面向全省，照顾老区，有利调控，做大做强”的百余年，是“扎根地方，依靠地方，发展地方”的百余年，是“企业地方协助，实现互利共赢，致力老区致富，建设西部强省”的百余年，是不断“学习技术、发展技术、创新技术”的百余年，是延长石油艰苦创业、不断发展壮大的百余年，是几代延长人励精图治、创造辉煌的百余年。

延长油田历经百年沧桑巨变，现已经发展成为千万吨级规模大油田。特别是自“十三五”以来，延长油田积极响应国家石油勘探开发战略，贯彻习近平总书记关于能源革命的重要论述精神，立足油田开发实际，连续启动“三年注水大会战”，采取项目制形式，集中人财物优势资源向注水倾斜，通过注水补充地层能量，降低递减率，提高采收率，油田开发形势持续向好，原油产量稳步提高，千万吨以上规模稳产基石更加稳固。同时，在注水开发实践中，经过延长油田广大技术人员与管理人员的不懈努力，逐步探索出了一套具有延长油田特色的注水开发配套技术与管理模式。

时至注水会战圆满收官，延长油田股份有限公司组织编写了《延长油田注水开发特色技术与管理》一书。本书重点介绍了延长油田注水项目区综合调整治理实践过程中形成的低渗透油藏注水开发渗流理论、配套技术与工艺、管理模式及典型实例等，具有较强的理论与实践指导意义，是延长油田注水开发重要的技术与管理参考书籍。

本书在编写过程中得到了国内外多所科研院所、高校以及油田企业的支持，对书稿提出了宝贵意见，在此向他们表示衷心的感谢。

由于笔者水平有限，不足和疏漏在所难免，敬请广大读者提出宝贵意见。

目　录

第一章　延长油田地质特征及注水开发概况

延长油田石油勘探始于1905年，100多年的勘探开发历程取得了丰硕成果。自20世纪80年代以来，延长油田不断加大勘探投入，扩大勘探面积，相继发现了子长、余家坪、姚店、丰富川、川口、子北、志丹、蟠龙等油田。尤其是自2001年以来，遵循勘探先行、综合勘探的方针，大力引进各类先进技术，开展地质精细研究，指导勘探实践，为油田可持续发展奠定了基础。延长油田经过多年的勘探开发，很多早期高产油井已经变为低产油井，年综合递减率超过9%，原油年递减量将近120×10^4t，平均采出程度仅2.61%。在油价震荡、延长石油（集团）有限责任公司（以下简称“延长石油”）新建产能投资缩减的内外大环境下，面临自然递减控制难度大、稳产形势严峻的局势，延长油田探索注水驱油开发，加大技术投入，力求降本增效。

第一节　延长油田概况

延长油田股份有限公司（以下简称“延长油田”）始建于1905年。清光绪三十一年（1905年），试办延长石油矿。

光绪三十三年（1907年）机械顿钻钻成中国陆上第一口油井“延一井”，同年九月建成中国陆上第一座炼油房，开创中国陆上石油开发炼制之先河，填补了中国民族工业一项空白。

清宣统三年（1911年）至民国十七年（1928年），按照日、美等国技师勘定的井位，延长石油厂断断续续钻井3口。

民国十八年（1929年），中国人开始自己进行井位钻探，在延长县成功完钻新一井。

民国二十三年（1934年），国民政府资源委员会在延长设立陕北油矿探勘处，在延长钻井4口，永坪钻井3口，拓展了勘探区域，发现永坪油田。1935年4月，刘志丹率领陕北工农红军解放延长，将陕北油矿探勘处与延长石油官厂合并为延长石油厂。1940年，汪鹏（汪家宝）到延长进行地质勘查工作，1941年，钻成七1井，日产原油2.5t。至1949年，延长石油厂主要由中共中央军委后勤部军工局管辖，曾经改称“军工五厂”“兵工十三厂”等。

中华人民共和国成立后，燃料工业部石油管理总局把陕北作为石油勘探的重点地区。1950年，更名为延长油矿，先后由中央人民政府燃料工业部石油管理总局、中华人民共和国石油工业部管理，期间陕北勘探大队进行大量测量和钻探工作，至1957年共钻探井、生产井169口。1957年，在青化砭区域开始勘探，于长2层见油。1958年划归陕西省人民委员会。1959—1960年，陕西省地质局石油地质队在延安沟门周围$110km^2$范围内进行构造细测、钻探，发现侏罗系延安组含油。1960年在延安县甘谷驿发现唐家坪构造。20

世纪60年代中期，发现青化砭油田。1966年移交延安专员公署管理。1970年发现甘谷驿油田。1979年，在子长县开展勘探，子2井出油。1983年，在姚店钻探，发现长6油层。1984年，子长油田投入开发，在子长北部进行钻探，先后发现子北油田、涧峪岔油田。延安市在1986年撤销延长油矿，成立延长油矿管理局，与延安市石油化学工业局实行两块牌子、一套机构。1988年，姚店油田投入开发。1985—2012年，先后在区内勘探发现并开发川口、王家川、青平川、南泥湾、瓦窑堡、杏子川、西区、蟠龙、永宁、吴起、定边、靖边、子洲、横山、英旺、丰富川、劳山等10多个油田，同时在七里村、直罗、下寺湾、子长等老油田扩边勘探。1998年年底，陕西省委、省政府组建陕西省延长石油工业集团公司，延长油矿管理局由延安市划归陕西省延长石油工业集团公司，作为其全资子公司。2005年9月，陕西省委、省政府决定，对陕西地方石油企业再次优化整合，将原陕西省延长石油工业集团公司及其所属延长油矿管理局、延炼实业集团公司、榆林炼油厂等6家企业，与延安、榆林两市14个县区石油钻采公司通过紧密型整合重组，组建为陕西延长石油（集团）有限责任公司（延长油矿管理局）。重组后的延长石油集团与延长油矿管理局实行两块牌子、一套机构，延长油田是其下属的二级单位。在省委、省政府的正确决策下，在涉油市县的鼎力支持下，在各级领导的关心支持下，延长油田发展成为集石油勘探、开发、科研、装备制造及辅助生产为一体的大型石油企业（图1-1）。

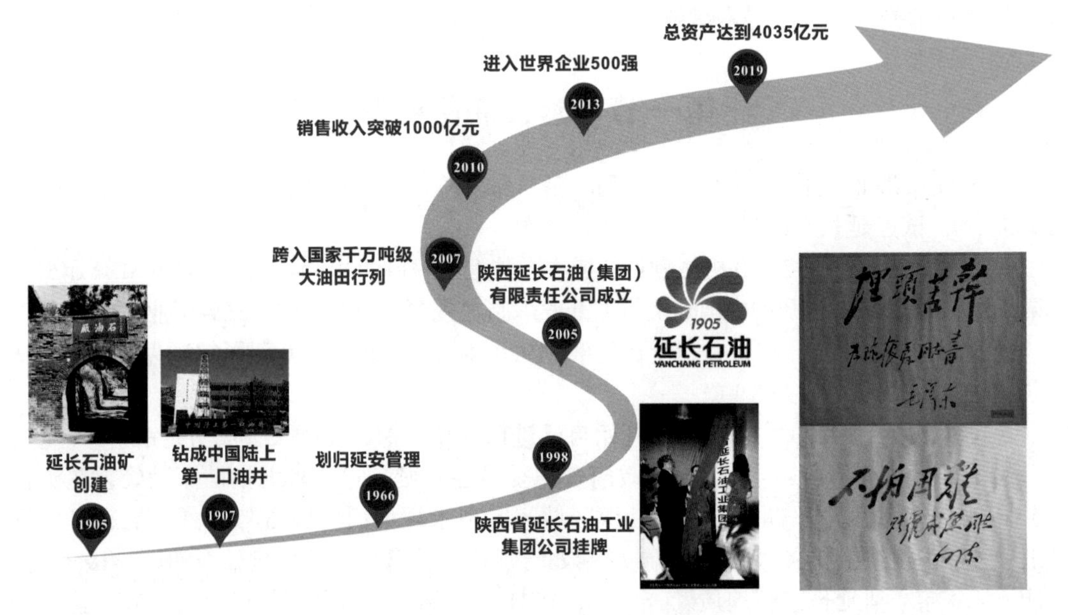

图1-1 延长油田发展大事记

作为中国共产党领导下的第一个石油企业，延长石油打起了引领中国石油工业发展的旗帜。高登榜、陈振夏、汪鹏等中国共产党领导下的第一批中国石油工业开拓者，在延长、延川、延安的沟沟峁峁，踏勘地质，寻找井位，在“一穷二白”的基础上，打成了“延19井”“七1井”“七3井”等旺油井，使原油产量短时间内由年产几十吨提高到1000t以上。1944年5月，毛泽东主席为陕甘宁边区特等劳模、延长石油厂厂长陈振夏亲笔题词“埋头苦干”，是对当时边区石油工业和石油工人的礼赞，也是对全体延长石油人的褒奖。“埋头苦干”这一巨大荣誉，成为延长石油人的宝贵精神财富，成为一代代延长石油人传承弘扬的优良传统。

延长石油从油起步，现已发展成为油气煤盐等多种资源高效开发、清洁利用、深度转化为一体的大型能源化工企业；盐也是延长石油宝贵的资源。党中央在延安时期，延长石油的油支援了中国革命，延长石油的盐也是边区政府重要的食用品和财政来源，也为中国革命做出了重要贡献。王震领导的359旅曾在延长石油当前所辖的定边盐场区域打盐，毛泽东为时任定边城防副司令员、打盐总指挥罗成德题词“不怕困难”，这是对定边盐业生产的褒奖，也是罗成德等老一辈打盐人从盐业战线传承给新时代延长石油人的宝贵精神财富，是延长石油文化的重要组成部分，是我们需要持续弘扬的优良传统。

“埋头苦干”“不怕困难”的题词是延长石油宝贵的精神财富，是延长石油独有的红色资源，是一代代延长石油人身体力行、传承弘扬的优良传统，也是奋进新时代、担当新使命、凝心聚力再造一个“新延长”的强大精神动力。

第二节　油藏地质特征

延长油田矿权区位于鄂尔多斯盆地中南部，油气藏所在盆地的区域背景、构造、沉积等油藏地质特征，控制油气富集和成藏，直接影响油气藏的高效开发。

一、油气成藏盆地区域背景

鄂尔多斯盆地北起阴山，南至秦岭，西至六盘山，东达吕梁山，横跨陕西、甘肃、宁夏、内蒙古、山西五省（自治区），不仅是我国第二大沉积盆地，而且也是我国中东部中、新生代的大型内陆坳陷型湖泊沉积盆地，其三叠系延长组特低渗透油藏储量占盆地总储量的86%以上。盆地构造特征为东高西低，地形平缓，每千米坡降不足1°，具有“半盆油、满盆气、上油下气”的油气聚集特征。含油气地层具有面积大、分布广、复合连片、多层系的特点。

（一）盆地区域概况

鄂尔多斯盆地是中、新生代盆地叠加在华北古生代克拉通浅海台地基础上发育起来的大型陆内叠合盆地，现今表现为构造残余盆地。古生代和中生代早期的构造性质没有发生根本性的改变。盆地位于华北克拉通中西部，属华北克拉通的次一级构造单元，是一个整体稳定沉降、坳陷迁移、扭动明显的大型多旋回克拉通盆地（图1-2）。

鄂尔多斯盆地油藏主要分布于盆地南部的中生代地层中，油气成藏一直是盆地油藏研究的主要内容，大量有关盆地中生界油藏成藏过程和成藏机制研究，极大提升了人们对油气成藏的认识程度。自印支运动晚期以来，鄂尔多斯盆地发生多次构造变动和多次地层抬升、剥蚀事件，导致烃源岩生烃、油气运移、油气储层、油藏保存等成藏条件发生变化（吴保祥等，2012）。

（二）构造演化特征

现今的鄂尔多斯盆地构造形态总体显示为一东翼宽缓、西翼陡窄的不对称大向斜，南北呈矩形（图1-3）。盆地边缘断裂褶皱较发育，盆地内部构造相对简单，盆地内无明显的二级构造，三级构造以鼻状褶曲为主，很少见幅度较大、圈闭较好的背斜构造。

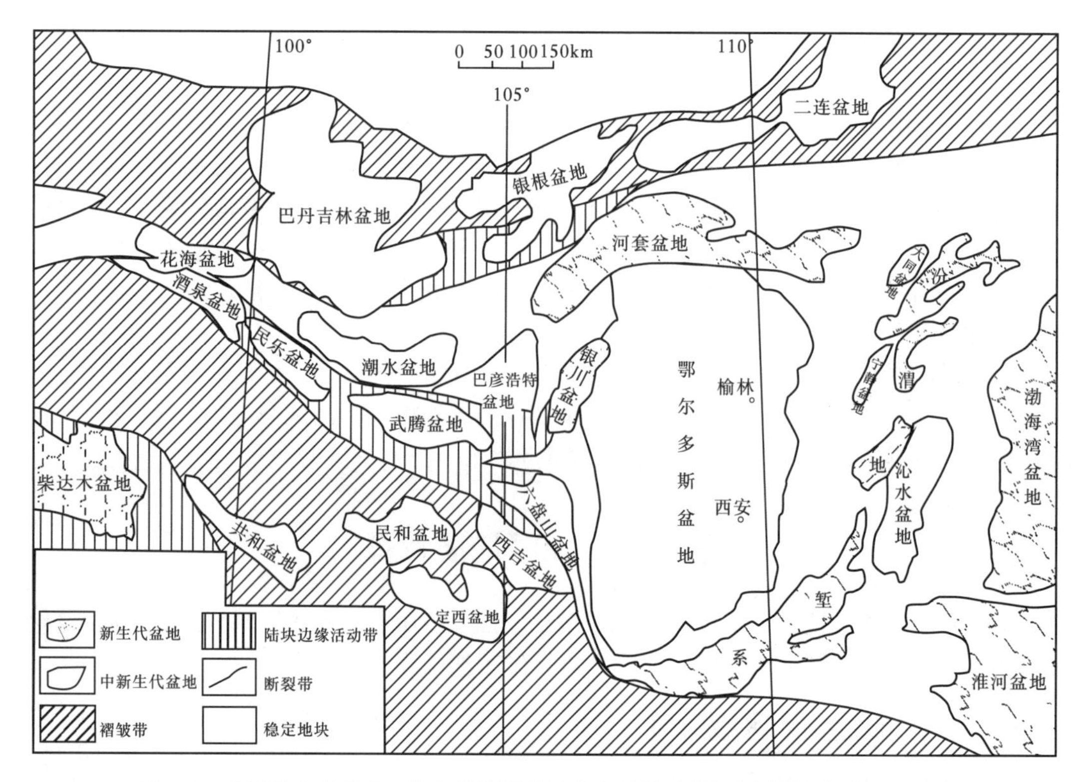

图 1-2 中国北方中部中—新生代沉积盆地分布及构造背景图（据赵红格，2003）

鄂尔多斯盆地位于华北地台西部，面积约为 $37\times10^4km^2$。根据现今构造发育特征可将其划分为伊盟隆起、西缘冲断带、天环坳陷、伊陕斜坡、晋西挠褶带和渭北隆起 6 个构造单元（李士祥等，2010）。经历了太古代、元古代的基底形成，中、新生代的印支运动、燕山运动和喜马拉雅运动等大的构造运动（表 1-1）。

根据晋宁旋回、加里东旋回、华力西—早印支旋回、晚印支—燕山旋回、喜马拉雅旋回这 5 个构造层序的发育及发展特点，将鄂尔多斯盆地形成划分为 5 个演化阶段：中—晚元古代的大陆裂谷发育阶段、早古生代的陆缘海盆地形成阶段、晚石炭世—中三叠世的内克拉通形成阶段、晚三叠世—早白垩世的前陆盆地发育阶段、新生代周缘断陷盆地形成阶段等五大构造演化阶段。5 个演化阶段所形成的构造层序顶底普遍以区域性角度不整合面或平行不整合面为界，为一级构造层序，它们分别代表了多旋回叠合盆地的不同构造演化阶段。与区域性不整合面相应的区域构造运动通常与板块间相互作用或软流圈的热动力作用及洋中脊扩张有关，具有持续时间长、影响范围广等特点（付金华，2021）。

1. 中—晚元古代的大陆裂谷发育阶段

固结于古元古代末的结晶基底，依次被中元古界长城系碎屑岩和蓟县系碳酸盐岩覆盖。中元古代末的蓟县运动使华北克拉通普遍上升，缺失青白口系，震旦系仅分布于华北克拉通西南缘。中新元古代华北地块南北两侧发育了规模巨大的裂谷，在南部秦祁裂谷的贺兰、晋豫两坳拉谷和北部内蒙裂谷的狼山、燕山—太行山坳拉谷夹持的背景上发展并演化，沉积了厚度大于200m的长城系、蓟县系和青白口系碎屑岩和碳酸盐岩。晋宁运动后，大陆裂谷关闭，形成统一的华北克拉通，该构造层是盆地形成的基础（陈全红，2017；王香增，2018）。

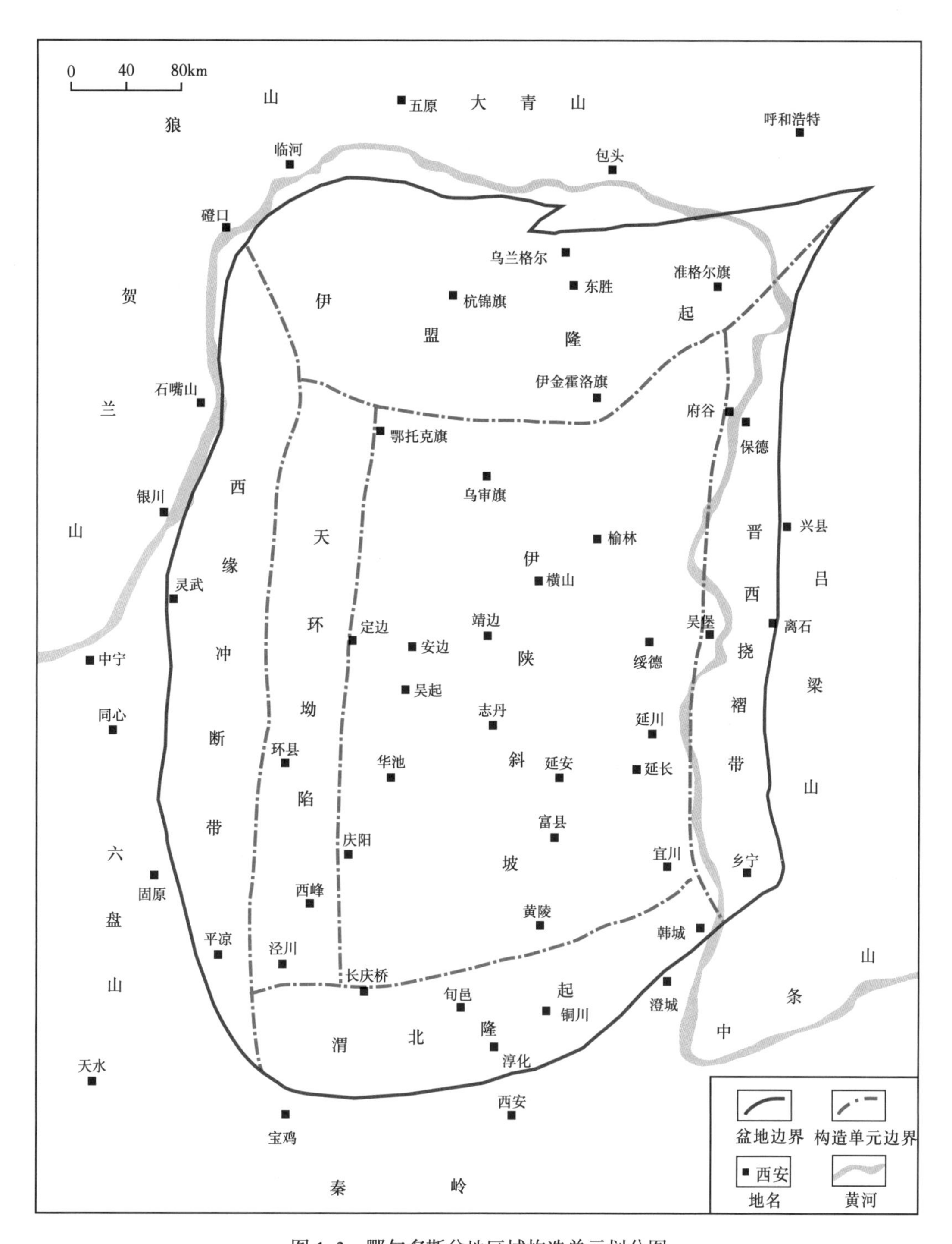

图 1-3　鄂尔多斯盆地区域构造单元划分图

表 1-1　鄂尔多斯盆地中、新生代地层及构造演化特征表

地质时代：代	纪	世	年龄(Ma)	地层	主要沉积相	构造运动	构造层序	盆地原型	主应力方向	热事件
新生代	第四纪	全新世	0.01	第四系	风成		喜马拉雅构造层	周缘断陷盆地	最大主压应力（σ_1）方位30°~210°，倾角1°~2°；最小主压应力（σ_3）方位121°~301°，倾角近水平；中间主压应力（σ_2）大都近于直立或略有偏斜，倾角大于80°	区域性热事件，集中于72Ma
		晚更新世	0.12							
		中更新世	0.73							
		早更新世	1.75			喜马拉雅运动Ⅲ				
	新近纪	上新世	5.30	保德组	河流—湖泊					
		中新世	23.5			喜马拉雅运动Ⅱ				
	古近纪	渐新世	33.7	清水营组	河流—湖泊					
		始新世	53							
		古新世	65			喜马拉雅运动Ⅰ				
中生代	白垩纪	晚白垩世	88							
		中白垩世	113			燕山运动Ⅳ	燕山构造层	冲断山前坳陷	最大主压应力（σ_1）方位130°~310°，倾角2°~4°；最小主压应力（σ_3）方位40°~220°，倾角近水平；中间主压应力（σ_2）略有偏斜，平均倾角大于80°	全区性热事件，集中于124~153Ma
		早白垩世	135	志丹群	河流、湖泊	燕山运动Ⅲ				
	侏罗纪	晚侏罗世	154	芬芳河组 安定组	冲积扇 湖泊	燕山运动Ⅱ		挤压型克拉通挠曲坳陷		
		中侏罗世	175	直罗组 延安组	河流—湖泊 河流、湖泊	燕山运动Ⅰ		克拉通内陆坳陷		西部、西南部热事件较强
		早侏罗世	203	富县组	河流	印支运动Ⅱ				
	三叠纪	晚三叠世	230	延长组	湖泊		印支构造层	挤压型克拉通挠曲坳陷	最大主压应力（σ_1）方位179°~359°，倾角2°~3°；最小主压应力（σ_3）方位88°~268°，倾角近水平；中间主压应力（σ_2）略有偏斜，平均倾角83°	全区性热事件，集中于203~300Ma
		中三叠世	240	铜川组 纸坊组	河流 河流、三角洲	印支运动Ⅰ				
		早三叠世	250	和尚沟组 刘家沟组	湖泊 河流			大华北克拉通内坳陷		

2. 早古生代的陆缘海盆地形成阶段

盆地东西被残存的坳拉谷夹持，南北被加里东地槽控制，形成了北高南低、中间高、东西两侧低的古地貌背景。西南部坳拉谷及地台边缘为稳定型碎屑岩及碳酸盐岩沉积，沉积厚度一般为 2000~5000m；夹于秦祁裂谷及阴山古陆之间的鄂尔多斯盆地处于陆表海环境，沉积了以碳酸盐岩为主的寒武系和中、下奥陶统，内部发育一个“L”形的庆阳隆起，残余厚度一般小于 600m。随着祁连海槽和北秦岭海槽在加里东晚期关闭、褶皱，转化为稳定区，从晚奥陶世至早石炭世，全区抬升，中奥陶世末加里东运动造成盆地全面抬升，为东倾大斜坡，经历了长达 140Ma 的沉积间断与风化剥蚀，缺失志留系、泥盆系和下石炭统，形成奥陶系风化壳岩溶古地貌气藏。

3. 晚石炭世—中三叠世的内克拉通形成阶段

晚石炭世，由于东西向拉张，盆地西北部开始缓慢下沉，引起西缘坳拉槽的复活，北部中亚—蒙古海槽区关闭后，逐渐褶皱、隆升，使其成为鄂尔多斯盆地北部的物源区。千里山、乌达、呼鲁斯台、雀儿沟一带形成靖远组、羊虎沟组坳陷型沉积，区域上明显不整合于下石炭统之上。由于这一地区的不稳定性，造成沉降幅度极不平衡，沉积厚度相差很大，从数十米到千余米不等。北部沉降中心位于呼鲁斯台—乌达一线，南部位于雀儿沟—石嘴山一线，中间间隔砂巴台—阿色浪隆起。沉积厚度乌达最厚，达 700 余米，雀儿沟次之，约 600m，在呼鲁斯台厚 500 余米，而在砂巴台仅厚 200 余米，且缺少羊虎沟组下段沉积。华北海和祁连海从东西两侧发生海侵，盆地持续沉降，沉积了海相和海陆交互相的上石炭统和下二叠统太原组、山西组煤系地层。石千峰组沉积时，地壳发生巨大的调整，由南部和北部沉降逐渐代替了东部和西部沉降，中央古隆起走向消亡，标志着鄂尔多斯沉积区逐步与大华北盆地分离并走向独立的沉积盆地演化。中—晚二叠世海水完全退出，发育内陆湖盆—三角洲沉积体系，广覆式生烃的煤系烃源岩与大面积分布的致密砂岩储层相互叠置形成上古生界致密砂岩气藏，晚印支运动结束了南海北陆的古地貌格局，中生代演化为内陆坳陷盆地。

4. 晚三叠世—早白垩世的前陆盆地发育阶段

早三叠世，鄂尔多斯地区继承了二叠纪沉积面貌，构造分异较小，属稳定沉积环境，为滨浅海沉积。中三叠世，随着扬子海向南退缩，仅在盆地西南缘存在海泛夹层，陆相沉积特征更加明显。晚三叠世的印支运动造就了鄂尔多斯盆地整体西高东低的古地貌，此时鄂尔多斯盆地内部形成了大型内陆淡水湖泊，该湖泊位于盆地南部，其北部为一南倾的斜坡，西部为隆坳相间的雁列构造格局，整个湖盆向东南开口。三叠纪末的印支旋回使鄂尔多斯盆地整体抬升，湖泊逐渐消亡，同时地层遭受侵蚀，形成了沟谷纵横、残丘广布的古地貌景观，该背景下发育了早侏罗世大型河流沉积。上三叠统延长组在贺兰山（香池子砾岩）和石沟驿（含砾石带）形成了以砾岩为主厚达 300m 左右的深凹陷，凹陷西翼陡、东翼缓，其物源主要来自西侧，向盆地内部迅速变细。

三叠纪后的印支运动使盆地隆起广泛遭受剥蚀。盆地西部由于向东逆冲，强烈隆起并发生褶皱作用，造成侏罗系与三叠系间的不整合。盆地侏罗系的古构造面貌主要表现为：西部为南北走向、呈带状分布的坳陷，是盆地的沉降中心；东部为宽缓的斜坡。

晚侏罗世早期，即安定组沉积之后，鄂尔多斯盆地及周围地区发生了一次强烈构造热事件，即燕山运动中幕。本次构造运动在山西地块西部形成了一个以吕梁山为主体，由复背斜和复向斜组成的吕梁隆起，从而将鄂尔多斯盆地东界推移到吕梁山以西。

早白垩世，盆地西缘继续受向东的逆冲作用，使晚侏罗世的沉降带（芬芳河组砾岩）继续向东推进，形成第二条沉降带，即天环向斜。东部隆起带继续向西推进，使山西地块被掀起，在鄂尔多斯盆地范围内形成了一个西倾大单斜，至此，鄂尔多斯盆地才发展为一个四周边界和现今盆地范围基本相当的独立盆地。

5. 新生代周缘断陷盆地形成阶段

新生代由于太平洋板块向亚洲大陆东部俯冲产生的弧后扩张作用，同时印度板块与亚洲大陆南部碰撞并向北推挤，在鄂尔多斯地区产生了北西南东向张应力，形成了环绕鄂尔多斯盆地西北和东南方向的河套弧形地堑和汾渭弧形地堑，并且随着周缘裂堑的均衡翘倾作用，使得环鄂尔多斯盆地东南部汾渭地堑肩部的均衡翘倾，造成中生代末已经抬升的盆地东南部挠褶带和盆地南缘冲断带再度抬升，使这一地区中生代地层进一步剥蚀，致使部分地段下古生界甚至更老的地层出露地表。

（三）延长组、延安组沉积特征

鄂尔多斯盆地是一个以中生代沉积发育为主体的大型内陆坳陷盆地，经历了太古代至早元古代的基底形成，中、晚元古代的坳拉谷发育，早古生代的浅海台地，晚古生代的滨海平原，中生代的内陆盆地发育，新生代断陷等主要发育阶段。中生代内陆坳陷盆地是鄂尔多斯盆地主要盆地域，晚三叠世延长组沉积时期湖盆则为中生代内陆湖盆发育的鼎盛时期，沉积了盆地最主要的一套生储油碎屑岩系，为盆地内中生界油气生成及聚集的主要岩系。

三叠纪晚期的印支运动在晚三叠世延长组沉积时期形成一轴向呈北西—南东向伸展，北东翼宽缓、南西翼窄陡的大型箕状坳陷；以定边—志丹—富县—宜川一线为界，其北为一宽缓的浅水台地，其南则是一较陡的斜坡向深湖倾没。

晚三叠世之后盆地演化为大型内陆沉积盆地，盆地坳陷持续发展和稳定过程中堆积了一套完整和典型的河流—湖泊相陆源碎屑岩沉积，即上三叠统延长组。之后，由于风化侵蚀及季节性洪水冲刷，延长组顶部受到强烈侵蚀切割，形成了沟谷纵横的山丘地貌，与侏罗系延安组呈平行不整合接触。

侏罗纪早期充填性河流相开始到延安组煤系地层结束，为鄂尔多斯内陆坳陷盆地的第二沉积阶段。盆地中部为汇水区，沉积中心与沉降中心基本一致。早侏罗世早期，沿沟谷发育了古甘陕水系，沉积了厚20~260m呈树枝状展布的近$3\times10^4km^2$的河道砂体，该时期气候一度干旱，出现了红层。随着侏罗纪早期沉积物充填，鄂尔多斯盆地渐趋平原化，气候转向温暖潮湿，植被茂密，湖塘、沼泽星罗棋布，形成广泛分布的延安组河流相、沼泽相煤系地层，盆地进入稳定沉积阶段，沉积范围扩大。盆地东部之西起华池、东至延安、北抵志丹、南达富县范围内出现浅水湖泊环境。延安组为一套含煤岩系，属于河流沼泽相沉积，纵向上为砂岩、泥岩、煤或碳质泥岩组成的进积型多旋回沉积，沉积初期多为巨厚多阶性辫状河沉积，以较粗碎屑岩填充为主，岩性以灰白色、浅灰色长石质石英砂岩为主，结构成熟度较好，高岭土质孔隙型胶结，可见较多白云母片，砂岩储层物性较好。

鄂尔多斯盆地作为大型中生代含油气盆地，从下到上主要发育4套有效烃源岩：下古生界海相碳酸盐岩烃源岩、上古生界海相碳酸盐岩烃源岩、上古生界石炭系—二叠系的煤及暗色泥岩类烃源岩、中生界三叠系延长组湖相暗色泥岩烃源岩。中生界主要含油层系为三叠系延长组和侏罗系延安组，在盆地中广泛发育。

鄂尔多斯盆地延长组为一套内陆湖盆三角洲沉积，以砂岩和泥岩为主，部分地区可见煤（线）和油页岩（如长 7）。地层岩性特征可以表现为：以北纬 38° 为界，南细北粗、南厚北薄，南部厚 1000~1400m，北部厚度仅 200~700m；延长组自下而上可以分为五段（T_3y_1，T_3y_2，T_3y_3，T_3y_4，T_3y_5），可细分为 10 个油层组（即长 1—长 10）。侏罗系与下伏上三叠统延长组呈区域角度不整合接触关系，其上白垩统与下白垩统直罗组为角度不整合和微角度不整合接触关系。盆地中多数地区缺失早侏罗世早期沉积，同时，大部分地区也缺失晚侏罗世晚期沉积。盆地内侏罗系呈新月形出露于东胜—神木—榆林—延安—黄陵—陇县一带，向西、向北倾伏，广泛分布于盆地腹地。向南在渭北地区局部见于铜川、耀州区、旬邑、彬县、麟游等地，在盆地西南缘和西缘华亭、石沟驿、磁窑堡、汝其沟等地也有零星出露。侏罗系在盆地内自下而上划分为下侏罗统富县组，中侏罗统延安组、直罗组、安定组和上侏罗统芬芳河组。

延长组以及延安组各段地层与油层组对应关系及岩性特征见表 1-2。

表 1-2　鄂尔多斯盆地延安组、富县组和延长组地层简表

系	组	段	厚度（m）	油层组	岩性
三叠系	延安组	第四段	0~90	延 1-3	底部为厚层状含砾砂岩，中—粗砂岩，具高电阻率特征
		第三段	80~90	延 4-5	
		第二段	90~100	延 6-8	盆地西部主要为砂、泥岩互层，含 3~4 层含煤层系；中东部无煤层，局部发育厚层状砂岩，低电阻率背景、高声波时差是该段地层测井曲线主要特征。可视为辅助标志层
		第一段	0~120	延 9-10	主河道区为厚层状砂岩夹少量泥岩，非主河道区为泥岩、砂泥岩互层，电阻率略呈高值
	富县组		0~100		厚层块状砂岩、含砾砂岩为主，局部夹泥岩，砂岩底部见滞留沉积，测井曲线具高电阻率特征
	延长组	第五段 T_3y_5	100~200	长 1	一套深灰绿色粉砂质泥岩与泥质粉砂岩、细砂岩互层，局部夹薄煤层
		第四段 T_3y_4	100~250	长 2	一套灰绿色中—细粒砂岩夹灰黑色粉砂质泥岩
				长 3	
		第三段 T_3y_3	120~400	长 4+5	主要由砂、泥岩组成。长 7 在盆地南部发育“张家滩”页岩，是盆地的主要生油层；长 4+5 以泥页岩、粉砂岩为主，俗称“细脖子”
				长 6	
				长 7	
		第二段 T_3y_2	100~200	长 8	河湖三角洲沉积为主的砂、泥岩。长 8 相对较粗，是重要的储油层；长 9 以泥页岩为主，通称“李家畔页岩”，是延长组重要的生油岩之一
				长 9	
		第一段 T_3y_1	200~300	长 10	浅红色、灰绿色长石砂岩夹暗色泥岩及粉砂岩，砂岩多为浊沸石胶结

1. 物源与沉积体系

鄂尔多斯盆地在晚三叠世沉积时期演变成为一个对称内陆淡水湖盆，具有沉积面积大、深度浅、地形平坦和分割性较弱的特点。湖盆四周的古陆为盆地补给充沛的物源，使得盆内沉积厚度较大。区域上由粗碎屑岩组成的冲积扇和扇三角洲主要发育于盆地西部近古陆或古陆边缘地区，沉积物分布面积不大，但厚度巨大。盆地北部、东部和东南部则主要发育强烈向湖盆推进的河流三角洲，围绕湖盆边缘依次发育有盐池、靖边、吴起、志丹、安塞、延安、富县、黄陵和定边 9 个规模较大的湖泊三角洲沉积体系。上述三角洲平面上轴长均大于 100km，轴宽 15~30km，个别可达 40km，面积千余平方千米到数千平方千米，呈向湖盆强烈推进的朵状或鸟足状，三角洲朵体间被相对较深的湖湾所分割，构成相间分布的半环状三角洲群（图 1-4）。

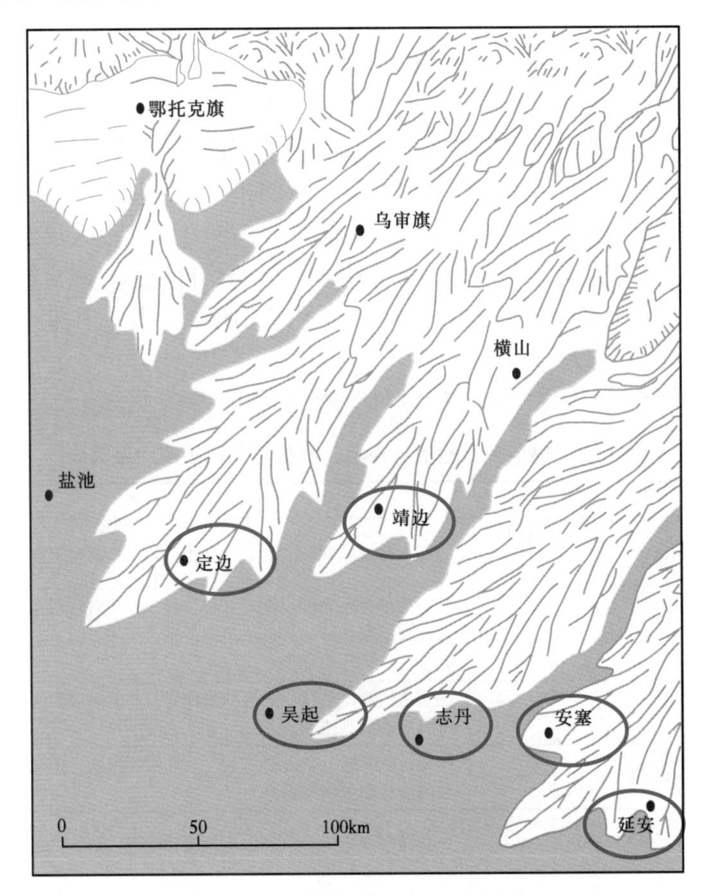

图 1-4　延长组沉积体系展布概略图

延长组总厚度 100~1300m，由一个完整水进水退旋回沉积构成，自下而上包括第一段（长 10 油层组）、第二段（长 9、长 8 油层组）、第三段（长 7、长 6、长 4+5 油层组）、第四段（长 3、长 2 油层组）和第五段（长 1 油层组）等 5 个岩性段、10 个油层组。第一段代表内陆坳陷型湖盆发育的开始，以河流相和滨浅湖相为主。第二段湖盆扩张，沉积范围增大，出现浅水和局部半深水沉积。第三段湖盆继续扩大而后转为收缩。其中长 7 油层组代表湖盆最大扩张期，沉积范围最广，水体最深，发育半深水—深水的深灰色、灰黑色泥岩及油页岩，富含有机质，为良好生油岩；长 6 及长 4+5 油层组沉积期，湖盆周边广泛分布三角洲复合体，是盆地最主要的储集岩发育期，沿湖盆东北分布一系列河控型浅水湖泊三角洲（陕北三角洲群），蕴藏着丰富的石油资源。

侏罗系下部，可划分为两类完全不同成因的沉积类型。其一为山前冲积平原的河流沉积，主要分布在富县组和延 10，是一套粗碎屑的砂、砾岩层系；其二为泛滥平原和湖沼盆地的河流沉积，主要分布在延 9 和延 8，是一套灰色、深灰色中—细砂岩、粉—细砂岩和泥岩、煤层的交互层系。两套完全不同的沉积，形成两套完全不同的含油组合和油藏类型。

根据延长油田的勘探开发效果分析，以及相关研究成果揭示，延长油田 8 个注水项目区中的延长组、延安组主要含油层系沉积物源以北东向为主，其中学庄延 10 物源方向主要为北西向。

2. 沉积相特征

三叠纪和侏罗纪，鄂尔多斯盆地陆相沉积主要包括冲积扇、河流、河湖三角洲等。结合延长油田 8 个注水项目区大量实际资料和区域沉积相分析，认为延长油田 8 个注水项目区主力产油层延 9、延 10、长 2 和长 6 涉及的沉积相类型见表 1-3。其中，长 6 沉积时期，榆咀子和甄家峁注水项目区主要发育三角洲前缘亚相沉积；长 2 沉积时期，学庄、丰富川和郝家坪注水项目区以三角洲平原亚相沉积为主，柳沟和吴仓堡注水项目区以三角洲前缘亚相沉积为主；延 10 沉积时期，学庄、柳沟和吴仓堡注水项目区以河流沉积为主，其中早期主要为辫状河沉积，晚期部分地区为曲流河沉积；延 9 沉积时期，老庄注水项目区主要发育曲流河沉积。

表 1-3　注水项目区主力产油层沉积相类型划分表

<table>
<tr><th colspan="2">沉积相</th><th>沉积亚相</th><th>沉积微相</th><th>注水项目区分布状况</th></tr>
<tr><td rowspan="10">河流</td><td rowspan="3">辫状河</td><td rowspan="2">河道</td><td>滞留沉积</td><td rowspan="10">老庄注水项目区：延 9；
学庄注水项目区：延 10；
柳沟和吴仓堡注水项目区：延 10</td></tr>
<tr><td>心滩</td></tr>
<tr><td>泛滥平原</td><td></td></tr>
<tr><td rowspan="7">曲流河</td><td rowspan="2">河道</td><td>滞留沉积</td></tr>
<tr><td>边滩</td></tr>
<tr><td rowspan="2">堤岸</td><td>天然堤</td></tr>
<tr><td>决口扇</td></tr>
<tr><td rowspan="3">河漫</td><td>河漫滩</td></tr>
<tr><td>河漫湖泊</td></tr>
<tr><td>河漫沼泽</td></tr>
<tr><td rowspan="8" colspan="2">三角洲</td><td rowspan="4">三角洲平原</td><td>分流河道</td><td rowspan="4">学庄、丰富川和郝家坪注水项目区：长 2</td></tr>
<tr><td>天然堤</td></tr>
<tr><td>决口扇</td></tr>
<tr><td>沼泽</td></tr>
<tr><td rowspan="3">三角洲前缘</td><td>水下分流河道</td><td rowspan="3">柳沟和吴仓堡注水项目区：长 2；
榆咀子和甄家峁注水项目区：长 6</td></tr>
<tr><td>水下分流河道间</td></tr>
<tr><td>河口坝</td></tr>
<tr><td>前三角洲</td><td></td><td>榆咀子和甄家峁注水项目区：长 6</td></tr>
</table>

1）河流沉积相

（1）曲流河沉积相。

曲流河沉积一般分为河道、堤岸、河漫等沉积亚相。河道亚相岩石类型以砂岩为主，次为砾岩，碎屑粒度较粗，层理发育，多见破碎的植物枝干等残体，剖面上多呈透镜状，底部具有明显冲刷面。河道亚相进一步划分为滞留沉积和边滩沉积两个微相。堤岸亚相在垂向上发育在河道沉积的上部，属河流相的顶层沉积，与河道沉积相比，其岩石类型简单，粒度较细，以小型交错层理为主。堤岸亚相一般可细分为天然堤和决口扇两种沉积微相。河漫亚相位于天然堤的外侧，岩石类型简单，主要为粉砂岩和泥岩，粒度是河流沉积中最细的，层理类型单调，主要为波状层理和水平层理。平面上位于堤岸亚相外侧，分布面积广泛；垂向上位于河道或堤岸亚相之上，属河流顶层沉积组合。根据环境和沉积特征，可进一步分为河漫滩、河漫湖泊和河漫沼泽 3 个沉积微相。

鄂尔多斯盆地中生界曲流河发育，以边滩微相沉积为主（图 1-5），剖面上具明显半韵律旋回性，每个旋回底部有一清晰冲刷面，粒度向上变细，单层厚度向上变薄，明显表现出水流动态由高流态逐渐变为低流态，具有明显单向水流型层理组合（图 1-6）。

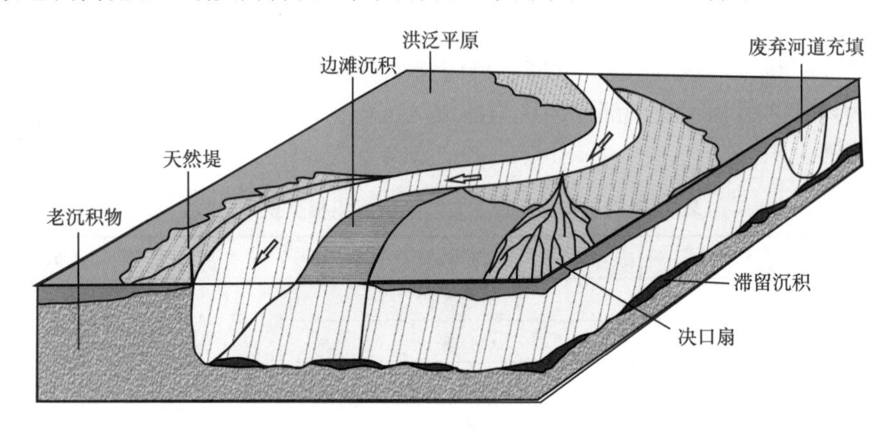

图 1-5　鄂尔多斯盆地延长组沉积环境模式图（据王香增，2018）

（2）辫状河沉积相。

辫状河沉积一般分为河道、泛滥平原等亚相。辫状河道沉积中，发育与曲流河相同的滞留沉积，出现在河道底部，以砂、砾沉积为主，其上发育心滩。心滩沉积物一般粒度较粗，粒度变化范围宽，成分复杂，成分和结构成熟度低，发育各种类型交错层理。泛滥平原是洪水泛滥期间，水流漫溢，流速降低，河流悬浮沉积物大量堆积形成。辫状河河道迁移迅速，稳定性差，加之枯水期部分河道无水，具有良好的泄洪作用，所以泛滥平原厚度较薄，垂向上序列具有明显的“砂包泥”的特征。

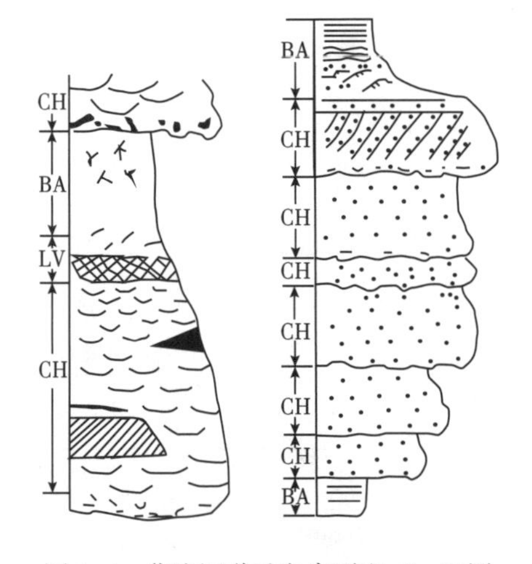

图 1-6　曲流河道垂向序列和 *C—M* 图

2）三角洲沉积相

三角洲相可细分为三角洲平原、三角洲前缘和前三角洲 3 种沉积亚相类型。

（1）三角洲平原沉积亚相。

三角洲平原亚相是鄂尔多斯盆地最主要的沉积相类型之一，其构成复杂，微相类型有分流河道、天然堤、决口扇及分流河道间洼地等。分流河道是三角洲平原中的骨架部分，具有一般河道沉积特点，即以砂质沉积为主，向上粒度变细，但比中上游河流沉积粒度细，分选变好，对含油有利。天然堤位于分流河道两侧，向河道方向一侧较陡，向外一侧较缓。分流河道间洼地主要为分流河道中间的凹陷地区，岩性主要为泥岩。

（2）三角洲前缘沉积亚相。

三角洲前缘亚相是三角洲沉积砂体集中发育带，处于河口以下滨—浅湖地带，受到河湖共同作用。总体上三角洲前缘为向湖方向倾斜、变厚的楔状体；垂向上具有向上变粗的层序，构成一个完整的进积序列。三角洲前缘亚相中主要包括河口坝、水下分流河道和水下分流河道间 3 种沉积微相类型。水下分流河道底部为冲刷面，可见板状—槽状交错层理、块状层理等，粒级以中砂、细砂为主，具明显的正韵律特征。河口坝具有典型的反韵律，多与水下分流河道以叠积形式出现，以中砂、细砂与粗粉砂为主，分选较好，层理多以低角度板状交错层理和楔状交错层理居多，还出现负载及枕状构造和砂层液化而造成的包卷层理、变形层理，反映三角洲前缘快速堆积的特点。

（3）前三角洲沉积亚相。

前三角洲亚相以泥质沉积为主，沉积构造多为水平层理和沙纹波状层理，发育有较多植物炭屑、生物扰动构造和潜穴。

3. 主力含油层系沉积相带展布

鄂尔多斯盆地上三叠统延长组沉积体系，南部以湖相沉积为主，边缘以粗碎屑的河流—三角洲沉积为主。各沉积相带平面变化基本上呈环带状展布，砂体展布受沉积相制约。其中，三叠系延长组主力含油层系长 6、长 2 以及延安组主力含油层系延 10、延 9 沉积相带展布特征分述如下。

1）三叠系延长组长 6 油层组沉积体系平面分布特征

长 6 沉积时期，盆地基底开始抬升，湖盆开始收缩，沉积作用加强，周边各种三角洲迅速进积，整个湖盆步入逐渐填平、收敛直至最后消亡的历程。长 6 沉积时期，半深湖区仅限于环县—华池—宜君—富县—志丹—姬塬所限定范围内，呈北西—南东向不对称展布。该期沉积物源具有多方向特点而且主次分明，东北方向物源最为重要，形成了由安塞三角洲、志靖三角洲和安边三角洲组成的东北三角洲沉积体系；西南物源次之，由环县、镇原—庆阳及合水—正宁等辫状河三角洲组成西南沉积体系。长 6 沉积时期，延长油田 8 个注水项目区主要发育三角洲前缘亚相沉积（图 1-7）。

2）三叠系延长组长 2 油层组沉积体系平面分布特征

长 2 沉积时期，盆地湖盆快速萎缩，湖岸线进一步向盆地内部收缩，统一湖盆濒于解体，深湖区不再存在。三角洲活动再次加强，盆地开始了又一次三角洲建设时期。由于后期剥蚀作用强烈，盆地西部主要保存了西北部向东南推进的扇三角洲，主要分布于姬塬一带。来自西南缘的三角洲已经大面积被剥蚀，来自盆地西南、西北、东北 3 个方向的三角洲前缘砂体在白豹一带汇聚，此时期沉积的三角洲砂体厚度大、粒度粗、冲刷作用明显。长 2 沉积时期，延长油田 8 个注水项目区是多个方向三角洲汇聚的区域，物源主要来自东北和西北方向，三角洲平原亚相沉积发育（图 1-8）。

3）侏罗系延安组延 10 沉积体系平面分布特征

印支运动之后，由于地壳抬升，造成延长组顶部起伏不平的古侵蚀面，延 10 沉积时期是富县组沉积时期填平补齐作用的继续，沉积体系受古地貌影响和控制。延 10 沉积早期为辫状河沉积，晚期部分地区以曲流河沉积为主（图 1-9）。辫状河心滩沉积范围广，其间分布有小面积的泛滥平原沉积，可见次级河道由泛滥平原高地处发育并和主河道交汇，形成树枝状形态。延 10 沉积早期河流沉积主要分布在新城—巡检寺一带，另外在吴仓堡—吴起一带有面积较小的泛滥平原沉积。延10沉积晚期河道沉积面积更宽，河漫滩分布面积较小。

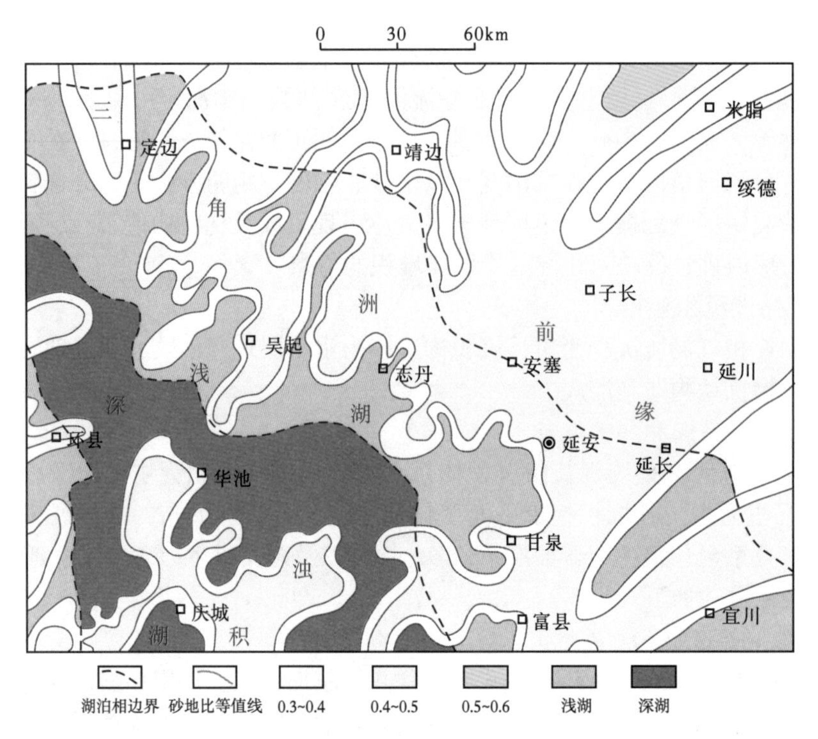

图1-7 鄂尔多斯盆地及周缘三叠纪延长组长6沉积时期沉积相图（据李玉宏等，2020）

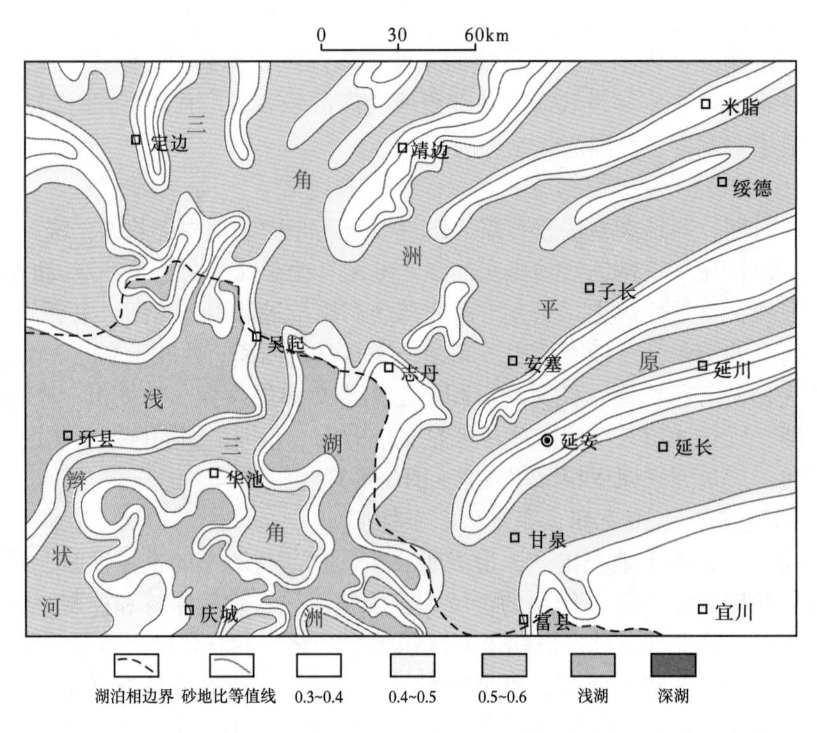

图1-8 鄂尔多斯盆地及周缘三叠纪延长组长2沉积时期沉积相图（据李玉宏等，2020）

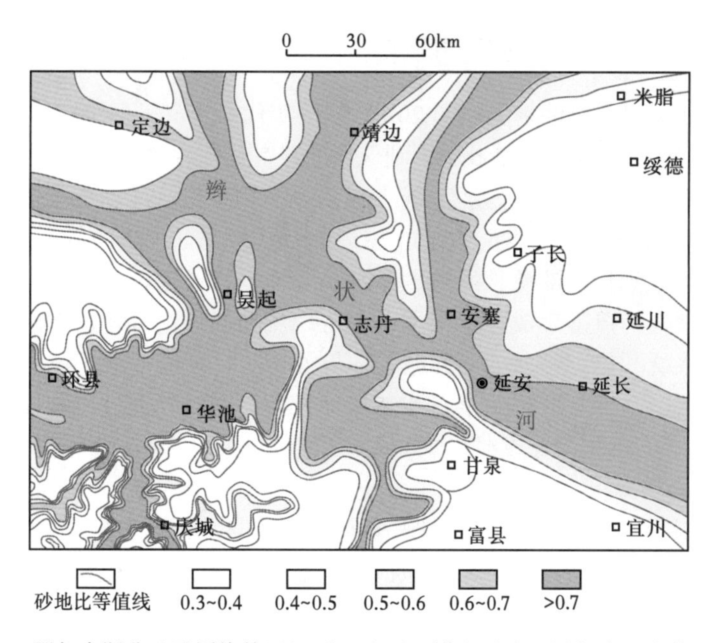

图 1-9 鄂尔多斯盆地及周缘侏罗纪延 10 沉积时期沉积相图（据李玉宏等，2020）

4）侏罗系延安组延 9 沉积体系平面分布特征

延 9 沉积时期快速湖侵，三角洲沉积体系不断发生退积，形成一系列退积型三角洲。在西部、西南部三角洲平原区沼泽发育，河道范围减小，砂体变薄，而在东部三角洲平原区，沼泽面积没有发生较大变化。

延 9 沉积时期，甘陕古河已经进入衰减期，甘陕古河及其他支流河道演变为湖泊三角洲体系。延 9 沉积早期在盆地中部、东南部水体面积扩大，盆地内高地、残丘等正地形消失（图 1-10）。

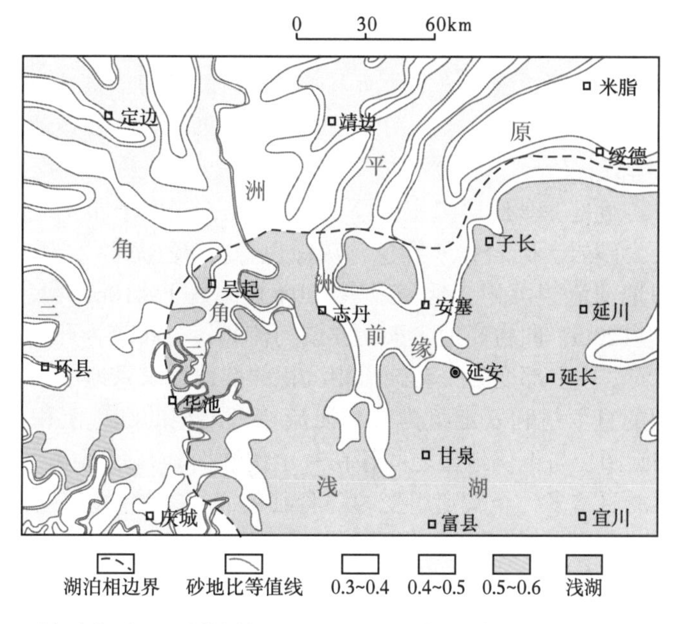

图 1-10 鄂尔多斯盆地及周缘侏罗纪延 9 沉积时期沉积相图（据李玉宏等，2020）

二、侏罗系富县组、延安组油藏特征

鄂尔多斯盆地侏罗系石油勘探始于20世纪60年代。1960—1979年，通过加大区域勘探力度，转变勘探思路，从“构造找油”到侏罗系“古地貌控油”，通过区域侦查、围歼马岭、控制华池、发展吴起、出击姬塬、扩大侏罗系、组织会战等措施（张才利等，2021），开展侏罗系油藏地质研究，提出了古地貌控油的勘探新认识（杨华等，2012）；侏罗纪古河谷下切沟通三叠系延长组油源，河道砂体既是石油运移通道，也是储集体，油气沿斜坡向上运移到压实披盖构造富集成藏。根据以上古地貌控油理论，在盆地西缘及南部陇东地区相继发现了大水坑、马岭、华池、元城等一批油田，古地貌成藏理论有效指导了侏罗系石油勘探，迎来鄂尔多斯盆地第一个石油储量增长期；同时，通过成藏规律研究，总结出古地貌油藏特征、形成条件及成藏模式（黄忠信等，1980；曾正全等，1983；杨俊杰等，1984）。

在上述认识指导下，1980年后，鄂尔多斯盆地侏罗系相继发现了大批油藏。近年来，侏罗系油藏勘探过程中，通过地质、地球物理、地球化学等多学科相结合，以及地质构造研究、地层厚度恢复、三维地质建模等相结合，精细刻画出盆地侏罗系古地貌特征；通过不断丰富、完善和深化发展早期的古地貌成藏模式，创建了“远源供烃、多元输导、地层—构造—岩性复合圈闭、油藏立体群状分布”的古地貌油藏群成藏新认识，发展了古地貌油藏成藏理论，突破高地和古河勘探禁区，坚持上山下河、纵向拓展的勘探思路，实现了从马岭油田到侏罗系油藏群的勘探发现，拓展了勘探领域，发现了一批侏罗系油田群，有效指导鄂尔多斯盆地侏罗系石油勘探新突破。

鄂尔多斯盆地侏罗系油气勘探开发实践证实，前侏罗系古地貌对侏罗系油藏具有最基本的控制作用。

（一）前侏罗系古地貌特征及古地貌恢复方法

1. 古地貌特征

三叠纪末，受印支运动的影响，鄂尔多斯盆地整体快速抬升遭受剥蚀，形成残留高地、沟谷纵横的古地貌形态。该区域剥蚀面由于形成时间很短，未被夷平就伴随着侏罗纪早期的区域沉降而被埋藏、保存下来，构成了在鄂尔多斯盆地侏罗系油气聚集的重要因素（黄第藩等，1981；郭正权等，2001）。

侏罗统下部富县组是一套红层沉积，厚120~150m，充填于印支运动所造成的侵蚀沟谷之中。岩性主要为砂岩、砾岩和紫红色、灰绿色等“杂色泥岩”，砾石大小混杂，分选差，属洪积相或山地河流相沉积。延安组厚120（丘陵区）~410m（河谷区），底部为“延安砂岩”，厚度可达120m，向古高地尖灭，亦属河流相，分布较为开阔，沉积时的水动力比富县组沉积期较弱。中上部变为一套湖沼相沉积的韵律性煤系地层。

中侏罗世沉积的直罗组和安定组为一套河流相至湖相的红色沉积，一般厚约400m，组成一个大型沉积旋回，与下伏地层之间存在一个侵蚀面。其底部为厚层块状砂砾岩，往上砂岩逐渐减少，泥岩增多，至安定组变为一套红色泥岩，最后以厚度50~80m的泥灰岩沉积结束。

鄂尔多斯盆地侏罗系富县组、延安组沉积于印支运动之后，主要沉积位于印支运动所造成三叠系被强烈侵蚀切割形成的凹凸不平剥蚀面上，沉积以填平补齐为主要特点。

很多学者对鄂尔多斯盆地侏罗系沉积前的古地貌进行了大量研究，取得了系列成果和认识（赵俊兴等，1999，2001，2007；宋凯等，2003；李凤杰等，2013；付金华等，2020）。不同时期划分古地貌单元有所差别，总体认为主要发育古河、支沟、斜坡（根据地层厚度变化率又进一步将其划分为陡坡区与缓坡区）、高地、河间丘等古地貌单元，甘陕、宁陕、蒙陕三大古河切割及各级支河、支沟广泛发育，姬塬、定边、靖边、演武、子午岭五大高地残留（表 1-4、表 1-5 和图 1-11）。

表 1-4　鄂尔多斯盆地前侏罗系古地貌特征划分表（据杨俊杰等，1984；郭正权等，2001）

鄂尔多斯盆地古地貌单元，大类：4 个			鄂尔多斯盆地古地貌次级单元：32 个	
山地区	相对高差大于 500m，坡度 26°~30°。分布于盆地西缘马家滩—甜水堡—沙井子断褶带以西，靠近河流上游，属于群山高耸的古地貌区			
坡系区	相对高差 150~250 m，坡度 2°~3°，侵蚀区与沉积区的比率为 1.5，河槽平均宽深比小于 80。坡系腹部为高地，大范围缺失延 10 沉积时期沉积。主要有镇北坡系区及城华坡系区。坡系对古水流汇集及其流向都起重要控制作用	4 种单元： —分水岭； —水汇三角； —倾没坡嘴； —高地	9 个	马岭阶地 蔡家庙坡嘴 合道坡嘴 城华坡嘴 玄马坡嘴 山庄坡嘴 庆阳—合水谷壁 驿马—西峰谷壁 演武高地
丘陵区	相对高差约 150 m，坡度 2°，侵蚀区与沉积区的比率为 0.2，河槽宽深比大于 100。由于被延 10 沉积时期次级支流切割，古地形高低起伏，残丘广泛分布。从姬塬—桥川一带分布有：记家掌残丘、姬塬残丘、洪德残丘、铁边城残丘及樊家川残丘	5 种单元： 沉积基准面以上 —低残丘； —河间残丘。 沉积基准面以下 —丘嘴； —滨河阶地； —河间丘	16 个	记家掌残丘 姬塬残丘 洪德残丘 铁边城残丘 樊家川残丘 油房庄指状丘 新安边—吴仓堡指状丘 王盘山丘嘴 王洼子丘嘴 庙沟丘嘴 元城丘嘴 环北丘嘴 红柳沟—沙涧滨河阶地 王家场河间丘 东红庄河间丘 木钵河间丘
平原区	相对高差小于 150m，一般为 50~100m，坡度小于 2°。位于沉积基准面以下，延 10 沉积较厚，一般约 100m，无缺失区，河槽平均宽深比大于 150。主要分布于吴起—延安、永宁—甘泉一带	3 种单元： —箕状凹地； —河漫台地； —河间沙洲	7 个	吴起河间丘 金鼎河间台丘 薛岔河漫台地 永宁河漫台地 志丹—延安河漫台地 甘泉河漫台地 直罗箕状凹地

表 1–5　鄂尔多斯盆地前侏罗系古地貌特征及其对比表

赵俊兴（1999，2001，2007）			宋凯（2003）		李凤杰等（2013）			付金华（2021）	
鄂尔多斯盆地	高地剥蚀区（高地、低残丘）	与低山丘陵区相邻，为主要剥蚀区，分布于环县、镇原、姬塬、定边、盐池、庆阳及榆林等地。富县组沉积时期无沉积	吴起及相邻地区	新安边梁	吴起地区	低残丘	挟持在 2 个下切河谷之间地形较高地带。由于河谷冲刷和侵蚀作用形成指状低残丘，形状不规则，沉积厚度较薄，小于 100m。主要位于蒙陕古河东北岸	鄂尔多斯盆地	高地
	斜坡阶地区	剥蚀区与沉积区过渡地带，由甘陕古水系侵蚀切割而成，地形相对高差 100~150m，发育在高地剥蚀区边缘和谷地平原之间 延安、庆阳、华池、吴起等地区，古水系把古地貌分割成演武、子午岭、富县、靖边和姬塬等 5 个大的低山丘陵区。富县组沉积末期盆地沉降速率加大，沉积了河漫滩、洪泛平原微相细粒物质		姬塬东斜坡 吴起斜坡 靖边斜坡		斜坡带	斜坡带位于低残丘或河间丘与下切河谷之间的过渡地带，是前侏罗纪古地貌单元中坡度最大的地带。延长组底部烃源岩生成的油气沿下切河谷提供的通道往上运移，在该斜坡带聚集成藏。吴起地区富县组厚度 20~50m，富县组和延 10 总厚度 80~140m，泥质沉积含量相对较高，砂地比小于 50%。斜坡带上分布多条三、四级分支古河，下切强度小。三、四级古河位于吴起地区中部和东南部，向南流入二级古河		斜坡
	河谷平原古河道	包括贯穿鄂尔多斯盆地的干流和支流、岔沟及两岸谷坡和漫滩阶地 主要河谷：定边—吴起河谷、环县—华池河谷、西峰—庆阳河谷和靖边—志丹河谷等，河谷汇集后发育一条近东西向甘陕古河 古河道主要为辫状河河道充填沉积，发育于谷地平原中心地带，沉积物粒度粗，厚度较大，发育大型板状层理和大型槽状层理为主。如甘陕古河、庆西古河和宁陕古河等		吴起河间丘 金鼎河间丘		河间丘	四周被古河包围、相对位置较高的河中高地，发育漫滩相沉积为主。吴起地区河间丘富县组地层厚度一般 20~30m，富县组和延 10 总厚度一般为 60~100m，河间丘与河谷之间高差 50~120m		河间丘
				宁陕河谷 蒙陕河谷 甘陕河谷		下切河谷	充填巨厚块状河道砂砾岩，内部冲刷层理发育。吴起地区发育蒙陕古河和宁陕古河 2 个二级古河，方向近北西—南东向，延 10 和富县组地层厚度大于 180m，砂体厚度大于 160m，构成古地貌的骨架，该二级古河在吴起地区被吴起河间丘所分割，北东向为蒙陕古河、南西向为宁陕古河		古河
	坳陷区	主要受古构造控制形成。华池坳陷区、吴起志丹坳陷区和安崖坳陷区等。坳陷区可以孤立发育，也可以与谷地平原相重叠							支沟

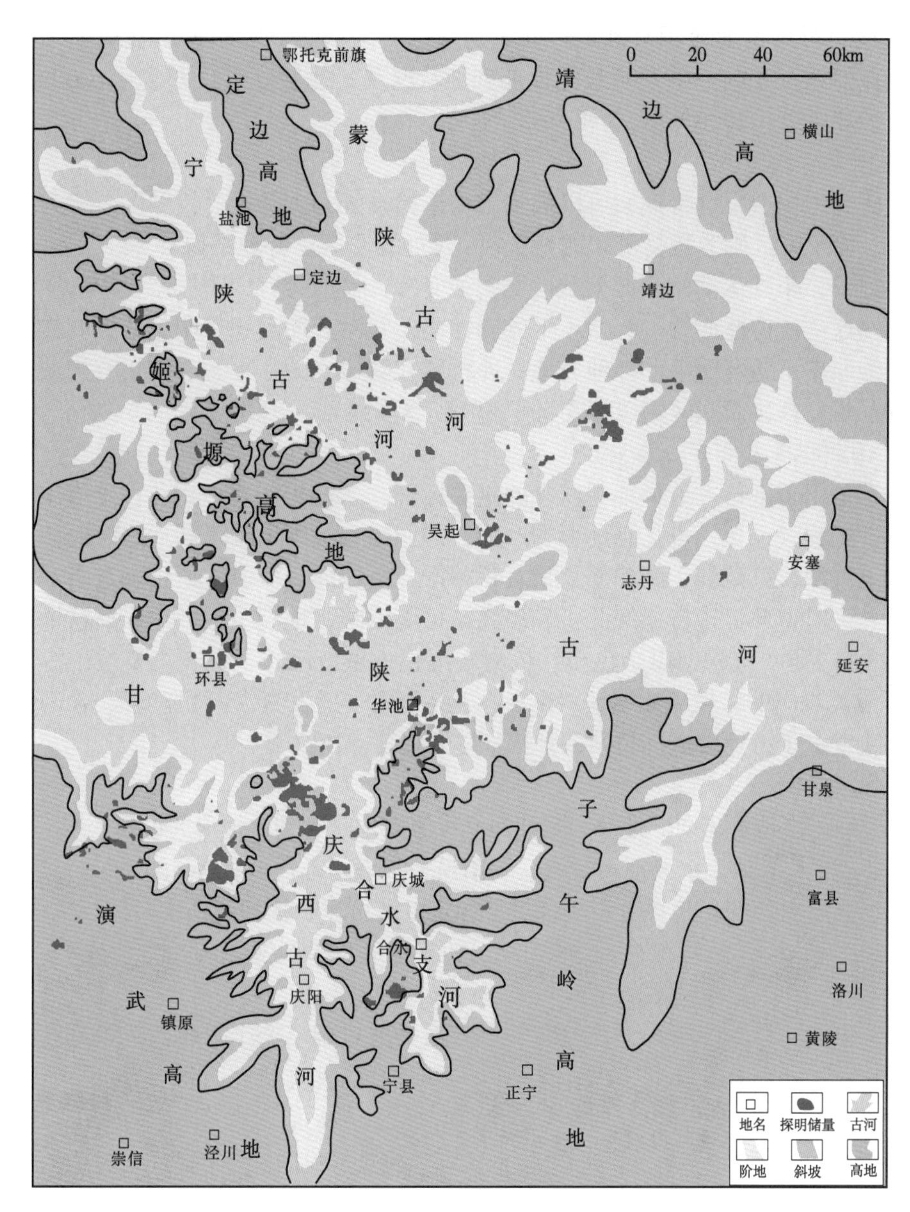

图 1-11　鄂尔多斯盆地前侏罗纪古地貌及侏罗系勘探成果图（据付金华等，2021）

2. 古地貌恢复方法

古地貌恢复方法较多，不同地区选用方法不一样，其效果也存在差异。常用古地貌恢复方法主要有以下几种。

1）古侵蚀面等高线图法

古侵蚀面可以控制古地貌高点、低点，同样控制上覆地层沉积，可以作为油气运移重要通道（张明禄，2002；宋国奇，2000）。

2）古地形地质图法

用于明确沉积前的区域构造格局。对侵蚀面以下地层进行对比划分，准确确定地质界限，进而反映沉积前的古构造格局、各地区的剥蚀程度等，从区域上了解古地形特点。一般出露新地层对应古地形相对高地，而老地层则对应河谷。鄂尔多斯盆地中，用该方法可以反映侏罗系沉积前三叠系延长组顶部剥蚀状况及其地层分布（夏玲燕，2008；赵俊兴等，2001；郑小杰，2009）。

3）沉积前古构造法

通过研究古构造发育特点，可以揭示出构造抬升区和沉降区。抬升区一般为遭受剥蚀的高地区，而沉降区则为接受沉积的地貌单元（如坳陷区、谷地平原等）。

三叠纪末，印支运动使全区抬升遭受剥蚀变形，盆地具有较明显差异构造运动。沉积学分析证明这一古构造面为一起伏不平的剥蚀面，并对后期沉积有明显的控制作用。早侏罗世主要为印支不整合面上的洼地充填，冲积扇和陡边缘的存在意味着仍有构造运动存在并影响着沉积发育，而东区则以接受沉积为主（赵俊兴等，2001）。

4）成因相标志及相序分析法

相标志是用于进行古地形地貌恢复的重要标志。如坡积、残积相和古土壤一般出现在正地形，古土壤、风化壳也是正地形的产物；冲积扇一般则出现于高地边缘的正负地形过渡带；河流沉积、三角洲、湖泊等大量沉积相产于负地形。所以，通过确定指示古代沉积的成因标志来对古环境进行系统分析和研究，可以反映古地貌。如鄂尔多斯盆地侏罗系富县组中的“细富县”沉积，以杂色或红色泥岩沉积为主，反映了沉积主要位于古地貌的高部位；而与其对应的侏罗系富县组“粗富县”沉积则主要发育大套粗砂岩、含砾砂岩、砾岩层，反映发育于古地貌低部位河谷地区（赵俊兴等，2001）。

5）古流向和物源分析法

河流一般由高地势流向低地势，因此河流古流向也是判别古地形的重要依据。古流向可以通过对指向标志（如流水波痕、冲刷模、槽模、沟模、砾石产状等）测量统计、物源区分析、沉积物粒度组合变化趋势分析等来进行标定。还可以根据河流所携带沉积物中轻矿物、重矿物组合来确定盆地边缘和物源区，进而分析古地形（郑小杰，2009；赵俊兴等，2001）。

6）地层厚度及沉积体系分析

地层厚度是古地貌地形形态的印模。该方法为通过确定一个等时面，即该区域填平补齐后开始接受上覆沉积时，将它作为一个基准面拉平，计算研究区各个钻井从基准面到下切剥蚀面的地层厚度，进而勾出厚度平面等值线图，最后，选择各个地貌单元划分标准，细分出地貌单元。该方法又称为“印模法”（夏日元，1999；赵俊兴等，2001）。

印模法既考虑了沉积前的先存构造特征，又采用半定量方式来对古地貌进行表征。该方法视待恢复地貌在结束剥蚀开始时的上覆地层沉积为一个等时面，因此不整合面的上覆地层与残余古地貌之间存在一个“镜像”关系。一般来说，通过上覆地层厚度便可以对古地貌格局进行半定量恢复（李永锋等，2020）。

印模法具体步骤为：第一，在剥蚀面之上的上覆地层中选择一个等时沉积基准面；第二，将该基准面层拉平，统计各个单井中剥蚀面到基准面的厚度；第三，根据该厚度的统计结果绘制平面厚度等值线图，选取合理的地貌划分标准并进行古地貌单元划分（图 1-12）。

鄂尔多斯盆地侏罗纪早期沉积主要为富县期、延安期早期沉积。富县期、延安期早期沉积体系发育状况和沉积物分布主要受控于沉积前古地貌与古地形特点。因此，研究富县组、延安组延 10 沉积地层发育特点和沉积体系时空配置特征是进行沉积前古地形地貌恢复的主要方法。

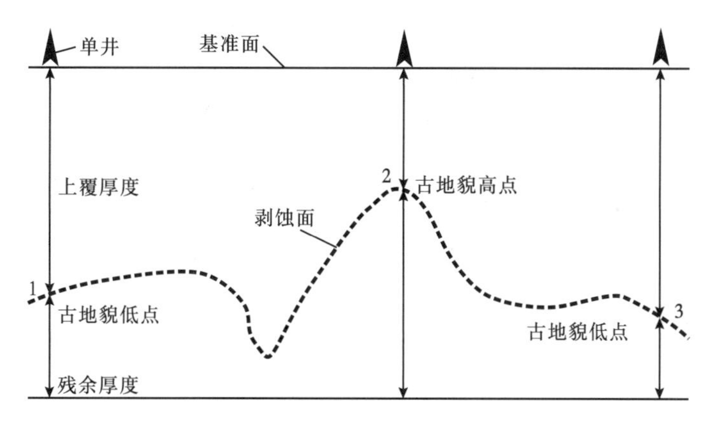

图 1-12 印模法古地貌恢复示意图

另外，砂岩等厚图、地层等厚图中等厚线变化趋势，也可以指示地形变化趋势。一般等厚线向上游方向有不断变窄的趋势，越向下游则越宽（尤其是 0 等厚线及低值等厚线），说明在上游地势陡，下游地势则相对缓。支流与干流间交汇的锐角指向一般朝下游方向。

7）横剖面图法

该方法利用砂体横向展布直观分析古地貌与沉积相带，进而反映剖面方向区域古地貌起伏（樊太亮，1999；宋国奇，2000；王家豪，2003；夏玲燕，2008；郑小杰，2009）。

8）古水深分析法

利用沉积物中岩性及其组合、沉积结构构造、古生物遗迹和生物扰动等来确定当时的古水深，间接反映古地貌形态（郑小杰，2009）。

9）压实恢复法

不同岩石压实率差异很大，砂岩压实率一般为 30%~45%，泥岩压实率一般为 70%，由此，需要考虑不同岩性压实率差异，以确保计算结果精度。同时，古地貌恢复精度还跟研究区的构造作用密切相关，构造活动越弱，恢复结果较接近实际，反之，构造活动强，则压实恢复法的效果不佳。针对构造活动区域，常常需要结合多种方法对其进行恢复。

鄂尔多斯盆地，选用侵蚀面之上延 9 油层组顶面一个比较稳定的煤层为标准层，编制延 9、延 10 加富县组地层厚度等值线图。再经压实厚度校正，反映三叠纪末期古地形面貌特征（拜文华等，2002；曹志松，2011）。

10）地球物理法

利用高精度地震、测井资料，提取地震属性，对标志层进行识别，进而定量计算，反映古地貌特征（拜文华等，2002；韦忠红，2006）。

上述各种方法各有其适用的地质条件，如针对吴起及其邻近油区，由于其富县组、延 10 沉积主要为下切河谷中的河道砂体，压实率较低，且延 9 沉积时期，吴起油区开始进入填平补齐期，因此可以将延 10 顶部作为一个基准面，也可以运用“印模法”对侏罗系富县组的古地貌进行恢复。

李凤杰（2013）通过结合吴起油区及其邻区的富县组和延 10 地层等厚图、富县组和延 10 砂体累计厚度等值线图、富县组和延 10 岩相古地理图，对鄂尔多斯盆地吴起地区前侏罗纪古地貌形态进行了恢复，主要包括：下切河谷、斜坡带、河间丘和低残丘 4 种古地貌单元（表 1-5 和图 1-13）。

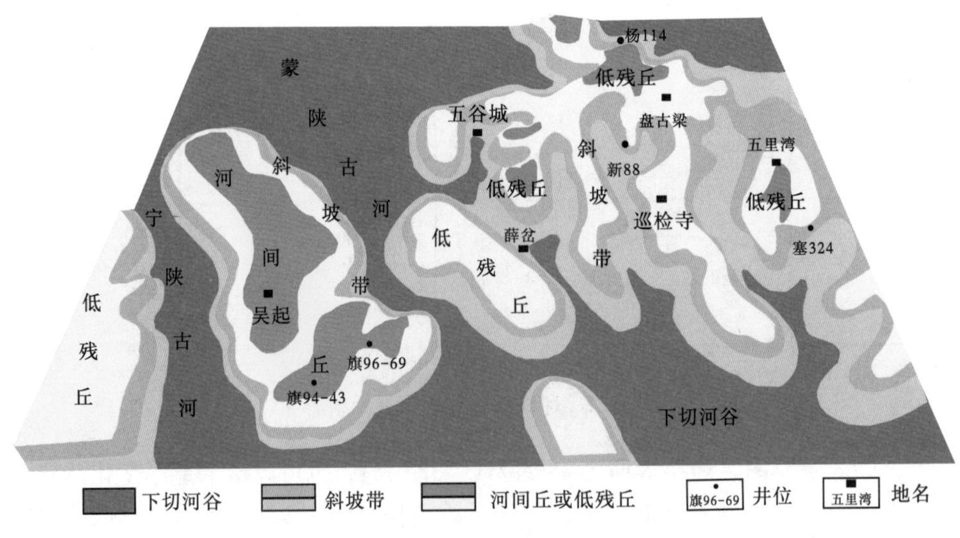

图 1-13　吴起地区前侏罗纪古地貌恢复立体图（据李凤杰，2013）

（二）侏罗系富县组、延安组油藏地质特征及其控制因素

1. 油藏地质特征

受印支运动影响，鄂尔多斯盆地三叠系延长组与侏罗系之间，存在一个侵蚀不整合面，侏罗系沉积早期的古水系主要河流沿盆地东部斜坡带整体由西向东流，中侏罗世开始，盆地东部抬升，盆地大部分变成为西倾单斜。西倾斜坡上侏罗统中主要形成了系列压实构造构成了鼻状构造群。上倾方向与次级河流沉积的泥质岩石形成构造、岩性遮挡，油气聚集形成了由复合因素控制的油藏群。

侏罗系富县组、延安组主要为冲积、河流碎屑沉积，底部富县组和延安组延 10 主要为含砾粗砂岩、中砂岩沉积，与下伏延长组侵蚀面不整合接触，延安组中上部主要为中、细砂岩。砂体主要分布于古河道中，河道两侧的河道浅滩和河漫阶地沉积地层厚度减薄，岩性变细。古高地一般缺失富县组、延 10 沉积。延 10 沉积时期的填平补齐，尤其是延 9 沉积时期以后，盆地准平原化，侏罗系延安组延 9 沉积时期至延 1 沉积时期沉积以河流—湖泊沉积体系为主，岩性主要为灰白色中砂岩、细砂岩与灰黑色泥岩为主，局部地区发育煤层。

侏罗系富县组、延安组下部的储层岩性粗，以石英砂岩、长石石英砂岩为主，分选差、胶结物含量高，储层孔隙以粒间孔为主，孔隙度一般为 14%~19%（平均 16.7%），空气渗透率一般为 3.7×10^{-3}~$403.1\times10^{-3}\mu m^2$，多数小于 $70.0\times10^{-3}\mu m^2$，物性差，孔隙结构复杂，变异系数为 0.69~0.88，分选系数为 2.0~4.7，平均喉道半径为 1.1~5.7μm，排驱压力 0.06MPa，整体属于低孔、低渗储层，非均质性强，导致油气富集特征复杂化。

鄂尔多斯盆地侏罗系油层纵向上相对富集于延 10、延 9，油藏规模相对大；延 9 以上的地层中，油藏规模整体较小。早期发现的侏罗系富县组、延安组油层，平面上主要分布于垂向运移通道附近，如盆地西缘断裂带（李庄子油田、摆宴井油田等）、前侏罗纪古河谷附近（马岭油田、华池油田、元城油田、马坊油田等）。侏罗系油层在纵向上与水层交错间互存在，无统一油水界面，油水界面常常表现为波状起伏或向下倾方向倾斜，一般油田投产后没有无水产油期。

纵观鄂尔多斯盆地侏罗系勘探历史，可知侏罗系富县组、延安组油层的主要地质特征为：

（1）河流相沉积为主，岩性变化大，油藏多但规模小且分散，整体呈群状分布；

（2）油藏物性差，多为低渗透油藏；

（3）油层非均质性强，根据微观孔隙结构资料分析可知，由于沉积环境和成岩作用影响，油层孔隙小喉道细，孔喉分选随渗透率的增大而变差；

（4）多为低饱和度油藏，原始气油比低、压力系数低，油藏天然能量小；

（5）油层原始含水饱和度较高，油水分异差；

（6）由于压力低、渗透率较低，油层一般无自然产能，油井需要压裂投产。

2. 油藏特征及控制因素

1）控制因素

鄂尔多斯盆地侏罗系理论研究与石油勘探开发实践表明，前侏罗纪古地貌对侏罗系油藏控藏作用明显。古河两侧的斜坡部位一直被认为是最有利的成藏单元（赵俊兴等，2001；郭正权等，2001）。

古地貌斜坡带之所以成为油气富集带是因为它处于沉积相带、压实披盖构造、油气运移和地下水流动交替等因素最有利于成藏的地带；分布于古地貌斜坡带的河流边滩、心滩砂体是油气富集的最有利场所；延长组侵蚀面及富县组、延安组延10小幅度鼻隆等构造是油气运聚的有利指向。

由于一般古河道沉积缺乏盖层、高地缺失下侏罗统和运移通道，两者均被认为是不利的成藏单元。近年来，随着鄂尔多斯盆地侏罗系勘探程度的不断增高，三维地震技术的应用及认识的不断深化，发现在大范围分布的高地上发育数量众多的各级支沟、支河，使已经输导至斜坡区的石油沿着支沟、支河向高地的纵向深部运聚成藏；同时，古河内也发现了数量众多的“河间丘式”及“古河式”油藏。因此，古高地与古河也成为勘探有利目标。

鄂尔多斯盆地侏罗系富县组、延安组下部的延10段沉积砂体以充填于下切河道的沉积为主，油藏受古地貌控制最为明显，发育“斜坡式”“古河式”“河间丘式”“高地式”等古地貌控制的岩性、构造及地层复合圈闭油藏（郭正权等，2001）（表1-6）；延9及以

表1-6　鄂尔多斯盆地侏罗系古地貌油藏类型表（据郭正权等，2001）

3种类型	8种形式	
构造油藏	背斜油藏	数量少、面积大、储量多、富集程度高，各油藏平均地质储量为102.0×10^4~546.4×10^4t
岩性油藏	透镜体油藏	数量多、面积小、储量少、富集程度差，各油藏平均地质储量为13.4×10^4~28.2×10^4t
	顶变遮挡油藏	
	致密砂岩圈闭油藏	
	岩性尖灭油藏	
复合圈闭油藏	地层超覆构造油藏	数量少、面积大、储量多、富集程度高，各油藏平均地质储量为102.0×10^4~546.4×10^4t
	岩性尖灭—构造油藏	
	河道砂岩体复杂化的构造油藏	

上层系沉积于侵蚀沟谷地形基本被填平补齐之后，侏罗系富县组、延安组延 10 的石油在微裂缝及高渗砂体共同输导下向上部的延 4+5—延 1 及直罗组运聚成藏，类型为岩性、低幅度构造单一或复合式油藏，已不再受古地貌形态控制。盆地西缘侏罗系还发育与断裂有关的断块、断鼻式油藏。

侏罗系古地貌成藏模式于 20 世纪 70 年代提出，随着石油勘探不断推进与深入，以及技术与认识不断进步，关于侏罗系古地貌成藏模式认识在实践中不断丰富完善。三叠系延长组长 7 优质烃源岩为侏罗系富县组、延安组等层系油藏提供了丰富油源。早期侏罗系古地貌成藏模式指出古河斜坡区成藏有利，油藏沿斜坡呈带状分布，勘探更多在斜坡区开展（表 1-7）。

表 1-7　鄂尔多斯盆地侏罗系古地貌油藏组合模式表（据郭正权等，2001）

<table>
<tr><th colspan="2">油藏组合模式</th><th>主要特征</th></tr>
<tr><td colspan="2">古高地式
油藏组合</td><td>宽缓古高地上，大面积缺失延 10 沉积，其上有微弱构造隆起，多为鼻状构造，在此基础上，可能形成一些岩性油藏组合。早期发现多为单个岩性油藏，面积小，储量低，分布零散。古高地边缘可以形成一些小油田</td></tr>
<tr><td rowspan="5">古残
丘式
油藏
组合</td><td>高丘式
油田模式</td><td>顶部无延 10 沉积的残丘为高丘。该模式中，以延 10 地层超覆—构造油藏为主，其次为岩性尖灭及透镜体油藏</td></tr>
<tr><td>中丘式
油田模式</td><td>中丘的顶部及斜坡地带部分接受延 10 沉积，延 10 渗透砂岩向顶部方向发生相变为泥质岩或不渗透砂岩。中丘上，岩性尖灭带与压实构造配合组成岩性尖灭—构造圈闭。该模式中，以延 10 地层岩性尖灭—构造油藏为主，在延 10 地层中下部可能出现一些超覆—构造油藏，延 10 以上各层为岩性油藏。油藏主要分布在中丘周围，以岩性—构造油藏为主</td></tr>
<tr><td rowspan="2">低丘式
油田模式</td><td>残丘顶部及外围均有较厚延 10 沉积，延 10 储层渗透性较好，以低丘为基础形成压实构造，控制着一系列油藏，以构造油藏为主，其次发育岩性尖灭及透镜体油藏。该模式中，油藏主要分布于低丘顶部</td></tr>
<tr><td>另外一种低丘，隆起幅度小，河谷切割浅，低丘基础上形成鼻状构造，圈闭条件差，延 10 含油差，延 10 以上地层以岩性油藏为主。油藏分布零散，规模小。油藏主要分布于残丘基础上形成的鼻状构造顶部及围斜部分</td></tr>
<tr><td>孤丘式
油田模式</td><td>二级、三级谷地长期强烈切割，形成很多孤立残丘，无一定延伸方向，幅度一般为数十米，其上沉积延 10，厚度较小，或局部缺失延 10。由于压实作用及后期区域倾斜改造，相应在孤丘顶部多形成鼻状构造，受鼻状构造控制形成一组岩性油藏群，主要油藏类型为上倾岩性尖灭油藏，次为透镜体油藏。油藏面积不大，但成群出现，残丘基础上形成的鼻状构造对油气起到富集作用</td></tr>
<tr><td rowspan="2">古河
谷式
油藏
组合</td><td>古河谷
岩性
油田模式</td><td>延 10 由于沉积条件的特殊性及成岩后生变化，沉积物成分复杂，颗粒大小混杂，磨圆分选程度差，结构、构造复杂，渗透性低且变化较大，渗透性好砂岩体存在于大砂岩体内部，构成致密砂岩遮挡的岩性圈闭，油层主要分布于谷地及斜坡地带</td></tr>
<tr><td>古河谷
低丘式
油田模式</td><td>古河谷底形局部出现相对凸起，形成河间丘，富县组及延安组延 10 在此背景上不断超覆，沉积心滩砂体，由于差异压实在河间丘背景上形成披盖构造，构成岩性—构造油藏。这类油藏规模较小，但产量较高</td></tr>
</table>

近年来，通过对成藏认识的不断发展与深化，突破了古高地、古河勘探的认识禁区，形成了侏罗系古地貌油藏群成藏新认识（图 1-14），在新认识指导下，坚持“上山下河、纵向拓展”的勘探战略，勘探成效显著。

总之，侏罗系油藏纵向上呈多类型、多层系立体式发育，平面上呈小规模、高密度群状分布特征（图 1-14）。

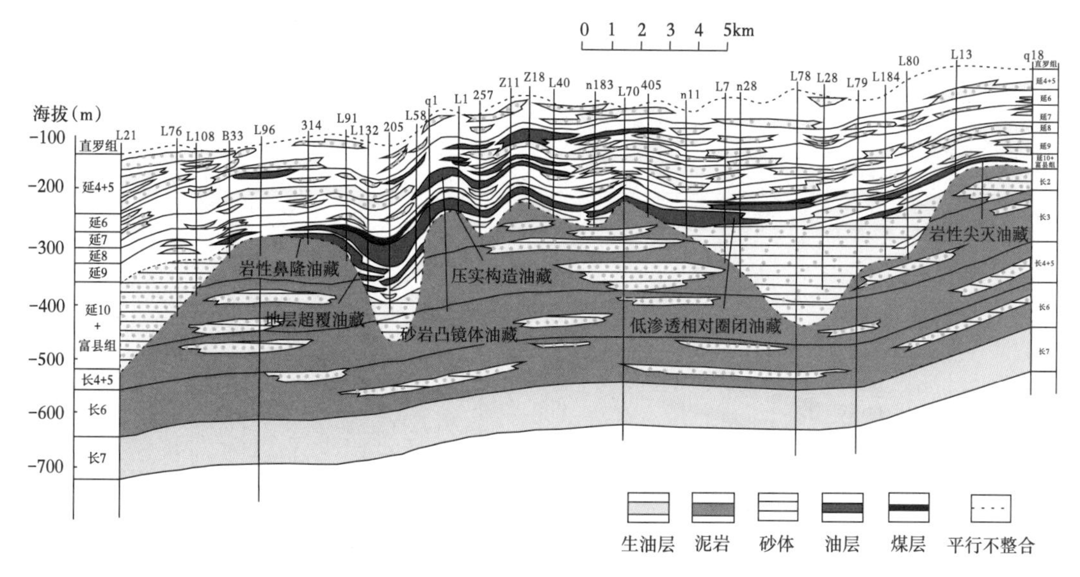

图 1-14　鄂尔多斯盆地中生界侏罗系古地貌油藏分布及成藏模式图（据付金华等，2021）

2）吴起及其邻区侏罗系富县组油藏特征

（1）吴起及其邻区侏罗系富县组油藏分布特征。

鄂尔多斯盆地吴起及其邻近油区的富县组、延安组延 10 沉积时期，主要发育侵蚀性河谷和河流充填作用，主要发育辫状河道沉积。

李凤杰等（2013）将吴起油区恢复刻画出的侏罗系古地貌图与已经发现的富县组与延安组延 10 油藏进行叠加，并重点通过古地貌不同单元的油藏剖面重点解剖发现，富县组、延安组延 10 油层主要位于微幅隆起构造、侏罗系古地貌河间丘嘴位置，储集砂体为河道内沉积，底水对油层控制明显，构造高部位产油，成藏要素为岩性上倾尖灭 + 底水、小幅背斜 + 岩性 + 底水，分别属于低残丘与岩性联合控制、低残丘控制的两类油藏聚集。如位于吴起地区河间丘上的新 38 井，富县组测井解释油水层 10.3m（表 1-8 和图 1-15）。该油藏位于微幅隆起构造，地处侏罗系古地貌的河间丘嘴位置，砂体分布处于河道内，底水对油层控制明显，构造高部位产油，成藏要素归结为上倾尖灭 + 岩性 + 底水，属于低残丘与岩性联合控制下的混合成藏模式。再如位于吴起地区河间丘上丘嘴部位的吴 69-69 井，富县组测井解释油水层 6.8m，水层 2.0m，试油结论为产油量 23.69t/d、无水，该油藏位于微幅隆起构造、侏罗系古地貌的河间丘嘴位置，砂体分布于河道内，底水对油层控制明显，构造高部位产油，成藏要素归结为小幅背斜 + 岩性 + 底水，属于低残丘控制的成藏模式。

表 1-8　吴起地区侏罗系富县组油藏特征统计分析表（据李凤杰等，2013）

油藏特征	新 38 井	旗 96-69 井
层位	富县组	富县组
构造形态	鼻隆边部	鼻隆
储集体成因	辫状河道砂体	辫状河道砂体边部
砂体厚度（m）	30~35	20~25
底水	存在	存在
古地貌特征	丘嘴	丘嘴

续表

油藏特征	新 38 井	旗 96-69 井
与下伏层位关系	与长 1、长 2 不整合接触	与长 1、长 2 不整合接触
成藏要素	岩性、底水	小幅度背斜、岩性、底水
成藏模式	混合控制	低残丘控制
油藏剖面	海拔(m) 新38井 GR AC 旗94-43井 GR AC 0 400m NW 富县组 油水层 水层 油层	海拔(m) 吴71-72井 旗96-69井 吴71-72井 SP GR AC Rt 油水层 水层 油层

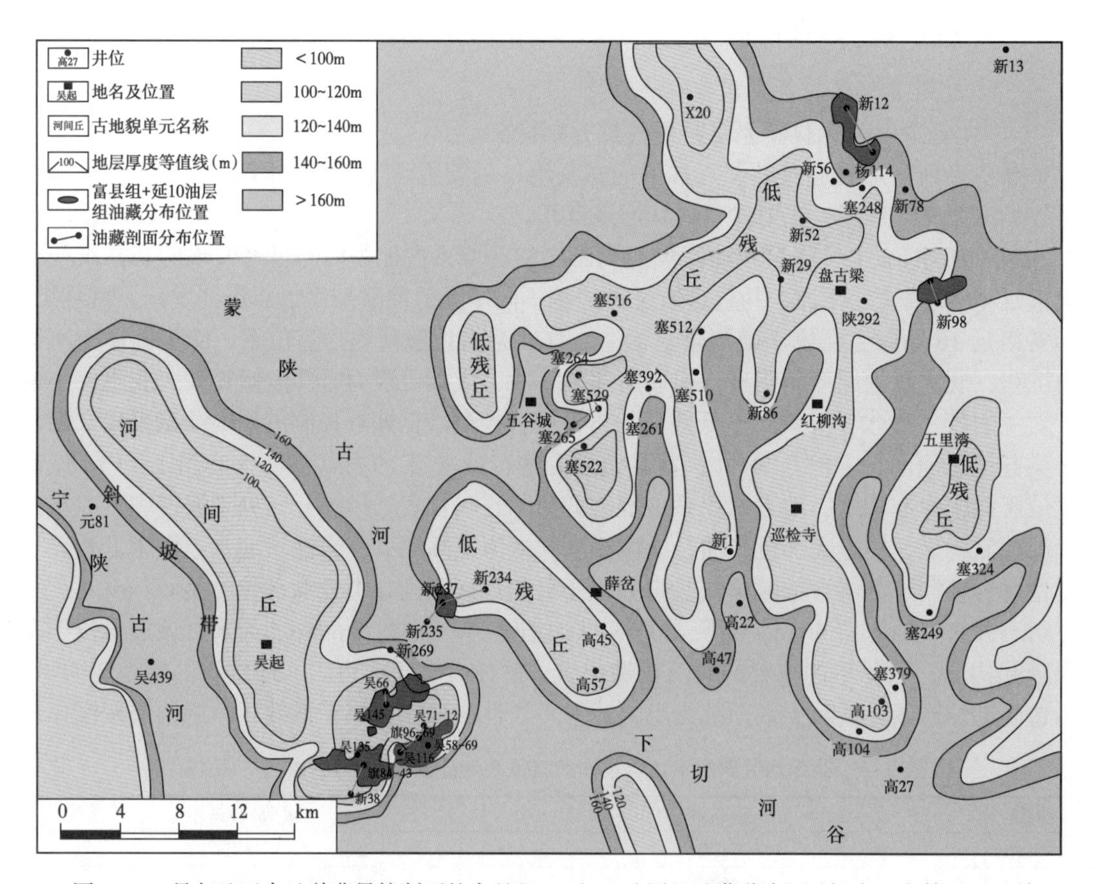

图 1-15 吴起地区古地貌背景控制下的富县组 + 延 10 油层组油藏分布图（据李凤杰等，2013）

李凤杰等（2013）依据鄂尔多斯盆地吴起油区富县组油气勘探成果资料综合分析，认为侏罗系富县组油藏分布具有以下特点：①油藏主要分布于河间丘、斜坡带和低残丘古地貌单元中；②斜坡带是油藏分布最多的地区，油藏分布位置主要有斜坡带的低残丘高点、斜坡带次级河道、三级和四级古水系切割所形成二级丘嘴位置；③富县组油藏主要赋存于蒙陕古河西南岸，东北岸部分区域斜坡带与低残丘交界处也有少量油藏存在。

（2）吴起及其邻区侏罗系富县组油藏控制因素。

前侏罗系古地貌基础上，叠加差异压实作用形成的小幅度背斜（鼻隆）是形成富县组油藏的最主要的因素，其控制因素概括为：地貌背景、构造主导、岩性控制、底水驱动、砂体顶部、斜坡带低残丘、次级河道、二级丘嘴。

①古地貌背景。油藏分布受侏罗系古油气河地貌控制，河道砂体为底水汇聚区，古河道不整合界面是油气运移通道，丘嘴是油气运移优先到达部位，河间丘和斜坡是石油运移指向，河道地貌斜坡和区域单斜倾斜是运移动力，次级河道和斜坡高点是运移聚集终点。目前，吴起油区已经发现的富县组油藏，主要位于富县组下切古河谷二级切蚀带及其附近，该部位紧邻斜坡带等油气运移通道及附近，具有一定砂体且上覆一般有泥岩遮挡，有利于形成遮挡和封盖层，有利于油气聚集。

②构造主导。印支运动形成的不整合面，是富县组的构造基础，差异压实构造是侏罗系油藏长期运移的指向和油气聚集的场所。

③岩性控制。富县组油层主要分布于河道砂体的上倾尖灭部位或河道砂体边部。

④底水驱动。充填于侏罗系下切谷和古河谷中的富县组，同时具有沉积后压实作用排出的水流系统和大气降水、地表水的渗透系统，前者一般由河谷内较高的承压区向河谷两侧的斜坡和高地方向的低承压区运移，而后者则由构造高部位高势能区向低部位的低势能区运移，两者交替活动是富县组油藏富集的又一重要条件。底水活动最活跃的部位位于沉积物厚度大的河谷地区，而侵蚀高地和高地边缘的斜坡区底水系统相对停滞，有利于油藏保存，现今侏罗系富县组油藏大多位于河间丘和斜坡的上方靠近高地一侧，底水系统对油驱赶、封闭是侏罗系成藏重要因素之一。

⑤砂体顶部。侏罗系富县组油藏砂体多为透镜状河道砂体，由于底水活动，油层均位于砂体的顶部或上倾尖灭部位，即使没有构造控制，透镜状砂体仍为石油聚集的有利部位。

⑥斜坡带低残丘。斜坡带低残丘是指挟持在 2 个下切河谷之间地形较高的地带，其犹如 2 个下切河谷之间的“分水岭”，是油气聚集的主要指向区，如吴起河间丘。

⑦次级河道的边部。河谷斜坡上发育的三级或四级古河，在向斜坡高点延伸时，古河谷深度逐渐变浅、砂体厚度逐渐变薄，沿三级、四级古河谷向上运移的过程中，遇到了河道砂体变薄处，砂体连通性变差，石油运移途径受阻而聚集成藏。次级河道砂体变薄部位往往低于斜坡带低残丘附近，也是重要的油气聚集成藏的部位。

⑧二级丘嘴。吴起地区现今构造和侏罗系古地貌形态组合，将侏罗系不同级次古水系切割所形成的丘嘴分为两级：一级丘嘴阶地是三级古河与二级古河切割所形成，位于低残丘和斜坡最靠近古河谷的位置，构造位置较低，虽然该部位砂体发育，底水系统驱动，石油不易聚集成藏；二级丘嘴为三级和四级古河切割所形成，位于斜坡带，该部位砂体发育，物性好，构造部位相对较高，油气运移至该部位有利于聚集成藏。

（3）吴起及其邻区侏罗系富县组油藏成因机理及成藏模式。

①吴起及其邻区侏罗系富县组油藏分布的成因机理。杨俊杰等（1984）通过相关研究，认为侏罗系古地貌油藏形成条件主要可概括为以下四点：第一，三叠系延长组生油层是其

主要油源，构成了侏罗系含油区的基盘；第二，延长组顶部侵蚀面被古河道切割，从而破坏了延长组的压力平衡，形成压力释放带，成为油气上溢的“天窗”，构成油气运移的主要通道；第三，侏罗系底部的河道砂砾岩体，既是油气运移的通道，又是储油层，构成油气富集的容器；第四，正向古地貌单元为油气侧向运移的指向，其腰部的圈闭序列是油气密集的主要场所。

侏罗系古河可下切至三叠系延长组长 4+5 油层组，拉近了侏罗系底部富县组、延安组延 10 等与下伏延长组长 7 段烃源岩层的垂向距离。长 7 烃源岩在生烃增压作用下排出的油气，在一定压差下通过长 7 段以上残留的延长组中的微裂缝、多期叠置的渗透性砂体快速进入侏罗系古河道，然后通过古河两侧的不整合面、古河内与上覆的高渗砂体及盆地西缘断裂的共同输导，石油在古河、斜坡、高地、支沟、支河等圈闭内成藏，油藏总体以油源为中心呈发散状分布。

以吴起地区为例，解剖富县组油藏形成机理。吴起地区地处鄂尔多斯盆地陕北斜坡西倾单斜构造之上，地层倾角平缓，倾角约 1°。侏罗系蒙陕二级古河道 U 字形河谷两侧的斜坡坡度大，底水驱动作用下，给油气运移增加动力。由于 U 字形二级古河谷两侧斜坡的倾向正好相反，导致河谷两侧的油气运移压力方向相反。河谷南西岸斜坡压力方向自河谷底部向西南方向，而北东岸斜坡的压力方向自河谷向北东方向。河谷两侧斜坡产生的压力方向与区域单斜地层产生的南西—北东方向的压力相叠置时，产生了两种不同结果（图 1–16）。

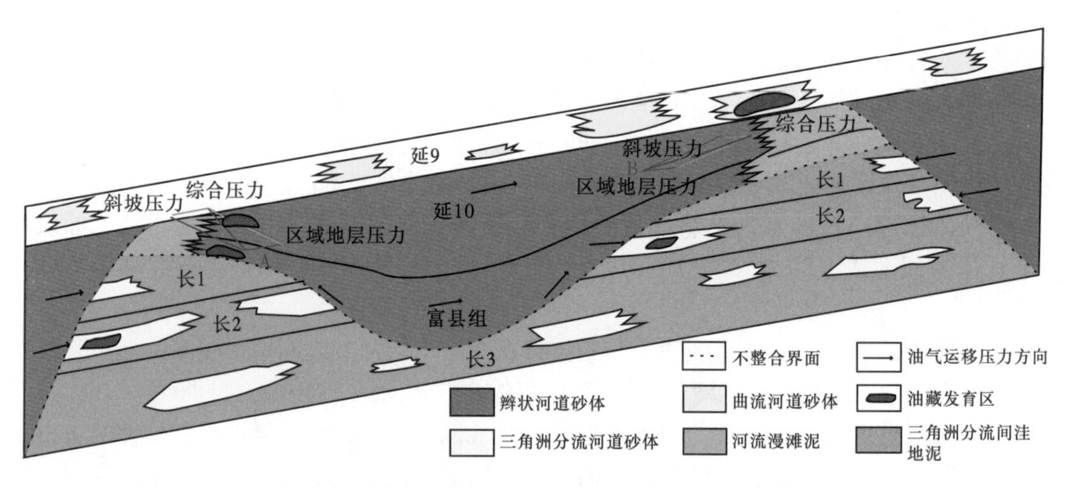

图 1–16　吴起地区侵蚀古河油藏油气成藏机理示意图

a. 河谷东北岸斜坡。斜坡与区域地层压力叠加，增强了石油从河谷底部向斜坡高点运移的动力，吴起油区三级、四级河道发育，砂体连通性好，油气在强大驱动力作用下沿着次级河道不但可运移到延 10，还可以向上运移到延 9 甚至其上覆地层的储集体中。如果富县组内部乃至其上地层中，局部存在较好遮挡或封盖层，方可形成小规模零星油藏。

b. 河谷西南岸斜坡。斜坡与区域地层压力方向相反，减弱了石油从河谷底部向上的运移动力，因此河谷内沿不整合面向上运移油气压力较小，油气运移能力变弱，仅仅到达侏罗系下部富县组聚集成藏，如吴起地区新 38 井；个别地区如果封盖层遮挡条件相对差，石油则可以向上覆地层运移至延安组延 10、延 9，但总体河谷西南岸斜坡中延 10、延 9 油气富集相对较少且比较零星。

延长油田勘探开发实践证实，位于侏罗系宁陕二级古河谷、蒙陕二级古河谷的西南岸，相对较有利于富县组、延10油气富集。如位于侏罗系蒙陕二级古河谷东北岸的学庄油区6690-3井富县组顶部，砂体厚度51.4m，解释含油层厚度11.2m，选取解释含油层顶部的1447.0~1449.0m井段射孔试油，日产油2.43t，日产水16.28m^3，相对含水较高；而位于侏罗系蒙陕二级古河谷西南岸的吴仓堡油区的W49-517井富县组顶部，砂体厚度50.4m，解释含油层厚度17.0m，选取解释含油层顶部的1432.0~1435.0m井段射孔试油，日产油9.39t，日产水0.83m^3，相对含水低（图1-17）。对比分析分布于侏罗系蒙陕二级古河谷两岸的含油性特征，说明河谷西南岸斜坡更有利于富县组油气富集成藏。

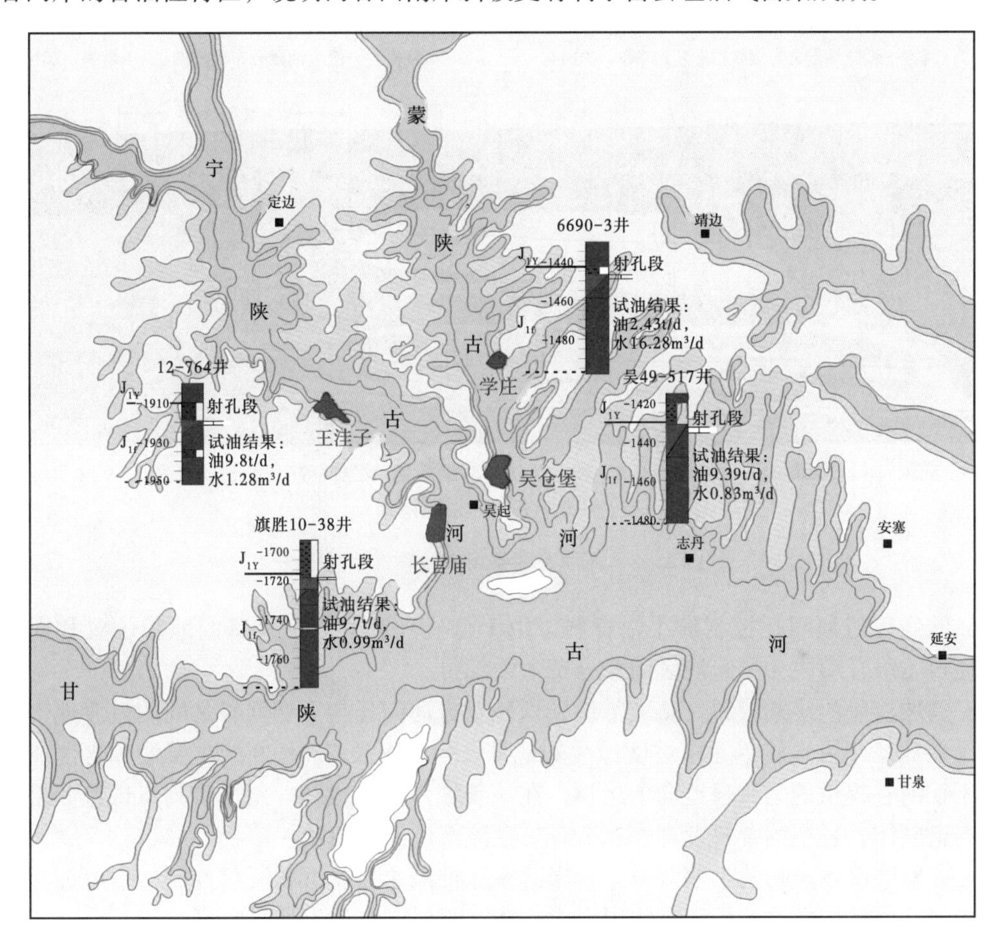

图1-17　鄂尔多斯盆地侏罗系古地貌特征及延长油区富县组油藏分布图

同时，位于侏罗系宁陕二级古河谷西南岸的王洼子油区12-764井富县组顶部含油砂体、长官庙油区QS10-38井富县组顶部含油砂体，试油结果均反映含油性好，含水少，反映二级河谷的西南岸富县组有利于油气聚集成藏。

另外，王洼子、长官庙、吴仓堡油区富县组的含油面积均比学庄油区富县组的含油面积大，也表明河谷西南岸斜坡更有利于富县组油气相对富集。

②吴起及其邻区侏罗系富县组油藏成藏模式。根据侏罗系富县组油藏分布特征可知，侏罗系富县组油藏总体为小幅背斜构造占主导控制古地貌背景油藏。而小幅背斜（鼻隆

等）的形成受三叠纪末印支运动造成的沟壑纵横的古地貌控制（图 1-18）。

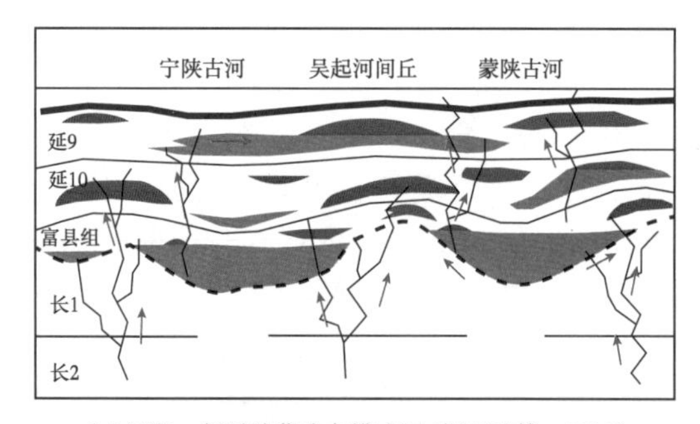

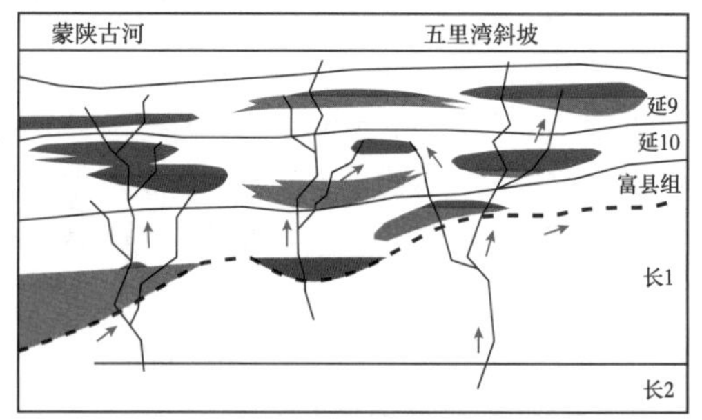

（a）河谷—低丘油藏分布模式图（据于雷等，2014）　（b）河谷—缓坡油藏分布模式图（据于雷等，2014）

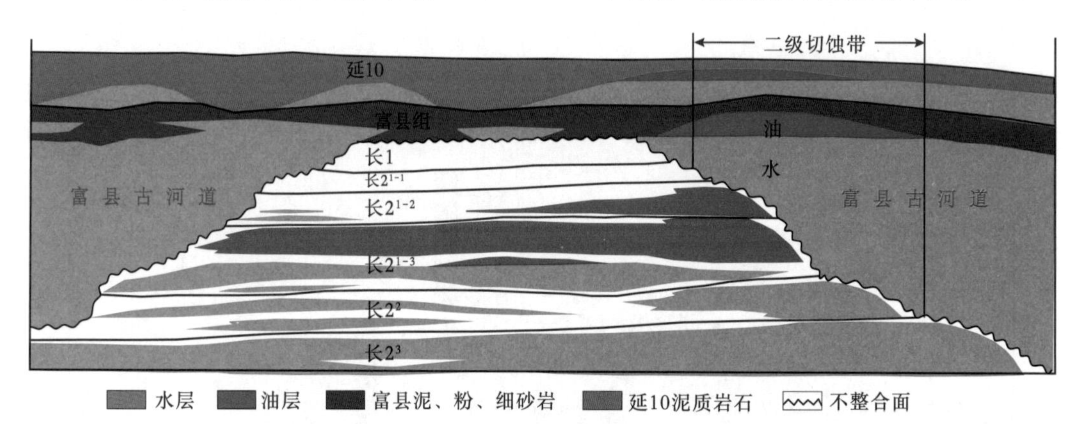

（c）河谷—河间丘成藏模式示意图

图 1-18　侏罗系富县组成藏模式示意图

a. 低残丘或河间丘控制的小幅背斜。由于低残丘和河间丘特殊的地貌位置和岩性组合，使得二级丘嘴成为吴起油区油藏分布主要部位。

b. 斜坡控制的小幅背斜。斜坡带位于低残丘或河间丘与下切河谷之间的过渡地带。斜坡带是前侏罗纪古地貌单元中坡度最大的地带。延长组长 7、长 9 的主要烃源岩生成的油气沿下切河谷提供的运移通道向上运移，在该斜坡带聚集成藏。斜坡带高点位置如果发育厚的河道砂体，且小幅背斜发育，那么容易在该部位形成油藏。

c. 砂岩透镜体控制的小幅背斜。砂岩透镜体油藏主要受沉积微相控制，一般该类砂体物性较好，由砂体经过差异压实作用形成小幅度背斜，有利于油气成藏。

d. 混合控制的小幅背斜。混合控制是指由上述因素中的两个及以上组合控制的小幅背斜。主要发育部位位于河谷与斜坡相交汇部位，如新 38 井区富县组油藏。

总之，随着勘探程度不断增高，被发现的侏罗系油藏规模将越来越小，油藏发现难度将不断增大。根据侏罗系油藏成藏特征，必须持续深化前侏罗纪古地貌精细刻画研究，细化各级支河、支沟展布，尤其是高地上及古河两侧各级支河、支沟精细刻画，不断拓展勘探领域；持续加大三维地震实施与技术攻关力度，加大二维地震老资料和测井资料重新解释技术攻关，提高砂体、圈闭预测精度和油层解释精度；勘探思路方面要不断解放思想，整体加大鄂尔多斯侏罗系油藏勘探力度，加大高风险勘探区成藏地质条件的深化研究，助推侏罗系石油勘探不断取得新发现。

三、三叠系延长组油藏特征

20 世纪 80 年代初，鄂尔多斯盆地侏罗系每年新增探明石油储量近 600×10^4t，但年产油一直在 140×10^4t 左右。为寻求突破，引入内陆湖盆河流三角洲成藏理论，提出了“东抓三角洲、西找湖底扇”的勘探思路，盆地勘探重点从侏罗系转入伊陕斜坡三叠系，对盆地东部延安、安塞三角洲和盆地西部镇北地区水下扇的三叠系延长组进行油气勘探。

1983 年，陕北安塞地区完钻的塞 1 井延长组长 2 段获日产油 64.5t 的高产工业油流，发现了安塞油田。至 1988 年底，成为鄂尔多斯盆地第一个以三叠系油藏为主、探明储量上亿吨的特低渗透大油田。1994 年，在安塞油田西面的靖边—志丹三角洲长 6 段获得突破，发现了靖安油田。1995—1999 年，靖安油田探明含油面积 427km^2，成为中国当时面积最大探明储量最高的特低渗透油田，开创了鄂尔多斯盆地低渗透岩性油藏高效勘探的先河。与此同时，发现镇北、绥靖等油田，探明胡尖山、演武等油田，迎来盆地第二个探明石油储量增长高峰期（张才利等，2021）。进入 21 世纪，三叠系多层系复合成藏、湖盆中部重力流复合控砂等重要地质认识的提出，指导了西峰、姬塬、华庆等亿吨级大油田的发现。近年来，在加大非常规资源勘探背景下，创新了陆相淡水湖盆源内非常规页岩油规模富集的地质认识，新发现了 10 亿吨级的庆城页岩油大油田。

（一）延长组油藏地质特征及其控制因素

1. 延长组油藏地质特征

三叠纪末期的印支运动在鄂尔多斯盆地演化中起到了重要的转折作用，使得晚三叠世至白垩纪沉积以碎屑岩为主，形成了大型内陆湖盆。

上三叠统延长组沉积时期，盆地开始下坳，进入大型坳陷湖盆发育阶段，具有稳定沉降、湖盆宽缓与沉积范围大等特点，湖盆演化经历了形成（长 10—长 8 沉积时期）—鼎盛（长 7 沉积时期）—逐渐消亡（长 6—长 1 沉积时期）的过程，广泛发育一套河流—三角洲—湖泊相碎屑岩沉积。由于东北、西南、西北三大物源的输入，供屑能力强，物源供应充足，加之湖盆稳定沉降及回返，沉积了一套厚千余米的湖相—三角洲相碎屑岩沉积建造，为大面积岩性油藏的形成创造了条件。湖盆从形成至消亡的演化过程中，因受盆地底形的控制，总体呈“西辫东曲”的沉积相特征，即盆地西部底形较陡，发育大型辫状河三角洲；而东部底形较缓，发育大型曲流河三角洲。长 8 沉积时期，湖盆总体水体较浅，发育浅水三角洲。由于湖岸线在枯水期和洪水期迁移范围大，加之水体浅，造成多期河道频繁摆动、交织分布、叠合发育，形成了大连片的砂体展布特征。长 6 沉积时期，由于物源供应更加充足，加之湖盆稳定抬升造成水体退缩，有利于形成规模较大的建设型三角洲。同时，关于深水区，通过开展湖盆底形恢复和坡折带研究，认识和落实湖盆中部三角洲与深水重力流多类型复合沉积的大规模砂体。湖盆长 8、长 6 沉积时期发育的大面积三角洲沉积砂体，为大面积岩性油藏及致密油藏的发育提供了储集砂体，为内陆坳陷湖盆大型三角洲油藏的形成奠定了基础。

三叠纪末期盆地整体抬升，并遭受长期风化侵蚀，使得富县组在盆地内部大部分地区缺失，在此基础上沉积了侏罗系。延长组油层具有一大（大型三角洲复合沉积体形成大面积分布含油气层）、二多（多沉积旋回的生储盖组合形成多含油气层段）、三低（油层渗透率低、油层压力低、产量低）的特点。

上三叠统延长组长 7 段底部发育的半深湖—深湖相碳质泥页岩为鄂尔多斯盆地中生界延长组和延安组油藏的主要烃源岩层，其分布面积广、有机质成熟度高、有效分布面积为 $5\times10^4km^2$，有机质成熟度 R_o 值在 0.85%~1.15% 之间。长 7 段沉积后，湖盆逐渐进入萎缩阶段，后期发育了长 6、长 4+5、长 3 和长 2 主要储集体。其中，鄂尔多斯盆地中东部，长 2 与长 6 是延长组主要含油层系。

长 6 沉积时期三角洲沉积体系围绕湖盆发育形成多个不同方向的物源区，其规模控制着长 6 砂体分布特征。据微观孔隙结构研究资料，安塞油田及其邻区长 6 油层平均喉道半径为 0.43μm，中值半径为 0.250μm，分选系数 2.30，退汞效率为 29.0%；靖安油田及其邻区长 6 油层平均喉道半径为 0.206μm，分选系数为 3.04，退汞效率为 31.9%，形成安塞、靖安长 6 油层低孔隙度（11%~14%）、特低渗透率 1×10^{-3}~$2\times10^{-3}μm^2$ 特点。同时，多个方向物源交汇又使得单一沉积相带分异不明显，砂体连续性和连通性较强，储层物性较好。长 6 沉积时期盆地主要物源方向为北东向和西南向，物源供给丰富，三角洲前缘砂体发育，由于受到华北板块与扬子板块碰撞产生的地震等构造活动，部分区域产生滑塌沉积、砂质碎屑流沉积以及浊流沉积。湖盆西南向发育大规模块状砂岩，属于砂质碎屑流沉积，同时伴生少量重力流的浊积岩相沉积。这些大规模砂体直接覆盖于长 7 油页岩和暗色泥岩之上，形成近源成藏优势，也是长 6 油层组富含油气的重要原因之一。

长 2 段沉积时期，由于盆地基底抬升，湖盆进一步萎缩，盆地主要发育河流沉积体系，砂体厚度较大，物性较好。

长 4+5 油层组和长 1 油层组主要发育厚度较大的泥岩，成为区域性盖层，为延长组大面积油藏形成与分布奠定了基础。长 6 油层组和长 2 油层组是延长组主要的产油层，主要以细粒长石砂岩为主，岩屑长石砂岩次之；物性整体表现为低孔隙度—低渗透至特低孔隙度—特低渗透特征。低渗透层一般呈非达西渗流特征，存在启动压差。安塞、靖安油田长 6 油层室内试验和矿场测试资料均表明，这类油层在驱动压差较低时，流体不能流动，只有当驱动压差达到一定临界值（启动压力）后，流体才开始流动。

2. 延长组油藏控制因素

陆相沉积盆地中，岩性、岩相变化频繁，储集体类型众多，不同类型的储集体相互叠置，有利于多种岩性圈闭的形成。鄂尔多斯盆地三叠系延长组中发现多种岩性油藏，依据岩性圈闭的成因，可将其分为以下几种主要油藏类型：砂岩上倾尖灭岩性油藏、砂岩透镜体岩性油藏、差异压实小背斜岩性油藏、非均质遮挡岩性油藏、成岩圈闭岩性油藏、构造（差异压实）—岩性油藏、沥青封闭岩性油藏、地层—岩性油藏（王峰，2007）。

鄂尔多斯盆地延长组的勘探与开发实践表明，延长组油藏主要受控于烃源岩、沉积微相及砂体展布等特征。

1）烃源岩与油藏

盆地烃源岩研究成果表明，延长组油源为同生油凹陷中的烃源岩，其中长 7 烃源岩生烃潜力贡献率达 75%。目前，已发现的油田，尤其是延长组下部油层组（即长 6—长 8）油田绝大多数分布在生油凹陷范围内，表明生油凹陷对油藏起着重要控制作用（图 1-19）。

油气运移一般都遵循流体势场运动原理，即由高势区向低势区运移，由势场强度大的区域向强度小的区域运移。进一步分析鄂尔多斯盆地各类油藏所处生油凹陷的位置可以看出，油藏多出现在烃源岩厚度变薄，生烃强度和排烃强度较低的低势区。

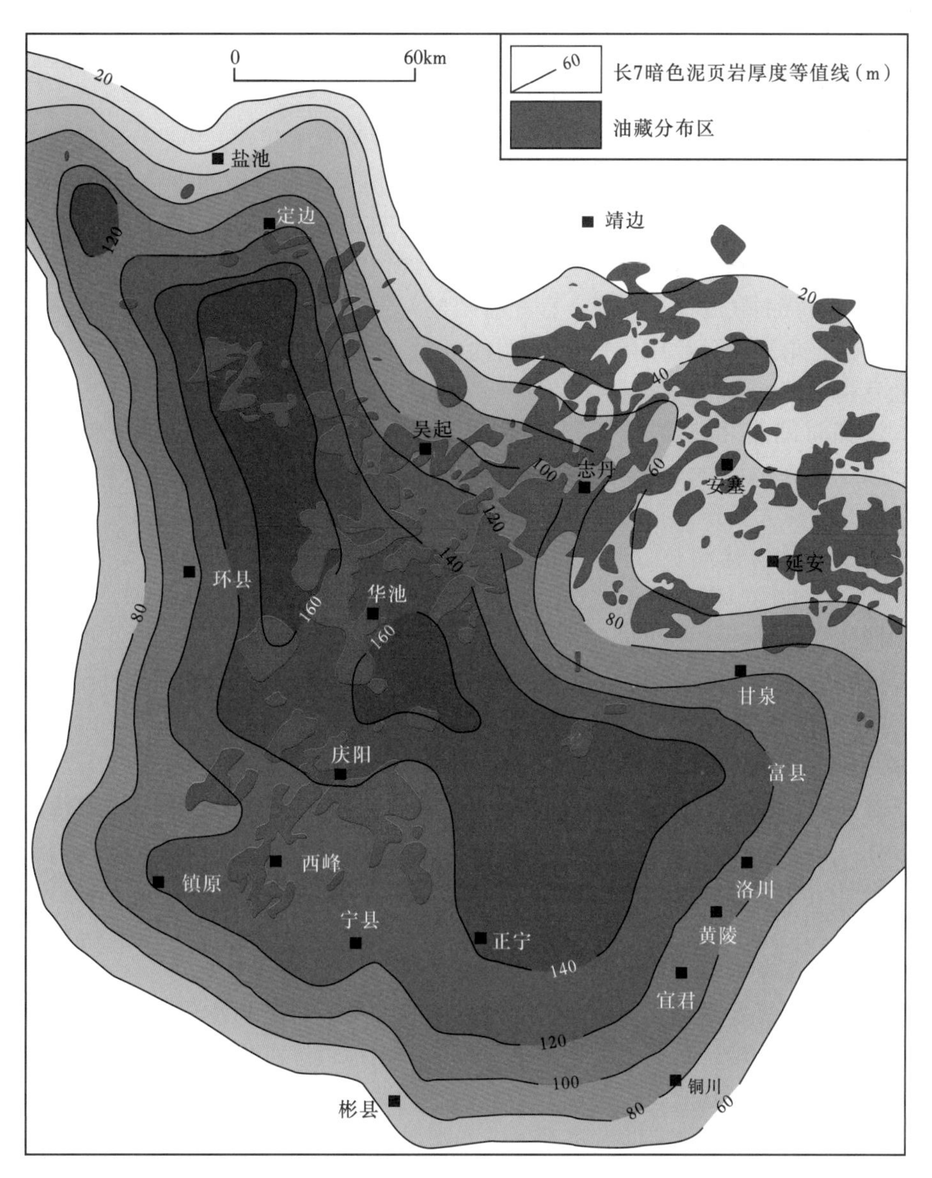

图 1-19　鄂尔多斯盆地长 7 段烃源岩与油藏分布叠合分布图（据杨华等，2012）

长 7 以油页岩为主的地层是盆地的主要生油岩层，作为主力储层的长 6、长 8 储层同样具有距离烃源岩近的天然优势。东北三角洲沉积体系长 6 储层相当发育，厚度较大，物性良好，砂体大面积连片，是大规模油藏富集的场所。另外，从流体势场运动角度分析，以油气相为主的流体在其运移过程中受自身低密度、高浮力等因素的影响，首先要向势能低的方向运移。研究认为，东北三角洲沉积体系的长 6 储层及部分地区的长 8 储层是油气运移的低势区；西南辫状河三角洲沉积体系的长 6 沉积了一套以泥质岩为主的地层，储集条件较差，而长 8 沉积了一套性能相对良好的砂岩储层，因此在西南辫状河三角洲沉积体系中，在长 6—长 7 烃源岩中形成的油气具有向下部压力低势区即长 8 储层运移聚集成藏的条件。从油藏分布看，在大体一致的区域西倾大单斜背景下，由于东北三角洲沉积体位于距离生油坳陷较远的上倾方向，东北三角洲油藏分布与生油凹陷低势区指向具有更好一致性。因此，生油凹陷异常压力低势区是油气运移指向区，也是有利勘探目标区。

2）沉积相带与油藏

有利沉积相带是油气富集成藏、大面积分布的重要地质基础，是油气运移聚集的最有利载体。寻找储层发育的有利沉积相带是评价石油预探区带、预测有利勘探目标的关键。延长组从长 8 到长 6 再到长 2 是一个由湖盆形成、发展至萎缩的演变过程，由此导致了砂岩粒度在纵向上由粗到细再到粗的变化。三角洲沉积体系的各个亚相，由于其距离油源的远近不同，在捕获油气的优先程度上存在着明显差异。三角洲平原、三角洲前缘、前三角洲等亚相中，三角洲前缘亚相具有砂体发育、储集性能良好、距离油源近等特征，是油气聚集的最有利相带。

长 6 沉积时期东北三角洲体系中，三角洲前缘水下分流河道砂体颗粒较粗，分选中—好，厚度适中，物性较好，渗透率大于 $1.0\times10^{-3}\mu m^2$ 的高渗透率区砂体连片分布，是陕北地区长 6 油藏大面积分布的最有利相带。

3）储层渗透率与油藏

油藏高产受油层厚度、储层孔隙度、渗透率、面孔率等多种因素控制，由于盆地延长组储层物性的非均质性和受储层孔喉连通性好坏等的影响，油藏产量与油层厚度、储层孔隙度、面孔率诸要素之间的线性关系不是十分理想。研究发现，渗透率与油藏产量的关系最为密切，二者相关性比油层厚度、面孔率等要素要好。

高渗透率是盆地东北三角洲长 6 储层获得高产的重要因素。通过对志靖—安塞地区 242 口井 4 万余块岩心分析资料统计发现，陕北志靖—安塞地区长 6 储层渗透率小于 $1.0\times10^{-3}\mu m^2$ 的样品占总样品数的 70%，而该地区产量大于 15t/d 的高产油井均分布在渗透率大于 $1.0\times10^{-3}\mu m^2$ 的较高渗透率频率区带内，充分表明储层渗透率是影响油井产量最重要的因素。

3. 延长组油藏分布特征

鄂尔多斯盆地三叠系延长组烃源岩与延长组湖盆的发育范围及分布区域一致，主要沿定边—华池—富县一带展布，该区生油条件好，向盆地边缘沉积厚度减薄，生油条件逐渐变差。延长组形成的南北两大沉积体系分别控制着储集砂岩的类型、岩性、物性、遮挡方式及其展布规律，盆内油气富集程度高的三角洲沉积砂体大致沿东北走向和西南走向。在形成有利储集砂体的河湖沉积体系的演化过程中，不同沉积演化阶段形成的砂体在物质成分、粒度、分选性、杂基含量及砂体组合类型方面也不尽相同，导致不同沉积环境下形成了不同类型的储层。盆地有利相带砂体储层的展布与油藏的分布范围一致，油藏围绕延长组生油中心呈环带状或半环带状分布。沿生烃中心分布的河流三角洲砂体是南北两大沉积体系中油藏分布的主要场所。油藏主要分布在生烃中心及其周围地区的岩性圈闭及岩性—鼻隆圈闭中，为延长组及延安组油藏的形成和富集提供了充足的油源。

其中，东北部发育以三角洲平原分流河道、三角洲前缘水下分流河道为主的有利储集砂体控制着油藏的分布。东北走向的三角洲储集砂体主要分布在陕北地区，油气能够大面积富集，与它们东侧（即油藏上倾方向）相带有着重要的联系，即三角洲砂体被分流间湾和水下溢岸粉砂质泥岩、泥质岩相分隔，形成油气运移的上倾岩相遮挡。同时，在延长组沉积时期随着深湖沉积中心的逐渐南移，沉积体系的主要展布方向及油藏位置也在该带中南移，并具有由盆地中心向边缘呈阶段状分布、含油层位增多、油藏规模变小的特征（王峰，2007；朱宗良等，2010）。

相关研究认为，延长组长 1 油层主要分布在安边—吴起—华池一带以西的部分地区；长 2 油层主要分布在定边—姬塬—华池—富县—子长—靖边一带所包围的区域；长 3 油层组主要分布在吴起—正宁以西的部分地区；长 4+5 油层主要分布在姬塬—吴起一带，在延安南部也有分布；长 6 油层主要分布在靖边—姬塬—环县—庆城—延长一带所包围的区域；长 7 油层组在富县—洛川一带较为发育；长 8 油层主要分布在姬塬附近、环县附近、安塞附近、庆阳—庆城附近：长 9 油层主要分布在定边附近、安边附近；长 10 油层主要分布在志丹—安塞之间。

延长油区延长组长 4+5 至长 8 油藏主要受沉积作用控制，多属岩性圈闭油藏，而长 2 油藏多由构造和岩性两种地质因素共同控制。延长组主力含油层系长 2、长 6 油藏精细分析发现，长 2 油藏埋深 59~1700m，埋深由东到西逐渐增加，油藏成藏受岩性—构造作用控制较多，多形成砂岩油气藏，为弹性—溶解气驱，油水分异不明显，初始地层压力 2.34~9.45MPa，地层温度 27.0~43.9°C，饱和压力 0.68~7.00MPa，压力系数 0.82~1.05，气油比 3.84~36.50m^3/t，储层为强—弱亲水、弱速敏、中等偏强—中等偏弱水敏、弱酸敏、无盐敏。长 6 油藏埋深 210~1800m，油藏成藏受沉积作用控制，多属岩性圈闭油藏，为弹性—溶解气驱，油水混储，地层温度为 25.0~53.6°C，饱和压力 0.35~9.10MPa，压力系数 0.86~0.95，气油比为 2.17~99.00m^3/t（李建新，2019）。

（二）延长组油藏成因机理及成藏模式

1. 延长组油藏分布的成因机理

鄂尔多斯盆地延长组沉积期湖盆演化经过了湖盆由兴盛到衰亡的过程。延长组长 10—长 7 沉积时期为湖盆的形成与湖进期，长 7 为湖盆发育的全盛时期，沉积了晚三叠纪延长组主要的湖相生油岩；长 6—长 2 沉积时期为湖盆的建设与逐渐萎缩时期，此时三角洲广泛发育，其间又有若干个水进水退的次级旋回，形成良好储层和局部盖层；长 1 沉积时期是湖盆萎缩沼泽化的时期，沉积了湖沼相泥质岩，成为区域性盖层，从而在纵向上形成了完整的生储盖组合。

平面上，鄂尔多斯盆地延长组主要发育东北、西南两大沉积体系，各沉积体系沉积环境、储层特征、储盖组合、圈闭类型不同，成藏模式也有显著的变化。盆地东北部在湖盆底形平缓的背景下发育曲流河三角洲体系，砂体呈席状、朵状展布。油藏多富集在三角洲前缘水下分流河道和河口坝砂体组合中。由于坡度较缓，每次湖进（或湖退）都会使得湖岸线迁移的距离较远。湖退期发育的三角洲砂体往往被湖进沉积的细粒沉积物所覆盖，纵向上构成了长 6—长 4+5 和长 2—长 1 两套较好的储盖组合。尽管长 2 储层中的砂岩粒度比长 6 储层粗，砂岩成分成熟度较长 6 高，压实作用较长 6 砂岩弱，物性总的来说比长 6 储层好，但由于长 2 储层距离长 7 烃源岩较长 6 远，捕获油气的概率明显降低，所以长 2 储层含油性整体比长 6 明显变差。

盆地西南部在湖盆底形较陡的背景下发育辫状河三角洲体系，砂体呈条带状展布。油藏多富集在三角洲前缘水下分流河道和河口坝以及前缘滑塌的浊积岩砂体中。由于坡度较陡，湖平面的升降使岸线迁移的水平距离较短，从而导致湖盆演变过程中西南部湖岸线迁移幅度较小。盆地西南缘紧邻长 7 生油凹陷，由辫状河三角洲迅速入湖后的三角洲前缘砂体及浊积岩，在水下发生岩性、岩相变化，由砂岩相变为泥岩，形成侧向遮挡而聚集成藏。

生油凹陷边缘是油藏形成和分布最集中的区域，三角洲前缘砂体是油气聚集的主要场所。现已发现的油田均位于生烃凹陷内部和周边，特别是生烃凹陷边缘的三角洲前缘斜坡带，更是油气最佳聚集的场所。这是由于延长组烃源岩排烃压力不高，储集砂体多为低渗透砂岩，构造运动以整体下沉和抬升为主，地形平缓坡降很小，大型断裂不发育，这种相对稳定的地质构造和相对简单的运移聚集特征与低孔、低渗透大面积分布的储集体相配置，决定了中生界油气具有生烃中心控制的环状聚集模式，使得油气多聚集在伸入或者接近烃源岩层的砂岩中（王峰，2007）。

2. 延长组油藏成藏演化模式

油藏分布遵循“源控论”和“相控论”，主要聚集在近源的三角洲前缘砂体中。勘探成果表明，三叠系延长组油藏主要聚集在邻近生烃中心的三角洲前缘分流河道、河口坝、平原分流河道及深湖—半深湖区的浊积砂体之中受沉积物源的控制，鄂尔多斯盆地三叠系延长组主要发育东北、西南两大沉积体系。其中，长 7 沉积期为湖盆发育最鼎盛时期，形成了一套广覆式分布、品质超优的烃源岩。长 6、长 8 分别与长 7 上下紧邻，源储距离近，具备近源成藏的有利条件。长 7 烃源岩生烃增压作用明显，与长 6、长 8 存在很高的源储压差；同时，长 8—长 6 天然裂缝发育；长 7 生成的石油在高的源储压差下，通过裂缝与叠置的高渗砂体共同输导，大面积向下、向上充注。经过晚侏罗世至早白垩世的长时期连续充注聚集，在长 6、长 8 形成了大型低渗透—致密油藏（付金华等，2021）。由于成因机理的差异形成了不同的石油成藏模式，形成了关于内陆坳陷湖盆大型三角洲满盆富砂、相对优质储层形成机理以及“生烃增压、大面积充注、多种输导、连续性聚集”等成藏认识。

鄂尔多斯盆地中生界延长组低渗透致密砂岩储层有独特的油气运聚成藏模式，这种模式是在大型坳陷型湖盆沉积背景下，油气充注后盆地稳定发育、未经强烈构造改造与变形的地质环境中形成的（郭彦如等，2012）。主要经历了成藏前、第 1 期充注、油藏破坏、第 2 期充注、第 3 期充注、抬升调整等阶段。

（1）成藏前（侏罗纪末期以前）。

侏罗纪末期以前，延长组长 6—长 8 主要输导层具有良好的孔渗性，砂体间的连通性较好。但烃源岩处于未成熟阶段，未发生油气的生成与运移（表 1-9）。

（2）第 1 期充注（侏罗纪晚期）。

长 7 为主的烃源岩进入热演化低成熟阶段，长 7 优质烃源岩开始生成低 / 未熟油，油质差，储层物性良好，运移动力为浮力，早期形成的低熟油气在浮力作用下发生近源多点面状充注，油气沿砂岩输导体系向湖盆四周构造较高部位的三角洲前缘砂体聚集成藏，一般在有利的岩性圈闭中形成小规模聚集（表 1-9）。

（3）油藏破坏（侏罗纪末期）。

侏罗纪末期，构造抬升，烃源岩热演化程度降低，生烃作用停止。盆地翘倾导致大部分可以运移的油气被氧化、水洗或产生分异等，已聚集的油藏被破坏而散失，残余沥青质充填孔隙（表 1-9）。

（4）第 2 期充注（白垩纪早期）。

早白垩世盆地持续大幅度沉降，成岩作用持续进行，使得大部分输导层变得低渗透。

油气发生运移、聚集，其运移路径与第 1 期类似。烃源岩热演化进入低成熟—成熟阶段，低成熟 / 成熟油油质一般，储层物性较好，运移动力为浮力和毛细管力。

（5）持续成岩（早白垩世期间）。

成岩作用持续进行，压实作用、胶结作用等造成储层物性变差，低孔低渗条件形成。

（6）第 3 期充注（早白垩世中晚期）。

早白垩世中期，延长组大面积烃源岩进入成熟阶段，大量生排烃，第 3 期充注的油气利用先前运聚过程中形成的残留路径网络，在一些优势输导通道内发生长距离侧向运移和较大规模的油气聚集，油气运移动力为浮力和源储压差。到早白垩世晚期，随着储层致密化，原油只能在已聚集过油的储层（大多表现出亲油性）内运移，运移动力主要为烃源岩主生烃期形成的强超压（表 1-9）。安塞油田源储压差统计数据表明，形成规模储量的源储压差一般在 5.5~13.0MPa，且油藏储量规模与源储压差成正比。

（7）抬升调整（早白垩世晚期以后）。

先期充注原油在晚白垩世期间因盆地的不均匀抬升而不断调整，因储层物性差、呈亲油性，局部低渗透岩性油藏发生缓慢调整；而在成岩作用下形成的致密岩性油藏，在后期盆地的变形和翘倾过程中，地温下降，孔渗条件虽有所改善，但仍处于致密封闭状态，流体动力的影响很小，因而致密岩性油藏得以完整保留。长 4+5 及其上部远源储层由于断裂的改造，沟通长 7 烃源岩和部分油藏，发生长距离运移而形成次生油藏（表 1-9）。

总之，根据鄂尔多斯盆地生储盖配置关系差异，主要发育 2 种不同成藏模式，即湖退背景下的东北曲流河三角洲成藏模式和湖侵背景下的西南辫状河三角洲成藏模式。其中，东北曲流河三角洲成藏模式以长 6、长 4+5、长 2 油层为主，以安塞、靖安、吴起、志丹和姬塬油田为代表。

表 1–9　鄂尔多斯盆地中生界延长组成藏演化模式图（据郭彦如等，2012）

地质时代	成藏演化模式示意图	成藏演化阶段
早白垩世晚期以后	 西峰地区　安塞地区　→ NE 延安组 长2 长3 长4+5 长6 长7 长8¹ 长8² 长9	抬升调整
早白垩世中晚期	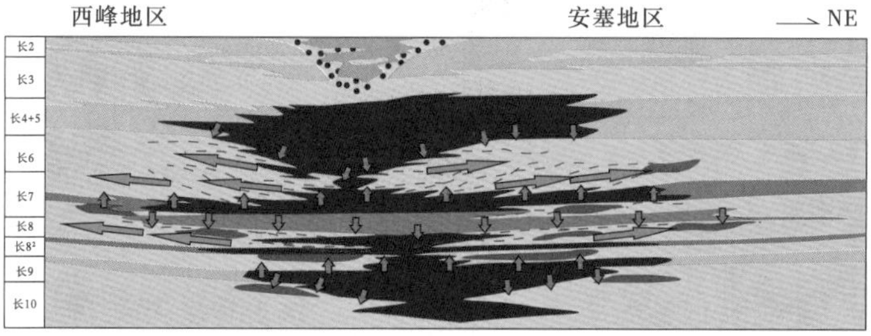 西峰地区　安塞地区　→ NE 长2 长3 长4+5 长6 长7 长8 长8² 长9 长10	第 3 期充注

续表

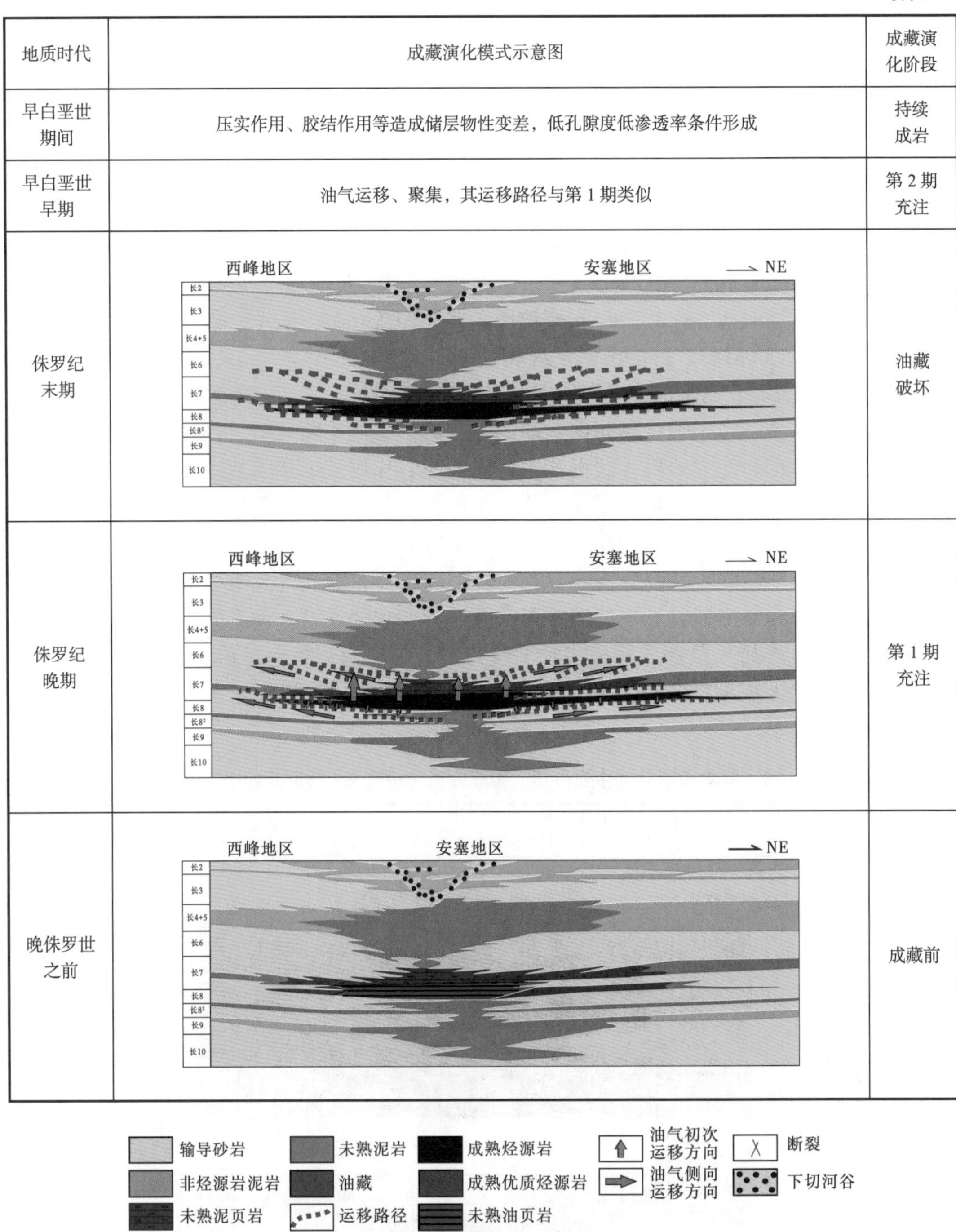

地质时代	成藏演化模式示意图	成藏演化阶段
早白垩世期间	压实作用、胶结作用等造成储层物性变差，低孔隙度低渗透率条件形成	持续成岩
早白垩世早期	油气运移、聚集，其运移路径与第1期类似	第2期充注
侏罗纪末期		油藏破坏
侏罗纪晚期		第1期充注
晚侏罗世之前		成藏前

东北曲流河三角洲成藏模式是受区域性湖进、湖退作用影响而在三角洲前缘亚相形成的“下生上储”型成藏组合（图1-20）。其下伏长7沉积时期发育的深湖相暗色泥岩是该模式的主力烃源岩，储层则以长6沉积时期盆地东北部三角洲建造最为发育时期沉积形成的砂岩储集体为主。长6沉积晚期，湖岸线持续向湖盆中心收缩，其间发育曲流河三角洲

前缘分流河道砂体，由于地形较为平缓，河道横向摆动频繁，导致沉积砂体纵向上相互叠加，横向上复合连片，同时受湖浪的淘洗，砂岩分选较好，储层物性好。该类储集砂体不但在纵向上直接叠置于烃源岩之上，而且在横向上呈指状、朵状展布的三角洲前缘砂体直接穿插于深湖相泥岩之中，构成了最佳的生储配置。长 4+5 沉积时期为新的一期湖进期，在长 6 沉积时期三角洲前缘砂体最为发育的地域沉积了呈互层状分布的长 4+5 浅湖相薄层泥质粉砂岩、粉砂质泥岩，成为东北三角洲油藏较好的区域性盖层；而在长 6 沉积时期分流河道间湾及洼地发育的泥岩则构成了储集体上倾方向的有利遮挡条件，互相叠置的储集砂体和微裂缝是油气纵向运移的重要通道，进而在三维空间上构成了长 6—长 4+5 的有利储盖组合，从而使盆地东北沉积体系（陕北地区）成为长 6 油藏的重要富集区。

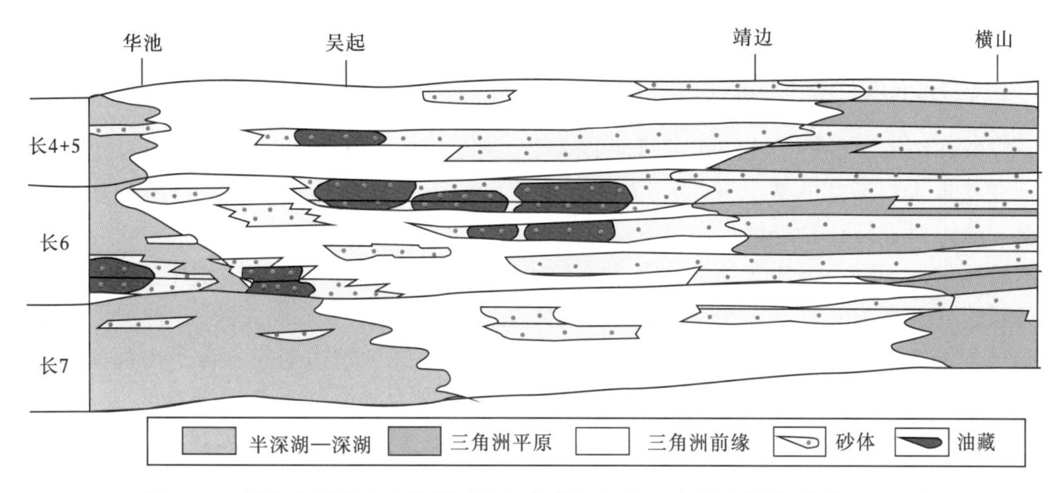

图 1-20　鄂尔多斯盆地东北部延长组成藏组合剖面示意图（据杨华等，2007）

第三节　注水开发概况

注水开发是油田降低递减率、提高采收率、提高开采效益的重要手段。近年来，延长油田立足科技增效，大做注水“文章”，举全公司之力打基础、补短板，特别是自 2010 年以来，延长油田将注水作为一项重要任务，连续启动多轮“注水大会战”，坚定不移推进注水开发，为油田扩油上产奠定了坚实基础。

一、注水开发历程

延长油田在 2010 年以前，处于“注水探索试验”阶段，先后在七里村、青化砭和偏桥等区域开展单井、井组和面积注水试验，探索注水技术，储备了一定注水经验；在 2010 年至 2015 年，处于“注水基础夯实”阶段。2010 年 12 月 8 日，延长油田召开注水开发工作会议，确定于 2011 年至 2013 年实施“三年注水规划”。建成各类注水站点 291 座及大量配套附属设施。经过公司从上到下的齐心协作，长期“重油轻水、重采轻注”的观念有所转变，为延长油田注水开发奠定了坚实基础，更增强了延长油田注水开发的信心。经过“三年注水规划”的实施，在稳油控水方面取得了一定成效，但是从总体上看，在观念意识、技术攻关、内部管理等方面依旧存在较多问题。

2015 年，面对现有资源严重匮乏、后备资源严重不足的现状，为进一步深化、细化、强化注水开发，系统、深入、高效推进精细注水工作，延长油田启动了“三年注水大会战”。两级注水项目区从最初的 8 个增加到 71 个，其中公司级注水项目区 26 个，厂级注水项目区 45 个。开发面积达 2183km^2，年产油量 557×10^{4}t。

2018 年，延长油田乘势而上，启动新“三年注水大会战”，两级注水项目区达到 113 个，其中，公司级注水项目区 36 个，厂级注水项目区 77 个。开发面积 3586km^2，年产油量 715×10^{4}t。

2021 年，接续启动“三年精细注水大会战”，按照“效益为先，分类治理，梯次推进，整体提升”的工作思路，根据油藏特征与开发现状，将油田开发区块进行分类，油田注水开发向精细化迈进。

二、注水项目区概况

延长油田第一批公司级注水项目区共 8 个，在 2016—2018 年的“三年注水大会战”期间，在基本未打新井的情况下，实现净增油 24.92×10^{4}t。随着延长油田区块注采井网逐步完善，油田对提升开发质量、实现效益开发提出了更高要求。

按照整体规划、分步实施、逐渐完善的思路，从油田 136 个注水区块中选取第一批 8 个项目区，按照好、中、差分为“4 个见效区、2 个完善区、2 个攻关区”3 种类型，选取吴起吴仓堡、吴起柳沟、志丹甄家峁、榆咀子、定边学庄、靖边老庄、杏子川郝家坪、宝塔丰富川为延长油田公司级注水项目区（图 1-21），作为公司注水会战试点区域。其中 4 个“见效区”，分别是吴起柳沟、吴仓堡、定边学庄、靖边老庄注水项目区，2 个“完善区”分别是志丹甄家峁、榆咀子注水项目区，2 个“攻关区”分别是宝塔丰富川、杏子川郝家坪注水项目区。

图 1-21　延长油田公司级注水项目区分布图（第一批）

注水见效区：2011年以前以天然能量开发为主要开发方式，各项目区基本于2011年前后开始注水，随着项目区进入注水开发阶段，综合含水率上升得到有效缓解，但是注采井网依旧不完善，注采比不合理，注采井数比极低，配注量小，实注量达不到配注要求，地层能量得不到有效补充，含水率逐年上升，产量仍出现递减趋势，开发效果未大幅改善。

如学庄注水项目区，区域面积18.00km^2，截至2015年动用含油面积12.08km^2（其中延10油层含油面积1.97km^2，长2油层含油面积6.62km^2，长6油层含油面积3.49km^2），动用地质储量573.5×10^{4}t。开采层位涉及延10、长2和长6，其中以长2和延10为主。

学庄注水项目区于2010年开始投入开发，截至2015年，其开发历程可分为3个阶段。2010年3月至2013年12月为扩大规模上产阶段，开井达到120口，日产油达到500t；2014年1月至2014年12月为试验注水阶段，全年转注13口井，日注水200m^3，产量从500t/d下降到360t/d；2015年1月至2015年12月为强化注水阶段，新转注14口，达到27口，日注水达到330m^3，日产油下降至250t。

截至2015年底，共有油水井181口，油井152口，开井141口，日产液1106.1m^3，日产油251.30t，综合含水率73.1%，累计产液117.6×10^{4}m^3，累计产油43.0×10^{4}t；注水井29口，开井29口，日注水320.0m^3，累计注水17.1×10^{4}m^3，累计注采比0.13。井网密度14口/km^2。该注水项目区成立前没有完善的注采井网，注水井主要集中在长6、长2产层，其中，长6产层涉及16口，长2产层涉及12口，延10产层仅涉及1口。

注水完善区："三年注水大会战"启动之前，已经进行了注水试验或者已经进行大规模注水开发，但是项目区井网布置不规则，注采井距大，导致注入水控制作用弱，油井间易于形成水动力滞留区，实际水驱见效面积小且连片性差，注水井波及范围小，整体平面水驱效果较差，实际储量动用程度较低。需要针对不同油田区块在注水开发中出现的问题，对各注水项目区储层开展精细评价并选择合适井网，进行精细调整。

如榆咀子注水项目区在2004年2月之前处于试采阶段，采油井数较少，产量不超过100t/d；2004年3月至2005年12月处于建产上产阶段，日产油上升到400t以上，最高达到500t；2006年1月至2007年6月，以天然能量开发为主，产量下降较快；2007年7月至2010年12月，日产油基本稳定在200t左右。2011年至2015年12月，为产量缓慢下降阶段，综合含水率逐渐升高（图1-22）。

2002年8月8日，根据油田地质构造特点，确定采用正方形反九点法正方形注采井网注水开发。当年部署实施生产井347口，开井127口，注水井8口，年产原油2.40×10^{4}t。

2003年继续扩大勘探开发规模，油藏注水开发初见成效，全年完成生产井922口、探井22口、注水井140口，投注129口。建成注水站2座、配水间7座，其中丰1站有注水井119口，丰2站有注水井10口，年累计注水增产原油3000.0t，见效程度30.00%。油井总数由347口增加到1322口，开井925口，年产油上升到30.0×10^{4}t，采油速度3.50%，地质储量采出程度3.89%，可采储量采出程度27.80%，综合含水率24.90%，年自然递减率26.10%，年综合递减率26.10%。

8个注水项目区从1995年起先后投入开发，2002年起陆续进行注水开发，动用面积217.3km^2，动用储量1.27×10^{8}t，水驱面积184.0km^2，水驱储量1.07×10^{8}t；主力层位涉及侏罗系延安组延9、延10以及三叠系延长组长2、长6油层组，涉及总井数3891口，其中

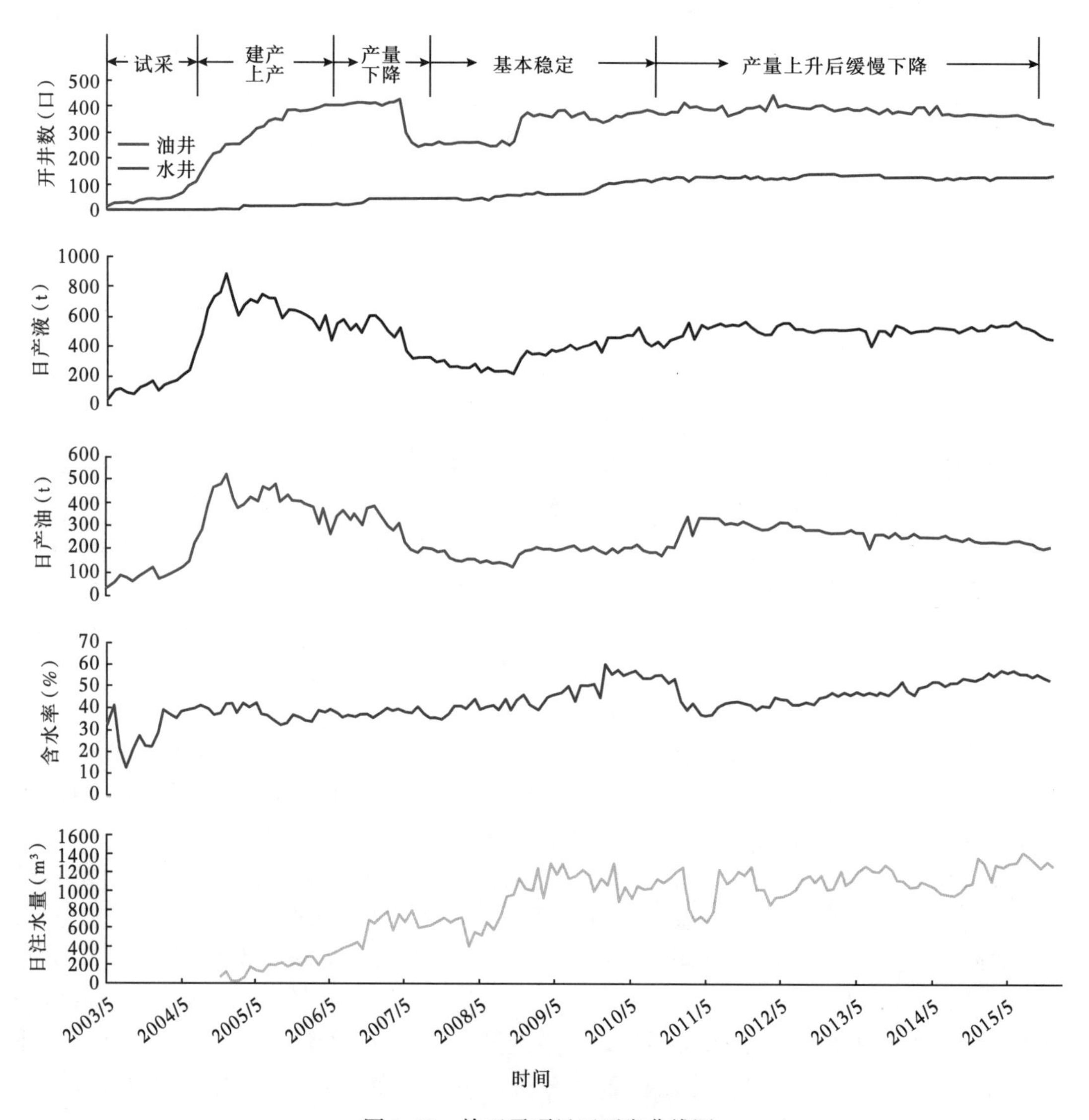

图 1-22　榆咀子项目区开发曲线图

采油井 2839 口，开井 1568 口，日产液 6236m^3，日产油 2048t，综合含水率 61.4%，采出程度 10.87%，注水井 1052 口，开井 855 口，日注水量 9842m^3，日注采比 1.51，共有注水站 25 座，日注水能力 14000m^3。

"三年注水大会战"(2016—2018 年)期间，围绕油田总体部署，分两批建立公司级注水项目区(图 1-23)，第一批 8 个注水项目区开发面积 237.5km^2，油井开井 1714 口，日产油 2267t，综合含水率 58.9%，累计注采比为 0.47。第二批建立 15 个注水项目区，开发面积 664.5km^2，注水面积 347.2km^2，油井开井 4839 口，日产油 5209t，综合含水率 63.3%，累计注采比为 0.59。两批公司级注水项目区开发面积合计共 902.0km^2，占延长油田开发总面积的 13.8%，总井数 13242 口，占延长油田总井数的 12.1%，日产油合计 7476t，年产油 270×10^4t，占延长油田总产量的 24.1%(图 1-24)。

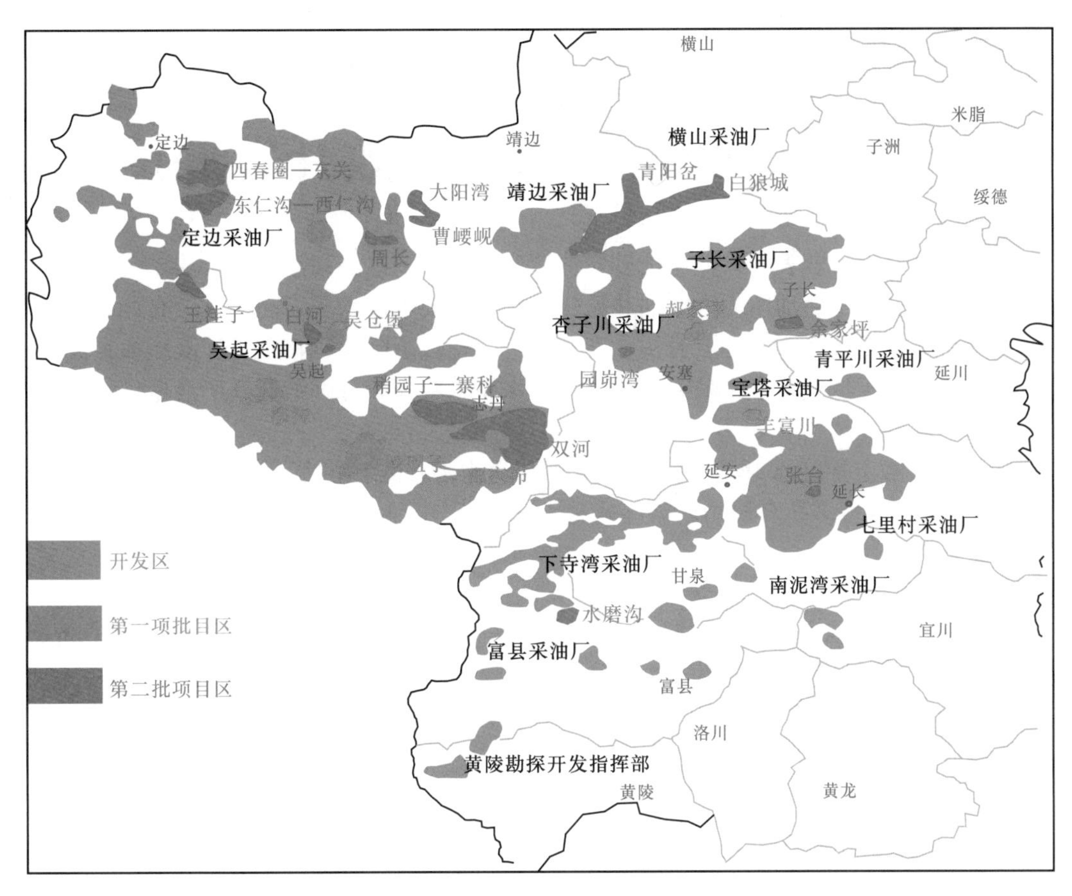

图 1-23 延长油田公司级注水项目区分布图（第一批 + 第二批）

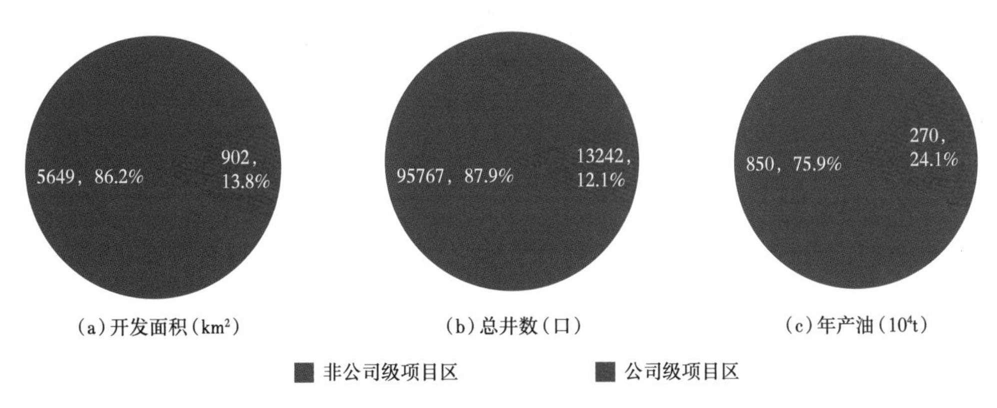

图 1-24 延长油田公司级注水项目区全油田占比示意图

第二章　低渗透油藏高效开发理论

大量注水开发实践表明，低渗透砂岩油藏普遍出现一些与高渗透砂岩油藏明显不同的注水开发特征。由于启动压力大、油井见效慢，因此要求注水压力高，且具有一定的驱动压力梯度；油井见水后含水率上升快，产液、产油指数下降快，特别是产液指数在高含水期以前，一直处于较低水平，最终综合表现为水驱采收率较低，给提高产液量、实现增产带来很大困难。

低渗透油藏上述注水开发特点，是由于其油水渗流规律的复杂性和特殊性。一般而言，油水（流体）在多孔介质中的渗流规律，取决于三大因素：一是流体，主要是流体的组成和物理化学性质；二是多孔介质，主要是多孔介质的孔隙结构和物理化学性质；三是流动状况，主要是流动的环境和条件，以及流体与流体、流体与多孔介质之间的相互作用。对比低渗透与中、高渗透砂岩油层的上述 3 个因素，在流体一致的条件下，高渗透、低渗透油层中油水渗流特征差异主要受控于多孔介质特征，即储层孔隙结构。

第一节　低渗透油藏油层物理特征与渗流理论

一、低渗透油藏油层物理特征

为进一步深入讨论孔隙结构对渗流特征的影响，需要充分认识低渗透砂岩油层孔隙结构特征的特殊性。低渗透砂岩储层渗透率低的根本原因，是由于孔喉半径小、小喉道连通孔隙占孔隙体积比例大。

根据低渗透油层特点，主要从小喉道连通孔隙、低渗透率油层表面油膜、毛细管力、贾敏效应、卡断现象、可动流体饱和度、渗吸现象、低渗透流固耦合特征等表征低渗透油层的物理特征。

（一）小喉道连通孔隙

碎屑岩储层渗透率与其平均喉道半径具有很好的相关性，统计分析其孔喉分布特征（不同尺寸喉道连通的孔隙体积百分比），表明小喉道所占有的孔隙体积越大，渗透率越低。表 2-1 是根据鄂尔多斯盆地压汞资料整理统计出的不同渗透率岩样中喉道半径分别小于 1.00μm、小于 0.75μm 和小于 0.50μm 的孔隙体积占总孔隙体积的百分比。

从表 2-1 中可以看出，对于中、高渗透油层来说，如渗透率为 $1000\times10^{-3}\mu m^2$，半径小于 1.00μm 的小孔喉所占孔隙体积的比例仅 18%，因此，对于高渗透油层而言，采出的原油主要来自大孔喉连通的孔隙。但对于低渗透油层来说，小孔喉连通的孔隙体积所占比例非常大，如渗透率为 $3\times10^{-3}\mu m^2$ 油层，小于 1.00μm、小于 0.75μm 和小于 0.50μm 的小孔喉连通的孔隙体积分别占总孔隙体积的 70%、53% 和 43%；渗透率为 $1\times10^{-3}\mu m^2$ 的油层，小于 1.00μm、小于 0.75μm 和小于 0.50μm 的小孔喉连通的孔隙体积分别占总孔隙体积的 88%、70% 和 57%。因此，对于低、特低渗透油层来说，采出的原油主要来自小孔喉连通的孔隙。流体通过小孔喉的渗流与通过大孔喉的渗流有明显差别，当孔喉小到一定程度时，将导致渗流规律发生变化。

表 2-1　各类喉道连通孔隙体积占总孔隙体积的百分比表（据李道品，2003）

渗透率（$10^{-3}\mu m^2$）	各类喉道连通孔隙体积占总孔隙体积的百分比（%）		
	＜1.00μm	＜0.75μm	＜0.50μm
＞1000	＜18	＜16	＜13
1000~500	18~21	16~18	13~14
500~200	21~25	18~21	14~17
200~100	25~30	21~25	17~20
100~50	30~35	25~29	20~24
50~20	35~43	29~35	24~30
20~10	43~50	35~40	30~33
10~5	50~60	40~47	33~37
5~3	60~70	47~53	37~43
3~1	70~80	53~70	43~57
＜1	＞88	＞70	＞57

（二）低渗透率油层表面油膜

原油由烃类和非烃类化合物组成，含有大量的极性物质，当它们与岩石颗粒表面接触时，就表现出明显的相互作用。这样，岩石颗粒表面就形成一个富含极性物质的特殊液体层。这个液体层多为原油的重质组分和胶质沥青质，黏度和密度大，它们的性质都明显地区别于体相原油的相应值。这种特殊的液体层就是通常所讲的原油边界层。

原油边界层的厚度与多孔介质的结构、原油性质有关，多孔介质的孔喉越小，原油中胶质沥青质含量越高，密度、黏度越大，原油边界层也就越厚，从而对低渗透油层中油水渗流规律产生重大影响。

1. 原油边界层与孔喉半径的关系

一些学者的实验研究表明，在同一压力梯度下，毛细管半径减小，则原油边界层厚度增加。表 2-2 列出了某低渗透田 X 井中的分析数据及其相关性（И.Л.Мархасин，1977）。

表 2-2　X 井原油边界厚度与毛细管半径的关系表（据 И.Л.Мархасин，1977）

毛细管半径（μm）	不同驱动压力梯度下原油边界厚度（μm）					
	4.9×10^{-1} MPa/m	19.6×10^{-1} MPa/m	184×10^{-1} MPa/m	463×10^{-1} MPa/m	1847×10^{-1} MPa/m	4056×10^{-1} MPa/m
350	0.52	0.34	0.24	0.20	0.15	0.14
100	0.65	0.37	0.33	0.25	0.19	0.15
62.5	0.65	0.39	0.33	0.27	0.21	0.17
9①	0.70	0.55	0.45	0.40	0.34	0.30
1.5②	0.78	0.59	0.48	0.45	0.38	0.35

①石英砂，粒度，0.12~0.15mm，比表面，700cm²/g；
②玻璃砂，粒度，0.03mm。

由表 2-2 可知，油层孔喉越小，原油边界层的厚度越大；特低渗透储层喉道半径细小，使原油边界层厚度大幅增加。原油边界层对低渗透、特低渗透油层中的流体渗流有着重要影响。

2. 原油边界层厚度与原油性质的关系

对不同性质的原油，其原油边界层的厚度也不同，沥青质含量较多的原油，在其他条件相同情况下就会形成厚度较大的原油边界层（图 2-1）。

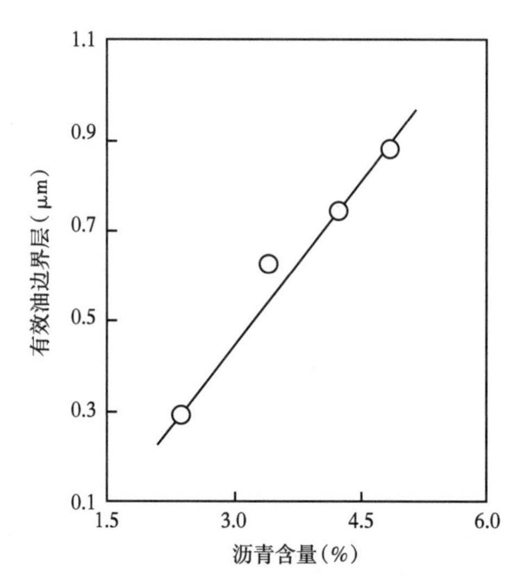

图 2-1　原油边界层厚度与原油沥青质含量的关系曲线（据 И.Л.Мархас и н，1977）

由于原油是一个复杂的烃类混合物，影响原油性质的因素众多，对原油边界层厚度的影响因素也是多种多样，不仅沥青质含量对边界层厚度有影响，沥青质的分子量分布和沥青质中某些金属络合物的含量，都会对原油边界层厚度有影响。

3. 原油边界层厚度与压力梯度的关系

由于边界层内原油的组分呈有规律的变化，越靠近固体表面的部位，重质油、胶质和沥青质的含量越大，远离固体表面的部位，原油边界层内原油的组分逐渐过渡到原油体相的组分，距离固体表面的不同部位，原油边界层有不同的结构力学性质。

不同压力梯度只能驱动具有相应结构力学性质的原油，不同结构力学性质的原油，有各自相应的极限剪切应力，当剪切应力等于或大于极限剪切应力时，原油才能流动。这就是在低渗透或特低渗透油层中渗流时呈现一定启动压力梯度的根本原因。

表 2-2 中列出的 X 井原油在石英砂表面的边界厚度，石英砂粒度为 0.12~0.50mm，比表面为 700cm^2/g，平均孔隙半径为 9μm。由表 2-2 可知，随着压力梯度增加，原油边界层厚度减小，二者之间的关系可用式（2-1）表示：

$$h=\frac{A}{\left(\frac{\Delta p}{L}\right)^{n}} \tag{2-1}$$

式中　h——原油边界层厚度，μm；

$\Delta p/L$——驱动压力梯度，MPa/m；

A，n——常数。

双对数坐标中，回归上述低渗透油田的 X 井中原油边界层厚度与驱动压力梯度之间的关系，可以得到一条直线（图 2-2），从中可确定出：A=0.64，n=0.126。

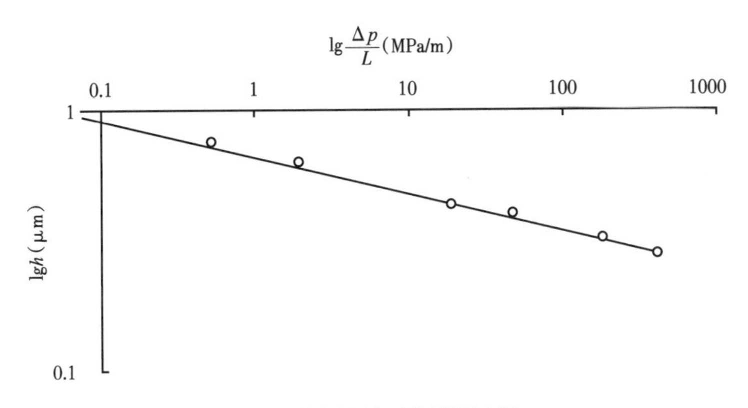

图 2-2　原油边界层厚度与压力梯度的关系曲线图（据 И. Л.Мархас и н，1977）

4. 原油边界层中原油占储量的比例

原油边界层中，越靠近固体表面的地方，其原油的流动越需要更大的驱动压力梯度。这说明，原油边界层的结构由于接近固体表面而变得更牢固了，同时也说明，在原油边界层中越靠近固体表面的地方，其原油的黏度和极限剪切应力也越大，其开采难度也越大，并将影响采收率的大小，因此，有必要对这类原油占储量的比例进行估算。

实际油层的孔隙结构很复杂，具有很强的非均质性，平均孔隙半径也非常小，特别是低渗透和特低渗透油田，这种特点更明显，对原油边界层的影响更大。模拟实验揭示，当储层平均孔径为 3μm 时，原油边界层厚度为 0.5μm，原油边界层中储油量占总储油量 30%；原油边界层厚度为 0.7μm，储油量占总储油量的 41%；原油边界层厚度为 1.0μm，储油量占总储油量的 55%（表 2-3）。因此，原油边界层厚度越大，难以流动的原油越多，再加上储层非均质性的影响，将有更多石油滞留在孔隙中。

表 2-3　不同孔道中原油边界层原油占储量的比例表

孔道半径 r（μm）	边界层厚度 h（μm）	h/r	边界层内原油份数 F（%）
0.5	0.5	1.000	100.00
1.0	0.5	0.500	75.00
	0.7	0.700	91.00
3.0	0.5	0.170	30.56
	0.7	0.230	41.22
	1.0	0.330	55.56
5.0	0.5	0.100	19.00
	1.0	0.200	36.00
	1.5	0.300	51.00
	2.0	0.400	54.00
7.0	0.5	0.071	13.78
	1.0	0.143	26.53

孔道半径 r（μm）	边界层厚度 h（μm）	h/r	边界层内原油份数 F（%）
10.0	0.2	0.020	3.96
	0.5	0.050	9.75
	2.0	0.200	36.00
	3.0	0.300	51.00
15.0	0.2	0.013	2.58
	0.5	0.033	6.56
	2.0	0.130	24.89
	3.0	0.200	36.00
20.0	0.2	0.010	1.99
	0.5	0.025	4.94
	0.7	0.035	6.88
	1.0	0.050	9.75
	1.5	0.075	14.44

应该指出，关于边界层的实验是在无束缚水条件下进行的，它原则上适用于亲油的油层，而我国低渗透油层大多数亲水，那么原油边界层的影响是否存在？对于油藏岩石表面的润湿性，人们通常用接触角或润湿指数来表征它，并且均是统计平均的表征量。实际上油藏中岩石表面的润湿现象很复杂，尽管低渗透率油层的岩石表面性质总体是亲水的，但岩石表面仍有一部分斑状亲油。鄂尔多斯盆地马岭油田延安组油层资料可以充分说明这一问题，据马岭油田中一区的 152 块样品吸入法测试润湿性结果，平均相对吸水量 15.58%，相对吸油量 0.85%，油层润湿性属亲水，然而具体分析不同样品结果，可以发现，随渗透率增大，吸水量迅速降低，而吸油量有所增加（图 2-3）。因此，单相渗流时，原油边界层影响是存在的，即使在油水两相流动情况下，由于岩石润湿性是斑状不均匀的，总有一部分亲油岩石表面导致原油边界层存在。

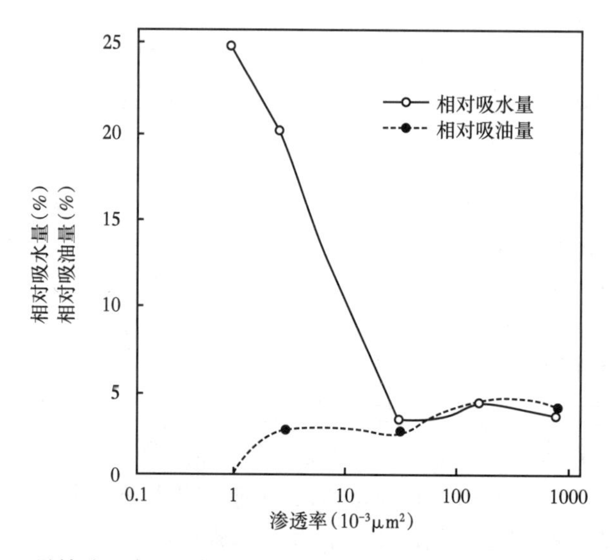

图 2-3　马岭油田中一区相对吸水量与渗透率关系图（据阎庆来，1993）

综上所述，原油和岩石颗粒表面直接接触的部位，将吸附原油中的胶质、沥青质等活性组分，形成一个原油边界层，其厚度与原油的物理化学性质、孔隙孔道半径大小及驱动压力梯度等因素有关。原油边界层中的原油和体相原油在成分方面有差别，在原油边界层中原油形成某种结构，须在非常大的驱动压力梯度下才能流动。所以，原油边界层中的原油具有较高的黏度和极限剪切应力。油层平均孔道半径越小，难以开采的原油占的比例就越大，原油采收率越低，这对低渗透率砂岩油层，特别是特低渗透的砂岩油层将是一个不可忽视的影响渗流特征的因素。

（三）毛细管力

由于储层由无数微小的孔隙组成，可以将这些微小孔隙近似地看成是众多直径不同的毛细管，当多相流体在这些毛细管中流动时，由于各相流体对毛细管壁润湿性的不同，在不同流体间的界面上产生毛细管力，毛细管力用式（2-2）表示：

$$p_{c1}=\frac{2\sigma\cos\theta}{r} \tag{2-2}$$

式中　p_{c1}——毛细管力，MPa；

σ——界面张力，10^{-5}N/cm；

θ——润湿接触角，(°)；

r——毛细管半径，cm。

当界面张力和润湿角一定的情况下，毛细管力的大小和毛细管半径成反比，即毛细管半径越小，毛细管力越大。低渗透油层的喉道半径很小，其毛细管力非常大，对渗流的影响相当显著。

（四）贾敏效应

液—液或气—液两相渗流中的液珠或气泡，统称为珠泡。珠泡通过孔隙喉道或孔隙窄口时，在某一驱动压力梯度下开始克服毛细管力而运动，珠泡的弯月面就产生形变，从而产生第二种毛细管力。

$$p_{c2} = 2\sigma\left(\frac{1}{R'' - R'}\right) \tag{2-3}$$

式中　p_{c2}——毛细管力，MPa；

R'——$\cos\theta'/r$，cm^{-1}；

R''——$\cos\theta''/r$，cm^{-1}；

θ——润湿接触角(°)。

因此，只有当驱动珠泡的压力梯度克服了上述p_{c1}和p_{c2}及液膜阻力后，珠泡才能流动。

从式(2-2)和式(2-3)中可以看到，毛细管半径越小，毛细管力就越大，它们之间呈反比关系，这里要特别强调的是，对于低渗透率油层，尤其特低渗透油层的孔道半径很小，相当于中高渗透油层孔道的几十分之一，这种特点在两相渗流的规律中能够显著地反映，即低渗透油层的两相(油和水)流动规律，将明显地区别于中、高渗透油层中的流动规律，如相对渗透的变化规律。

上述毛细管力都是发生在等径毛细管中的，但是，油层孔隙系统是由不同大小的孔隙与连通的喉道所组成的一个复杂孔喉网络，因此，当珠泡流动到孔道窄口时就遇到阻挡，如图2-4所示，要使珠泡通过窄口，则需要克服珠泡遇阻变形所发生的第三种毛细管力。这就是所谓的贾敏效应。

$$p_{c3} = 2\sigma\left(\frac{1}{R_1} - \frac{1}{R_2}\right) \tag{2-4}$$

式中　p_{c3}——毛细管力，MPa；

R_1——喉道半径，μm；

R_2——孔隙半径，μm。

孔喉比(B)是孔隙半径与喉道半径的比值(图2-5)，在上式中，R_1与R_2可近似地用孔隙和喉道的关系表示，这样就得到：

$$B = \frac{R_2}{R_1} \qquad R_2 = BR_1 \tag{2-5}$$

式中　B——孔喉比；

R_1——喉道半径，μm；

R_2——孔隙半径，μm。

将此式代入式（2-4），贾敏效应则可以表达为：

$$p_{c3}=\frac{2\sigma}{R_1}\left(1-\frac{1}{B}\right) \tag{2-6}$$

式中 p_{c3}——毛细管力，MPa；

σ——界面张力，10^{-5}N/cm；

B——孔喉比；

R_1——喉道半径，μm。

对强亲水地层，则

$$p_{c3}=2\left(1-\frac{1}{B}\right)p_{c1} \tag{2-7}$$

式中 p_{c3}——毛细管力，MPa；

B——孔喉比；

p_{c1}——毛细管力，MPa。

低渗透砂岩油藏中孔喉变化的频繁程度要比中、高渗透油藏的更强，孔喉比更大，贾敏效应更显著。

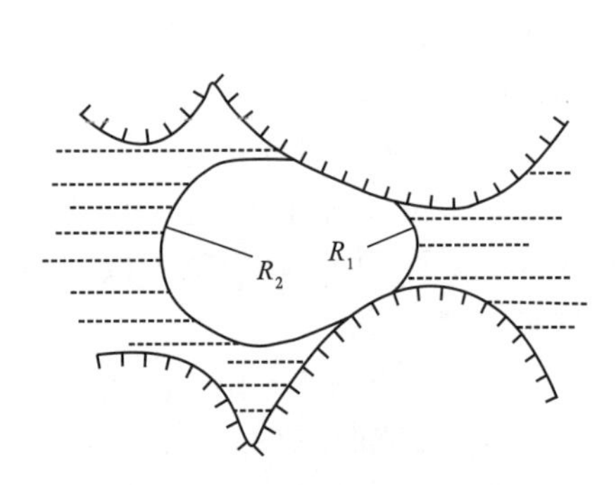

图 2-4　珠泡在孔道窄口遇阻变形示意图

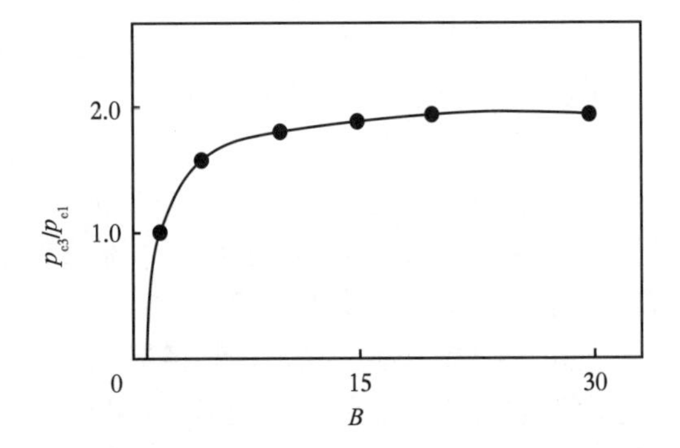

图 2-5　贾敏效应与孔喉比的关系图

（五）卡断现象

通过砂岩微观孔隙模型水驱油实验可看出，在连续油流通过岩石孔隙喉道时，由于低渗透层喉道半径很小，毛细管力急剧增大，当驱动压力不足以抵消毛细管力效应时，油流将被卡断，连续的油流变为分散的油滴，这种流动形态的变化将导致渗流阻力的增大和驱油效率的降低（张立宽等，2007）（图 2-6）。

（六）可动流体饱和度

可动流体饱和度与孔隙结构密切相关。低渗透储层含油饱和度低，驱油效率也比较低，而且规律性不强，用普通方法很难准确测定可动流体饱和度。低磁场（470~1175Oe[1]）核磁共振岩心分析系统为研究低渗透储层孔隙结构和渗流特征提供了先进实验手段。

[1] $1\text{Oe}=\frac{100}{4\pi}$A/m。

岩心核磁共振分析原理为：流体在岩心中的分布存在着一个弛豫时间界限，弛豫时间大于这个界限，流体处于自由状态；弛豫时间小于这个界限，流体处于束缚状态。不同储层其弛豫时间界限不同。图 2-7 是岩心核磁共振测试和离心实验测试结果得到的可动流体的对比图。曲线 1 为岩心饱和流体后核磁共振测得的弛豫时间图谱，左边峰对应为束缚状态流体，右边峰对应自由状态流体。曲线 2 为经离心实验后核磁共振测得的弛豫时间图谱，右边峰对应的自由状态的流体，即使可动流体的峰消失了，但左边峰还存在，说明在一定驱替压力下，这部分流体是不可动的，即属于束缚流体。

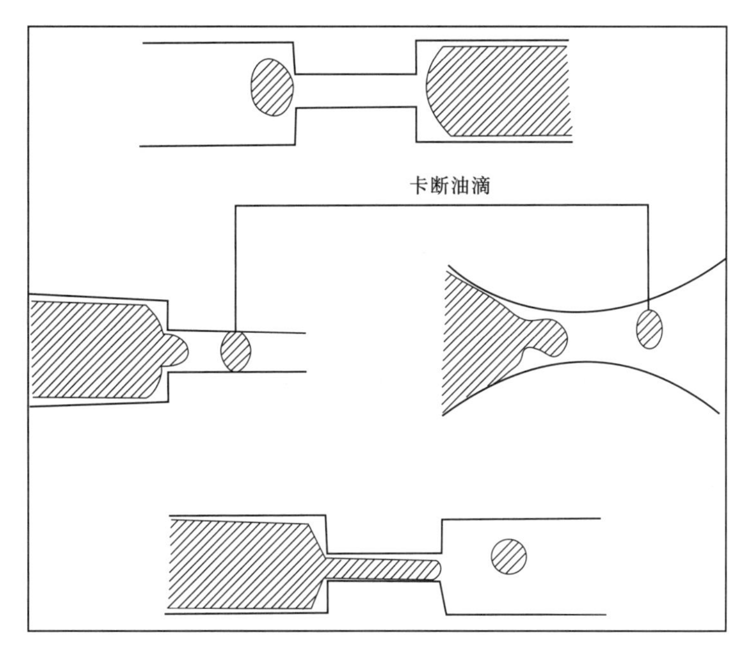

图 2-6　卡断现象示意图（据张立宽等，2007）

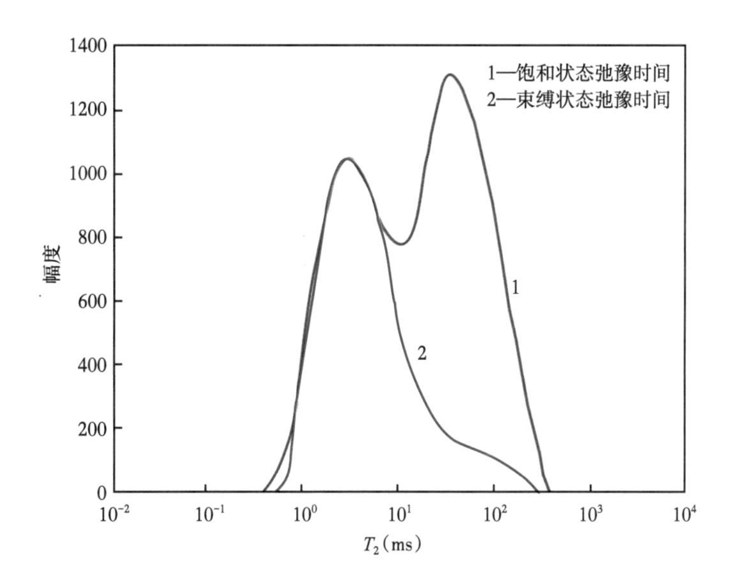

图 2-7　岩样离心前后的图谱比较示意图（据李道品，2003）

利用核磁共振岩心分析技术，对低渗透油藏如安塞油田、狮子沟油田和头台油田的岩心进行了测试和分析（表 2-4）。分析测试结果表明，渗透率越低，可动流体饱和度越低，束缚流体饱和度越高。

表 2-4　3 个低渗透油田岩心核磁共振可动流体测试结果表

油田	平均孔隙度（%）	平均渗透率（$10^{-3}\mu m^2$）	平均可动流体饱和度（%）
安塞	14.6	8.130	44.27
狮子沟	3.2	0.016	10.67
头台	9.7	0.970	28.57

1. 可动流体饱和度与孔径分布的关系

岩心核磁共振分析测试的含油毛细管孔径分布曲线，如图 2-8 中的曲线 S_{o1} 所示。以曲线凹处（0.5μm）为分界点，较小（孔径小于 0.5μm）孔隙中为不可动流体，较大（孔径大于 0.5μm）孔隙中的流体为可动流体，根据图 2-8 曲线特征，计算分界点左边的包络面积，推算该样品的可动流体饱和度为 51.9%。

2. 驱替过程中储层内含油孔径分布

图 2-8 中的 S_{oi}、S_{o1}、S_{o2}、S_{o3}、S_{o4}、S_{o5} 线，为低渗透岩心在高驱替速度（14m/d）下原始含油状态 S_{oi} 及不同阶段 S_{o1}、S_{o2}、S_{o3}、S_{o4}、S_{o5} 含油孔径分布曲线。可以看出，水首先进入较大孔道，再依次进入较小孔道，把油驱出。

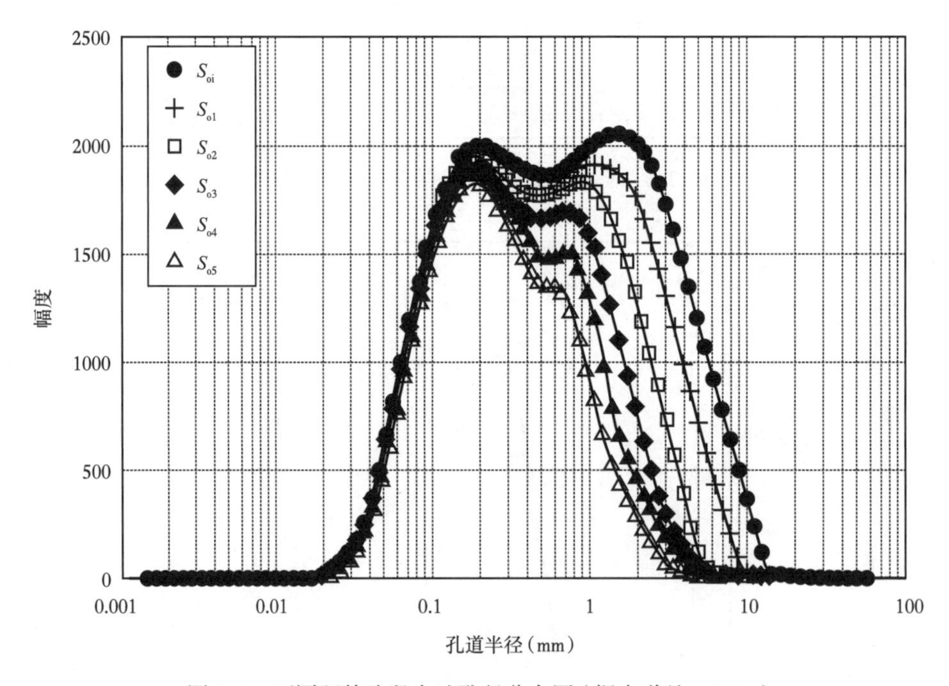

图 2-8　不同驱替阶段含油孔径分布图（据李道品，2003）

（七）渗吸现象

亲水岩石具有渗吸作用已为人们所共知（许建红等，2015）。自发渗吸作用中，毛细管力起到至关重要的作用，微小孔喉处较大的毛细管压力，使水能够进入微小孔而排驱油（王进，2017）。李士奎等通过自发渗吸实验研究了含水饱和度、油水界面张力、润湿性等因素对渗吸采油效率的影响规律，发现对于润湿性与含水饱和度一定的致密砂岩储层，岩石渗透率（岩石结构）是影响渗吸采出程度的关键（图 2-9）。

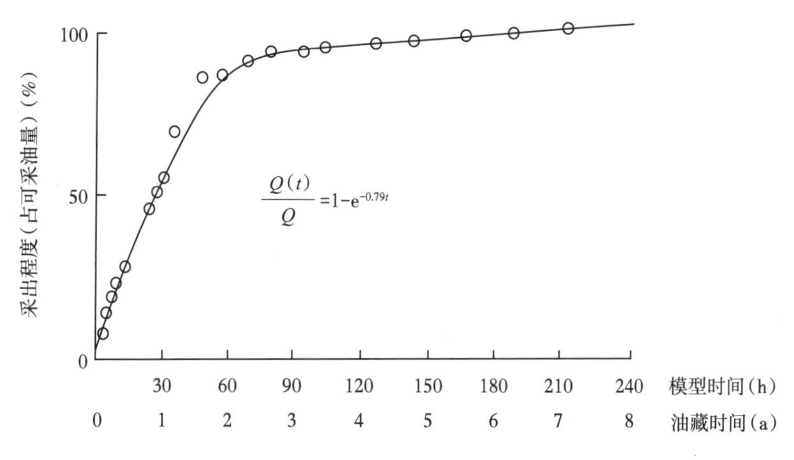

图 2-9　任—28 井自吸驱油特征曲线图（据李道品，2003）

近年来，根据低渗透油层的特点，很多学者进一步做了大量的相关实验研究工作，并取得了一些认识。自然渗吸实验主要采用人造岩心介质，如渗透率在 9×10^{-3}~$16\times10^{-3}\mu m^2$ 之间，润湿性为亲水型，实验结果模拟，采收率可达 8%~30%（图 2-10）。

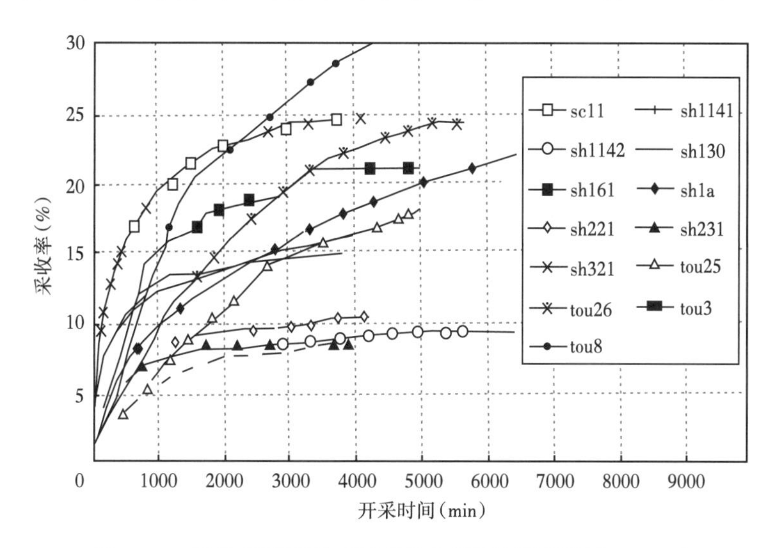

图 2-10　采收率随开采时间变化曲线图（据李道品，2003）

驱替条件下的渗吸实验：以重水驱替模拟油，利用核磁共振弛豫时间谱探测驱替过程中，不同驱替压力下岩心中含油孔径分布和被驱出油的孔径，从而研究驱替条件下的渗吸机理。实验结果表明：水驱初期以驱替作用为主，渗吸作用较弱；水驱中期驱替和渗吸都起作用；水驱后期渗吸的作用增大。即随着驱替过程进行，采出的原油中驱替作用逐渐减弱，渗吸的作用逐渐增加。即在驱动力作用下，水首先主要进入较大的毛细管孔道，随着过程的进行，大毛细管中的油越来越少，小毛细管中靠渗吸采油的作用逐渐增加（图 2-11）（李道品，2003；韩德金等，2007）。

王香增（2018）利用取自延长油田延长组低渗透油层的 17 块天然岩心，采用高温高压相对渗透率测试仪，通过动态渗吸实验分析渗吸渗流规律，结果表明，随着驱替速度的增加，渗吸驱油效率先升高后降低，存在最佳驱替速度使得渗吸驱油效率达到最高，且该驱替速度随着岩心渗透率的降低而减小（图 2-12）。储层渗透率分别为 $0.058\times10^{-3}\mu m^2$、$0.180\times10^{-3}\mu m^2$、$0.230\times10^{-3}\mu m^2$ 时，最佳驱替速度分别为 0.9m/d、1.2m/d、1.4m/d，对应的最高渗吸驱油效率分别为 11.34%、16.17%、19.32%。最佳驱替速度下毛细管压力和黏性力二者协同驱油效果最好。当驱替速度小于最佳驱替速度时，毛细管压力发挥主要作用，小孔隙原油更容易被采出；当驱替速度大于最佳驱替速度时，压差驱动发挥主要作用，大孔隙原油更容易被采出。因此存在一个最佳驱替速度可最大限度地驱替出孔隙中的原油。

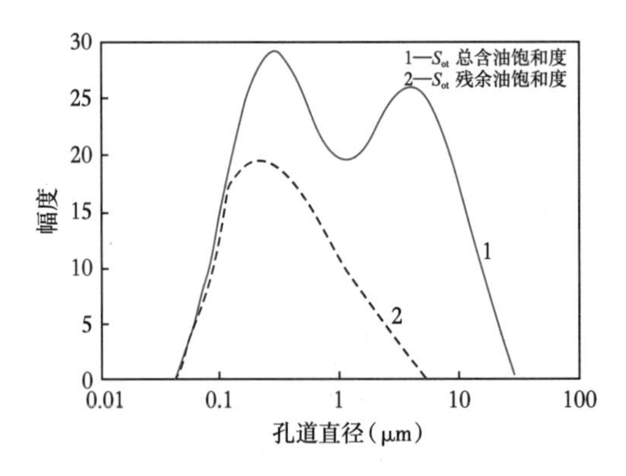

图 2-11　驱替和渗吸作用下的含油孔径分布变化图（据李道品，2003）

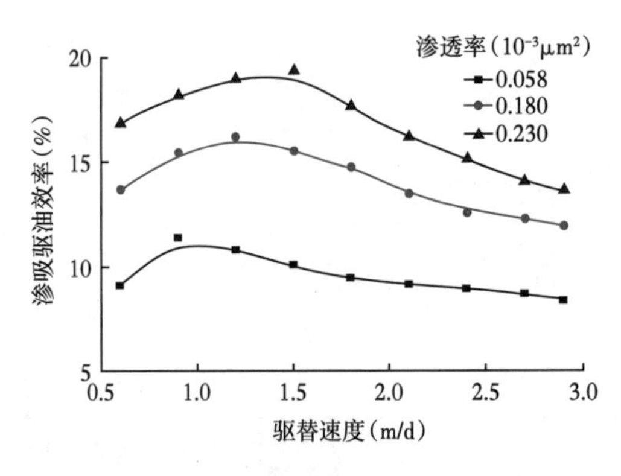

图 2-12　渗吸驱油效率与驱替速度关系曲线图（据王香增，2018）

（八）低渗透流固耦合特征

低渗透油田开发中存在非常突出的现象，就是随着地层压力的下降，采油指数急剧减小，即使注水后地层压力回升，采油指数也很难恢复。通过大量观察实验，人们认识到这是油层的压敏效应，亦即流固耦合作用（刘建军等，2002）。传统的渗流力学计算中，一般假设多孔介质是刚性的，但是实际储层具有弹塑特性，表现在孔隙度特别是渗透率等物性参数随压力的改变而发生变化，低渗透介质更为明显。

近年来，渗流力学研究所做了大量实验研究工作，并取得了新的成果认识（图 2-13）。

渗流力学所编制了计算低渗透油藏流固耦合渗流的程序，对考虑与不考虑渗流固耦合作用情况下进行了对比计算（图 2-14），以及不同注水时机油藏开发指标的对比计算（图 2-15）。

上述实验研究结果说明，低渗透油藏地层压力下降后，引起储层渗透率大幅度减小，对油藏开发造成明显不利影响。因而，低渗透油藏一般需要采用早期注水或注气保持压力的开发方式。

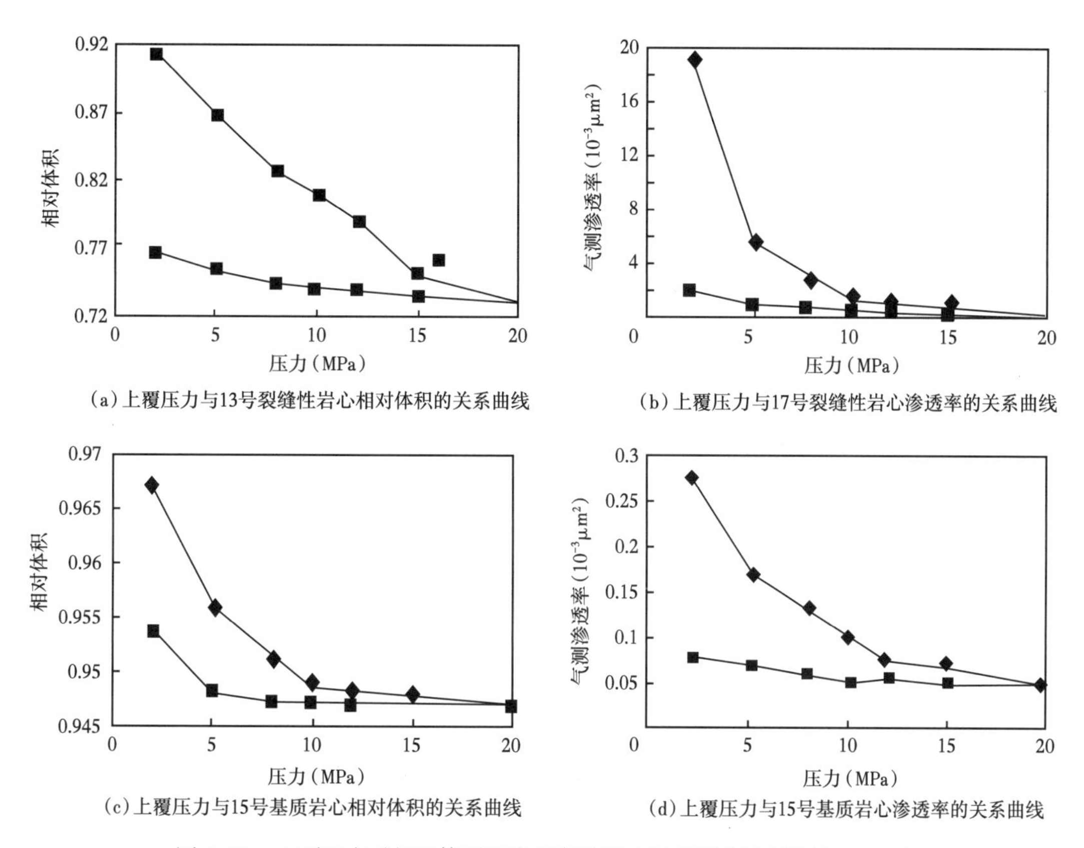

图 2-13　上覆压力对相对体积和渗透率的影响示意图（据李道品，2003）

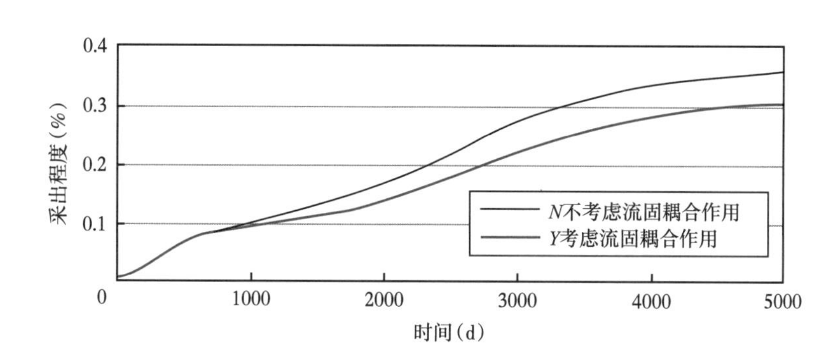

图 2-14　考虑与不考虑流固耦合作用的油藏开发指标对比图（据李道品，2003）

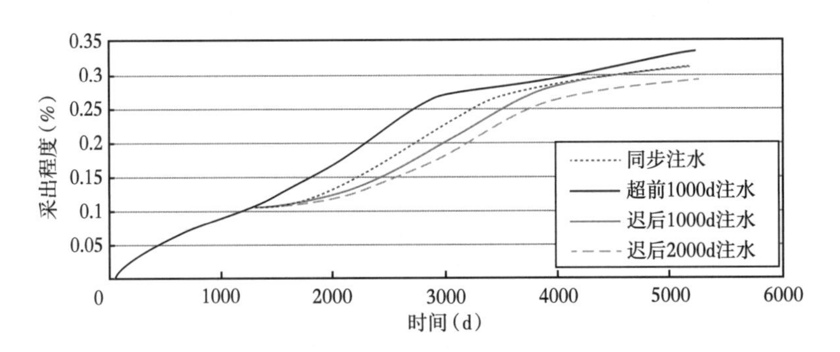

图 2-15　不同注水时机下油藏开发指标变化图（据李道品，2003）

二、低渗透单相渗流理论

一般来说，水是牛顿流体，但是当水在很细小的孔道流动时也呈现出非牛顿流体特性，具有启动压力梯度，原油更是如此。人们能成功运用达西定律解决中、高渗透油层开发工程问题，其原因在于，对中、高渗透油层来说，原油流动的孔道较大，原油边界层不太厚，边界层原油的非牛顿性对线性渗流影响不明显。但对于低渗透油层来说，原油边界层的影响不可忽视，它会使渗流规律发生明显变化，偏离达西定律，呈现非线性渗流特征。

（一）低渗透油层中渗流的复杂性

1. 非线性渗流特征

油田开发过程中，达西定律的基本表达形式为：

$$Q = \frac{K}{\mu} A \frac{\Delta p}{L} \tag{2-8}$$

式中　Q——流量，cm^3/d；

K——地层渗透率，$10^{-3}\mu m^2$；

μ——流体黏度，mPa·s；

A——流体通过的横截面积，cm^2；

$\Delta p/L$——流动方向的压力梯度，MPa/cm。

式（2-8）中，假设 K，μ，A 都是相互独立的常数，在这种情况下，在一定范围内流量与压力梯度成正比线性关系（丁述基，1986）。

根据油田开发理论，认为在常规油田开发中，渗流过程中呈现牛顿流体的特性，并在整个孔隙系统中保持恒定。这表示渗流过程中，整个孔隙系统中的流体黏度保持恒定常数，没有结构黏度，没有屈服值，因而其渗流规律符合达西定律。

但是，随着人们对界面科学和物理化学的深入研究，越来越多的人注意到液体与固体界面之间的相互作用。许多研究资料表明，由于固体与液体的界面作用，在油层岩石孔隙的内表面，存在一个原油边界层，其中的原油属边界流体。原油边界层内的原油存在组分的有序变化、结构黏度特征及屈服值等，原油在组成和性质方面，有别于体相原油。这个边界层的厚度，除了原油本身性质以外，还与孔道大小有关，与驱动压力梯度有关。

过去，人们普遍认为水是牛顿流体，但是当它在很细小的孔道中流动时也呈现出非线性渗流特征，具有启动压力梯度。原油也具有启动压力梯度，它在低渗透油层中渗流时，也呈现出非线性渗流特征（张世明，2019）。

因此，储层中的原油原则上并不是牛顿流体，更不能在整个孔隙系统中保持其恒定的特征。但在油藏工程应用中，对高渗透性稀油油层来说，由于原油边界层不太厚，原油边界层中的原油占总原油量的比例不太大，边界层原油的非牛顿性对线性渗流规律影响不明显，在一定误差范围内，可以把它当作牛顿流体对待。解决大量中、高渗透性油藏的工程设计计算时，油藏工作者成功地运用了达西定律。然而，对低渗透油藏来说，原油边界层的影响则是不可忽视的因素，它会使渗流规律发生明显的变化，乃至偏离达西定律。

2. 低渗透多孔介质的渗透率

多孔介质是由渗透性各异的大小不等的孔道构成的，渗透率是一个平均的统计参数。对于高渗透地层来说，其孔隙系统主要由大孔道组成，稀油或水在其中流动时，不易监测到启动压力，即使有部分小孔道，因其所占比例很小，也不易测到对流量的影响。所以用高渗透岩心作流动实验时，在流量与压力梯度的直角坐标系中，呈现为一条直线，可以认为渗透率是个常数。

但是，对于低渗透和特低渗透储层来说，孔隙系统基本上是由小孔道组成的，在油、水流动时，每个孔道都有自己的启动压力梯度，只有驱动压力梯度大于某孔道的启动压力梯度时，该孔道中的油、水才开始流动，这时它可以使整个岩石的渗透率值有所增加。随着驱动压力梯度的不断提高，就会有更多的孔道加入流动的行列，储层渗透性能也随之增强，渗透率变大。并且，如果低渗储层的泥质含量较大，在储层围压增加或驱动压力降低时，渗透率将以指数关系下降，在驱动压力再上升时，渗透率将会以同样的规律上升，但不能完全恢复到原始数值（杨琼，2004），所以，低渗透多孔介质的渗透率并非常数。

3. 低渗透多孔介质中流体流动横截面

过去，人们通常从统计的角度，把多孔介质断面上的透明度视为多孔介质的孔隙度，由于岩石可压缩性很小，所以可认为透明度孔隙度是一个常数。

多孔介质内，可供流体流动的横截面积远远不能用透明度范围所显示的孔隙面积。因为，首先由于原油边界层的存在，实际上可供流动的横截面积小于孔道的横截面积，即小于透明度的范围。其次，流体通过多孔介质的横截面积与压力梯度有关，当压力梯度很小时，流体仅只是沿较大孔道的中央部位流动，而较小孔道中的流体和较大孔道中边部的流体并不流动。只有压力梯度升高到一定程度时，才有更多的小孔道中的流体开始运动，大孔道中也有更多的流体参与流动。因此，实际流动的流体占总流体的份额为流动饱和度，流体实际流动的体积与岩石总体积之比为流动孔隙度。低渗透多孔介质中流体流动的横截面积是可变的，流动孔隙度和流动饱和度都不是一个常数，它们都是压力梯度的函数。

低黏度原油在中、高渗透性油层内流动时，随着压力梯度增加，流动孔隙度可以很快达到一个稳定值。但是，对于低渗透油层或稠油油层，将不遵循常规渗流理论，偏离原有规律性认识。

4. 低渗透油层中渗流时的启动压力梯度

理论上讲，流体在多孔介质内流动时，均不同程度存在有启动压力梯度。但对于中、高渗透性的低黏度油藏，由于油层中孔道半径比较大，原油边界层的影响微弱，压力梯度值极小，用一般实验手段不易测到启动压力梯度。因此，在实际工作中，启动压力梯度对油田开发过程的影响可以忽略。

但是，当原油在孔道半径很小，特别是在小于 1μm 的孔道所占比例很大的低渗透油层中流动时，原油边界层的影响显著，流动过程中出现启动压力梯度。大量研究资料表明，启动压力梯度与渗透率成反比，渗透率越低，启动压力梯度越大（窦宏恩等，2014）。如盖层也属多孔介质范畴，只是它过于致密，渗透率极低，也就是说，实质上因为该层段对于油的流动来说启动压力梯度太大，以致石油不能通过而被圈闭形成油藏。

鉴于上述认识，研究低渗透条件下的渗流规律时，应该从现实渗流过程的物理模拟出发，寻找能正确描述渗流过程的数学表达式，力求更全面真实地反映渗流的本质特征。

（二）低渗透油层中渗流过程的物理意义和基本特征

1. 渗流过程的物理意义

前述可知，低渗透油层孔隙结构特征主要是平均孔道半径很小，非均质程度高，孔道半径概率分布极不均匀，经常出现双峰态的分布，低渗透油层的孔隙系统中，孔道的大小也各不相同，因而其固液界面作用的大小也不同，原油边界层的影响大小也不同，所以，各种孔道有不同的启动压力梯度。图 2-16 表示为低渗透多孔介质中原油的渗流规律。其中 a 点相当于阻力最小的孔道的启动压力梯度，b 点相当于阻力最大的孔道的启动压力梯度，c 点相当于平均压力梯度。

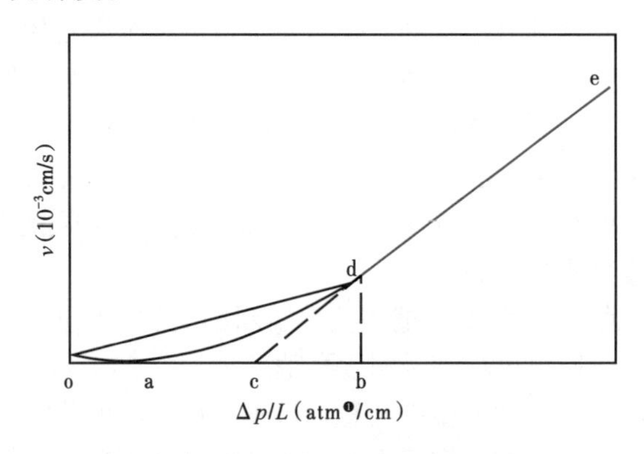

图 2-16　原油非达西渗流曲线示意图（据黄延章，1998）

显而易见，渗流过程中存在大小不等的启动压力梯度，它表明在渗流环境和条件下，流体呈现出有某种极限剪切应力。当剪切应力超过极限剪切应力时，参与渗流过程的流体才可能有相对运动。剪切应力的大小与孔隙结构、油层的渗透率密切相关。渗透率越低，则渗流流体的极限剪切应力越大，因而流体在低渗透地层中的流动也就越困难。这个概念对理解低渗透层渗流过程的物理意义是非常重要的，即使对于水也是如此。在大空间的容器中，体相的水表现为典型的牛顿流体，但是，在非常微细的孔隙系统中，由于固液界面的影响和边界层特性的影响，水的流动性将表现出非牛顿流体的特征。鉴于上述情况，渗流环境和条件是影响流体流动特征的重要因素。所以，当地层渗透率降低到一定程度以后，其中的渗流规律将发生质的变化，表现出低渗透油层中油水渗流与高渗透层中油水渗流截然不同的特征。

2. 渗流过程的基本特征

以上对低渗透油层油水渗流过程的基本特征进行了理论探讨，后续研究过程中，不同

❶ 1atm=101325Pa。

学者结合渗流过程的物理模拟实验结果，更深入地研究了低渗透油层渗流过程的基本特征。

西安石油学院阎庆来等（1993）用地层水，对渗透率分别为 $29.080\times10^{-3}\mu m^2$、$0.614\times10^{-3}\mu m^2$、$0.244\times10^{-3}\mu m^2$ 的三块天然岩心进行了流动实验。实验结果表明：当渗透率很低（$0.244\times10^{-3}\mu m^2$）时，水的渗流也具有相当可观的启动压力梯度；渗透率较高的样品（$29.080\times10^{-3}\mu m^2$），实验条件下未能测出其启动压力值；同时，渗透率中等（$0.614\times10^{-3}\mu m^2$）的岩心流动实验反映启动压力值较小。

苏联弗劳林（В.А.Флорцн）在研究土壤中水的渗流问题时指出：小压力梯度条件下，因岩石固体颗粒表面分子的表面作用力俘留的束缚水在很狭窄的孔隙中是不流动的，并且还妨碍自由水在与之相邻的较大孔隙中的流动，只有当驱动压力梯度增加到某个压力梯度值后，破坏了束缚水的堵塞，水才开始流动。

对于小分子低黏度的水来说，在低渗透岩心中流动时，显示出非牛顿特征；对黏度比水大且具有结构黏度的原油来说，当它流经低渗透岩石时，它的非牛顿流动特征更加明显。

图 2-17 是地层原油通过天然岩心的渗流曲线，大量的实验资料表明，低渗透油层中油水渗流的基本特征为：

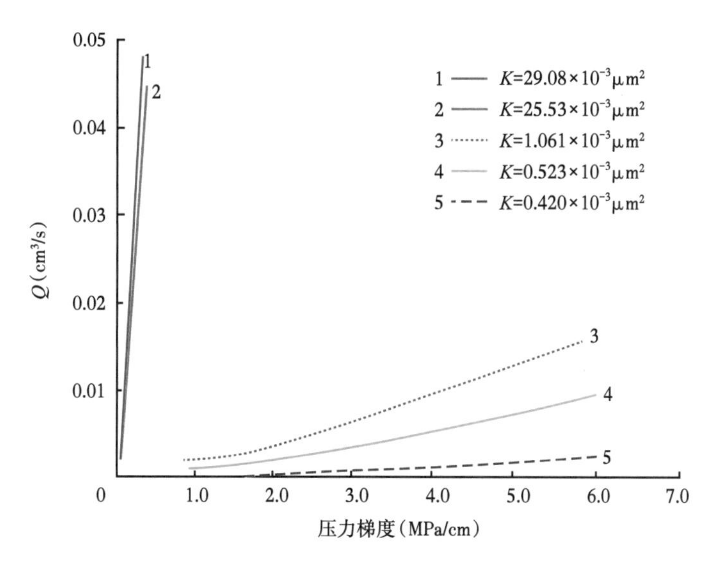

图 2-17　原油渗流曲线图（据黄延章，1998）

（1）当压力梯度在比较低的范围时，渗流速度的增加呈下凹型非线性曲线；

（2）当压力梯度较大时，渗流速度呈直线性增加；

（3）该直线段的延伸与压力梯度轴交于某点而不经过坐标原点，称这个交点为启动压力梯度或平均启动压力梯度；

（4）实验范围内湍流影响不明显；

（5）渗流特征与渗透率及流体性质有关，渗透率越低或原油黏度越大，下凹型非线性曲线段延伸越长，启动压力梯度越大。

综上所述，由于低渗透的基本特点是多孔介质孔隙系统的孔道很微细，微细的孔道中固液界面上分子力的作用将显著增强，它将阻碍流体的运动。只有在驱动压力梯度超过某个启动压力梯度时，才能发生流体的渗流，不仅对于原油是这样，对水也是如此。

（三）低渗透油层中的单相渗流数学方程

1. 运动方程的表达式

渗流过程中，不论是单相渗流，还是多相渗流，都必须遵守质量守恒定律。关于用质量守恒原理建立起来的连续方程，不加多述，重点讨论低渗透油层中流体的运动方程。

基于科学实验的基础，更准确地对低渗透油层中渗流规律进行数学描述。当用数学方程来表达渗流过程时，首先要遵循大量实验资料所表述的渗流特征，同时也应考虑简便、实用以及经济效益等诸多因素。图 2-16 是平均渗流速度与压力梯度的关系曲线，实线 ade 为实测曲线，其中 ad 线段为上凹的曲线，de 线段为直线，d 为曲线转直线的折点，c 为 de 直线延伸与压力梯度坐标的交点，b 为与 d 点相应的压力梯度。用数学方程来对这类渗流规律进行渗流过程的描述，可以有 3 种不同的方法来选择。

（1）第一种方法——幂律关系。

ad 段用幂律关系来描述，de 段用直线描述。相应的数学方程为：

$$\begin{cases} v=0, & \dfrac{\Delta p}{L}<a \\ v=\dfrac{K}{\mu}\left(\dfrac{\Delta p}{L}-a\right)^{n}, & b\geqslant\dfrac{\Delta p}{L}\geqslant a \\ \dfrac{K}{\mu}\dfrac{\Delta p}{L}, & \dfrac{\Delta p}{L}>b \end{cases} \tag{2-9}$$

式中 v——流速，cm^3/s；

K——渗透率，$10^{-3}\mu m^2$；

μ——黏度，mPa·s；

$\Delta p/L$——流动方向的压力梯度，atm/cm。

这一描述方法比较精确地反映了渗流过程中的启动压力，也反映了存在低压力梯度时渗流的不稳定过程，同时还表达了在较高压力梯度下充分发展的稳定渗流过程。无可置否，它将是一种比较精确的数学方程，但其在数学处理上会遇到较大困难，在工程应用上会遇到许多烦琐计算。

（2）第二种方法——线型数学方程。

将直线 oc 与直线 de 作为两种斜率的线性关系组合来描述渗流过程，相应数学方程为：

$$\begin{cases} v=\left(\dfrac{K}{\mu}\right)_1\dfrac{\Delta p}{L}, & \dfrac{\Delta p}{L}\leqslant b \\ v=\left(\dfrac{K}{\mu}\right)_2\dfrac{\Delta p}{L}, & \dfrac{\Delta p}{L}>b \end{cases} \tag{2-10}$$

式中 v——流速，cm^3/s；

K——渗透率，$10^{-3}\mu m^2$；

μ——黏度，mPa·s；

$\Delta p/L$——流动方向的压力梯度，atm/cm。

用线型数学方程来描述渗流过程，虽然同时用两个线性段来处理，在数学计算上较简便。但是，它只在某种程度上反映了在低压力梯度情况下流度的变化，而对在渗流过程中带有本质性的启动压力问题，却没有反映出来，这就有偏离于复杂渗流过程的真实性。同时也看到按此方法计算出的经济技术指标，也会比实际偏高。

（3）第三种方法——启动压力梯度的线性律。

用启动压力梯度的线性律来描述渗流过程。这时，相应的数学方程为：

$$\begin{cases} v=0 & \dfrac{\Delta p}{L}\leqslant c \\ v=\dfrac{K}{\mu}\left(\dfrac{\Delta p}{L}-c\right) & \dfrac{\Delta p}{L}>c \end{cases} \tag{2-11}$$

式中　v——流速，cm^3/s；

K——渗透率，$10^{-3}\mu m^2$；

μ——黏度，mPa·s；

$\Delta p/L$——流动方向的压力梯度，atm/cm。

式（2-11）反映了低渗透地层中渗流的启动压力梯度问题。如前所述，a 表示阻力最小的孔道的启动压力梯度，b 表示阻力最大的孔道的启动压力梯度，c 表示平均的启动压力梯度。但是，这种方法对于在低压力梯度时阻力较小的大孔道中的流动估计偏低，因而综合经济技术指标会偏低。

综合分析这 3 种方法认为，第一种方法最精确，可供科学研究和精细的工程计算所用；第二种方法存在缺陷且计算值偏高，不宜采用；第三种方法反映了低渗透地层中渗流的基本特征，可供工程计算应用。

以下用第三种方法对低渗透储层中的渗流问题进行探讨。

①毛细管模型。

首先用毛细管模型来研究低渗透率油层中的单相流体的渗透特征，假设一毛细管充满某种流体，此流体具有一定的屈服应力值，在驱动压力下流动。

取一单元研究其运动情况（图 2-18），根据作用在流体上的驱动力和液柱的运动阻力平衡原理，经数学推导，得出式（2-12）：

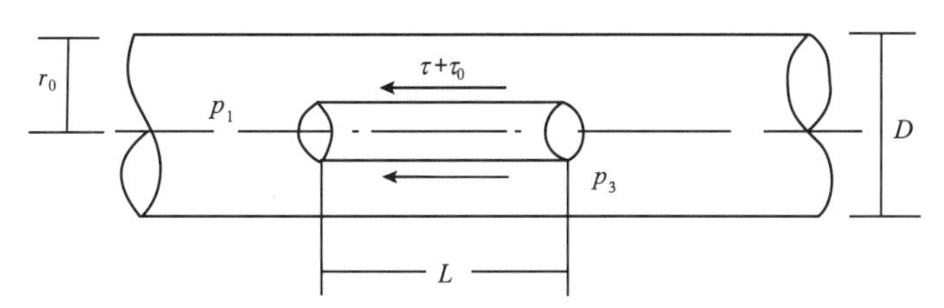

图 2-18　圆管层流示意图

$$v=\frac{\pi r_0^4}{8\mu}\left(\frac{\Delta p}{L}-\frac{8\tau_0}{3r_0}\right) \tag{2-12}$$

式中　v——流动速度，cm^3/s；

τ_0——流体的屈服应力，MPa；

r_0——单元液柱半径，cm；

$\Delta p/L$——流动方向的压力梯度，atm/cm。

式（2-12）为具有屈服值的流体通过毛细管的流量公式，该式中括号内第二项表示驱动压力梯度。当驱动压力梯度大于此值时，才能发生流动。启动压力梯度与毛细管半径成反比，与屈服压力成正比。

从油层物理性质的研究可知，毛细管半径和渗透率有如下的关系：

$$r_0=\sqrt{\frac{8K}{\phi}} \tag{2-13}$$

式中 r_0——毛细管半径，cm；

K——渗透率，$10^{-3}\mu m^2$；

ϕ——孔隙度，%。

将式（2-13）代入式（2-12），则启动压力梯度为：

$$\frac{\Delta p_0}{L}=\frac{\sqrt{8\phi}\ \tau_0}{3\sqrt{K}} \tag{2-14}$$

式中 $\Delta p_0/L$——流动方向的压力梯度，atm/cm；

ϕ——孔隙度，%；

τ_0——极限剪切应力，MPa；

K——渗透率，$10^{-3}\mu m^2$。

式（2-14）表明，启动压力梯度与渗透率的平方根成反比。

②流变学方法。

由实验研究结果可以看出，原油在低渗透油层中渗流时，存在某种启动压力梯度，它表示原油在渗流时呈现某种极限剪切应力，即屈服值，经推导可得：

$$Q=\frac{KF}{\mu}\left(\frac{\Delta p}{L}-\sqrt{\frac{\phi}{2K}}\tau_0\right) \tag{2-15}$$

$$v=\frac{K}{\mu}\left(\frac{\Delta p}{L}-\sqrt{\frac{\phi}{2K}}\tau_0\right) \tag{2-16}$$

式中 v——流动速度，cm/s；

Q——流量，cm^3/d；

ϕ——孔隙度，%；

F——单元截面积，cm^2。

式（2-15）和式（2-16）表征了低渗透油层中单相流体（油、水）的渗流规律。

依据式（2-15），可知：

$$\frac{\Delta p_0}{L}=\sqrt{0.5\frac{\phi}{K}}\tau_0 \tag{2-17}$$

式中 $\Delta p_0/L$——流动方向的压力梯度，atm/cm；

ϕ——孔隙度，%；

K——渗透率，$10^{-3}\mu m^2$；

τ_0——极限剪切应力，MPa。

依据式（2-16），可知：

$$\frac{\Delta p_0}{L}=\sqrt{\frac{8\phi}{9K}\tau_0} \tag{2-18}$$

式中　$\Delta p_0/L$——流动方向的压力梯度，MPa/cm；

ϕ—— 孔隙度，%；

K——渗透率，$10^{-3}\mu m^2$；

τ_0——极限剪切应力，MPa。

上述用不同方法研究所得出的结果，都反映出启动压力梯度与渗透率的平方根成反比，与极限剪切应力 τ_0 成正比。

2. 启动压力梯度与渗透率的关系

极限剪切应力 τ_0 值的大小受液固界面相互作用的制约。它是多孔介质特性、液体物化性质及所处的环境条件的函数。

$$\tau_0=f\left(\mu c_i KT\frac{\Delta p}{L}\right) \tag{2-19}$$

式中　μ——流体的黏度，mPa·s；

c_i——流体的某种组分如沥青质含量，%；

K——渗透率，$10^{-3}\mu m^2$；

T——温度，K；

$\Delta p/L$——压力梯度，MPa/cm。

相关研究表明，原油边界层的厚度直接反映了液固界面相互作用的结果，它也在很大程度上决定着极限剪切应力的大小。压力梯度越小，原油边界层就越厚，原油黏度越大，则原油边界层亦越厚，即原油边界层的厚度与压力梯度成反比，与黏度成正比。由此可以推断，随着黏度增大，极限剪切应力亦将增大。

地层渗透率也影响极限剪切应力的大小。因此，极限剪切应力受原油边界层的大小制约，它亦是渗透率的函数。尽管前人所做的实验条件各不相同，但是对研究结果共同认识为：地层渗透率对启动压力有明显的影响，随着渗透率降低，启动压力梯度则急剧增大，特别是在特低渗透率的范围内，该特征非常明显，即：

$$\ln\frac{\Delta p_0}{L}=\ln A-n\ln K \tag{2-20}$$

式中　$\Delta p_0/L$——压力梯度，MPa/cm；

A——公式截距；

n——常数，不同油样取值不同；

K——渗透率，$10^{-3}\mu m^2$。

双对数坐标中，参数之间具有较好直线关系。由于实验中所用岩心不同、原油性质不同，所以在图中的截距不同。但是，所有直线斜率却非常接近，说明启动压力梯度与渗透率成反比，亦与流度成反比。上述结果表明，在开发低渗透油田或稠油油田时，启动压力梯度的影响明显，渗流规律将不遵循达西定律，应选用新的渗流力学方法计算油田开发中各项经济技术指标，进行开发动态分析。

3. 启动压力梯度的换算

测定某种流体（原油）在一系列不同渗透率的岩样的启动压力梯度。它们的变化规律可用式（2-21）表示：

$$\frac{\Delta p_0}{L}=G(K)=\frac{A}{K^n} \quad (2\text{-}21)$$

式中 $G(K)$——启动压力梯度，MPa/m；

K——渗透率，$10^{-3}\mu m^2$；

A——常数，不同油样有各自的值；

n——常数，不同油样有各自的值。

由式（2-21）可以得到，对于某一油样，有：

$$G(K_1)=\frac{A}{K_1^n} \quad (2\text{-}22)$$

$$G(K_2)=\frac{A}{K_2^n} \quad (2\text{-}23)$$

由此得：

$$G(K_2)=G(K_1)\left(\frac{K_1}{K_2}\right)^n \quad (2\text{-}24)$$

对于某一岩样，在不同含水饱和度时，即可得到一系列启动压力梯度值 $G(K,S)$。图 2-19 表示启动压力梯度随含水饱和度的变化曲线，两者的变化接近于线性关系。

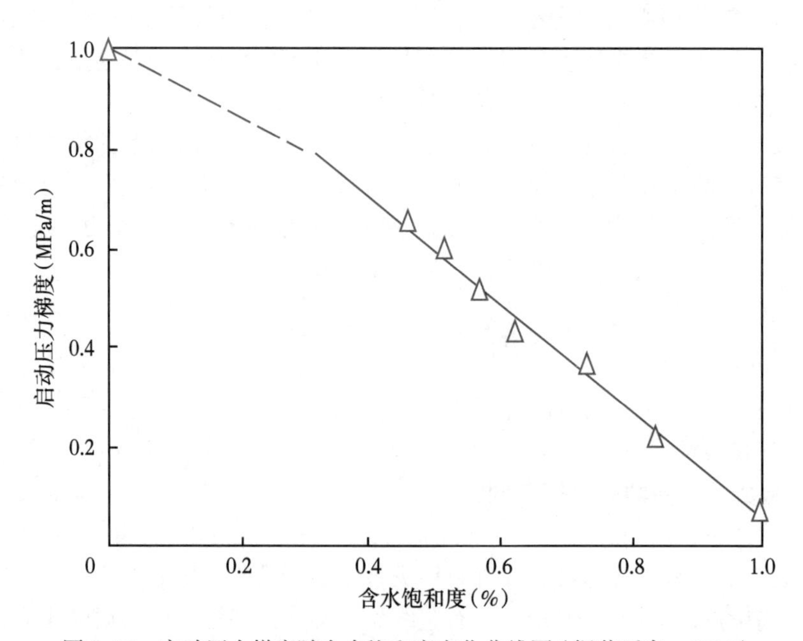

图 2-19 启动压力梯度随含水饱和度变化曲线图（据黄延章，1998）

因此，可得：

$$G(K,S)=G_o(K)\left[\left(1-\frac{G_w(K)}{G_o(K)}\right)(1-S_w)+\frac{G_w(K)}{G_o(K)}\right] \tag{2-25}$$

及

$$G(K_2,S)=G_o(K_1)\left[\left(1-\frac{G_w(K)}{G_o(K)}\right)(1-S_w)+\frac{G_w(K)}{G_o(K)}\right]\left(\frac{K_1}{K_2}\right)^n \tag{2-26}$$

式中 G——启动压力梯度，MPa/m；

S_w——含水饱和度，%；

K——渗透率，$10^{-3}\mu m^2$。

因此，启动压力梯度与渗透率及含水饱和度之间建立起关系式。渗透率越低，启动压力梯度就越大；含水饱和度越小，启动压力梯度越大。

4. 启动压力梯度对单井产量的影响

当存在启动压力梯度时，单井产量的计算公式为：

$$Q=\frac{2\pi hK(p_H-p_w)}{\mu \ln\frac{r_H}{r_w}}\left[1-\frac{\sqrt{\frac{\phi}{2K}}\tau_0(r_H-r_w)}{p_H-p_w}\right] \tag{2-27}$$

式中 p_H——供油边界压力，MPa；

p_w——流动压力，MPa；

r_H——供油半径，cm；

r_w——井眼径，cm；

μ——黏度，mPa·s；

τ_0——极限剪切应力，MPa；

ϕ——孔隙度，%；

K——渗透率，$10^{-3}\mu m^2$。

式（2-27）计算单井产量的方程式与计算中高渗透性油层产量公式的差别为公式右端方括号中数值的大小。由式（2-27）可以看出，当存在启动压力时，单井产量将减小，其减小幅度（产量因子）与渗透率有关，与原油极限剪切应力有关，也与井距有关。渗透率越小，原油极限剪切应力越大，井距越大，产量减小幅度越大。

公式（2-27），利用安塞油田长 2 油藏的实际资料计算不同井距时产量因子的变化，计算结果表明，当井距为 200m 时，产量下降 20%，即由于启动压力的存在，单井产量比用达西定律计算的产量减少 20%。对不同生产压差时产量因子变化的计算表明，当存在启动压力时，生产压差越大，产量降低的幅度就越小。

根据式（2-27）分析，由于启动压力梯度的存在而影响油井产量降低的因素主要有：

（1）渗透率越低，油井产量降低的程度越大；

（2）在渗流过程中原油的极限剪切应力越大，油井产量降低的程度越大；

（3）井距越大，油井产量降低的程度越大；

（4）生产压差越小，油井产量降低的程度越大。

综上所述，在开发低渗油藏时应该注意以下问题：

（1）用压裂等技术手段提高油层的渗透率，至少是井底附近油层的渗透率，以减少启动压力造成的影响，因此整体压裂改造是开发低渗透油藏不可缺少的重要手段；

（2）降低原油的极限剪切应力，可以采用化学处理和提高地层温度的方法，或其他物理场效应的方法来达到此目的；

（3）在经济技术指标允许范围内，可采用较密井网；

（4）采用较大的生产压差。

三、低渗透油层油水两相渗流理论

主要通过低渗透油层的油水相对渗透率实验研究以及水驱油实验研究，探讨低渗透油层油水两相渗流特征，进而分析推导出其渗流方程。

（一）低渗透油层油水两相渗流特征研究

研究油水两相渗流的动态特征对解决低渗透油田开发的渗流计算问题有重要意义。油水两相的微观与宏观物理模拟实验是解决上述问题的主要途径。借助于微观真实砂岩实验提供的直观观测手段和宏观实验中先进核磁共振技术设备，深入研究油水两相渗流的机理和动态特征。进而探讨油水两相渗流的运动方程和相对渗透率的计算方法，以及有关的低渗透油田采收率等问题。

1. 油水相对渗透率实验研究

前文对低渗透油层渗流特征的影响因素进行了分析，下面将针对低渗透渗流特征进行表述。

1）相对渗透率曲线特征

最能代表两相渗流特征的就是油水两相渗流的相对渗透率曲线（图 2-20 至图 2-23）。理论上讲，储层和流体主要的物理化学性质，如渗透率和孔隙结构、原油黏度和油水流度比以及表面湿润性和原油边界层厚度等，在相对渗透率曲线中都可得到反映（吕成远，2003）。而相对渗透率线的特点也就反映了不同类型储层的水驱油特征和效果。与中、高渗透油层相比，低渗透油层在相对渗透率曲线上表现出的主要特点为：

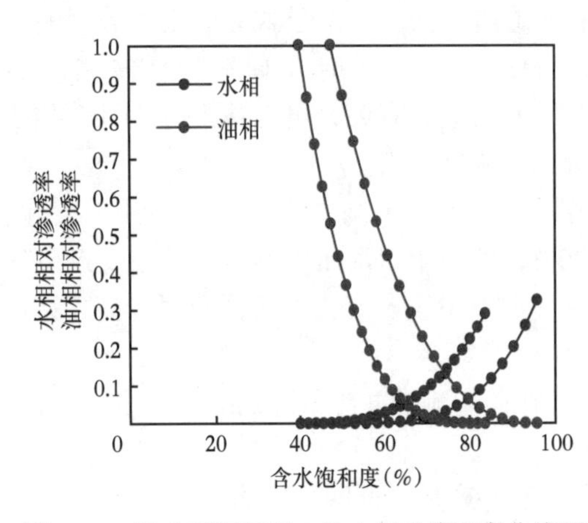

图 2-20　注水项目区延 9 油水相对渗透率曲线图

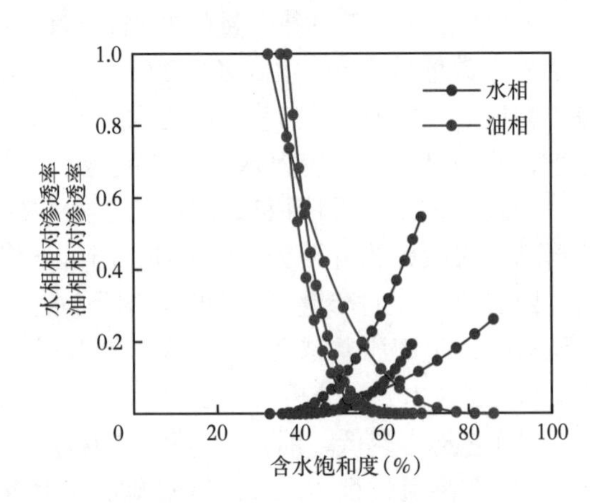

图 2-21　注水项目区延 10 油水相对渗透率曲线图

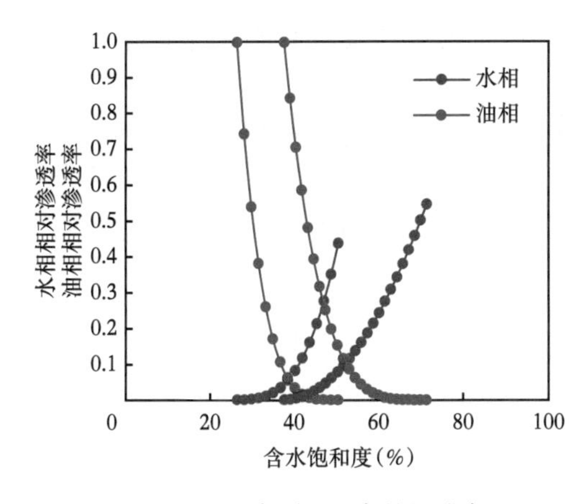

图 2-22　注水项目区富县组油水相对渗透率曲线图

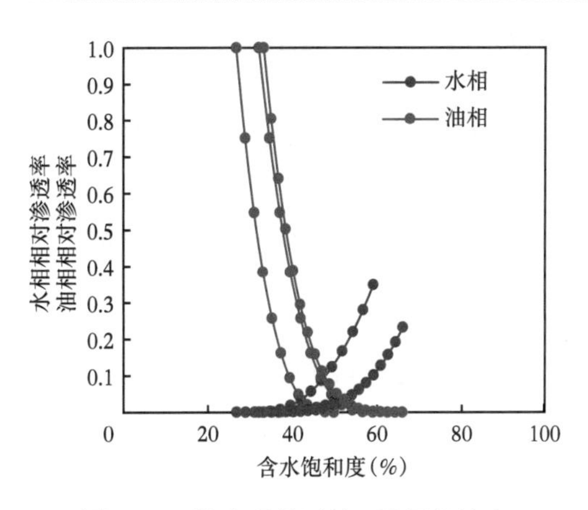

图 2-23　注水项目区长 2 油层组油水相对渗透率曲线图

（1）束缚水饱和度高，原始含油饱和度低；

（2）两相流动范围窄；

（3）残余油饱和度高；

（4）驱油效率低；

（5）油相渗透率下降快；

（6）水相渗透率上升慢，最终值低；

（7）由此而产生的结果是见水后产液（油）指数大幅度下降。

2）注水项目区各油层组相对渗透率参数特征

（1）端点饱和度（S_{wi} 和 S_{or}）。

束缚水饱和度和残余油饱和度是油水相对渗透率曲线中的两个主要端点饱和度。束缚水饱和度（S_{wi}）为水相开始流动的临界饱和度，小于此饱和度，水不能流动即束缚水，大于该饱和度，水相开始流动。残余油饱和度（S_{or}）即油开始流动的临界饱和度。

延安组、富县组 10 块岩心样品分析测试结果（表 2-5）揭示，束缚水饱和度最小值为 26.4%，最大值为 47.4%，平均值为 37.7%；残余油饱和度最小值为 4.2%，最大值为 49.5%，平均值为 25.9%，束缚水饱和度大于残余油饱和度，整体表现为亲水性特征。

长 2 油层组 14 块岩心样品分析测试结果（表 2-6）揭示，束缚水饱和度最小值为 26.7%，最大值为 63.0%，平均值为 39.0%；残余油饱和度最小值为 5.3%，最大值为 50.1%，平均值为 25.0%，束缚水饱和度大于残余油饱和度，整体表现为亲水性特征。

对长 6 油层组 9 块岩心样品分析测试结果（表 2-7）揭示，束缚水饱和度最小值为 27.3%，最大值为 42.6%，平均值为 39.0%；残余油饱和度最小值为 5.3%，最大值为 43.1%，平均值为 37.2%，束缚水饱和度大于残余油饱和度，整体表现为弱亲水性特征。

（2）等渗点饱和度（S_{wx}）。

等渗点饱和度（S_{wx}）即油水两相渗流时相对渗透率大小相等点处饱和度，是影响相对渗透率曲线形态的重要端点。

由表 2-5 可看出，注水项目区延安组、富县组低渗透油层的等渗点含水饱和度平均值为 56.9%，最大值为 79.7%，最小值为 38.5%；长 2 油层的等渗点含水饱和度平均值为 58.6%，最大值为 80.0%，最小值为 41.8%；长 6 油层的等渗点含水饱和度平均值为 48.3%，最大值为 58.0%，最小值为 42.7%。

油水两相同时流动时，水相必须占据比油相更多岩石孔隙空间，才能和油相达到相同的渗透率，表明岩石对水具有亲和力，延 10、长 2 油层整体表现为亲水、弱亲水性，长 6 油层组 9 块样品中有 7 块样品等渗点饱和度平均值小于 50%，显示为弱亲水和中性，部分弱亲油。

（3）等渗点油水相对渗透率（K_{rx}）。

油水相对渗透率实验中油水相对渗透率曲线交点处油、水相对渗透率相等，称等渗点油水相对渗透率（K_{rx}）。由于油水两相在孔隙空间中共同流动时，存在相间干扰，阻力增大，$K_{rw}+K_{ro}$ 总是小于 1。大量实验证明，两相等渗点越高，两相渗流时相干扰小，毛细管阻力小，油水两相渗流能力强。

由表 2-5 可看出，延 10、富县组的 10 块岩心样品等渗点处油水两相相对渗透率在 0.042~0.126 之间，平均为 0.081；长 2 油层组 14 块岩心样品等渗点处油水两相相对渗透率在 0.028~0.208 之间，平均为 0.088（表 2-6）；长 6 油层组 9 块岩心样品等渗点处油水两相相对渗透率在 0.019~0.102 之间，平均为 0.060（表 2-7）。可以看出长 6 油层组等渗点渗透率小于延安组和长 2 油层组，油水两相渗流时两相相互作用明显，两者之间干扰大，贾敏效应明显，毛细管阻力增大，导致最终水驱油效率要较延安组和长 2 油层组低。

表 2-5　注水开发区低渗透储层延安组、富县组岩心相对渗透率实验参数统计表

编号	油区及层位	孔隙度（%）	渗透率（$10^{-3}\mu m^2$）	束缚水饱和度（%）	等渗点饱和度（%）	等渗点油水相对渗透率	残余油处含水饱和度（%）	残余油处水相对渗透率	两相共渗区（%）	备注
1	老庄，延 9	18.10	33.234	37.20	57.80	0.121	72.10	0.168	34.89	
2	老庄，延 9	10.56	6.424	47.38	79.67	0.064	95.81	0.320	48.43	
3	老庄，延 9	9.83	4.091	39.95	65.48	0.046	83.71	0.280	43.76	
4	吴仓堡，延 10	13.11	86.539	37.16	53.19	0.042	66.54	0.190	29.38	
5	吴仓堡，延 10	11.39	26.327	35.50	49.24	0.070	68.87	0.540	33.37	
6	吴仓堡，延 10	9.40	7.039	32.47	63.47	0.070	85.91	0.260	53.44	
7	吴仓堡，延 10	14.80	5.443	46.90	55.40	0.126	73.10	0.224	26.16	
8	柳沟，富县组	10.64	55.317	26.42	38.47	0.060	50.52	0.430	24.10	
9	柳沟，富县组	12.32	20.017	37.66	51.70	0.110	71.37	0.540	33.71	垂直样
10	柳沟，富县组	14.50	25.310	36.20	54.70	0.098	73.00	0.256	36.83	

表 2-6　注水开发区低渗透储层长 2 油层组岩心相对渗透率实验参数统计表

编号	油区	孔隙度（%）	渗透率（$10^{-3}\mu m^2$）	束缚水饱和度（%）	等渗点饱和度（%）	等渗点油水相对渗透率	残余油处含水饱和度（%）	残余油处水相对渗透率	两相共渗区（%）	备注
1	郝家坪	10.19	40.552	26.74	45.69	0.060	49.90	0.026	23.16	
2	郝家坪	8.86	34.357	32.07	46.87	0.090	59.20	0.340	27.13	
3	郝家坪	11.67	14.506	27.46	41.75	0.075	61.13	0.510	33.67	
4	丰富川	8.64	34.412	33.21	52.29	0.030	66.17	0.232	32.96	
5	丰富川	10.33	14.944	29.75	47.54	0.125	65.33	0.550	35.58	
6	丰富川	9.59	9.058	63.02	75.11	0.050	84.51	0.210	21.49	
7	学庄	8.32	17.373	39.14	70.31	0.028	88.12	0.190	48.98	
8	学庄	10.05	4.933	29.89	56.00	0.141	90.81	0.740	60.92	
9	学庄	15.50	5.107	41.90	61.30	0.208	77.70	0.297	35.87	
10	柳沟	14.20	0.231	37.00	50.00	0.030	60.20	0.543	23.23	垂直样
11	柳沟	14.80	0.274	34.70	50.80	0.100	66.30	0.217	31.55	垂直样
12	柳沟	9.00	2.970	33.59	63.47	0.180	93.35	0.840	59.76	
13	吴仓堡	9.44	8.409	53.98	80.01	0.064	93.03	0.200	39.05	
14	吴仓堡	9.90	7.666	63.023	79.29	0.055	94.67	0.254	31.65	

表 2-7　注水开发区低渗透储层长 6 油层组岩心相对渗透率实验参数统计表

编号	油区	孔隙度（%）	渗透率（$10^{-3}\mu m^2$）	束缚水饱和度（%）	等渗点饱和度（%）	等渗点油水相对渗透率	残余油处含水饱和度（%）	残余油处水相对渗透率	两相共渗区（%）	备注
1	榆咀子	11.5	0.134	42.0	49.3	0.042	58.7	0.335	16.72	
2	榆咀子	12.5	0.104	35.4	46.3	0.078	56.9	0.179	21.54	垂直样
3	榆咀子	7.8	0.057	37.7	48.6	0.076	62.3	0.374	24.61	
4	甄家峁	14.8	0.245	33.4	51.6	0.102	73.0	0.516	39.56	
5	甄家峁	8.5	0.144	30.2	42.7	0.045	64.4	0.165	34.23	
6	吴仓堡	12.1	0.441	27.3	43.0	0.020	61.5	0.102	34.20	
7	甄家峁	15.0	0.210	42.6	58.0	0.019	69.6	0.382	26.95	垂直样
8	榆咀子	12.5	0.104	35.4	46.3	0.078	56.9	0.179	21.54	垂直样
9	榆咀子	7.8	0.057	37.7	48.6	0.076	62.3	0.374	24.61	

（4）端点油水相对渗透率。

束缚水饱和度（S_{wi}）和残余油饱和度（S_{or}）。端点处油水相相对渗透率值分别为 $K_{ro}=K_{ro}(S_{wi})$，$K_{rw}=0$ 和 $K_{ro}=0$，$K_{rw}=K_{rw}(S_{or})$。残余油饱和度处水相相对渗透率 $K_{rw}(S_{or})$ 越大，岩石亲水性越强，水驱油效率越高。由表 2-5 可看出，注水项目区延安组、富县组岩心残余油处水相相对渗透率在0.168~0.540之间，平均为0.321。长2油层组样品的残余油处水相相对渗透率在0.026~0.840之间，平均为0.367（表2-6）。长6油层组样品残余油处水相相对渗透率在0.102~0.516之间，平均为0.289（表2-7）。

（5）油水两相共渗区。

油水两相共渗区反映储层岩石渗流能力的重要参数，两相共渗区越宽，油相渗流阻力越小，渗流能力越强。

由表2-5至表2-7可知，延长油田注水项目区延安组、富县组样品两相共渗区范围在24.1%~53.4%之间，平均值为36.4%；长2油层组样品的两相共渗区范围在21.5%~60.9%之间，平均值为36.1%；长6油层组样品的两相共渗区范围在16.7%~39.6%之间，平均值为27.1%。

两相共渗区范围均较窄，油相渗流阻力大，渗流能力较弱。相比之下，延安组和长2油层组的储层样品较长6油层组的储层样品的两相共渗区范围宽，其渗流阻力相对较小，渗流能力相对较强。

2. 水驱油实验研究

1）水驱油微观机理

储层孔隙系统是非均匀的，具有随机性。因此，油水在地层孔隙系统中的运动也是非匀速的，也具有随机性。同时，油层润湿性相差甚大，有些油层是亲水的，有些油层则是亲油的，还有一些油层具有中等润湿性。在不同润湿性的油层中进行水驱油时，其驱油机理有原则性的差异。因此，必须研究不同润湿性油层中的水驱油微观机理。

（1）亲水地层中水驱油微观机理。

油田投入开发之前，油层中流体处于原始状态，可以不考虑气体存在。因为它处于溶解状态，因此只考虑油水的原始状态。

亲水的油层中，束缚水主要是以水膜的形式附着在孔道壁上，或充满较小的孔道和盲端，而油则充满较大的孔道空间。在亲水油层模型内进行水驱油时，可以看到，当水被注入油层后，一部分水沿着孔道中心阻力最小的地方向前推进，驱替原油，另一部分水则穿破油水界面的油膜，与束缚水汇合，沿着岩石颗粒表面（孔道壁）驱动束缚水，而束缚水则把原油推离岩石表面，将原油从岩石表面剥蚀下来。被剥蚀下来的原油被注入水驱走，束缚水汇入注入水中，岩石颗粒表面为注入水所占据。

由于地层的非均质性，微观地质模型的孔道也是大小不等的。首先观察在孔道中水驱油的现象，在亲水地层模型内进行水驱油过程的实验。在一些孔道中，油膜已断裂，束缚水把油膜剥蚀下来，汇入大片油内，被注入水均匀地向前推进。它表示束缚水剥蚀油膜的速度与大孔道中水驱油的速度相等，油水界面平整，水驱油的过程犹如活塞一样向前推进，驱油效率最高。在另一些孔道中，油膜即将破裂，但注入水已进入大孔道。它表示注入水驱油的速度大于束缚水剥蚀油膜的速度，引起水驱油的非均匀推进。在其他一些孔道中还可以看到注入水已经沿着岩石颗粒表面束缚水的通道突进，已经把油膜剥蚀、推离了岩石表面。但是，在大孔道中注入水的推进则太慢，这样就容易使油相断裂，形成油珠，残留在地层中。

随着注水的持续进行，注入水继续向前运动，上述过程不断重复出现。不同的是，在注入水中已汇入了部分束缚水，成为某种程度的混合水。这样随着注水的进行，在油水驱替前沿，在驱动水中束缚水的比例也不断增加。油田生产实践中，油井见水初期，水的矿化度较高就是对上述过程的证明。这样，根据实验观察研究，在亲水地层中水驱油的机理可概括为：

①驱替机理：在注入压力作用下，注入水驱动大孔道中的原油向前流动，用水替换了原来由油所占据的空间；

②剥蚀机理：束缚水与注入水接触，得到注入水的动力，将原油推离岩石颗粒的表面。在亲水地层中，这种剥蚀机理在驱油过程中起着相当大的作用。

两种机理的最佳配合能最大限度地提高水驱采收率。

亲水地层中水驱实验反映，当驱替速度与剥蚀速度相等时，可以得到最好的驱油效果。但是应该指出，由于地层孔隙系统的非均匀性，其中流体的速度场也是非均匀的，不同孔道中的驱油速度也是随机的，而剥蚀速度与束缚水饱和度及油水界面性质有关。因此，只要使大部分孔道中的驱替速度与束缚水的剥蚀速度相当就可以了。这个最佳配合的界限就是最佳驱油速度，只能结合具体的油层条件用实验方法求得。因此在油田注水开发实际中，合理的注水速度是取得最大水驱采收率的必要条件。

（2）亲油地层中水驱油微观机理。

亲油地层中，束缚水主要以水珠的形式存在，油充满整个孔道系统。在亲油地层中进行水驱油时，注入水沿着大孔道的中轴部位驱替原油，在孔道壁上的油膜可以沿壁流动，在小孔道中残留一部分原油。随着注水过程的延续，油膜也越来越薄，小孔道中的油也越来越少，最后形成水驱残余油。水驱油的过程中，束缚水可汇入注入水内，一同流动，起到驱替原油的作用。

亲油地层中水驱油的主要渗流机理是：

①驱替机理：即注入水沿孔道的中轴部位驱替原油；

②油沿孔道壁流动机理：在水侵入孔道将中轴部位的油驱走以后，留在孔道壁上的油主要以此方式运移。

合理利用这两种机理的目标是减少指进和增加壁流能力。因此，采用较低的驱油速度是合理的。

（3）中性地层中水驱油微观机理。

中性的多孔介质中，水驱油机理比较复杂，注入水主要沿大孔道的中轴部位驱替原油，这种现象与亲油介质中的相似，但是，注入水与束缚水不易接触，在它们之间有一层油膜，因而，束缚水不流动。

（4）注水项目区低渗透油层水驱油微观机理。

为了明确延长油田注水项目区储层注水开发特征，采用可视化真实砂岩微观水驱油实验对注水项目区低渗透储层不同孔喉类型样品进行水驱特征分析，探索孔喉特征对注水开发效果的影响，为后续注水开发工作提供有力支撑。

①实验装置。真实砂岩微观水驱油装置主要包括前置处理系统、压力监测系统及数据采集系统三大部分。其中前置处理系统主要为一套完成的真空处理系统，能够将砂岩模型进行真空处理防止空气存在后形成多相流增加流动阻力。压力检测系统包括加压系统及压力控制检测系统。数据采集系统由 Zeiss 显微观察系统及图像采集系统组成，可以对高分辨率视频信号进行实时采集并分析。

②实验步骤。实验中首先将样品处理成 2.5cm×2.5cm 正方形岩样，厚度小于 0.07cm。为保证空气不会对实验观测造成影响，需要在样品玻璃中注胶防止制样时空气滞留。在油中加入油溶红色试剂，并在配置好的地层水中加入甲基蓝提高注入水辨识度，便于后续饱和度及驱替特征分析。准备完毕后将待测模型进行真空处理，24h 后饱和水进行多次液测渗透率测量取平均值作为样品渗透率。渗透率测试完毕后进行饱和油过程，旨在利用真实砂岩模型模拟储层成藏过程中的渗流及饱和特征。饱和过程中收集测试模型含油饱和度，并对全视域及含油饱和特征进行图像收集用于后续对比分析。受孔隙结构特征影响，不同单井样品在一定注入压力下饱和油特征呈现非均质性。

根据实验观测，低渗透储层饱和油驱替主要可以分为均匀驱替饱和（图 2-24）、网状驱替饱和（图 2-25）及指状驱替饱和（图 2-26）三类。

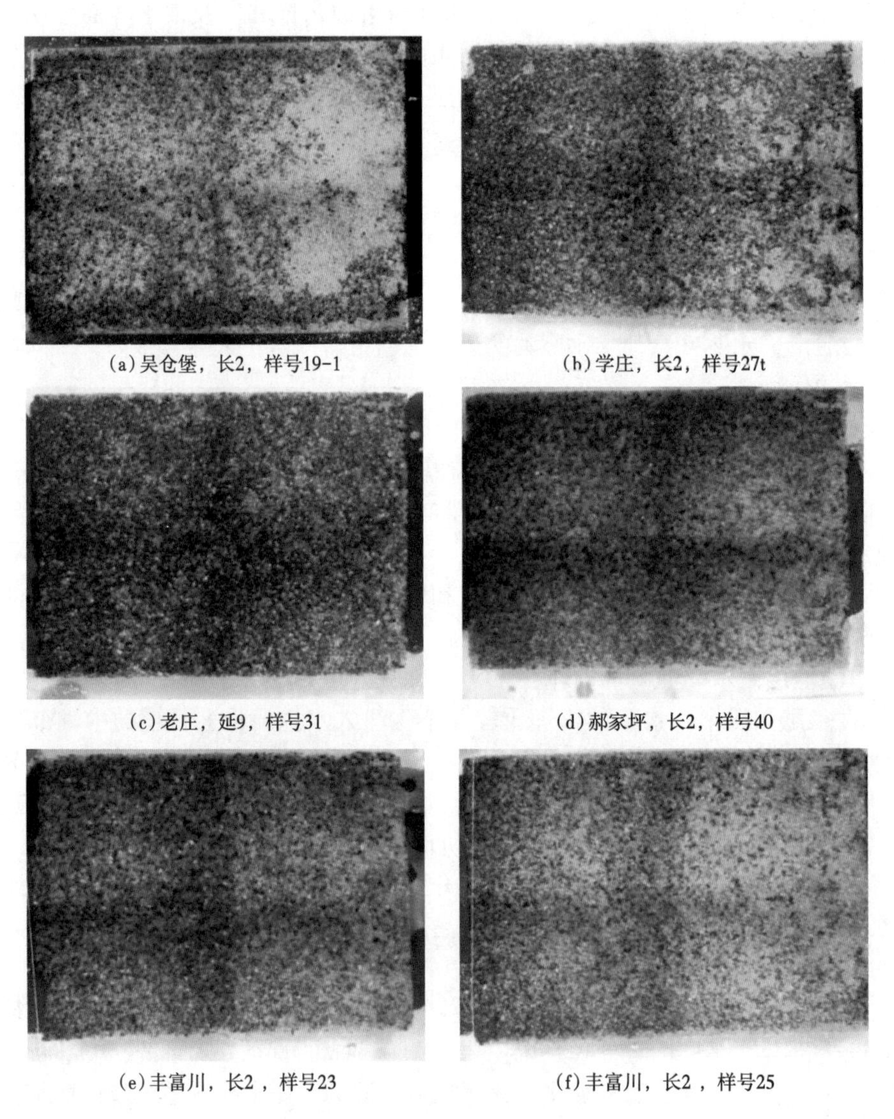
(a) 吴仓堡，长2，样号19-1　(b) 学庄，长2，样号27t
(c) 老庄，延9，样号31　(d) 郝家坪，长2，样号40
(e) 丰富川，长2，样号23　(f) 丰富川，长2，样号25

图 2-24　饱和油均匀驱替特征图

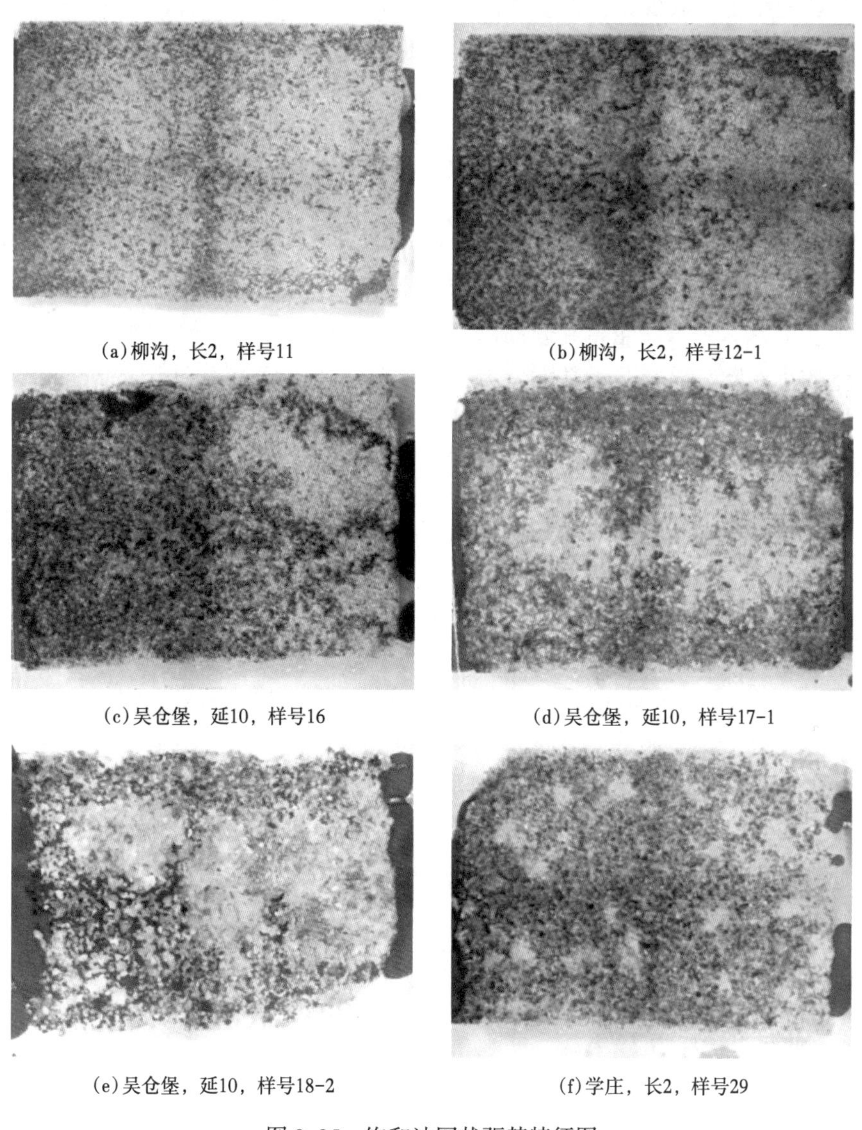

(a)柳沟，长2，样号11　(b)柳沟，长2，样号12-1

(c)吴仓堡，延10，样号16　(d)吴仓堡，延10，样号17-1

(e)吴仓堡，延10，样号18-2　(f)学庄，长2，样号29

图 2-25　饱和油网状驱替特征图

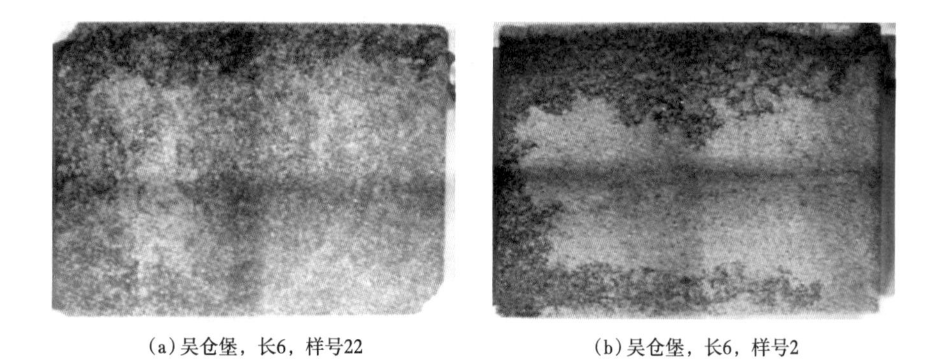

(a)吴仓堡，长6，样号22　(b)吴仓堡，长6，样号2

图 2-26　饱和油指状驱替特征图

均匀驱替饱和主要表现为初始驱替阶段，油以多通道进行驱替，随驱替进行，油线逐渐扩张且驱替前缘移动速度较为缓慢，以逐步扩散驱替为主。该类驱替波及面积较大，油在样品内分布均匀，即使采出端已见油相产出但持续驱替油线仍会扩散。

网状驱替饱和主要表现为驱替开始阶段同样具有多条油线共同驱替，但之后则主要以数条油线周围区域进行驱替饱和。与均匀驱替相比，网状驱替饱和范围较小，驱替主要发生在主要油线附近，对于孔喉发育较差区域难以进行驱替。随出口段见油，继续驱替能够将原油驱替面积进行一定扩张但孔喉较差区域仍难以驱替造成该类最终含油饱和度低于均匀驱替。

指状驱替主要表现为在驱替开始便由几条主要油线沿大孔喉进行驱替，驱替过程中油线宽度变化较小，驱替路径受大孔喉发育控制明显。该类驱替饱和由于油线较少造成采出端见油较快，但是在见油后继续饱和无法扩大驱替饱和面积，部分样品见新油线发育，但是饱和面积仍较小造成该类样品含油饱和度在三类驱替中较差。

在饱和油完成后，对样品进行水驱开采模拟并记录初始注水开采，注入 1 倍孔喉体积（1PV）、2 倍孔喉体积（2PV）及 3 倍孔喉体积（3PV）下的剩余油饱和度及全视域、局部图像特征，分析各个阶段驱替效率及特征。

③微观水驱特征。实验看出，注水项目区主力油层储层驱替类型主要包括均匀驱替、网状—均匀驱替、网状驱替、指状—网状驱替及指状驱替 5 类。统计结果表明延安组和长 2 油层组样品以均匀—网状驱替为主，长 6 油层组样品网状—指状驱替为主。

均匀驱替特征表现为驱替前缘平行的多水线推进驱替，表明该类储层具有较大孔喉半径及较好孔喉连通特征。随着注入体积不断增加，驱替水线面积呈均匀增大，当采出端见水后保持持续注入，注入水线会发生持续扩张导致波及面积持续均匀增加。注水项目区延安组、富县组及长 2 油层组储层常见均匀驱替现象，该类储层在注水开发过程中具有较好驱替效率且不易发生水窜等现象［图 2-27（a）和图 2-27（b）］，水驱油实验结果显示，延安组、富县组均匀驱替无水期平均驱替效率为 43.4%，长 2 油层组平均为 50.7%，长 6 油层组平均为 40.1%；延安组、富县组最终期平均驱替效率为 55.6%，长 2 油层组平均为 61.7%，长 6 油层组平均为 59.4%。

网状驱替特征表现为驱替面积连续性丧失，取而代之的是多条水线以蛇状方式向四周发散并形成稳定驱替通道。当采出端未见水时，该类驱替通道稳定，面积变化较小。当采出端见水后继续注水，此时部分水道前缘产生偏移形成新的水道提高注入水波及面积。但与均匀驱替不同，该类驱替无论在注水开发任何阶段都表现为驱替通道的变化而难以形成大面积波及，造成储层内剩余油仍较多且难以被驱替出。因此较均匀驱替，网状具有较低的注水开发效率。［图 2-27（c）和图 2-27（d）］水驱油实验结果显示，延安组、富县组网状驱替无水期平均驱替效率为 40.6%，长 2 油层组平均为 39.9%，长 6 油层组平均为 24.2%；延安组、富县组最终期平均驱替效率为 57.7%，长 2 油层组平均为 48.3%，长 6 油层组平均为 39.5%。

指状驱替特征表现为注水采油初期随着注入水量的增加水道迅速向采出端突进并形成一条稳定驱替通道。通道行程中宽度不发生变化，随着采出端见水后继续注入，水驱通道缓慢变宽。部分样品在驱替中形成新的驱替通道，但新形成的通道常不与采出端连通造成驱替变化较小，整体驱替效率较差。该类储层具有较差的孔喉结构且非均质性较强，主流喉道对储层渗流能力控制明显，但受微细喉道存在的影响，该类储层剩余油较难被驱替［图 2-27（e）和图 2-27（f）］。延安组、富县组指状驱替无水期平均驱替效率为 24.1%，长 2 油层组平均为 29.0%，长 6 油层组平均为 17.6%；延安组、富县组最终期平均驱替效率为 49.3%，长 2 油层组平均为 36.9%，长 6 油层组平均为 28.8%。

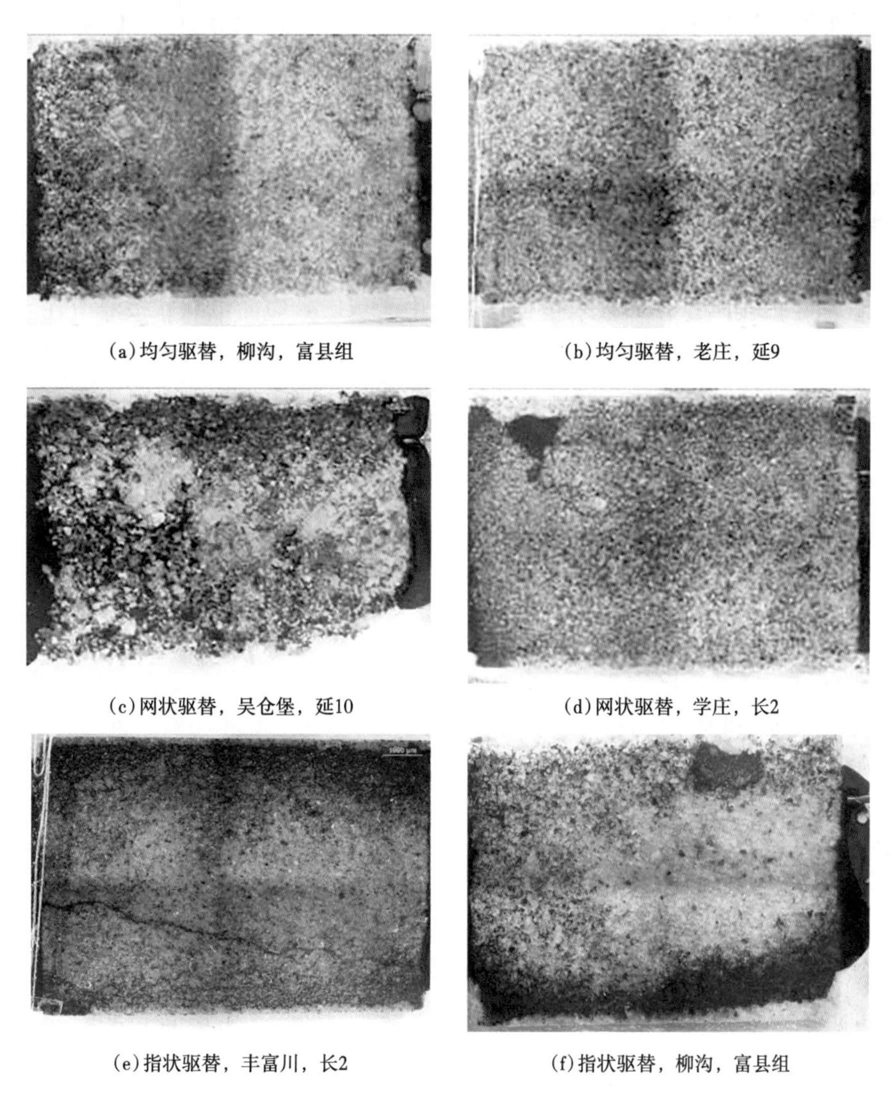

(a)均匀驱替，柳沟，富县组　(b)均匀驱替，老庄，延9

(c)网状驱替，吴仓堡，延10　(d)网状驱替，学庄，长2

(e)指状驱替，丰富川，长2　(f)指状驱替，柳沟，富县组

图 2-27　微观水驱油特征图

除上述三类驱替特征外，储层中还存在网状—均匀状及指状—网状驱替。其中网状—均匀状驱替表现为在水驱前期，数条水线以网状发育，随着注水开发过程的进行，水线逐渐扩张汇合并形成均匀面状驱替特征，驱替前缘逐渐均一化。而指状—网状驱替与网状—均匀状驱替类似，但在注水开发前期，水线数量较少且发育较为集中，驱替速度较快。随着驱替的进行，水线逐渐分散形成多条水线形成网状驱替。

2）残余油的形成和分布

残余油问题是油田开发的重要问题之一，它影响油田开发动态，影响水驱采收率大小，也影响进一步提高采收率技术路线的科学决策。残余油指注入水波及区内的残余油，而水波及区（或波及体积）是指被注入水封闭的区域，其中，有被油占据的部分，也有被水占据的部分，但是它的特点是封闭区内的油与封闭区以外的油是不连续的。残余油的形成与孔隙介质的结构及其表面性质有关，与油和水的性质有关，也与驱替条件有关，所以，残余油形成的机理是复杂的。为了叙述方便，根据多孔介质的性质分类来讨论残余油的形成。

（1）亲水多孔介质中残余油的形成。

亲水多孔介质中，水驱油的过程是润湿相驱替非润湿相的过程，水驱油的微观机理分为驱替机理和剥蚀机理，在最佳驱油速度下，这两种机理达到最佳配合。这时，在均匀多孔介质中，残余油很少，当驱油速度太大时，驱替机理作用显著地大于剥蚀机理，这样，一部分砂岩颗粒表面的油和小孔道中油还没有来得及剥离，孔隙中大部分空间已被水所占据，这部分油在被剥离以后即被水包围，也会由于贾敏效应而以珠状被滞留在大孔隙中。当驱油速度太小时，剥蚀机理远大于驱替机理，注入水沿着孔道壁进入孔隙，把孔隙中部的油包围起来，以珠状滞留在孔隙中。如果多孔介质不均匀，渗流速度场也将更复杂，这将导致形成各种形态的残余油。当小孔道群被周围大孔道所包围时，那么，在较高驱替速度下，水就经大孔道运动，绕流包围小孔道群，这时，小孔道群中的油将被滞留。当大孔道群被小孔道所包围时，在较小驱替速度下，水就进入小孔道，把大孔道群中的油包围并滞留下来（谷建伟等，2015）。

（2）亲油多孔介质中残余油的形成。

亲油多孔介质中，水驱油是非润湿相驱替润湿相的过程，驱油机理是驱替机理和油沿壁流动机理，不管驱替速度大小，水主要沿大孔道中轴部位向前流动。这样，残余油主要以大孔道壁上的油膜和小孔道中油柱的形式存在。当多孔介质非均质严重时，就会出现各种形态的残余油，如果大孔隙包围着一个小孔隙群，那么水将流过大孔隙而把小孔隙群包围起来，形成小孔隙群中的一片残余油，如果大孔隙群被小孔隙所包围，那么水不易进入这些小孔隙而把这些小孔隙及其所包围的大孔隙中的油都圈闭起来，形成连片残余油（谷建伟等，2014）。

（3）中性多孔介质中残余油的形成。

中性多孔介质中，水主要是沿着大孔道的中轴部位驱替原油，这一点与亲油多孔介质中的水驱油过程相似，残余油的主要形式是孔道壁上的油膜和小孔道中的段塞，同时，在注入水和束缚水之间也会形成油膜。这种形成残余油的机理还需进一步探讨。

（4）注水开发区低渗透油层残余油形成与分布。

油膜残余油、孔隙边缘及角隅残余油、非活塞式驱油残余油、卡断残余油、绕流形成的残余油是注水开发区低渗透油层主要的残余油类型。

油膜残余油：延长油田注水开发区低渗透储层整体上呈现出弱亲水特征，但是储层岩石矿物成分却较为复杂，因此岩石的润湿性将是不均一的，同一种流体对不同矿物表面具有不同的润湿性，即“斑状润湿”现象。斑状润湿现象的存在决定了润湿性只是对储层岩石总体润湿特征的统计学表征，也就是说，低渗透油层岩石部分岩石颗粒表面也会吸附原油。镜下观察表明，砂岩模型水驱油后局部可见以油膜形式存在的残余油。油膜主要存在于水驱过的孔隙壁上，同时可以看出在水道上油膜厚度薄，在角隅喉道油膜相对较厚

[图 2-28(a)和图 2-28(b)]。

非活塞式驱油方式形成的残余油：在润湿性为亲水的岩石孔隙中，由于润湿性和毛细管力作用，注入水进入孔隙之后，总是先沿着孔隙边缘夹缝运动，很容易把孔隙中央的油包围起来形成残余油。

卡断形成的残余油：当连续油滴通过孔隙喉道时，由于孔喉半径发生变化，驱动力和毛细管力失衡，油在喉道处卡断，形成孤岛状残余油滴，这种现象多发生在油滴前端。但被卡断残留下来的油滴不一定都成为残余油。在注入水长期冲刷或提高注入水压力时，这些油滴会在孔隙中再次聚合，当聚合到一定程度，便会沿着孔隙继续前进。

绕流残余油：绕流残余油是低渗透油层岩石孔隙中最主要的残余油形式，其主要是由储层岩石孔隙结构的非均质性所造成。绕流残余油的大小和分布各异，主要有两种形式：①小范围的绕流，水只绕过几个含油的孔隙喉道；②大范围的绕流，水绕过的面积较大，在指状水驱和网状驱替过程中容易形成。真实砂岩微观模型渗流实验结果表明，注入水沿着模型中阻力较小的孔道(或裂缝)向前突进，同时逐渐向两边绕流扩张，形成水的通道。油水驱替过程中的这种注入水突进现象具有一定的普遍性。由于突进和绕流，地层中大量的油被残留而形成残余油[图 2-28(c)]。

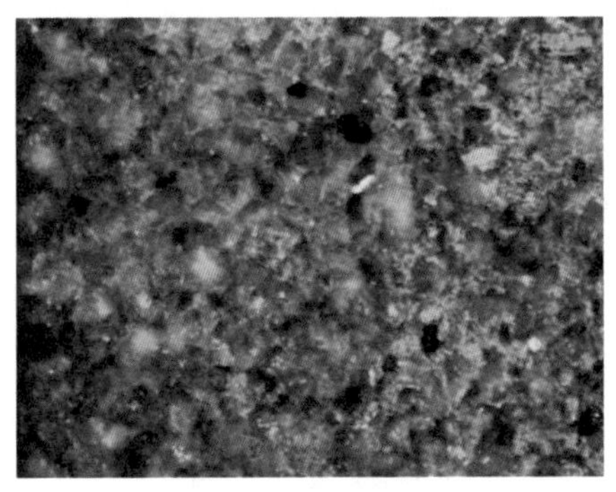

(a)油膜残余油，郝家坪，长2

(b)油膜残余油，老庄，延9

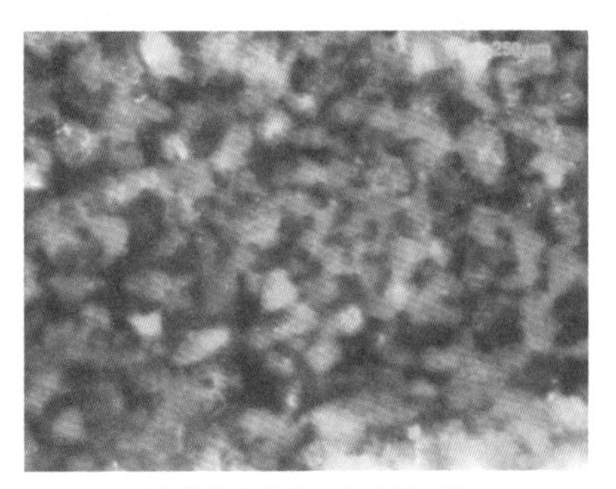

(c)绕流残余油，丰富川，长2

图 2-28　残余油分布类型图

3)水驱效果影响因素分析

长 6 油层组储层物性与驱油效率均具有较弱的正相关性，其中孔隙度与无水期驱油效率具有相对较好的正相关性，与最终驱油效率相关性相对较差(图 2-29)。渗透率同样表征出与无水期驱油效率相关性较好，与最终驱油效率较差的特征。这表明由于长 6 油层组微细喉道及微孔的存在，储层物性仅在水驱前期对驱替效率具有一定的控制作用。随着水驱持续进行，注入水逐渐进入微细喉道控制的区域持续提高驱油效率，但这类孔喉与储层宏观物性相关程度较弱，造成最终驱油效率与物性相关性较差。对比驱油效率孔隙度、渗透率相关程度可以看出，无论无水期或是最终期，渗透率与驱油效率相关性均优于孔隙度。说明储层孔隙内流体流动受喉道影响较大，孔喉配置关系较差，造成部分孔隙空间难以转化为可动流体孔隙。同时，部分死孔隙的存在同样增加了储层孔隙的驱替难度，因此对于长 6 油层组储层，渗透率与储层驱油效率具有相对较高的正相关性。

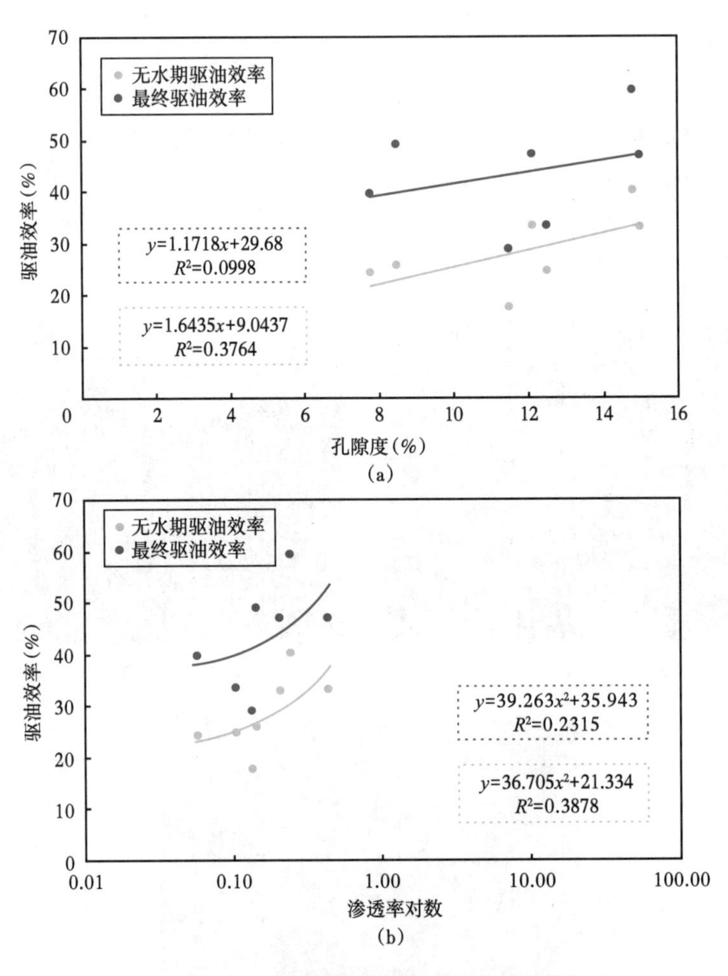

图 2-29 长 6 油层组物性与驱油效率相关特征图

延安组、富县组及长 2 油层组储层物性与驱油效率具有一定的正相关性，孔隙度与两期驱油效率相关特征与长 6 油层组类似（图 2-30）。但延安组、富县组、长 2 油层组渗透率与最终驱油效率相关性高于无水期驱油效率。这表明储层孔喉具有较好的配置关系，在初始水驱时，水线主要由较大喉道控制，但部分较小喉道受油相存在的影响形成贾敏效应造成无水期驱替效率较低。随着驱替的进行，注入水逐渐克服贾敏效应突破小喉道形成连续驱替，因此最终驱替相关程度提高。对比孔隙度、渗透率与驱油效率相关性可以看出，延安组、富县组、长 2 油层组储层驱替效率同样受储层渗流能力控制显著。但是较高的最终驱替效率相关性表明该段储层孔喉配置关系较长 6 油层组好。

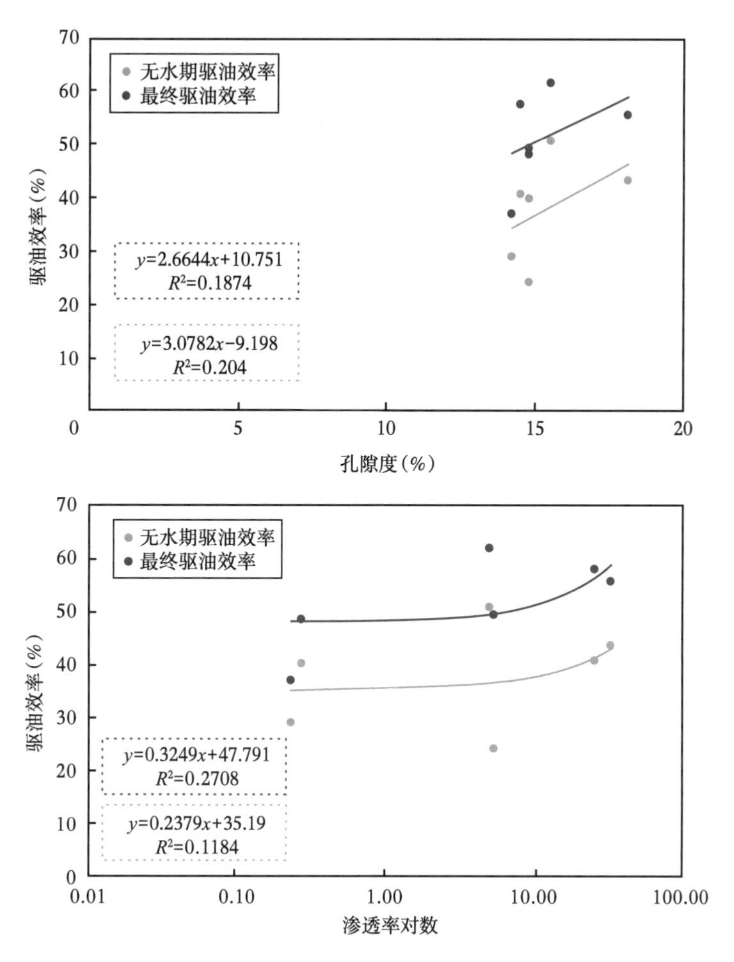

图 2-30 延安组、长 2 油层组物性与驱油效率相关特征图

镜下观察表明，延安组、富县组及长 2 油层组以残余粒间孔为主，驱替类型多为均匀驱替，残余粒间孔间喉道发育相对溶孔型样品发育较好且孔喉配置关系优越，因此残余粒间孔样品在无水期及最终期驱替效率均较高。采出端见水后，该类样品水线仍可继续发育，驱替面积逐渐增加，因此最终驱替效率与无水期驱替效率具有一定差异。

长 6 油层以溶蚀孔隙为主，驱替类型较为多样，网状及指状驱替均有发育。但可以看出，局部溶蚀孔的发育是否能转化为储层有效流动空间受其周围喉道发育影响。在油水两相共存情况下，溶孔内残余油受水驱影响运移至孔喉连接处易发生贾敏效应造成堵塞。因此，该类储层孔渗能力与驱替效率相关特征较差。随着注入水不断进入，部分喉道逐渐连通造成驱替效率有一定提高。当注入水突破溶蚀孔周围喉道的限制瞬间，驱替效率会有瞬时增加。然而一旦突破后注入水形成连续相，溶蚀孔内剩余油边成为死油，难以通过持续注入或者加压驱替，此类储层在注水开发中应注意及时进行堵水措施，防止水线连通后封堵大孔隙内的剩余油。

3. 核磁共振可动流体实验研究

1）核磁共振现象

某些原子核和电子一样也有自旋现象。自旋量子 $I\neq 0$ 的原子核要进行自旋运动，产生自旋核磁矩。如果把这种核放在静磁场 B_0 中，那么磁场对核磁矩有一个作用力，使核磁矩在磁场中具有一定的能量。核磁矩 μ 在静磁场中绕 B_0 进动，进动频率为 $\omega_0=\gamma B_0$，这种进动称拉莫尔进动，ω_0 称为拉莫尔频率，为核的旋磁比，是核的特征常数，与核的运动无关。不同的原子核有不同的 γ 值。若在静磁场 B_0 的垂直平面内，施加以 ω 角速度旋转的射频场，当满足 $\omega_0=\gamma B_0$ 时，原子核就会吸收射频场的能量，从低能态跃迁到高能态。当撤除射频场时，原子核从高能态跃迁到低能态，并放出能量，这就是核磁共振现象（肖秋生等，2009）。

2）T_1 弛豫与 T_2 弛豫

当有射频脉冲与外场中核自旋发生共振而使宏观磁化强度矢量 M 发生改变后，宏观磁化强度矢量又恢复到平衡时的状态，这个过程被称为自旋晶格弛豫（或纵向弛豫），标识该弛豫时间特征的常数称为纵向弛豫时间即 T_1。用反转恢复脉冲序列测量 T_1，则：

$$M(t)=M_0\left[1-2\exp\left(t/T_1\right)\right] \tag{2-28}$$

式中 $M(t)$——磁化强度矢量，A/m；

M_0——静磁化强度，A/m；

T_1——纵向弛豫时间，ms。

核磁共振中还有另一种弛豫过程。宏观磁化强度矢量 M 为各个磁矩 μ 的和，M 被 90° 脉冲激发倒向 x-y 平面后，并旋转，由于各个 μ 之间有微小频率差别，导致相位发散，而使 x-y 平面上的分量趋于 0，这个过程为自旋—自旋弛豫。标识该弛豫时间特征的常数称为横向弛豫时间即 T_2，用自旋回波脉冲序列测量 T_2，则：

$$M(t)=M_0\exp\left(t/T_2\right) \tag{2-29}$$

式中 $M(t)$——磁化强度矢量，A/m；

M_0——静磁化强度，A/m；

T_2——横向弛豫时间，ms。

岩石中流体的核自旋弛豫在由纯净物质组成的简单系统中（比如水中），核自旋与周围环境以及核自旋之间的相互作用在系统各处都应该是相同的，因此其弛豫过程较为简单，可用一个弛豫时间 T_1 或 T_2 来描述其 T_1 弛豫与 T_2 弛豫。岩石多孔介质中，情况就不大相同了。对 T_1 而言，由于流体存在于多孔介质中，被许多界面分割包围，孔道形状、大小不一，核自旋受表面分子力作用的机会不一，也就是说其弛豫得到加强的概率不等。所以岩石流体系统中核自旋弛豫就变得十分复杂，不能以单个弛豫时间来描述。

一般用快扩散表面弛豫模型来描述岩石流体系统的核自旋弛豫。对于由不同大小孔道组成的岩石多孔介质，存在多种指数衰减过程，总的弛豫为这些弛豫的叠加：

$$M(t)=\sum A_i\left[1-2\exp\left(-t/T_{1i}\right)\right] \tag{2-30}$$

式中 A_i——弛豫时间 T_{1i} 的分布或弛豫时间谱，ms。

式（2-30）中 A_i 与岩石孔径的分布及流体性质有关。其他符号同前。

岩石流体中 T_2 弛豫要复杂得多。除受流体性质、表面分子力的加强（加强方式同 T_1 弛豫）影响以外，还由于岩粒与流体的磁导率不同导致系统内部磁场不均匀性及不同程度的分子扩散造成 T_2 弛豫的进一步加强，这时 T_2 可表示为：

$$\frac{1}{T_2}=\frac{\eta}{T}+\rho_2\frac{S}{V}+\gamma^2G^2D\tau^2/3 \tag{2-31}$$

式中　η——体相流体黏度，Pa·s；

T——绝对温度，K；

D——扩散系数，mm^2/s；

G——内磁场不均匀性，与外加磁场成正比；

τ——回波间隔，t；

S/V——比表面，m^2/m^3；

ρ_2——表面弛豫强度，μm/ms。

式（2-31）可看出，当外场不强（对应于 G 的数值不大），且 τ 足够短时，$\gamma^2G^2D\tau^2/3$ 项可忽略不计，此时：

$$\frac{1}{T_2}=\rho_2\frac{S}{V} \tag{2-32}$$

式中　T_2——横向弛豫时间，ms；

ρ_2——表面弛豫强度，μm/ms；

S/V——比表面，m^2/m^3。

T_2 弛豫与 T_1 弛豫一样，其弛豫时间分布也反映了岩石介质内比表面或孔径的分布。对于球形模型：

$$\frac{S}{V}=\frac{3}{r},\quad 则\ \frac{1}{T_2}=\rho_2\frac{3}{r}\quad 即：T_2=\frac{r}{3\rho^2} \tag{2-33}$$

对于管束模型：

$$\frac{S}{V}=\frac{2}{r},\quad 则\ \frac{1}{T_2}=\rho_2\frac{2}{r}\quad 即：T_2=\frac{r}{2\rho^2} \tag{2-34}$$

式中　r——孔道半径，μm；

C——常数；

S/V——比表面，m^2/m^3；

ρ_2——表面弛豫强度，μm/ms。

总之，T_2 与 r 之间存在一定的正比关系，即：$T_2=Cr$。

3）实验方法、结果及分析

（1）岩心核磁共振弛豫时间谱及毛细管孔径分布测试。

将饱和模拟油的岩心置于核磁共振仪探头内，调节共振频率和 90° 脉冲宽度，采用 COMGROCK 脉冲序列测量磁化矢量随时间变化，回波时间 T_E=120μS。采用多弛豫分离技术得到岩心核磁共振弛豫时间谱，并与压汞分析得到的毛细管孔径分布曲线对比，即把弛豫时间 T_2（ms）刻度成毛细管孔径 r（μm）。将岩心清洗烘干至恒重后，抽真空饱和重水，用模拟油驱重水至束缚水，再用重水驱替模拟油，在核磁仪质子（H_1^1）共振频率下重水中的氘（H_1^2）不发生共振，即无核磁共振信号，因此，可以利用核磁共振弛豫时间谱探测出驱替过程中不同采出程度时岩心中含油孔径分布和被驱出油的孔径分布，从而探讨渗流机理。

（2）可动油饱和度的计算。

由核磁共振弛豫时间谱得到含油毛细管孔径分布曲线如图 2-8 中曲线 S_{oi} 所示，一般在水驱油的驱替作用下，只有较大孔隙中原油可以被驱替出来，较小孔隙中原油为不可动油，可动油与不可动油的分界点一般在弛豫时间谱两峰的凹点处，图 2-8 中该点为孔径 0.5μm，从中可以计算大于 0.5μm 孔道中的油量占总油量的比例为 51.9%，即可动油饱和度。

（3）驱替过程中岩心中含油孔径分布。

低渗透岩心在较高驱替速度下（14m/d），原始含油状态（S_{oi}）和重水驱替不同阶段（S_{o1}，S_{o2}，S_{o3}，S_{o4}，S_{o5}）含油孔径分布如图 2-8 所示。从图 2-8 中可以看出，驱替过程中水首先进入渗流阻力较小的大孔道中，将其中的油驱替出来，随着驱替压力的不断增加，水依次进入孔径较小的孔道，克服毛细管阻力，把其中的油驱替出来。

（4）水驱油时的最佳渗流速度。

亲水性低渗透天然岩心中，水驱油过程是润湿相驱替非润湿相，当渗流速度较低时，易于发挥毛细管力的吸水排油作用；当渗流速度较高时，则主要发挥驱动力的作用。其中，存在一个最佳的驱替速度，可使毛细管力的渗吸作用和驱动力的驱替作用都得到充分发挥，得到最佳的驱油效果。图 2-31 是水驱油时，原油采收率与驱替速度关系的实验结果，图中横坐标是驱替速度，纵坐标是原油采收率，图中 3 条曲线分别代表不同渗透率（K）的3块岩心，从图中可以看出水驱油的最佳渗流速度约为1.4m/d。从图中还可以看出，在相同渗流速度下，原油采收率随渗透率的增加而增加。

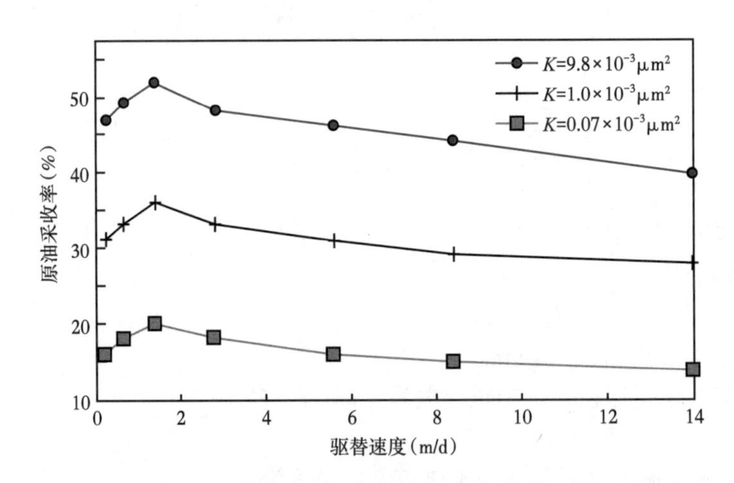

图 2-31　原油采收率与驱替速度的关系图（据黄延章，1998）

（5）最佳驱替速度下的含油孔径分布。

亲水性储层油田开发的过程中往往驱替和渗吸作用同时发生，低渗透储层岩心毛细管孔径较小，毛细管力吸水排油的渗吸作用不可忽视。按照实验得到的 1.4m/d 的最佳驱替速度，进行储层岩心的重水驱替原油实验，在核磁共振质子共振频率下，重水不能产生核磁共振信号，这样就可以测定驱替前后岩心中含油毛细管孔径的分布变化。

采用核磁共振弛豫时间谱毛细管孔径分布测试技术，得到了岩心中原始含油（S_{oi}）的毛细管孔径分布及重水驱后残余油（S_{or}）的毛细管孔径分布，如图 2-8 所示。研究结果表明，亲水性特低渗透砂岩因孔径很小、毛细管力作用很大，水驱油过程中存在着明显的渗吸作用，即小孔道中的原油靠毛细管力的作用吸入水排出油，而驱动力的作用使较大孔道中的原油被驱替采出，两种作用的最佳配合就能得到最高的采收率。

（6）不同孔径孔道中的原油采出程度。

将图 2-8 的含油孔径曲线重新处理，得到了不同孔径（r）孔道中的原油采出程度与总的原油采出程度的关系曲线如图 2-32 所示。图中实线和虚线分别代表较高驱替速度（14m/d）和最佳驱替速度（1.4m/d）的实验结果，从图中可以看出，当驱替速度较高时，驱动力起主要作用，大孔道中的原油采收率较高，原油采出程度随总采出程度的增加而增长较快，而小孔道中的原油采收率较低，原油采出程度随总采出程度的增加而增长较慢。在最佳驱替速度下，大孔道靠驱动力的作用，小孔道靠毛细管力渗吸的作用，因而大孔道和小孔道中的原油采出程度都比较高。与图 2-33 对应，不同孔径（r）孔道中的剩余油饱和度

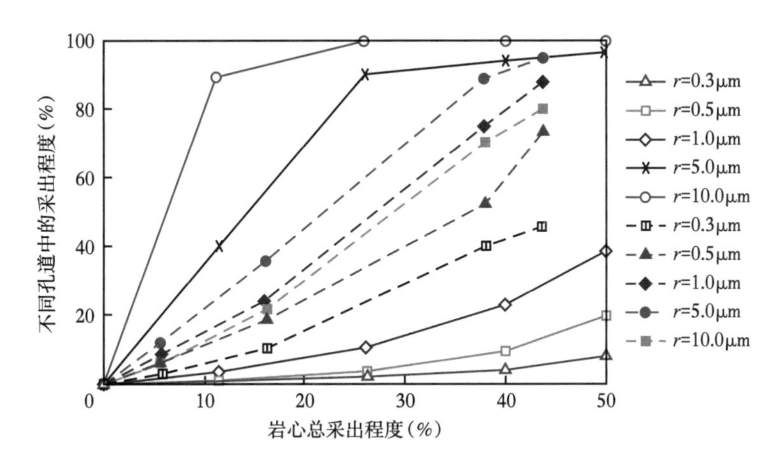

图 2-32　不同孔道中的采出程度与岩心总采出程度的关系图（据黄延章，1998）

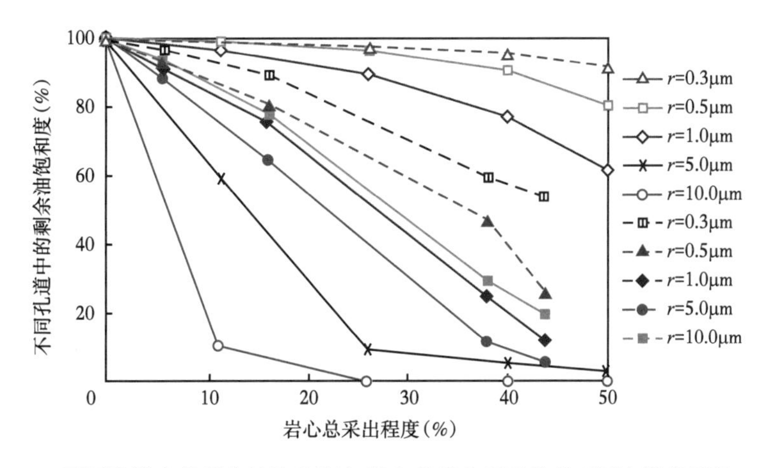

图 2-33　不同孔道中的剩余油饱和度与岩心总采出程度的关系图（据黄延章，1998）

与总采出程度的关系如图 2-33 所示，图中实线和虚线分别代表较高驱替速度（14m/d）和最佳驱替速度（1.4m/d）的实验结果。从图中可以看出，当驱替速度较高时，驱动力起主要作用，大孔道中的残余油饱和度较低，剩余油饱和度随总采出程度的增加而减少较快，而小孔道中的残余油饱和度较高，剩余油饱和度随总采出程度的增加而减少较慢；而在最佳驱替速度下，大孔道中的油靠驱动力的作用被采出，小孔道中的油靠毛细管力渗吸作用被采出，因而大小孔道中的剩余油饱和度都比较低。

（二）低渗透油层中的两相渗流数学方程

一般中高渗透油藏驱油理论认为，油水两相在多孔介质中的分布受毛细管力影响，两相流体沿各自占据的孔道流动。因此，两相的渗透率都受含水饱和度的影响，其基本运动微分方程为：

$$
\begin{aligned}
&\phi \frac{\partial S}{\partial t} + \mathrm{div}\overline{v}_i = 0 \\
&\mathrm{div}\left(\vec{v}_1 + \vec{v}_2\right) = 0 \\
&\vec{v}_i = -\frac{KK_{\mathrm{r}i}\left(S\right)}{\mu_i}\nabla p \quad i = 1,2
\end{aligned}
\tag{2-35}
$$

式中 S——含水饱和度，%；

ϕ——孔隙度，%；

$\vec{v}$——渗流速度，m/d；

K——渗透率，$10^{-3}\mu m^2$；

∇p——压力梯度，Pa/m；

μ_i——黏度，mPa·s；

t——时间，s；

$K_{\mathrm{r}i}$——相对渗透率，由实验确定。

由于在低渗透（特低渗透）的地层中，各种力的相互关系发生了很大变化，因而其油水两相渗流的特征也有所差别。但是，只要进行一些必要的改进，上述这些基本理论和数学关系仍然可以作为研究低渗透油层中油水两相渗流特征的理论基础。

首先，从目前的实验资料看到，低渗油层中渗流时的平均启动压力梯度并不很大，低于正常的水驱油过程的驱动压力梯度。因而，这个启动压力梯度不可能改变毛细管力作用下油水在地层中的分布状态，这就意味着低渗油层中启动压力梯度并不改变一定含水饱和度下油水两相在多孔介质中的分布，它仍然完全由毛细管力决定。这表明，油水两相的连续性方程完全适用于低渗透油层中油水两相渗流的情况。

其次，在这种情况下，油水两相渗流时的渠道流态的假设仍保持不变，即在一定的含水饱和度下，油水的每一相沿着各自占据的孔隙空间流动。这表明，相对渗透率的概念完全适用于低渗透油层中的两相渗流。但是由于油相启动压力梯度的影响，相对渗透率的计算方法应作适当的改进。

再次，由于保持了渠道流态的假设，因此水相的运动方程可保持不变，因为水相的启动压力梯度比油相的启动压力梯度要小得多。但是油相的运动方程则因其启动压力梯度不可忽视而必须改变。

最后，两相渗流时启动压力梯度是随含水饱和度的改变而变化的，这是由于在水驱油两相渗流过程中，随着含水饱和度的不断增大，油水两相各自所占据的孔隙空间在不断地改变，其流动的通道也不断地改变。因而，各种阻力也在不断改变，所以启动压力梯度也在不断变化。由图 2-33 可知，随着含水饱和度的不断增大，启动压力梯度则不断减小。

综上所述，对低渗透油层中的两相渗流作如下探讨。

关于油水两相渗流的连续性方程：

$$\frac{\partial\left(v_{\mathrm{o}}+v_{\mathrm{w}}\right)}{\partial x}=0$$

$$v_{\mathrm{o}}+v_{\mathrm{w}}=v(t)=\text{常数} \tag{2-36}$$

式中　v_{o}——油渗流速度，m/d；

v_{w}——水渗流速度，m/d。

式（2-36）表示，总流速与 x 坐标无关，根据实验研究的结果，原油在低渗透地层中流动时具有启动压力梯度，并且，与原油的启动压力梯度相比，水的启动压力梯度很小，可以忽略不计。这样，当原油在地层中作拟线性渗流时，油水两相各自的运动方程为：

$$v_{\mathrm{o}}=\frac{KK_{\mathrm{ro}}}{\mu_{\mathrm{o}}}\left(\frac{\partial p}{\partial x}-\tau_{0}\sqrt{\frac{\phi}{2K}}\right) \tag{2-37}$$

$$v_{\mathrm{w}}=\frac{KK_{\mathrm{rw}}}{\mu_{\mathrm{w}}}\left(\frac{\partial p}{\partial x}\right) \tag{2-38}$$

式中　μ_{o}——油黏度，mPa·s；

μ_{w}——水黏度，mPa·s；

K_{ro}——油相对渗透率；

K_{rw}——水相对渗透率；

τ_{0}——极限剪切应力，MPa；

p——压力，MPa；

K——渗透率，$10^{-3}\mu\mathrm{m}^{2}$。

将式（2-36）和式（2-37）代入式（2-38），可得：

$$v_{\mathrm{t}}=\frac{KK_{\mathrm{ro}}}{\mu_{\mathrm{o}}}\left(\frac{\partial p}{\partial x}-\tau_{0}\sqrt{\frac{\phi}{2K}}\right)+\frac{KK_{\mathrm{rw}}}{\mu_{\mathrm{w}}}\frac{\partial p}{\partial x}$$

$$\frac{\partial p}{\partial x}=\frac{v(t)}{K\left[\frac{K_{\mathrm{ro}}}{\mu_{\mathrm{o}}}\left(1-\frac{\tau_{0}\sqrt{\frac{\phi}{2K}}}{\frac{\partial p}{\partial x}}\right)+\frac{K_{\mathrm{ro}}}{\mu_{\mathrm{w}}}\right]} \tag{2-39}$$

将式（2-39）代入式（2-38）后可得：

$$v_{\mathrm{w}} = v(t)\frac{1}{1+\frac{K_{\mathrm{ro}}}{MK_{\mathrm{rw}}}\left(1-\frac{\sqrt{\frac{\phi}{2K}}\tau_0}{\frac{\partial p}{\partial x}}\right)} \tag{2-40}$$

其中，$M=\mu_{\mathrm{o}}/\mu_{\mathrm{w}}$。

式（2-40）右端的分数为含水率：

$$f_{\mathrm{w}} = \frac{1}{1+\frac{K_{\mathrm{ro}}}{MK_{\mathrm{rw}}}\left(1-\frac{\sqrt{\frac{\phi}{2K}}\tau_0}{\frac{\partial p}{\partial x}}\right)} \tag{2-41}$$

式（2-41）同时也是分流函数，故：

$$v_{\mathrm{w}}=v(t)f_{\mathrm{w}} \tag{2-42}$$

从式（2-42）中可看到影响含水率大小的因素，当启动压力为零时，式（2-42）则变为一般达西定律条件下含水率的计算公式，它表明含水率受油水黏度比的制约，油水黏度比越大，含水率越大。但是，在低渗透条件下，渗流的过程存在启动压力梯度。这时，影响含水率的因素较多，除了油水黏度比以外，渗透率的影响和原油极限剪切应力的影响不可忽视。式（2-42）还可看出，在其他相同条件下，渗透率越低，含水率越大，原油极限剪切应力越大，含水率越高。同时还可以了解到，当渗透率越小和原油极限剪切应力越大时，油相的相对渗透率下降越多，由于渗透率低引起的毛细管阻力大，又导致水相的相对渗透率上升缓慢，这些特点必然会反映在低渗透油层相对渗透率的曲线变化中。将式（2-42）对 x 求导：

$$\frac{\partial v_x}{\partial x} = v(t)\frac{\partial f_{\mathrm{w}}}{\partial x} = v(t)\frac{\partial f_{\mathrm{w}}}{\partial S_{\mathrm{w}}} = v(t)\frac{\partial f_{\mathrm{w}}}{\partial S_{\mathrm{w}}}\frac{\partial S_{\mathrm{w}}}{\partial x} \tag{2-43}$$

将式（2-43）代入式（2-41）得：

$$v(t) = f'_{\mathrm{w}}(S_{\mathrm{w}})\frac{\partial S_{\mathrm{w}}}{\partial x} + \phi\frac{\partial S_{\mathrm{w}}}{\partial t} = 0 \tag{2-44}$$

式中 $f'_{\mathrm{w}}(S_{\mathrm{w}})$——分流函数对 S_{w} 的导数。

式（2-43）为一阶拟线性微分方程，其相应的特征方程为：

$$\frac{\mathrm{d}x}{v(t)f'_{\mathrm{w}}(S_{\mathrm{w}})} = \frac{\mathrm{d}t}{\phi} = \frac{\mathrm{d}S_{\mathrm{w}}}{0} \tag{2-45}$$

当 $v(t)$ 与 ϕ 为常数时，式（2-45）积分的独立方程组为：

$$\begin{cases} S = C_1 \\ x - \frac{V(t)f'_{\mathrm{w}}(S_{\mathrm{w}})}{\phi}t = C_2 \end{cases} \tag{2-46}$$

对式（2-44）有以下特征解：

$$x = x(S,0) + \frac{v(t)t}{\phi} f_w'(S_w) \tag{2-47}$$

式中　$x(S, 0)$——为 t=0 时饱和度的原始分布。用此式可以求出某饱和度的位置及其传播速度。

以上研究结果表明，具有启动压力梯度的拟线性渗流规律，其特征解与遵循达西定律的特征解在形式上是一样的，它们的差别包含在隐函数 $f_w'(S_w)$ 中，影响该隐函数的因素较多，所以它只有数值解，可以根据相对渗透率曲线的资料，用作图方法来给出结果。

第二节　低渗透砂岩储层高效开发的动力学基础

一、油水运动影响因素

油水具有黏性，在孔隙中油水的运动过程受到黏性阻力影响（王晓东，2006）。油水两相不相混，在孔隙空间中，油水运动会受到油水界面的作用的影响（杨胜来，2004）。在外加压差条件、黏性效应、界面效应和重力效应的影响下，油水在孔隙内运动。各种效应的相对大小，影响了油水在孔隙内的流动行为，最终决定了水驱采收率。油水驱替过程一般是水平驱替，下面仅围绕黏性效应和界面效应展开。

（一）黏性效应

油水属于黏性流体，油水砂岩储层孔隙运动过程中会受到黏性力的作用。黏性效应消耗了水驱油过程中大部分能量。两相黏性效应的强弱可通过黏性力来表示。如图 2-34 给出了一个毛细管内的油水分布图，毛细管半径为 R，水侧的长度为 L_1，油侧的长度为 L_2，运动的速度为 u。

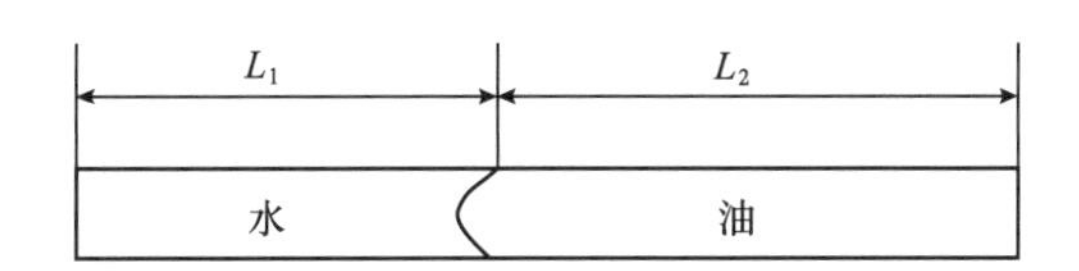

图 2-34　毛细管油水分布示意图

根据哈根—泊肃叶公式，流体的黏性力可以表示为：

$$F_{vis} = \frac{8(\mu_w L_1 + \mu_o L_2)\mu}{R^2} \tag{2-48}$$

将式（2-48）可以进一步写成含水形式：

$$F_{vis} = \frac{8(\mu_w a_w + \mu_o(1-a_w)L\mu}{R^2} \tag{2-49}$$

式中　F_{vis}——流体黏性力，Pa；

L——毛细管的长度，m，为 L_1 和 L_2 之和；

μ_w——水的黏度，Pa·s；

μ_o——水的黏度，Pa·s；

R——毛细管半径，m。

从式（2-48）和式（2-49）可以看出，随着流速的增大、毛细管半径的减小，黏性作用力会增加，而随着含水的增加，黏性作用力会降低（水的黏度一般比油的黏度小）。

式（2-49）可以进一步写成如下形式：

$$F_{vis}=\frac{8(\mu_w a_w+\mu_o(1-a_w))LQ}{\pi R^4} \tag{2-50}$$

式中 Q——毛细管体积流量，m^3/s；

L——毛细管长度，m，为 L_1 和 L_2 之和；

μ_w——水的黏度，Pa·s；

μ_o——油的黏度，Pa·s；

R——毛细管半径，m。

从式（2-50）可以得出，相同的注入流量、相同的毛细管含水率，当毛细管半径缩小10倍，其黏性阻力就会提高10000倍。相同的注入流量条件下，低渗透砂岩储层的注入压力要远远高于高渗透砂岩储层。

（二）界面效应

由于油水两相不混溶，在孔隙通道中运移的过程中，油水两相之间存在界面。由于界面两侧的分子作用力不相等，界面会对油水运动产生附加作用。该附加作用力的大小用界面张力表示。图2-34给出直管内的毛细管力（局部界面张力的合力）可以表示为：

$$\Delta p_c=\frac{\delta\cos\theta}{R} \tag{2-51}$$

式中 p_c——毛细管压力，MPa；

δ——表面张力，10^{-5}N/cm；

θ——润湿角，(°)。

从式（2-51）可以得出如下结论：

（1）当$\theta<90°$时，水湿，$\Delta p_c>0$，毛细管力方向和水驱油方向一致，毛细管力为动力；

（2）当$\theta=90°$时，中性润湿，$\Delta p_c=0$，毛细管力大小为0；

（3）当$\theta>90°$时，油湿，$\Delta p_c<0$，毛细管力方向和水驱油方向相反，毛细管力为阻力；

（4）毛细管力大小与通道半径呈反比，半径越小，毛细管力越大。

二、低渗透储层水驱孔隙尺度动力学模型

（一）孔隙尺度动力学模型

基于Navier—Stokes方程描述油水的运动（Ubbink O，1997），采用流体体积法（Volume of Fluid，VOF）跟踪油水两相的空间分布（Hirt C W，1981），通过接触角来描述储层润湿性。

1. 质量守恒方程

油水在运动过程中质量守恒，可用下面方程描述

$$\nabla u=0 \tag{2-52}$$

式中 u——油水两相的速度，m/s。

油水两相是不混溶的，在空间上某一位置的速度 u 为处在这一位置的流体（油或水）的速度。

2. 动量守恒方程

油水两相的运动可以用 Navier—Stokes 方程描述

$$\frac{\partial \rho u}{\partial t}+\nabla(\rho u)-\nabla(\mu\tau)=-\nabla p+\rho g+F_\sigma \tag{2-53}$$

式中 ρ——油水两相的平均密度，kg/m^3；

μ——油水两相的平均动力黏性系数，Pa·s；

p——动态压力，Pa；

g——重力加速度，9.8m/s^2；

F_σ——油水两相界面张力，kg/（m^2·s^2）；

τ——油水的变形率张量，s^{-1}。

上述的 τ 参数用式（2-54）描述：

$$\tau=\nabla u+(\nabla u)^T \tag{2-54}$$

3. 油水界面张力

式（2-53）最后一项为油水的界面张力项，用下面方程描述（Brackbill，J，1992）

$$F_\sigma=\sigma\delta_s kn \tag{2-55}$$

$$\delta_s=|\nabla a| \tag{2-56}$$

$$n=\frac{\nabla a}{|\nabla a|} \tag{2-57}$$

$$k=\nabla n \tag{2-58}$$

式中 σ——油水两相界面张力系数，N/m；

δ_s——单位体积的油水界面面积，m^{-1}；

a——水相的饱和度；

n——油水界面的法向量；

k——油水界面的曲度，m^{-1}。

4. 油水饱和度方程

利用 VOF 方法跟踪两相流体的空间分布和两相流体界面。其原理是定义一个体积分数 α，当 α 等于 0 或 1 时，分别表示该网格单元全部被指定相流体占据或无指定流体；当 a 介于 0 与 1 之间时该网格单元有自由界面存在，称为交界面单元。以体积分数跟踪两相界面的位置和方向，确定自由面。在实际跟踪过程中只需要跟踪水的饱和度变化即可

$$\frac{\partial a}{\partial t}+\nabla(au)=0 \tag{2-59}$$

5. 储层润湿性

接触角是用来表征油藏岩石润湿性最常用和最直接的参数。根据油水接触角的大小，

均质油藏岩石的润湿性分为水湿、油湿和中性润湿 3 种，孔隙内两相流体的润湿性对两相流体模拟及剩余油分布的准确预测至关重要。岩石的润湿角受岩石表面的粗糙度、表面成分、水膜厚度的影响，且润湿角随着空间位置变化而发生改变，且存在混合润湿的情况，所以很难确定实际油藏的润湿角度，本文将通过调整润湿角 θ 的大小来区分水湿、油湿和中性润湿。

为了在模拟过程中考虑润湿性的影响，通常需要将壁面附近的网格内油水界面的法向改成如下形式：

$$n = n_{\mathrm{w}} \cos\theta + s_{\mathrm{w}} \sin\theta \tag{2-60}$$

式中 θ——润湿角，(°)；

n_{w}——墙的面法向；

s_{w}——垂直于接触线的自由面单位切向量。

6. 流体平均属性

式(2-53)中的密度 ρ 和黏度 μ 为油水的平均密度和黏度，分别通过以下两个方程进行计算。

$$\rho = a\rho_{\mathrm{w}} + (1-a)\rho_{\mathrm{o}} \tag{2-61}$$

$$\mu = a\mu_{\mathrm{w}} + (1-a)\mu_{\mathrm{o}} \tag{2-62}$$

式中 ρ_{w}——水相的密度，$\mathrm{kg/m^3}$；

ρ_{o}——油相的密度，$\mathrm{kg/m^3}$；

μ_{w}——水相的动力黏度系数，Pa·s；

μ_{o}——油相的动力黏度系数，Pa·s。

（二）孔隙尺度模型的离散方法

计算流体力学(Computational Fluid Dynamics，CFD)基本思想是对连续的偏微分方程在网格单元中进行离散，进而求解得到简化代数方程组，从而获得相关变量(张德良，2010)。方法主要有有限容积方法、有限差分方法以及有限元方法。有限容积法满足质量守恒定律，精度较高，且能够处理复杂边界区域的网格剖分问题。因此本文基于有限容积的离散方法，对式(2-52)、式(2-53)及式(2-59)组成的偏微分方程组进行离散，得到线性代数方程组。

利用有限容积法对方程进行离散过程中，对于任意一个偏微分方程

$$\frac{\partial \varphi}{\partial t} + \nabla(u\varphi) - \nabla\left(D_{\varphi}\nabla\varphi\right) = S_{\varphi} \tag{2-63}$$

式中 φ——跟踪的物理量；

D_{φ}——扩散系数；

t——时间，s；

u——速度，m/s；

S_{φ}——源项。

对式(2-63)对任意一个控制单元进行积分得到：

$$\int_V \frac{\partial \varphi}{\partial t}\mathrm{d}V + \int_V \nabla(u\varphi)\mathrm{d}V - \int_V \nabla\left(D_{\varphi}\nabla_{\varphi}\right)\mathrm{d}V = \int_V S_{\varphi}\mathrm{d}V \tag{2-64}$$

依据高斯定理，整理得：

$$\frac{\partial\varphi}{\partial t}\mathrm{d}V+\int_S(u\varphi)_\mathrm{f}\mathrm{d}S-\int_S\left(D_\varphi\nabla_\varphi\right)_\mathrm{f}\mathrm{d}S=V\left(S_\mathrm{p}\varphi+S_\mathrm{u}\right) \tag{2-65}$$

式中　V——控制单元的体积，m^3；

S_p——源项线性化隐式贡献，t^{-1}；

S_u——源项线性化显式贡献，$\dim(\varphi)/t$，$\dim(\varphi)$为跟踪个变量 φ 的单位。

图 2-35 所示为多面体网格控制单元，有限容积离散方法将计算区域分为多个控制单元，控制单元包含多个面，每个面由序列点组成，通过这一系列的点计算得到面的物理和几何属性，对任意一个控制单元离散后得到：

$$\frac{\varphi_\mathrm{p}^{n+1}-\varphi_\mathrm{p}^{n}}{\Delta t}V+\sum\nolimits_\mathrm{f}D_\varphi\left(\nabla\varphi_\mathrm{f}\right)\boldsymbol{S}_\mathrm{f}-\sum\nolimits_\mathrm{f}D_\varphi\left(\nabla\varphi_\mathrm{f}\right)\boldsymbol{S}_\mathrm{f}=V\left(S_\mathrm{p}\varphi+S_\mathrm{u}\right) \tag{2-66}$$

式中　φ_p^{n+1}——n+1 时刻跟踪物理量的值；

φ_p^{n}——n 时刻跟踪物理量的值；

u_f——网格单元面上的速度，m/s；

φ_f——网格单元面上跟踪物理量的值；

$\boldsymbol{S}_\mathrm{f}$——网格单元面的面积矢量，$m^2$。

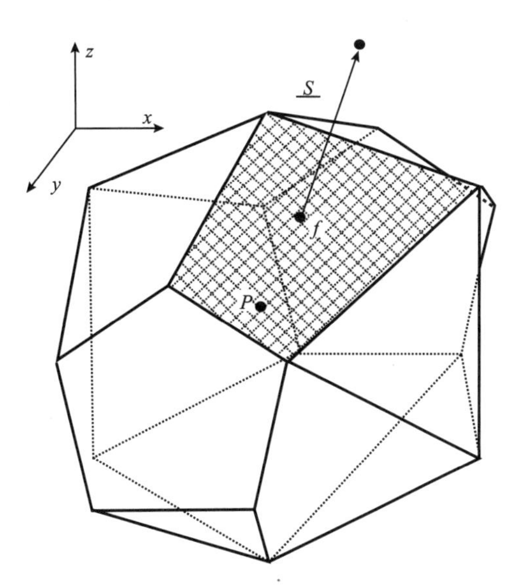

图 2-35　多面体网格的控制单元示意图

对于式（2-66）中的对流项，即左侧第二项进行插值：

$$\sum\nolimits_\mathrm{f}\left(u_\mathrm{f}\boldsymbol{S}_\mathrm{f}\right)\varphi_\mathrm{f}=\psi_\mathrm{f}\sum\nolimits_\mathrm{f}\left(W_\mathrm{f}\varphi_\mathrm{p}^{n+1}+\left(1-W_\mathrm{f}\right)\varphi_{\mathrm{neighbour,\,f}}^{n+1}\right. \tag{2-67}$$

式中　ψ_f——单元面上的流量，m^3/s，用式（2-68）表示：

$$\psi_\mathrm{f}=u_\mathrm{f}S_\mathrm{f} \tag{2-68}$$

W_f——线性插值的权重系数；

$\varphi_{\text{neighbour,f}}^{n+1}$——$n$+1 时刻相邻单元面上跟踪物理量的值。

对于式（2-66）中的扩散项可以变为：

$$\sum_f D_\varphi\left(\nabla\varphi_f\right)S_f=\sum_f\left(\Delta\varphi^{n+1}\beta_f\right) \tag{2-69}$$

其中 $\Delta\varphi^{n+1}$ 为 n+1 时刻相邻单元体心上跟踪物理的差值，用式（2-70）和式（2-71）描述。

$$\Delta\varphi^{n+1}=\varphi_{\text{neighbour,f}}^{n+1}-\varphi_p^{n+1} \tag{2-70}$$

$$\beta_f=\frac{\left|S_f\right|D_\varphi}{r_{\text{neighbour,f}}-r_p} \tag{2-71}$$

式中 $r_{\text{neighbour,f}}$——邻居单元体心的位置，m；

r_p——单元中心的位置，m。

将式（2-67）、式（2-69）代入式（2-62）整理得到：

$$\frac{\varphi_p^{n+1}-\varphi_p^n}{\Delta t}V+\sum_f\psi_f\varphi_f-\sum_f\left(\beta_f\Delta\varphi^{n+1}\right)=V\left(S_p\varphi+S_u\right) \tag{2-72}$$

进一步简化整理式（2-72）得到：

$$a_p\varphi_p^{n+1}=\sum_f a_N f\varphi_{\text{neighbour, f}}^{n+1}+\frac{V}{\Delta t}\varphi_p^n+VS_u \tag{2-73}$$

$$a_p=\frac{V}{\Delta t}+\sum_f\psi_f W_f-\sum_f\beta_f-VS_p \tag{2-74}$$

$$a_{N,f}=-\psi_f\left(1-W_f\right)+\beta_f \tag{2-75}$$

式中 a_p——线性化系数；

$a_{N,f}$——线性化系数。

将整理后的方程写为线性方程组的形式：

$$a_p\varphi_p^{n+1}=\sum_f a_{N,f}\varphi_{\text{neighbour,f}}^{n+1}+b \tag{2-76}$$

$$b=\frac{v}{\Delta t}\varphi_p^n+VS_u \tag{2-77}$$

式中 b——线性化常数。

（三）孔隙尺度模型的求解算法

数值解法目前有耦合式和分离式两类，其中分离式计算简单方便，应用较广。目前求解流体问题使用最为广泛的是压力修正法，压力修正法包括 SIMPLE（Patankar，S. V，1972），PISO（Issa R.I，1986）等算法。其中 PISO 算法能够大大减少非稳态问题的迭代次数，进一步提高了计算的效率。采用 PISO 算法实现速度和压力的解耦，求解流程如图 2-36 所示。

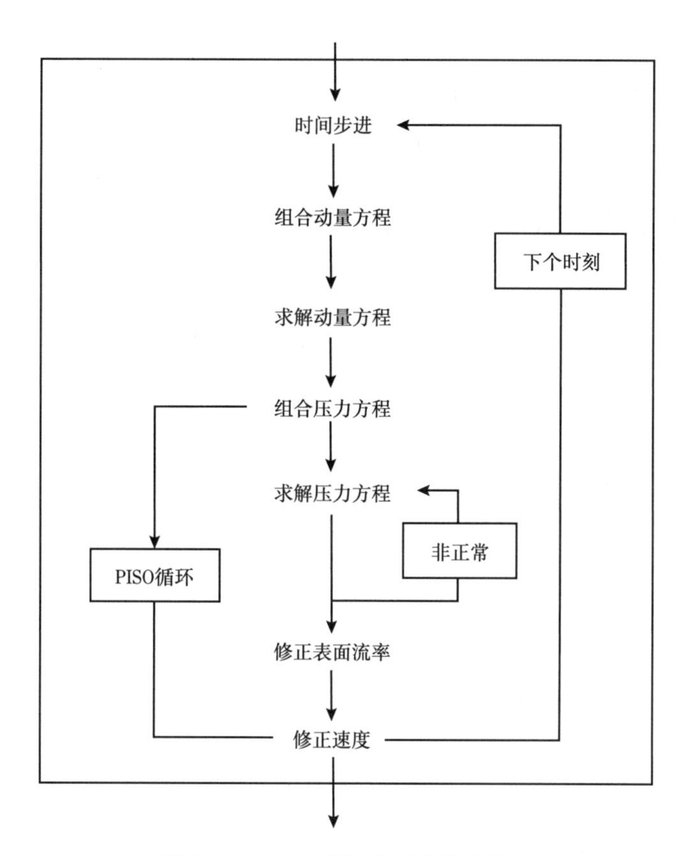

图 2-36 PISO 算法求解流程示意图

根据多面体网格的有限容积离散过程，对动量方程式（2-49）进行离散，得到的半离散格式为：

$$a_{\mathrm{p}}u_{\mathrm{p}}=A_{\mathrm{H}}-\nabla p_{\mathrm{d}}-\nabla p_{\mathrm{c}} \tag{2-78}$$

式中 a_{p}——对式（2-53）离散得到的系数矩阵对角线上值；

p_{d}——动压力，Pa；

p_{c}——表面张力引起的压力，Pa。

式（2-78）中的 A_{H} 表示为：

$$A_{\mathrm{H}}=\sum\nolimits_{\mathrm{N}}a_{\mathrm{N}}u_{\mathrm{N}}+b \tag{2-79}$$

式中 a_{N}——对式（2-49）离散过程中邻居节点对当前节点的隐式贡献系数；

b——除压力以外的显式离散贡献。

对式（2-77）两边同时除以 a_{p} 并整理可得：

$$u_{\mathrm{p}}=\frac{A_{\mathrm{H}}}{a_{\mathrm{p}}}-\frac{\nabla p_{\mathrm{d}}}{a_{\mathrm{p}}}-\frac{\nabla p_{\mathrm{c}}}{a_{\mathrm{p}}} \tag{2-80}$$

式（2-79）所得的速度场应满足连续性方程，将式（2-79）代入连续性方程式（2-52）中并整理得：

$$\nabla\left(\frac{\nabla p_{\mathrm{d}}}{a_{\mathrm{p}}}\right)=\nabla\left(\frac{A_{\mathrm{H}}}{a_{\mathrm{p}}}\right)-\nabla\left(\frac{\nabla p_{\mathrm{c}}}{a_{\mathrm{p}}}\right) \tag{2-81}$$

通过 PISO 算法推导得到的压力方程式（2-81），将该方程求解得到的新的压力代入式（2-79），可更新速度。另外为便于下一时刻对流项的扩散，在更新体心速度的同时需更新单元交界面的流率［式（2-68）中的 ψ_{f}］，表面流率采用式（2-80）在面上的插值进行更新：

$$\psi_{\mathrm{f}}=\left(\frac{A_{\mathrm{H}}}{a_{\mathrm{p}}}\right)_{\mathrm{f}}S_{\mathrm{f}}-\left(\frac{\nabla p_{\mathrm{d}}}{a_{\mathrm{p}}}\right)_{\mathrm{f}}S_{\mathrm{f}}-\left(\frac{\nabla p_{\mathrm{c}}}{a_{\mathrm{p}}}\right)_{\mathrm{f}}S_{\mathrm{f}} \tag{2-82}$$

式中 A_{H}——速度，m/s；

S_{f}——面积，m^2；

∇p_{d}，∇p_{c}——压力梯度，m/s。

数值模拟过程中方程组求解流程为：首先使用有限容积方法对动量方程式（2-53）进行离散求解，得到速度 u，再使用 PISO 算法导出压力泊松方程式（2-82），求解体积分数方程式（2-59）得到下一时刻的体积分数，并利用式（2-61）与式（2-62）跟踪流体属性，然后循环至第一步直至循环结束或达到收敛精度。

三、延长油田低渗透油层水驱模型

利用上述动力学原理，建立延长油田低渗透油层油水两相渗流物理模型，分析水驱油过程中油水运动特征，为注水开发措施的选择及调整提供有力支撑。

（一）延长油田低渗透油层微观流动特征

在实际水驱开发过程中，注入水通过水井流入地层，地层中的油或者油水混合液体从油井中被采出，形成从水井到油井的流动路径。在水井和油井之间的存在的大量的孔隙结构，不同的位置水动力学条件存在差异，从而造成驱替过程中不同位置的黏性效应与毛细管效应相对大小存在差异。黏性效应和毛细管效应的相对大小可以通过毛细管数来表征。

$$Ca=\frac{u\mu}{\sigma} \tag{2-83}$$

式中 u——流体的速度，m/s；

μ——水的动力黏性系数，Pa·s；

σ——油水界面张力，N/m。

对水驱开发过程而言，流体速度 u 一般可用达西速度 u_{d} 来表示，入口面的达西速度和孔隙内流体速度的满足如下关系：

$$u_{\mathrm{d}}=\frac{u_{\mathrm{c}}S_{\mathrm{i}}}{S} \tag{2-84}$$

式中 u_{d}——达西速度，m/s；

u_{c}——入口孔隙通道内流体的平均速度，m/s；

S_{i}——入口孔隙通道的面积，m^2；

S——入口岩心断面的面积，m^2。

对于实际开发过程中，在远井地带，毛细管数一般较小（如 10^{-6} 左右），此时界面效应在油水运动中占主导作用。而在近井地带，毛细管数则较大（如 10^{-4} 左右），此时黏性在油水运动中的作用较近井地带则显著增强。总体而言，随着离井的距离的增加，黏性在油水运动的作用逐渐减弱，界面效应在油水运动中的作用逐渐增强。通过研究不同毛细管数下的油水运动过程，可以再现不同位置的水驱特征。

取心样品为杏子川采油厂项目区长 2 油层组浅灰色细砂岩，对所取岩心进行 CT 扫描，图像分割，得到图 2-37 所示的岩心孔隙结构物理模型图，图中灰色的部分为孔隙通道。

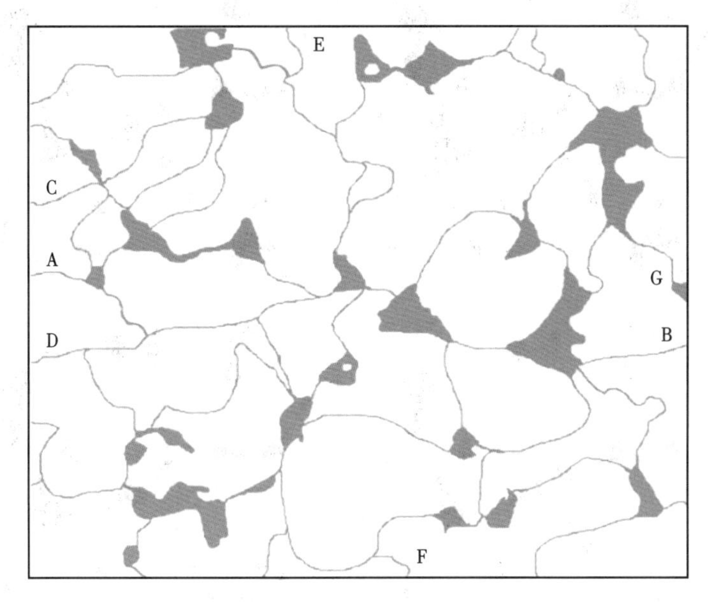

图 2-37　岩心孔隙结构物理模型图

1. 水驱开发波及特征及毛细管阀效应

图 2-38 给出了注入速度为 0.005m/s（Ca=7.14×10^{-5}），不同时刻的油水空间分布图。图中 a—n 为孔隙结构中可能出现毛细管压力障碍的地方，当油水界面运动到这些位置时，就可能发生毛细管障碍效应。表 2-8 给出了这些位置出现毛细管障碍的时刻、再启动时刻、阻塞时长以及阻塞时间占驱替总时间比值。图 2-38（a）中给出的 0.75s 时的油水分布，此时油水界面运动到如图中的 a 位置。此位置处于喉道和孔隙的交界处，油水运动到此位置时，就会出现毛细管障碍效应（Ning，2021），当动力不足时，该效应将阻碍油水界面进一步运动，油水界面运动停止。从表 2-8 可以看出，直到驱替结束时，此处的毛细管压力障碍都没有被突破。随着驱替的进行，在 0.97s 时，在油水界面在位置 b 被阻塞，油水运动停止。此时 c 位置上游通道内的油水界面仍在运动，直到 1.15s 时，油水界面在位置 c 发生阻塞。c 位置的阻塞导致入口的压力上升，从而使原本阻塞在 b 处油水界面重新启动。此时，油水的分布如图 2-38（b）所示。接着，油水继续运动，直到 1.31s 油水界面运动到 d 处再次发生阻塞。此时，e 和 f 位置的上游通道内的油水界面仍在运动，油水界面在 1.41s 在位置 e 处阻塞［图 2-38（c）］，f 上游通道油水界面加速运动，并在 1.53s 在位置 f 处阻塞。此时，所有通道内的流体的运动均被毛细管压力障碍阻塞，导致上游压力上升，d 处的毛细管障碍被突破，油水界面在 1.53s 时候重新启动。当油水界面通过 d 后进入孔隙，受孔隙结构的影响，油水界面凹向水的一侧，呈现阻力状态，上游压力增加，使得 e 处毛

细管压力障碍在 1.75s 被突破。突破后，在 1.92s 的油水分布状态如图 2-38（d）所示。接着，油水进一步向下运动，并与 2.81s 在位置 g 处短暂的阻塞后向 g 的右下角出口方向运动。尽管 g 上侧的通道与驱动方向垂直，油水界面进入细通后，在低的驱动速度下靠渗吸作用，油水仍然可以向上迁移。最终的油水分布状态如图 2-38（f）所示。

(a) 0.75s　(b) 1.15s　(c) 1.41s　(d) 1.92s　(e) 3s　(f) 最终

图 2-38　注入速度为 0.005m/s（$Ca = 7.14\times10^{-5}$）时，不同时间的油水分布图

从图 2-38 中的油水运动过程可以发现，低毛细管数条件下，毛细管压力障碍对油水运动产生重要影响。当毛细管压力障碍形成时，油水界面会对所在通道进行封堵，致使空间的压力传导路径发生变化，促使液流转向。当毛细管障碍在主驱动方向时候，比如，在 b 和 d 处形成的压力障碍，该障碍会阻止油水前沿推进，从而引起侧向波及，如在 b 处形成时，促使流体在 c 上游的管路快速推进。d 处形成时，流体在会在 e 的上游通道和 f 的上游通道加速推进。当毛细管阀在侧向形成时，停止运动的油水界面会阻碍油水的进一步

推进，从而促使剩余油的形成，如 a 和 c 位置形成毛细管障碍阻止了油水进一步运动，致使 a 和 c 右上侧的剩余油形成。

表 2-8　以 0.005m/s（Ca=7.14×10^{-5}）注入过程中不同位置的阻塞和再启动信息表

位置	阻塞时刻（s）	启动时刻（s）	阻塞时长（s）	阻塞占比
a	0.750	∞	∞	∞
b	0.970	1.150	0.180	0.0193
c	1.150	∞	∞	∞
d	1.310	1.530	0.220	0.0236
e	1.410	1.750	0.340	0.0364
f	1.530	3.120	1.590	0.1704
g	2.810	2.880	0.070	0.0075
h	*	*	*	*
i	*	*	*	*
j	*	*	*	*
k	*	*	*	*
l	8.100	∞	∞	∞
m	3.200	∞	∞	∞
n	3.050	3.120	0.070	0.0075

注（1）∞：到驱替换结束时，该位置的油水界面还没有重新启动；
（2）*：油水界面没有运动到该位置。

2. 水驱开发渗吸抑制效应和毛细管封堵效应

图 2-39 给出了注入速度为 0.01m/s（Ca =1.43×10^{-4}）条件下，不同时间的油水分布状况。表 2-9 给出了这些位置出现毛细管障碍的时刻、再启动时刻、阻塞时长以及阻塞时间占驱替总时间比值。在 d 位置被突破之前油水的波及过程和以 0.005m/s 的速度注入基本保持一致。油水界面过了位置 d 后，油水界面从喉道进入孔隙，呈现阻力状态。受到 d 位置毛细管阻力的影响，c 位置的毛细管压力障碍在 0.9s 被突破，油水界面进一步运移，直到遇到新的压力障碍。由于注入速度相对于前面的例子大，油水界面运动在位置 g 并没有形成有效的压力障碍，并通过此位置进一步向前运移。通过位置 g 的油水界面首先进入 gh 之间的通道，并快速运动到 h 位置。h 位置处于从喉道到孔的地方，油水界面经过 h 后呈现阻力状态，如图 2-39（b）所示。该阻力效应促使流体沿着 dg 中间的孔隙上面的分支运移。当经过 h 下游的孔隙后，油水界面进一步向前运移，并在 i 和 j 位置形成毛细管压力障碍。i 和 j 位置的封堵促进了 g 下面孔隙内的油向出口运移，如图 2-39（c）所示。j 位置的封堵在 3.6s 被突破，油水界面进入孔隙并在 k 位置形成新的油水界面后，该油水界面阻碍了油从喉道流入孔隙。与此同时，dg 之间的孔隙上面的孔隙通道内界面在位置 o 停止运动。

对比图 2-38 和图 2-39，我们可以看出两种不同的注入速度下其波及过程以及最终的油水分布存在差异。如图 2-38（f）所示，在低速注入条件下，通道 1 的波及较通道 2 的波及多；而图 2-39（d）显示，在高速注入条件下，通道 1 的波及较通道 2 少。这主要由于油水界面进入两个通道的时间存在差异，进入通道后油水界面会对另外一个通道流动产生了抑制效应。

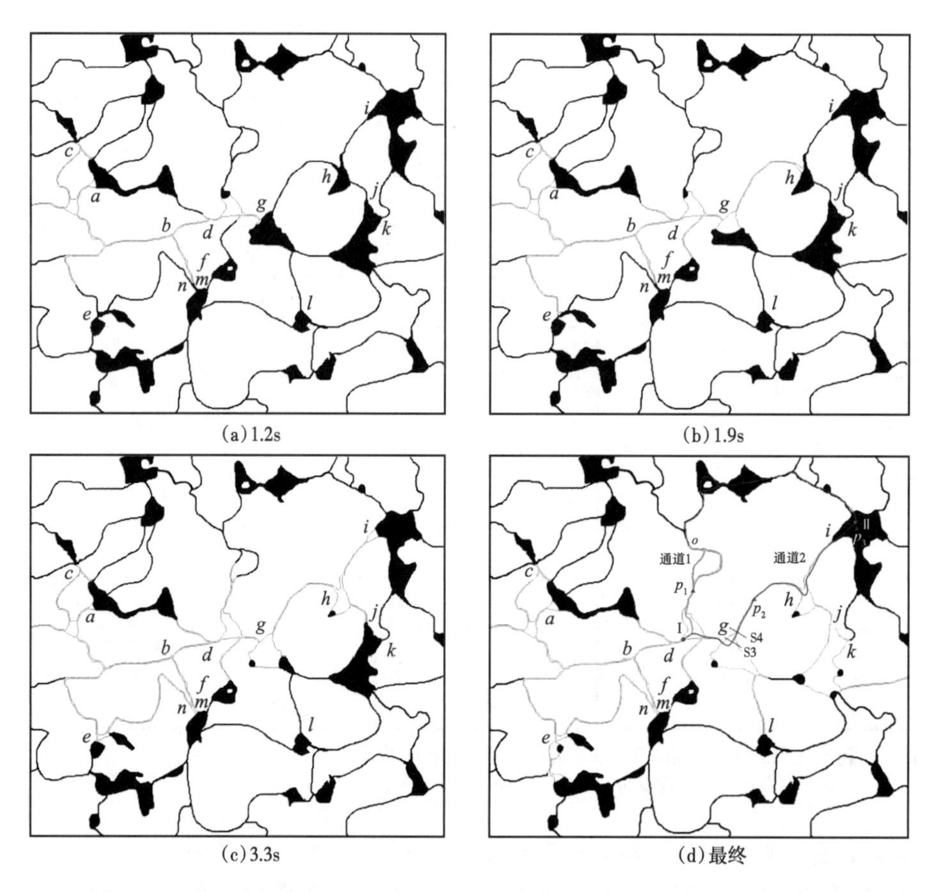

图 2-39　注入速度为 0.01m/s（$Ca = 1.43\times10^{-4}$）时，不同时间的油水分布图

表 2-9　以 0.01m/s（Ca=1.43×10^{-4}）注入过程中不同位置的阻塞和再启动信息表

位置	阻塞时刻（s）	启动时刻（s）	阻塞时长（s）	阻塞占比
a	0.340	∞	∞	∞
b	0.510	0.540	0.030	0.00528
c	0.540	0.900	0.360	0.0634
d	0.630	0.700	0.070	0.0123
e	1.820	1.970	0.150	0.0264
f	0.700	3.160	2.460	0.4330
g	1.180	1.180	0	0

续表

位置	阻塞时刻(s)	启动时刻(s)	阻塞时长(s)	阻塞占比
h	1.850	1.850	0	0
i	2.450	∞	∞	∞
j	3.150	3.600	0.450	0.0792
k	4.260	∞	∞	∞
l	5.490	∞	∞	∞
m	3.280	∞	∞	∞
n	3.160	3.160	0	0

该抑制效应可以用图 2-40 所示的概念表示。图中，通道 *a*、通道 *b* 和通道 *c* 两两相连，流体的驱动方向从左到右。水首先进入通道 *b*，并在通道 *b* 中形成如图所示的油水界面。在通道 *b* 中的油水界面改变了局部的压力状态，使得凹面所指向的流体的压力高于另外一侧。对于水湿条件，通道 *b* 中油侧的压力要高于水侧的压力，导致 C 点的压力升高，从而降低了 AC 之间的压差，抑制了通道 *a* 中的流体运动。

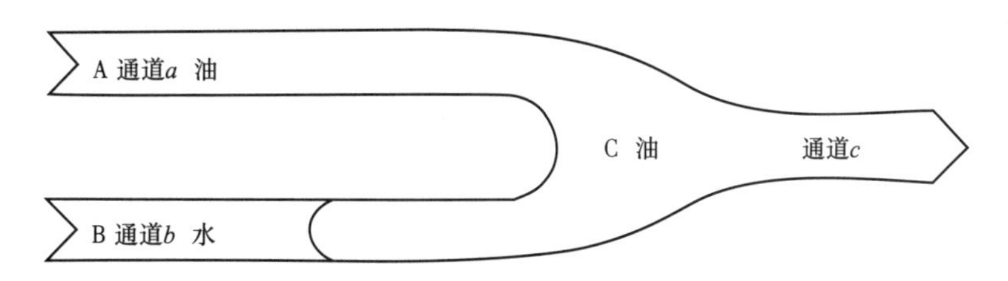

图 2-40 并联通道间毛细管抑制效应示意图

为了进一步说明毛细管作用引起的抑制效应的存在，我们对图 2-38（f）和 2-39（d）中的点 p_1、p_2 和 p_3 在油水界面进入通道 1 或者通道 2 时的压力变化进行了检测。表 2-10 得到如下 4 种情形下各点的压力以及压力差。

情形 1：注入速度为 0.005m/s，水首先进入如图 2-38（f）中的通道 1，油水界面运动到图 2-38（f）中 S1 的位置；

情形 2：注入速度为 0.005m/s，水首先进入如图 2-38（f）中的通道 1，油水界面运动到图 2-38（f）中 S2 的位置；

情形 3：注入速度为 0.01m/s，水首先进入如图 2-39（d）中的通道 2，油水界面运动到图 2-39（d）中 S3 的位置；

情形 4：注入速度为 0.01m/s，水首先进入如图 2-39（d）中的通道 2，油水界面运动到图 2-39（d）中 S4 的位置。

从表 2-10 可以看出，当水先进入通道 1 时，p_1 点增加幅度要远远大于 p_2 点，通道 1 中的压差大大增加，而通道 2 中的流体的压差则大大降低。也就是在通道 1 中油水界面形成后，与其并联的通道 2 中的流动被大大抑制。当水先进入通道 2 时，p_1 点的压力下降，p_2 和 p_3 的压力上升，通道 2 中的压力差增加，而通道 1 中的压力差降低。也就是在通道 2

中的油水界面形成后，与其并联的通道 1 中流体的流动被抑制。当流体的驱动作用不足以克服毛细管的抑制作用时，则油水运动会停止或者产生回流（逆向渗吸），从而降低采收率。因此，特低注入速度下，渗吸的抑制作用较驱动作用强，采收率相对较低。

表 2-10　不同情形下各点的压力表

压力（Pa）	情形 1	情形 2	情形 3	情形 4
p_{p1}	10242.2	15495.5	24403.8	23604.7
p_{p2}	6895.57	7199.75	22444.0	24639.0
p_{p3}	6876.09	7430.86	19975.5	20088.5
$p_{p1}-p_{p3}$	3366.11	8064.64	4428.3	3516.2
$p_{p2}-p_{p3}$	19.48	-231.11	2468.5	4550.5

为了进一步将从定量角度分析毛细管力对并联通道内流量的干扰作用，建立了如图 2-41 所示的概念图。

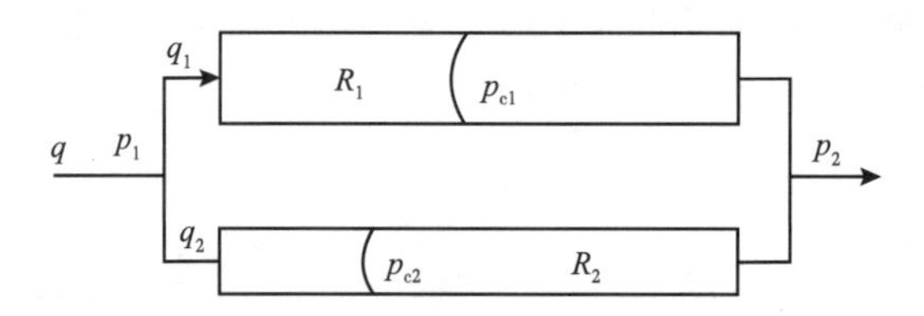

图 2-41　并联通道示意图

$$q_1=\frac{R_2}{R_1+R_2}q-\frac{p_{c2}}{R_1+R_2}+\frac{p_{c1}}{R_1+R_2} \quad (2-85)$$

$$q_2=\frac{R_2}{R_1+R_2}q-\frac{p_{c1}}{R_1+R_2}+\frac{p_{c2}}{R_1+R_2} \quad (2-86)$$

图 2-41 给出了并联通道示意图，其中 q 为两通道的总流量，q_1 和 q_2 为两通道的分流量，R_1 和 R_2 为两个通道的黏性阻抗，p_{c1} 和 p_{c2} 是通道的两相界面引起的毛细管力。通过分析，我们可以得到式（2-85）和式（2-86）两个并联管的流动的平均流量。从方程我们可以看出，一个毛细管出现了油水界面后，其并联通道内的流体流动就会受到影响。比如当通道 1 中出现油水界面（其毛细管压力记为 p_{c1}），该毛细管作用会促使通道 1 中的流动速度增加，并导致流体 2 的降低。通道 2 中的油水界面也会产生类似的作用。总之，当油水界面对所在通道的两相流体运动起促进作用时（毛细管力为动力时），必然会对并联通道内的两相流动起阻碍作用。当油水界面对所在通道内的两相流体运动起阻碍作用（毛细管力为阻力）时，必然会对其并联通道内的两相流体起促进作用。阻碍作用和促进作用的大小和毛细管力与黏性阻抗的比值有关系，该比值为通道间的流量的相互干扰量。

当注入速度为 0.03m/s 时，不同时刻的油水分布如图 2-42 所示。位置 a—n 是可能形成毛细管压力障碍的地方，这些位置的阻塞时刻、启动时刻、阻塞时长和阻塞占比见表 2-11。从表中可以看出，位置 a 和位置 m 形成了长期的阻塞，位置 f 和位置 n 形成短暂的阻塞，其他位置均未形成阻塞。在水驱的作用下，水沿着主驱动方向突进，新的油水界面不断形成。新形成的油水界面会对侧向的油水运动进行封堵，此称为毛细管力的封堵效应。

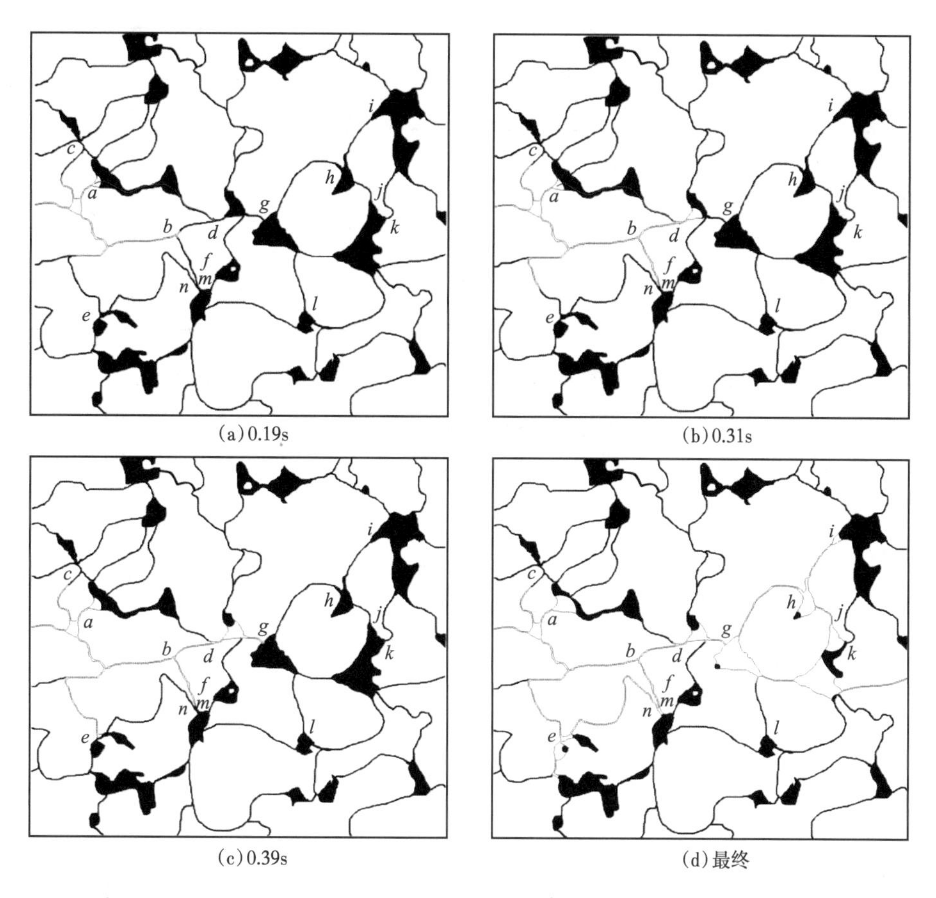

图 2-42 注入速度为 0.03m/s（$Ca=4.29\times10^{-4}$）时，不同时间的油水分布图

表 2-11 以 0.03m/s（$Ca=4.29\times10^{-4}$）注入过程中不同位置的阻塞和再启动信息表

位置	阻塞时刻（s）	启动时刻（s）	阻塞时长（s）	阻塞占比
a	0.210	∞	∞	∞
b	0.185	0.185	0	0
c	*	*	*	*
d	0.220	0.220	0	0
e	0.360	0.360	0	0
f	0.290	1.300	1.010	0.5940
g	0.390	0.390	0	0

续表

位置	阻塞时刻（s）	启动时刻（s）	阻塞时长（s）	阻塞占比
h	0.700	0.700	0	0
i	0.980	0.980	0	0
j	1.100	1.100	0	0
k	*	*	*	*
l	*	*	*	*
m	1.350	∞	∞	∞
n	1.150	1.300	0.150	0.0882

图 2-43 给出了毛细管的封堵效应示意图。驱动方向由左向右，起初水首先沿着通道 *b* 和通道 *c* 进行突破。当油水界面通过位置 C 后，新的油水界面在通道 *a* 中形成。在水湿条件下，该油水界面所形成的毛细管作用力会阻碍通道 *a* 中的油进一步向前运动，该效应会造成侧向的油剩余。

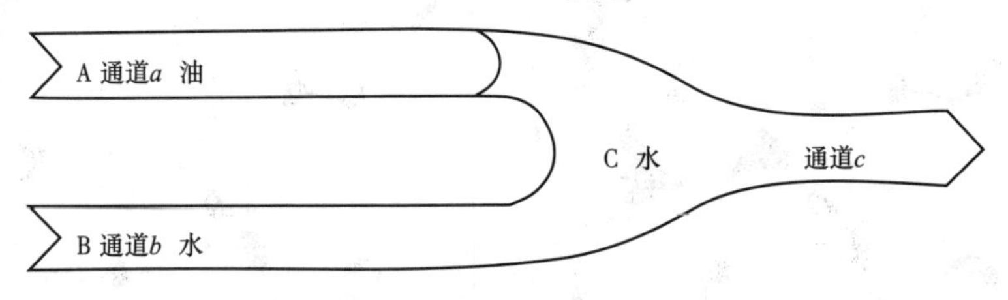

图 2-43　毛管的封堵效应示意图

如图 2-42（a）所示，在油水界面未到 *d* 位置前，*a* 下游孔隙中的油可以通过 *a*—*d* 之间的通道（红色）进入主通道，并向下游运动。一旦水流过 *d* 位置后，在通道 *a*—*d* 的 *d* 一端会形成油水界面，该油水界面会对 *a*—*d* 通道内的油水运动产生阻碍，降低其运动速度或者将该通道堵死。此时，*a* 下游孔隙中的油进入主通道需要绕过更远的距离，降低了侧向通道中油移动的速度。随着下游的新界面不断形成，侧向封堵作用逐渐变强，油需要绕的距离则需要更远，最终造成油无法从侧向流入主通道，变成剩余油。因此，注入速度越快，新形成界面的封堵效应形成越快，越多的侧向油无法及时进入主通道，采收率越低。过高的注入速度会促进主驱动方向上的含水通道的快速形成，降低采收率。

3. 注入速度对低渗透砂岩水驱开发的影响规律及动力机理

计算所使用的物理模型如图 2-37 所示，A 为入口，B 为出口，C、D、E、F、G 封闭，其他边界为墙壁。初始时刻岩心孔隙中充满油，然后分别以 0.005m/s、0.01m/s、0.015m/s、0.02m/s、0.025m/s 的速度从 A 口向孔隙中注入水。油水的黏度比为 10，润湿角为 45°，油水界面的张力系数为 0.07kg/m^2。

图 2-44 给出了连续注水最终采收率随着注入速度的变化图。从图中可以看出，当注入速度为 0.01m/s（$Ca = 2.14\times10^{-4}$）时，采收率最高。过低的注入速度和过高的注入速度均无法实现最高的采收率。为了查明该现象背后原因，需要分别对注入速度为 0.005m/s

（Ca=7.14×10^{-5}），0.01m/s（Ca=1.43×10^{-4}）和 0.03m/s（Ca=4.29×10^{-4}）3 个注入速度下孔隙内油水两相的运动特征进行深入分析。

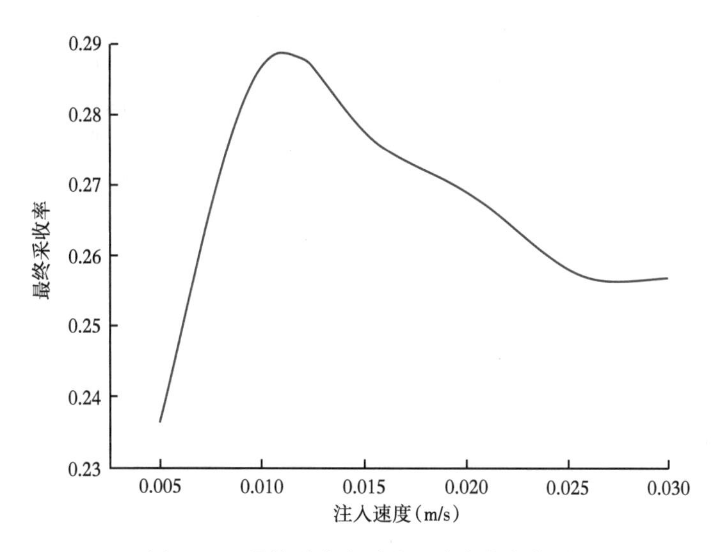

图 2-44　最终采收率随注入速度的变化图

4. 油水黏度比对低渗透砂岩水驱开发的影响规律

图 2-45 给出了注入速度为 0.01m/s（Ca=1.43×10^{-4}）时，岩心的最终采收率随油水黏度比的变化。各模拟过程将水的黏度固定在 1mPa·s，并不断改变油的黏度。从图中可以看出，当黏度比值小于 7，随着油水黏度比的增加，采收率迅速下降；而当黏度比大于 7 时，随着黏度比的增加采收率变小，但变化幅度不明显。

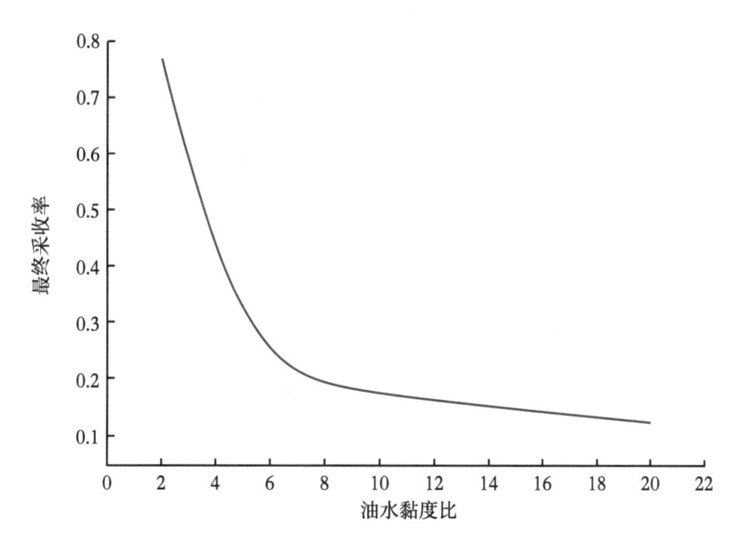

图 2-45　最终采收率随着油水黏度比的变化图

从上述分析可以知道，对于长 2 储层，通过减少油水黏度比可以提高采收率，当油水黏度比小于 7 时，降低油水黏度比可以显著提高采收率。目前，降低油水黏度比的方法可通过增加驱替液体的黏度（比如聚合物驱）来完成，对于低渗透油藏而言，聚合物驱在消耗化学剂的同时会大大增加注入压力，现场实施困难较大。延长油田注水开发指挥部通过前期研究发现延长油田东部长 2 储层能量亏空严重，孔隙受上覆压力的影响被压缩，同时溶解气脱出造成油的黏度增加，在常规水驱方式中难以形成有效的压力驱替系统。针对长 2 储层现状，注水开发指挥部制定了强化注水的开发策略，通过强化注水不断恢复地层能量，这样在增大孔隙通道尺寸的同时，降低了油相中的溶解气油中脱出，增加了油的流动性，最终降低了油水黏度比，实现了采收率的提高。

图 2-46 给出了相同的注入速度不同的油水黏度比条件下，以 0.01m/s（$Ca=1.43\times10^{-4}$）的速度进行水驱，最终的油水分布图。从图 2-46（a）可以看出，当油水黏度比较小时，水的空间波及较大，从入口到出口形成了多条通路，最终的采收率较高。随着油水黏度比的增加［图 2-46（b）至图 2-46（d）］，主通道两侧通道波及程度逐渐降低（如图通道 *a* 和通道 *b* 中的波及随着油水黏性比的增加而逐渐降低）。

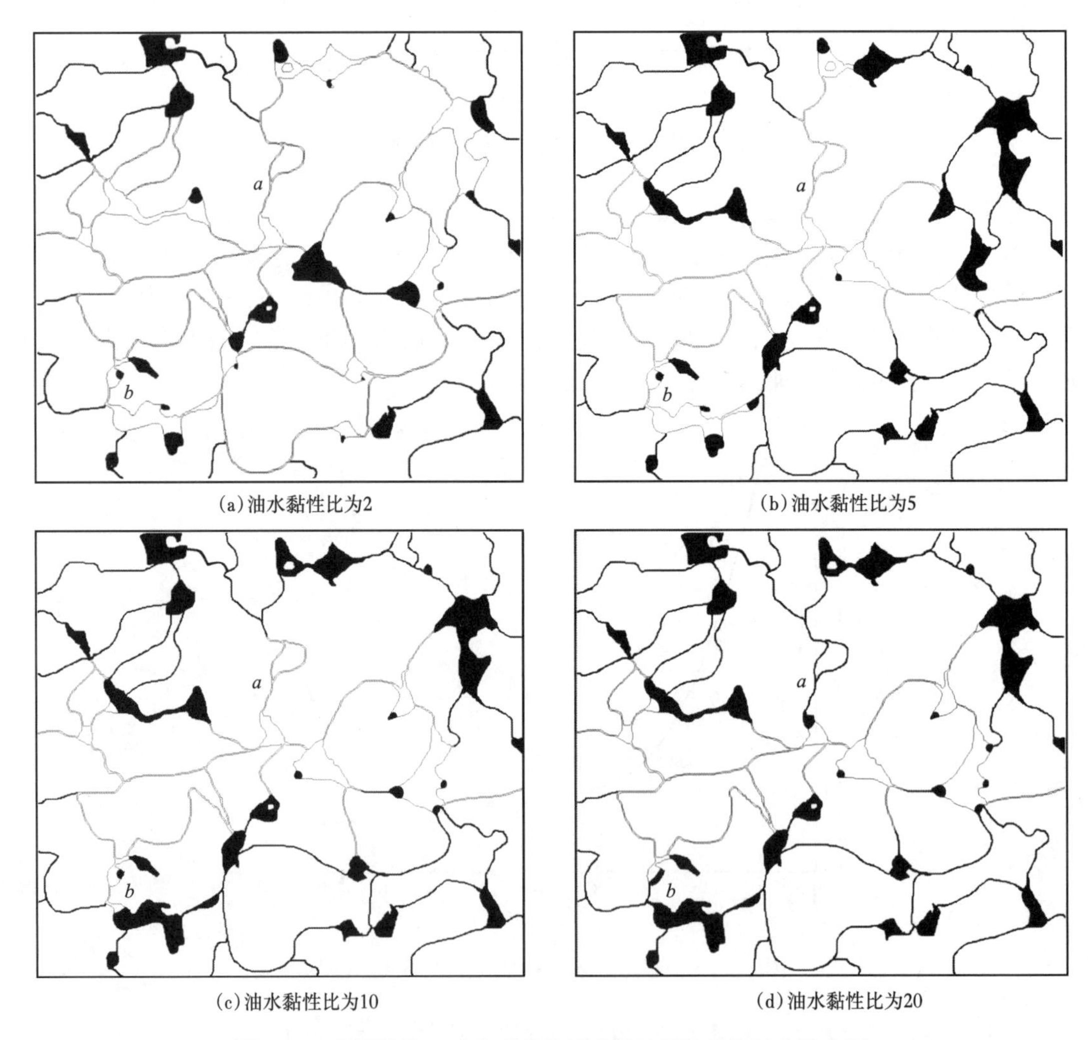

图 2-46　相同的注入速度不同黏性比条件下的最终油水分布图

引起这种变化是由驱替过程中相分布变化引起的动态非均质性造成的。动态非均质性可以通过图 2-43 所示的并联通道解释。不考虑两个并联通道中的毛细管作用，也就是 $p_{c1}=0$ 且 $p_{c2}=0$，并假设 $R_1 < R_2$。根据式（2-85）和式（2-86）可知，通道 1 中流体的分流量大于通道 2 的分流量。随着水两个通道内的推进，两通道内的油逐渐被水所取代，通道平均黏性降低。由于通道 1 的分流量较大，通道 1 的阻力下降比通道 2 的阻力下降快，从而造成通道 1 的分流量进一步增加，从而使得通道 1 中流体的突进速度高于通道 2，引起黏性指进。油水黏度比越大，动态非均质性随着驱替进行越强，黏性指进越明显，空间波及越低。

根据式（2-85）和式（2-86）可知，影响两通道的分流量变化，除了油水黏度作用，还有毛细管作用。毛细管作用对分流量的影响和毛细管力与两通道的黏阻之和（R_1+R_2）的比值有关。随着驱替的进行，通道 1 和通道 2 中的油逐渐被水取代，R_1 和 R_2 均会降低，毛细管作用对流量分配的影响逐渐增加。如果黏性比值相同前提下，黏性的绝对值较低时，毛细管在流动的作用更加明显。图 2-47 给出了油水黏度比一样但绝对黏度不一样的情形下，以 0.01m/s（Ca=1.43×10^{-4}）的速度进行水驱，最终的油水分布图。从图 2-47 中可以看出，当油水绝对黏度较大时，通道 a 并没有被波及，而油水绝对黏度较小时，通道 a 被波及。因此，在油水黏度比值一样的前提下，油水的绝对黏度越小，毛细管作用在流动中的作用越大，流体越容易形成毛细管指进而引起侧向波及。

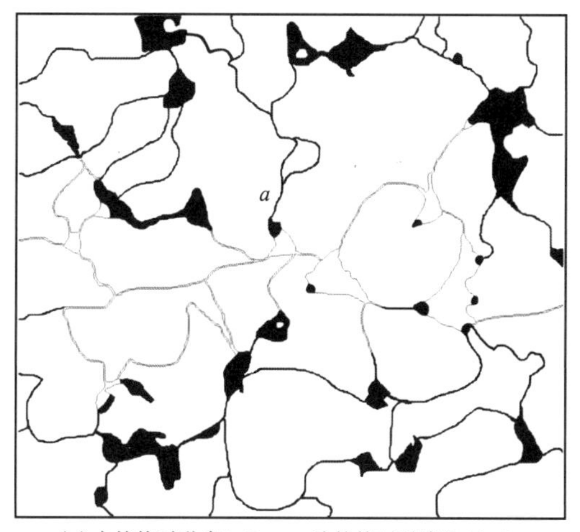

（a）水的绝对黏度1mPa·s，油的绝对黏度为20mPa·s

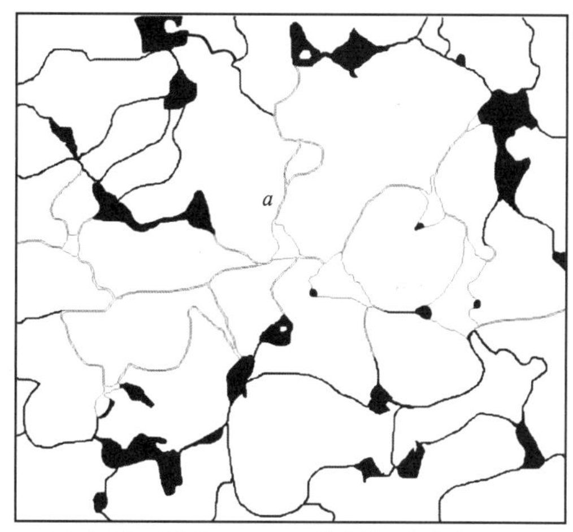

（b）水的绝对黏度0.5mPa·s，油的绝对黏度为10mPa·s

图 2-47　黏度比为 20 不同绝对黏度下最终的油水分布图

（二）单点强注与“多点温和”条件下水驱流动规律及动力学差异

1. 单点强注条件下油水运动规律

图 2-48 给出了本次所使用的数字岩心模型，岩心的物理尺寸为 1.44 mm×1.44mm。初始时刻，岩心初始充满油。模拟过程中，水从 A 注入孔隙，驱替岩心中的油，液体从 B 流出，其他位置封闭，直至无油产生。最终，剩余油的分布如图 2-51 所示。计算过程中使用的边界条件见表 2-12，流体的物性条件见表 2-13。从图 2-48 中可以看出，最终剩余油分布在岩心区域左上角、右上角和下部。

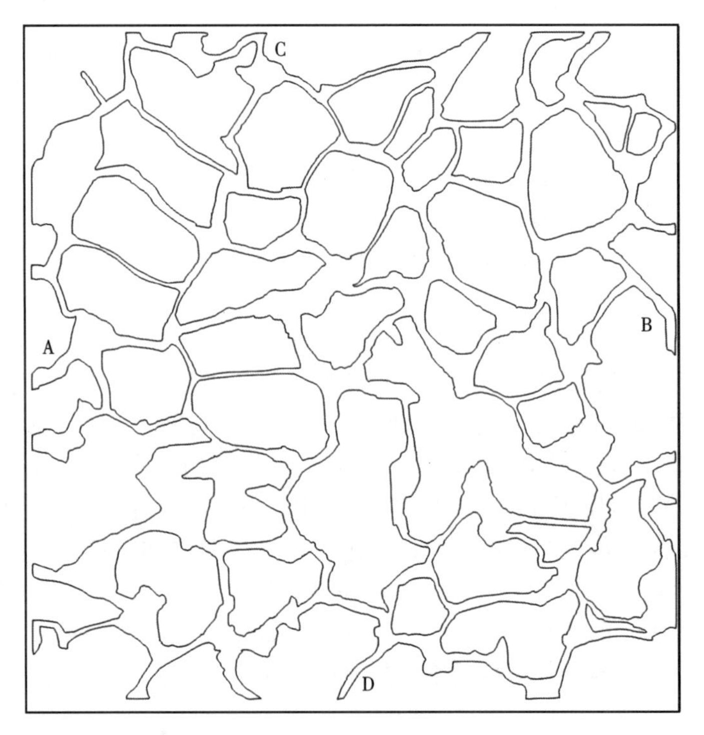

图 2-48　数字岩心模型图

表 2-12　边界条件表

边界	场	边界条件类型
入口	速度（u）	定值
	压力（p）	零梯度
	水饱和度（α）	定值
出口	速度（u）	零梯度
	压力（p）	定值
	水饱和度（α）	零梯度
孔隙壁面	速度（u）	定值
	压力（p）	零梯度
	水饱和度（α）	接触角

表 2-13　流体的物性条件表

介质	物理性质	值
油	运动黏度 υ（mPa·s）	6.25×10^{-3}
	密度 ρ（kg/m³）	800
水	运动黏度 υ（mPa·s）	10^{-3}
	密度 ρ（kg/m³）	1000
油水界面	界面张力 σ（N/cm）	0.07

以图 2-49 所示的水驱后剩余油为油水的初始状态，关闭 A 口和 B 口，转为从 C 口注入 D 口流出，以较高的注入速度从 C 处强注。流体的注入速度和流体性质保持不变。图 2-50 给出了不同时刻的油水分布图。从图 2-50（a）的油水分布图可以看出，从入口 C（图 2-48）中注入后，0.1s 时油水界面运动到了 *a*、*b*、*c* 位置，在转流线前形成的油水界面 *o*、*n* 并没有移动，而位置 *i* 处的界面向下迁移。位置 *o*、*n* 处的界面没有运动的原因是此位置处于喉道和孔隙的交接处，非润湿相尝试孔隙进入喉道，呈现阻力状态。且 *o* 和 *n* 两处的喉道比位置 *i* 的喉道半径要小，阻力更大。因此，在驱替过程中，流体更容易沿着 *i* 位置向下迁移，进入下一个孔隙，并在位置 *j*、*k*、*l*、*m* 形成了新的界面，并尝试通过这些界面进入喉道。非润湿从孔隙进入喉道的过程中，毛细管力呈现阻力状态。动力的方向是由上向下，油水界面向下迁移的过程中，横向的运动较小，纵向的运动较大。位置 *p* 处于喉和孔隙的交接面，呈现毛细管阀效应，阻碍流体迁移。最终，流体沿着图 2-50（a）的孔 1 迁移，原来 *d* 处的毛细管阀突破，使得流体向下迁移，形成 *e*、*f*、*h* 等界面。随着驱替换的进行，*k* 位置的油水界面不断向下推进，进入下一个孔隙，0.2s 时在位置 k_1、k_2、k_3、k_4 位置形成了新的界面［图 2-50（b）］。k_1 和 k_2 位置和流动方向垂直，且处于阻力状态，k_1 和 k_2 对所在的通道封堵。一旦 k_1 封堵，原来的孔 1 就会被封堵，压力沿着新的路径孔 2 传播，促使该路径形成［图 2-50（b）］。在界面 *k* 向下推移的过程中，界面 *g* 会向下运动，在 g_1 和 g_2 位置形成新的界面。与此同时，*p* 位置的界面突破，油水界面向下运动与 g_2 位置的界面会合，并向下运移，在下一个孔隙喉道 p_1 的位置形成了新的毛细管阀，油水界面运动停止。此时，位置 *c* 处和 g_1 位置的毛细管阀突破，形成了图 2-50（c）中的孔 3。同时，位置 *c* 处的油有向下迁移，并进入下一孔隙，形成油块 D1，如图 2-50（c）所示。随着流体向下的运移，油块 D1 从孔隙中流入喉道，属于非润湿相驱替换润湿性，呈现阻力状态。结果孔 3 上半部被封堵，压力沿着孔 4 和孔 5 传导，促使孔 4 和孔 5 形成［图 2-50（d）］。接着，D1 破碎成 D11 和 D12，D12 沿着孔 4 向下运移动，并对下游喉道进行封堵，导致孔 4 消失。于此同时，D2 沿着孔 5 向下运移，并向下运移到孔隙内变成油滴贴附到孔隙壁面上，最终孔 6 形成。最后，油水界面均被毛细管力束缚，无油再被动用［图 2-50（e）］。

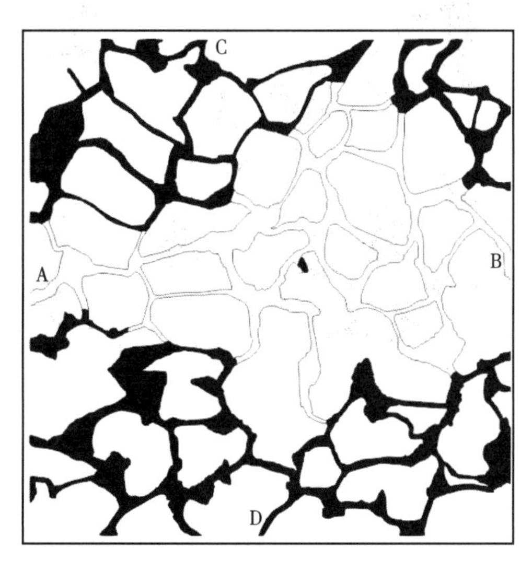

图 2-49　初始油水分布图

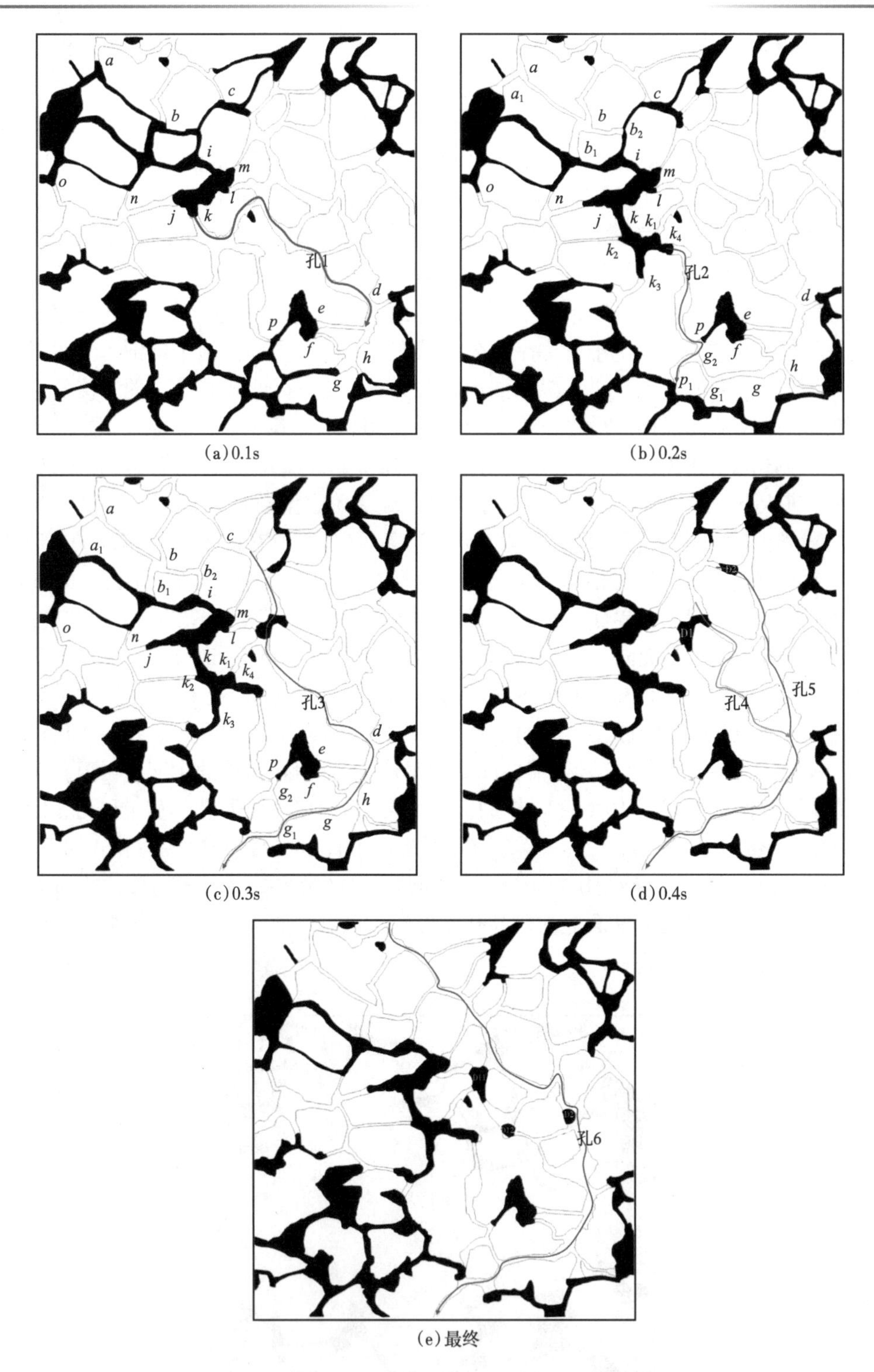

(a) 0.1s　(b) 0.2s

(c) 0.3s　(d) 0.4s

(e) 最终

图 2-50　单点强注条件下不同时刻的油水分布图

从整个波及过程来看，单点强注会促使流体沿着阻力较小的通道快速运动（比如图 2-50 中的含水通道），侧向的毛细管封堵效应会将流体限制在局部的低阻力通道中，最终的空间波及较小。

2.“多点温和”注条件下油水运动特征

以初始水驱后剩余油作为初始油水分布，以 A 口和 B 口作为注入口，以 C 口和 D 口作为出口进行水驱。A 口和 B 口注水的流量相同，且 A 口和 B 口注水的流量总和为转流线过程中 C 口注入的总流量一致。整个调整过程中，流体的性质不发生变化。图 2-51 给出了油井转注后不同时刻油水分布图。对比图 2-50 和图 2-51（a）可以发现，油井转注后，形成了孔 1，孔 2 和孔 3 三条路径，在孔 3 的下游形成了孔 31 和孔 32 两条通道，孔 2 的下游形成了孔 21 和孔 22 两条通道。随着驱替的进行，在 0.4s 时，c 界面下游形成了 c_1 和 c_2，这两个界面在孔隙喉道交接处，形成了毛细管压力障碍，阻碍了流体的进一步前进。与此同时，界面 b 在出口位置附近形成了界面 b_1 和 b_2，在水湿条件下，这两个界面会阻碍油水向出口运动。毛细管压力障碍和喉道内非润湿相驱替润湿相引起的阻力造成孔 2 的流动停止，造成油剩余。从图 2-51（a）可以看出，在驱替的前期，左边入口的压力主要向上面出口传导，一旦上面的流动路径被毛细管力封锁后，d 处形成的毛细管压力障碍会被突破，致使压力向下传导，并推动油向前运动，形成路径孔 4，在孔 4 的中游形成孔 41 和孔 42，如图 2-51（b）所示。右边入口形成的路径孔 3 下游孔 31 中的油水界面运动到位置 a_1 处，孔 32 中的油水界面运动到 g 处，a_1 处和 g 处形成的毛细管阀效应阻碍了油水前沿的向前运动，导致路径孔 3 被封堵。左边孔 4 中的油水界面不断向下迁移，并在 0.6 s 运动到位置 d_1，并在 0.8 s 时形成两个界面 d_{11} 和 d_{12}。随着油水界面向下推移，新的油水界面不断形成，分别在如图 2-51（e）中的 h、i 和 j 位置形成新的油水界面。在 h 和 i 位置的油水界面处于孔隙喉道交接位置，形成毛细管阀效应，阻碍油水前沿的向前运动。位置 j 的界面仍然处于孔隙喉道交接处，喉道处于油水界面的下游，孔隙中的非润湿相尝试从孔隙中流入喉道，处于阻力状态。在毛细管压力障碍效应阻力作用下和非润湿相出喉双重阻力作用下，孔 41 中的油水运动停止。孔 42 中的油水界面向下迁移，与位于 a_1 位置的油水界面接触，致使该位置的油水界面向下迁移，原来被封堵的孔 3 流动路径会重新形成。当油水界面继续向下运移动下一个交叉口时，会形成油水界面 k，该界面位于油分布的下游，阻碍油从孔隙进入喉道。位置 f 和 g 位置形成的毛细管障碍阻力和 k 处的非润湿相驱替润湿相阻力双重作用下，造成界面 k、f、g 圈闭的油剩余。

相对于单点强注而言，“多点温和”注水能够形成更为复杂的流动结构和更多条流动路径，“多点温和”注水条件下的采收率受空间非均质特征影响较小。在相同的注入液体量的前提下，多点分散注入比单点强注空间波及更大和采收率更高。

3. 单点强注和“多点温和”注的比较

单点强注会促使流体沿着阻力较小的通道快速推进，使得流体的侧向封堵效应随着开发的进行越来越强，最终的水会被限制在阻力较小的通道中，阻碍的流体的侧向波及，最终采收率较低。空间的非均质性越强，在单点强注入条件下，越容易形成流体的突进，采收率越低。相对于单点强注而言，“多点温和”注水能够形成更为复杂的流动结构和更多条流动路径。“多点温和”注水条件下，空间的非均质特征对最终采收率的影响相对于单点强注影响小。在相同的注入液体量的前提下，多点分散注入比单点强注空间波及更大且采收率更高。

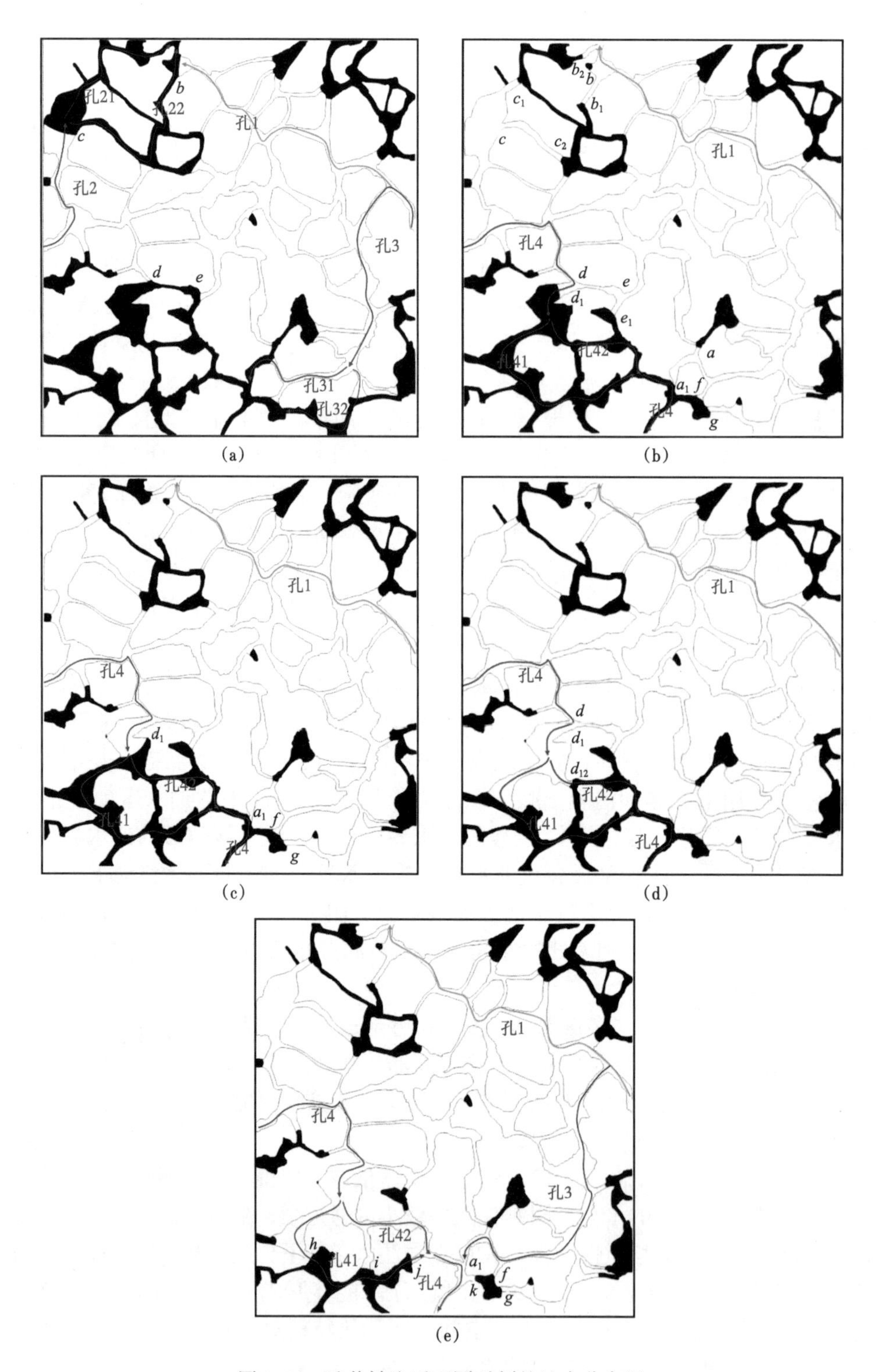

图 2-51　油井转注后不同时刻的油水分布图

以延长油田长6储层为例，该储层空间非均质性相对于长2储层较强。延长油田注水开发指挥部通过多年的探索和实践，形成了针对延长油田长6储层的“多点温和”注水策略，全面覆盖吴起、志丹、杏子川、南泥湾等采油厂，覆盖油区面积达820km^2，提高动用程度20%以上，极大地提高了长6油藏最终采收率。

（三）不同开发调整策略的微观流动规律及精细注水建议

注采方向调整、油井转注、强化注水是油田开发过程中重要措施，一般在初次水驱后实施。初次水驱后，油水的空间分布相对于水驱前期更为复杂。为了调整前营造更为复杂的剩余油分布，对图2-52所示的岩心做了水驱。A、C、D为注入口，G为出口，B、E、F口封闭。注入速度为5×10^{-3}m/s（$Ca=7.14\times10^{-5}$），油的黏度为：20mPa·s，水的黏度为1mPa·s，油水界面张力为0.07kg/m^2。连续水驱直至出口无油产出，最终剩余油的分布如图2-52所示。

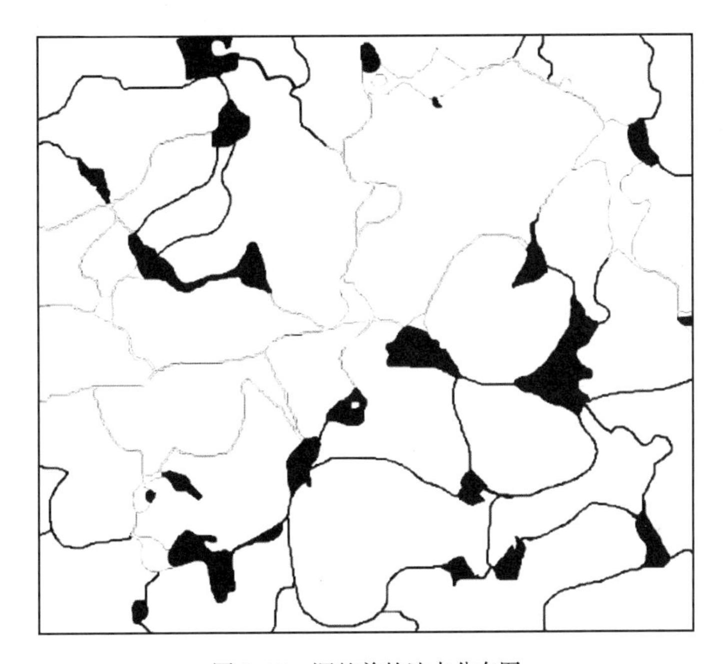

图2-52 调整前的油水分布图

1. 调整注采方向后的油水运动规律

图2-53给出了转换注采方向后（从E口注入，F口流出，注入速度为5×10^{-3}m/s），不同时刻的油水分布图。调整前经过长期的水驱之后，在岩心中形成了一个含水通道，孔隙结构上部和下部有油剩余。在油水界面停留的地方a、b、c、d、e都存在毛细管阀效应，动力不足以克服毛细管阀效应，油水界面就会停止运动，致使油剩余。当转变注采方向后，含水通道上侧的剩余油在水的驱动下向下运动。如图2-53（a）所示，h位置的油在水驱的作用下向下运动，遇到孔隙通道分叉处分为两股流体f和g。由于孔隙结构呈现水湿状态，在h通道毛细管力为动力（水驱油），而在f和g通道内两相界面毛细管力（油驱水）呈现阻力。在低速注入条件下，毛细管力相对较强，f和g通道的毛细管阻力是决定两个通道流量分配，由于两个孔隙通道半径相近，最终f和g分配的油相近，如图2-53（b）所示。随着驱替的进行，f进一步分为f_1和f_2，且分配的油的量相似，如图2-53（c）所示。

f_2中分配的油最终被驱替到下游，在孔隙中形成油滴，黏附在孔隙壁面上［图2-53（d）］。尽管图2-55（d）中f_1上下游存在有压差，剩余油两端的毛细管力大小不一样，其差值平衡了油柱两端的压力差，造成这块油剩余。

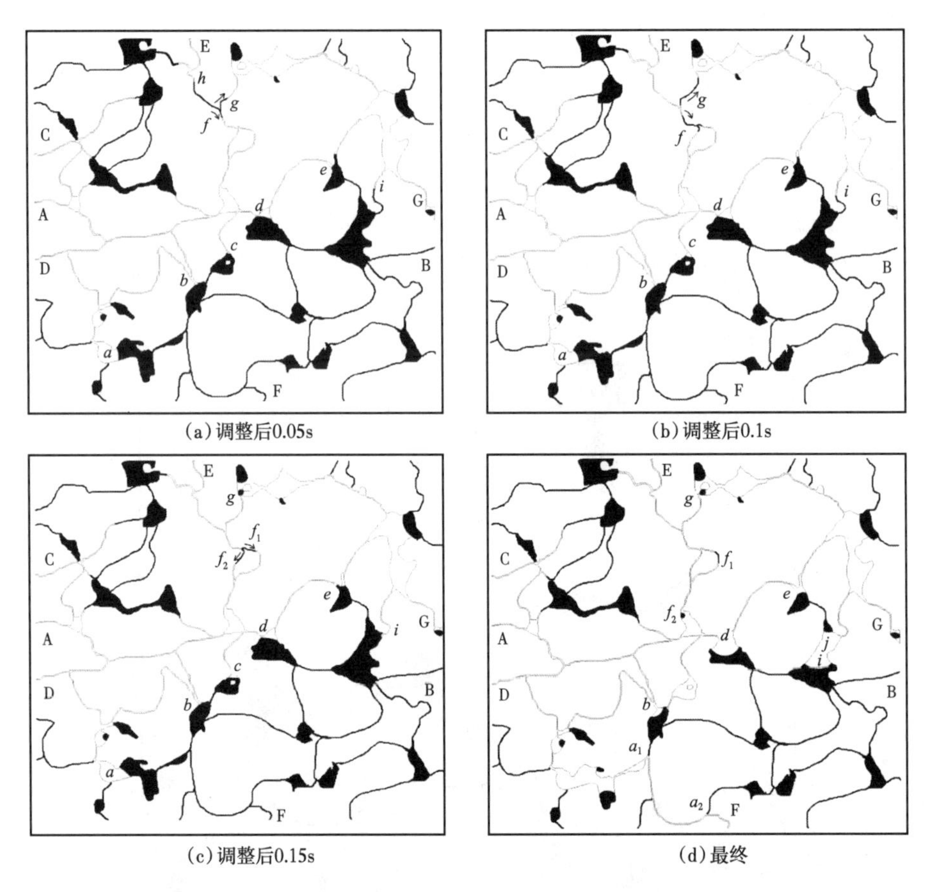

(a)调整后0.05s (b)调整后0.1s

(c)调整后0.15s (d)最终

图2-53 调整注采方向后油水分布的变化图

对于含水通道下面的流体，a、b、c、d、e形成的毛细管阀均对流体有一定的阻碍效应［图2-53（a）］，而位置i处，油水两相界面的位置在喉道中，在驱替的过程中，毛细管力为动力。因此，在驱替的过程中i界面首先移动［比较图2-53（c）相对于图2-53（b）的变化］，当水运动到孔隙入口处，i界面的毛细管力降低，致使上游的驱替动力增加，a、b、c、d、e处油水界面均开始移动［图2-53（c）］，a处界面所在的通道和i处所在的通道阻力较小，水的分流量较大。最终，流体从a处所在的孔隙通道向下运移并从F通道流出，形成a_1和a_2两个新的油水界面。在水湿条件下，这两处油水界面形成的毛细管力会阻碍油水的运动，使得右下角的油重新平衡。

2.点状注水变排状注水后的油水运动规律

在前期的水驱过程中，A—G之间形成了含水通道，如果持续以相同的速度注水，则G口无油产出。此时，可以采用油井转注水井提高采收率。图2-54给出了从A口和G口注入水（注入速度为0.005m/s）且F口为出口条件下，驱替的前期和后期的油水空间分布和流动的路径。图中浅蓝色的覆盖区和浅红色的覆盖区分别为注入口A和注入口G的控制区域。青色的线为从 A 口流出的流体的流动路径，红色的线为从 B 口流出的流体的流动路径。图中 *a*—*n* 为流动路径上的交叉点。

图 2-54（a）给出了驱替前期剩余油动用过程油水分布图。从图中可以看出，A 口控制区远远大于 G 注入口的控制区域。A 入口流体除了对路径 *bgjm*D 通道中油的动用起了重要作用，亦对 *eklnm*F 以及 *ekjm*F 中油的动用起到一定的作用。随着驱替的进行，油逐渐通过 F 出口流出，*bgjm*F 中的剩余油逐渐被驱替换出来。当水的前沿流经交叉点 *j* 位置后，新的油水界面在此处形成，通过 *kj* 通道流通向 *jm* 通道迁移的剩余油将会受到新的油水界面阻碍。当上游的驱替动力不足以克服此阻力时，*kj* 通道内油运动停止。当水的前沿通过交叉口 *m* 时，在此处也会形成新的油水界面，阻碍了 *nm* 通道的油向 *m*F 通道的运移。最终形成如图 2-54（b）所示的渗流路径和剩余油分布。

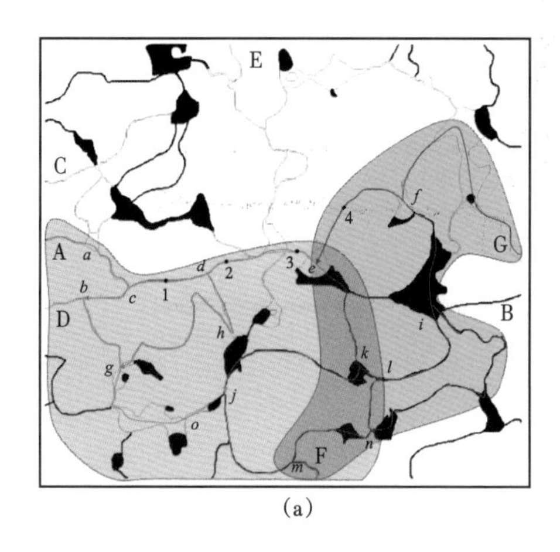

(a)

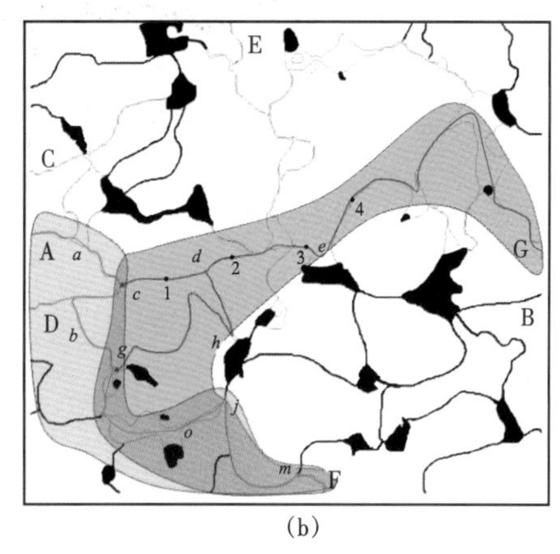

(b)

图 2-54　A 口和 G 口同时连续注入条件下不同时期流动路径和剩余油分布图

为了进一步厘清渗流路径改变的全过程，对图中所示的 1-4 四个位置的流动速度进行了检测。这四点的速度随时间的变化如图 2-55 所示。如果流体从左向右流动，速度为正值，由右向左流动速度为负值。从图中可以看出，各点的速度随着注入的进行一直在发生变化，除了速度随时间大尺寸的变化外，局部还出现了小尺度的波动，点 1、点 2、点 3 在 1s 和 1.5s 之间流动速度发生了反转。

为了说明反转的原因，我们对孔隙内的两相流体的受力进行了分析。流体在孔隙内流动主要受黏性和毛细管力两种作用引起：

（1）黏性作用：黏性作用让流体运动的速度越来越均匀，在流动过程中单纯的黏性不会引起大幅度的速度波动。当没有油水界面存在时，黏性作用决定了不同通道的分流量大小。如在驱替早期，从交界点 *i* 处分叉的路径 *iln* 和 *in* 均为流通路径，值只是分流量不一样。

（2）毛细管力作用：①毛细管力的大小受孔隙通道尺寸的影响，油水界面运动到不同的位置时，毛细管力大小不同，从而引起流体局部的加速或减速。如图 2-55 中 Ⅰ 时刻，点 2 的速度出现了较大幅度的波动（流动反向），这主要是由于油水界面运动到了如图 2-54 中的 *o* 位置，该位置孔隙通道的半径突然降低，且是从孔隙向喉道中运移，毛细管力是动力，促使局部流体加速，导致点 2 的速度先减小后反向加速。②受孔隙通道突变程度和润湿性的影响，毛细管力可能呈现阻力或者动力状态，驱替动力不足以克服毛细管阻力时，油水界面运动就会停止，促使流动路径改变。在图 2-55 中Ⅱ时刻（1.12s），点 2 的速度亦发生了较大的波动，同时点 3 的速度发生了反向，这主要是由于在 j 处有新的界面形成，驱替动力不足以克服新界面形成的毛细管阻力，油水界面运动停止，原来流通路径 kj 被封堵，路径 ed 流动反向。因此，流体在位置 1、2、3 发生转向的主要原因是由毛细管的封堵效应造成的。

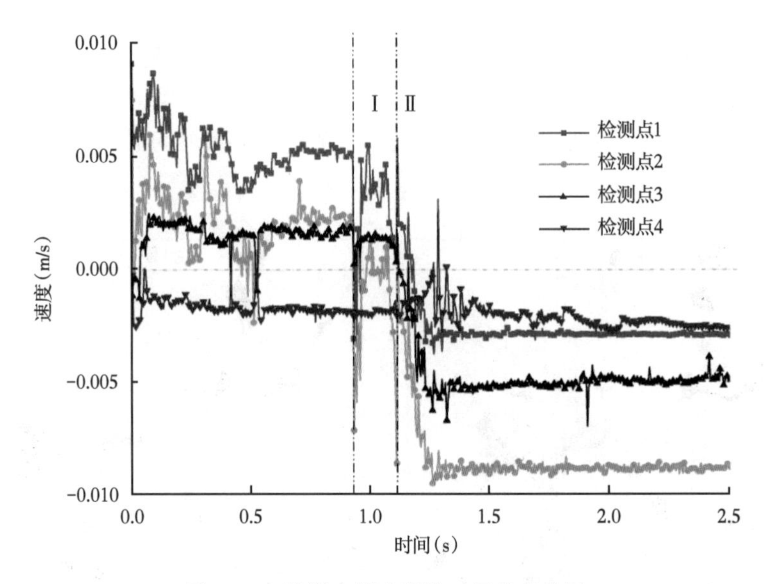

图 2-55　检测点的速度随时间的变化图

图 2-56 给出了岩心的含油饱和度和左右两个注入口的压力和随时间的变化。从图 2-56（a）可以看出，岩心的含油饱和度随时间逐渐降低，1.25 s 以后岩心饱和度基本不变。从左右两点同时开始注入开始到交叉点 j 处的油水界面形成（1.12s）之间，左右两个注入点的压力基本保持不变，而此期间岩心中的含油饱和度随时间基本保持不变。这和单点注入条件下的压力变化有显著差异。由于水的黏度比油的黏度小，在单点注入条件

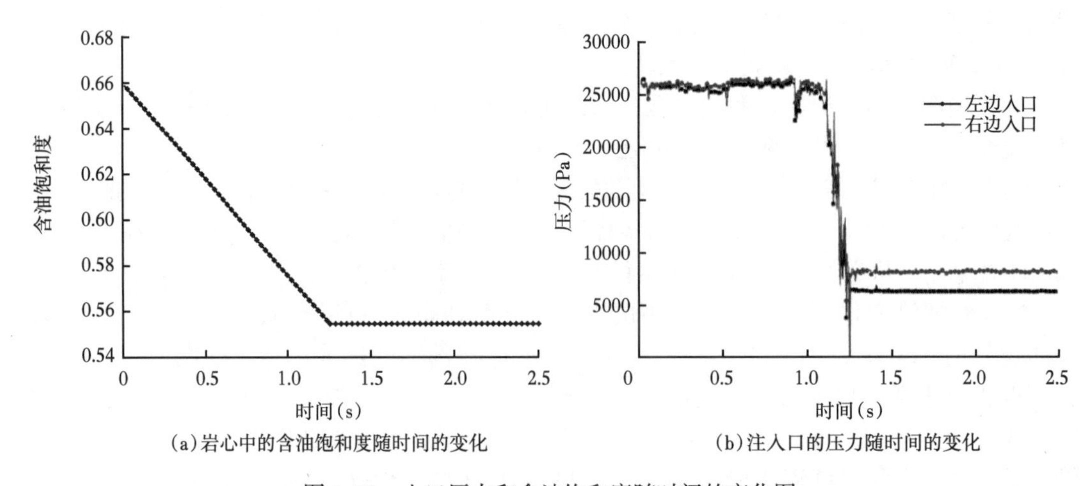

（a）岩心中的含油饱和度随时间的变化　　（b）注入口的压力随时间的变化

图 2-56　入口压力和含油饱和度随时间的变化图

下，随着岩心的含油饱和度的下降，出入口压差也逐渐降低。这个结论的前提注入口控制的通道基本保持不变。然而，当两点之间形成高含水通道时，通过两端向中间注水，系统有一定的稳压的作用，稳定压力的过程是系统通过调整渗流路径来实现的。

3. 提高注液速度条件下的油水运动规律

图 2-57（a）给出了以不同速度提液后最终剩余油的分布及流动路径图。图中黑色的是剩余油，红色、浅蓝色和青色为流动路径。图 2-57（a）给出了水以 0.005m/s 从 A、D、C 三口注入孔隙中，以 G 口流出进行水驱最终形成的剩余油分布图。从图中可以看出，在区域Ⅰ和Ⅱ中存在有簇状剩余油，其他的剩余油均为盲端剩余油。对于区域Ⅰ中的剩余油，油水的界面分别位于 *a*、*b*、*c*、*d*、*e* 位置，*a*、*b*、*c* 位于上游，*d* 和 *e* 位于下游。由于 *a*、*b* 和 *c* 位置孔隙半径发生突变，形成了毛细管阀阻碍了油水界面的进一步运动。*d* 和 *e* 处的油水界面向下游运动属于油驱水，油水界面对油水运动起阻碍作用。*a*′、*b*′、*c*′、*d*′、*e*′ 分别为与 *a*、*b*、*c*、*d*、*e* 所在通道连接的流动路径上的点。由于油水界面上的封堵作用，通道 *a′a*、*b′b*、*c′c*、*d′d* 和 *e′e* 中的水并没有运动，通道内并未产生压降。当流通路径上的压力将不足以克服毛细管阀阻力和油驱水阻力时，油水运动就会停止。比如：当 *a*′ 和 *e*′ 之间的压力差不足以克服 *a* 处形成的毛细管阀阻力和 *e* 处的油驱水毛细管阻力时，*a*—*e* 之间的通道内的油就不会运动。在水驱条件下，要使 *a*—*e* 之间通道内的油动用需要增加流通通道内水的流量，使得 *a′e′* 之间的压差足以克服 *a* 处和毛细管阀阻力和 *e* 处油驱水毛细管阻力，油才能动用。对于区域Ⅱ剩余油的形成过程和区域Ⅰ中的剩余油形成过程一致。

图 2-57（b）给出了以 0.005m/s 速度进行水驱形成如图 2-57 所示的剩余油，在此基础上以 0.01m/s 进行水驱后形成的剩余油。从剩余油的分布和流动路径特征来看，以 0.01m/s 的注入速度提液前后，剩余油动用不明显，并未形成新的渗流路径。从油水界面位置来看，界面 *f* 向前移动了少许；相应的，界面 *l* 沿着细长喉道略微的向前移动；最终，油水界面达到了新的平衡，油不再运动。

图 2-57（c）和图 2-57（d）分别给出了以 0.005m/s 的速度进行水驱形成剩余油的基础上，以 0.015m/s 和 0.02m/s 进行水驱后形成的剩余油。当注入速度提高后，剩余油均有一定程度的动用，并有新的流动路径行程。比如：以 0.015m/s 速度注入时，Ⅱ区的剩余油被动用，形成了新的流动路径（浅蓝色）；以 0.02m/s 速度注入时，Ⅰ区和Ⅱ区的剩余油均被动用，形成了两条新的流动路径（青色和浅蓝色）。

提液前的剩余油和提液后形成的剩余油和流动路径特征来看，可得到如下认识：

（1）毛细管阀和油驱水毛细管阻力双重阻力效应是造成水湿条件剩余油形成的主要原因；

（2）注入速度和剩余油的动用量并非线性关系，只有注水速度高于一定的值，并在同一剩余油不同油水界面形成的压力差高于毛细管阀和油驱水双重阻力时，油才会被动用；

（3）一旦在主入口和流出口之间形成纯水的流通通道，进一步强化注水是提高采收率的重要措施；

（4）随着新的纯水通道的形成，岩心的有效渗透性增加，通过强化注水提高采收率的难度逐渐加大。

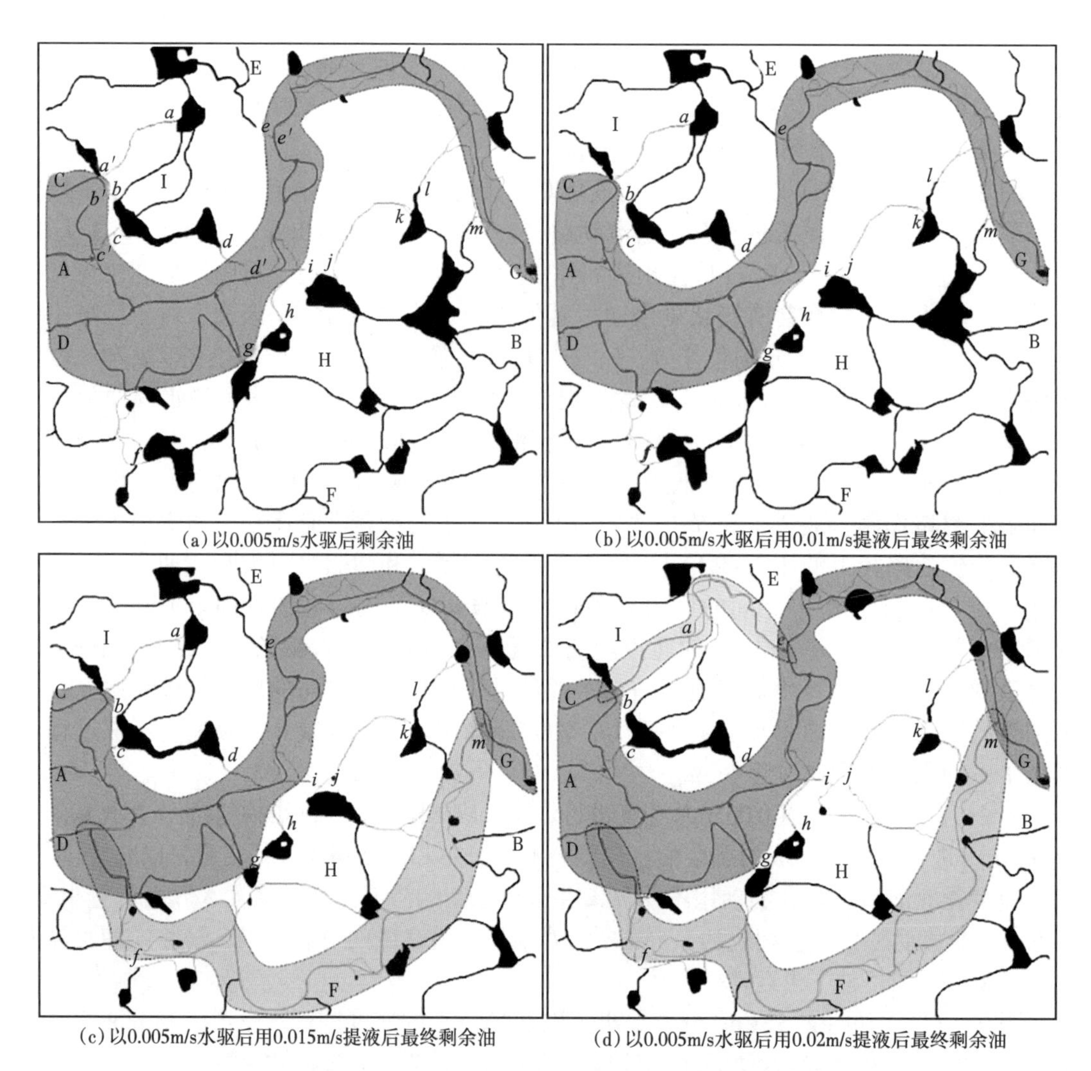

(a) 以0.005m/s水驱后剩余油

(b) 以0.005m/s水驱后用0.01m/s提液后最终剩余油

(c) 以0.005m/s水驱后用0.015m/s提液后最终剩余油

(d) 以0.005m/s水驱后用0.02m/s提液后最终剩余油

图 2-57　以不同的速度提液后最终剩余油分布和流动路径特征图

4. 水驱注水量控制因素分析

注水开发的注水量是决定采收率的最重要因素之一，针对不同的地质情形确定注水量是注水开发中最重要的工作。以水驱后剩余油动用为例，导出水驱注水量的影响因素。图 2-55（a）给出了长 2 岩心在进行初次水驱后的剩余油分布图。初次水驱后，$c \rightarrow d$ 之所以有剩余油产生是由于在 c 位置处有毛细管阀效应存在和 d 处的排水毛细管阻力存在，而 $c'd'$ 之间的含水通道内引起的黏性压力降小于这两处的毛细管阻力所致。

c 处毛细管阀阻力可以表示为

$$\Delta p_{\mathrm{c}} = -\frac{\sigma \cos(\theta + \beta)}{r} \tag{2-87}$$

式中　r——孔隙通道半径，m；

θ——润湿角，（°）；

β——孔隙开度角，（°）。

d 处排水毛管阻力可以表示为

$$\Delta p_{\mathrm{d}} = -\frac{\sigma \cos\theta}{r} \tag{2-88}$$

c' d' 之间的黏性压力降为

$$\Delta p = -\frac{8\mu_{\mathrm{w}}\sigma l u}{r^2} \tag{2-89}$$

其中，μ_{w} 为水的黏性，l 为 c' d' 之间通道的长度，u 为通道内的流动速度。因此，动用 cd 之间的剩余油，需要满足如下关系：

$$u > -\frac{r\sigma\left[\cos\theta - \cos(\theta+\beta)\right]}{8\mu_{\mathrm{w}} l} \tag{2-90}$$

图 2-58 给出了井间水驱示意图。水井的半径为 R，井间距为 D，砂体厚度为 h，水注入流量为 Q。在水井和油井之间一半的圆上，流体的平均速度可以表示为：

$$u_{\mathrm{d}} = -\frac{Q}{\pi D h} \tag{2-91}$$

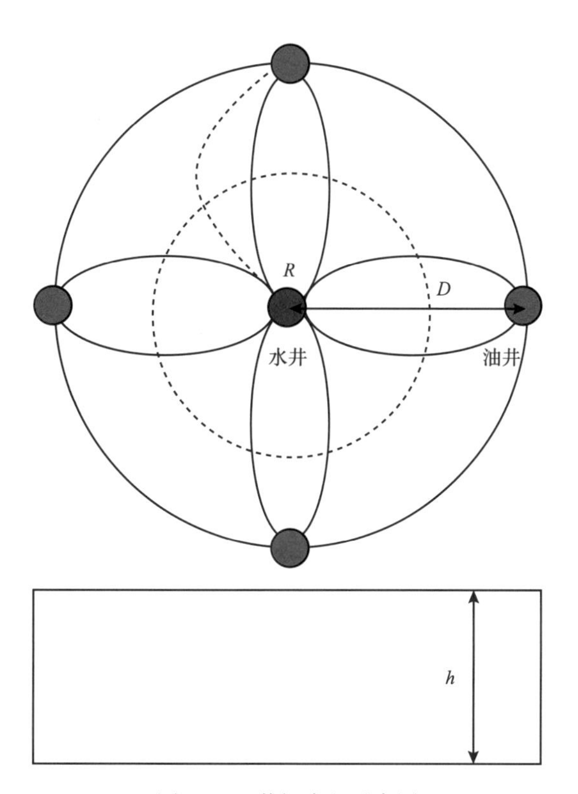

图 2-58　井间水驱示意图

u_{d} 为流体的达西速度，该速度与流孔隙内的流体速度满足如下关系：

$$u_{\mathrm{d}} = u\phi \tag{2-92}$$

根据式（2-90）至式（2-92）可得，水井注入量满足下面关系才能动用其中的剩余油：

$$Q>\frac{\phi\pi Dhr\sigma\left[\cos\theta-\cos(\theta+\beta)\right]}{8\mu_{w}l} \tag{2-93}$$

应当指出，在式（2-91）中采用了径向均匀流动假设，不能直接通过该关系计算注入液量，但可以根据该关系确定水驱注水量与岩心孔隙度、井间距、砂体厚度、孔隙半径、油水界面张力成正比关系，而与注入流体的黏性呈反比关系。

第三章　延长油田注水开发特色技术

延长油田注水项目区管理指挥部始终坚持把“安全长效开发、努力提高采收率”作为注水开发的目标，因区施策、分类治理，在实践中总结，在总结中完善，逐步在油藏地质、油藏工程、油藏管理、注水工艺等方面形成了以“精细油藏研究 + 精细调整治理 + 精细工艺配套”为核心的注水高效开发特色技术。

第一节　精细油藏研究

油田开发进入中、后期，随着开采的深化与生产动态信息的增多，关于油藏、储层与流体等地质特征的评价与定量解释需要逐步深入和细化，为下一步油田开发以及综合治理工作提供有力的地质依据。

针对延长油区产层多、变化大、非均质性强的特点，采取砂岩组—小层—单砂体逐级精细刻画，结合生产开发动态，制定较为科学的开发调整方案，实现可采储量的增长和采收率的提高。

在开展精细油藏研究之前，进行生产动态数据标注，通过井史资料分析，把握各开发单元主力产层、分布范围以及各产层的岩性、物性、含油性、测井响应；熟悉各产层的措施工艺与参数；分析每口井、每个层的潜力；了解低产低效及关停井原因，为精细油藏研究、综合治理和潜力挖掘提供了依据。

精细油藏研究主要包括精细地层划分和对比、主力油层单砂体精细对比分析、油层顶面微构造精细研究、小层沉积微相及砂体平面展布精细刻画、潜力油层测井二次解释和储层流动单元综合研究等。

一、精细地层划分和对比

地层是区域构造运动和地史演化的产物，是油气藏的载体。同一时期、同一构造运动中形成的地层，具有相同的沉积特征和储层渗流特征。地层对比的目的就是将具有相同岩性、成因、接触关系、地球物理响应的地层归为一类，追踪其在时间和空间上的变化规律，以寻找与油气藏有关的地层单元。

（一）地层划分对比依据

地层划分对比可分为岩心对比和测井曲线对比两种，常用的是测井曲线对比法，主要依据为标志层。

标志层是地层划分对比依据。将岩性典型、测井曲线特征明显、容易识别、分布稳定、易于追踪，且在全盆内普遍发育、代表性强、覆盖面广的特定气候条件下区域性的沉积产物定为标志层。通过对鄂尔多斯盆地多年的勘探实践摸索，普遍将温暖潮湿气候条件下形成的沼泽沉积—煤层（碳质泥岩）和凝灰质泥岩作为地层划分和对比的标志层。如延长组长 7 张家滩页岩、长 9 李家畔页岩以及长 6、长 7 的凝灰岩或凝灰质泥岩。

（二）地层划分对比的原则和方法

地层划分对比原则主要遵循旋回对比、分级控制。

地层划分对比方法具体为：先追踪标志层，划分油层组，再找含油层段，即先定大层后分小层。

1. 多级分层体系

应用沉积、地层学、岩电关系等方法制定了划分标准，建立细分至单砂体级别的多层分层体系。

系（统）：以地层时代为依据，如三叠系上统。

组：受区域构造运动控制，在全区稳定分布，含一套生储组合或储盖组合，如延安组、延长组。

段或油层组：是一级旋回中的次级旋回，每个旋回都有大体相同的沉积特征，如延 10、延 9、长 6、长 2。

层或亚油层组：受局部构造运动控制，由几个砂泥段组成，如延 9^1、延 9^2、长 6^1、长 6^2、长 6^3、长 6^4。

小层：受水动力条件及局部沉积作用控制，由单一岩性或由粗到细的单一旋回构成（如从砂岩开始到泥岩结束），如长 2^{1-1}、长 2^{1-2}、长 2^{1-3}。

单砂体：从小层细分到层组，如长 2^{1-1-1}、长 2^{1-2-1}。

2. 延长组地层划分

延长组自下而上可分为长 10—长 1 共 10 个油层组，划分依据主要是凝灰质泥岩，次为泥页岩或煤线。延长组一般发育 K0—K9 10 个标志层（图 3-1），自下而上为：

K0 标志层：位于长 9 顶部，常称为“李家畔页岩”。由灰黑色泥页岩夹粉—细砂岩组成，其测井响应特征表现为高声波时差、高自然伽马及扩径特征。

K1 标志层：位于长 7 油层组底，是长 7 油层组与长 8 油层组的分界线，一般厚 20m 左右。底部有 2m 厚的凝灰岩，中上部是 15~20m 厚的油页岩。因其在陕北延河流域的张家滩地区出露，所以常称为“张家滩页岩”。“张家滩页岩”的声波曲线表现为块状中—高值，自然伽马呈块状高值，测井曲线特征与下伏地层测井曲线特征差异明显，全区分布稳定，是地层划分对比的重要标志层之一。

K2 标志层：位于长 6 油层组底，是长 7 油层组与长 6 油层组的分界线。该泥质标志层厚度约 5m。其声波时差曲线表现为不对称 V 字形中—高值起伏。该段地层在延长油区分布稳定，曲线特征明显，易于对比追踪，是地层划分的重要标志层之一。

K3 标志层：位于长 6^2 亚油层组底。主要为凝灰岩或凝灰质泥岩，其声波时差、自然伽马曲线表现为高值，曲线特征明显，易于对比追踪。

K4 标志层：位于长 4+5 油层组底，是长 4+5 油层组与长 6 油层组的分界线。在陕北地区较发育。该泥岩标志层厚度约 5m。声波时差曲线表现为齿状中值起伏。该段地层分布稳定，测井曲线特征明显，易于对比追踪，是地层划分的重要标志层之一。

K5 标志层：位于长 4+5 油层组中部，是长 $4+5^1$ 亚油层组与长 $4+5^2$ 亚油层组的分界线，厚度 6~8m，在声波时差曲线上表现为 4 个一组的齿状高值。

K6 标志层：位于长 3 油层组底，是长 3 油层组与长 4+5 油层组的分界线。该砂岩标

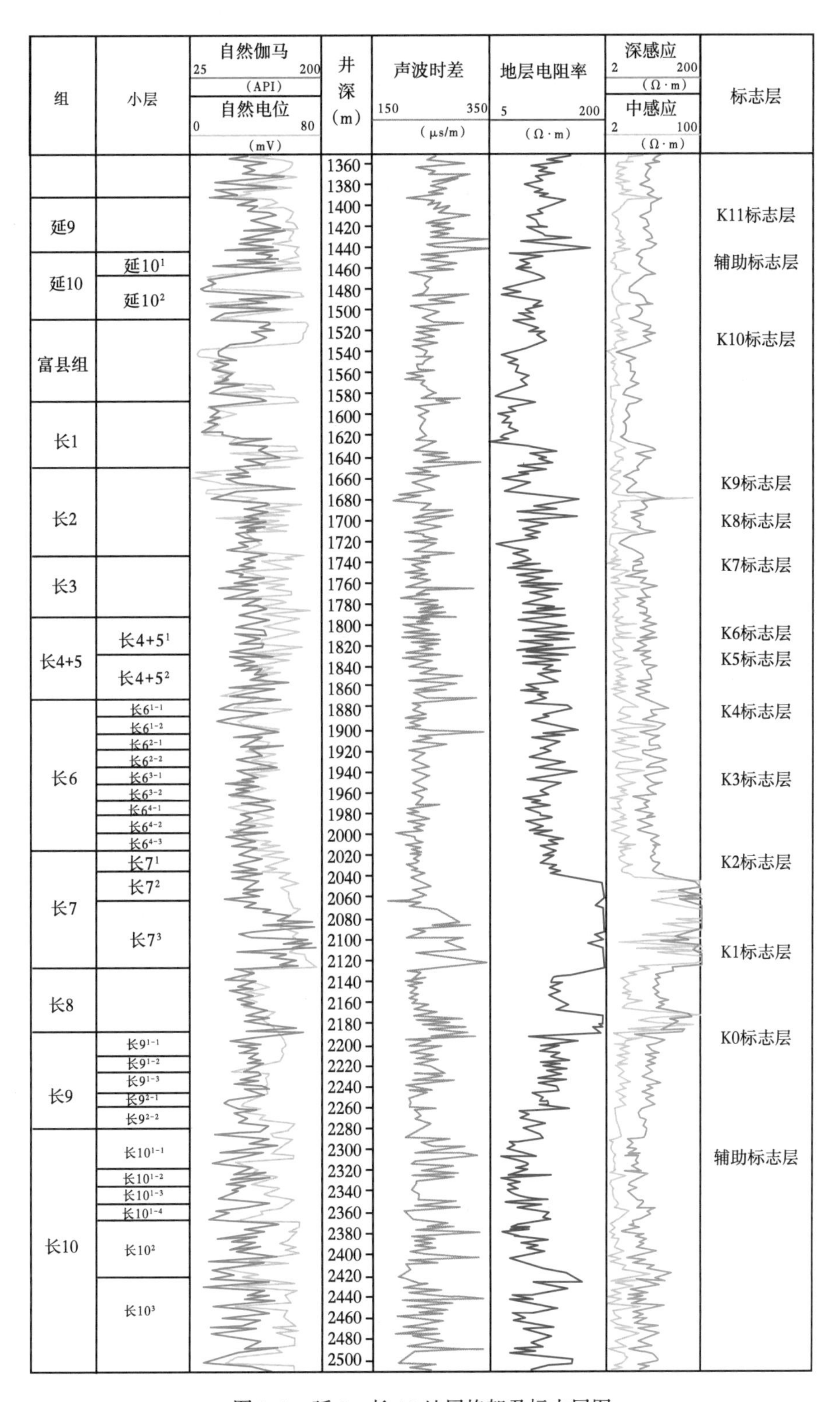

图 3-1　延 9—长 10 地层格架及标志层图

志层厚度 5~10m。自然伽马曲线呈块状低值，声波时差曲线明显低值起伏。该段地层在全区分布稳定，易于对比追踪，是地层划分的主要标志层之一。

K7 标志层：位于长 2 油层组底，是长 2 油层组与长 3 油层组分界线。主要为一套稳定发育的泥质地层。

K8 标志层：位于长 2 油层组中部，是长 2^1 亚油层组与长 2^2 亚油层组的分界线。岩性主要为黑色泥岩、页岩、碳质泥岩及凝灰岩，测井曲线表现为高声波时差、高电阻率、高自然伽马等特点。

K9 标志层：位于长 1 油层组底，是长 1 油层组与长 2 油层组的分界线。位于长 1 油层组下部，岩性主要为黑色泥岩、页岩、碳质泥岩及含凝灰质泥岩。底部常因凝灰质含量较高引起扩径而电阻率值较低，同时还具有高声波时差、高自然伽马等特点。

其他辅助标志层：

长 10 油层组顶部泥岩层：长 10 油层组顶部分布一组约 15m 的泥岩富集层，声波时差曲线表现为锯齿状、块状中—高值，自然伽马呈中—高值。该段地层的测井曲线特征明显，易于对比追踪，是地层划分对比的标志层之一。

3. 富县组地层划分

富县组沉积分为两种：其一为漫滩和洪泛平原沉积物即粒度较细的“细富县”，另一为古河道中沉积的“粗富县”。由于二者沉积的水动力不同，对下伏地层的作用就存在明显的差别。漫滩和洪泛平原沉积的“细富县”，沉积于延长组地层之上，侵蚀作用很弱，下伏的延长组地层相对保存完好。古河道中沉积的“粗富县”沉积时由于水动力很强，对下伏延长组地层造成垂向侵蚀，下切的强弱决定了两者接触关系的不同（孟立娜，2013）。

“细富县”对下伏地层基本不会造成侵蚀，使得富县组和下伏的延长组两者之间呈直接接触关系，其中位于长 1 和长 2 油层组中的地层划分标志层 K9 保存完好。但长 1 油层组的与富县组的岩性区别不大，导致两者的测井曲线形态相近，很难进行区分。精细研究发现，一般“细富县”较长 1 油层组地层的自然伽马测井值偏大，电阻率曲线、声波时差曲线和井径曲线的变化幅度偏大，此外，“细富县”的电阻率和声波时差的测井值都低于长 1 油层组对应的测井值［图 3-2（a）］。

“细富县”与上覆延 10 的分界很容易识别，因为富县组沉积物以一套厚度变化很小的细粒沉积物，主要由紫红色、灰黑色及杂色的泥岩、粉砂质泥岩、粉砂岩组成，而延 10 砂体比较发育。两者叠置在一起形成明显的下细上粗的突变界面，测井曲线上特征差异明显，便于识别区分［图 3-2（b）］。

古河道沉积的“粗富县”砂体厚度变化范围较大，当河道的下切侵蚀不是很强烈时，K9 标志层会保存完好，可以根据 K9 的位置，在其上结合延 10 和富县沉积特点找到大套厚层砂体的底部即为富县组的底界。当 K9 已经被侵蚀掉时，可以根据延 9、延 10 的界面识别标志向下找到大套厚层砂体的底部即可确定富县组的底界［图 3-3（a）］。

“粗富县”顶界的确定分为两种情况，第一种情况富县组沉积明显能呈现出一个完整旋回，加上延 10 的两个沉积旋回，在测井曲线上能明显反映出 3 个连续的沉积旋回，这种情况下最下部旋回的顶界即是富县组的顶界［图 3-2（b）］。另一种情况，延 10 砂体和富县砂体连续沉积，沉积旋回不明显，通过对一些特征明显的井（如学庄 6690-3 井等）划分对比，可以在测井曲线上识别出一些测井响应特征的差别。“粗富县”砂体的自然伽马

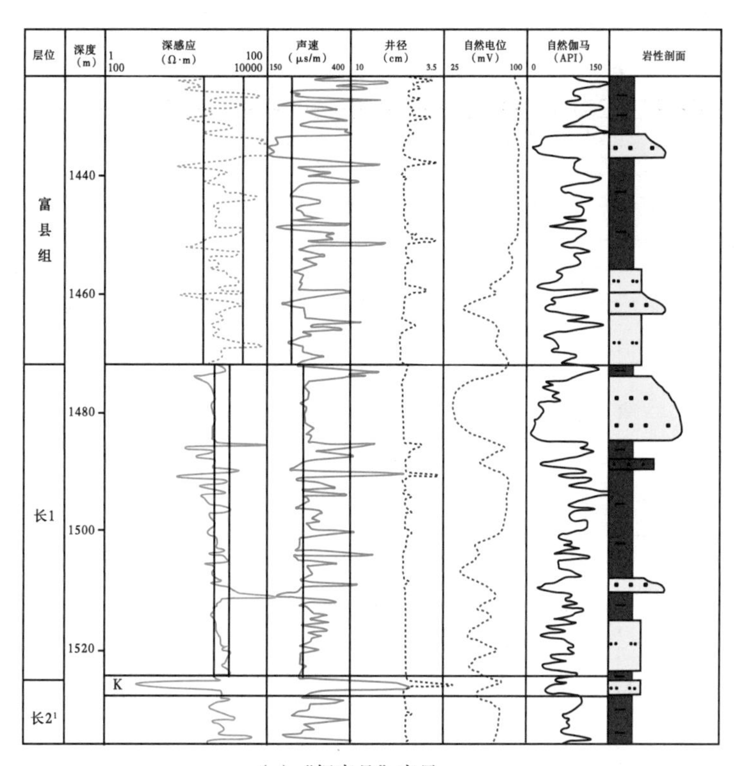

（a）“细富县”底界

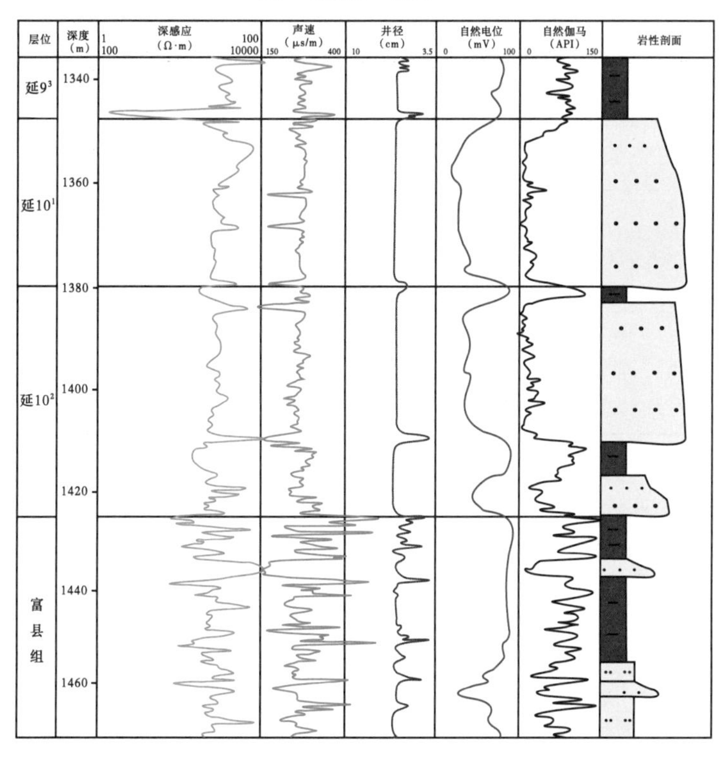

（b）“细富县”顶界

图 3-2　吴起地区新 98 井“细富县”地层划分标志层图（据孟立娜，2013）

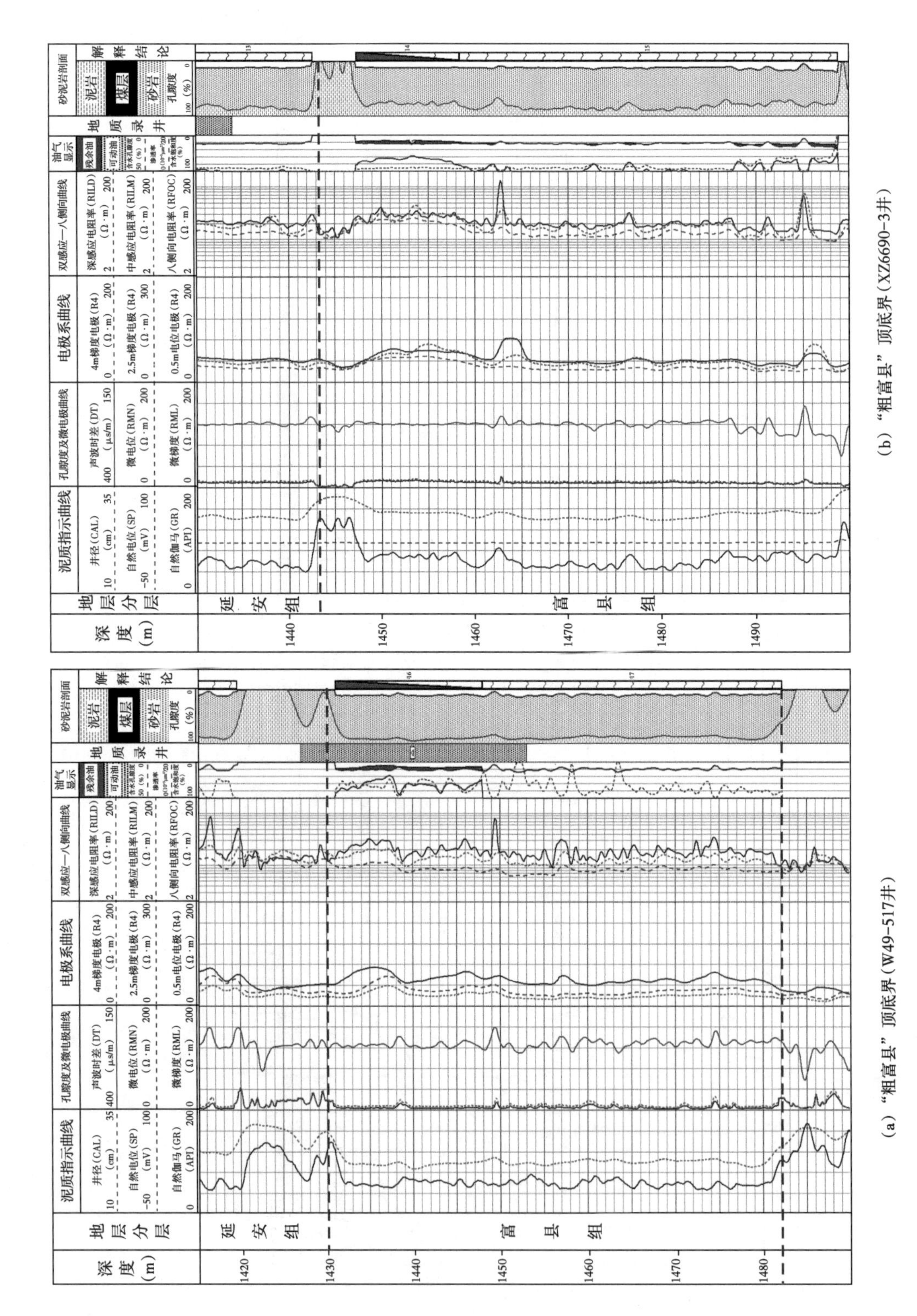

（a）"粗富县"顶底界（W49-517井）

（b）"粗富县"顶底界（XZ6690-3井）

图3-3　吴起地区"粗富县"地层划分标志层图

值一般比延 10 砂体的自然伽马值要高，在两者之间形成一个明显突变台阶；富县组电阻率值一般比延 10 砂体的电阻率值偏低［图 3-3（a）］；此外，富县组的自然伽马和电阻率曲线均呈明显锯齿状。根据上述测井曲线响应特征的差异，可以将富县组和延 10 有效区分。

4. 延安组地层划分

煤线是延安组地层划分和对比的主要标志层，测井响应特征表现为低自然伽马、高声波时差、高电阻率和大井径。

延安组地层沉积时区域气候由干冷到暖湿进行周期性循环，干冷时沉积河湖相砂泥岩，暖湿时沉积沼泽煤系地层。两个煤系地层之间就代表一个完整的旋回和气候周期，地层划分时把两个煤层之间的一套地层作为一个 2 级旋回，煤层顶部为地层划分界限。

延 4+5—延 10 顶部普遍发育煤线，针对一些油区或一些层位中煤线不发育的情况，可借用邻区邻井作为参考。

重点层位标志层自下而上主要为 K10 和 K11 标志层（图 3-1）。

K10：该标志层厚度 5~10m，位于延 10 下部，岩性主要为黑色泥、页岩、碳质泥岩，测井曲线表现为自然伽马呈现高值起伏、低电阻率、高声波时差曲线中—高值锯齿状起伏的特征。全区分布稳定，是地层划分的主要标志层之一。

K11：位于延 9 上部，岩性主要为黑色泥、页岩，测井曲线表现为高自然伽马、高声波时差、高电阻率，电阻率值不稳定的特征。

其他辅助标志层：

延 9 下部泥岩夹砂岩标志层：该标志层段自然伽马呈现三组高值，声波时差曲线呈现锯齿状高值（350~400μm/s）。该地层分布稳定，曲线特征明显，易于对比追踪，是地层划分的标志层之一。

（三）注水项目区精细地层划分对比

1. 柳沟注水项目区精细地层划分与对比

柳沟注水项目区自上而下钻遇地层为第四系，新近系—古近系，白垩系，侏罗系安定组、直罗组、延安组、富县组，三叠系延长组。主力产油层系为延安组延 9、延 10 以及延长组长 2 油层组。

（1）延 9、延 10。

延安组延 9 与延 10 划分依据主要是延 9 底部发育的两套稳定煤层，单煤层厚度一般在 1~2m，测井曲线特征相对较明显，测井曲线上表现为低自然伽马、高电阻率、高尖峰状声波时差的特征（图 3-4）。

根据上述标志层对柳沟注水项目区延安组延 9、延 10 地层进行划分。延 9 地层厚度一般为 30.5~60.7m，平均厚 51.2m。延 10^{1-1} 地层厚度一般为 8.5~15.8m，平均 12.7m。延 10^{1-2} 地层厚度一般为 7.6~20.6m，平均厚 15.4m。延 10^{2} 地层厚度一般为 17.4~46.5m，平均厚 36.9m。延安组延 9 各小层地层厚度横向变化差异不大，总体具有东南部较厚西北部略薄的特征（图 3-5）。

（2）长 2 油层组。

长 2 油层组内部按照沉积旋回、岩性厚度，综合考虑可划分为长 2^{1}、长 2^{2} 和长 2^{3} 3 个亚油层组，相互之间以泥岩顶为界。长 2^{1} 与长 2^{2} 亚油层组以 K8 标志层为分界线，K8 标志层为碳质泥岩、凝灰岩互层，测井曲线特征表现为高声波时差、高自然伽马、较低电

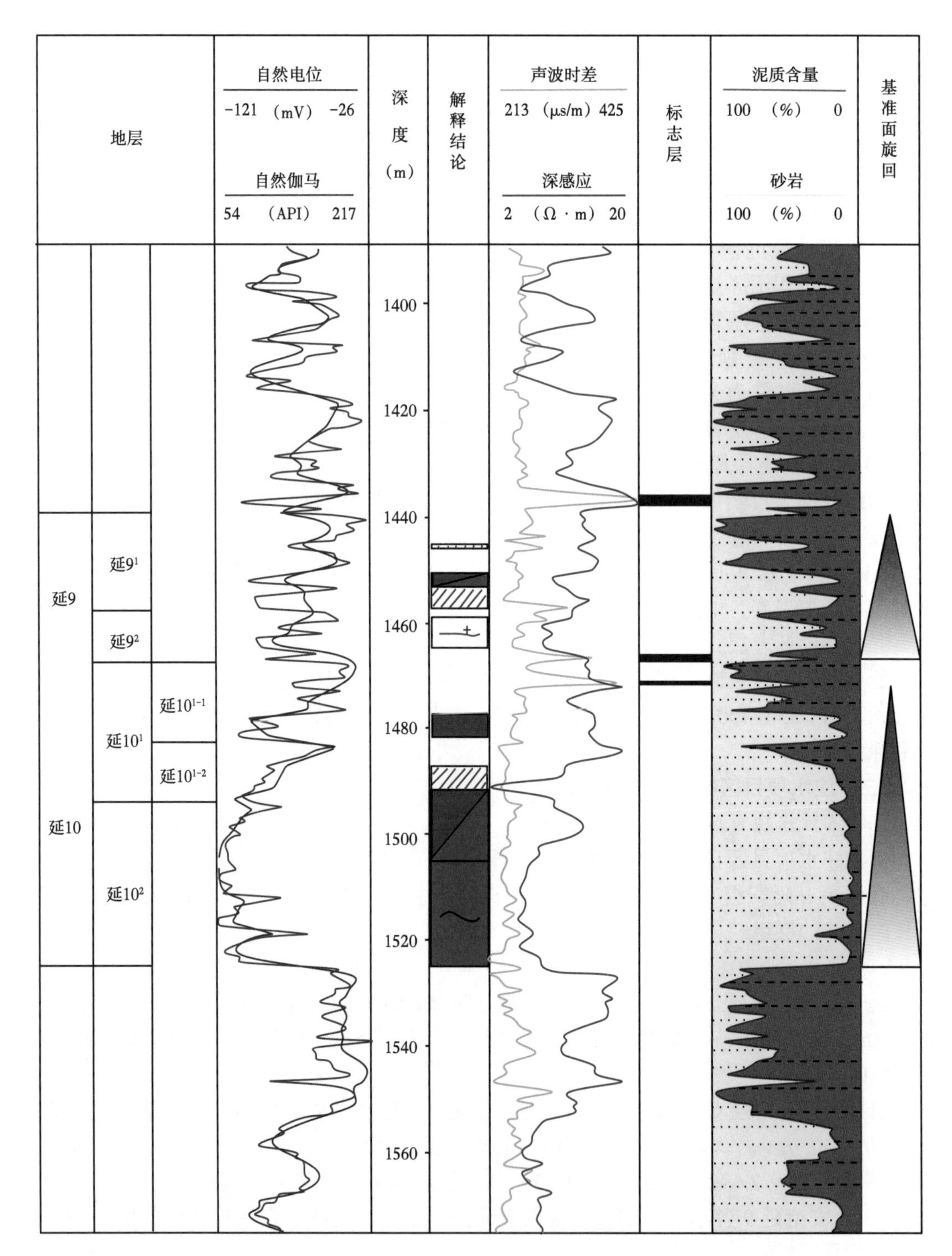

图 3-4 柳沟注水项目区延安组延 9、延 10 地层划分标准图

阻率、低密度及尖刀状扩径的特征。长 2 油层组和长 3 油层组的分界线为 K7 标志层，岩性主要为灰黑色泥岩、碳质泥岩及凝灰岩，测井曲线特征表现为高声波时差、高自然伽马、高电阻率、大井径等特点（图 3-6）。

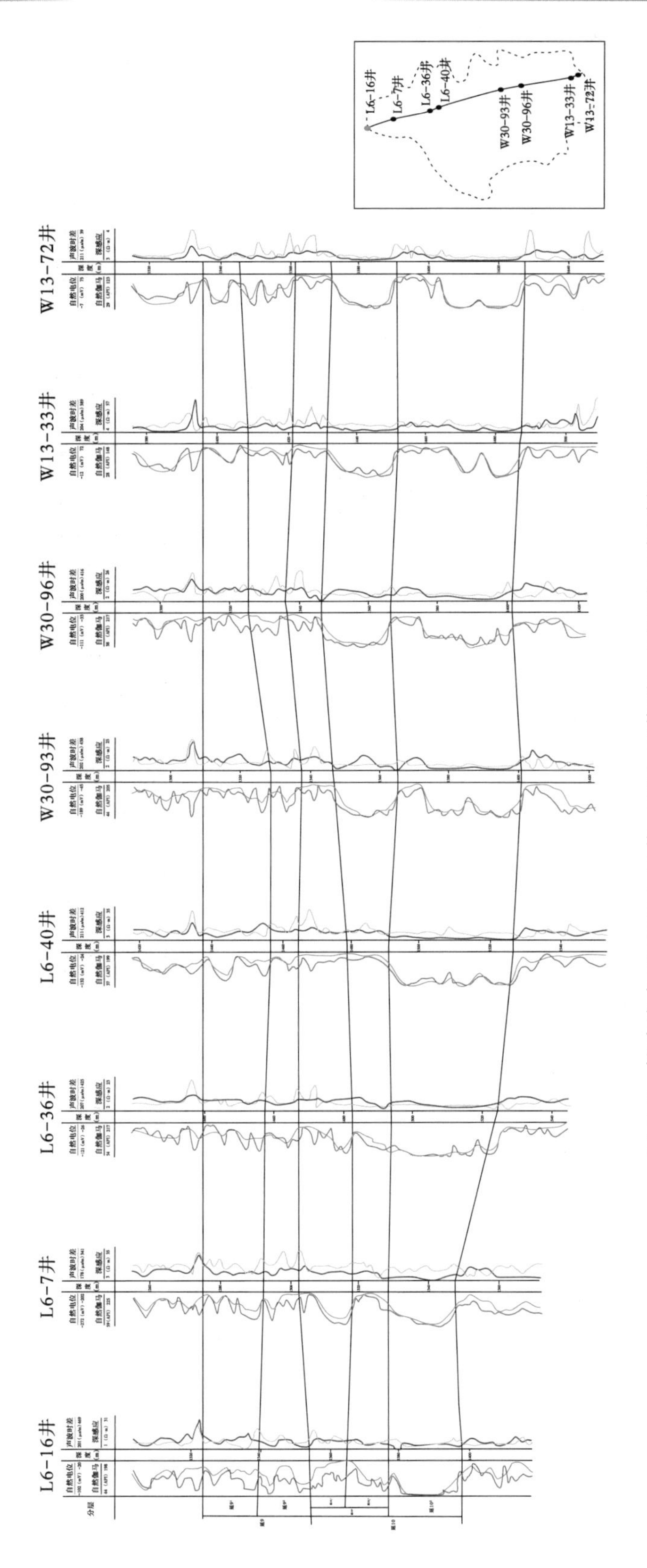

图 3-5 柳沟注水项目区L6-16井—W13-72井延9、延10地层对比剖面图

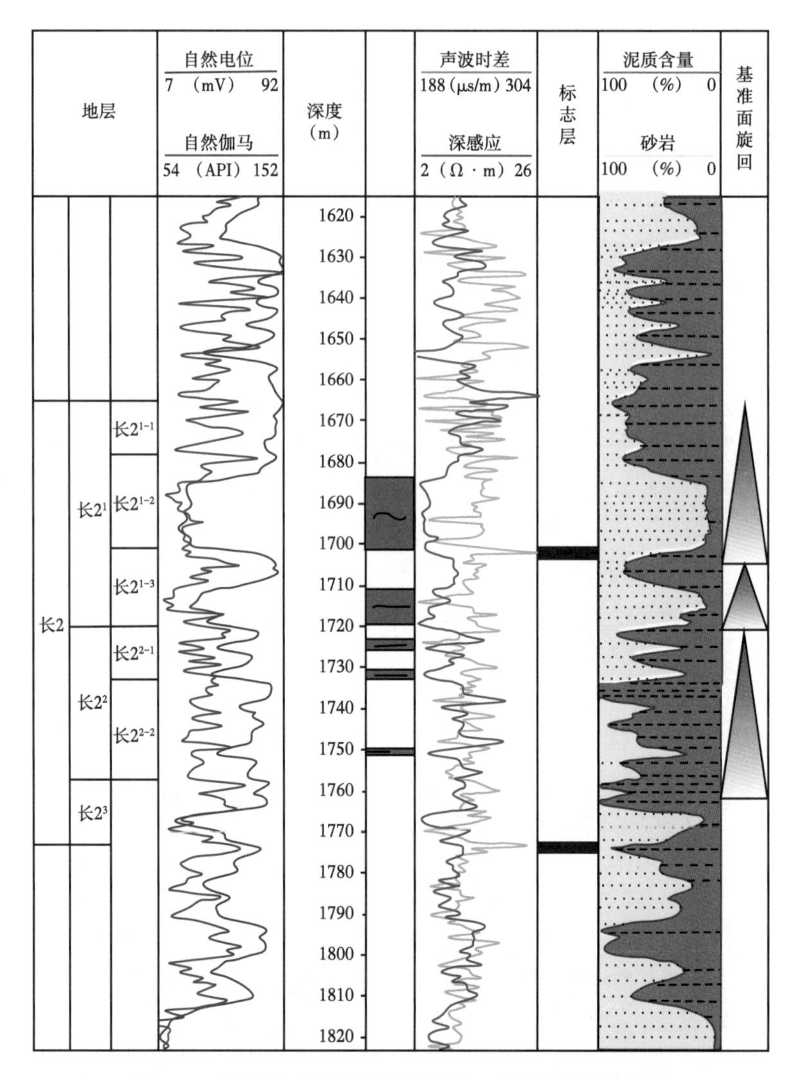

图 3-6 柳沟注水项目区延长组长 2 地层划分标准图

长 2^1 和长 2^2 为柳沟注水项目区的主力含油层系。井间对比发现长 2^1 亚油层组由典型河道沉积旋回组成，按照沉积旋回将长 2^1 进一步细分为 3 个次级旋回，自上而下分别是长 2^{1-1}、长 2^{1-2}、长 2^{1-3}。长 2^2 进一步细分为 2 个次级旋回，自上而下分别是长 2^{2-1}、长 2^{2-2}。长 2^{1-1} 地层厚度一般为 10.0~18.3m，平均厚度 13.3m；长 2^{1-2} 地层厚度一般为 10.7~32.0m，平均厚度 20.8m。长 2^{1-3} 地层厚度一般为 14.3~32.3m，平均厚度 23.1m；长 2^{2-1} 地层厚度一般为 10.0~18.9m，平均厚度 12.5m。长 2^{2-2} 地层厚度一般为 22.0~32.3m，平均厚度 25.2m。长 2^3 地层厚度一般为 11.0~26.2m，平均厚度 17.2m。柳沟注水项目区长 2 地层总体厚度横向变化差异不大，注水项目区的东南部长 2^1 及长 2^{2-1} 部分地层被富县组河道下切侵蚀，地层缺失（图 3-7）。

2. 吴仓堡注水项目区精细地层划分与对比

吴仓堡注水项目区自上而下钻遇的地层有第四系，新近系—古近系，白垩系，侏罗系安定组、直罗组、延安组、富县组，三叠系延长组。主力产油层位为延安组延 10 以及延长组长 2 油层组、长 9 油层组。

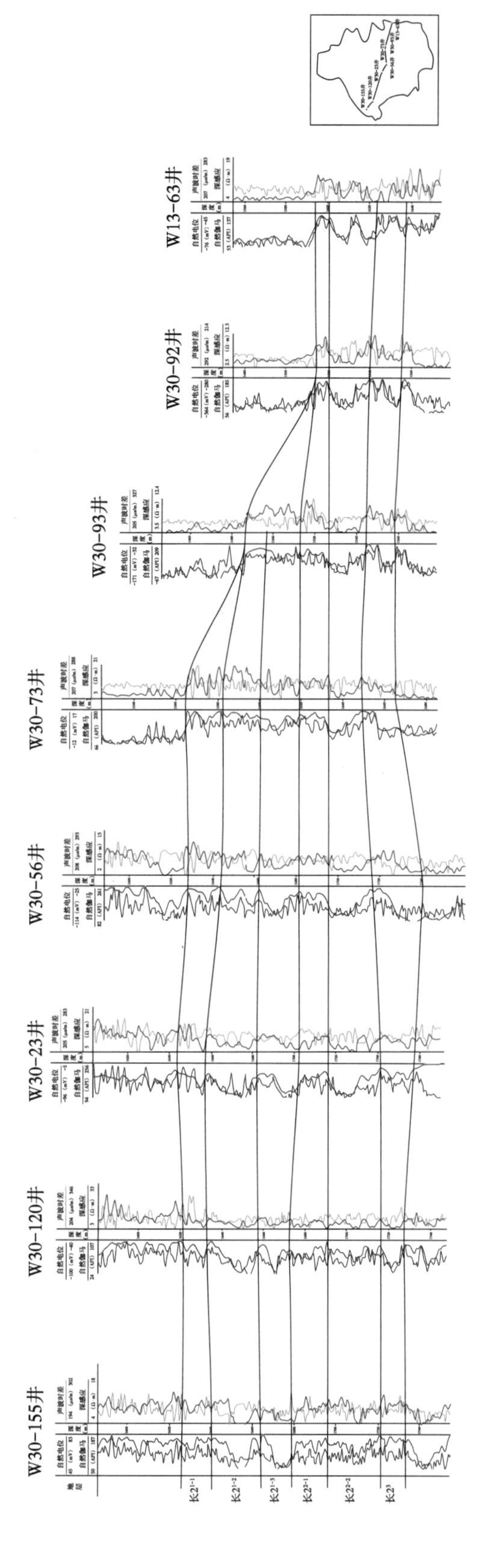

图3-7 柳沟注水项目区W30-155井—W13-63井长2地层对比剖面图

（1）延 10。

根据吴仓堡注水项目区 400 多口井统计，延 10 地层以 2 个旋回特征为主，占总井数的 55%，在项目区中可对比性较强。依据旋回控制原则，将延 10 分为延 10^1、延 10^2 两个亚段（图 3-8），其中，延 10^1 地层厚度一般为 22~56m，平均厚度 38m；延 10^2 地层厚度一般为 20~49m，平均厚度 32m。

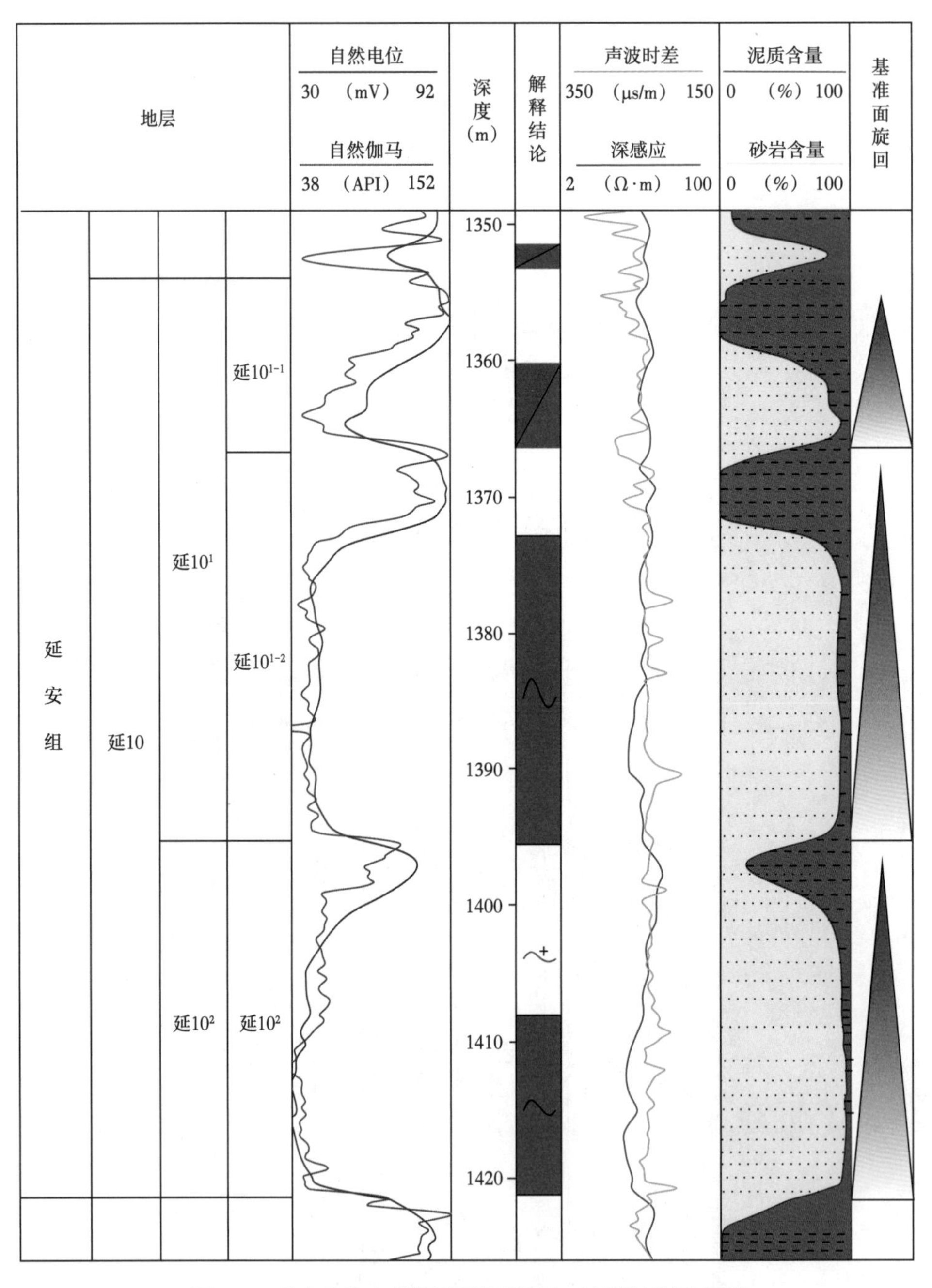

图 3-8 吴仓堡注水项目区延安组延 10 地层划分标准图

（2）长 2 油层组。

由于吴仓堡注水项目区长 2 油层组上部存在剥蚀现象，主要依据长 2 中部以及下部的 K8、K7 标志层进行地层划分与对比。

吴仓堡注水项目区 K8 标志层位于长 2^2 顶，为碳质泥岩、凝灰岩互层，测井曲线特征表现为高声波时差、高自然伽马、较低电阻率、低密度及尖刀状井径扩径特征，可作为长 2^1 跟长 2^2 的界限。依据岩性组合、测井响应及含油性特征，可将主力产油层长 2^1 细分为长 2^{1-1}、长 2^{1-2}、长 2^{1-3} 3 个小层，进一步将长 2^{1-3} 细分为长 2^{1-3-1}、长 2^{1-3-2} 2 个单砂层，其中，长 2^{1-3-1} 厚度一般为 0~19m，平均厚度 14m；长 2^{1-3-2} 厚度一般为 0~23m，平均厚度 17m（图 3-9）。

K7 标志层位于长 2^3 底部，岩性主要为灰黑色泥岩、碳质泥岩及凝灰质泥岩，测井曲线特征为高声波时差、大井径、高自然伽马、高电阻率等，为长 2 油层组和长 3 油层组的分层标志。

（3）长 9 油层组。

根据沉积旋回可将长 9 划分为 3 个旋回，分别为长 9^1、长 9^2、长 9^3（图 3-9）。吴仓堡注水项目区开发层位主要为长 9^1。长 9^1 地层厚度一般约 30m，主要为砂、泥岩互层段，各种测井曲线特征相对起伏较低。长 9 顶部普遍分布一组 4~10m 的泥页岩层，其声波曲线表现为齿状、块状中—高值，自然伽马呈块状高值，该段地层的测井曲线特征与上、下地层的区别明显，分布稳定，是长 8 与长 9 地层划分对比的重要标志层之一。

3. 学庄注水项目区精细地层划分与对比

学庄注水项目区主力含油层位为延 10、长 2。根据沉积旋回将延 10 进一步细分为延 10^1、延 10^2，长 2 进一步划分为长 2^1、长 2^2、长 2^3，其中长 2^1 又细分为长 2^{1-1}、长 2^{1-2}、长 2^{1-3}，主力产油层位为延 10^1、长 2^{1-2}。

（1）延 10。

延安组地层对比主要标志层为延 7 顶煤层、延 9 顶煤层、延 10 顶煤层，测井曲线表现为高电阻率、高声波时差、低自然伽马、大井径的特征。其中，延 7 顶煤层和延 9 顶煤层分布稳定，厚度 1~7m，是延安组地层划分对比的区域标志层，延 10 顶部煤层在局部地区不明显，可作为辅助标志层（图 3-10 和图 3-11）。延 10 界限明显，地层发育完整，其中延 10^2 地层厚度一般为 15~25m，平均厚度 20m，延 10^1 地层厚度一般为 20~30m，平均厚度 25m，地层厚度横向变化较大。

（2）长 2 油层组。

长 2 油层组发育多套砂体，主要由一个反旋回与 2 个正旋回构成，长 2^{1-1} 为反旋回沉积，长 2^{1-2}、长 2^{1-3}、长 2^2 及长 2^3 由 2 个正旋回沉积构成（图 3-12）。长 2 油层组界限明显，地层发育完整，其中长 2^3 地层厚度平均为 23m，长 2^2 地层厚度平均为 34m，长 2^1 地层厚度平均为 70m。主力产层长 2^1 进一步划分为长 2^{1-1}，长 2^{1-2}，长 2^{1-3}，平均厚度分别为 14m、27m 和 26m。

4. 老庄注水项目区精细地层划分与对比

老庄注水项目区主力产层为延安组延 9，根据沉积旋回将延 9 进一步细分为延 9^1、延 9^2、延 9^3（图 3-13）。

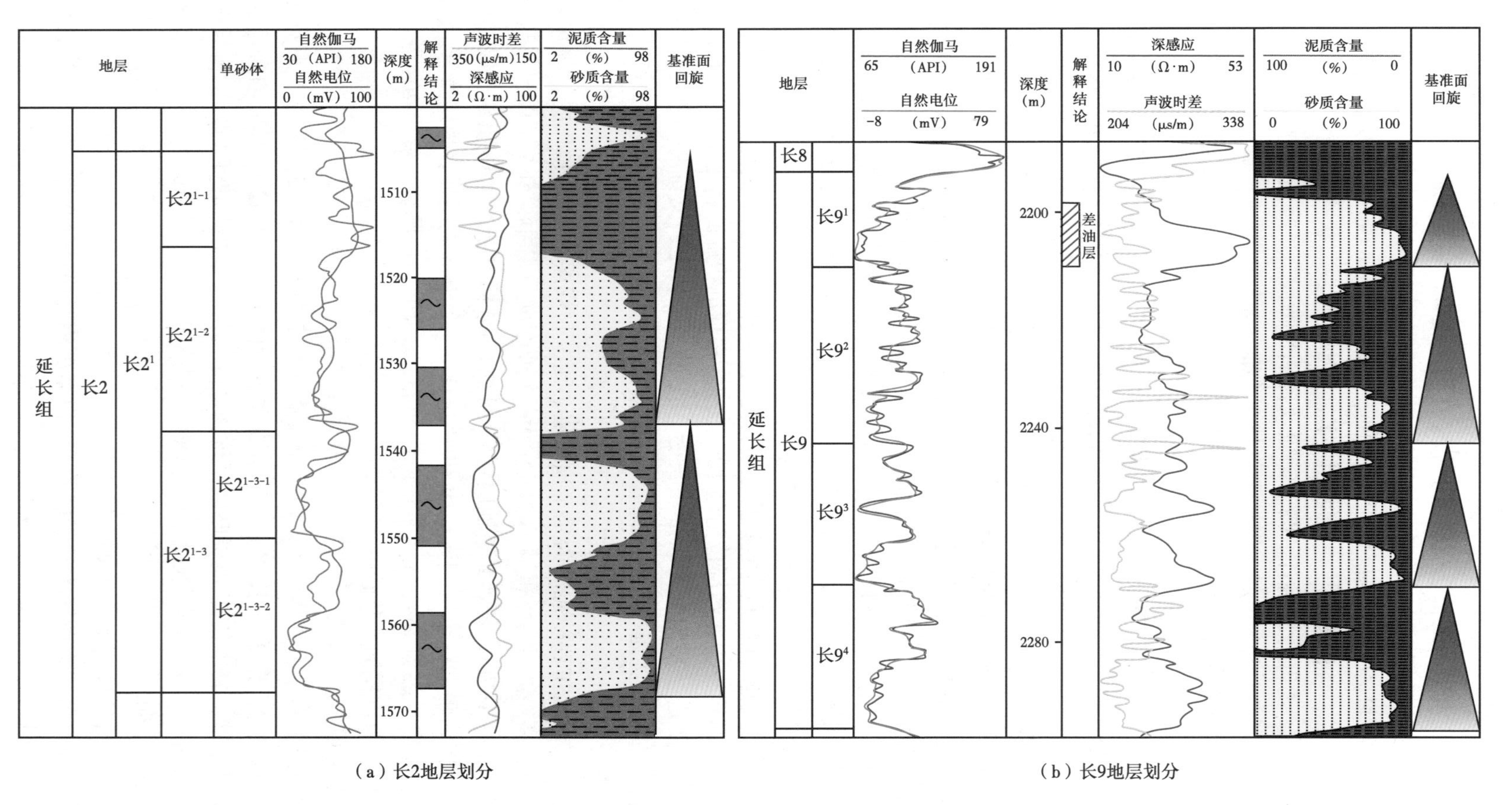

(a) 长2地层划分

(b) 长9地层划分

图3-9 吴仓堡注水项目区延长组长2、长9地层划分标准图

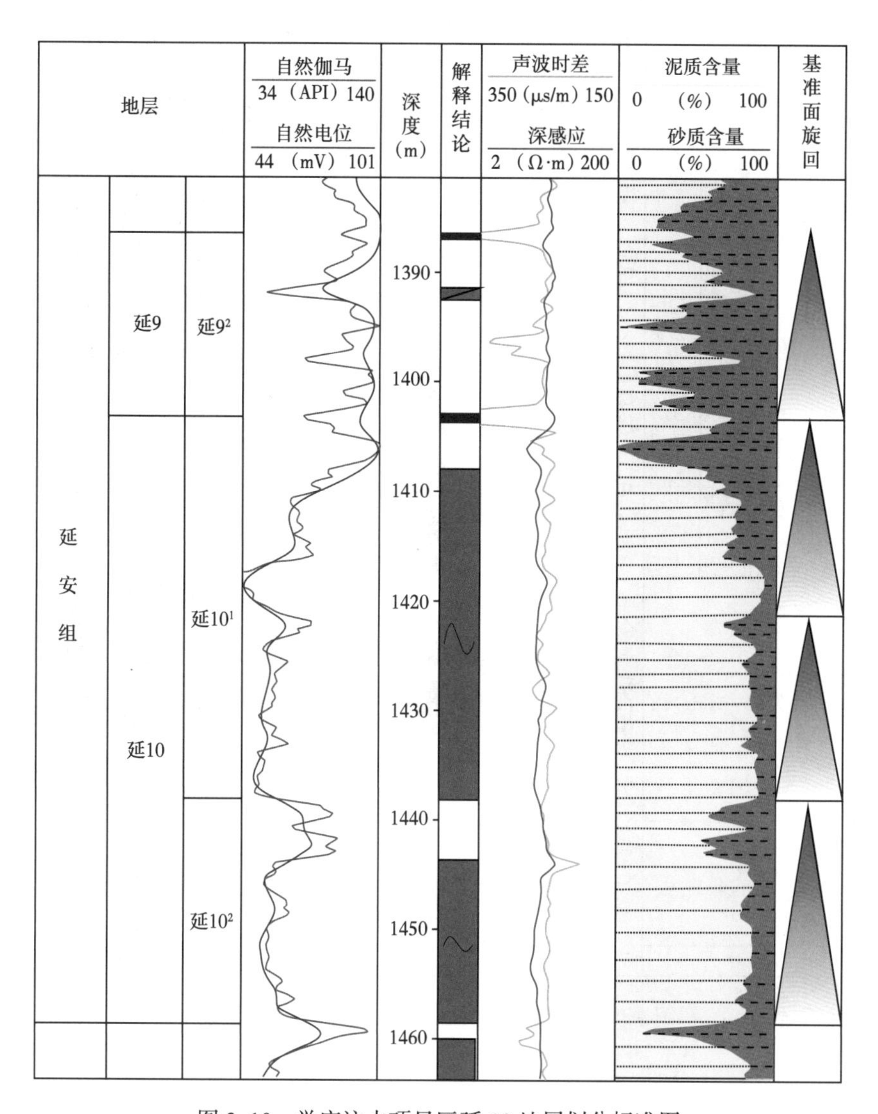

图 3-10　学庄注水项目区延 10 地层划分标准图

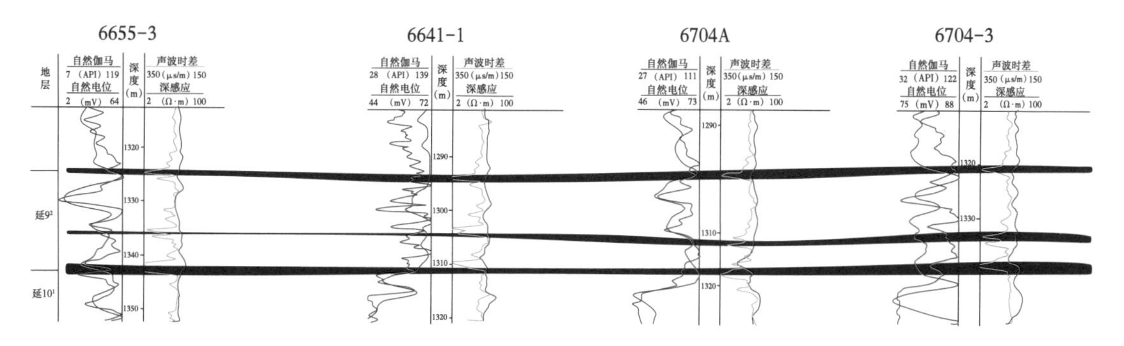

图 3-11　学庄注水项目区延 10 地层标志层特征对比图

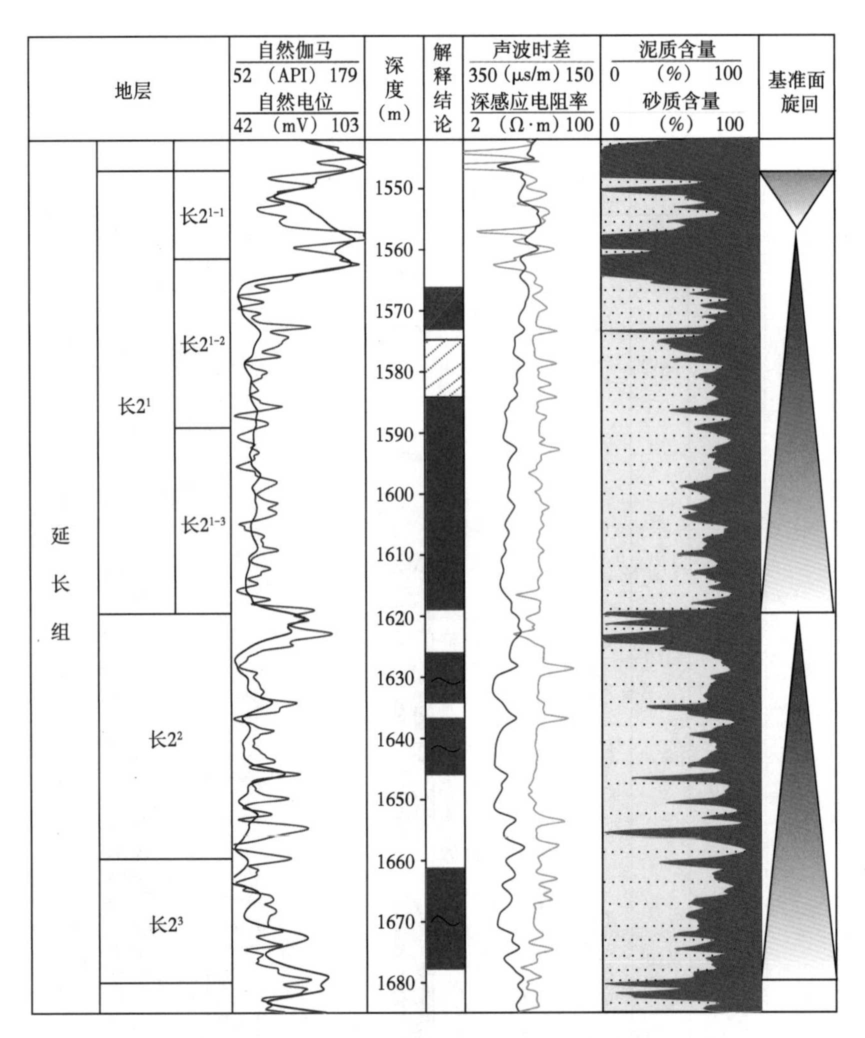

图 3-12 学庄注水项目区长 2 地层划分标准图

L7-04 井—L59-02 井地层对比剖面（图 3-14）结果反映，延 9 顶部泥岩发育，3 个小层厚度相差较小。延 9^3 中部发育有一套稳定的煤层，其低自然伽马、高声波时差、高电阻率特征明显，且呈高尖峰状。剖面中各小层厚度变化较小，相对稳定。通过对老庄注水项目区 155 口井开展精细对比与统计，结果表明延 9^1 平均厚度为 18.5m；延 9^2 平均厚度为 17.6m；延 9^3 平均厚度为 19.5m。

5. 榆咀子注水项目区精细地层划分与对比

榆咀子注水项目区主要含油层系为三叠系延长组长 4+5、长 6 油层组，主力产层以长 6 油层组为主，兼顾长 4+5 油层组。

（1）长 4+5 油层组。

总体上为一套灰色粉、细砂岩与深灰色泥岩互层沉积，泥质岩相对发育，常见碳质泥岩及煤线。常发育下粗上细的正旋回，下部砂体相对发育。测井曲线特征为自然伽马多为上部高值下部低值，自然电位曲线多为齿状相间，视电阻率呈高低相间的齿状组合且一般下部高值上部低值。长 4+5 油层组上部地层中泥质含量高，且富含薄煤层及煤线，声波曲线上出现

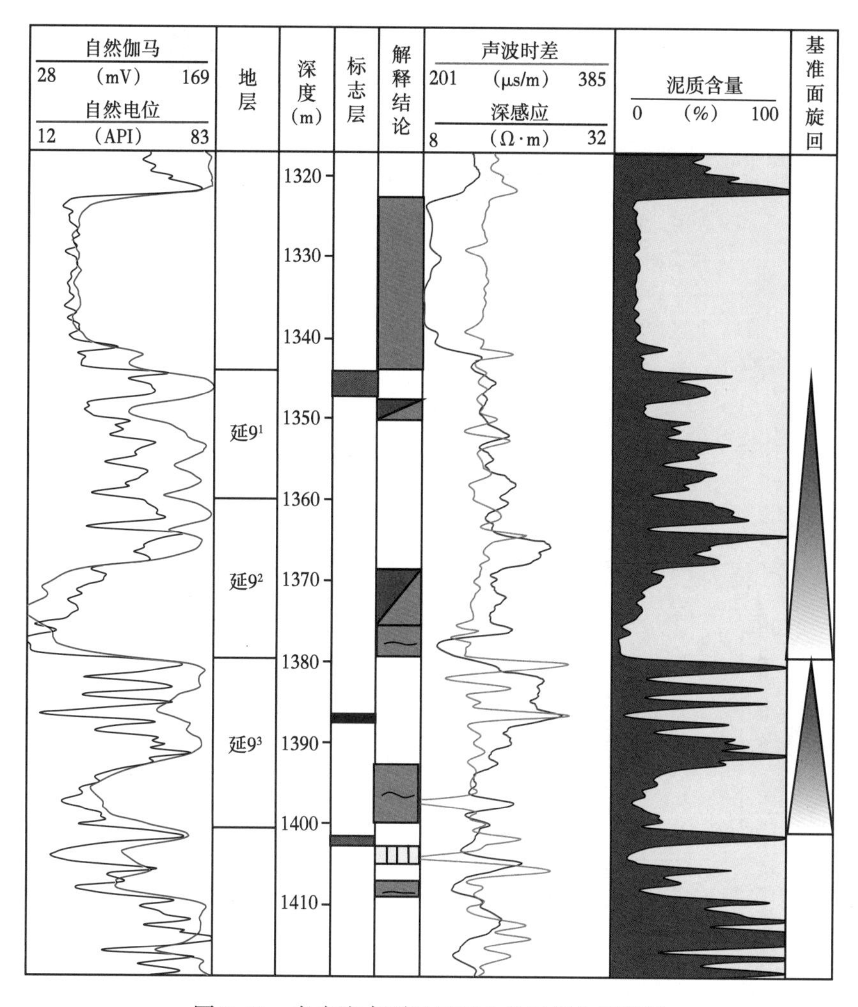

图 3-13 老庄注水项目区延 9 地层划分标准图

多个高值刀状尖峰。长 4+5 油层组厚度为 68~138m。油层主要集中在长 4+5 油层组下部。

根据 K4 标志层划分长 4+5 与长 6 油层组，K5 标志层划分长 $4+5^1$ 与长 $4+5^2$，其中长 $4+5^1$ 可细分为长 $4+5^{1-1}$、长 $4+5^{1-2}$，厚度平均分别为 22.6m、20.2m，长 $4+5^2$ 可细分为长 $4+5^{2-1}$、长 $4+5^{2-2}$，厚度平均分别为 26.5m、28.4m。

（2）长 6 油层组。

长 6 油层组主要为浅灰色中、厚层块状中—细粒长石砂岩与灰绿色、深灰色、黑色砂质泥岩、粉砂岩的不等厚互层，夹碳质页岩和凝灰岩薄层。测井曲线特征为低自然伽马、低电阻率，沉积旋回明显，厚度一般为 105~130m。长 6 可进一步划分为长 6^1、长 6^2、长 6^3 和长 6^4，其中主要依据 K2 标志层划分长 6^4 与长 7。依据 K3 标志层顶划分长 6^2 与长 6^3。油层主要分布在长 6 油层组的中上部，为主力产层。其中，长 6^1 可细分为长 6^{1-1}、长 6^{1-2}、长 6^{1-3}，厚度平均值分别为 15.6m、30.2m、5.6m；长 6^2 可进一步细分为长 6^{2-1}、长 6^{2-2}，厚度平均值分别为 18.8m、22.9m；6^3 和长 6^4 厚度平均值分别为 32.8m、12.7m。

结合注水项目区钻井录井资料、测井曲线特征等，对长 4+5、长 6 地层进行了精细划分，划分结果见图 3-15。

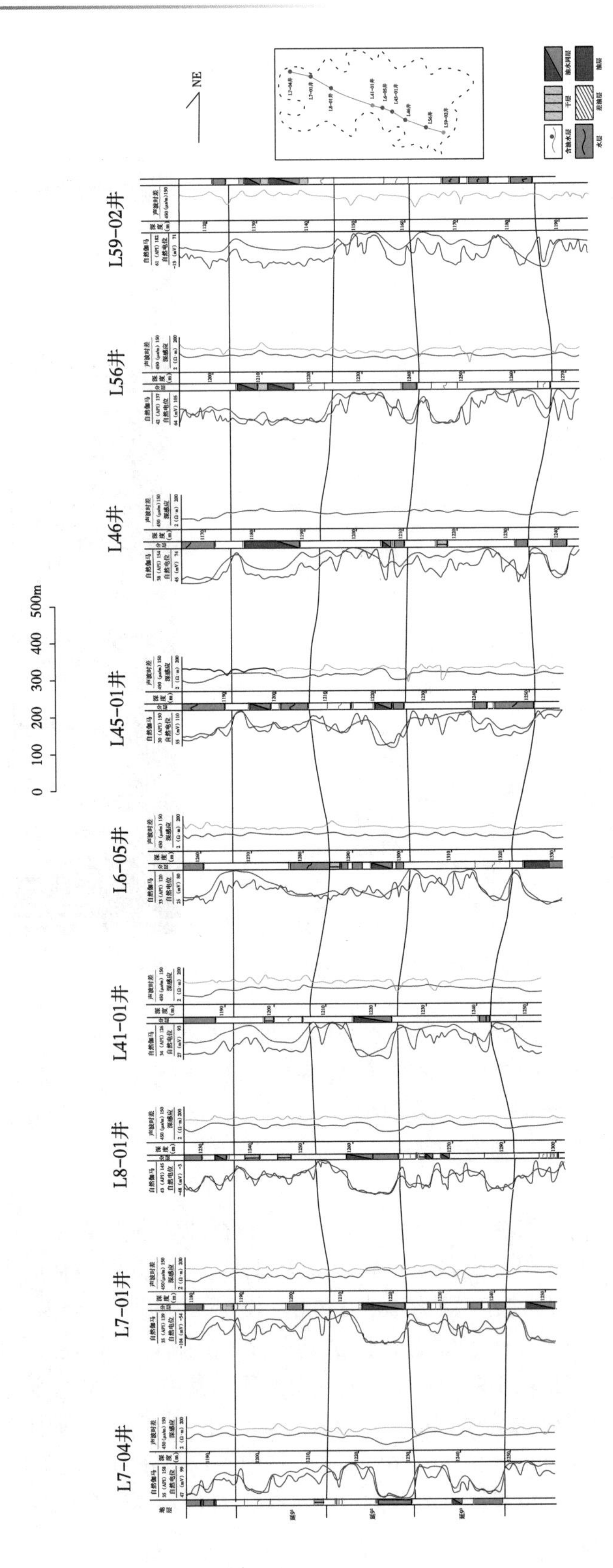

图3-14 老庄注水项目区延9油藏L7-04井—L59-02井地层对比剖面图

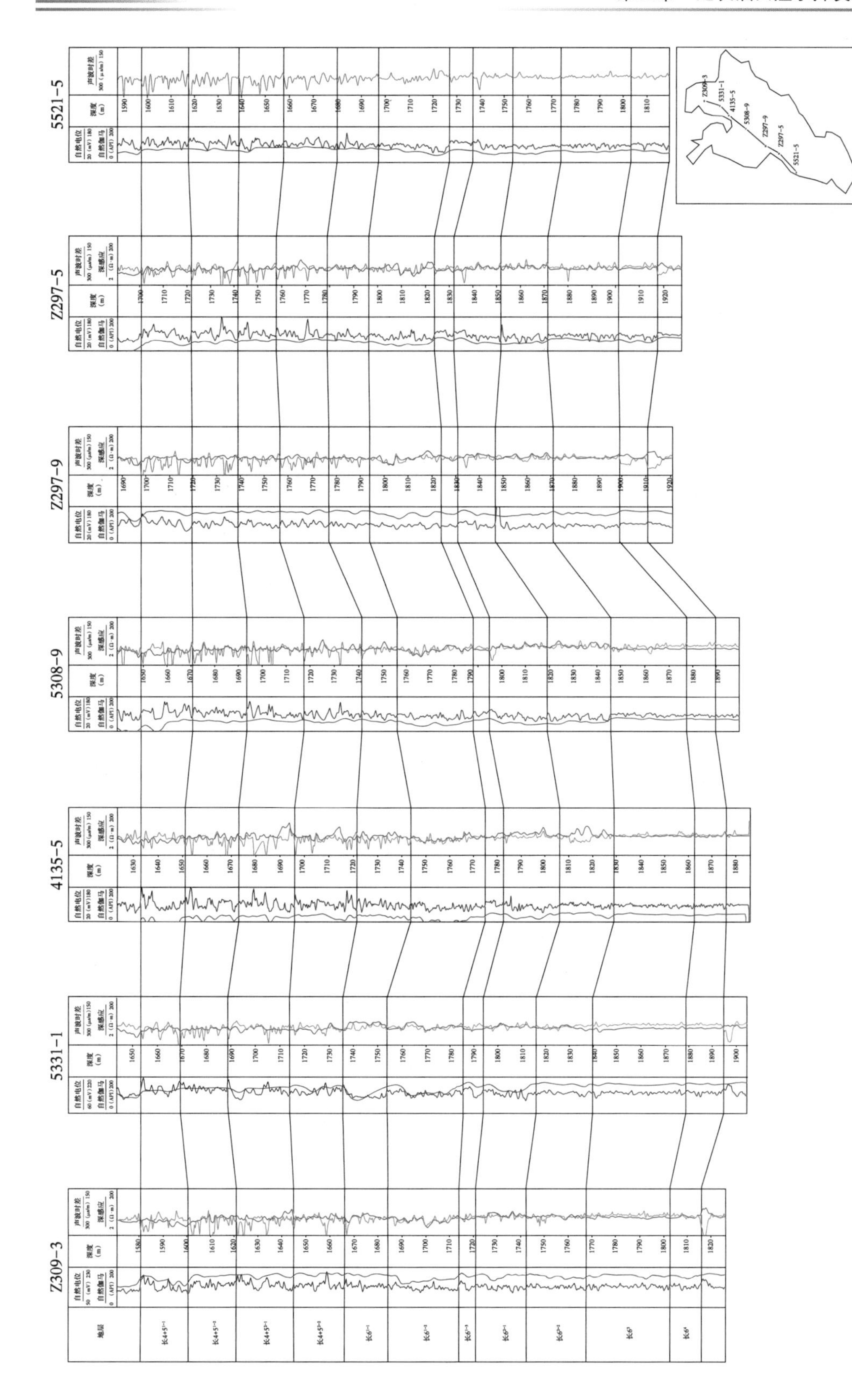

图 3-15　榆咀子注水项目区地层对比剖面图

6. 甄家峁注水项目区精细地层划分与对比

甄家峁注水项目区钻遇地层自上而下依次为第四系、白垩系、侏罗系安定组、直罗组、延安组及三叠系延长组长 1 至长 7 油层组。

该注水项目区含油层系为长 6。根据岩性组合、沉积旋回、测井响应等可将主力油层长 6 划分为长 6^1、长 6^2、长 6^3、长 6^4，并将长 6^1 及长 6^2 分别细分为长 6^{1-1}、长 6^{1-2} 以及长 6^{2-1}、长 6^{2-2}。

含油层段主要集中在长 6^{1-2}、长 6^{2-2}、长 6^3，部分发育在长 6^{1-1}、长 6^{2-1}（图 3-16）。

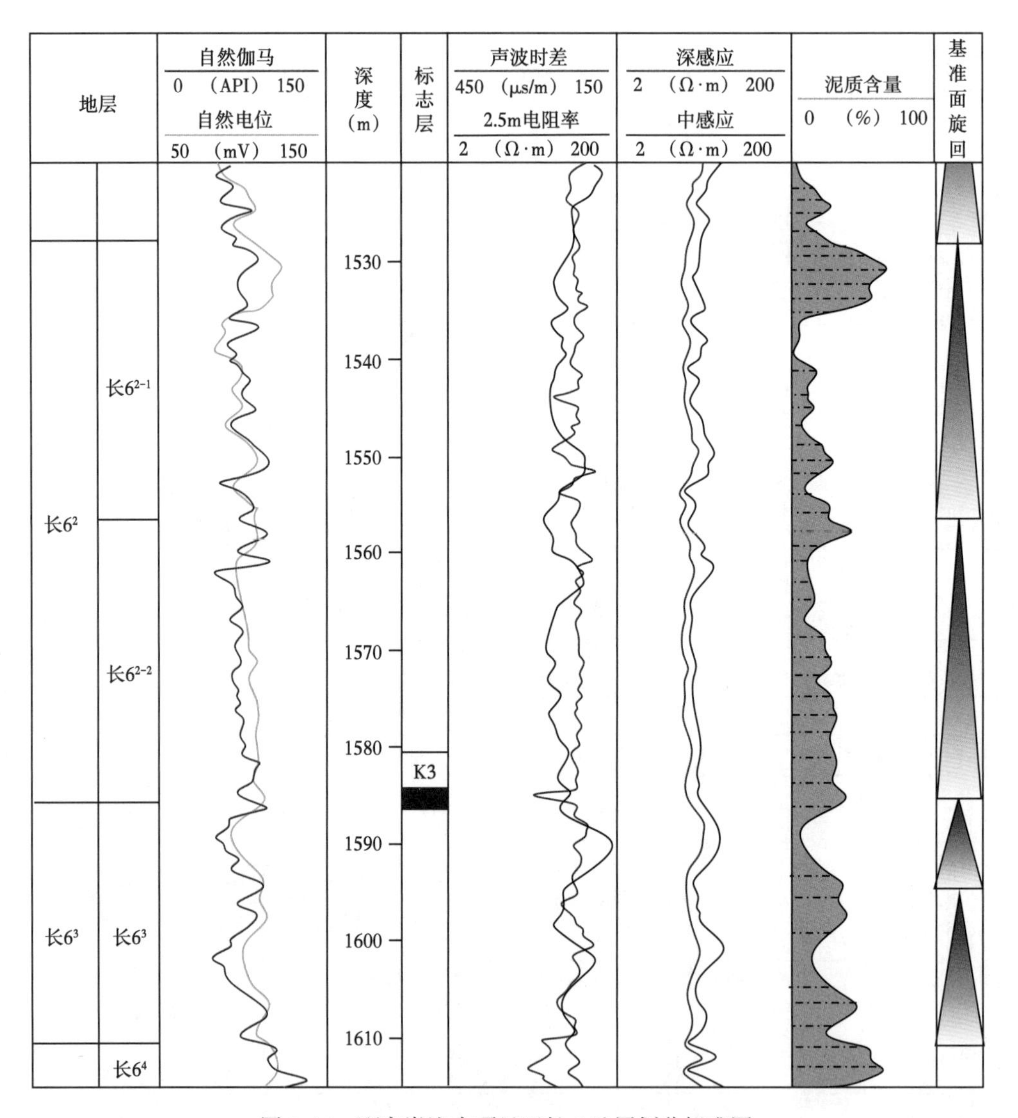

图 3-16　甄家峁注水项目区长 6 地层划分标准图

7. 丰富川注水项目区精细地层划分与对比

丰富川注水项目区自下而上钻遇地层依次为中生界三叠系延长组、侏罗系富县组、延安组及第四系地层。主要目的层为延长组长 2 油层组。

长 2 油层组岩性以灰、灰白色厚层块状中细粒长石砂岩为主，夹深灰色—灰黑色砂质泥岩、泥岩。测井曲线形态呈齿化箱形或钟形。地层厚度比较稳定，一般为100~125m。

根据次一级沉积旋回、岩性及测井曲线特征，将主要目的层长2^1划分为长2^{1-1}、长2^{1-2}、长$2^{1-3上}$、长$2^{1-3下}$（图3-17），各小层厚度相对稳定，变化较小，长2^{1-1}厚约25.3m，长2^{1-2}厚约16.5m，长$2^{1-3上}$厚约14.6m，长$2^{1-3下}$厚约20.1m。

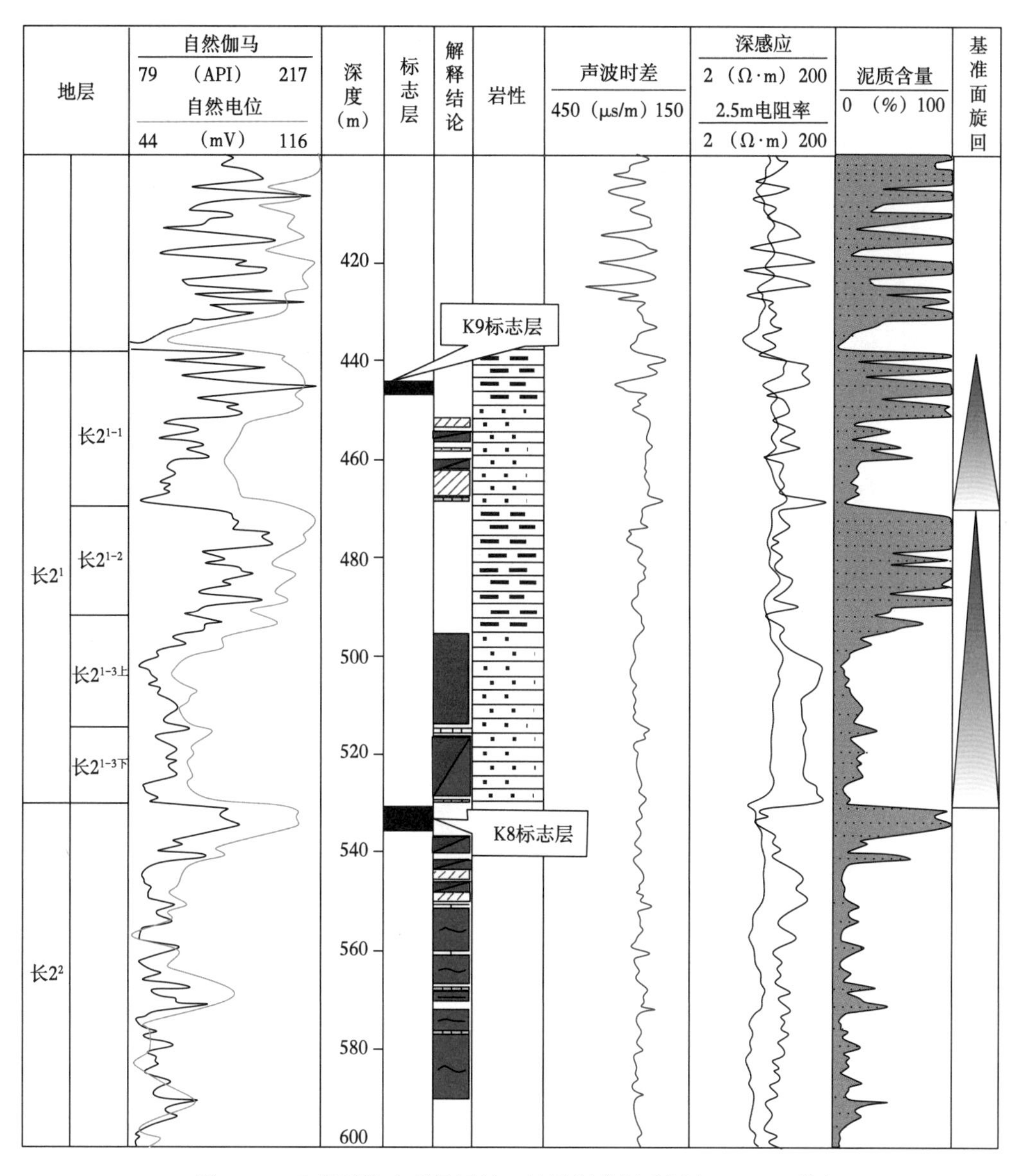

图3-17 丰富川注水项目区长2地层划分标准图（F1230-4井）

8. 郝家坪注水项目区精细地层划分与对比

郝家坪注水项目区含油层系为延长组长2油层组。按照沉积旋回、岩性厚度等，综合考虑可进一步划分为长2^1、长2^2和长2^3 3个亚油层组，相互之间以泥岩顶为界。长2^1与长2^2亚油层组以标志层K8为分界线，位于长2^2顶部，厚度0.6~0.8m。

根据钻井资料对比发现，长2^1亚油层组由河道沉积旋回组成，一般厚度约50m，分布较稳定，易对比，按照沉积旋回将长 2^1 近一步细分为长 2^{1-1}、长 2^{1-2}、长 2^{1-3}。

长 2^{1-1} 厚度一般为 7~10m，岩性较细，以灰黑色泥岩夹薄层砂岩为主，测井曲线上主要具有自然电位曲线偏正、电阻率曲线呈锯齿状的特征。

长 2^{1-2} 厚度一般为 12~15m，以一套灰黑色泥岩为主，测井曲线特征与长 2^{1-1} 的特征类似。

长 2^{1-3} 上部岩性较细，以灰黑色泥岩夹薄层砂岩为主，厚度一般为 7~12m，自然电位曲线位于基线附近。下部岩性为灰绿色块状细砂岩，一般厚度为 16~18m，砂体发育，自然电位曲线呈箱状负异常（图 3-18）。

长 2^1 亚油层组中，长 2^{1-3} 以砂岩为主，长 2^{1-2}、长 2^{1-1} 以较细泥质岩为主，构成一个整体下粗上细的正旋回沉积序列（图 3-19）。

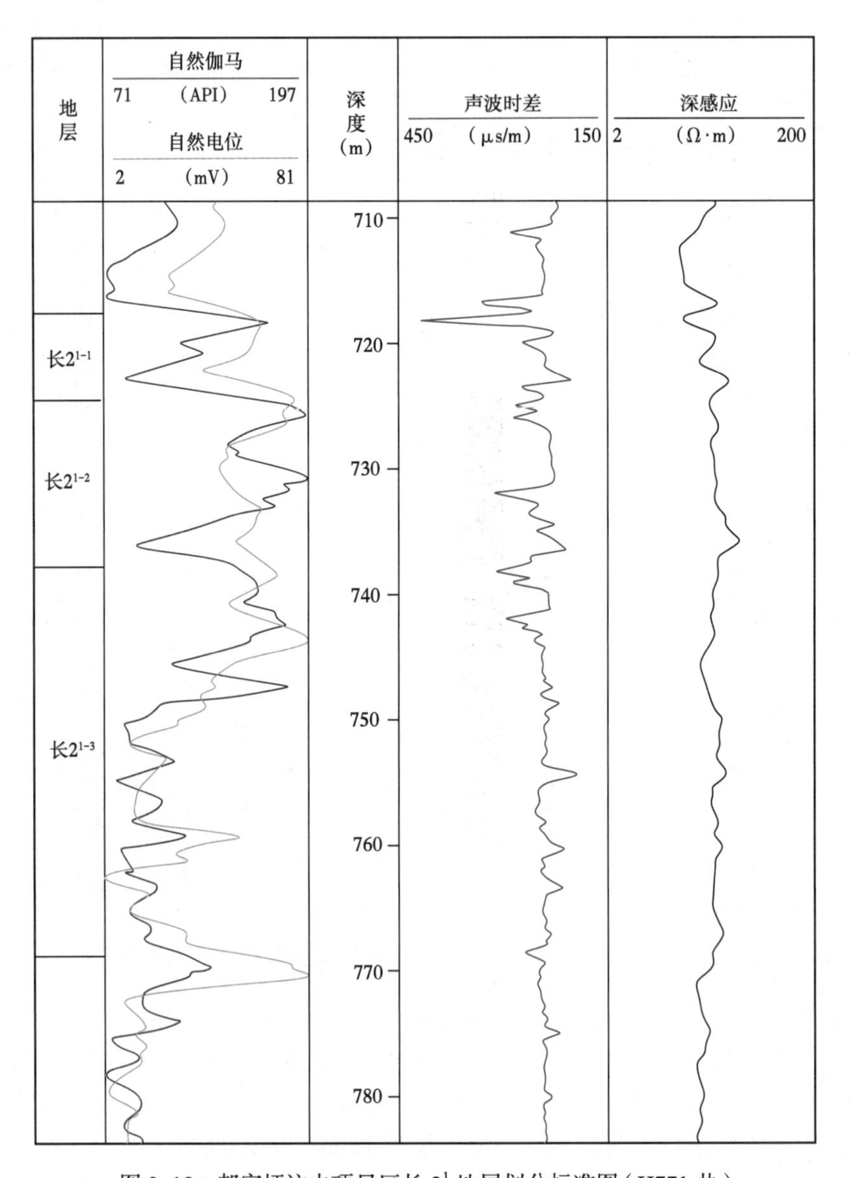

图 3-18　郝家坪注水项目区长 2^1 地层划分标准图（H771 井）

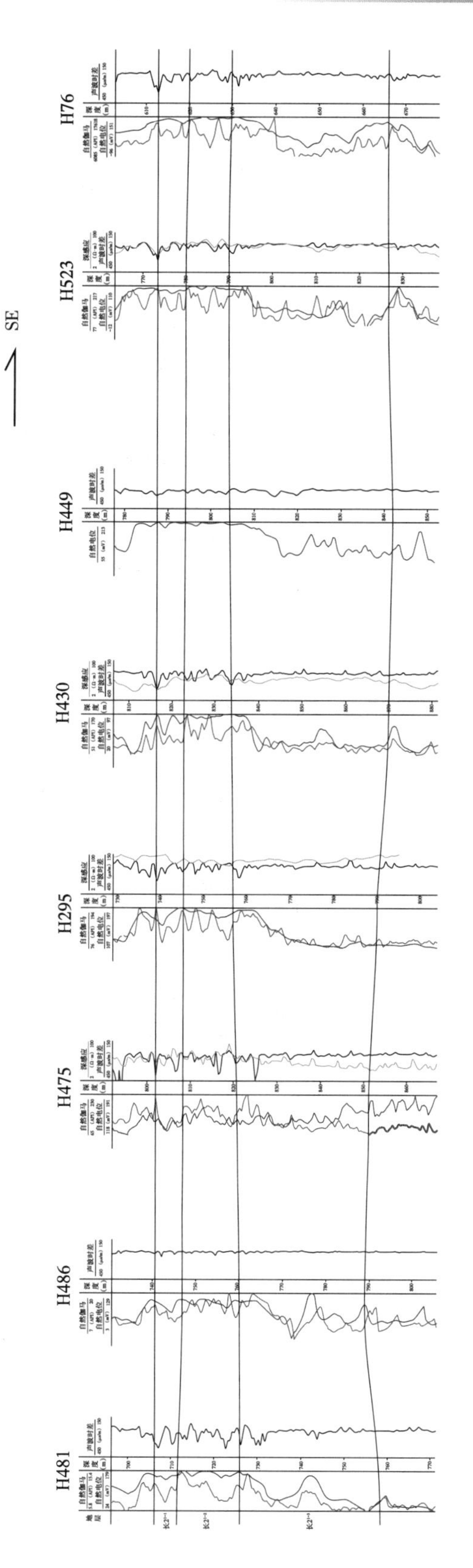

图3-19　郝家坪注水项目区长2^1地层精细划分与对比图

（四）主力油层单砂体精细对比

单砂体指在平面上及垂向上都分布连续，但是在相邻单砂体之间存在明显泥岩或非渗透性隔夹层的单一砂体（陈晨等，2021）。

主力油层单砂体精细划分与对比是精细油藏研究的基础。利用测井曲线和岩心资料，分析 8 个注水项目区主力含油层系的岩性和测井曲线特征，将各注水项目区主力油层组全部划分至单砂体（图 3-20），并建立所有注采井组的单砂体连通格架，为储层形态描述、油藏地质特征研究和高效开发奠定基础。

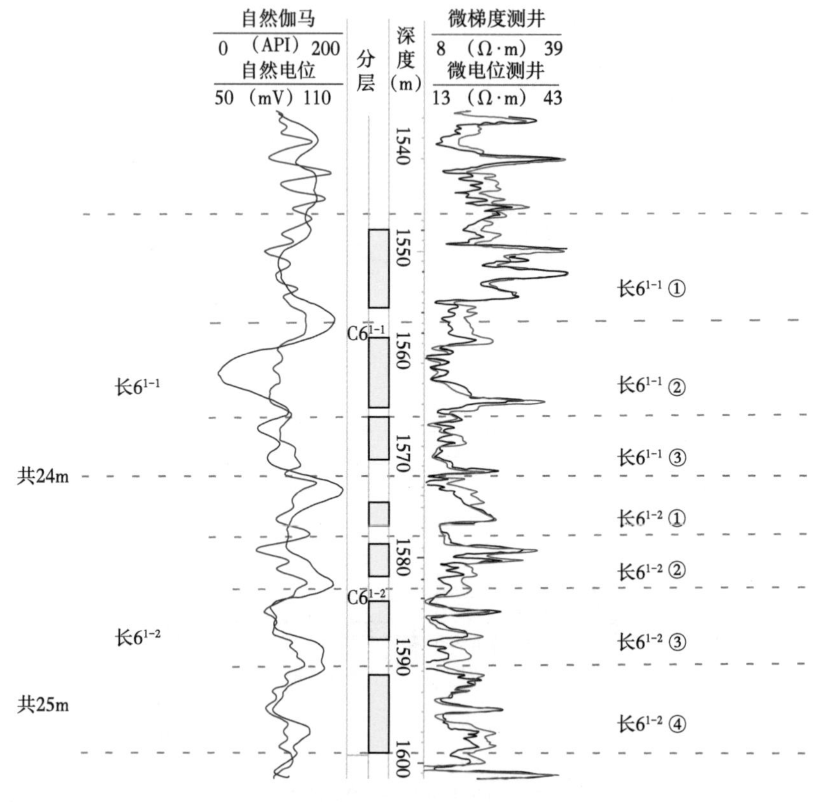

图 3-20　S501-3 井单砂体划分图

如榆咀子注水项目区主力含油层以长 6 为主，兼顾长 4+5。结合岩性特征、测井曲线响应特征等，将长 4+5 油层组细分为 4 个小层，长 6^1 细分为 2 个小层，其中小层长 6^{1-2} 进一步细分为 4 个单砂体；长 6^2 细分为 2 个小层，其中长 6^{2-1} 进一步细分为 2 个单砂体（表 3-1）。

表 3-1　榆咀子注水项目区长 4+5、长 6 单砂体划分统计表

油层组	亚油层组	小层	单砂体
长 4+5	长 4+5^1	长 4+5^{1-1}	
		长 4+5^{1-2}	
	长 4+5^2	长 4+5^{2-1}	
		长 4+5^{2-2}	

续表

油层组	亚油层组	小层	单砂体
长 6	长 6^{1}	长 6^{1-1}	长 6^{1-1-1}
			长 6^{1-1-2}
		长 6^{1-2}	长 6^{1-2-1}
			长 6^{1-2-2}
			长 6^{1-2-3}
			长 6^{1-2-4}
	长 6^{2}	长 6^{2-1}	长 6^{2-1-1}
			长 6^{2-1-2}
		长 6^{2-2}	
	长 6^{3}		
	长 6^{4}		

二、油层顶面微构造精细研究

微构造是指在总油气田构造背景上，油层本身的微细起伏变化所显示的局部构造特征及不确定的微小断层的总称。

微构造研究方法主要有两种：一种是以较密井网资料为基础、用传统精细解剖法研究，通常称为储层微型构造；另一种是建立在三维地震资料精细解释基础上的方法，通常称为微幅度构造。储层微型构造主要由沉积环境、差异压实作用和古地形等因素形成，包括油层本身的顶面和底面的不平整、普遍存在局部微细起伏和倾斜变化等。砂体顶面微构造表征主要是利用测井资料制作单砂层顶面与底面构造等值线图，一般采用储层微型构造平面图和储层微型构造剖面图两种表达方式。

延长油田开发后期，井点多、井距小、地质资料丰富，在单砂体精细划分和对比的基础上，直接以单砂层的顶面为准，绘制油层顶面微构造图。

（一）柳沟注水项目区油层顶面微构造特征

选择 5m 等高距，分别绘制柳沟注水项目区延 9、延 10、长 2 各主力油层顶面构造图。各层构造的总体趋势与区域构造背景一致，表现为相对平缓、向西倾斜的单斜构造，平均坡降在 7~10m/km 之间。局部由于地层沉积过程的差异压实作用影响，形成一些微幅隆起或小型鼻状隆起等构造。这些相对高部位多表现为小背斜、局部高（或小隆起）的小平台，其构造特征具有一定继承性。由于柳沟注水项目区存在富县组河道的侵蚀作用，中—东部长 2 油层组上部地层遭受差异剥蚀，使得微构造特征更为复杂。

1. 延长组长 2 油层顶面微构造特征

柳沟注水项目区中—东部长 2 油层组上部长 2^{1-1}、长 2^{1-2}、长 2^{1-3}、长 2^{2-1} 地层被剥蚀（图 3-21）。该项目区北部、中部、南部长 2^{1-1} 地层局部存在鼻状构造；北部、南部长 2^{1-2} 地层局部存在鼻状构造；中部长 2^{1-3} 地层存在鼻状构造。柳沟注水项目区中部和南部的长 2^{2-1} 地层分别存在鼻状隆起。南部、西部、北部长 2^{2-2} 地层分别发育鼻状构造。北部、南部的长 2^{3} 地层中也存在鼻状构造。长 2 不同小层中的鼻状构造位置既有继承性又有变化。

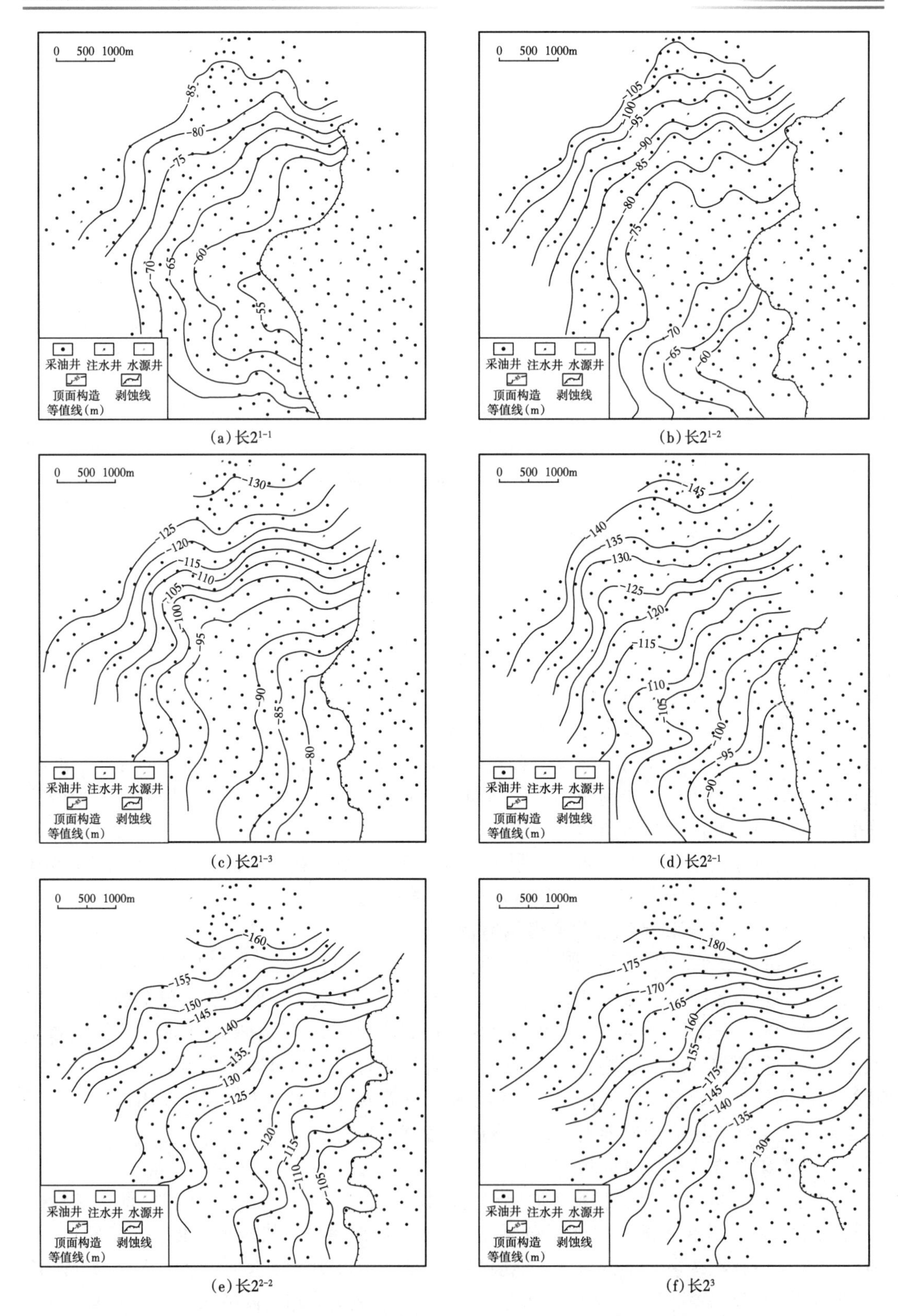

图 3-21 吴起柳沟注水项目区长 2 油层组各小层顶面微构造图

2. 延安组延 9、延 10 油层顶面微构造特征

柳沟注水项目区延 9 地层总体上为东高西低的单斜构造。在此背景下该项目区东部存在局部小高台（图 3-22）。延 10 地层构造背景与延 9 相同。延 10^{1} 在该项目区中部、南部存在局部小高台，最大高程值为 64m。延 10^{2} 存在多个局部隆起的高台，最大高程为 48m（图 3-23）。

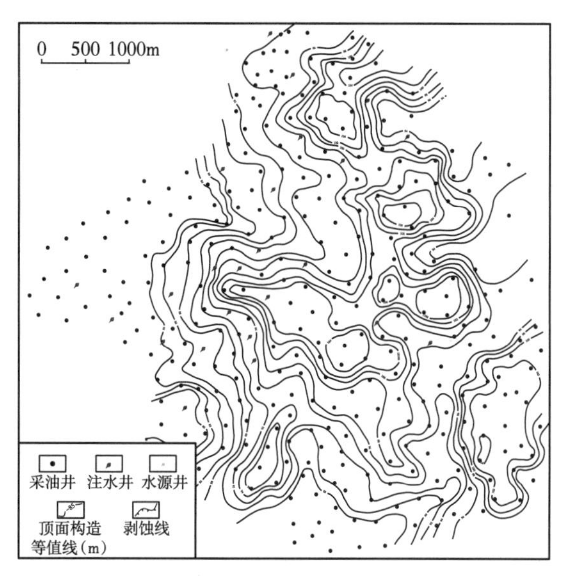

图 3-22　吴起柳沟注水项目区延 9 顶面微构造图

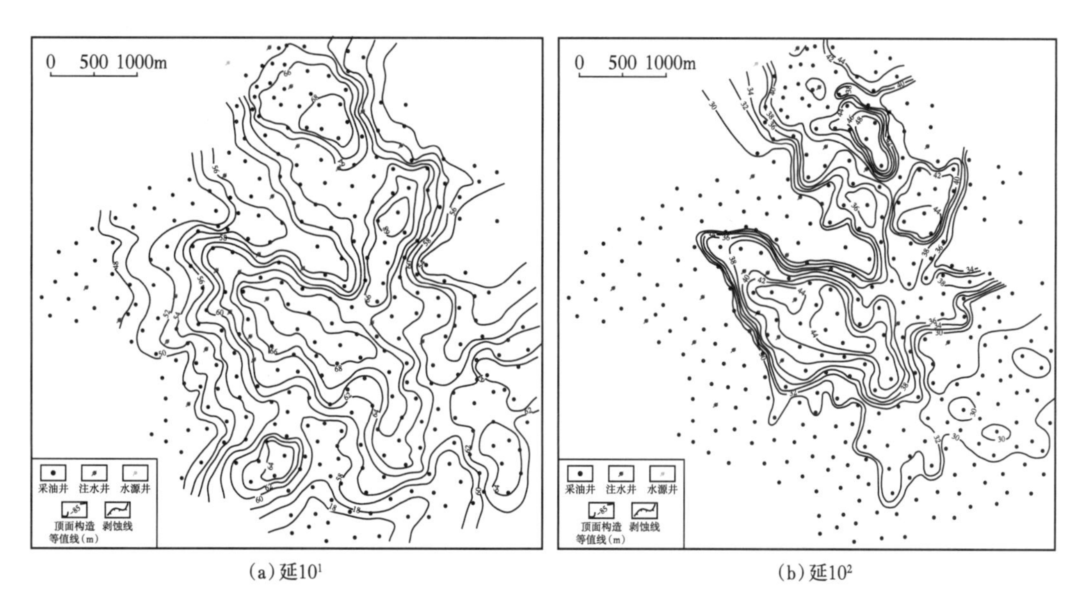

图 3-23　吴起柳沟注水项目区延 10 顶面微构造图

（二）吴仓堡注水项目区油层顶面微构造特征

吴仓堡注水项目区各油层构造总体趋势与区域构造背景一致，由于富县组河道侵蚀作用，该注水项目区东、西部两端的长 2 地层部分遭受差异剥蚀。

吴仓堡注水项目区东部，延 10 构造高部位地层相对平缓，褶曲不发育。向西坡度逐

渐增大且构造也较东部复杂，坡度最大达到0.68°，发育多组褶曲，形成规模不大的小型鼻状隆起（图3-24）。

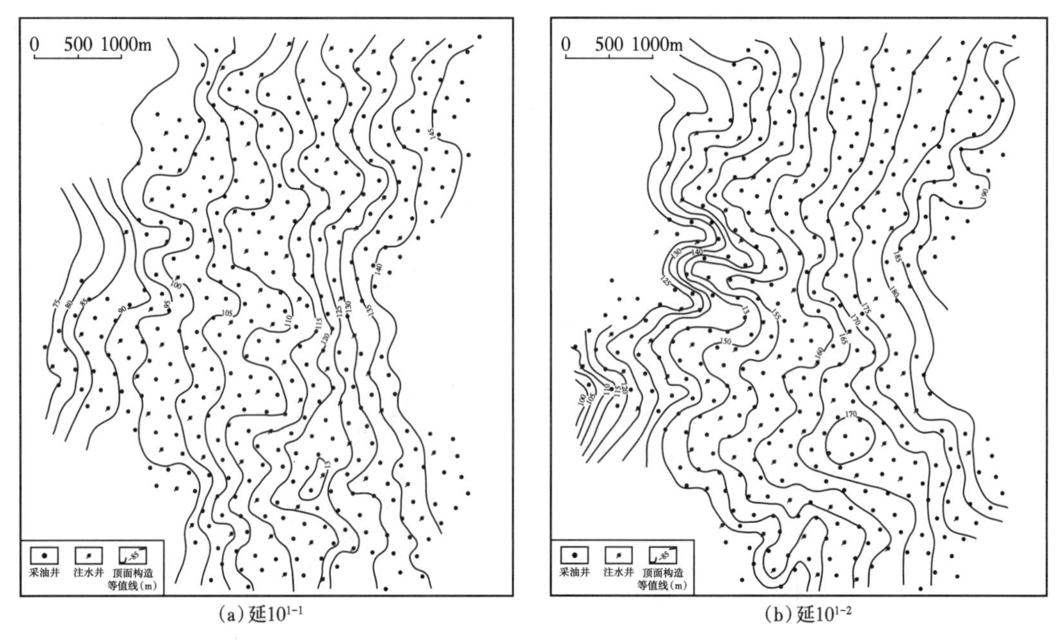

（a）延10^{1-1}　　（b）延10^{1-2}

图3-24　吴起吴仓堡注水项目区延10顶面微构造图

吴仓堡注水项目区长2地层构造总体与区域构造一致。另外，受到富县组沉积时期河流下切剥蚀作用，项目区东、西两端均存在地层缺失，与富县组地层形成不整合接触关系。东部长2地层大范围被剥蚀，地层缺失，剥蚀界限呈南北向分布。西部长2地层缺失，范围较小。项目区的南北两端局部发育两个宽缓鼻状隆起（图3-25）。

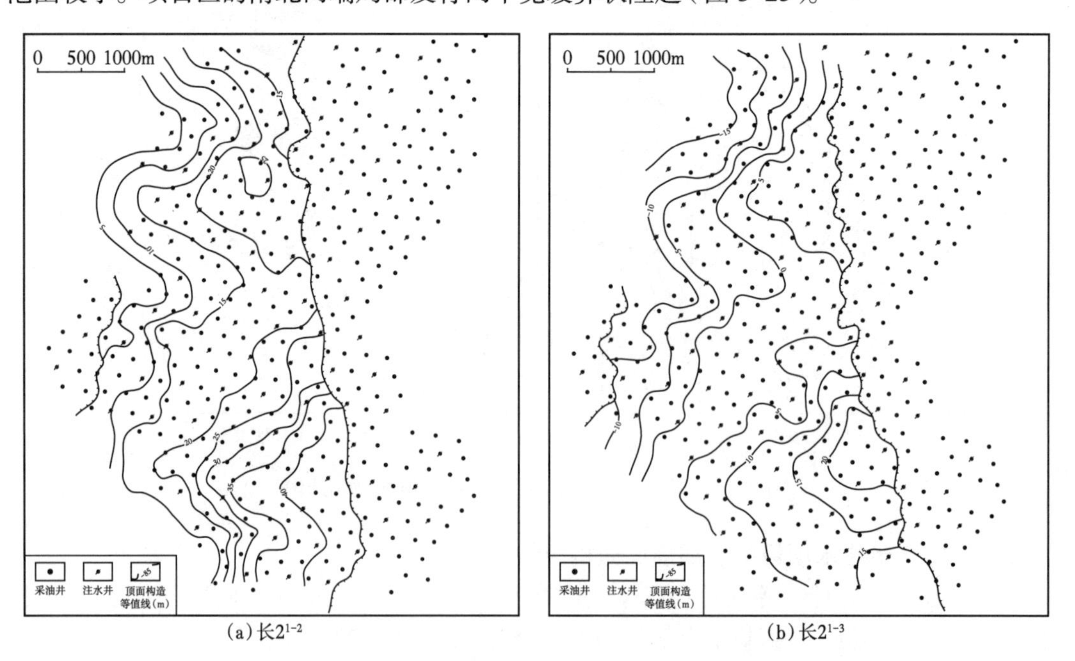

（a）长2^{1-2}　　（b）长2^{1-3}

图3-25　吴起吴仓堡注水项目区长2顶面微构造图

吴仓堡注水项目区长 9 地层平缓，整体为向西倾的单斜构造，走向北北东。东西幅度差仅约 30m，平均坡度 0.34°。该项目区北部具有多个平缓开阔的平台区（图 3-26）。

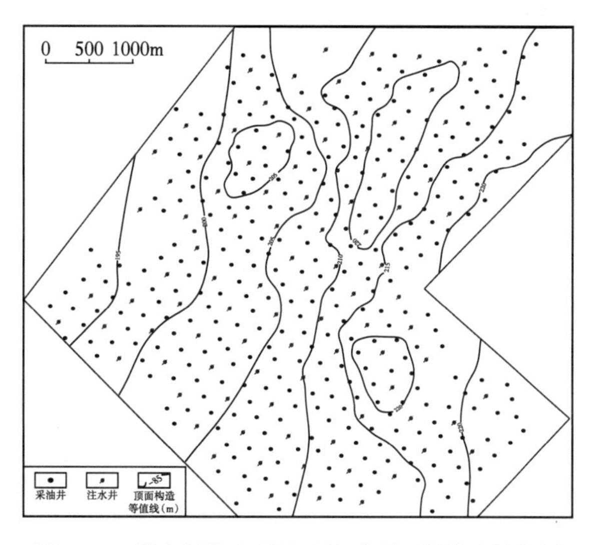

图 3-26　吴仓堡注水项目区长 9^1 顶面微构造特征图

（三）学庄注水项目区油层顶面微构造特征

学庄注水项目区主力开发层位为延安组延 10 和延长组长 2 油层组。延 10、长 2 各层构造总体趋势与区域构造背景一致，表现为相对平缓、向西倾斜的单斜构造。局部由于受差异压实作用影响，形成一些微幅隆起或小型鼻状隆起。

延 10 地层顶面为一简单鼻状构造，走向北西，地层倾向西南，地层倾角约 0.4°，局部发育高台，延 10^1 北部地层被剥蚀。（图 3-27）。

长 2 顶面构造整体为西倾单斜，地层走向北北东，倾角约 0.5°。中部地区局部发育北西走向微鼻状构造（图 3-28）。

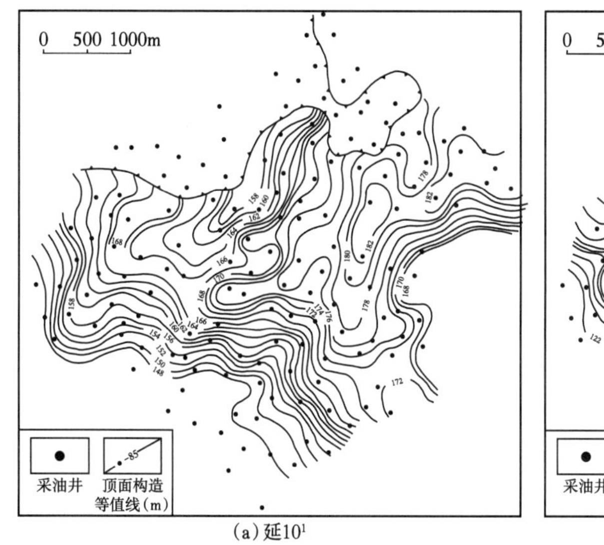

（a）延10^1

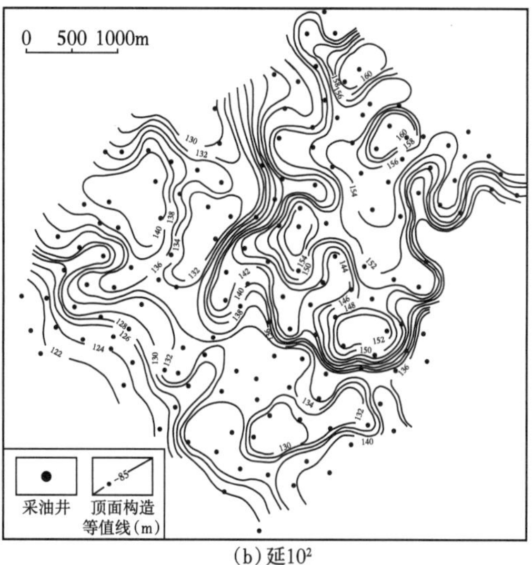

（b）延10^2

图 3-27　学庄注水项目区延 10^1 顶面微构造特征图

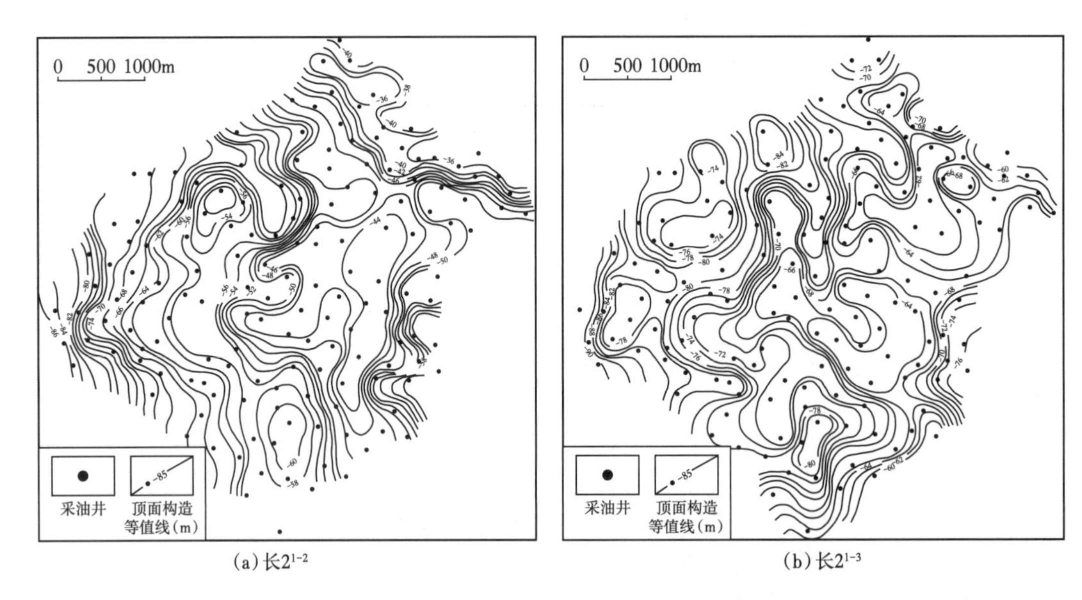

(a) 长2^{1-2}　　(b) 长2^{1-3}

图 3-28　学庄注水项目区长 2 顶面微构造特征图

（四）老庄注水项目区油层顶面微构造特征

老庄注水项目区井网密度为 11.48 口 /km^2，根据该项目区钻井密度和地层特点，采用 2m 等间距绘制延 9^1、延 9^2、延 9^3 顶面构造图（图 3-29），各油层段的顶面构造特征如下。

（1）老庄项目区内，由上到下，延 9 构造形态具有良好继承性，总体上呈东高西低趋势。

（2）该项目区局部发育有近东西向，与构造线垂直或斜交的鼻状隆起，具有较好继承性。在该项目区中部发育有一规模较大的鼻状隆起，呈北东—南西方向展布，两翼近于对称。

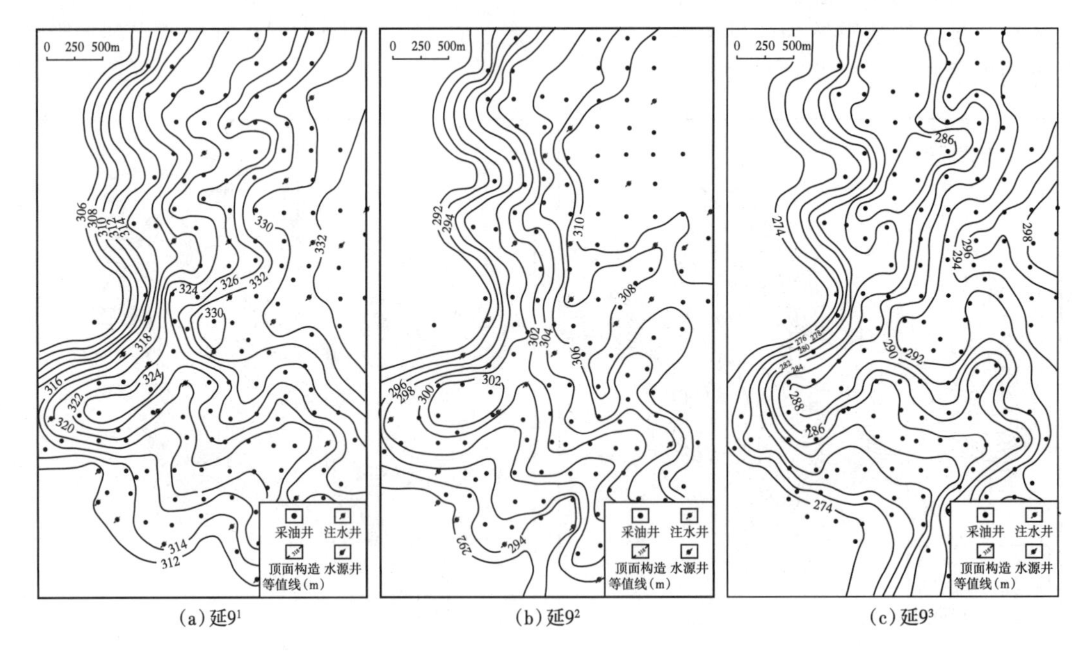

(a) 延9^1　　(b) 延9^2　　(c) 延9^3

图 3-29　老庄注水项目区延 9 顶面微构造图

（五）榆咀子注水项目区油层顶面微构造特征

榆咀子注水项目区构造特征总体表现为东高西低、中部平缓的单斜构造，局部存在鼻状构造（图 3-30）。

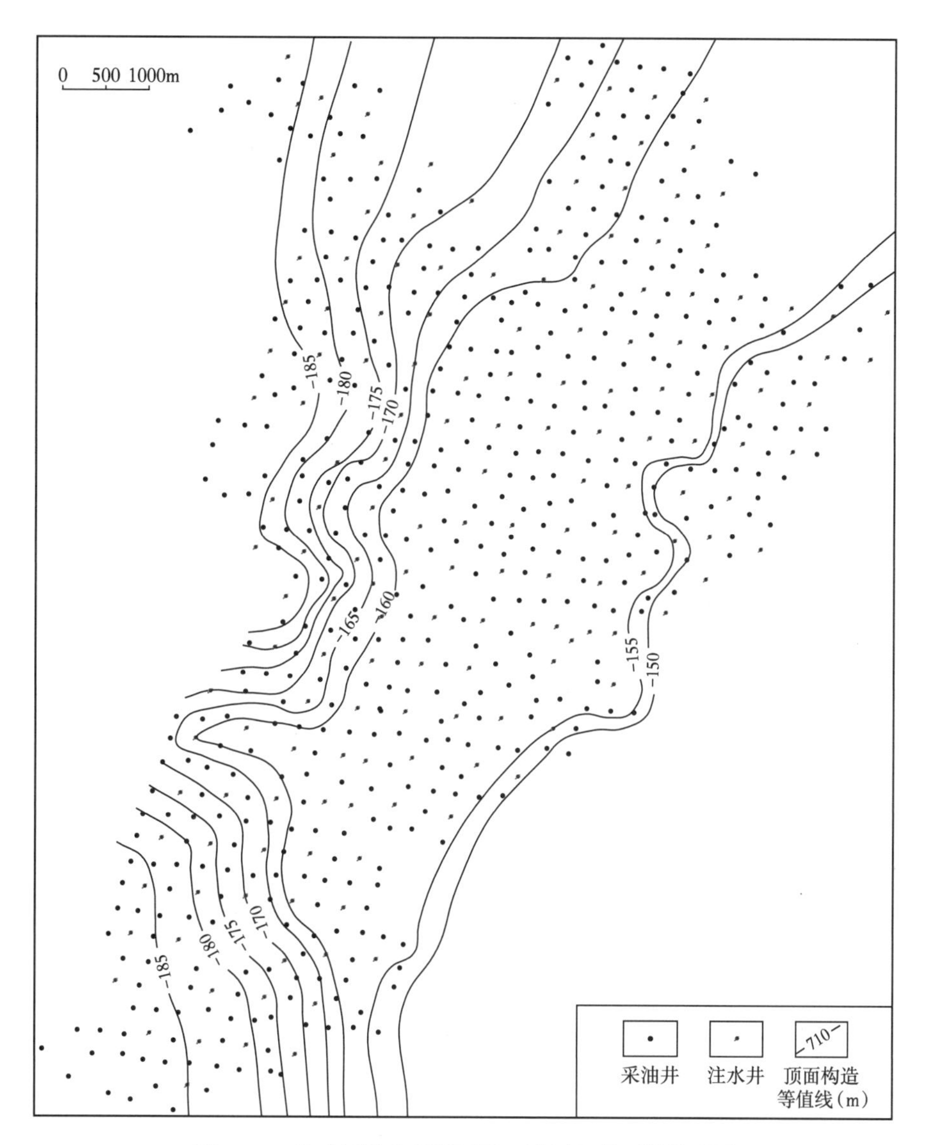

图 3-30　榆咀子注水项目区长 6 油层组顶面微构造图

（六）甄家峁注水项目区油层顶面微构造特征

甄家峁注水项目区长 6 油层组各小层构造总体表现为简单的单斜构造，各层构造继承性发育。

长 6^4、长 6^3、长 6^{2-2}、长 6^{2-1}、长 6^{1-2}、长 6^{1-1} 顶面构造反映，分别从该项目区东部高部位的海拔高程 -155m、-130m、-95m、-75m、-50m、-20m 到西部低部位的海拔高程 -210m、-180m、-140m、-115m、-90m、-60m，构造高差分别为 55m、50m、45m、40m、40m、40m 左右。构造形态总体较稳定（图 3-31）。

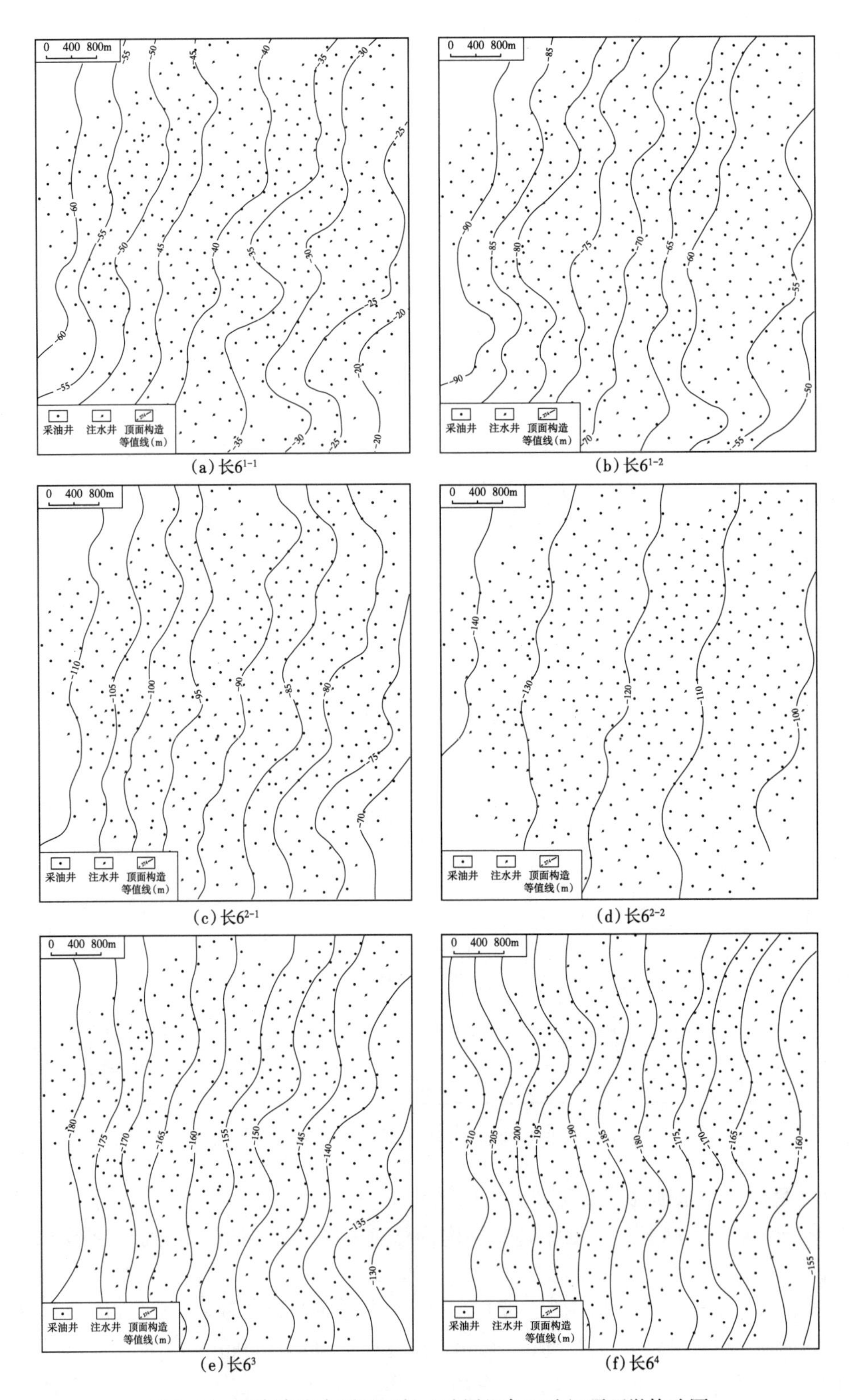

图 3-31　甄家峁注水项目区长 6 油层组各亚油组顶面微构造图

（七）丰富川注水项目区油层顶面微构造特征

丰富川注水项目区井网密度为 47.9 口 /km^2，根据该项目区钻井密度和地层特点，采用 2m 等间距绘制了长 2^{1-1}、长 2^{1-2}、长 $2^{1-3\text{上}}$、长 $2^{1-3\text{下}}$顶面微构造图（图 3-32 至图 3-34），各层构造特点分述如下。

（1）丰富川注水项目区内，长 2 地层由上到下，构造形态具有良好继承性，构造形态总体上呈东高西低、西陡东缓的趋势，地层产状存在一定变化，一般在 0.4°~0.8° 之间。

（2）局部发育有近东西向与构造线垂直或斜交鼻状隆起，具有一定继承性但自上而下幅度和规模变小。该项目区的中部发育规模较大的鼻状隆起，呈近东西方向，两翼近于对称。

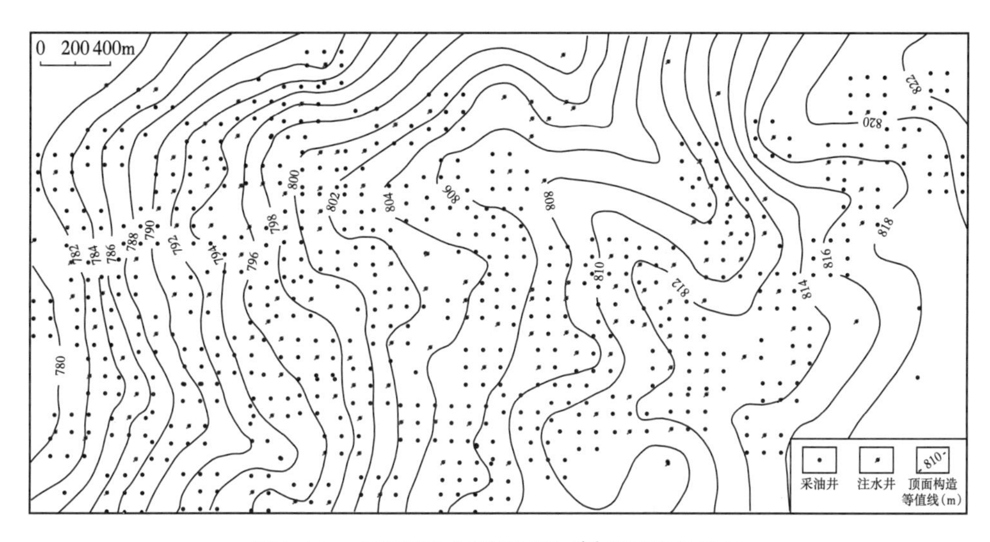

图 3-32　丰富川注水项目区长 2^{1-1} 顶面微构造图

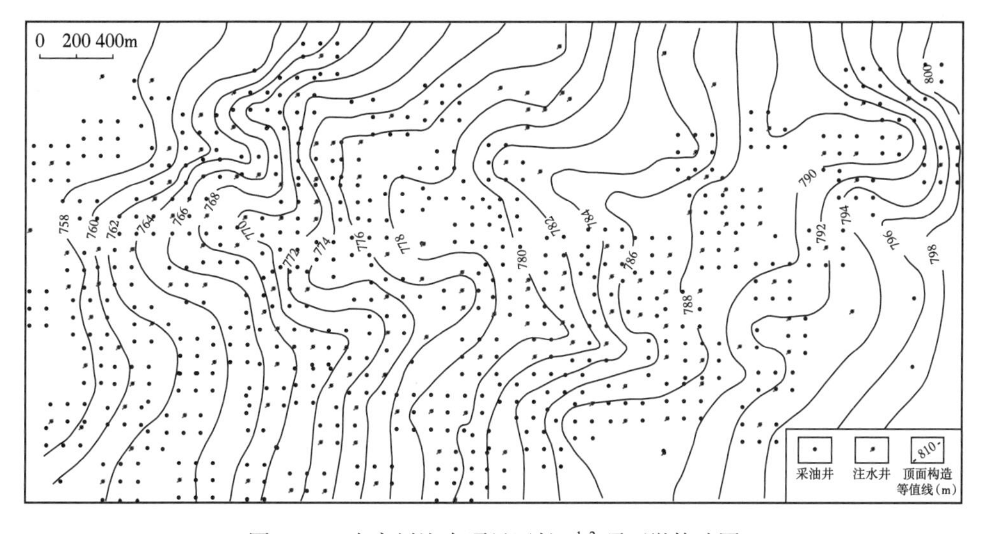

图 3-33　丰富川注水项目区长 2^{1-2} 顶面微构造图

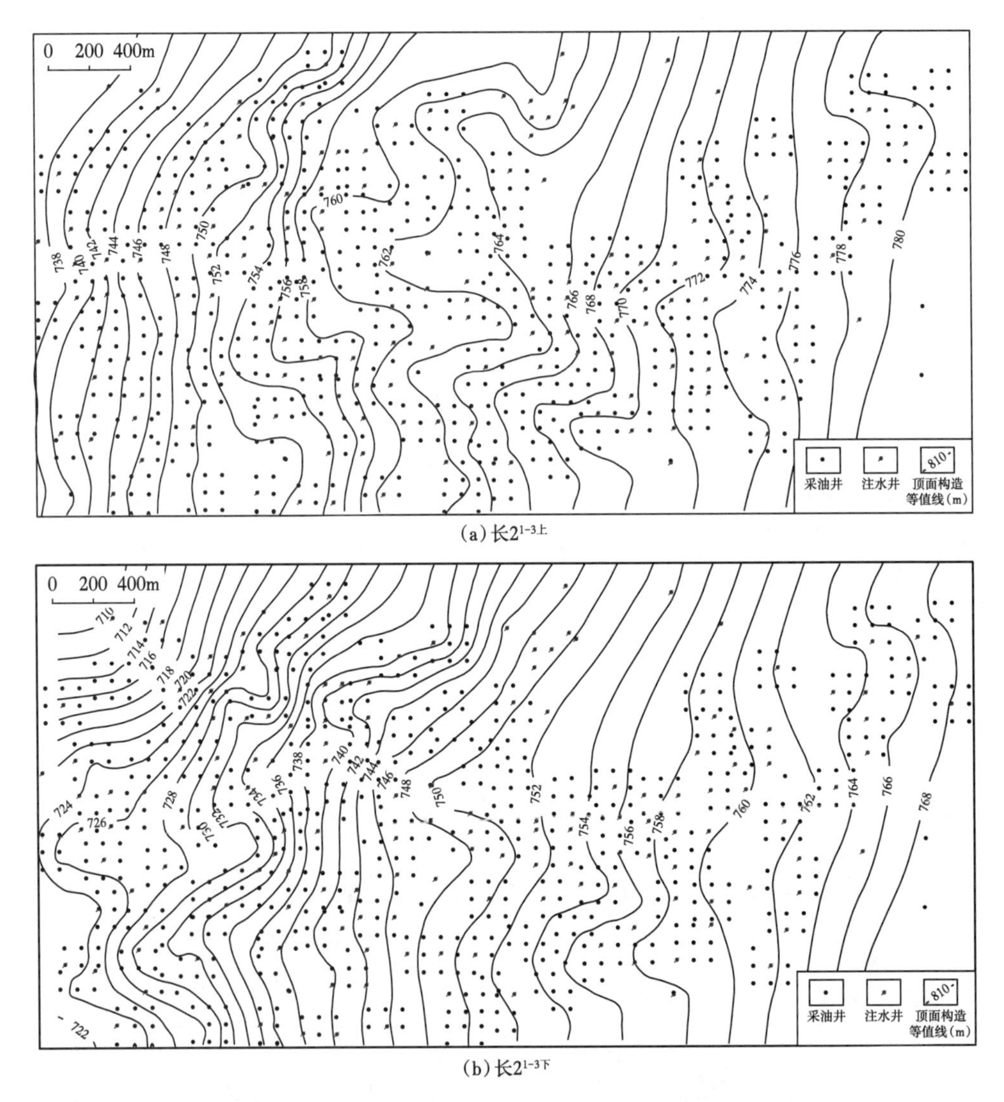

(a) 长$2^{1-3上}$

(b) 长$2^{1-3下}$

图 3-34 丰富川注水项目区长 2^{1-3} 顶面微构造图

(八)郝家坪注水项目区油层顶面微构造特征

郝家坪注水项目区长 2^{1-3} 小层顶面构造特征为一平缓西倾单斜，东部高部位海拔高程 625m，西部低部位海拔高程 547m，构造高差 80m 左右，与陕北斜坡区域构造特征一致。西倾单斜背景上发育近东西向低缓鼻褶带，呈鼻槽相间分布(图 3-35)。

三、小层沉积微相及砂体平面展布精细刻画

针对延长油区油藏产层多、变化大、非均质性强的特点，对油层组—亚油层组—小层—单砂体实施逐级精细刻画，研究沉积微相平面分布及砂体连通性，为研究油水运动特征和剩余油分布提供地质依据。

(一)柳沟注水项目区沉积微相及砂体平面展布精细刻画

柳沟注水项目区延安组延 9、延 10 沉积时期主要发育曲流河、辫状河沉积，包括河

道亚相、堤岸亚相、河漫亚相等。延长组长2沉积期主要发育三角洲前缘亚相沉积，主要微相为水下分流河道、水下分流河道间等。

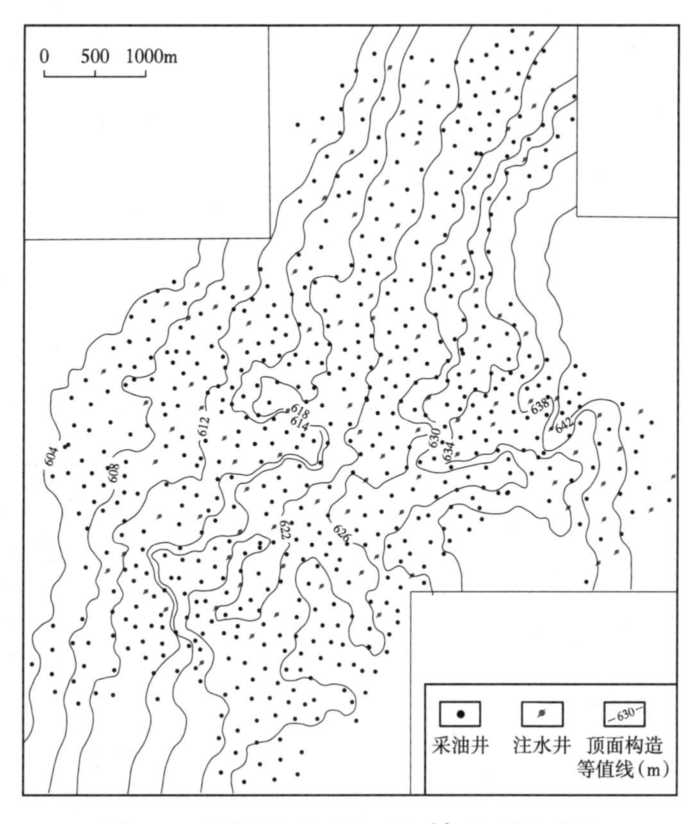

图3-35 郝家坪注水项目区长2^{1-3}顶面微构造图

长2各小层砂体展布整体呈土豆状及带状分布居多，连通性较好。延10砂体连通性变差，延9砂体发育程度及连通性最差。

1. 柳沟注水项目区延长组长2沉积微相及砂体平面展布精细刻画

长2^3沉积微相类型主要包括三角洲前缘的水下分流河道、水下分流河道间，其中水下分流河道比较发育，水下分流河道方向大致为北东—南西方向。主体有两条水下分流河道，在该项目区中部汇合（图3-36）。砂体展布与水下分流河道展布方向一致，砂厚一般为3.0~16.3m，平均8.9m。

长2^{2-2}地层在该项目区的东部被剥蚀。项目区西北部以三角洲前缘水下分流河道间沉积为主。水下分流河道在该项目区中部分成两条明显分支，砂体主要为水下分流河道沉积，位于柳沟注水项目区东部地区，呈带状分布，砂体展布方向与水下分流河道方向一致，砂体厚度一般为3.6~19.7m，平均为12.6m（图3-36）。

长2^{2-1}沉积时期有两条水下分流河道，在该项目区中部汇合，水下分流河道呈北东—南西方向展布。砂体展布方向与水下分流河道发育方向一致，砂体厚度一般为2.3~19.7m，平均厚度为8.8m（图3-36）。

长2^{1-3}沉积时期，该注水项目区中部水下分流河道相对发育，砂体展布方向与水下分流河道方向一致，砂体厚度一般为2.5~18.1m，平均厚度为7.7m（图3-37）。

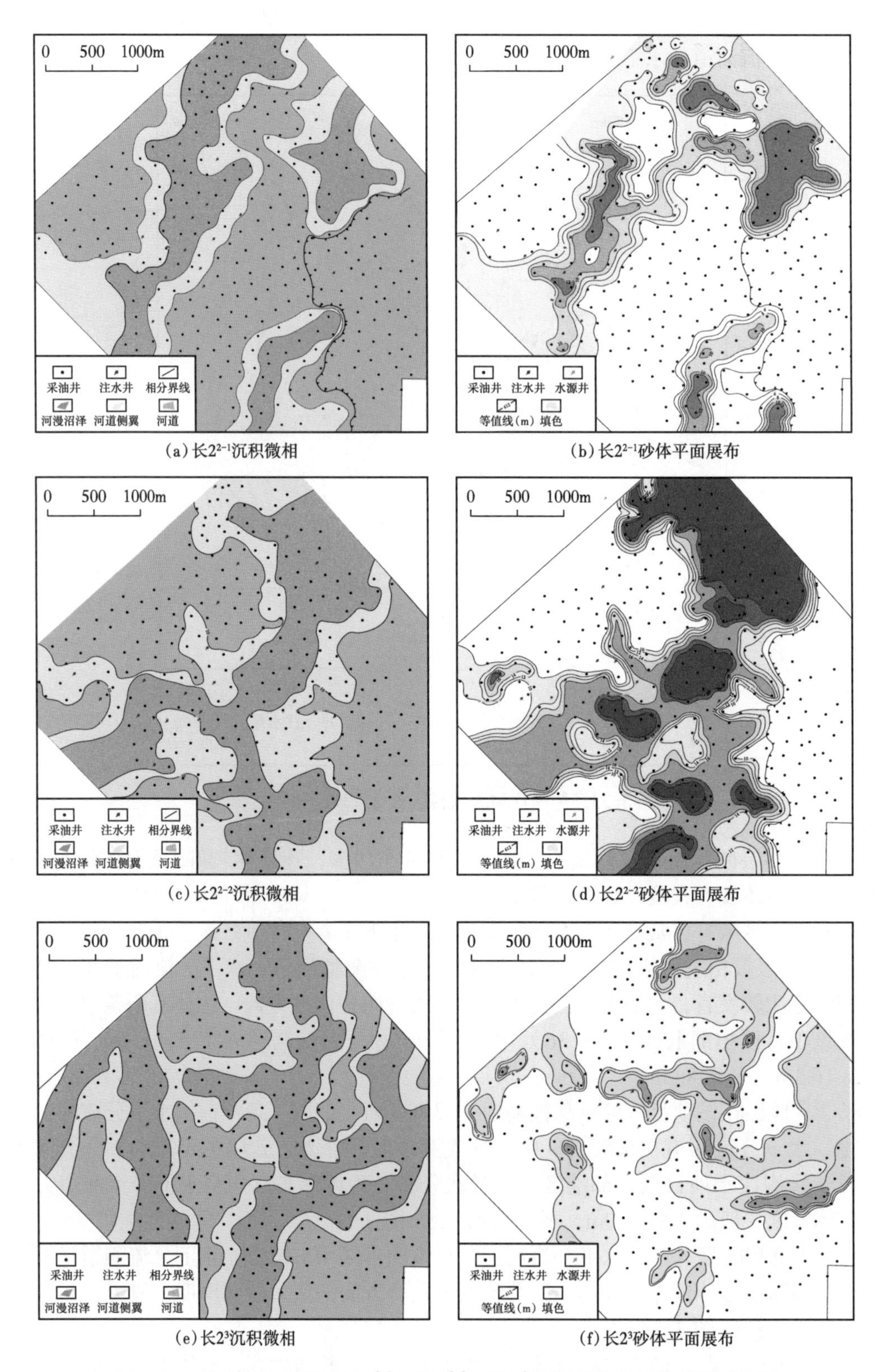

图 3-36 柳沟注水项目区长 2^{2-1}、长 2^{2-2}、长 2^3 沉积微相及砂体平面展布图

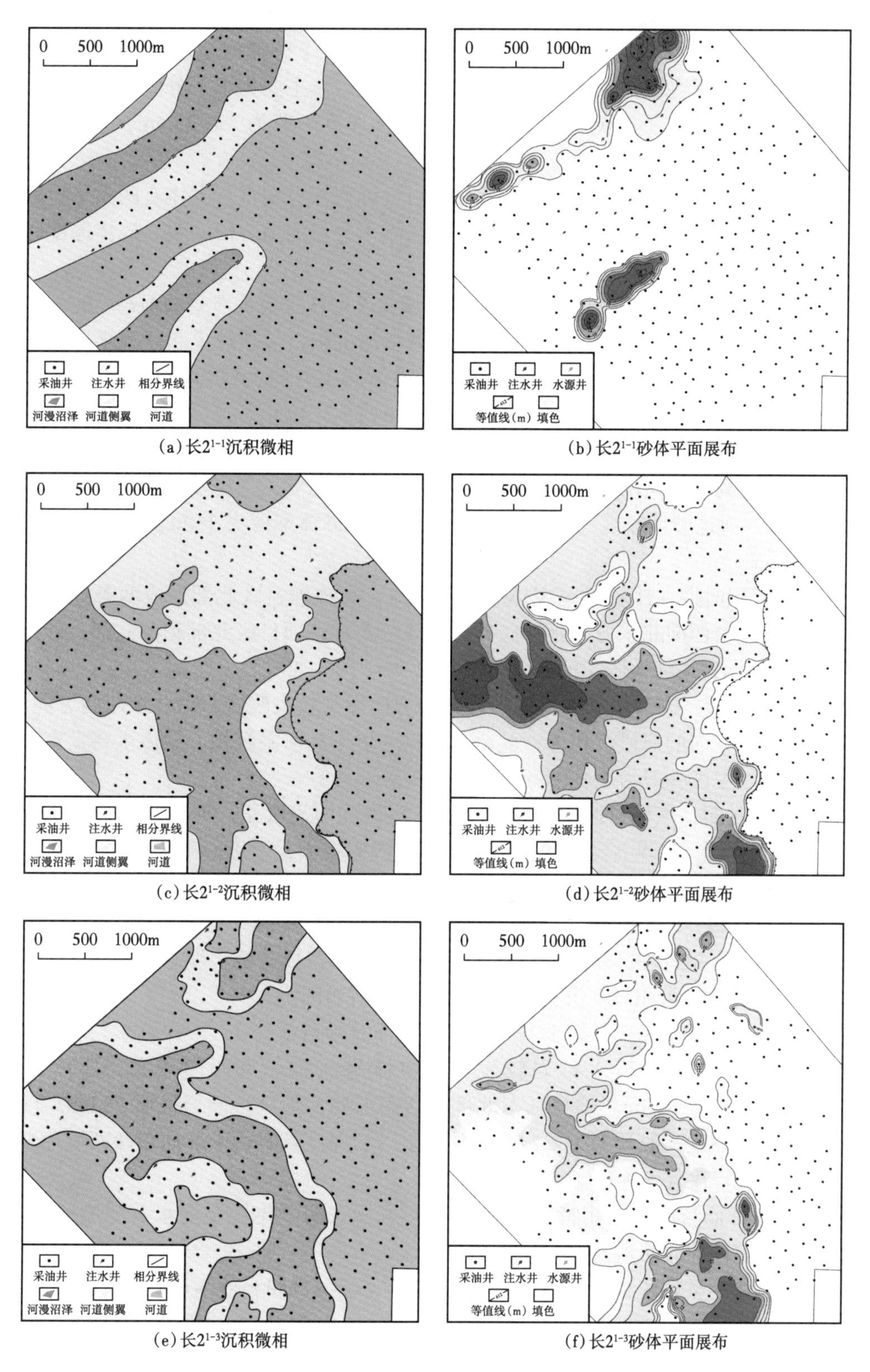

(a)长2^{1-1}沉积微相　(b)长2^{1-1}砂体平面展布

(c)长2^{1-2}沉积微相　(d)长2^{1-2}砂体平面展布

(e)长2^{1-3}沉积微相　(f)长2^{1-3}砂体平面展布

图 3-37　柳沟注水项目区长 2^{1-1}、长 2^{1-2}、长 2^{1-3} 沉积微相及砂体平面展布图

长 2^{1-2} 沉积时期，该注水项目区水下分流河道沉积相对发育，水下分流河道方向呈北西—南东向展布，分支明显，在项目区中部汇合。水下分流河道边缘发育河道侧翼沉积，在东部河道侧翼边缘发育水下分流河道间沉积。砂体主要为水下分流河道沉积，呈带状分布，展布方向与水下分流河道方向一致。砂体厚度一般为 2.1~25.4m，平均为 10.1m（图 3-37）。

长 2^{1-1} 沉积时期，该注水项目区水下分流河道沉积相对发育。主体有两条平行的水下分流河道，自北东向南西展布。砂体展布方向与水下分流河道方向一致，砂体厚度一般为 1.7~15.3m，平均为 8.3m（图 3-37）。

2. 柳沟注水项目区延安组延 10、延 9 沉积微相及砂体平面展布精细刻画

延 10^2 沉积时期，柳沟注水项目区主体为辫状河沉积，包括河道和泛滥平原两种沉积亚相，河道分叉明显，砂体发育，分布广泛。砂体展布方向大致为南北向，厚度一般为 2.5~35.6m，局部砂体厚度大于 50.0m，平均 22.1m（图 3-38）。

延 10^{1-2} 沉积时期，柳沟注水项目区主体为曲流河沉积，砂体比较发育，主体有 1 条河流，河道方向为北西向南方向，在该项目区中部形成分支，主要发育河道、堤岸、河漫 3 种沉积亚相。河道砂体厚度一般为 1.5~20.0m，局部砂体厚度大于 20.0m，平均为 14.1m（图 3-38）。

延 10^{1-1} 沉积时期，该项目区主体有 1 条河流，在该项目区北部形成两条分支，河流规模较小，河道由西向北东方向延伸。砂体主要分布在该项目区北部和西北部，砂体厚度一般为 2.0~14.0m，局部大于 20.0m，平均为 11.9m（图 3-38）。

延 9^2 沉积时期，柳沟注水项目区河道延伸方向发生较大改变，由北东向西方向延伸，除该项目区西北方向的河道沉积外，其余部位均为堤岸和河漫沉积。砂体主要发育于河道部位，规模小，厚度一般为 2.4~9.6m，平均为 5.9m。

延 9^1 沉积时期，该项目区主要存在河道、堤岸和河漫沉积。河道延伸方向大致呈南北方向，分支明显。砂体主要分布在河道部位，规模较大，厚度一般为 2.0~20.0m，局部地区大于 20.0m，平均为 8.5m（图 3-39）。

（二）吴仓堡注水项目区沉积微相及砂体平面展布精细刻画

通过岩心、测井曲线、单井相的建立以及砂体展布特征分析，编制了吴仓堡注水项目区长 9、长 2 和延 10 沉积时期沉积微相及砂体平面展布图。

1. 吴仓堡注水项目区长 9^1 沉积微相和砂体展布精细刻画

吴仓堡注水项目区长 9^1 砂岩较发育，主体呈北东—南西向展布，厚度一般为 16.0~22.0m，平均为 19.3m。项目区东北部、西南部局部地区，砂岩最厚 25.0m。项目区中部砂岩较厚，厚度一般为 18.0~22.0m。整体上砂岩厚度具有由中部向东西两侧逐渐变薄的趋势，最薄处厚度仅 8.0m。

砂体分布特征与沉积微相特征一致，长 9^1 沉积时期砂体展布受水下分流河道控制，水下分流河道方向为北北东方向（图 3-40）。

2. 吴仓堡注水项目区长 2^{1-2}、长 2^{1-3-1}、长 2^{1-3-2} 沉积微相和砂体展布精细刻画

长 2^{1-2} 砂层呈条带状不连片分布，厚度一般为 10.0~14.0m，局部达到 18.0m。砂体分布主要受控于水下分流河道，主要位于水下分流河道中心部位，沿河道呈细条带状展布，水下分流河道侧翼粉砂岩、泥岩相对发育（图 3-41）。

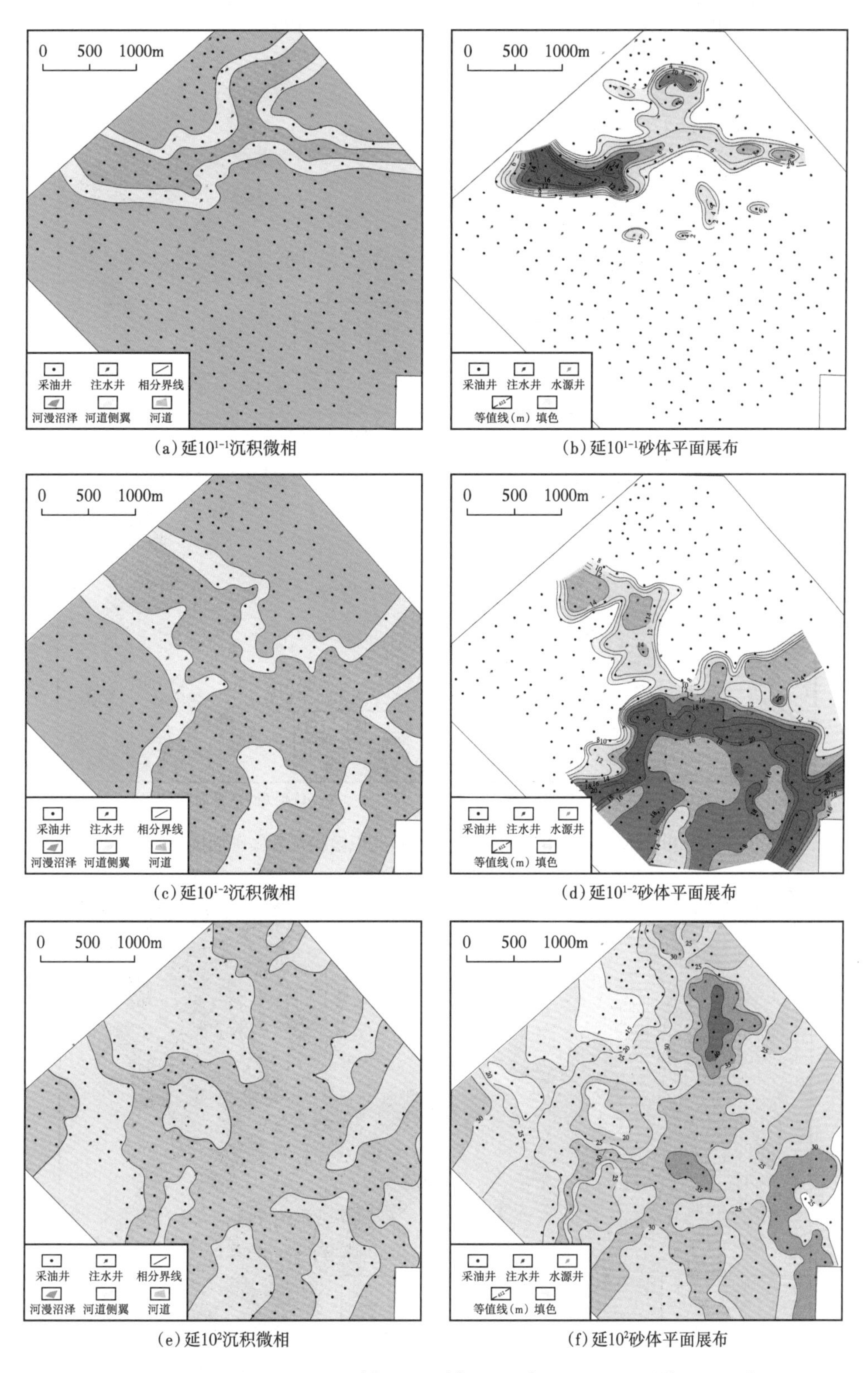

图 3-38　柳沟注水项目区延 10^{1-1}、延 10^{1-2}、延 10^{2} 沉积微相及砂体平面展布图

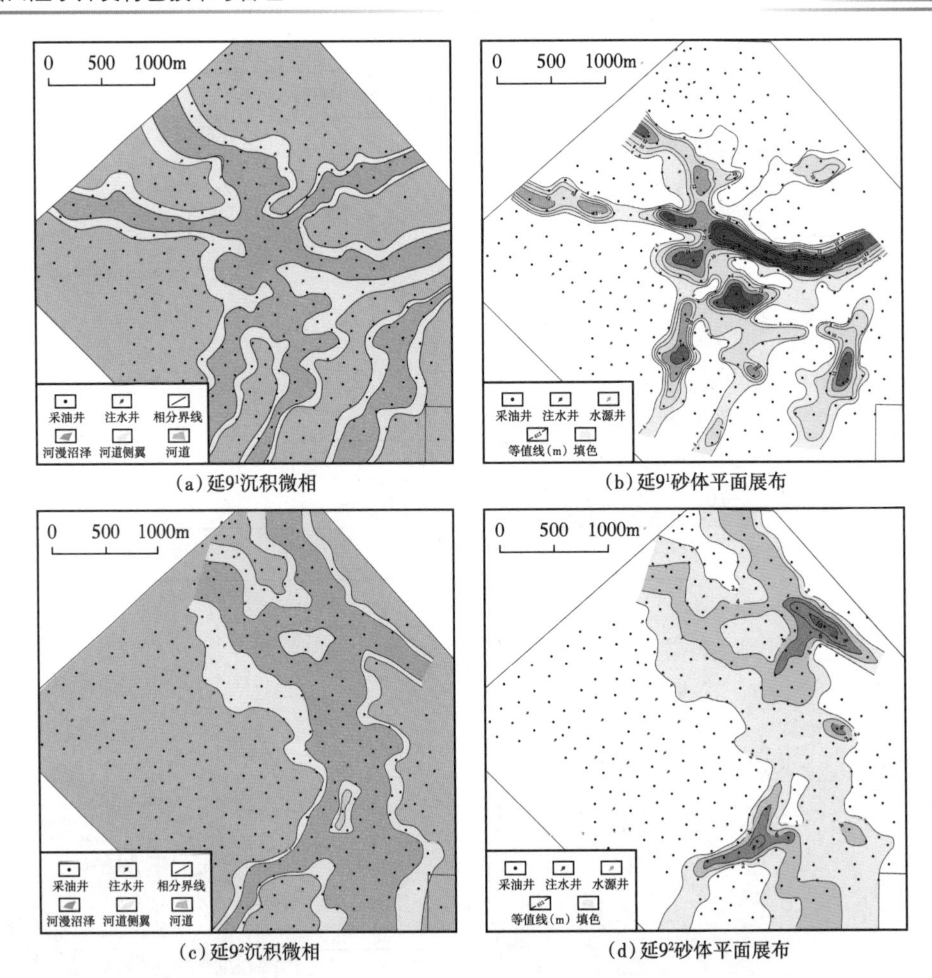

(a)延9^1沉积微相　(b)延9^1砂体平面展布

(c)延9^2沉积微相　(d)延9^2砂体平面展布

图 3-39　柳沟注水项目区延 9^1、延 9^2 沉积微相及砂体平面展布图

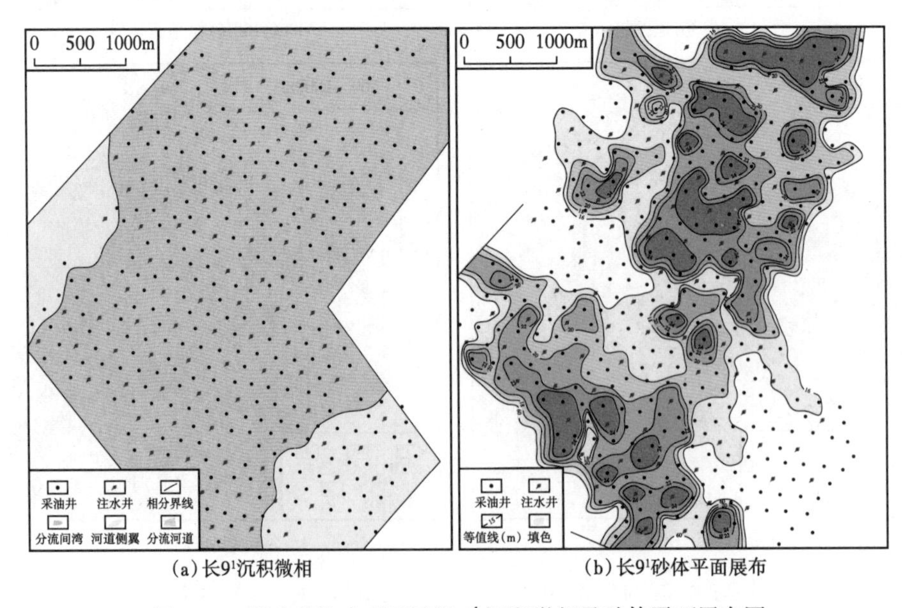

(a)长9^1沉积微相　(b)长9^1砂体平面展布

图 3-40　吴仓堡注水项目区长 9^1 沉积微相及砂体平面展布图

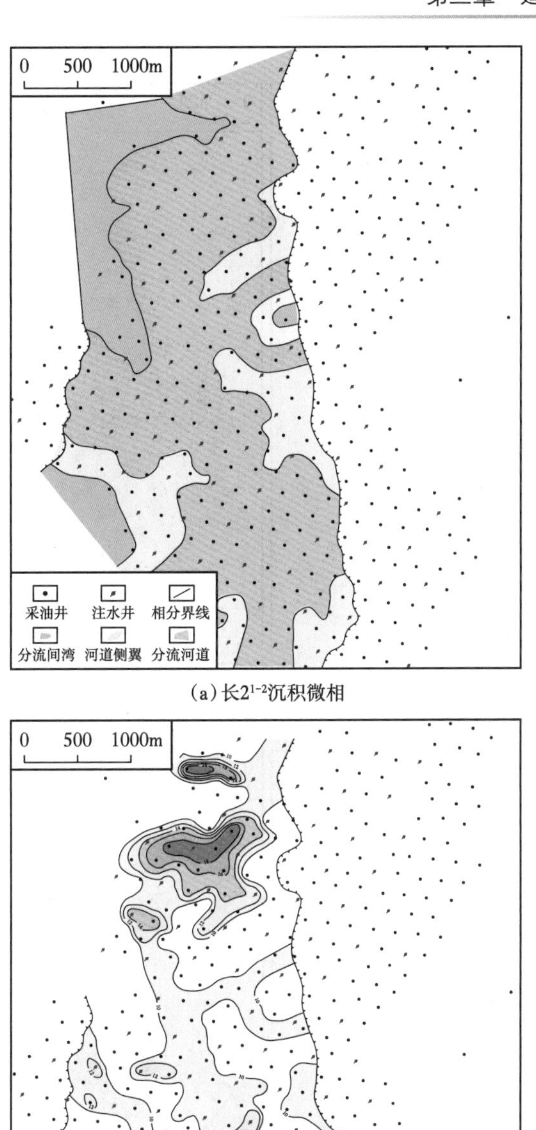

(a) 长2^{1-2}沉积微相

(b) 长2^{1-2}砂体平面展布

图 3-41　吴仓堡注水项目区长 2^{1-2} 沉积微相及砂体平面展布图

长 2^{1-3-1} 砂层、长 2^{1-3-2} 砂层与长 2^{1-2} 砂层相比厚度明显变大，且连片发育，厚度一般为 12.0~16.0m，最厚达 20.0m，反映出这一时期三角洲前缘沉积水动力条件强，水下分流河道水流牵引力大，所携带沉积物丰富，沉积作用明显。由于水下分流河道的汇合和侧向频繁迁移，形成一系列水下分流河道网，与水下分流河道间切割或充填接触，砂体展布厚度变化大（图 3-42）。

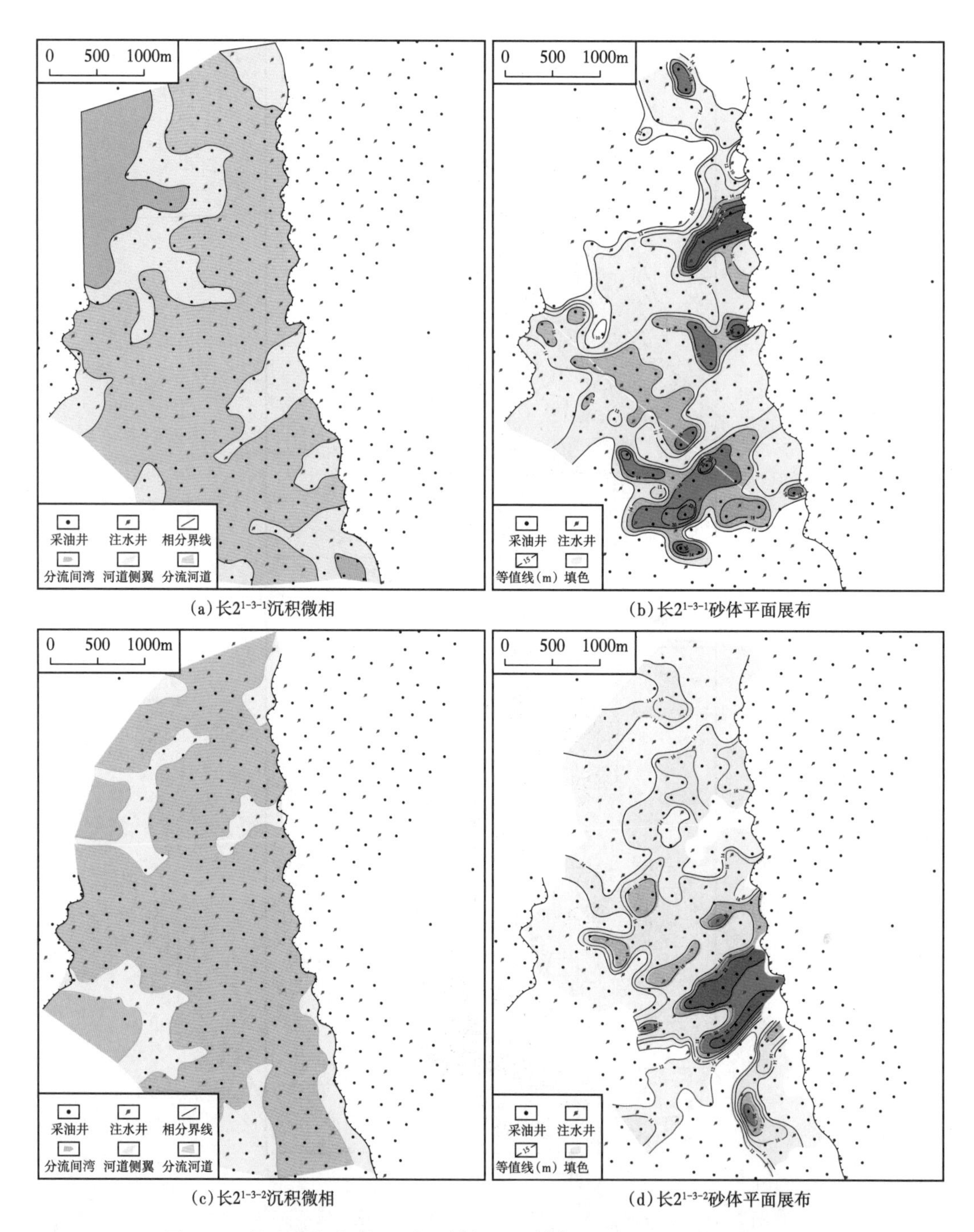

(a)长2^{1-3-1}沉积微相 (b)长2^{1-3-1}砂体平面展布

(c)长2^{1-3-2}沉积微相 (d)长2^{1-3-2}砂体平面展布

图 3-42 吴仓堡注水项目区长 2^{1-3-1}、长 2^{1-3-2} 沉积微相及砂体平面展布图

3. 吴仓堡注水项目区延 10^{1-2}、延 10^{1-1} 沉积微相和砂体展布精细刻画

延 10^{1-2} 砂体呈连续片状分布，厚度一般为 14.0~20.0m，南部较厚，一般大于 18.0m。沉积微相以曲流河沉积为主，河道侧翼砂体变薄（图 3-43）。

延 10^{1-1} 砂体分布特征表现为两个北东向展布的长条带，该项目区的北部砂岩分布范围大，西部已成片状分布，南部范围小且呈细长带状分布。延 10^{1-1} 砂体厚度一般为 8~12m，厚度变化呈现出中间厚两边薄的特点。该项目区延 10^{1-1} 砂体展布主要受控于两条古河流，古河道自北东方向向南西方向汇入项目区（图 3-43）。

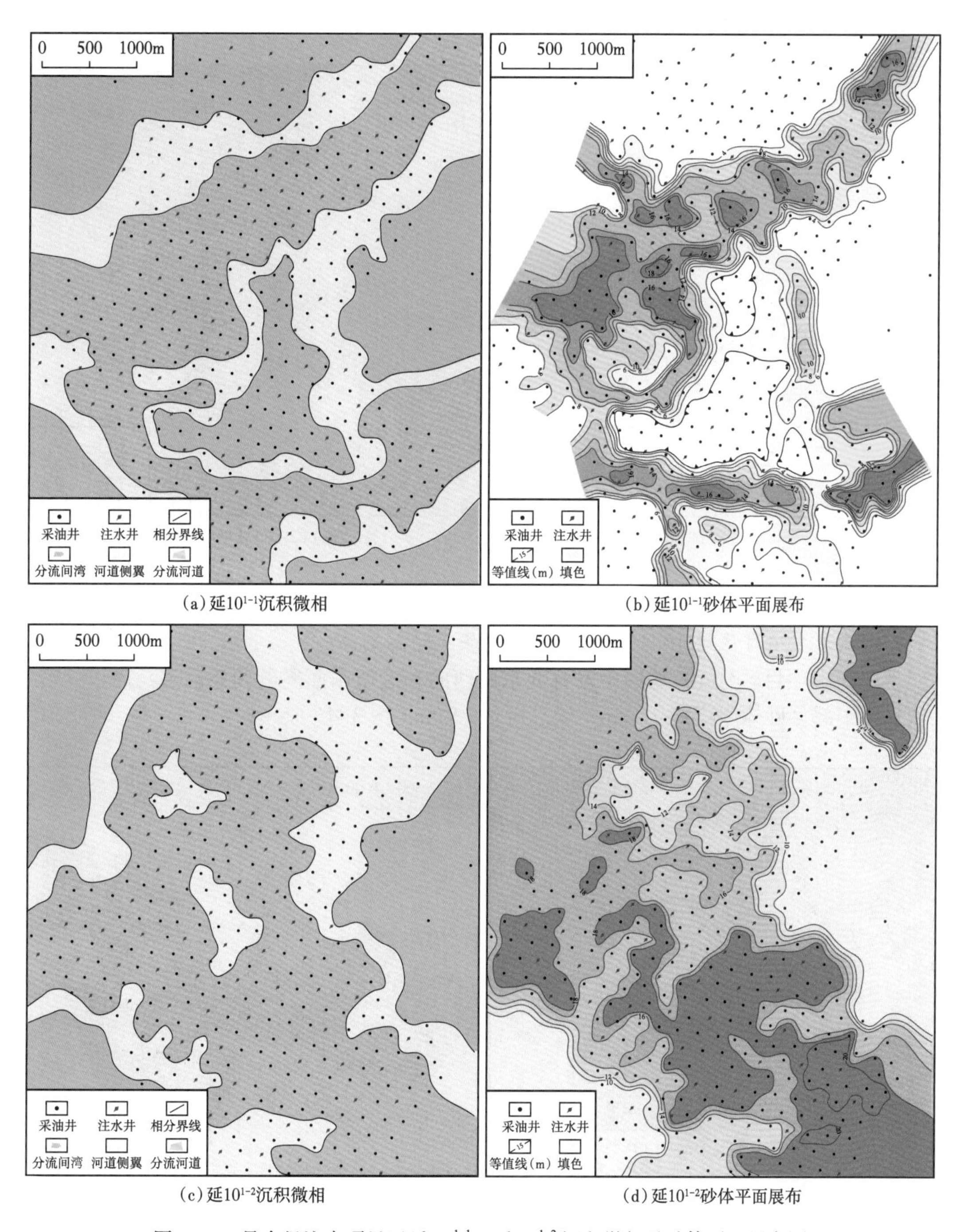

（a）延10^{1-1}沉积微相　（b）延10^{1-1}砂体平面展布

（c）延10^{1-2}沉积微相　（d）延10^{1-2}砂体平面展布

图 3-43 吴仓堡注水项目区延 10^{1-1}、延 10^{1-2} 沉积微相及砂体平面展布图

（三）学庄注水项目区沉积微相及砂体平面展布精细刻画

1. 学庄注水项目区长 2^{1-2} 沉积微相及砂体展布精细刻画

学庄注水项目区长 2^{1-2} 地层中发育一条自北向南的河道，北部砂体厚度较大，一般为 20.0~26.0 m，局部达 28.0m，靠近东南边部厚度薄，仅 12.0m（图 3-44）。

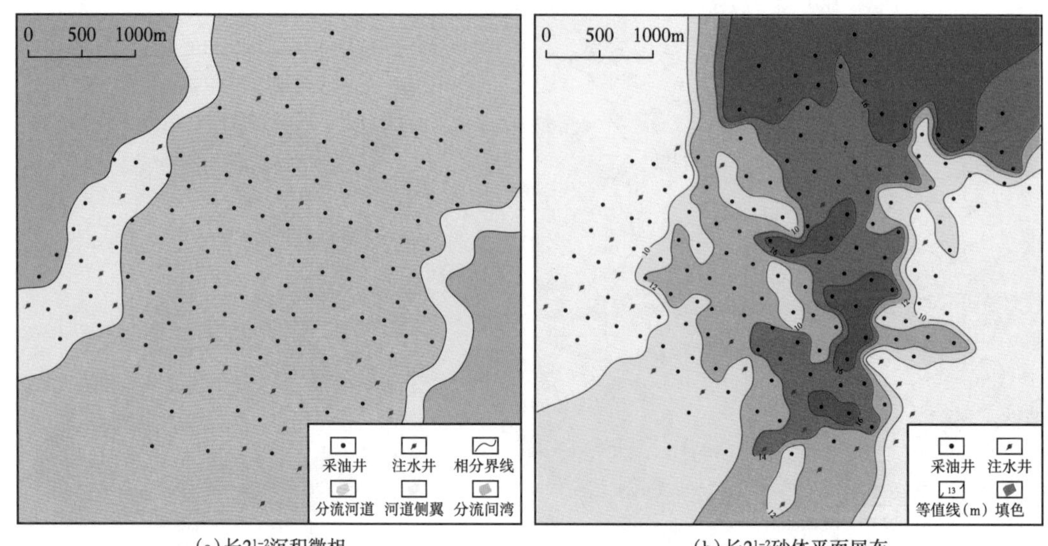

(a) 长 2^{1-2} 沉积微相　(b) 长 2^{1-2} 砂体平面展布

图 3-44　学庄注水项目区长 2^{1-2} 沉积微相及砂体平面展布图

2. 学庄注水项目区延 10^1 沉积微相及砂体展布精细刻画

学庄注水项目区延 10^1 地层中发育北东南西向和近似东西向的两条河道，河道交汇于该项目区中部，砂体厚度约 10.0m，局部可达 15.0m（图 3-45）。

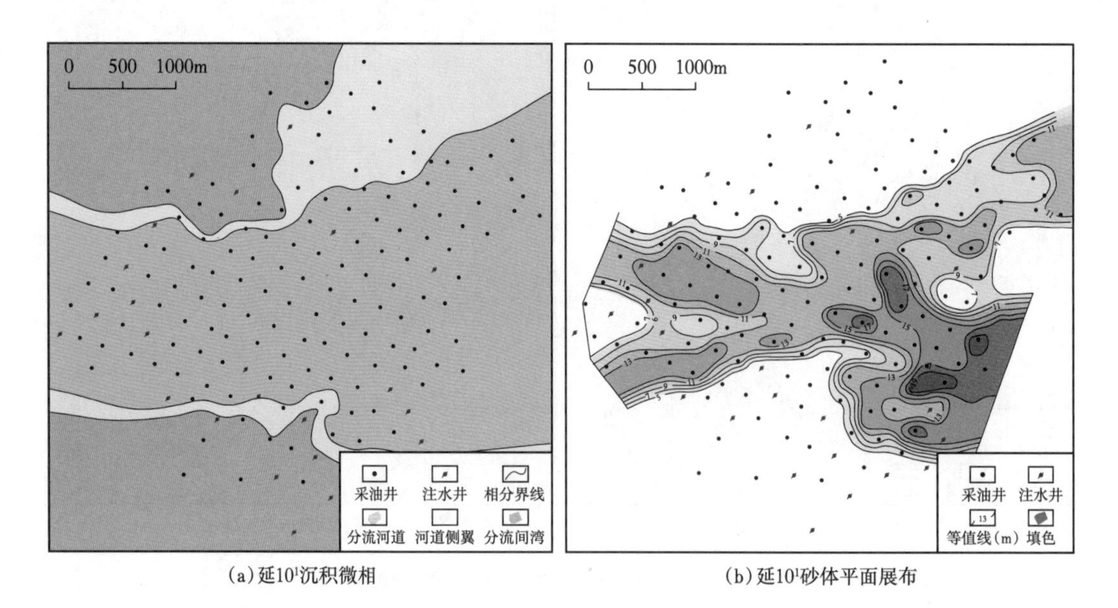

(a) 延 10^1 沉积微相　(b) 延 10^1 砂体平面展布

图 3-45　学庄注水项目区延 10^1 沉积微相及砂体平面展布图

（四）老庄注水项目区沉积微相及砂体平面展布精细刻画

老庄注水项目区延 9 沉积时期整体属于曲流河充填沉积，主要发育有河道沉积和河漫两种沉积，河道沉积典型测井曲线特征为自然电位、自然伽马曲线呈中高幅度箱形、微齿化箱形；河漫沉积测井响应特征为自然电位曲线靠近泥岩基线、自然伽马曲线为微齿化中—高值。

1. 老庄注水项目区延 9^3 沉积微相及砂体展布精细刻画

延 9^3 沉积时期为曲流河沉积，该期老庄注水项目区内发育有一条河道。砂体整体呈带状分布且与河道展布方向基本一致，方向大致为南北向，但是整体连片性较差，厚度最小为 2.0m，最厚为 25.0m，平均为 8.4m。在东南部局部厚度大于 15.0m，主要为河道沉积（图 3-46）。

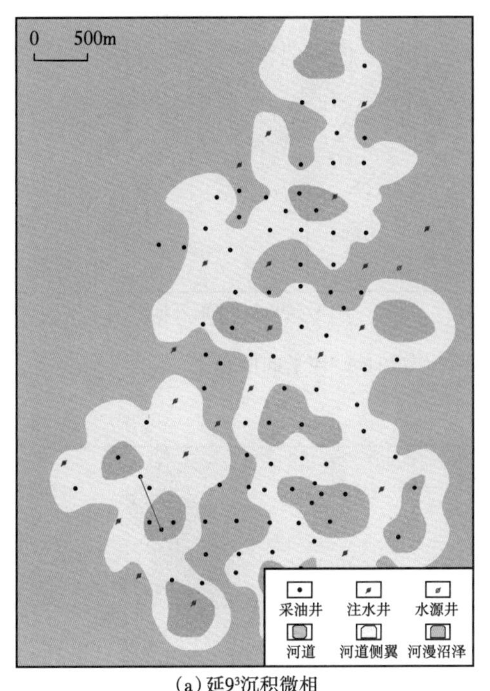

（a）延9^3沉积微相　（b）延9^3砂体平面展布

图 3-46　老庄注水项目区延 9^3 沉积微相及砂体平面展布图

2. 老庄注水项目区延 9^2 沉积微相及砂体展布精细刻画

延 9^2 沉积时期，该项目区发育有 2 条曲流河，1 条自北北东方向流入，1 条自北东东方向流入，在该项目区中部交汇成一条主河后自南东方向流出，河道最宽处约 1.3km，最窄处约 0.3km。延 9^2 砂体整体呈带状分布且与河道展布方向一致，整体连片性较好，厚度最小为 1.0m，最厚为 17.6m，平均为 9.1m。在南部局部井区较厚，大于 15.0m，主要为河道沉积（图 3-47）。

3. 老庄注水项目区延 9^1 沉积微相及砂体展布精细刻画

延 9^1 沉积时期，该项目区西部河流自北西和北东方向河流注入，在该项目区中部交汇后沿南西方向流出，河道最宽处约 1.4km，最窄处约 0.4km。延 9^1 砂体整体呈带状分布且与河道展布方向基本一致，整体连片性较好，厚度最小为 2.0m，最厚为 25.0m，平均为

8.4m，在北部局部井区较厚，大于15.0m，主要发育河道沉积（图3-48）。

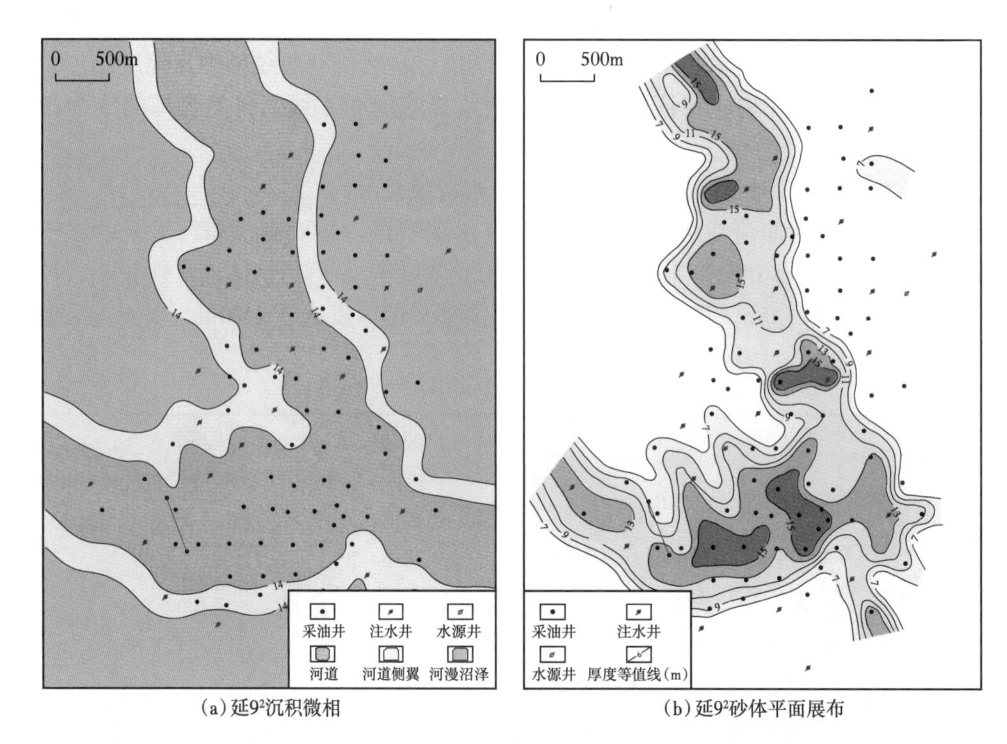

(a)延9²沉积微相　　(b)延9²砂体平面展布

图3-47　老庄注水项目区延9^2沉积微相及砂体平面展布图

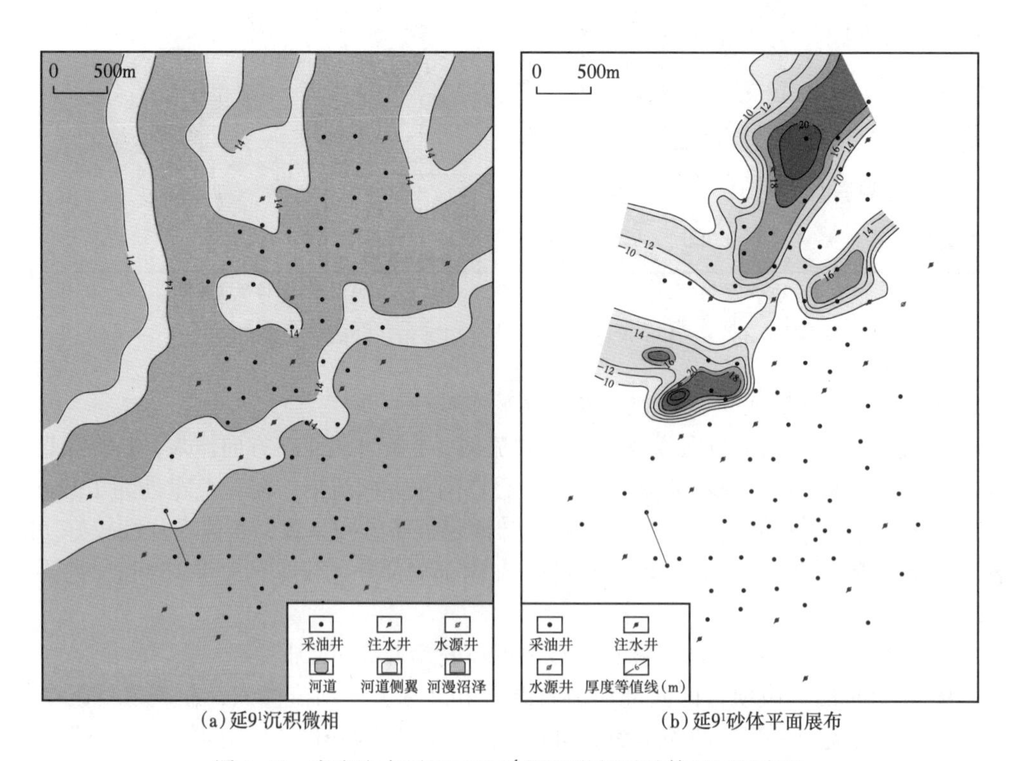

(a)延9¹沉积微相　　(b)延9¹砂体平面展布

图3-48　老庄注水项目区延9^1沉积微相及砂体平面展布图

（五）榆咀子注水项目区沉积微相及砂体平面展布精细刻画

1. 榆咀子注水项目区长 6 沉积微相及砂体平面展布精细刻画

榆咀子注水项目区长 6^4 沉积时期为三角洲前缘亚相，发育 3 条水下分流河道，平面上呈网状展布，延伸方向为北东—南西向。平面上 3 条水下分流河道从东北方向流入项目区，水下分流河道间泥质地层发育。长 6^4 沉积时期主要发育水下分流河道砂体，厚度一般为 0.0~9.0m，砂地比为 0.0~0.7（图 3–53）。长 6^3 沉积时期整体继承了长 6^4 沉积时期沉积特征，水下分流河道砂体厚度一般为 0.0~10.0m，砂地比为 0.00~0.35（图 3–53）。长 6^2 细分为长 6^{2-1} 和长 6^{2-2}，长 6^{2-1} 又进一步细分为长 6^{2-1-1} 和长 6^{2-1-2}，以上各层均发育水下分流河道及水下分流河道间沉积。其中，长 6^{2-2} 总体继承了长 6^3 沉积时期沉积特点。长 6^{2-2} 砂体厚度一般为 5.0~12.0m，砂地比一般小于 0.3，局部砂地比可达到 0.6；长 6^{2-1-1} 及长 6^{2-1-2} 小层从沉积微相平面图可看出，长 6^{2-1-2} 发育 2 条水下分流河道，其中主河道宽度 3.2km，长 6^{2-1-2} 砂体厚度一般为 0.0~10.0m，砂地比为 0.0~0.6；长 6^{2-1-1} 沉积时期发育 4 条水下分流河道，其中水下分流主河道宽度为 1.5km，水下分流河道在该项目区中部局部汇合继续向西南方向流出，长 6^{2-1-1} 砂体厚度一般为 0.0~9.0m，砂地比为 0.00~0.65（图 3–49 和图 3–50）。

长 6^1 细分为长 6^{1-1}、长 6^{1-2} 和长 6^{1-3}，长 6^{1-2} 又进一步划分为长 6^{1-2-1}、长 6^{1-2-2} 和长 6^{1-2-3}，发育水下分流河道及水下分流河道间沉积。其中，长 6^1 沉积时期是长 6 沉积时期水下分流河道砂体发育的鼎盛时期，以长 6^{1-2-2} 砂体最为发育，多期水下分流河道形成连片砂体；长 6^{1-2-1}、长 6^{1-2-3} 沉积时期砂体也较发育；长 6^{1-2-2} 沉积时期内发育一条水下分流河道，主河道宽 5.6km，砂体厚度一般为 8.0~15.0m，砂地比为 0.45~0.85（图 3–50 和图 3–51）。

2. 榆咀子注水项目区长 $4+5^2$、长 $4+5^1$ 沉积微相及砂体平面展布精细刻画

榆咀子注水项目区长 $4+5^2$ 沉积时期主要为三角洲前缘沉积，长 $4+5^2$ 进一步划分为长 $4+5^{2-1}$ 和长 $4+5^{2-2}$。由长 $4+5^{2-2}$ 沉积相平面图可知，该期发育 3 条水下分流河道，主河道宽 2.3km，平面上呈条带状展布，延伸方向为北东—南西向。3 条水下分流河道从东北方向流入，西南方向流出。该项目区内主要发育水下分流河道砂体，砂厚度为 0.0~14.0m，砂地比为 0.00~0.45。长 $4+5^{2-1}$ 沉积时期继承了长 $4+5^{2-2}$ 沉积时期沉积特点，主分流河道宽 1.7km，砂体厚度一般为 0.0~10.0m，砂地比为 0.00~0.40，平面上砂体厚度分布不均匀，非均质强（图 3–52）。

长 $4+5^1$ 沉积时期主要为三角洲平原沉积，长 $4+5^1$ 进一步划分为长 $4+5^{1-1}$ 和长 $4+5^{1-2}$。从长 $4+5^{1-2}$ 沉积相平面图可知，该期继承了长 $4+5^2$ 沉积时期沉积特点，主河道宽 0.8km，分流河道砂体厚度一般为 0.0~9.0m，砂地比为 0.00~0.35。长 $4+5^{1-1}$ 继承了长 $4+5^{1-2}$ 沉积期特点，主河道宽 0.65km，平面上呈条状展布，分流河道砂体厚度一般为 0.0~8.0m，砂地比为 0.00~0.30（图 3–53）。

（六）甄家峁注水项目区沉积微相及砂体平面展布精细刻画

甄家峁注水项目区长 6^4 沉积时期以前三角洲沉积为主，砂体不发育。因此重点分析长 6^1、长 6^2、长 6^3 的沉积微相特征。

1. 甄家峁注水项目区长 6^3 沉积微相及砂体平面展布精细刻画

长 6^3 沉积时期以三角洲前缘水下分流河道沉积为主，砂体较发育。区内发育北东—南西向延伸的主河道，河道之间有支流相连。中部及边部零星分布水下分流河道间沉积。长 6^3 砂层总厚度一般为 2.7~27.1m，平均为 14.6m（表 3–2）。

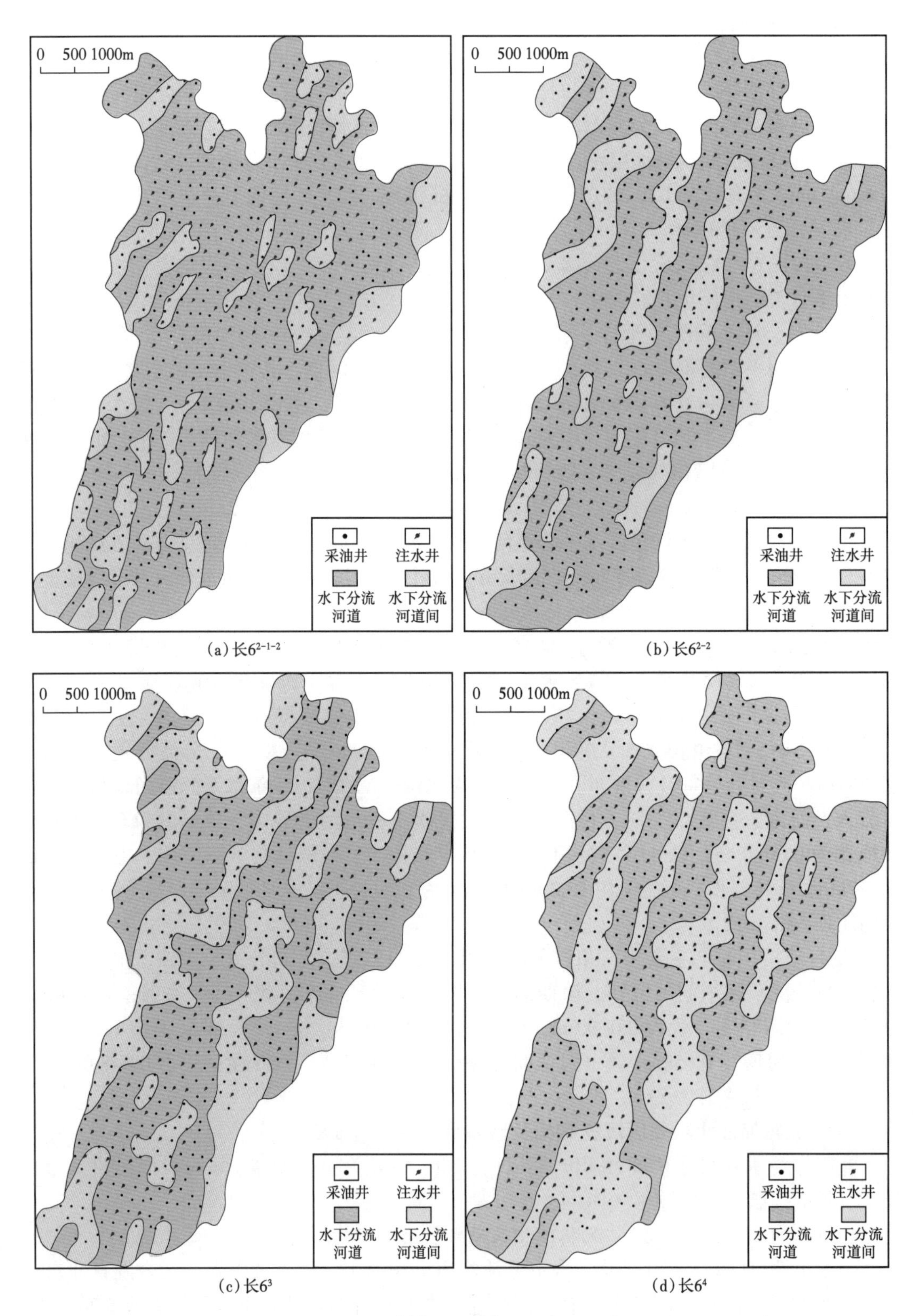

图 3-49 榆咀子注水项目区长 6^{2-1-2}、长 6^{2-2}、长 6^{3}、长 6^{4} 沉积微相平面展布图

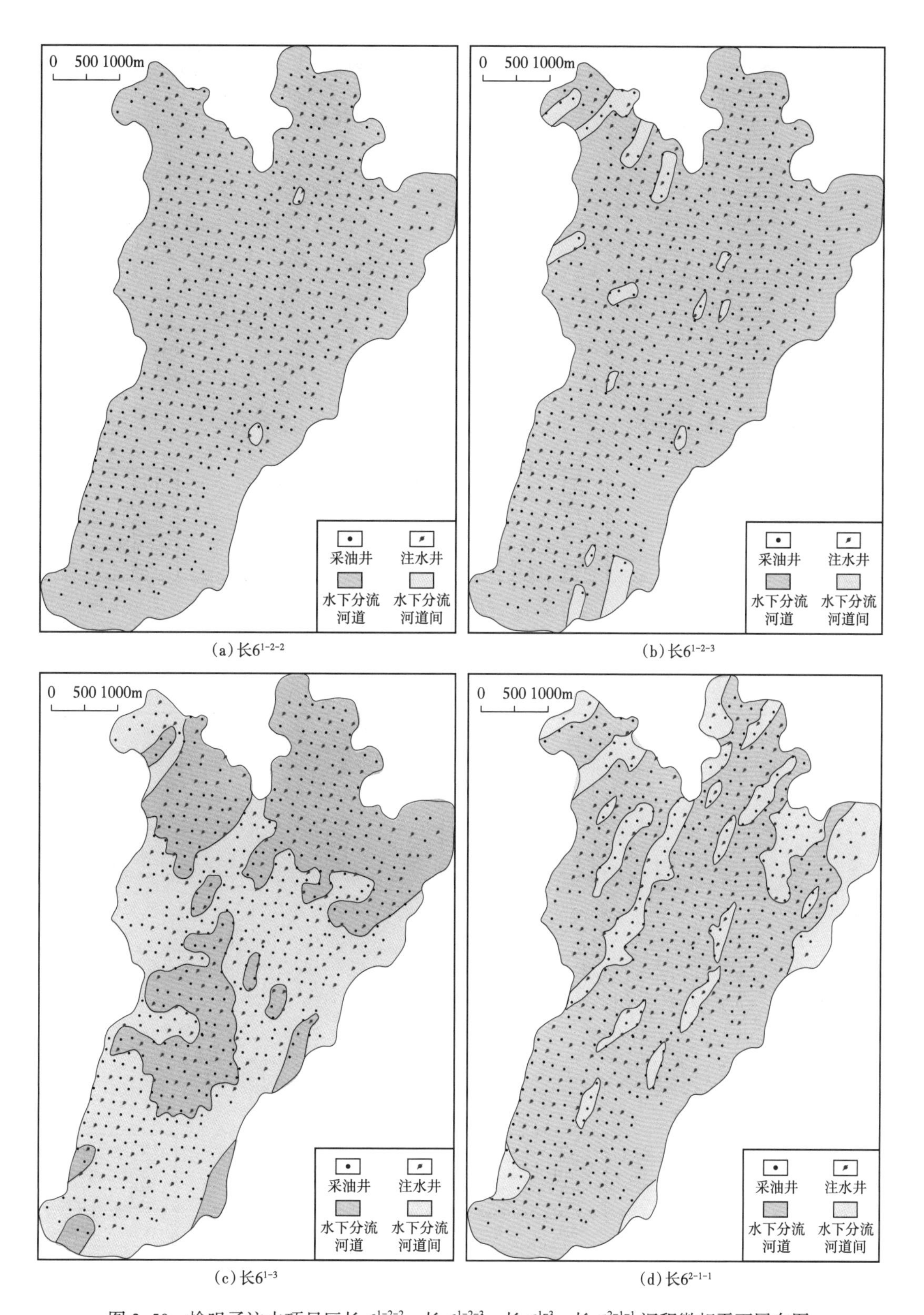

图 3-50　榆咀子注水项目区长 6^{1-2-2}、长 6^{1-2-3}、长 6^{1-3}、长 6^{2-1-1} 沉积微相平面展布图

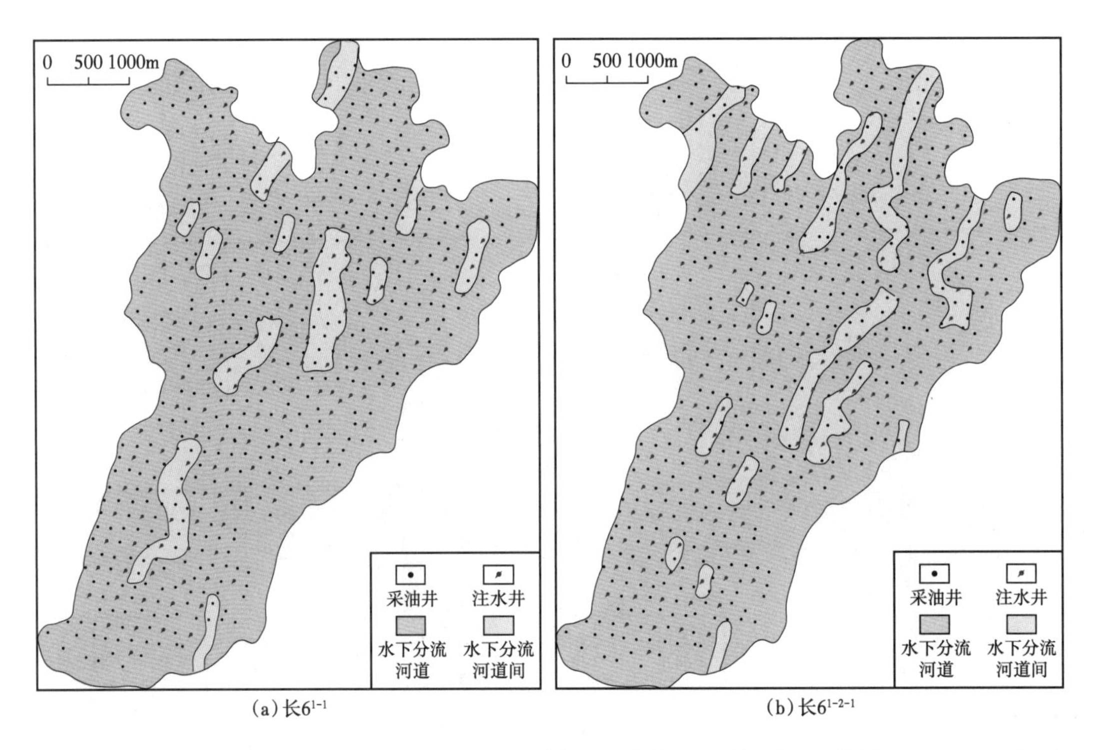

图 3-51 榆咀子注水项目区长 6^{1-1}、长 6^{1-2-1} 沉积微相平面展布图

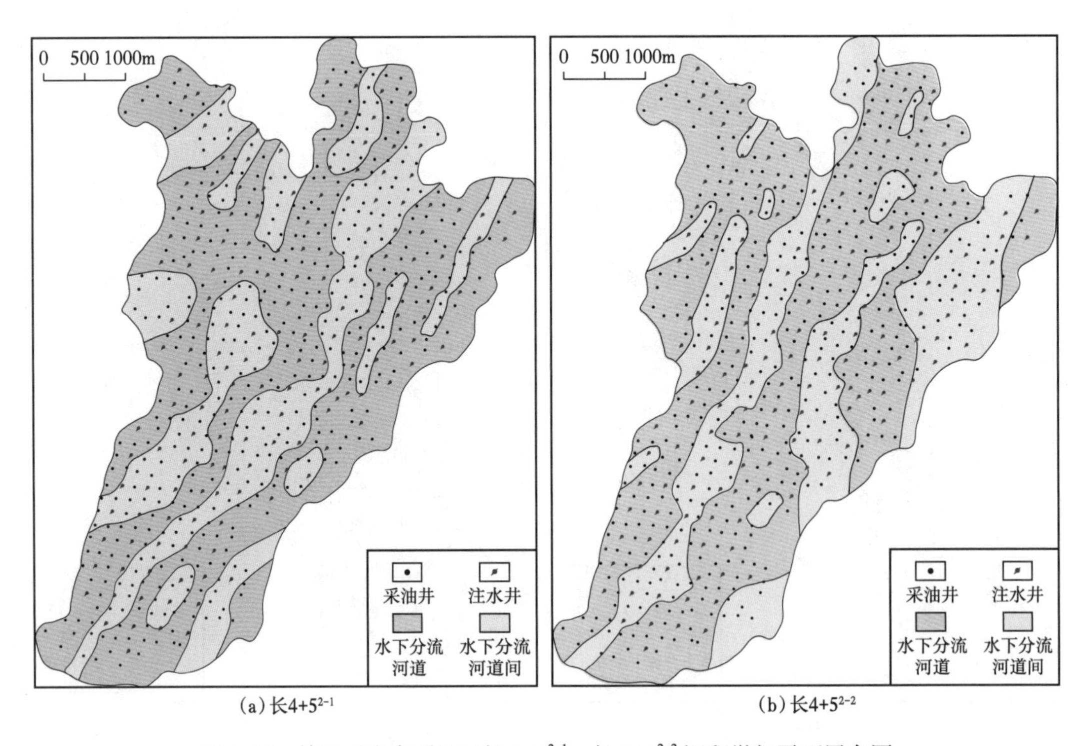

图 3-52 榆咀子注水项目区长 $4+5^{2-1}$、长 $4+5^{2-2}$ 沉积微相平面展布图

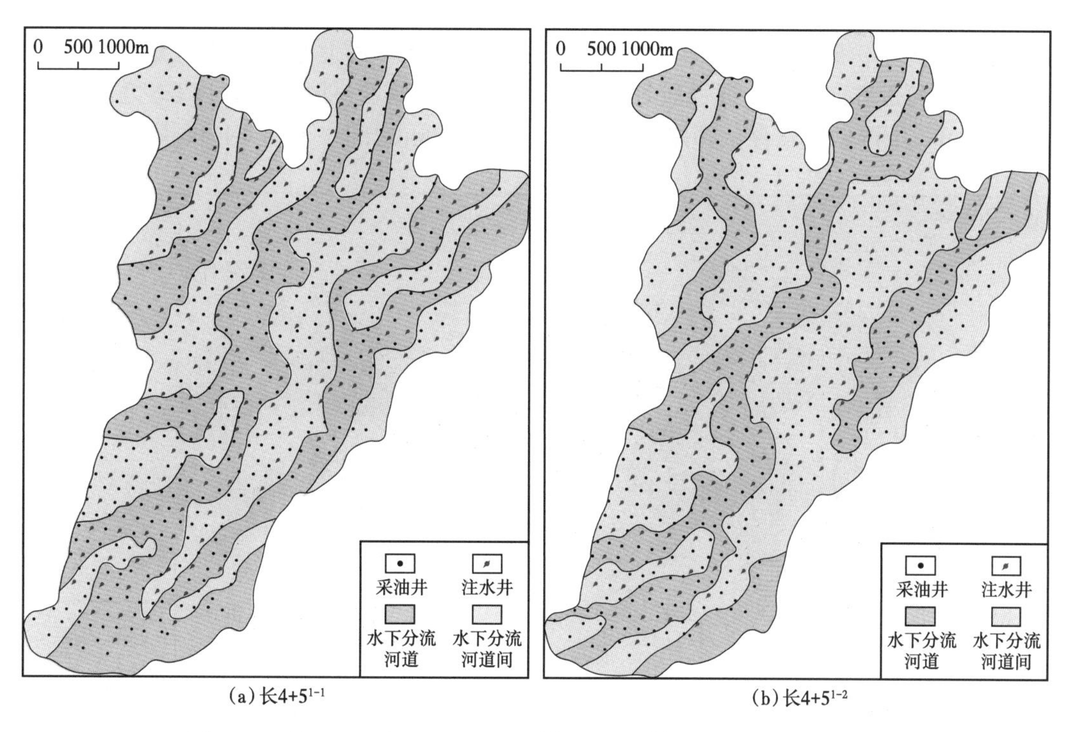

图 3-53　榆咀子注水项目区长 $4+5^{1-1}$、长 $4+5^{1-2}$ 沉积微相平面展布图

表 3-2　甄家峁注水项目区长 6 油层组各层砂体厚度对比表

层位			最小厚度（m）	最大厚度（m）	平均厚度（m）
长 6^1	长 6^{1-1}	上	1.0	12.0	5.8
		下	4.0	21.0	12.1
	长 6^{1-2}	上	1.8	15.4	6.2
		下	3.0	27.0	11.3
长 6^2	长 6^{2-1}	上	1.0	14.0	7.7
		下	1.0	10.0	4.1
	长 6^{2-2}		4.8	35.7	17.8
长 6^3			2.7	27.1	14.6

2. 甄家峁注水项目区长 6^{2-2}、长 6^{2-1} 沉积微相及砂体平面展布精细刻画

长 6^{2-2} 沉积时期水下分流河道沉积分布较广，区内发育北东—南西向延伸的主河道，规模较大，多期河道叠加交汇频繁。长 6^{2-2} 砂岩厚度较大，一般为 2.2~35.7m，平均厚度 15.6m。

长 6^{2-1} 沉积时期，存在水下分流河道、水下分流河道间、河口坝沉积，其中以水下分流河道沉积为主，砂体展布方向与主河道发育方向一致。沿北东—南西向发育两条主分流河道，沿河道方向砂体连通性较好。长 6^{2-1} 上部砂体厚度一般在 1.0~14.0m 之间，平均 7.7m；长 6^{2-1} 下部砂体发育，砂体厚度一般在 1.0~10.0m 之间，平均 4.1m（图 3-54）。

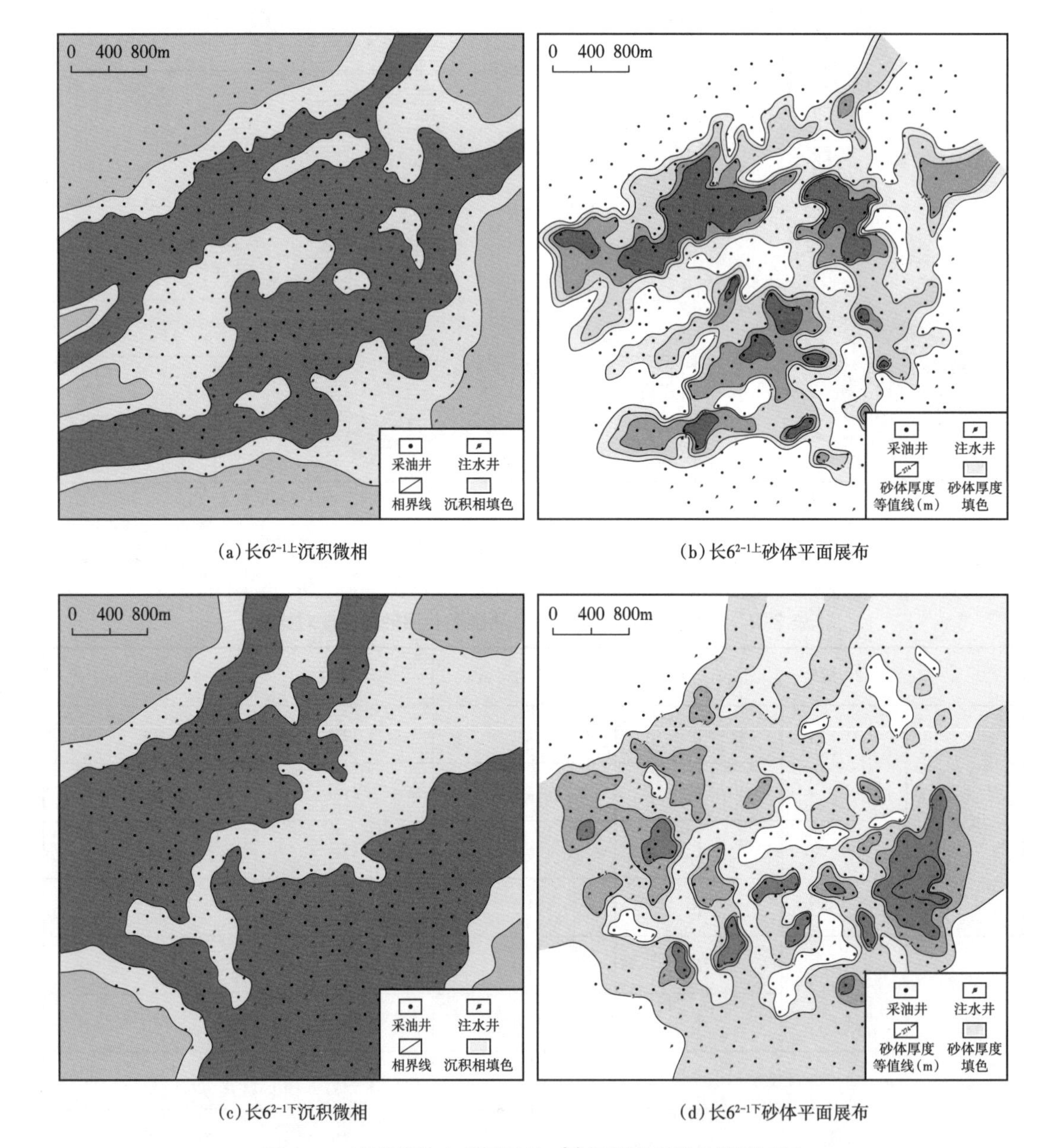

(a) 长6^{2-1}上沉积微相

(b) 长6^{2-1}上砂体平面展布

(c) 长6^{2-1}下沉积微相

(d) 长6^{2-1}下砂体平面展布

图 3-54 甄家峁注水项目区长 6^{2-1} 沉积微相及砂体平面图

3. 甄家峁注水项目区长 6^{1-2}、长 6^{1-1} 沉积微相及砂体平面展布精细刻画

长 6^{1-2} 沉积时期以水下分流河道沉积为主，局部发育布水下分流河道间和河口坝沉积。主要发育两条北东—南西向河道，在该项目区中部交汇，西南部分叉明显。沿河道方向砂体连通性较好，上部砂体厚度一般在 1.0~12.0m 之间，平均 5.8m；下部砂体厚度在

4.0~21.0m 之间，平均厚度 12.1m，项目区中南部砂体厚度较厚。

长 6^{1-2} 上段砂体主要分布在该项目区北部，以水下分流河道沉积为主，顺河道方向（北东—南西向）连通性较好。砂体厚度一般在 1.8~15.4m 之间，平均厚度 6.2m；长 6^{1-2} 下段砂体主要分布在该项目区中东部，主要为水下分流河道沉积，沿河道方向连通性较好，砂体厚度一般在 3.0~27.0m 之间，平均厚度 11.3m（图 3-55）。

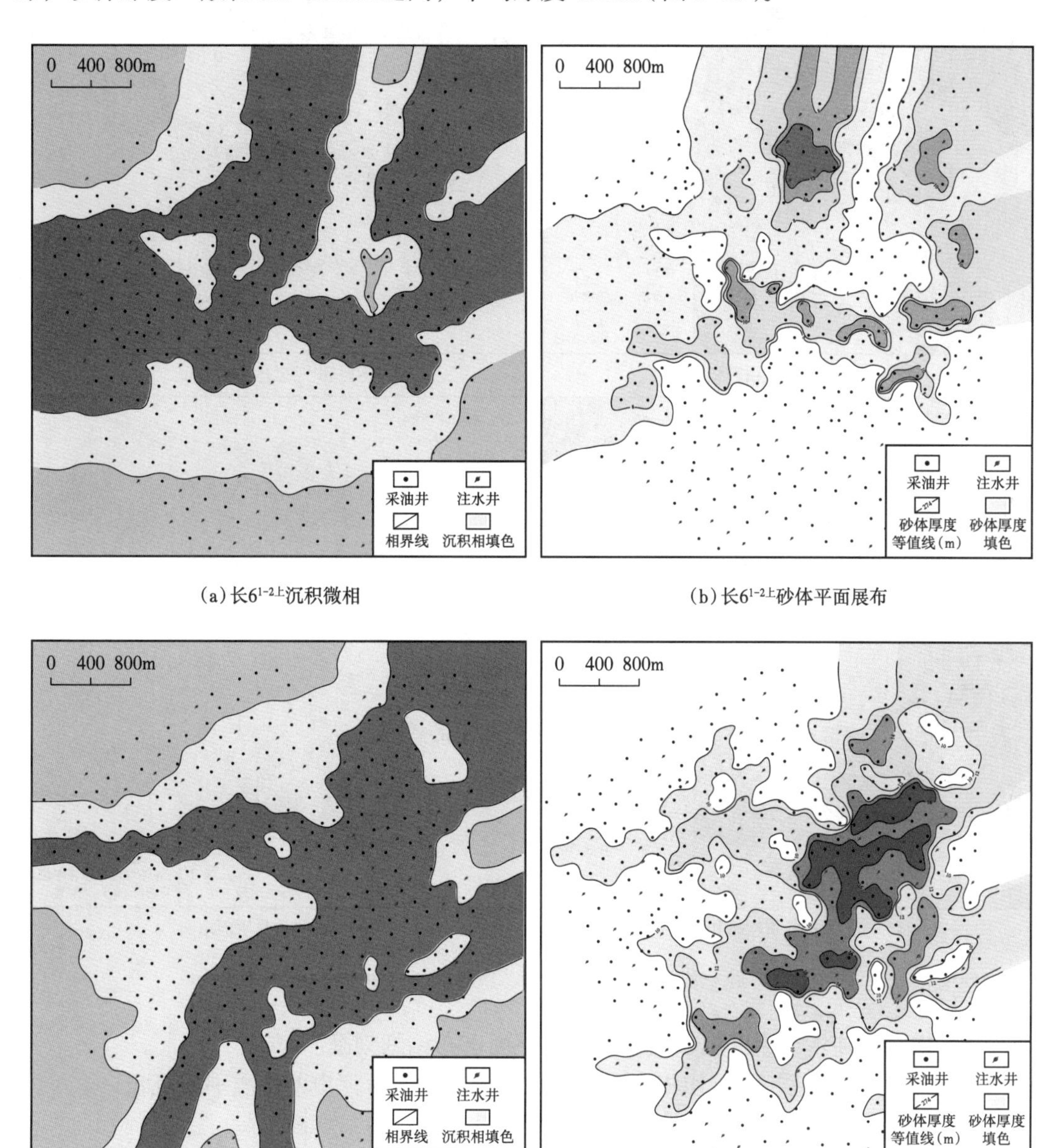

（a）长$6^{1-2上}$沉积微相　（b）长$6^{1-2上}$砂体平面展布

（c）长$6^{1-2下}$沉积微相　（d）长$6^{1-2下}$砂体平面展布

图 3-55　甄家峁注水项目区长 6^{1-2} 沉积微相及砂体平面图

长 6^{1-1} 沉积期主要为水下分流河道、水下分流河道间和河口坝沉积，以水下分流河道为主。发育两条北东—南西向河道，在该项目区南部汇合（图 3-56）。

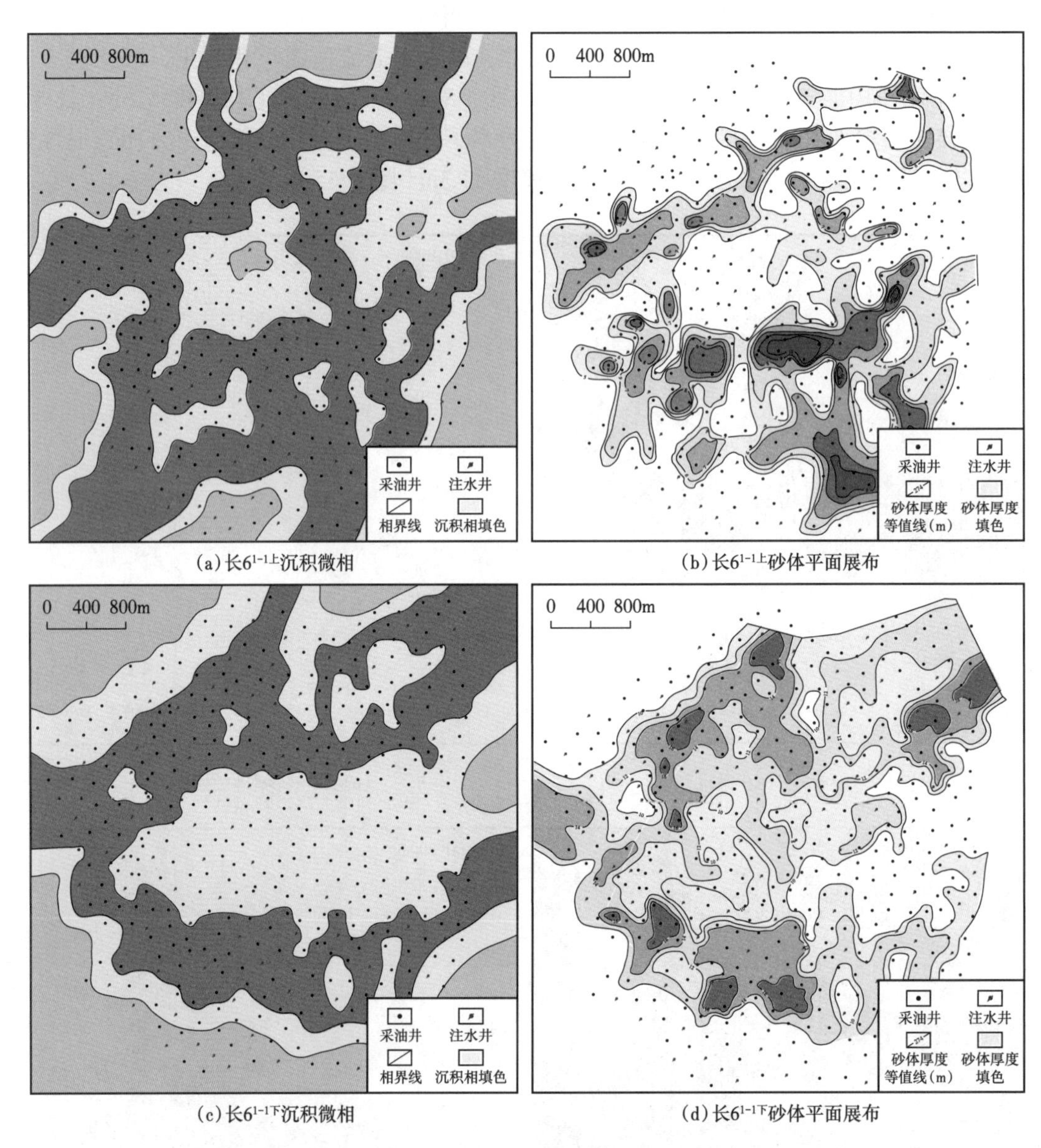

(a)长$6^{1-1上}$沉积微相　(b)长$6^{1-1上}$砂体平面展布

(c)长$6^{1-1下}$沉积微相　(d)长$6^{1-1下}$砂体平面展布

图 3-56　甄家峁注水项目区长 6^{1-1} 沉积微相及砂体平面展布图

(七)丰富川注水项目区沉积微相及砂体平面展布精细刻画

丰富川注水项目区长 2 沉积相主要为辫状河，主要发育河道、泛滥平原沉积。

1. 丰富川注水项目区长 2^{1-3} 沉积微相及砂体平面展布精细刻画

长 $2^{1-3下}$沉积时期主要为辫状河沉积，该期发育有三条河道，河道整体展布方向为北东—南西方向。三条河道自北东方向流入，在该项目区中部交汇、分叉，在该项目区西北部及北部发育泛滥平原沉积。

长 $2^{1-3下}$砂体呈带状分布，与河道展布方向基本一致，整体连片性较好，局部存在分叉合并现象，砂层厚度在 0.8~22.1m 之间，个别井区砂层厚度大于 15.0m(图 3-57)。

长 $2^{1-3上}$沉积时期只在项目区西部发育 2 条辫状河道，东部主要为泛滥平原沉积，河道展布整体方向为北北东—南南西方向。2 条河道自北北东方向流入，在该项目区中部区域交汇成一条主河道最后又分叉为两条自南南西方向流出。

长 $2^{1-3上}$砂体整体呈带状分布，与河道展布方向基本一致，整体连片性较好，分布于该项目区西部，砂层厚度为 1.2~21.4m，个别井区砂层厚度大于 15.0m（图 3-57）。

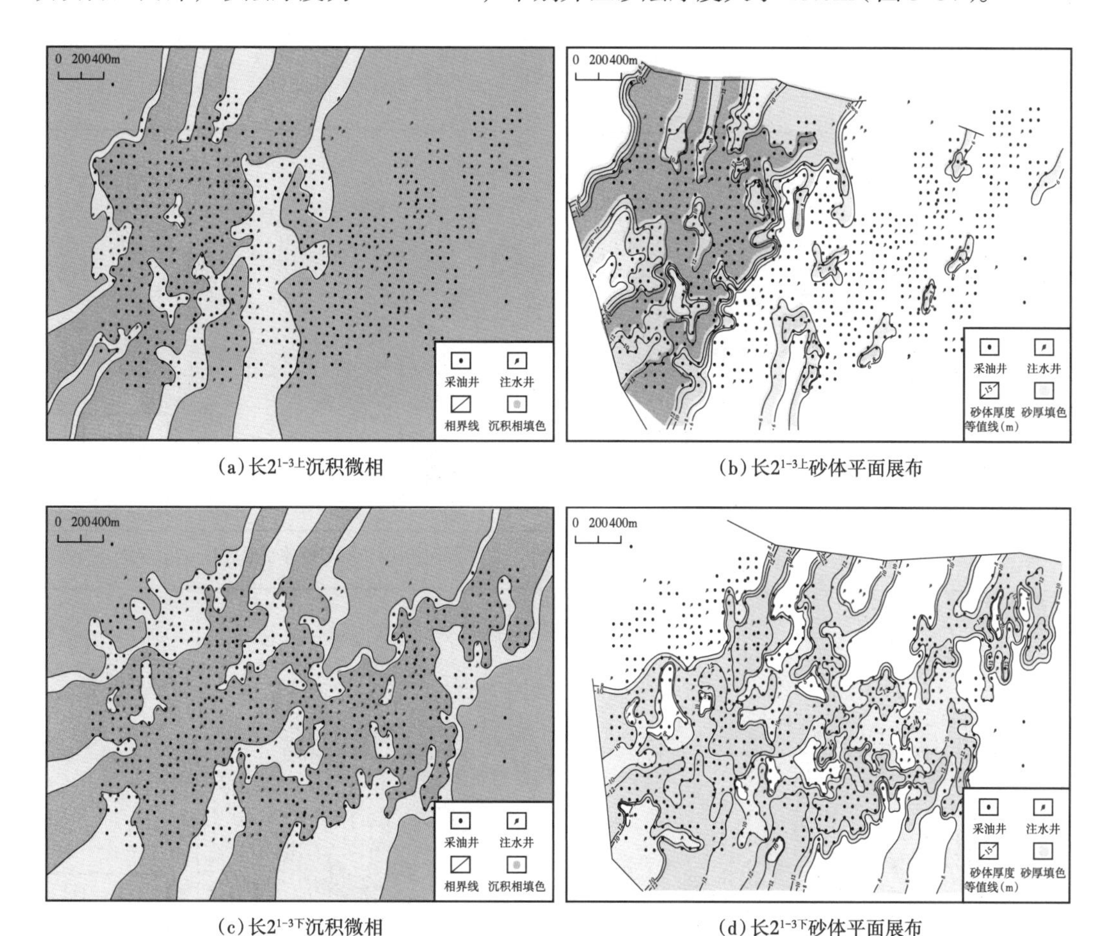

(a) 长$2^{1-3上}$沉积微相　(b) 长$2^{1-3上}$砂体平面展布

(c) 长$2^{1-3下}$沉积微相　(d) 长$2^{1-3下}$砂体平面展布

图 3-57　丰富川注水项目区长 2^{1-3} 沉积微相及砂体平面展布图

2. 丰富川注水项目区长 2^{1-2} 沉积微相及砂体平面展布精细刻画

长 2^{1-2} 沉积时期继承了长 $2^{1-3上}$沉积时期沉积特点，项目区西部自北北东方向流入 3 条河道，在该项目区中部短暂交汇后又迅速分叉为 2 条河道自南南西方向流出，河道相对较窄，方向性明显，东部区以泛滥平原沉积为主。长 2^{1-2} 砂体整体带状分布与河道展布方向基本一致，北东—南西向，主要分布于该项目区西部，整体连片性较好，厚度一般为 0.7~19.2m，个别井区砂层厚度大于 15.0m（图 3-58）。

3. 丰富川注水项目区长 2^{1-1} 沉积微相及砂体平面展布精细刻画

长 2^{1-1} 沉积时期继承了长 2^{1-2} 沉积时期沉积特点，项目区西部和东部各发育有一条自北东向流入的河道，西部河道较宽发生多次分叉合并，两条河道方向性明显，在中部局部发生交织。

长 2^{1-1} 砂体整体呈带状分布，与河道展布方向基本一致，呈北东—南西向，整个该项目区均有分布，整体连片性较好，砂体厚度一般为 0.9~23.4m，个别井区砂层厚度大于 15.0m（图 3-58）。

（八）郝家坪注水项目区沉积微相及砂体平面展布精细刻画

郝家坪注水项目区主要含油层系长 2 油层组砂体主要以辫状河道沉积为主，泛滥平原沉积不发育。

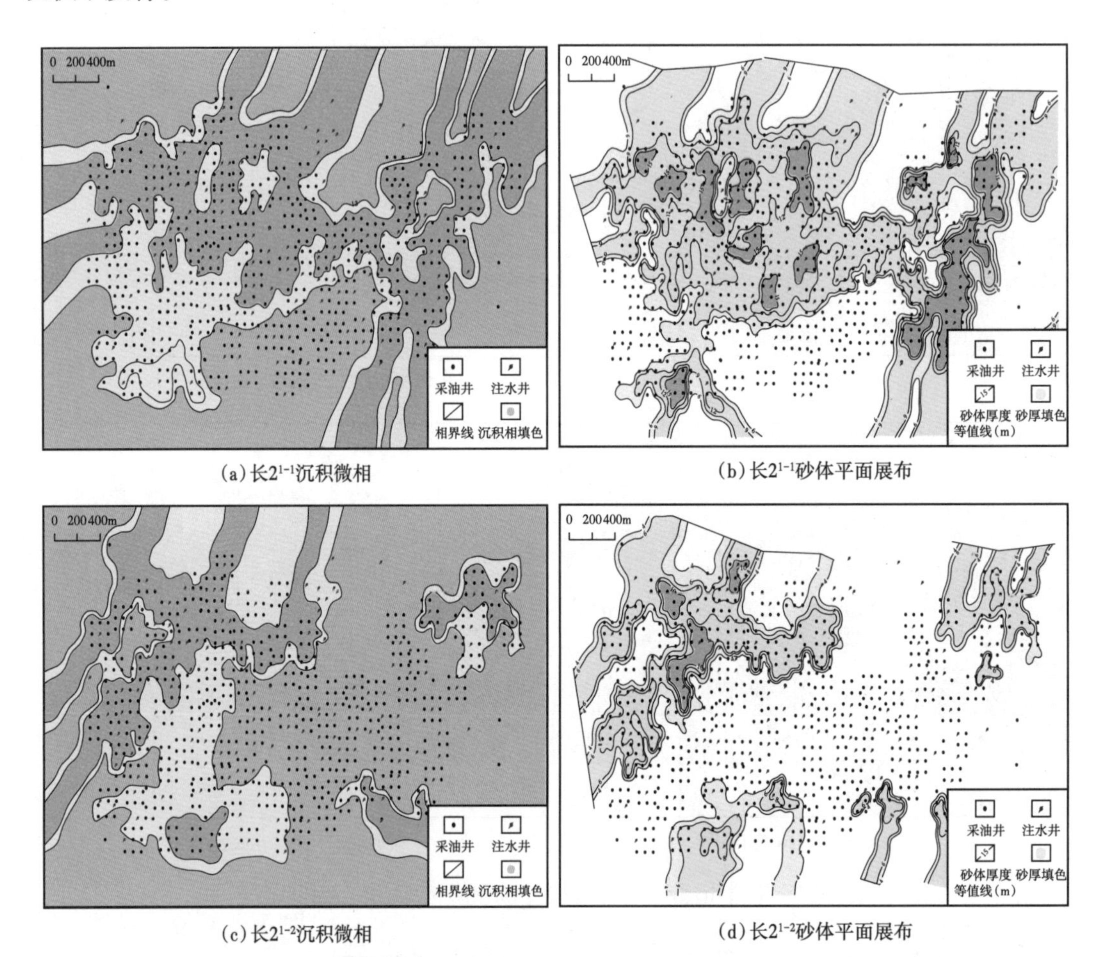

(a) 长2^{1-1}沉积微相　(b) 长2^{1-1}砂体平面展布

(c) 长2^{1-2}沉积微相　(d) 长2^{1-2}砂体平面展布

图 3-58　丰富川注水项目区长 2^{1-1}、长 2^{1-2} 沉积微相及砂体平面展布图

针对勘探开发实际情况需求，主要针对含油层系长 2^{1-3} 开展沉积微相与砂体展布研究，细分为上、下两部分开展精细分析。其中，长 2^{1-3-1} 沉积时期该项目区发育三条河流，一条近南北向发育，另两条为北西—南东及北东—南西向，3 条河流在项目区中部汇聚，然后向南部延伸。长 2^{1-3-2} 沉积时期主要发育两条河道，其中一条为南西向，一条为南东向，两条河流交汇于该项目区南部（图 3-59）。

长 2^{1-3} 砂体厚度展布与沉积微相具有较好一致性。长 2^{1-3-1} 砂体主要在该项目区中部及南部呈条带状分布，方向与河道发育方向一致；长 2^{1-3-2} 砂体主要集中在该项目区东部及南部部分区域，呈团块状分布，砂体展布方向与河道方向一致。

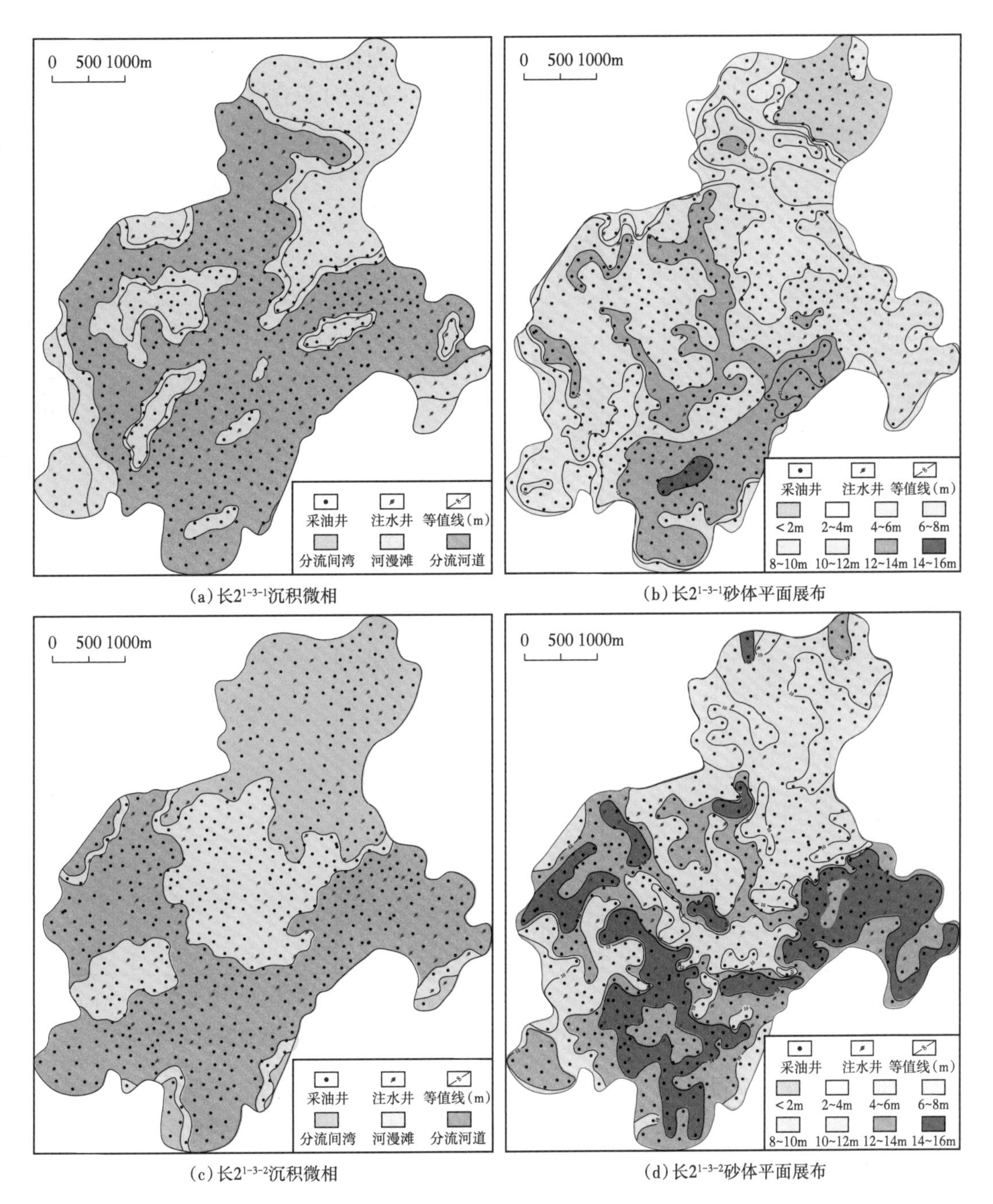

图 3-59　郝家坪注水项目区长 2^{1-3} 沉积微相及砂体平面展布图

四、潜力油层测井二次解释

延长油田 8 个注水项目区的油藏属于典型低渗透油藏，油藏特征复杂多变，常规测井资料、响应特征对油层、水层的分辨率降低，导致实际生产中开发效果与初次测井解释结果不符合，如有实际生产能力的低孔储层与无效层段之间的测井响应差异很小，或者高产油层与油水同层之间测井响应差异不明显。因此有必要结合目前的生产动态情况，进行测井资料二次解释，为下一步生产开发提供潜力层或者潜力含油区。

如吴仓堡注水项目区 W49-1022 井的长 2^{1-3} 层，一次测井解释结果为砂层不含油，二次测井精细解释结论为含油砂层。对该井长 2^{1-3} 层进行改造，初期日产 8.5t 纯油（图 3-60）。

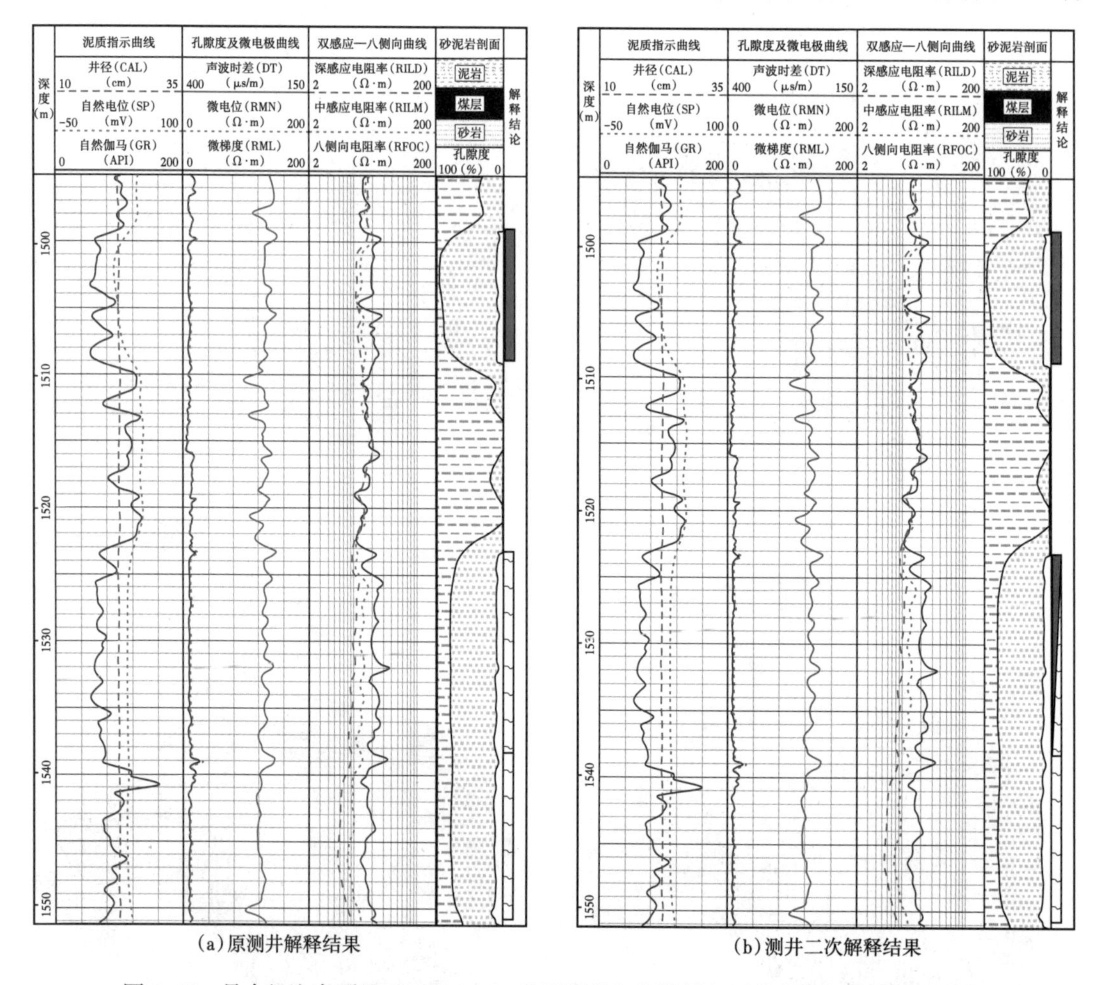

(a) 原测井解释结果　　(b) 测井二次解释结果

图 3-60　吴仓堡注水项目区 W49-1022 井原测井解释结果与测井二次解释结果对比图

例如，柳沟注水项目区 30-49 井长 2 油层组 1673.0~1679.0m 井段，砂层的电阻率较低，一次测井解释结果为油水同层，二次测井解释结果为油层，作业后初期日产原油 40t，不含水（图 3-61）。

还有，延长油田对学庄、吴仓堡、长官庙、王洼子 4 个油区的富县组试油，均见到了工业油流，揭示了富县组油藏具有良好勘探潜力。因此，加强测井资料的处理和二次解释，对揭示侏罗系古地貌油藏十分必要。

通过针对吴仓堡富县组二次测井资料解释，发现富县组油层具有以下特点：

（1）“砾岩段”自然电位曲线为箱状，自然伽马测井值较下部（延长组）的砂岩段更低；

（2）测井曲线响应特征表现为高声波时差、大井径、低电阻率；

（3）与延 10 相比，其电阻率偏高，自然伽马值偏低。

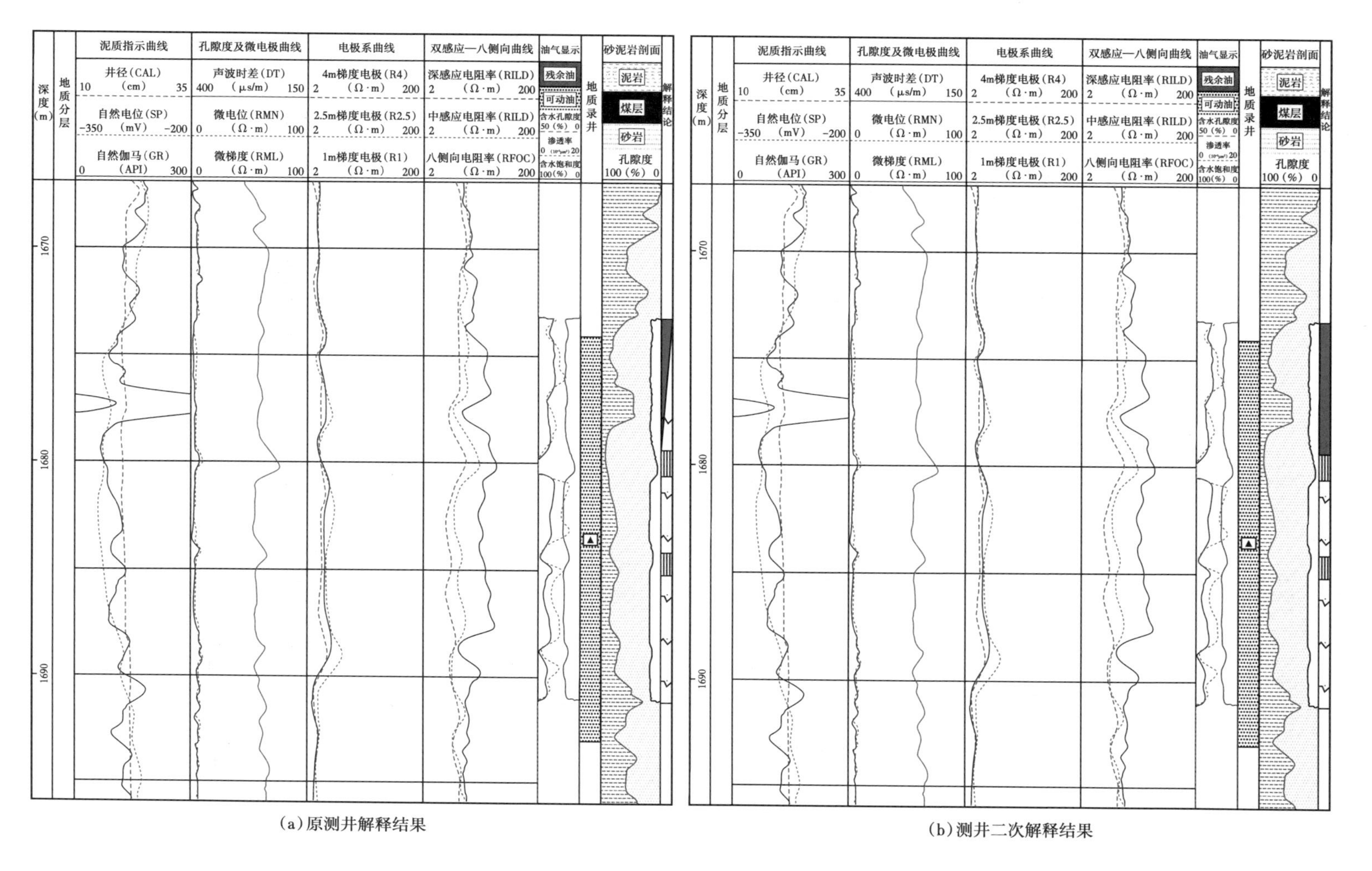

(a)原测井解释结果

(b)测井二次解释结果

图 3-61　柳沟注水项目区30-49井原测井解释结果与二次解释结果对比图

W49-1571 井长 6 油层组的 1912.0~1916.0m 井段，于 2016 年 7 月 21 日投产，初产液 7.0m^3，含水率 60%。该井 2018 年 2 月日产液 3.0m^3，含水率 60%，日产油 1t，进入低产低效开发阶段。2018 年 3 月 19 日，对富县组 1434~1439m 井段实施生产层段调整措施，措施后日产液 15m^3，日产油 13t，综合含水率 4%（图 3-62）。进而，对吴仓堡注水项目区南部 10 口井的试油后取得工业油流，富县组油层将作为吴仓堡南部油区下一步有利的开发接替层（图 3-63）。

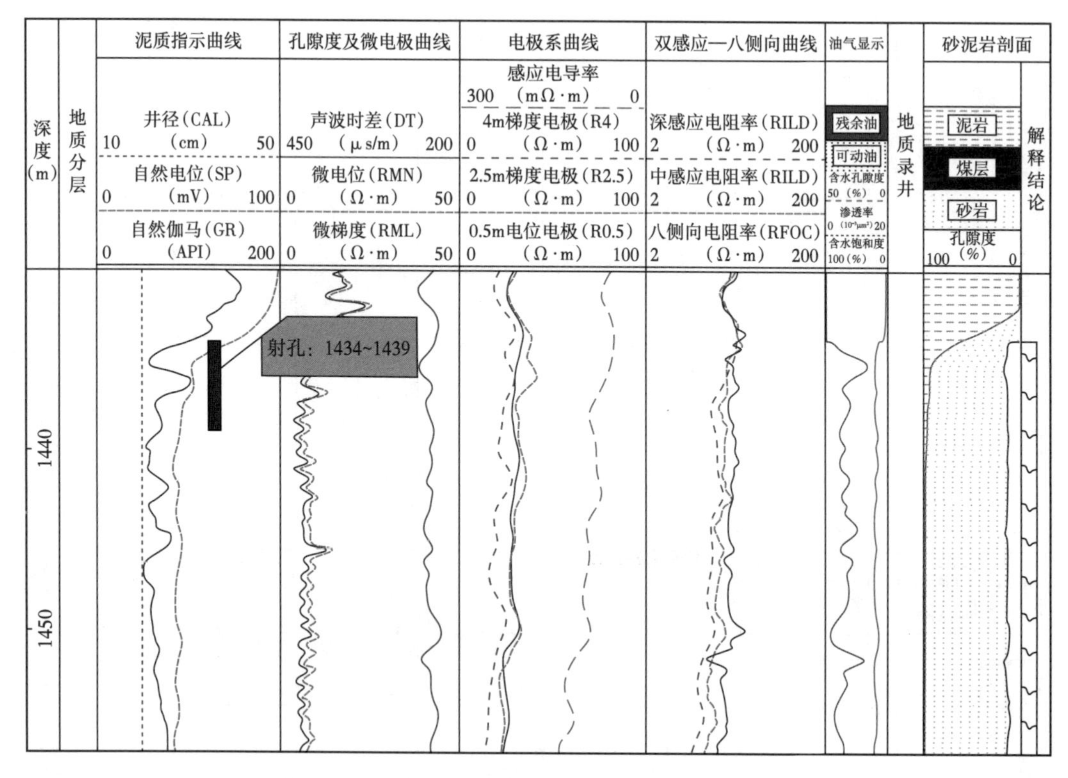

图 3-62 吴仓堡注水项目区 49-1571 井测井综合图

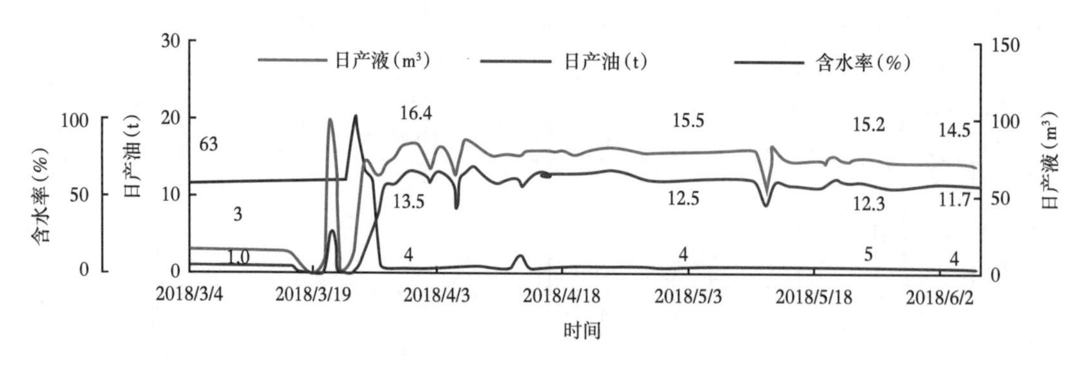

图 3-63 W49-1571 井开发曲线图

吴仓堡注水项目区 W49-1022 井区的长 2$^{1-3}$ 油层和该项目区南部的 W49-1571 井区富县组油层、柳沟注水项目区 30-49 井区长 2 油层等，由于油层与水层、干层的测井响应差别小，属于低对比度油层，造成油层、水层、干层测井响应特征差异小，流体识别困难。

相关研究表明，造成低对比度油层的原因除了储层岩性细、束缚水含量高、黏土矿物附加导电以外，还与钻井液性质、浸泡时间等因素有关。延长油田 8 个注水项目区钻井过程中基本使用低矿化度淡水钻井液，且大多数井完钻层位较深，侏罗系油层、三叠系延长组长 2 油层长时间受低矿化度钻井液浸泡，容易导致井眼周围油层电阻率降低，测井探测的局限性使油层低阻。在双感应—八侧向有效探测范围内，油层深感应电阻率值降低，水层增高，减小了油层与水层之间电阻率差异，造成油层低对比度的表象。

如 W164-3 井的延 9^2 砂体的上部，测井一次解释结论为水层，测井二次解释结论为含油水层，2013 年高爆 15×85%，日产油 2.0t；同井组的 W164-5 井延 9^2 砂体的上部，测井一次解释结论为水层，测井二次解释结论为含油水层，2022 年高爆 15.6×8%，日产油 12.3t，试采结论反映为油层；受钻井液侵入和测井时间的影响，W164-3 井、W164-5 井延 9^2 砂体的上部含油部位与下部含水部位的测井电阻率等曲线特征总体呈低对比度的响应（图 3-64）。

实验研究、数值模拟（水驱油两相渗流模型、钻井液与地层水矿化度传输与扩散模型、岩—电模型及电测井数值计算等）、随钻测井与时间推移测井、油层饱和度—原状地层电阻率研究等表明，对于低幅度油藏、含油饱和度较低的油层，钻井液侵入会对测井识别油层带来严重影响（欧阳健等，2009）。

20 世纪 60—20 世纪 70 年代，中国东部含油气盆地油气勘探实践发现，在淡水钻井液侵入的情况下油层（含油饱和度大于 70%）的测井响应特征总体为低侵显示（即探测范围浅的电阻率值低于探测范围深的电阻率值），而含水层测井响应特征为高侵显示（即探测范围浅的电阻率值高于探测范围深的电阻率值）。

20 世纪 80 年代以来，双感应测井反映油层中淡水钻井液侵入后显示为高侵特征的现象增多。随钻测井与时间推移测井、岩石物理实验、数值分析研究认为，由于油层含油饱和度较低，油相渗透率较低，随钻井液浸泡时间增加，油层侵入带内造成低阻环带推移消失的速度增加，探测较浅的中感应测井值很快受推移的高阻侵入带影响而升高，并超过深感应测井值，双感应测井表现为高侵特征。上述低饱和度油层的侵入特征与高饱和度油层的侵入特征明显不同，只有少数钻井液浸泡时间较短内测得的双感应测井反映为高侵特征。

鄂尔多斯盆地中生界探井，由于兼顾多层系含油且含油层段跨度大，没有中完测井，探井由于钻开上部油层的时间与对其实施测井的时间间隔比较长，钻井时上部延安组、富县组油藏等被钻井液浸泡时间长（多数在 10 天以上），电阻率曲线受侵入影响较大，大多数低渗透低饱和度的油层双感应测井特征反映为高阻侵入，与水层的特征相似，给测井识别该类油层增加了困难。低饱和度油层中存在“低阻环带”，阵列感应测井由于其纵向和横向探测特征可能揭示“低阻环带”的特征。

鄂尔多斯盆地西倾单斜上发育低幅度鼻状构造，形成了众多的延安组小型含油富集区。延安组油藏物性好、产量高、开发效果好，但延安组发育典型低电阻率、低对比度油藏。其中，统计 2013 年至 2014 年期间鄂尔多斯盆地延安组工业油流井中低电阻率、低对比度油层达到 62.3%。由于延安组油藏规模小，油层与水层电阻率对比度低，地层水性质变化大，给测井识别带来巨大挑战，测井解释符合率长期在 60% 左右。同时，很多探井的目的层系为延长组长 4+5、长 6，甚至长 8 或长 10，其上的长 2、长 3 油层，也遭受一定时间的钻井液浸泡以后才实施测井，所以在侏罗系延安组、富县组以及延长组长 2 等油层中，钻井液侵入对油层识别的影响可能比较大。

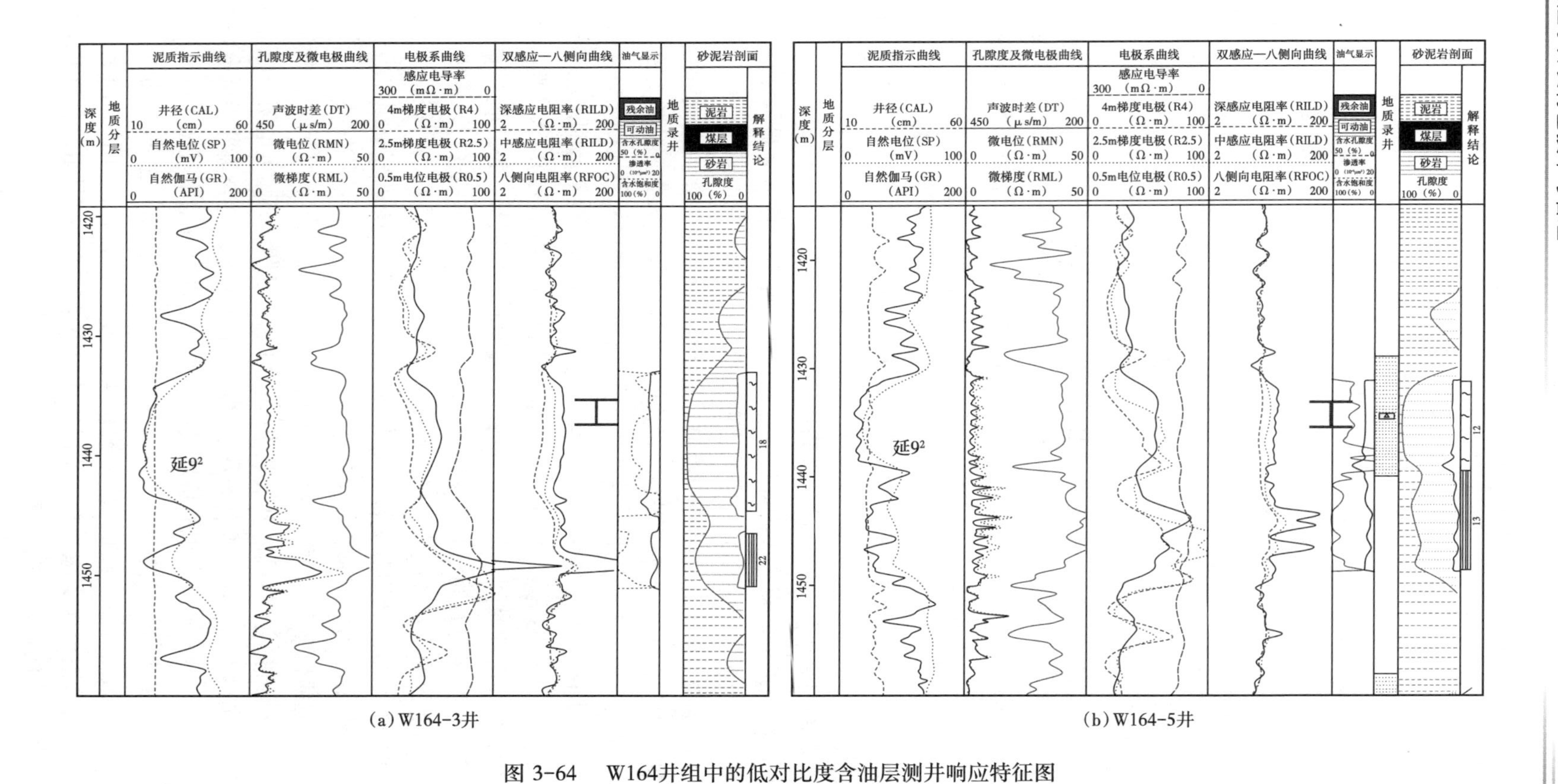

(a) W164-3井

(b) W164-5井

图 3-64 W164井组中的低对比度含油层测井响应特征图

淡水钻井液侵入水层时，侵入带内形成高侵电阻率剖面，深感应测井受高侵侵入带影响相对较小，电阻率值增幅相对不明显。

五、储层流动单元综合研究

传统的油藏描述、精细油藏描述，都是针对油田开发而进行的油藏地质综合研究，其中对油藏渗流特征表征是油田开发对油藏描述提出的最重要的要求，而流动单元则为油藏描述和油藏开发提供了一个直接对话的平台，流动单元的提出成为连接油藏描述和油藏开发的一个极其关键的纽带。

（一）流动单元的概念

流动单元（Flow Unit）的概念是 Hearn 等于 1984 年提出的，其目的是在储层描述中把砂岩储层进一步细分，以区分砂岩储层的差异性。后经学者加以完善，认为流动单元是成因单元内流体流动横向上和纵向上连续的空间，是反映储层静态特征的一个空间概念。

一般，流动单元被定义为：在侧向和垂向上连续的、具有相同的影响流体流动特征参数的储集岩体。也可以表示为具有相似特征的相组合，认为每一个流动单元通常代表一个特定的沉积环境和流体流动特征。它与成因单元分布有关，但并不一定与相界面一致。在该单元内，各部位岩性特点相似，影响流体流动的岩石物性参数也相似。至今，流动单元的概念已从一个层的概念发展到一个三维储集体的概念，其成因意义反映特定沉积环境和流体流动特征，从而使其与储层结构紧密地联系起来，成为一个可预测的地质体。

Ebanks（1987）对流动单元的概念进行了扩展，认为流动单元是根据影响流体在岩石中流动的地质和物性参数进一步细分出来的岩体，不仅考虑了储层静态特征，而且包含了储层内流体流动的动态性能。Alden（1997）等指出：流动单元是 R_{35} 孔喉半径均匀分布、具有相似的岩石物理性质和使流体连续流动的储层段，R_{35} 是指水饱和度为 65% 时或孔隙体积为 35% 时的孔隙喉道半径。按照流动单元的概念，可将高频层序内（一般为准层序）的储层段在空间上细分为岩石物理性质各异的流动单元块。每个单元块内部影响流体流动的地质参数相似，单元之间则表现为岩石物理性质的差异性。

尹太举等（1999）认为流动单元应是储层中影响流体流动的岩石物理性质和岩层特征（空间分布、内部结构、非均质特征等）相近的连续储集体。同一单元内储层渗流和水淹特征相似，不同单元之间差异明显或有渗流隔挡。这个概念从实际应用角度出发，给出了流动单元所包含的内容，以及其潜在用途。阎长辉等（1999）认为动态流动单元的研究不仅应以岩石地质、物理性质为基础，还应引入油藏流体性质参数。开发过程中油藏流体是变化的，因此动态流动单元也是变化的。开发不同阶段有不同流动单元分布特点，开发初期确定的动态流动单元代表着油藏原始状态。把流动单元静态和动态对比分析发现，动态流动单元更接近开发，可以直接为开发方案的调整提供依据。

裘亦楠（1996）认为，流动单元是指由于储层非均质性、隔挡和窜流旁通条件，注入水沿着地质结构引起的一定途径驱油、自然形成的流体流动通道。穆龙新（1999）、雷占祥等（2014）则认为流动单元是指一个油砂体及其内部因受边界限制，不连续薄隔挡层、各种沉积微界面、小断层及渗透率差异等因素造成的渗透特征相同、水淹特征一致的储层单元。二者是从成因的角度来探讨流动单元的定义，并认为在一个小层或单层砂体内部可能细分出多个流动单元，也可能就是一个流动单元。

焦养泉等（1998）在研究鄂尔多斯盆地曲流河和湖泊三角洲沉积体系时，把流动单元定义为地质结构的一部分，并认为流动单元是指沉积体系内部按水动力条件进一步划分的结构块体，它和构成单元（结构要素）属于类似的概念并指出流动单元在河道复合体内部是以隔挡层为边界的，隔挡层将砂体中的各级构成单位重新组合形成多个孤立的或半连通的空间——流体流动单元，一个流动单元的规模可能与一个或几个点坝增生单元相当。

尽管以上各种定义之间有所差异，但都包含了不同学者对流动单元的共性想法，具有相同或相似的出发点。

（1）相近的内部特征：流动单元基本上是指根据影响流体流动的地质和岩石物理性质而划分的单元，是建立在储层建筑结构内部的流体渗流特征相近的基本储集单元体。

（2）单元边界：流动单元模型是由许多流动单元块体镶嵌组合而成的模型。不同流动单元之间存在有明确边界。尽管一些学者在流动单元概念中强调储层叠置结构，但它也是流动单元边界的一种类型。

以砂岩储层流动单元为例，其发育特征和空间分布受沉积作用、构造作用和成岩作用的共同控制。垂向上常由隔层或夹层（沉积和成岩的）及微地质界面所分隔；侧向上则由沉积微相、单砂体、内部结构、不连续薄夹层、物性非均质和断层遮挡等因素所限制；空间上被分割成相互嵌接的块体单元，每个块体都是具有一定物性变化范围和相似结构的相对均质单元，各自具有相对独立的地质特征和导流能力。这种非均质表现形式与用等值线表示的连续渐变型非均质模型截然不同，它既反映了单元间岩石物性的差异和单元边界，又突出表现了同一流动单元内储层物性特征的相似性。

因此，流动单元主要强调储层单元，即储层单元中影响流体渗流（流动）的岩石物理性质相同，具有相同的渗流特征。因此，可以把流动单元定义为具有相同渗流特征的储层单元。

（二）流动单元划分思路

1. 以数学手段为主的储层参数分析法

广泛应用储层中的各种地质参数，通过对单井中密集取样数据的聚类分析，寻找划分流动单元的有效参数和定量界限，然后直接在整套储层中定量划分流动单元。该方法中，仅仅需要做少量的地层对比和沉积学研究，隔层、夹层的分布也可作为一种类型的流动单元定量划出，最终建立以流动单元为基础的三维定量地质模型。根据不同地区的地质特点和资料状况，所选用的储层参数也大不相同，可分为如下几类：（1）岩相及宏观岩石物理参数：如岩石类型、沉积构造、粒度中值、泥质含量、砂层厚度、净/毛厚度比、孔隙度、渗透率、渗透率变异系数、K_v 和 K_h、含水饱和度等；（2）微观孔隙结构参数：如孔隙组合类型、孔喉半径、平均流动半径或流动带指标等；（3）传导系数、存储系数；（4）生产动态参数：如井间流动能力指数。

上述方法强调了成因单元（或沉积相带）内影响流体渗流地质参数的差异，虽应用多种参数进行流动单元划分，但对成因单元本身的分布、单元间渗流屏障（如沉积屏障、成岩胶结带和断层遮挡）及各种地质界面的研究不够。陆相储层砂体时空分布的复杂性、渗流屏障及微地质界面的分布状况，在某种程度上对地下流体运动的影响更为重要。此外，一些学者过分强调了流动单元在垂向上的分层性，甚至将流动单元看作是更细微的

“地层单元”，忽视了对平面上渗流差异的研究，而平面上严重非均质性也是陆相储层的重要特性。

2. 以地质研究为主的储层层次分析法

把高分辨率层序地层学原理、层次界面分析和流动单元定量划分三者融为一体，采用层次分析思想进行储层流动单元的划分。首先，应用高分辨率层序地层学旋回等时对比法则，建立高分辨等时地层格架，并研究其泥质岩隔、夹层的分布；然后，在等时地层单元内，按照其中不同级次沉积界面和结构单元的特征，把储层详细解剖到砂体或成因单元，并进一步分析界面间沉积、成岩胶结屏障及断层遮挡状况，建立精细的储层结构模型及渗流屏障模型；最后，通过影响渗流的储层地质参数分析，在砂体或成因单元内定量划分流动单元，建立储层流动单元分布模型及其三维定量地质模型。

该方法比较适用于陆相非均质储层。依据储层中多级次的旋回性，将整套储层详细划分到单砂层，使用的“旋回对比、分级控制、不同相带区别对待”的油层对比方法，实质就是高分辨率层序地层学的旋回等时对比法则。由整套储层 → 相似结构段 → 砂体 → 沉积微相 → 单砂层 → 相对均质单元或流动单元的分级描述，充分体现了 Maill 的层次分析思想。对流动单元的定量探索也是以结构模型为基础，限于所划分的单砂层和单砂体内部井间可追溯对比的范畴，尚未进入成因单元（如单一河道砂内部的点砂坝、心滩砂坝等）的级别，对这一级别的井间描述还需要大量露头资料的支持。

（三）延长油田注水项目区储层流动单元划分

1. 甄家峁注水项目区长 6 油藏流动单元划分

针对甄家峁注水项目区长 6 油藏地质特征和开发实际情况，利用储层层次分析法，首先对取心井的测井资料与孔隙度、渗透率、含水饱和度、泥质含量之间的相关性进行判别、分类，通过对单井中密集取样数据的聚类分析，寻找划分流动单元的有效参数和定量界限，确定判别公式。根据判别公式对未取心井进行判别，在对油层组进行细分的基础上，依据岩石物理特征参数进行流动单元划分，划分出Ⅰ、Ⅱ、Ⅲ、Ⅳ四类流动单元（图 3-65）。该方法中，仅仅需要做少量的地层对比和沉积学研究，最终建立以流动单元为基础的定量地质模型。

甄家峁注水项目区长 6 油层组四类流动单元特征（图 3-66）分别为：

Ⅰ类流动单元：平均孔隙度为 12.4%，平均渗透率为 $3.29\times10^{-3}\mu m^2$，平均厚度为 9.24m，孔隙发育，喉道较宽，颗粒呈点接触，连通程度好，一般位于水下分流河道的中心部位或是河流交汇处，分选性好，范围小，连片程度差，是渗流能力和储集能力最强的类型，试油产量较高，达到 20t 以上，采出程度很高，剩余油饱和度相对较低，水驱油的过程中，很容易发生水淹，所以在注水开发过程中，一定要采用合适注采比，防止过早发生水窜。

Ⅱ类流动单元：平均孔隙度为 12.1%，平均渗透率为 $2.95\times10^{-3}\mu m^2$，平均厚度为 7.16m，孔隙发育，喉道较窄，连通程度较好，甄家峁注水项目区内这类流动单元分布较广，主要分布在主水下分流河道和河口坝沉积砂体中，分选性较好。平面上连片性好，纵向上连通性好，是渗流能力和储集能力较强的类型，试油产量可达到 12t 以上。流动单元内水线推进较均匀，采出程度相对比较高，是该项目区主要生产动用单元，有助于大面积注水开发。如能较好控制注入量和注入压差，将获得较理想开发效果。

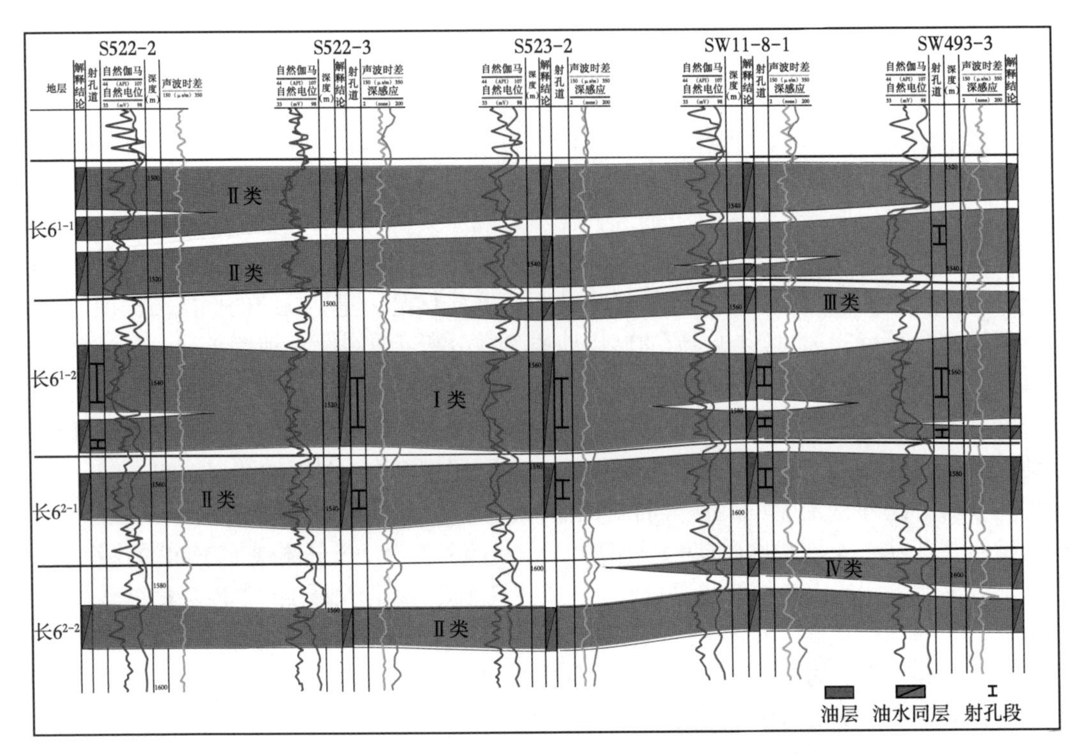

图 3-65 甄家峁注水项目区长 6^1、长 6^2 流动单元剖面图

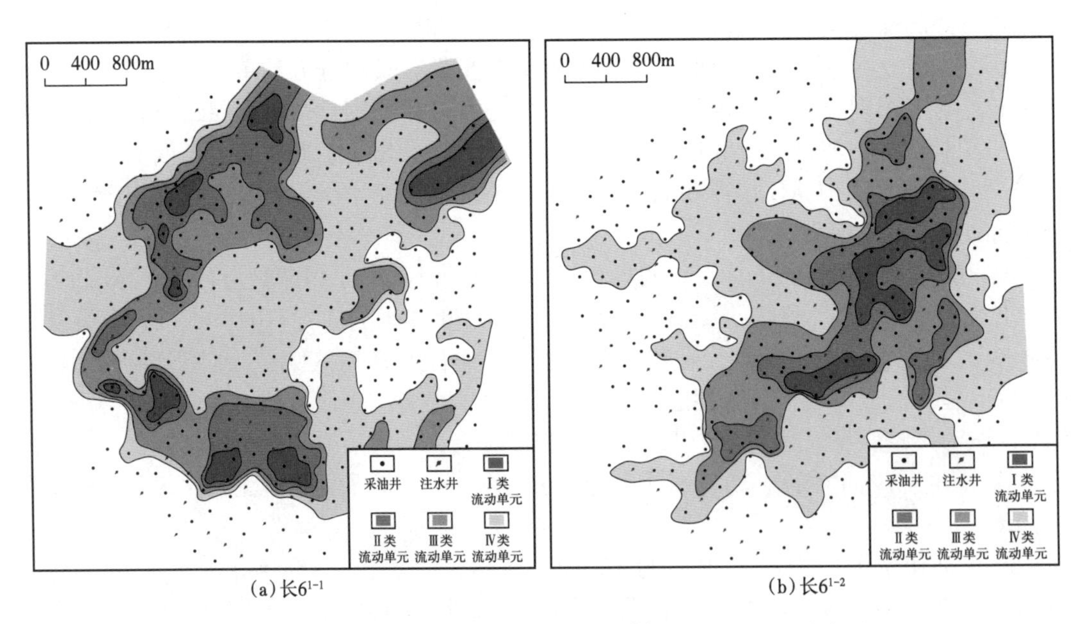

图 3-66 甄家峁注水项目区长 6^{1-1}、长 6^{1-2} 流动单元平面分布图

Ⅲ类流动单元：平均孔隙度为 11.6%，平均渗透率为 $2.57\times10^{-3}\mu m^2$，平均厚度为 6.86m，孔隙较小，喉道较细，颗粒呈线接触，连通性较差。甄家峁注水项目区内这类流动单元分布较广，主要分布在水下分流河道和河道的边部，孔隙度和渗透率较低，物性较

差，厚度小，非均质性较强，但连片性好，范围比较大，是渗流能力和储集能力较差的类型，试油产量一般为5t左右，剩余油分布较多。当进入高含水率阶段后，仍有较多剩余油富集，采出程度相对比较低，是进一步开采和挖潜的主要单元。

Ⅳ类流动单元：平均孔隙度为10.3%，平均渗透率为$1.62\times10^{-3}\mu m^2$，平均厚度为4.59m，孔隙小，喉道细，连通性很差。属于水下分流河道微相与水下分流河道间微相的过渡部位，是渗流能力和储集能力差的类型，试油产量一般为2t左右。

2. 郝家坪注水项目区长2油藏流动单元划分

针对郝家坪长2的油藏地质特征和开发实际情况，应用储层层次分析法，首先选取砂体厚度、渗透率、孔隙度、泥质含量共4个参数划分流动单元。其中，砂体厚度反映沉积体的位置和环境，泥质含量反映沉积体岩性特征，孔隙度和渗透率则反映沉积体的物性特征。进而划分出Ⅰ、Ⅱ、Ⅲ、Ⅳ四类流动单元（图3-67）。

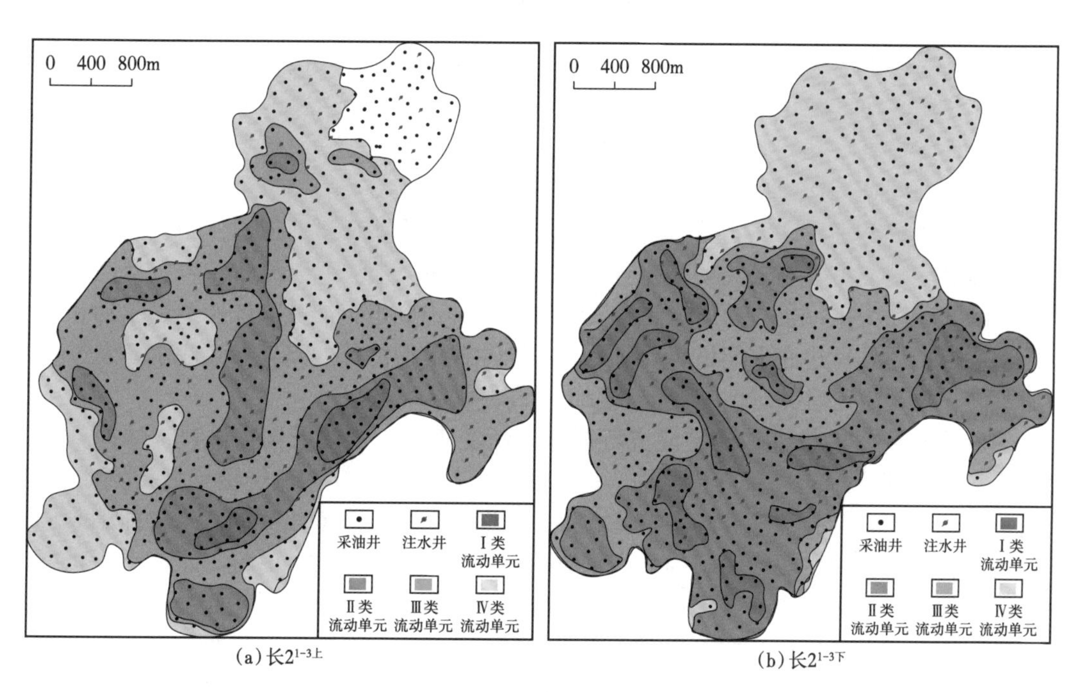

图3-67 郝家坪注水项目区长$2^{1-3上}$、长$2^{1-3下}$层流动单元平面分布图

Ⅰ类流动单元：平均孔隙度为14.6%，平均渗透率为$9.29\times10^{-3}\mu m^2$，平均厚度为10.26m，孔隙发育，喉道较宽，颗粒呈点接触，连通程度好，一般位于河道的中心部位，或是河道交汇处，分选性好，范围小，连片程度差，是渗流能力和储集能力最强的类型，试油产量较高，采出程度很高，剩余油饱和度相对较低，水驱油过程中，很容易发生水淹，所以在注水开发过程中要采用合适的注采比，防止过早发生水窜。

Ⅱ类流动单元：平均孔隙度为12.2%，平均渗透率为$7.91\times10^{-3}\mu m^2$，平均厚度为9.64m，孔隙发育，喉道较窄，连通程度较好，该项目区这类流动单元分布较广，主要分布在主河道，分选性较好。平面上连片性好，纵向上连通性好，是渗流能力和储集能力较强的类型，试油产量也很大。流动单元内水线推进较均匀，采出程度相对比较高，是该项目区主要生产动用单元，有助于大面积注水开发。

Ⅲ类流动单元：平均孔隙度为11.1%，平均渗透率为$5.67\times10^{-3}\mu m^2$，平均厚度为8.59m，孔隙较小，喉道较细，颗粒呈线接触，连通性较差。该项目区这类流动单元分布较广，主要分布在河道和河道的边部，孔隙度和渗透率较低，物性较差，厚度小，非均质性较强，但连片性好，范围比较大，是渗流能力和储集能力较差的类型，试油产量一般，剩余油分布较多，当进入高含水率阶段后，仍有较多的剩余油富集，采出程度相对比较低，是进一步开采和挖潜的主要单元。

Ⅳ类流动单元：平均孔隙度为10.7%，平均渗透率为$4.16\times10^{-3}\mu m^2$，平均厚度为6.81m，孔隙小，喉道细，连通性很差。主要分布于河道与泛滥平原的过渡部位，是渗流能力和储集能力差的类型，试油产量一般。

第二节　精细调整技术

随着延长油田注水开发的不断深入，低渗透油藏开发的多样性和渗流特征的复杂性逐渐凸显。各注水项目区开发初期主要层位涉及延安组或延长组的某个单一油层组，但随着勘探开发程度提高，开发层位自上而下扩大到侏罗系延安组延9、延10、延长组长2、长6、长9等多个油层组，油藏类型表现出复杂多变的特性。

精细油藏研究表明，不同类型油藏具有不同构造、沉积环境、成岩作用、储层物性等特征，油藏驱动类型存在较为明显差异。长6、长9油层组油藏以流体、岩石弹性能量驱动和溶解气驱动为主；长2油层组和延安组油藏多具边底水，油藏除弹性能量驱动和溶解气驱动之外，还具有边底水能量驱动。上述不同油藏类型特征的差异导致注水开发过程中矛盾不同，需要制定有针对性的注水政策，提高注水开发效果。

随着注水开发的推进，储层渗流特征也不断变化，结合注采调整过程、油井见效特征、水线推进速度、能量保持状况等，将延长油田低渗透储层渗流类型分为孔隙型渗流、裂缝—孔隙型渗流和孔隙—裂缝型渗流3种，不同类型储层表现出不同渗流特征和非均质性程度。孔隙型储层水驱较为均匀，注水向四周均匀推进，含水上升慢，水驱动用程度较高，开发效果较好；孔隙—裂缝型储层，裂缝较为发育，注入水容易沿裂缝突进，主向油井含水、压力上升速度快，快速水淹，水驱状况一般较差；裂缝—孔隙型储层介于前面二者之间，开发效果中等。

针对油藏开发中存在的矛盾，延长油田通过反复剖析注水开发过程中的矛盾，在承认差异、认识差异的基础上，对不同油藏类型、不同开发阶段、不同开发矛盾区别对待、分类治理，制定适应性注水开发政策（表3-3），提高注水调整效率和针对性，确保油藏科学、高效开发。

表3-3　注水项目区注水政策表

开发层位	油藏类型	渗流特征	注水政策
延安组	岩性—构造油藏	孔隙型	边底水发育，边部注水
		孔隙型	边水发育、底水不发育，采取边部注水结合内部点状注水
	构造—岩性油藏	孔隙型	边底水较弱，采取面积型反九点法注水
		孔隙型	只在下倾一侧发育弱的边底水，边部结合面积注水，低部注水，高部采油

续表

开发层位	油藏类型	渗流特征	注水政策
长2	低液低效 长2老区	孔隙型、裂缝—孔隙型	完善井网，强化注水
长6、长9	特低渗透油藏	孔隙—裂缝型、裂缝—孔隙型	多点温和，点弱面强，差异配注，整体平衡
延10、长2、长9	多层系开发油藏	孔隙型为主	细分注水单元，先肥后瘦，重新部署井网，分而治之

一、侏罗系延安组油藏注水开发井网调整技术

（一）井网部署原则和一般注水方式

1. 井网部署原则

井网部署是低渗透油田开发的关键因素，合理的井网部署主要从以下3个方面衡量：一是能否延长无水采油期，提高开发初期的采油速度；二是井网调整是否具有较大的灵活性，对于低渗透油藏，既要考虑单井控制储量及整个油田开发的经济合理性，井网不能太密，又要考虑注水井和采油井之间的压力传递关系，注采井距不能太大；三是能否获得较高的最终采收率。

2. 注水方式

注水方式就是指注水井在油藏中所处的部位和注水井与生产井之间的排列关系，也就是指注水井在油田的布局和油水井的相对位置。实际开发方案制定过程中，注水方式选择将会对油田的开发产生重要影响。而油田注水方式的选择要根据国内外油田的开发经验和该油田的地质特征来确定。对具有不同特征的油藏和开发层系采用不同注水方式，必然会形成注水方式的多样化。

目前，国内外油田采用的注水方式归纳起来主要分为边外注水、边缘注水和边内注水。

1）边外注水

边外注水指注水井按一定方式分布在外含油边界以外，向边水中注水。这种注水方式要求含水区内渗透性较好，含水区与含油区之间不存在低渗透带或断层，如图3-68（a）所示。

2）边缘注水

由于一些油田外含油边界以外的地层渗透率显著变差，为了保证注水井的吸水能力和注入水的驱油作用，从而将注水井布置在含油外边界上或油水过渡带上，这种注水方式称为边缘注水［图3-68（b）］。

边外注水和边缘注水的适用条件为：油田面积不大，油藏构造比较完整，油层分布比较稳定，边缘和内部连通性好，特别是注水井的边缘地区要有较好的吸水能力，能保证压力有效地传递，生产井排和注水井排基本上与含油边缘平行，有利于油水前缘均匀向前推进，无水采收率和低含水采收率较高，并且最终采收率也较高。

但边外注水和边缘注水也存在一定的局限性，如大量注入水流向含油边界以外，造成注入水利用率不高；对于较大油田，由于构造顶部的油井往往不能及时地得到注入水能量的补充，形成低压带，易出现弹性驱或溶解气驱，在这种情况下，除了边外注水及边缘注

水外，还应该辅以点状注水方式，或者采用边内行列（切割）注水方式开采。

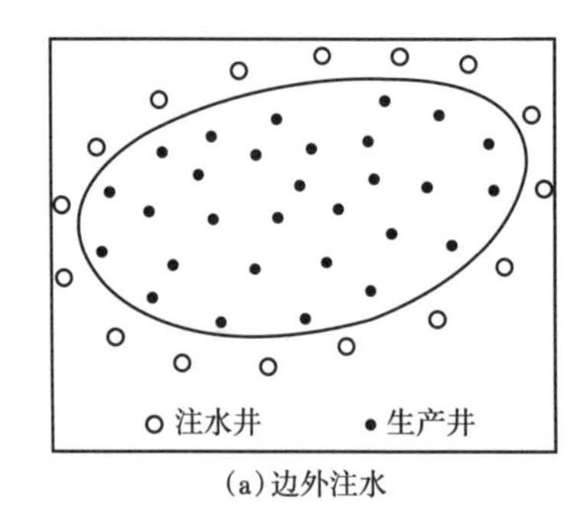

(a)边外注水

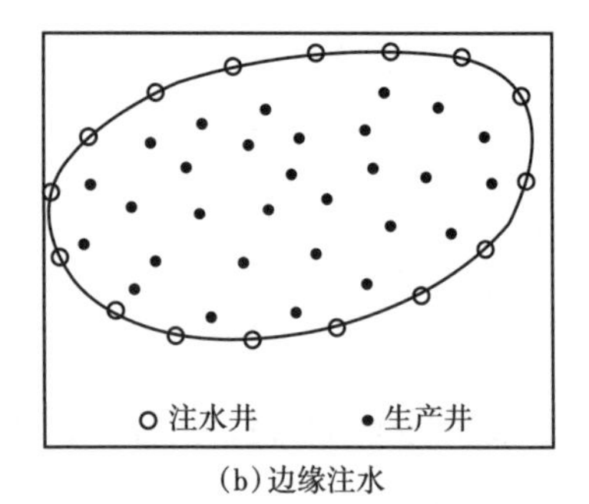

(b)边缘注水

图 3-68　边外注水和边缘注水示意图

3)边内注水

如果油藏过渡带处渗透率很差或过渡带注水不适宜，致使注水效果变差，此时注水井的位置须内移到含油边界以内，以保持油井充分见效，这种方式称边内注水，主要包括边内行列注水、边内规则面积注水和边内不规则点状注水。

低渗透砂岩油藏，一般多采用面积注水方式，这是由这类油藏必须用较小的注采井距，以满足较大的驱动压力梯度所决定的。除很小规模的油藏可以采用边缘、边外注水方式外，一般来说以一排注水井影响多排油井的行列注水或边缘、边外注水方式，开发效果都很差。我国早期个别低渗透砂岩油藏的实践，也说明了这一点。如扶余油田部分区块曾采用两排注水井夹三排采油井的行列注水方式，中间井排长期见不到注水效果，后改为线状面积注水，开发效果才得以改善。

面积注水时采用何种注采井网型式，直接关系到这类油藏注水开发的成败，是在开发部署中应非常慎重对待的一个问题。表 3-4 为各种布井方式的主要特征参数。

不同面积注水井网在不同流度比（M）条件下生产井见水时扫油面积系数，见表 3-5 和图 3-69。从表 3-5 看出，单从扫油面积系数讲，反七点，注水效果井网的扫油面积系数最高，注水效果最好，反九点井网的扫油面积系数最低，注水效果最差，但油田开发实际工作中，不仅要考虑不同面积注水井网的扫油面积，还要考虑到油水井总的利用效率，原油开采速度，注采平衡状况和开发过程中注采系统调整的机动性能。

表 3-4　面积注水井网特征参数表

项目 \ n		4	5	7	9	线状行列系统	十点蜂窝状	十三点蜂窝状
正井网	x	1/2	1	2	3	1		
	f	$5.196a^2$	$2a^2$	$2.598a^2$	$1.33a^2$	$2a^2$		
	S	$1.732a^2$	a^2	$1.732a^2$	a^2	a^2		
反井网	x	2	1	1/2	1/3	1	1/3.5	1/5
	f	$2.598a^2$	$2a^2$	$5.196a^2$	$4a^2$	$3.464a$	$3.9L^2$	$10.4L^2$
	S	$1.732a^2$	a^2	$1.732a^2$	a^2	$1.732a$	$1.2L^2$	$1.73L^2$

注：表中，n——注采单元总井数，即一般称的几点法；x——注采井数比；a——井距；f——每口注水井控制单元面积；S——每口井的控制面积；L—— 生产井距。

表 3-5　面积注水井网扫油面积系数表（据 P.T. 法兹雷耶夫）

注水系统	流度比（M）								
	1	2	3	4	5	10	20	30	40
直线井网	0.553	0.479	0.451	0.437	0.428	0.410	0.401	0.398	0.395
五点法井网	0.718	0.622	0.586	0.568	0.556	0.532	0.520	0.516	0.513
反九点法井网	0.525	0.455	0.428	0.415	0.407	0.389	0.380	0.377	0.375
反七点法井网	0.743	0.675	0.649	0.635	0.627	0.608	0.599	0.596	0.594

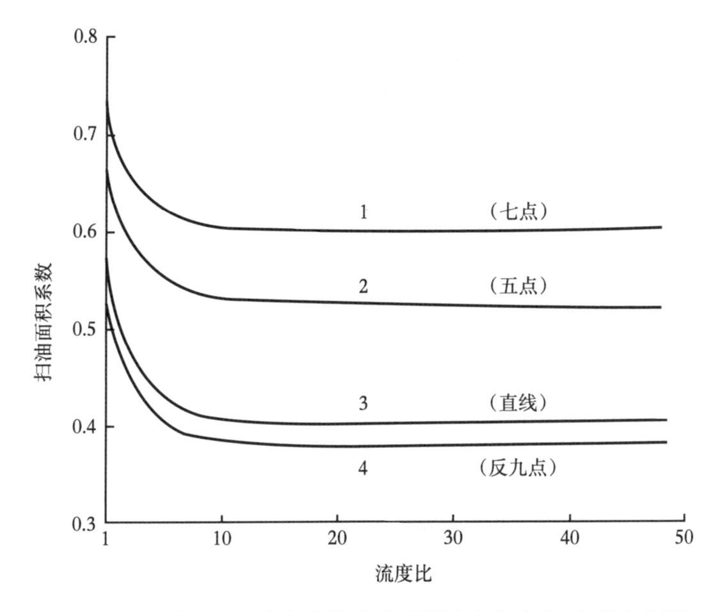

图 3-69　不同面积注水方式的波及系数随流度比（M）的变化图

理论研究分析表明，油田注水井吸水能力特别高时，应该采用注水强度低的面积注水井网，如四点法井网或反九点法井网；吸水能力特别低时，应该采用注水强度大的面积注水井网，如七点法井网或九点法井网；若吸水能力一般，五点法井网则被认为是合理优越的面积注水方式。

此外，一个油藏的注水方式也不是一成不变的。特别在一个新油田的开发前期，经常面临这样的具体情况：对油层特征、油井生产能力、油田开采速度、特别是注水井吸水能力认识不十分准确，不宜把注采井网一次固化，而期望采用一种比较机动灵活的注采井网，给以后的调整留有较大余地。从实际情况出发，近期以来，我国许多低渗透油田都采取了正方形井网、反九点法井网的面积注采方式。

正方形井网、反九点法井网面积注采方式，是我国在生产实践中摸索出来的。上述注水方式机动灵活性最大。不仅注采系统可以做多种调整，而且当需要时可以把井距缩小一半，井网密度加大一倍，大幅度提高开采速度，这样在时间和工作量上都比较经济。正规的反九点面积注水井网，注采井数比为 1∶3，如果注水井吸水能力高，能满足油田开发的需要，可按这种方式实施。如果注水井吸水能力不是很高，不能满足油田开发的需要，在需要的部位，适当增加注水井数，使注采井数比保持为 1∶2 左右，油田开发方案设计一般都采取这个比例。油田开发中期后，随着油井含水不断上升，产油量逐渐递减，为保持必要的产油速度，应该不断提高油井产液量，原有注水井的注水量可能满足不了要求，这时就可以调整和增强注水系统，把注采井数比提高到 1∶1。

正方形井网、反九点法面积注水井网的调整，根据油田地质特征有 4 种方式可供选择：第一，调整为五点法面积注水井网，如图 3-70（b）所示；第二，调整为横向线状行列注水方式，如图 3-70（c）所示；第三，调整为纵向线状行列注水方式，如图 3-70（d）所示；第四，开发后期还可调整为九点法注水方式，如图 3-70（e）所示。其他面积注水井网，如三角形的四点法井网等，注采系统确定之后，基本上再没有调整的余地。

正方形井网不仅在注采系统调整方面具有最大的机动灵活性，而且在井网密度调整方面也有较大的余地。油田开发的中后期，为了改善开发效果，提高原油采收率，往往需要进行加密调整。对于面积较大的油田，这种调整一般都是均匀加密。因为我国油田大部分属于多层非均质油田，如果按单个油砂体进行不均匀加密调整，那就会顾此失彼，为了照顾到大多数油层以获得总的良好效果，需要综合考虑，进行均匀加密调整。

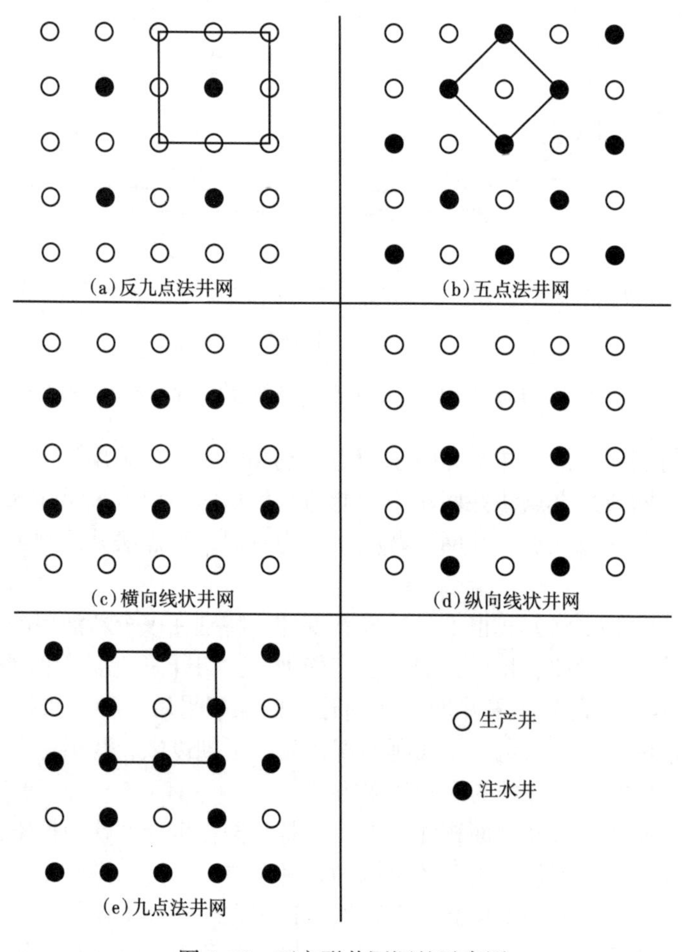

图 3-70　正方形井网调整示意图

当油田开发需要进行加密调整时，正方形井网可以再排列加井，总的井网密度增加一倍，例如正方形井网原来井距为300m，井网密度为11.1口/km²，排间加井后，井距变为211m，井网密度增加到22.2口/km²。这样的增加幅度具有技术的和经济的可行性（图3-71）。三角形井网、四点法等面积注水方式，很难进行加密调整，要均匀加密就得增加三倍井数，显然这是不可行的。

需要补充说明的是，对于含油面积小的油田，另当别论，其开发井网应该根据油藏和含油面积的几何形态进行部署和调整，不一定按照正规井网和注采系统硬套。

综上所述，选择哪种井网更好，要根据具体油藏的规模、油层物性（非均质性强弱、有无裂缝、裂缝的走向、砂体高渗透带的走向等）、油藏类型（构造、岩性）、油藏的驱动方式（边水、底水、弹性、溶解气驱）、油藏的开发阶段等具体特征来决定究竟是以边部注水、面积注水、线状注水哪种井网来开发。

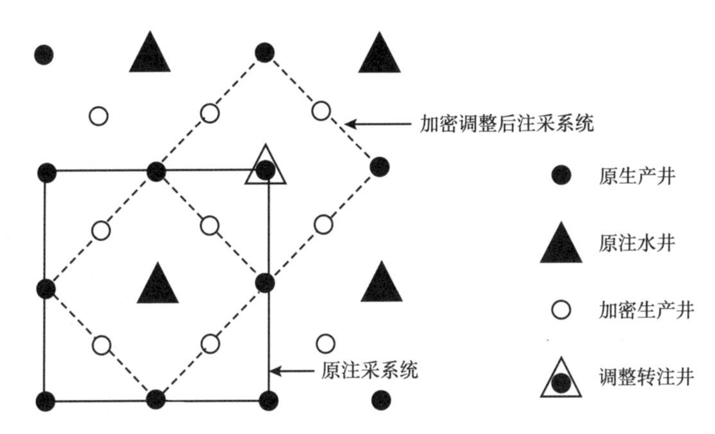

图3-71　正方形井网加密调整示意图

（二）侏罗系延安组井网优选方法

延长油田侏罗系延安组的油藏主要分为受岩性控制油藏和受构造控制油藏两大类。在油藏精细描述、剩余油分布研究的基础上，对井网进行全面分析，提出井网细分、重组单元的调整思路，根据延安组油砂体空间展布、叠合状况，结合储层物性、动用状况与井网现状等，分单元进行井网完善。

针对延安组不同类型油藏，注水开发井网调整技术也相应有所不同，对于储层非均质性强、边底水不发育、平面连通性较差，主要受岩性控制的油藏，后期调整策略为采用面积注水方式完善注采井网，补充地层能量，建立有效压力驱替系统，后期强化动态监测，合理控制生产压差。延长油田靖边老庄、吴起柳沟北和定边学庄注水项目区的油藏，按此思路后期调整为面积注水方式，均取得了良好的开发效果。

对于边底水发育，非均质性弱，连通性好、主要受构造控制的延安组油藏，如吴起柳沟注水项目区等，调整思路转为采用边部注水完善注采井网，补充地层能量，防止底水锥进、边水指进，后期采用边部结合内部注水提高水驱控制程度。

1. 不规则点状注水调整为面积注水

靖边老庄注水项目区主要开发层位为延9，属于受岩性控制的油藏，油藏面积较大，非均质性较强，边底水不发育，平面连通性较差，且经过一段时间的注水开发，边底水已经有所锥进，油藏高点部位采出程度较高。由于开发初期对油藏的渗透率各向异性程度及地应力认识不清楚，开发井网不规范，致使在后期调整上存在相当大的困难。

注水项目区成立之后，经研究发现，按之前不规则的边缘点式注水井网规划，注入水推进较慢，受益井较少。考虑到井网形式已经固定且无法改变的情况下，结合油藏构造及剩余油分布形式对井网进行了调整，将之前的不规则点状注水方式调整为不规则反七点井网与不规则反五点井网结合，不规则反七点井网形式为主的注采方式（图 3-72），注采井数比为 1∶2。

至 2020 年 8 月，老庄注水项目区共有采油井 62 口，注水井 46 口，注采井数比 1∶1.3。延 9^1 注水面积上升至 2.97km^2，延 9^2 注水面积上升至 6.1km^2。利用面积注水提高水驱控制面积，注水波及系数扩大，注水开发效果得到提高。原油产量由调整前的 49t 增加为调整后的 180t，调整效果显著。

不规则反七点井网与不规则反五点井网结合注水技术实施以来，在靖边曹崾岘、老庄、吴起柳沟北、白河、定边学庄等研究区取得显著的效果，各项技术管理指标明显提升，经济效益十分显著。

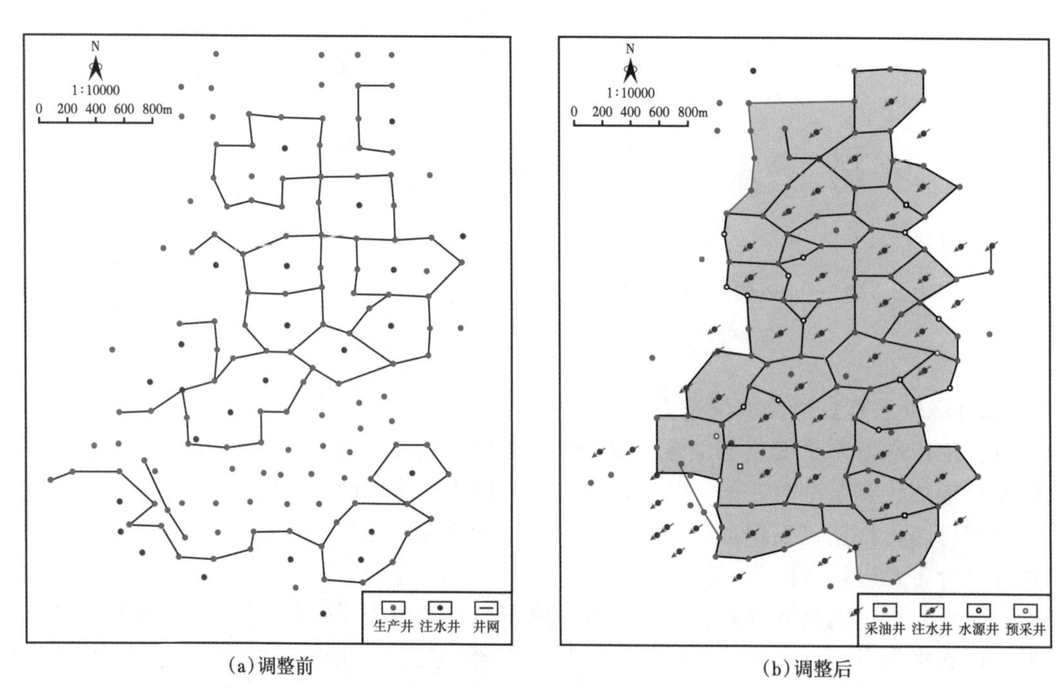

图 3-72　老庄注水项目区延 9 油藏注采井网调整前后对比图

2. 延安组边部注水调整

吴起柳沟注水项目区南部延 10 油藏为一典型的构造油藏（图 3-73），含油面积不大，油水分异较好，油层厚度较大，边底水发育，注水项目部依据油藏分布特征及油水边界，对注采井网进行了改造，实施边部注水为主，局部面积注水的注水方式（图 3-74）。具体部署措施为：依据柳沟油区静态研究结果，北部油田砂体较薄，非均质性较强，实行面积注水。南部油田砂体规模较大，连片性好且有底水发育，优先选择边部注水，后期逐步调整的策略完成该注水项目区井网完善与调整。

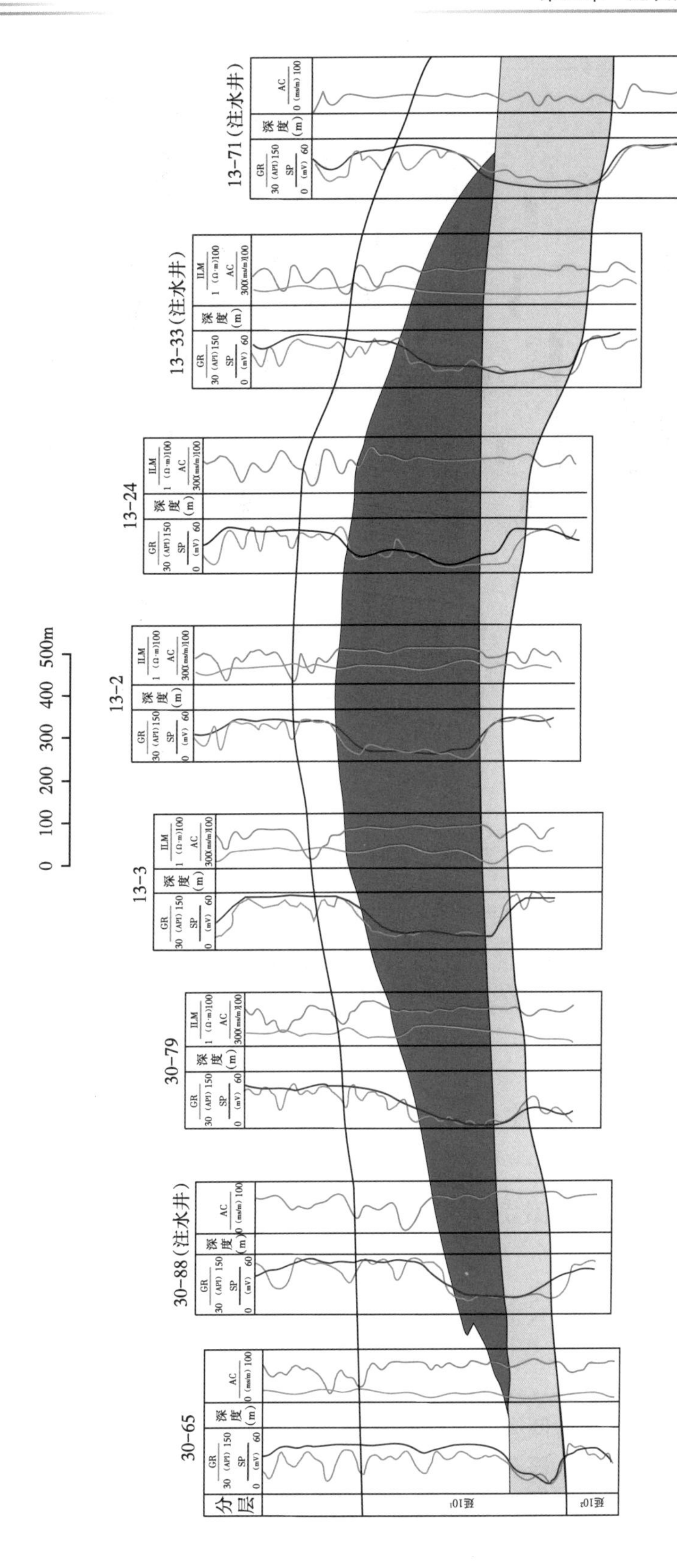

图 3-73　吴起柳沟注水项目区延安组油藏剖面图

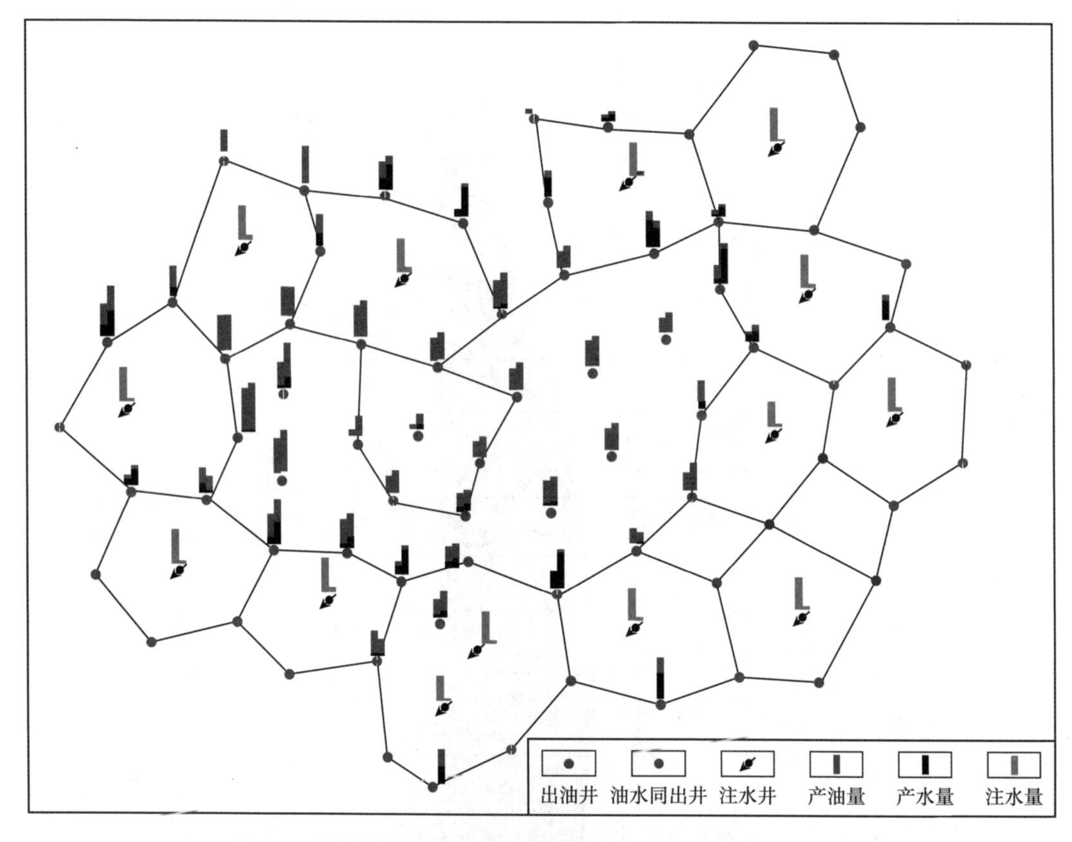

图 3-74　吴起柳沟注水项目区南部延 10 油藏边部注水井网图

经调整后，注采关系得到明显改善，注采井网基本覆盖整个注水项目区，水驱控制程度明显提高。截至 2018 年 6 月，注水井数从 2015 年的 16 口增至 80 口，注采井数比趋于合理，在油井井数下降，水井井数大幅上升的情况下，日产液由 788t 上升到 1085t，综合含水率由 38.3% 上升到 51%，日产油由 408.1t 提高到 447.0t，平均单井日产油 2.50t 上升到 2.95t。调整效果比较明显。

边部注水为主，局部面积注水技术实施以来，在靖边大阳湾、吴起柳沟南、周长和王洼子等研究区取得显著的效果，各项技术管理指标明显提升，经济效益十分显著。

二、延长组长 2 油藏强化注水补充能量技术

(一) 强化注水必要性

陆相沉积形成的油田，一般非均质比较严重，边底水不够活跃，再加上低渗透储层致密、渗流阻力大，天然能量消耗快，如采用自然消耗方式，产量递减快，地层压力下降快，一次采收率很低。为了取得较好的开发效果和经济效益，一般需要采取人工补充能量保持压力的开发方式。我国对低渗透油田都采用了人工注水的开发方式，因而在注水方面做了大量的研究和试验工作，积累了许多宝贵的经验。

李道品 (1998) 曾对全国 15 个低渗透油田统计计算，平均弹性采收率为 3.25%，溶解气驱采收率为 13.9%，依靠天然能量开采总采收率为 17.10%。水驱开发的最终采收率

可达 26.9%，注水保持压力开发，比依靠天然能量枯竭式开发采收率增加近 10 个百分点（表 3-6）。因此，无论从原油资源的合理利用，还是从经济效益上来说，对低渗透油田采取人工注水保持压力的开发方式都是必要的。

同时，大量生产实践表明，低渗透油田投产后，如果能量补充不及时，地层压力会大幅度下降，油井产量迅速递减，采油指数严重缩小，产量年递减率可达 25%~45%，采出 1% 的地质储量地层压力下降 3~4MPa，以后即使地层压力上升，油井产量和采油指数也难以恢复。过去对产生这种现象的机理不甚了解，通过近年来的科学研究实验，初步认识到这就是压敏效应即"流固耦合"作用的结果。

低渗透油田储层弹塑性比较突出，这种储层压力敏感性很强，当孔隙压力下降后，储层孔隙度、渗透率急剧减小，而孔隙压力再上升时，储层孔隙度和渗透率恢复量很小。如渗透率可降低 70%~80%，而恢复值不到 20%~30%。这就是低渗透油田油井产量、采油指数下降，难以恢复的原因。所以从生产实践到理论研究，对低渗透油田要保持初期的生产能力和较好的开发效果，尽量保持地层压力，避免压力下降。

表 3-6　我国低渗透油田计算采收率汇总表

油田	弹性采收率（%）	溶解气驱采收率（%）	合计（%）	水驱采收率（%）	油田	弹性采收率（%）	溶解气驱采收率（%）	合计（%）	水驱采收率（%）
朝阳沟	0.51	13.4	13.8	21.7	渤南三区	3.16	16.9	20.1	34.9
龙虎泡	1.30	17.2	18.5	34.2	马岭	2.00	14.2	16.2	32.7
新立	0.77	13.3	14.1	21.3	安塞	0.85	14.8	15.7	21.4
乾安	2.37	12.2	14.6	21.4	火烧沟	0.61	10.9	11.5	23.0
新民	1.50	11.5	13.0	20.6	克八乌尔河	0.21	15.8	16.0	22.2
大港马西	6.51	15.4	21.8	33.0	尕斯库勒	9.56	11.5	21.1	33.0
文东盐间层	9.25	15.8	25.1	34.9	老君庙	0.68	15.8	16.5	27.0
牛庄	8.40	11.0	19.4	21.5	平均	3.20	13.9	17.1	26.9

此外，低渗透储层物性较差，注水井能否达到满足方案所需的吸水能力，往往成为能否实施有效注水开发的关键，这是由低渗透储层特殊的条件所决定的，主要表现在以下 3 点：

（1）低渗透率砂岩储层注水，普遍地存在"启动压差"现象，即注水井流动压力必须超过井筒附近油层压力一定的压差后才开始吸水，"启动压差"大小视油藏具体情况差别较大，有数兆帕，也有高达数十兆帕的。鄂尔多斯盆地马岭油田根据生产实际资料，得到注水启动压差与油层渗透率有较好相关性：

$$\lg \Delta p_{启} = 1.2095 - 0.0098K \tag{3-1}$$

式中　K——渗透率，$10^{-3}\mu m^2$；

$\Delta p_{启}$——启动压差，MPa。

式（3-1）反映，当渗透率越小，启动压差越大，反之渗透率越大，启动压差越小；当渗透率为 $10\times10^{-3}\mu m^2$ 时，启动压差高达 13MPa；当渗透率为 $50\times10^{-3}\mu m^2$ 时，启动压差约 5MPa；而当渗透率高达 $350\times10^{-3}\mu m^2$ 时，启动压差小于 1MPa。

（2）低渗透率砂岩储层更易于遭受污染。泥质杂基含量相对较高，黏土矿物导致的各种敏感性也易于出现。孔喉细小，对注入水水质要求更高，稍为不慎，即会伤害储层降低吸水能力，这种在注水过程中吸水指数不断递减的现象，经常可以遇到。

（3）因低渗透率砂岩储层连续性较差，若注采井距偏大，压力传导困难，引起注水井附近井区油层压力上升过快，相应地使注水量降低或注水压力升高。注水井指示曲线表现为沿压力轴平行上移。对于这种情况，适当缩小注采井距可以明显改善吸水能力。

总之，低渗透砂岩油藏一般注水井吸水能力较低，注水压力要求较高，在不做注采系统或井网调整情况下，容易出现注水井吸水能力下降，注水压力升高的现象，因此，严格油层保护措施，严格水质标准，加强增注措施，及时调整注采压力系统是保证低渗透砂岩油藏有效注水开发必须解决的关键问题。

低渗透油田开发的关键在于井网的选择、压裂改造和注水，在井网确定的情况下，注水政策就成为低渗透油藏高效开发和提高采收率的关键。低渗透砂岩油藏水驱规律复杂，因此，确定合理的注水参数尤为重要，参数不合理导致有效的压力驱替系统难以建立或微裂缝开启。合理的注水参数确定极为复杂，这里根据延长油田长期的注水开发实践，结合油藏工程，重点对注水压力、注水强度和注采比 3 项注水参数进行讨论。

1. 注水压力

注水压力受油层破裂压力的限制，一般注水井最大流动压力取地层破裂压力的 90%，但低渗透油藏微裂缝发育，若注水参数过大，会导致储层微裂缝开启，油井快速水淹。合理的注水压力应该保证裂缝不开启，压裂中停泵压力反映了地层裂缝的延伸压力，因此，注水井注入压力需要结合吸水指示曲线和压裂停泵压力而确定。注水压力计算方法见式（3-2）：

$$p_{\mathrm{fmax}} = p_{\mathrm{f}} - \Delta p_{\mathrm{i}} + p_{\mathrm{tl}} + p_{\mathrm{mc}} - \frac{H\rho_{\mathrm{w}}}{100} \tag{3-2}$$

式中 p_{fmax}——注水井井口最高注水压力，MPa；

p_{f}——油层破压，MPa；

Δp_{i}——为防止超过破压而设定的压差，MPa；

p_{tl}——油管摩擦压力损失，MPa；

p_{mc}——水嘴压力损失，MPa；

p_{w}——注入水密度，t/m^3；

H——深度，m。

影响最大注水压力的主要因素为油层破裂压力，不同油藏储层差异较大，地应力分布状态、岩石力学性质都决定着破裂压力，因此不同油藏最大注水压力主要随破裂压力的变化而变化。

2. 注水强度

根据达西定律，考虑启动压力梯度影响，注水井注水强度公式为：

$$\frac{Q_{\mathrm{i}}}{h} = \frac{0.5429KK_{\mathrm{rw}}\left[\left(p_{\mathrm{f}} - p\right) + \lambda\left(0.610\sqrt{A} - r_{\mathrm{w}}\right)\right]}{B_{\mathrm{w}}\mu_{\mathrm{w}}\left(\ln\frac{0.610\sqrt{A}}{r_{\mathrm{w}}} - \frac{3}{4}\right)} \tag{3-3}$$

$$\lambda=0.0608K-0.1522$$

式中 A——注采井组面积，m^2；

p_f——注水井最大井底压力，MPa；

p——原始地层压力，MPa；

λ——启动压力梯度，MPa/m；

B_w——水体积系数；

μ_w——水黏度，mPa·s；

K——地层渗透率，$10^{-3}\mu m^2$；

K_{rw}——残余油时水相相对渗透率；

r_w——井径，m。

由式（3-3）可看出，注水强度与注水井井底流压有关。

3. 注采比

注采比是指油田注入剂（水、气）地下体积与采出液量（油、气、水）的地下体积之比。用它衡量注采平衡情况。累计注采比等于累计注入剂的地下体积与累计采出物的地下体积之比。注采比是油田生产情况的一项极为重要的指标，可以衡量地下能量补充程度及地下亏空弥补程度，它与油井的油层压力变化、液面、含水上升速度等其他指标有密切联系，控制合理的注采比是油田开发的重要工作。

注水开发油田为了保持一定的地层压力，都要研究确定合理的注采比。关于合理注采比问题情况比较错综复杂，目前尚无严格准确的计算方法，这里仅作简要讨论。要研究注采比与地层压力的关系，首先要进一步了解地层压力的概念。地层压力应包括三部分，即注水井平均地层压力、油井平均地层压力和全油田平均地层压力。通常所讲的油田地层压力一般都是指油井的平均地层压力。

从物质平衡原理和流体动力学基本规律分析，油田投产投注开始，注采比与地层压力存在以下关系：

（1）当注采比小于1时，油井地层压力一直连续下降，随着时间的延长下降速度减缓。

（2）注采保持平衡，即注采比等于1时，油井地层压力也要逐渐下降，低于原始地层压力，注水井地层压力逐渐上升，高于原始地层压力，到一定时间后，两者均趋于稳定。

（3）当注采比大于1时，油井地层压力开始略有下降，以后逐渐上升，高于原始地层压力，注水井地层压力则连续上升。

注采比与地层压力的关系不仅仅只是表现在注采比绝对值大小上，还与绝对注入量和采出量、油层性质和流体性质等因素都有密切关系。仅仅研究注采比与油井地层压力关系，其反应不是非常灵敏和规律的，只能有大致的趋势和界限。从油田实际开发动态观察分析看出，一般油层渗透率高的油田，油层压力对注采比的反应比较灵敏，关系比较规律，和理论计算比较接近。低渗透油田情况则大不一样，地层压力对注采比的反应很缓慢，而且关系规律性也比较差。

高渗透油田注采比的高低与油井地层压力的升降变化关系比较明显，大体上年注采比接近1时，油井地层压力基本保持稳定。低渗透油田情况比较复杂，年（或月）注采比一般要提高到1以上，甚至到2以上，地层压力才能稳定回升。但对于裂缝性砂岩油田要特别注意，注采比不能过高，地层压力恢复不能过快，以免由于注水压力过高，注水强度过大，而造成油井暴性水淹，反而降低油田开发效果。

(二)延长组长 2 油藏强化注水措施

鄂尔多斯盆地低渗透油田不仅底水不活跃，弹性能量小，平均弹性采收率很低，溶解气驱采收率也低。油田投产后，早期依靠天然能量开采，压力大幅下降，产量快速递减，油藏最终采收率低，只有通过人工补充能量开发，才能取得较好的开发效果。

延长油田三叠系延长组油藏开发实践经验证明，低渗透岩性油藏采用注水是经济易行的补充地层能量的开发方式，而注水时机选择是影响延长组低渗透油藏单井产量和最终采收率的重要因素。从生产实践到理论研究，对低渗透油田要保持初期的生产能力和较好的开发效果，避免地层压力下降，为此采用早期甚至先期注水的开发方式为宜。

然而，延长油田杏子川郝家坪等油田均为开采时间较长的“三权”回收老区，作业区内延长组长 2 油层组属于构造—岩性油藏，与边底水不活跃的长 6 岩性油藏相比，长 2 油藏边底水相对活跃，且具有高含水饱和度的特点，这类油藏在早期开发中主要靠弹性、溶解气驱动，未进行超前注水或者早期注水，错过了最佳注水时机。同时由于开采年限长，注水启动时间晚，地层能量亏空严重，加之后期不均衡注水(包括平面不均衡和层间不均衡)、地面设施维护不到位或不配套等因素，致使注采井组不见效、低产低效问题突出。

以杏子川郝家坪注水项目区为例，郝家坪作业区于 20 世纪 90 年代投入开发，至 2015 年郝家坪注水项目区共有注水井 97 口，注采井数比仅为 1∶6.8，注水覆盖面积为 19.8km^2，还有 53% 的区域未注上水，45% 的油井因低产低效关停，产量低、含水率高、开采效益极差。

依据郝家坪作业区的油藏特征和开发现状，注水项目区管理指挥部将调整思路转为：前期完善注采井网(图 3-75)，采取强化注水技术，快速补充地层能量，建立有效压力驱

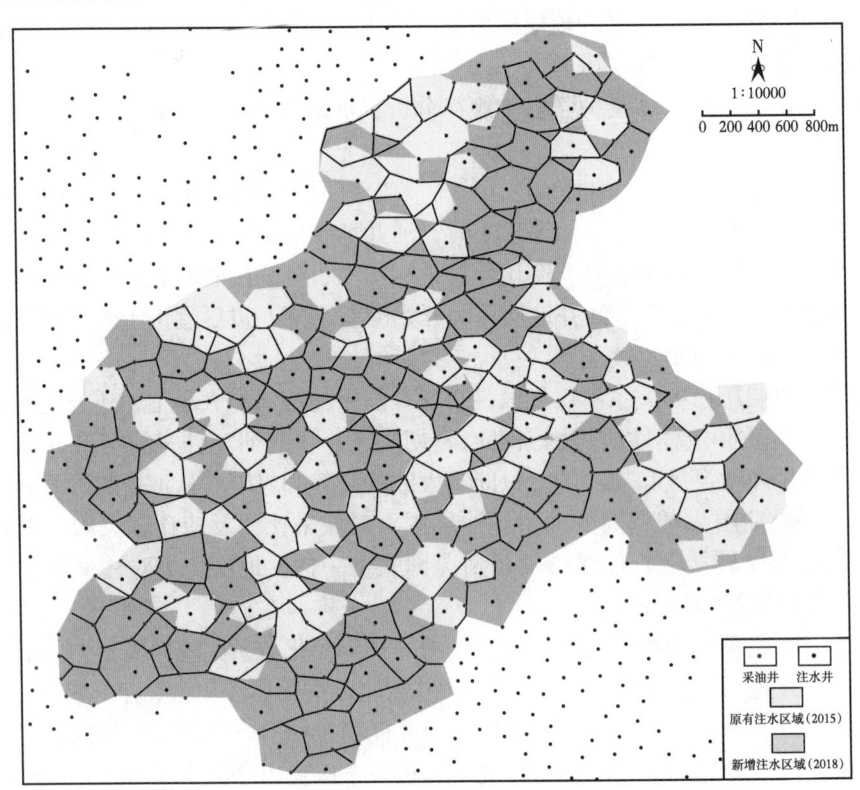

图 3-75 郝家坪注水项目区 2015 年与 2018 年注采井网对比图

替系统，待地层压力得到一定恢复后，实施纵向剖面调整，扩大水驱动用程度，进一步改善开发效果。

经过两年的注水调整，井网完善后郝家坪项目区注水井由97口增加到196口，注采井数比由1∶6.8下降为1∶2.8，注水覆盖面积由19.8km^2增加到为42.0km^2。

区域上通过不同注采比调整，压力保持水平趋于合理，根据2017年压力测试结果，非见效区压力已由2015年2.37MPa回升至2017年的3.52MPa，但压力保持水平仍然较低，为38%，需进一步加强注水。

2016年12月至2018年12月，两年间日产油从113t提高到195t，呈现稳中有增态势；含水率由70.5%下降至68.6%；自然递减率由6.8%降至2.78%，下降4个百分点；平均单井日产油由0.33t上升至0.39t。

强化注水技术实施以来，在定边东—西仁沟、杏子川郝家坪、王家湾、靖边青阳岔和横山白狼城等研究区取得显著的效果，各项技术管理指标明显提升，经济效益十分显著。

三、延长组长2油藏水淹水窜老区综合治理技术

延长组长2油藏水淹水窜综合治理技术，主要针对储层相对富集，初期产量高、递减快，水淹水窜无效循环严重，关停井数多的长2油藏，在精细油藏认识的基础上，重建注采井网，同步实施关、停、并、转、堵综合治理，改善开发效果。

（一）强非均质性油藏井网部署

低渗透油层往往有着更强的非均质性，因此，注采井网部署需要考虑的因素更多，如注水驱油最优方向是垂直裂缝方向，井网必须适应地应力及裂缝主方位。然而在开发设计阶段，影响井网部署的这些因素，往往存在更多的不确定性，也就是说低渗透油藏初期井网部署的合理性往往有很大的不确定性，需要在以后的开发生产中不断加以完善。

低渗透砂岩储层物性无论在垂向上还是平面上均具有非均质性，如河流相储层，从垂向上看，由于下粗上细的正韵律特征，注入水会沿着河道砂体底部突进，底部砂体容易水淹。从平面上看，注入水优先沿河道中部的高渗透砂带突进，河道中部油井见效快，容易过早水淹。

低渗透油层由于岩性致密，在地质应力作用下易形成天然裂缝，或为了提高产能进行压裂从而形成人工裂缝。而裂缝方向与注采井排方向之间的匹配程度，不仅决定了注水效果，而且控制了层系的划分和井网布置，从而直接影响了油田开发的好坏。因此对低渗透油藏裂缝的研究，日益受到高度重视。

低渗透砂岩油藏存在裂缝时，从平面非均质性分析裂缝在注水开发中的不利作用，主要是极大地扩大了储层的渗透率方向性。平行主裂缝走向的渗透率，可以因裂缝而比其他方向仍保留基质属性的渗透率高出数十倍甚至上百倍。

以最简单的一组板状平行的垂直裂缝为例，设裂缝开度（e）为0.01cm，间距（D）为10cm，则其孔隙度按式（3-4）计算为0.1%，若基质孔隙度为20%时，仅占总孔隙度的约0.5%。

$$\phi_f = \frac{e}{e+D} \times 100 \tag{3-4}$$

式中 ϕ_f——裂缝孔隙度，%；

e——裂缝开度，cm；

D——间距，cm。

这一组裂缝渗透率计算公式为：

$$K_f = 8.35 \times 10^9 \frac{e^3}{D} \tag{3-5}$$

式中 K_f——裂缝渗透率，$10^{-3}\mu m^2$；

e——裂缝开度，cm；

D——间距，cm。

根据式（3-5）计算渗透率为 $835\times10^{-3}\mu m^2$。基质渗透率若为 $50\times10^{-3}\mu m^2$，则可高出16倍以上。储层平面非均质性被扩大为：在一个均质孔隙系统中夹有孔隙体积仅占0.5%的一些高出16倍的高渗透条带。常规开发井井径都在10cm以上，则每口井钻遇这些裂缝高渗透条带的概率是100%。

对于这样一个储层地质模型，注水井和采油井排只有平行裂缝走向，使注入水垂直裂缝走向向采油井方向驱油（即线状面积注水法），才能最大限度地提高基质孔隙的波及体积（图3-76）。这是裂缝—孔隙型砂岩油藏部署注采井网形式的一个基本原则，已为国内外大量油田实践和模拟实验所证实。

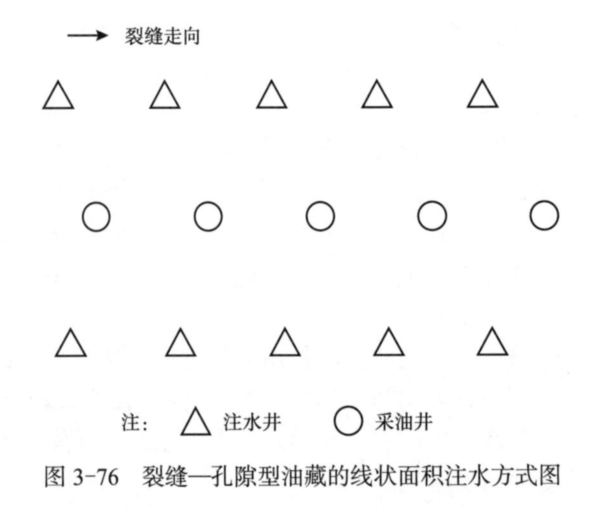

图3-76 裂缝—孔隙型油藏的线状面积注水方式图

然而，对于一个具体油藏，并不一定一开始就要实行线状面积注水，可以通过其他面积注水井网逐步转换而成。再者，实施线状面积注水时，注水井、油井排各自的井距和其间排距，也应视裂缝和基质渗透率的差异程度和其他条件而有所差异。因此，对这类油藏的注采井网形式部署，仍然有个优化过程。

20世纪50—20世纪60年代期间，在我国的一些老油田，由于当时裂缝识别技术还较少，裂缝在注水开发中的作用一般都是在注水实施以后，根据开采动态资料才能确证。注采井网的调整是把沿裂缝快速水淹的油井逐步转注，形成注水线，调整成向两侧驱油，这样可以较大地改善开发效果。当时的物理模型模拟实验（表3-7）也得出同样的认识，沿裂缝走向形成注水线向两侧驱油，比平行裂缝走向布注采井，水驱采收率有很大的提高。

随着一些低渗透砂岩油藏相继投入开发，评价阶段对裂缝性质和产状已有明确认识，初始井网设计时已考虑到裂缝的存在和作用。为了充分发挥早期井网的作用，仍采用反九点法面积注水方式投产，而把井排方向与裂缝走向以 22.5° 夹角布置，以求延长边井采油期，推迟水淹、转注时间。实施后，初期取得较好开发效果，然而二注井转注后，使所有油井都处于与沿裂缝走向的注水井的前缘位置，虽注采井距有所增大，仍然避免不了大多数油井含水上升过快（图 3-77）。

表 3-7　裂缝性砂岩物理模拟注水实验结果表

序号	模拟方案	说明	采收率（%）		波及系数（%）	
			无水	最终	无水	最终
1	● / ○⋮○ / ●	注水井布在裂缝上	43.8	53.8	89.54	99.3
2	○ / ●⋮● / ○	注水井布在裂缝两侧	28.5	33.0	64.7	82.0
3	⊙ / ○⋮○ / ●	裂缝上端井含水率 50% 转注	22.6	44.0	33.0	90.5
4	●⋮○	注水井布在近裂缝侧	29.2	33.2	87.4	100
5	●⋮○	注水井布在远裂缝侧	35.5	45.1	84.1	98.3

注：●——注水井 ○——采油井 ⊙——含水率50%的转注井 ⋮——裂缝位置。

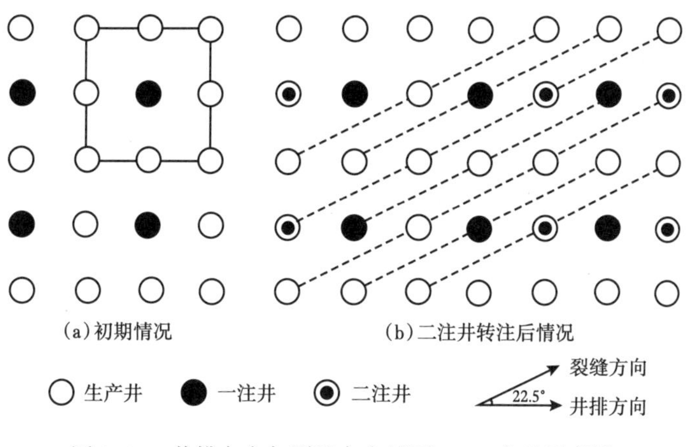

图 3-77　井排方向与裂缝方向错开 22.5° 布井示意图

在总结经验和不足的基础上，通过大量深入的模拟研究，得出另一种注采井网部署程序。初期井网仍采用正方形井网，以反九点方式投入注水开发，让井排方向与裂缝走向呈 45° 夹角，待角井水淹后转注，调整成沿裂缝的线状面积注水（图 3-78），理论研究与油田实践都说明这是一种较好的部署方法：既充分发挥初期井网的作用，也有利于中后期灵活调整成线状面积注水。

上述井排方向与裂缝方向呈 22.5° 和 45° 夹角的布井方式，在注水开发初期阶段起到了一定效果。但随着开采时间延长，暴露出各种矛盾问题。为了探讨裂缝性低渗透砂岩油藏的科学合理布井方式，研究人员做了大量的研究试验工作，至今，对"注水井排方向一定要平行裂缝发育方向"的观点，已取得共识。新的研究试验，不再强调"井排方向与裂缝方向呈多少度夹角"问题，而把注意力主要集中在"合理井排距"方面，特别是开展了很多进一步缩小排距的现场调整试验。

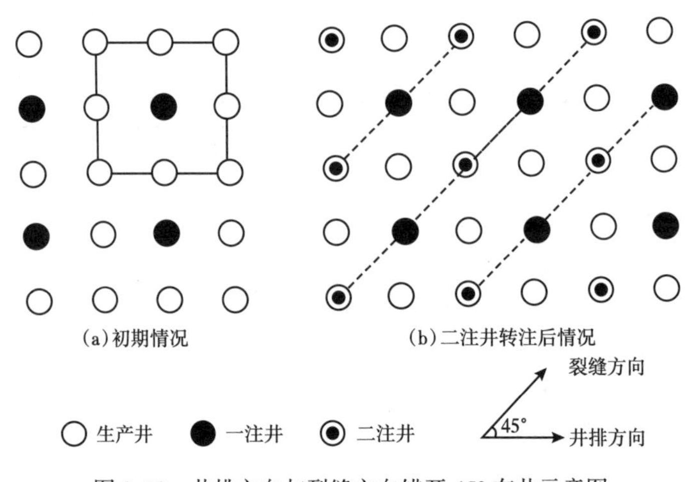

图 3-78　井排方向与裂缝方向错开 45° 布井示意图

(二)延长油田强非均质油藏井网优化

鄂尔多斯盆地低渗透油田的开发历程，围绕井网与裂缝匹配关系，井网优化部署也经历了类似的 4 个阶段。

1. 正方形反九点法井网，井排方向与裂缝呈 22.5° 夹角

这种井网的目的是减慢裂缝线上油井见水时间、延缓水淹，但由于天然裂缝与人工裂缝共同作用，注入水沿裂缝方向窜进，与水井相邻的角井或边井都有可能形成水线，且调整难度大。鄂尔多斯盆地安塞油田最早投入开发的王窑区即采用该类型井网，井距 250~300m。

2. 正方形反九点法井网，井排方向与裂缝平行

该井网由于主侧向井排距相同，主向油井见效见水快，侧向油井见效程度低，储量动用程度低。鄂尔多斯盆地安塞油田坪桥、杏河区采用该井网，井距 250~300m。

3. 正方形反九点法井网，井排方向与裂缝呈 45° 夹角

这种井网加大了裂缝主向油井与水井的距离，延长裂缝主向油井见水时间，但侧向油井由于排距仍较大，见效较慢，且侧向排距始终为井距之半，进一步放大井距或缩小排距受到限制。鄂尔多斯盆地靖安油田五里湾一区采用该井网，井距 300~350m。

4. 菱形反九点法井网及矩形井网

菱形反九点法井网使菱形的长对角线与裂缝方向平行，即放大裂缝方向的井距，这样既有利于提高压裂规模、增加人工裂缝长度、提高单井产量及延长稳产期，又减缓了角井水淹速度；同时缩小了排距，提高了侧向油井受效程度。后期当裂缝线上油井含水上升到一定程度时，对其实施转注，形成排状注水，最大限度地提高基质孔隙的波及体积。鄂尔多斯靖安油田盘古梁区长 6 油藏采用这种井网取得了很好的开发效果。

但是，菱形反九点法井网裂缝方向上的油井存在短时间内水淹的情况，特别是在全面采用超前注水技术后，有些区块的个别井甚至一投产即水淹。针对这种情况，裂缝线上的油井显得有些多余和浪费，故提出了矩形井网方案：不实施裂缝线上的油井，注水井大规模压裂，形成线状注水。该布井方式在五里湾油田 ZJ60 井区进行试验，效果良好。

理论研究和开发实践表明，延长油田为代表的特低渗透油田成功的开发，菱形反九点井网和矩形井网组合开发是低渗透裂缝油藏合理的开发井网形式。

应用数值模拟方法（高振东，2018）研究了矩形井网、正五点法井网、正反九点法井网和菱形反九点法井网开采影响因素分析，开采参数主要包括产油量、综合含水率、采出程度、综合含水率与采出程度关系 4 种，影响因素主要包括井距（排距）、裂缝半长、裂缝导流能力、裂缝与井排方向、注采压差等，数值模拟区域为延长油田低渗透储层，具体储层参数为：油层平均有效厚度 8m，平均孔隙度 14.07%，平均渗透率 $8.44\times10^{-3}\mu m^3$，束缚水饱和度 31.38%，残余油饱和度 34.32%，含油饱和度 68.82%；原始地层压力 6.8MPa，饱和压力 3.2MPa；地下原油黏度为 7.115mPa·s，地面原油密度 0.8577g/cm，体积系数 1.127，油井注采压差为 6MPa；初始裂缝半长 140m，宽度 0.002m，裂缝渗透率 $50\mu m^3$。平均启动压力梯度 0.0051MPa/m，最大主地应力方向平均为北东 60°，模拟结果见表 3-8 至表 3-11。

表 3-8　矩形井网开采参数优化分析表

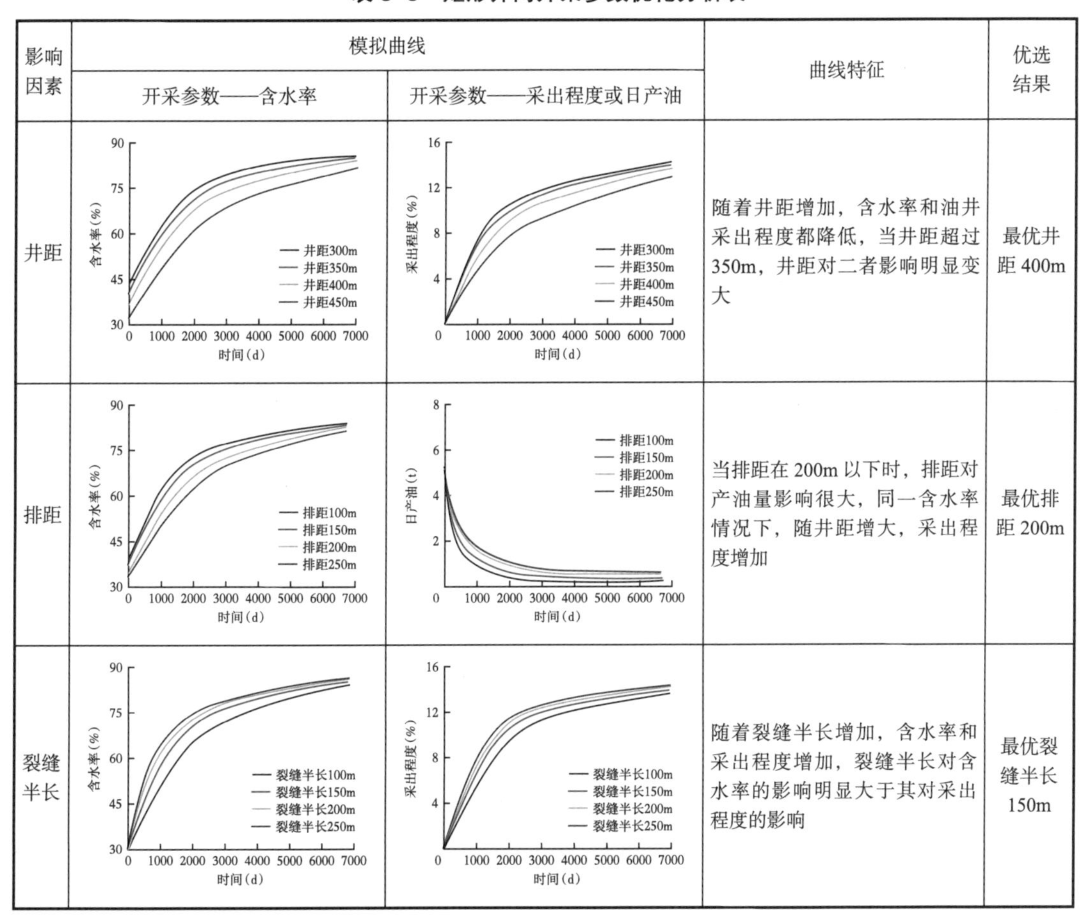

影响因素	模拟曲线		曲线特征	优选结果
	开采参数——含水率	开采参数——采出程度或日产油		
井距			随着井距增加，含水率和油井采出程度都降低，当井距超过 350m，井距对二者影响明显变大	最优井距 400m
排距			当排距在 200m 以下时，排距对产油量影响很大，同一含水率情况下，随井距增大，采出程度增加	最优排距 200m
裂缝半长			随着裂缝半长增加，含水率和采出程度增加，裂缝半长对含水率的影响明显大于其对采出程度的影响	最优裂缝半长 150m

续表

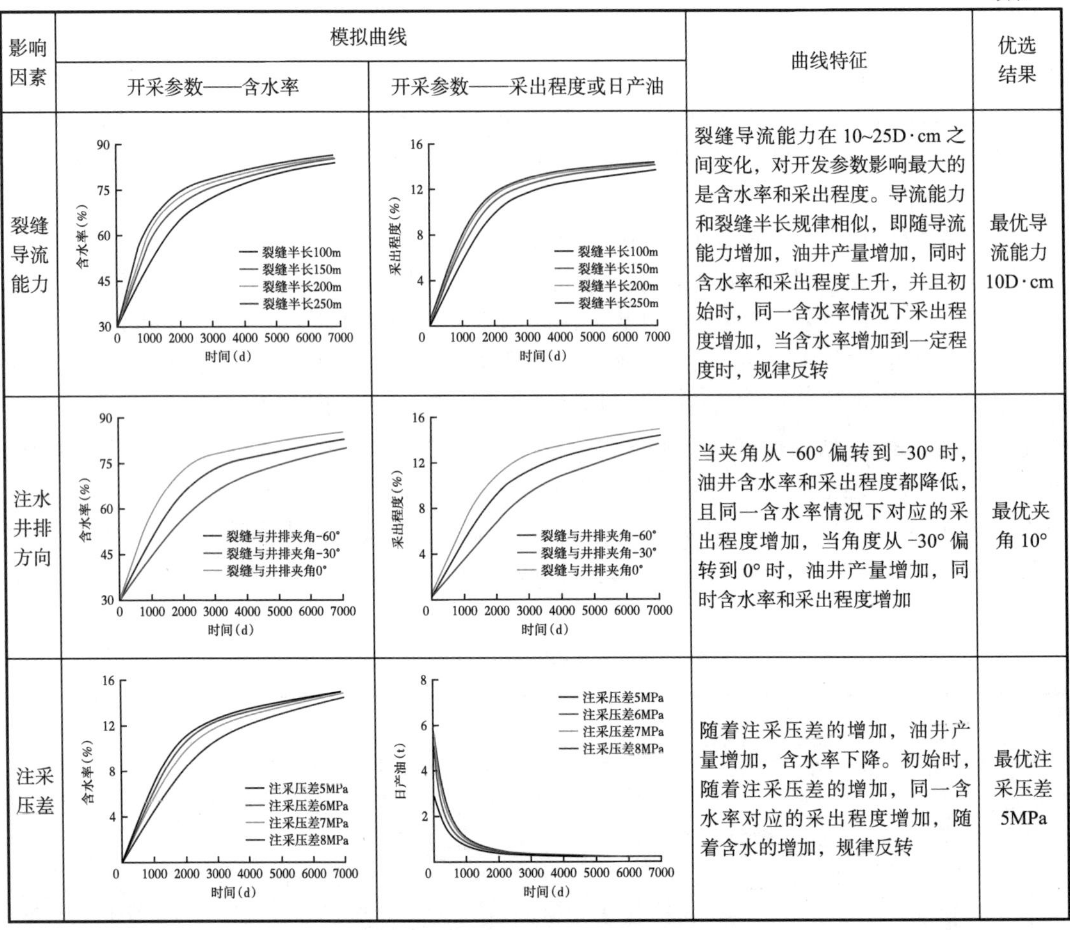

影响因素	模拟曲线		曲线特征	优选结果
	开采参数——含水率	开采参数——采出程度或日产油		
裂缝导流能力	含水率(%)—时间(d)：裂缝半长100m；裂缝半长150m；裂缝半长200m；裂缝半长250m	采出程度(%)—时间(d)：裂缝半长100m；裂缝半长150m；裂缝半长200m；裂缝半长250m	裂缝导流能力在10~25D·cm之间变化，对开发参数影响最大的是含水率和采出程度。导流能力和裂缝半长规律相似，即随导流能力增加，油井产量增加，同时含水率和采出程度上升，并且初始时，同一含水率情况下采出程度增加，当含水率增加到一定程度时，规律反转	最优导流能力10D·cm
注水井排方向	含水率(%)—时间(d)：裂缝与井排夹角-60°；裂缝与井排夹角-30°；裂缝与井排夹角0°	采出程度(%)—时间(d)：裂缝与井排夹角-60°；裂缝与井排夹角-30°；裂缝与井排夹角0°	当夹角从-60°偏转到-30°时，油井含水率和采出程度都降低，且同一含水率情况下对应的采出程度增加，当角度从-30°偏转到0°时，油井产量增加，同时含水率和采出程度增加	最优夹角10°
注采压差	含水率(%)—时间(d)：注采压差5MPa；注采压差6MPa；注采压差7MPa；注采压差8MPa	日产油(t)—时间(d)：注采压差5MPa；注采压差6MPa；注采压差7MPa；注采压差8MPa	随着注采压差的增加，油井产量增加，含水率下降。初始时，随着注采压差的增加，同一含水率对应的采出程度增加，随着含水的增加，规律反转	最优注采压差5MPa

表3-9 正五点法井网开采参数优化分析表

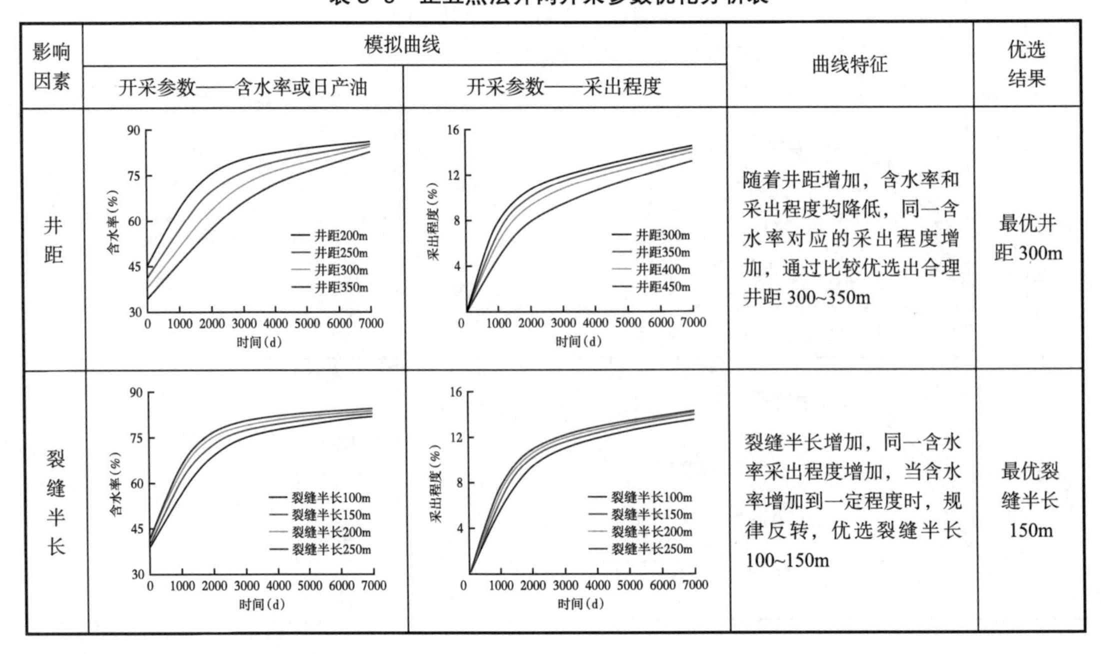

影响因素	模拟曲线		曲线特征	优选结果
	开采参数——含水率或日产油	开采参数——采出程度		
井距	含水率(%)—时间(d)：井距200m；井距250m；井距300m；井距350m	采出程度(%)—时间(d)：井距300m；井距350m；井距400m；井距450m	随着井距增加，含水率和采出程度均降低，同一含水率对应的采出程度增加，通过比较优选出合理井距300~350m	最优井距300m
裂缝半长	含水率(%)—时间(d)：裂缝半长100m；裂缝半长150m；裂缝半长200m；裂缝半长250m	采出程度(%)—时间(d)：裂缝半长100m；裂缝半长150m；裂缝半长200m；裂缝半长250m	裂缝半长增加，同一含水率采出程度增加，当含水率增加到一定程度时，规律反转，优选裂缝半长100~150m	最优裂缝半长150m

续表

影响因素	模拟曲线		曲线特征	优选结果
	开采参数——含水率或日产油	开采参数——采出程度		
裂缝导流能力	含水率（%）—时间（d） — 裂缝导流能力10D·cm — 裂缝导流能力15D·cm — 裂缝导流能力20D·cm — 裂缝导流能力25D·cm	采出程度（%）—时间（d） — 裂缝导流能力10D·cm — 裂缝导流能力15D·cm — 裂缝导流能力20D·cm — 裂缝导流能力25D·cm	随导流能力增加，油井产量增加，同时含水率和采出程度上升，并且初始时，同一含水率下采出程度增加，当含水率增加到一定程度时，规律反转	最优导流能力10D·cm
注水井排方向	日产油（t）—时间（d） — 裂缝与井排夹角0° — 裂缝与井排夹角15° — 裂缝与井排夹角30° — 裂缝与井排夹角45°	采出程度（%）—时间（d） — 裂缝与井排夹角0° — 裂缝与井排夹角15° — 裂缝与井排夹角30° — 裂缝与井排夹角45°	随角度的增加，含水率和采出程度具有小幅度降低。总体而言，注水井排与裂缝夹角对五点井网各指标影响不大	最优夹角0°
注采压差	含水率（%）—时间（d） — 注采压差4MPa — 注采压差5MPa — 注采压差6MPa — 注采压差7MPa	采出程度（%）—时间（d） — 注采压差4MPa — 注采压差5MPa — 注采压差6MPa — 注采压差7MPa	随着注采压差的增加，油井产量增加，含水率下降。初始时，随着注采压差的增加，同一含水率对应的采出程度增加，随着含水率的增加，规律反转	最优注采压差5MPa

表 3–10　菱形反九点法井网开采参数优化分析表

影响因素	模拟曲线		曲线特征	优选结果
	开采参数——含水率或日产油	开采参数——采出程度		
井距	含水率（%）—时间（d） — 井距300m — 井距350m — 井距400m — 井距450m	采出程度（%）—时间（d） — 井距300m — 井距350m — 井距400m — 井距450m	随井距增加，油井含水率和采出程度都降低，同一含水率下采出程度随之增加，对比分析，选取菱形反九点法井网最优井距范围为400~450m	最优井距400m
排距	含水率（%）—时间（d） — 排距100m — 排距150m — 排距200m — 排距250m	采出程度（%）—时间（d） — 排距100m — 排距150m — 排距200m — 排距250m	随排距增加，含水率和采出程度降低，且变化幅度较大。在同一含水率下，排距越大，采出程度越高	最优排距200m

续表

<table>
<tr><th colspan="2" rowspan="2">影响因素</th><th colspan="2">模拟曲线</th><th rowspan="2">曲线特征</th><th rowspan="2">优选结果</th></tr>
<tr><th>开采参数——含水率或日产油</th><th>开采参数——采出程度</th></tr>
<tr><td rowspan="2">裂缝半长</td><td>角井</td><td>含水率(%)
时间(d)
裂缝半长100m
裂缝半长150m
裂缝半长200m
裂缝半长250m</td><td>采出程度(%)
时间(d)
裂缝半长100m
裂缝半长150m
裂缝半长200m
裂缝半长250m</td><td>随裂缝半长增加，减弱了流体流动阻力，边井和角井的日产油都随之增加，含水率也随着增加，裂缝半长对于角井的影响明显大于边井的影响</td><td rowspan="2">最优裂缝半长 150m</td></tr>
<tr><td>边井</td><td>含水率(%)
时间(d)
裂缝半长100m
裂缝半长150m
裂缝半长200m
裂缝半长250m</td><td>采出程度(%)
时间(d)
裂缝半长100m
裂缝半长150m
裂缝半长200m
裂缝半长250m</td><td>从含水率与采出程度的关系中反映，初始时，同一含水率下，裂缝半长的采出程度大，但随着时间的推移，在同一含水率下短裂缝的采出程度高，但总体而言差别不大</td></tr>
<tr><td rowspan="2">裂缝导流能力</td><td>角井</td><td>含水率(%)
时间(d)
裂缝导流能力10D·m
裂缝导流能力15D·m
裂缝导流能力20D·m
裂缝导流能力25D·m</td><td>采出程度(%)
时间(d)
裂缝导流能力10D·m
裂缝导流能力15D·m
裂缝导流能力20D·m
裂缝导流能力25D·m</td><td>随着导流能力的增加，角井和边井的油井产量增加，含水率及采出程度增加</td><td rowspan="2">最优导流能力 10~15D·cm</td></tr>
<tr><td>边井</td><td>含水率(%)
时间(d)
裂缝导流能力10D·m
裂缝导流能力15D·m
裂缝导流能力20D·m
裂缝导流能力25D·m</td><td>采出程度(%)
时间(d)
裂缝导流能力10D·m
裂缝导流能力15D·m
裂缝导流能力20D·m
裂缝导流能力25D·m</td><td>含水率与采出程度关系中反映，初始时，导流能力越小，同一含水率下采出程度越小，随着时间的推移，规律发生反转，导流能力的作用减弱</td></tr>
<tr><td rowspan="2">注水井排方向</td><td>角井</td><td>日产油(t)
时间(d)
裂缝与井排夹角0°
裂缝与井排夹角15°
裂缝与井排夹角30°
裂缝与井排夹角45°</td><td>采出程度(%)
时间(d)
裂缝与井排夹角0°
裂缝与井排夹角15°
裂缝与井排夹角30°
裂缝与井排夹角45°</td><td>注水井排偏转角度对角井的影响比边井大很多，随着偏转角增大，油井产量增大，含水率和采出程度下降。偏转角较小时，含水率上升快，单井产量下降得快</td><td rowspan="2">最优夹角 0°</td></tr>
<tr><td>边井</td><td>含水率(%)
时间(d)
裂缝与井排夹角0°
裂缝与井排夹角10°
裂缝与井排夹角20°
裂缝与井排夹角30°</td><td>采出程度(%)
时间(d)
裂缝与井排夹角0°
裂缝与井排夹角10°
裂缝与井排夹角20°
裂缝与井排夹角30°</td><td>初始时，在同一含水率下采出程度越大，随着含水率的增加，规律发生反转，同一含水率下，夹角大的采收率反而大。对于边井，裂缝夹角对其各项指标影响不大</td></tr>
</table>

续表

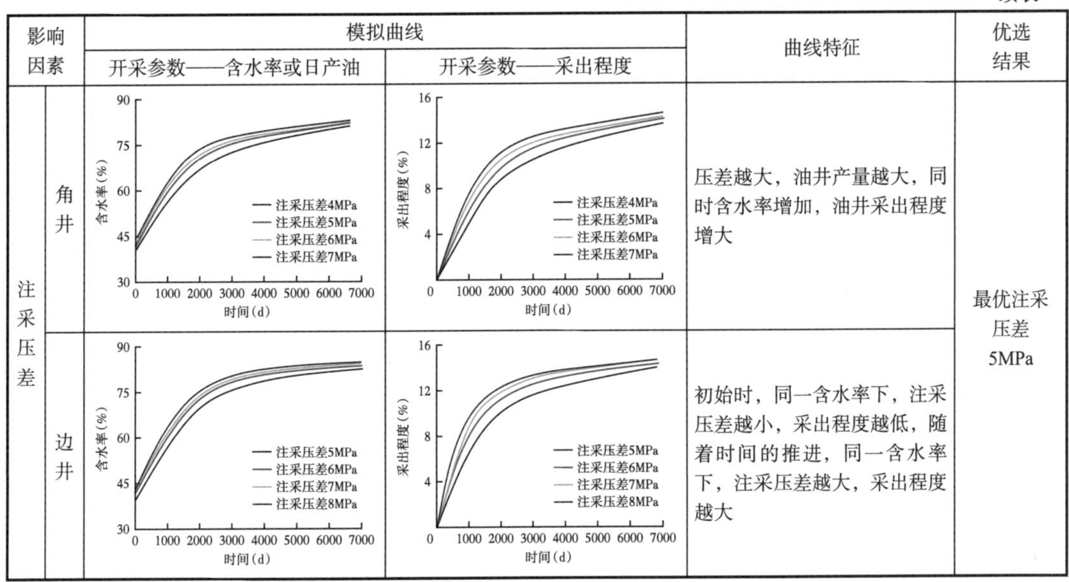

影响因素		模拟曲线：开采参数——含水率或日产油	模拟曲线：开采参数——采出程度	曲线特征	优选结果
注采压差	角井			压差越大，油井产量越大，同时含水率增加，油井采出程度增大	最优注采压差5MPa
	边井			初始时，同一含水率下，注采压差越小，采出程度越低，随着时间的推进，同一含水率下，注采压差越大，采出程度越大	

表 3-11　正反九点法井网开采参数优化分析表

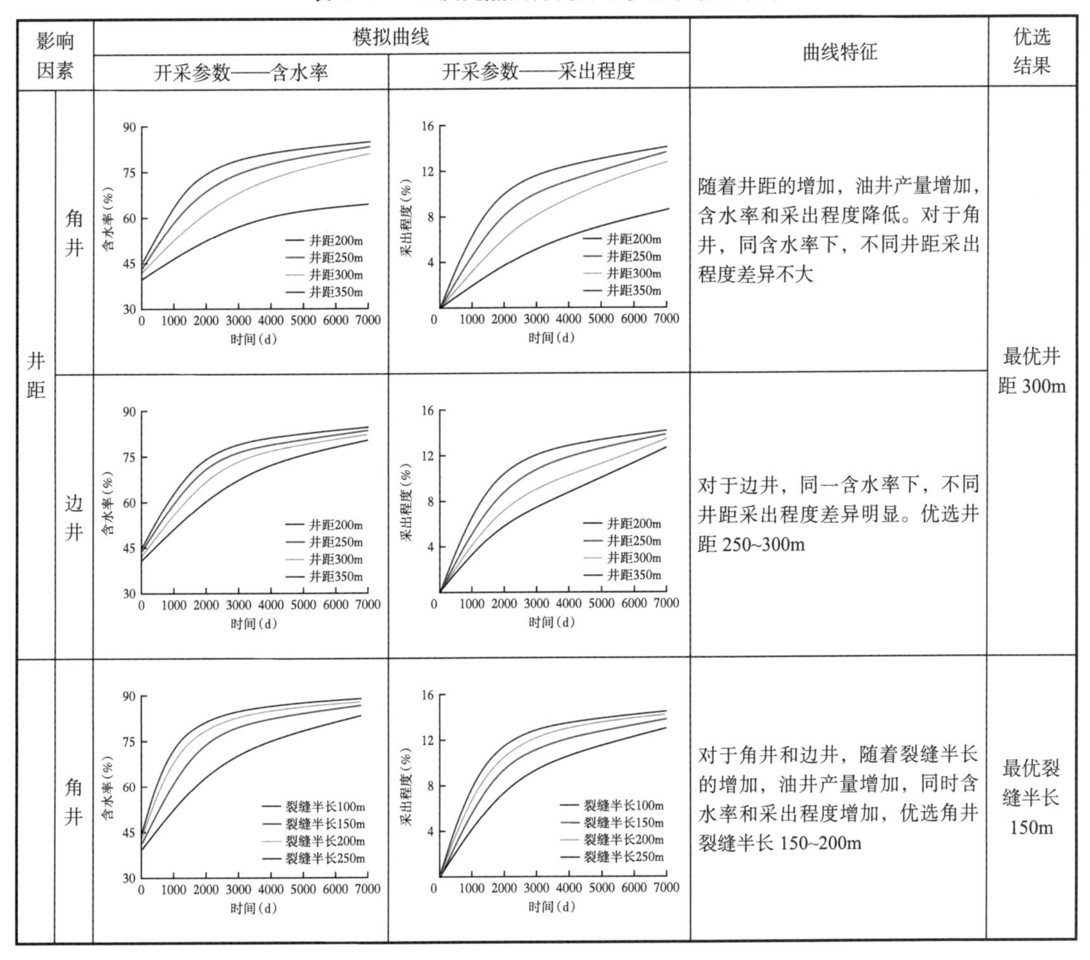

影响因素		模拟曲线：开采参数——含水率	模拟曲线：开采参数——采出程度	曲线特征	优选结果
井距	角井			随着井距的增加，油井产量增加，含水率和采出程度降低。对于角井，同含水率下，不同井距采出程度差异不大	最优井距300m
	边井			对于边井，同一含水率下，不同井距采出程度差异明显。优选井距250~300m	
	角井			对于角井和边井，随着裂缝半长的增加，油井产量增加，同时含水率和采出程度增加，优选角井裂缝半长150~200m	最优裂缝半长150m

续表

影响因素		模拟曲线		曲线特征	优选结果
		开采参数——含水率	开采参数——采出程度		
裂缝半长	边井	裂缝半长100m 裂缝半长150m 裂缝半长200m 裂缝半长250m	裂缝半长100m 裂缝半长150m 裂缝半长200m 裂缝半长250m	初始时，裂缝半长越大，同一含水率对应的采出程度越大，但随着时间的推移，规律发生反转，优选，边井裂缝半长100~150m	最优裂缝半长150m
裂缝导流能力	角井	裂缝导流能力10D·m 裂缝导流能力15D·m 裂缝导流能力20D·m 裂缝导流能力25D·m	裂缝导流能力10D·m 裂缝导流能力15D·m 裂缝导流能力20D·m 裂缝导流能力25D·m	随着导流能力的增加，油井产量增加，同时含水率和采出程度增加，但存在一个最优的导流能力，当达到该导流能力时，增加幅度变小	最佳导流能力10D·cm
	边井	裂缝导流能力10D·m 裂缝导流能力15D·m 裂缝导流能力20D·m 裂缝导流能力25D·m	裂缝导流能力10D·m 裂缝导流能力15D·m 裂缝导流能力20D·m 裂缝导流能力25D·m	初始时，随着导流能力的增加，同一含水率下采出程度增加，但随着时间的推移，规律发生偏转	
注水井排方向	角井	裂缝与井排夹角0° 裂缝与井排夹角15° 裂缝与井排夹角30° 裂缝与井排夹角45°	裂缝与井排夹角0° 裂缝与井排夹角15° 裂缝与井排夹角30° 裂缝与井排夹角45°	随着角度的增加，油井产量降低，同时含水率和采出程度降低。角度对于角井的影响明显大于对于边井，角度较小时，注入水沿着裂缝突进，角井含水率上升快，单井产量下降很快	最佳夹角0°
	边井	裂缝与井排夹角0° 裂缝与井排夹角15° 裂缝与井排夹角30° 裂缝与井排夹角45°	裂缝与井排夹角0° 裂缝与井排夹角15° 裂缝与井排夹角30° 裂缝与井排夹角45°	初始时，角度越小，同一含水率对应的采出程度越大，随着时间推移，含水率增加，规律发生反转	

续表

<table>
<tr><th rowspan="2" colspan="2">影响因素</th><th colspan="2">模拟曲线</th><th rowspan="2">曲线特征</th><th rowspan="2">优选结果</th></tr>
<tr><th>开采参数——含水率</th><th>开采参数——采出程度</th></tr>
<tr><td rowspan="2">注采压差</td><td>角井</td><td> 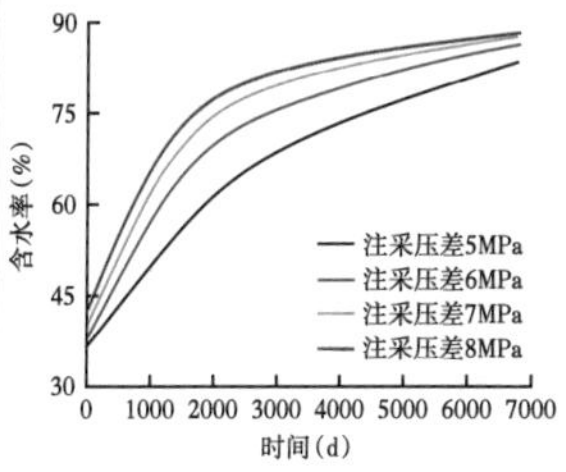含水率（%）
时间（d）
注采压差5MPa
注采压差6MPa
注采压差7MPa
注采压差8MPa</td><td> 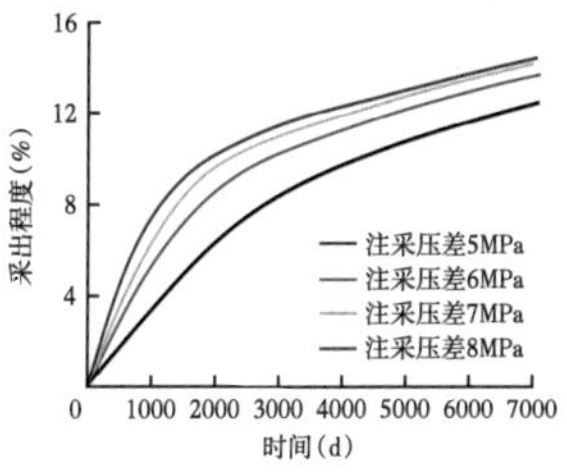采出程度（%）
时间（d）
注采压差5MPa
注采压差6MPa
注采压差7MPa
注采压差8MPa</td><td>注采压差对角井的影响明显大于边井，随着注采压差的增大，油井产量增加，同时含水率和采出程度增加，但存在一个最佳压差</td><td rowspan="2">最优注采压差6MPa</td></tr>
<tr><td>边井</td><td> 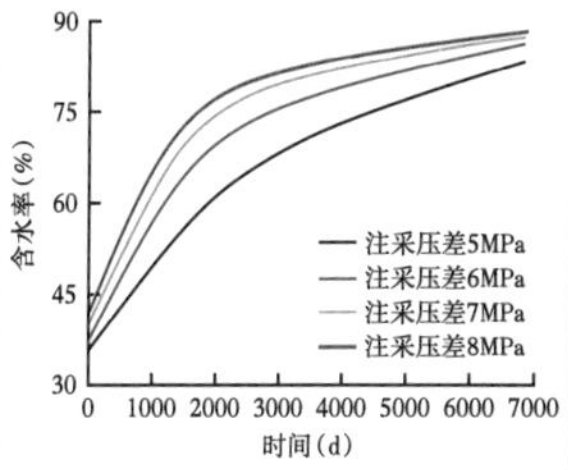含水率（%）
时间（d）
注采压差5MPa
注采压差6MPa
注采压差7MPa
注采压差8MPa</td><td> 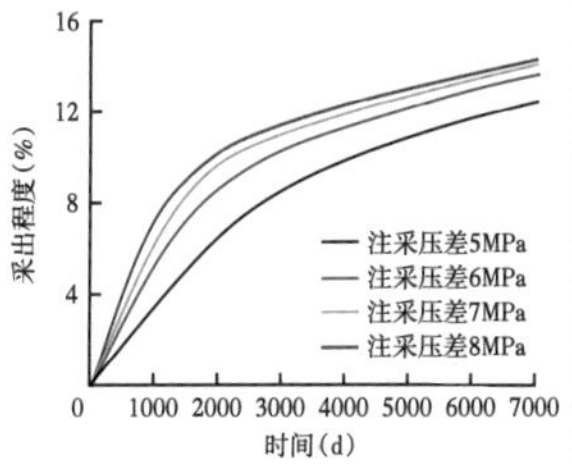采出程度（%）
时间（d）
注采压差5MPa
注采压差6MPa
注采压差7MPa
注采压差8MPa</td><td>含水率与采出程度关系反映，随着注采压差的增加，同一含水率对应的采出程度增加；随着含水率的增加，规律发生反转</td></tr>
</table>

表 3-12 不同井网参数优选表

井网类型	井距（m）	排距（m）	裂缝半长（m）	裂缝导流能力（D·cm）	注水井排与裂缝夹角（°）	注采压差（MPa）
矩形	400~450	150~200	100~150	10~15	0~10	5~6
正五点	300~350		100~150	10~15	0	4~5
菱形反九点	400~450	150~200	100~200	10~15	0~10	5~6
正反九点	250~300		100~200	10~15	0~15	5~7

通过对比分析表 3-8 至表 3-11 中各项参数，优选出不同类型井网的最优化参数为（表 3-12）：

（1）矩形井网井排距 400m×200m，裂缝半长 150m，裂缝导流能力 10D·cm，注采井排与裂缝夹角 10°，注采压差为 5MPa；

（2）正五点法井网井排距 300m，裂缝半长 150m，裂缝导流能力 10D·cm，注采井排与裂缝夹角 0°，注采压差为 5MPa；

（3）菱形反九点法井网井排距 450m×200m，裂缝半长 150m，裂缝导流能力 10D·cm，注采井排与裂缝夹角 0°，注采压差为 5MPa；

（4）正反九点法井网井距 300m，裂缝半长 150m，裂缝导流能力 10D·cm，注采井排与裂缝夹角 0°，注采压差为 6MPa。

为了得到好的注水开发效果，对上述井网进行进一步优选，通过数值模拟，得到矩形井网、正五点法井网、菱形反九点法井网、正反九点法井网等不同井网日产油、累计产油、含水率和采出程度随时间变化关系曲线如图 3-79 所示。

对比分析参数优选后的单个井网开发效果可以看出：单一井网内，由于采用菱形反九点法井网和正反九点法井网的油井多，所以相应油井产量较高；但从含水率比较，由于延长油田含油层多为油水同层，因此没有无水采油期，开发初期含水率就达到40%左右，正五点法井网和正反九点法井网的含水率较高，菱形反九点法井网和矩形井网含水率较低。从单个井网采出程度比较得到，首先是正五点法井网采出程度最高，其次是正反九点法井网，菱形反九点法井网，最后是矩形井网；但从含水率与采出程度的关系对比可知，含水率均为85%时，菱形反九点法井网的采出程度是13.38%，正反九点法井网的采出程度是13.26%，矩形井网的采出程度是13.18%，正五点法井网的采出程度是13.17%。因此优选最优注采井网为菱形反九点法井网，井排距450m×200m，其次是正反九点法井网，井距为300m，裂缝半长150m，裂缝导流能力10D·cm，裂缝与注采井排方向夹角为0°，最优注采压差为5~6MPa。

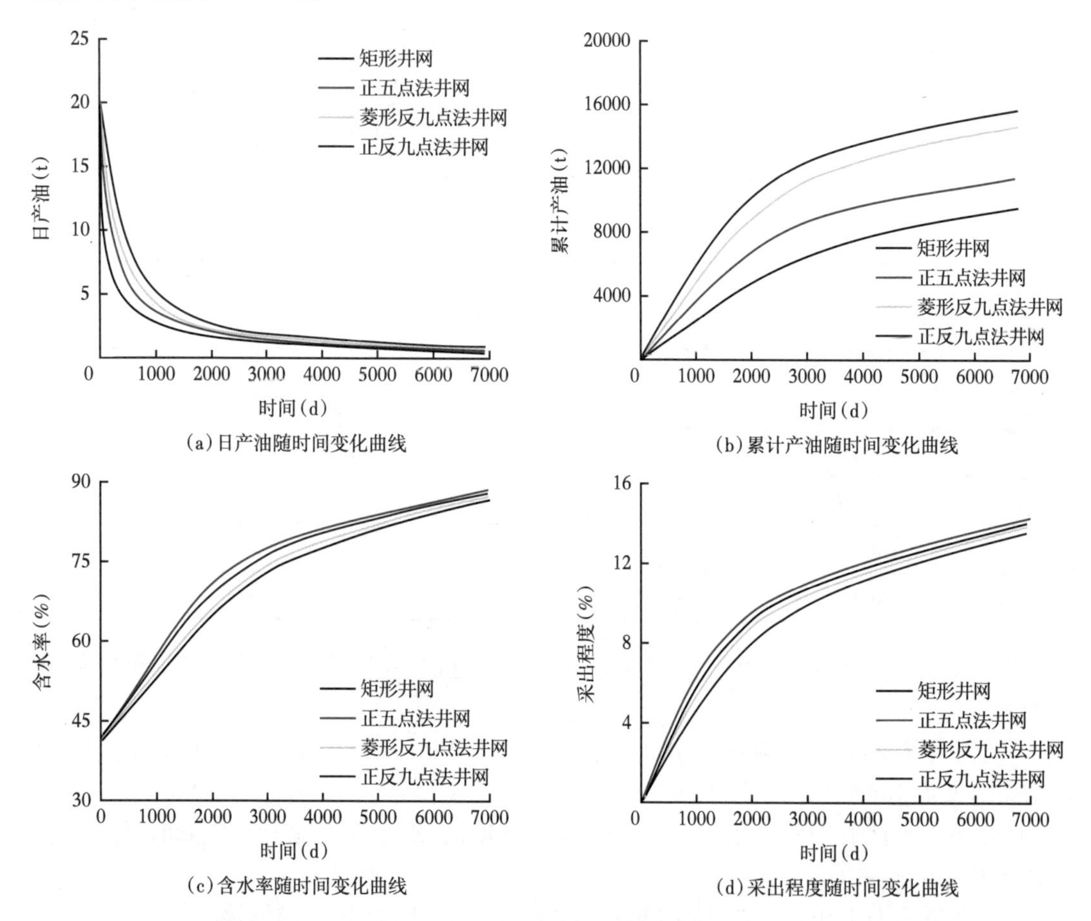

图3-79　不同井网日产油、累计产油、含水率和采出程度对比关系曲线图（据高振东，2018）

延长注水项目区依据鄂尔多斯盆地裂缝发育特点，基于物理模拟、数值模拟和现场试验结果，建议实施部署适合延长油田低渗透油藏的3种井网类型：

（1）裂缝不发育油藏：采用正方形反九点法井网（图3-80），正方形对角线方向与最大地应力方向平行，人工缝长160m左右，井距300~350m较好。井网优点：延长了人工裂缝方向油井见水时间。

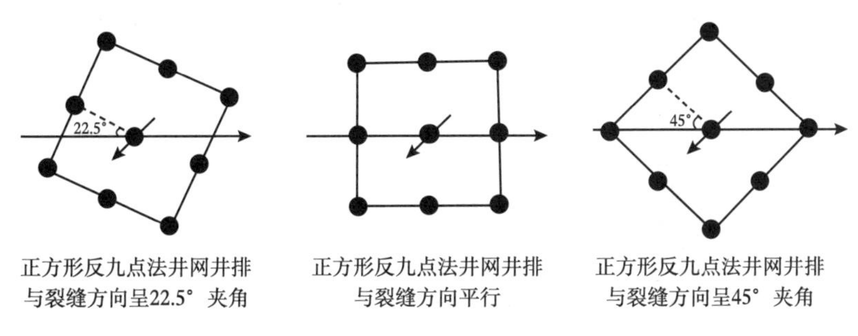

图 3-80　延长油田正方形反九点法井网部署形式图

（2）裂缝较发育油藏：采用菱形反九点法井网（图 3-81），对角线与最大地应力方向平行，井距 450~520m，排距 130~180m，人工缝长 155~185m。该井网部署形式在鄂尔多斯盆地诸多油田得到了广泛应用。井网优点：主、侧向井注水见效均匀，水驱控制程度高，地层压力保持水平高，采油速度高，水驱采收率高。同时沿裂缝方向拉大井距，延缓了油井见水时间，延长了无水采油期。

（3）裂缝发育油藏：采用矩形井网（图 3-82），井排与裂缝方向平行，井距 500~550m，排距 130~165m，人工缝长 175~195m。井网优点：注水井之间距离为油井之间距离的 2 倍，注水井排上，不部署采油井，使得注入水沿裂缝推进，在裂缝内形成高压区，然后裂缝压力向油井慢慢扩散传递，达到水驱前缘的均匀推进，提高波及系数和开发效果，避免油井水淹。

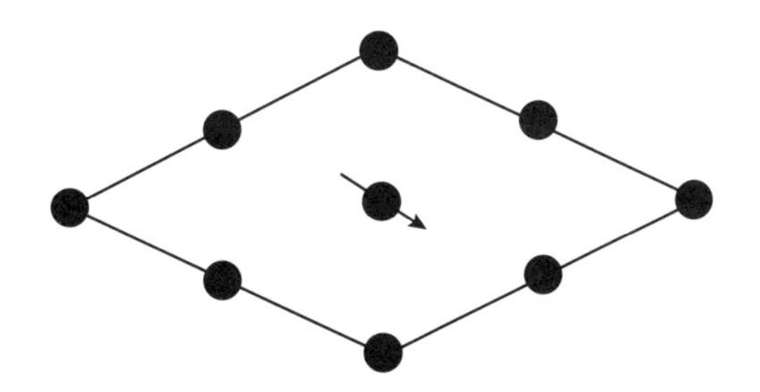

图 3-81　菱形反九点法井网部署形式图

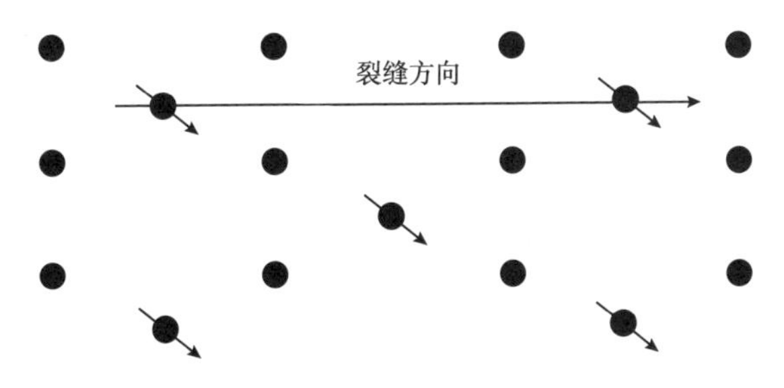

图 3-82　矩形五点法井网部署形式图

（三）水淹水窜老区综合治理实例

丰富川油田主力层位为长 2 油层，油藏类型为构造—岩性油藏，油层分布主要受河道沉积控制，局部受差异压实作用形成的鼻状隆起控制。相对于延长组下部油层，长 2 储层物性较好。自 2002 年开始进行注水先导性试验，随后进行全面注水，初期产量高

（图 3-83），受储层强非均质性影响，产量下降很快，至 2015 年开发矛盾突显，水淹水窜无效循环严重，2/3 油井关停，开井平均单井产量仅 0.06t，含水率达到 93%。

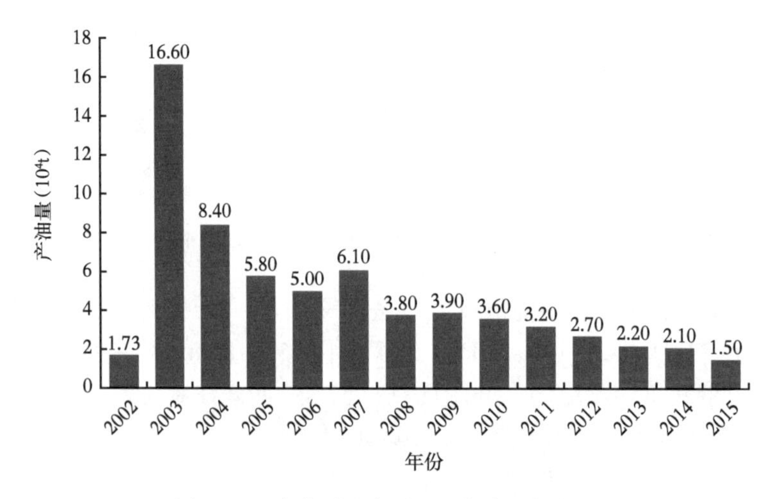

图 3-83　丰富川注水项目区年产油柱状图

针对丰富川长 2 油藏存在的开发矛盾，综合治理措施为：（1）在精细油藏地质分析的基础上，首先重建井网进行注水。通过井史数据、注采状况和注采对应关系、油井含水率统计，对部分含水率上升较快且高含水率的油井的见水方向进行了分析，原先采用正方形反九点法面积注水井网（图 3-84），正方形对角线方向与最大地应力方向平行，开发过程中，注入水沿某一方向突进。针对这一情况，井网调整中适时转注角井，将反九点法注水系统转化为五点注水系统，适当拉大水淹水窜方向井距、缩小侧向排距，延缓水窜方向采油井水淹，从而使注入水均匀推进。（2）针对水淹水窜无效循环区，实施分层隔排井网调整技术（图 3-85），井排平行于最大主应力方向，适当拉大井距，在注水井排上不部署采油井，使得注入水在突进区域形成高压区，然后压力向油井慢慢传导，达到水驱前缘均匀的目的，从而避免油井水淹。

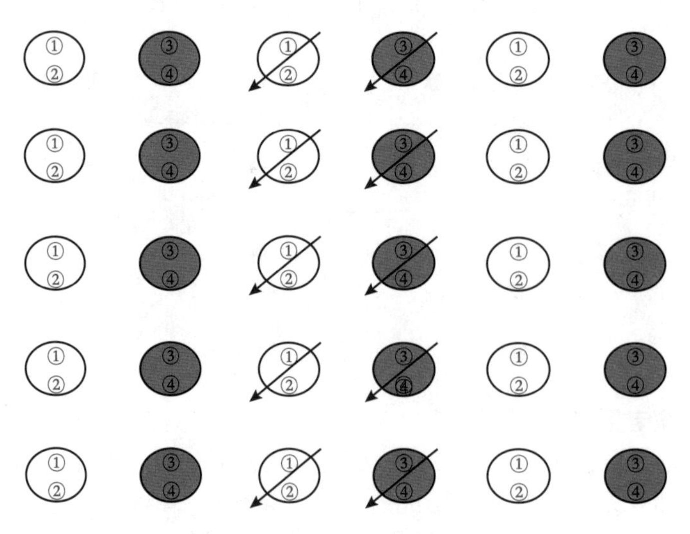

图 3-84　隔排井网调整示意图

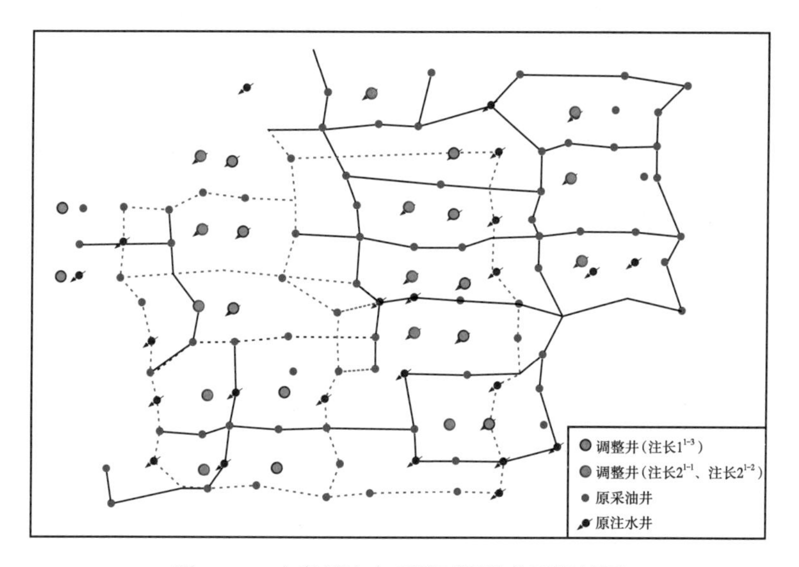

图 3-85　丰富川注水项目区隔排井网调整图

调整后注水项目区注水井数从 58 口增加到 116 口，油井从 380 口降至 284 口，注采井数比从 1∶4.3 增加到 1∶2.4，注采关系得到明显改善，注水面积从 $3.9km^2$ 增加到 $6.5km^2$，增加了 $2.6km^2$，注采井网基本覆盖整个注水项目区，日产油从 30t 增加至 65t，综合含水率由 91.5% 下降至 86.8%，调整效果明显（图 3-86）。

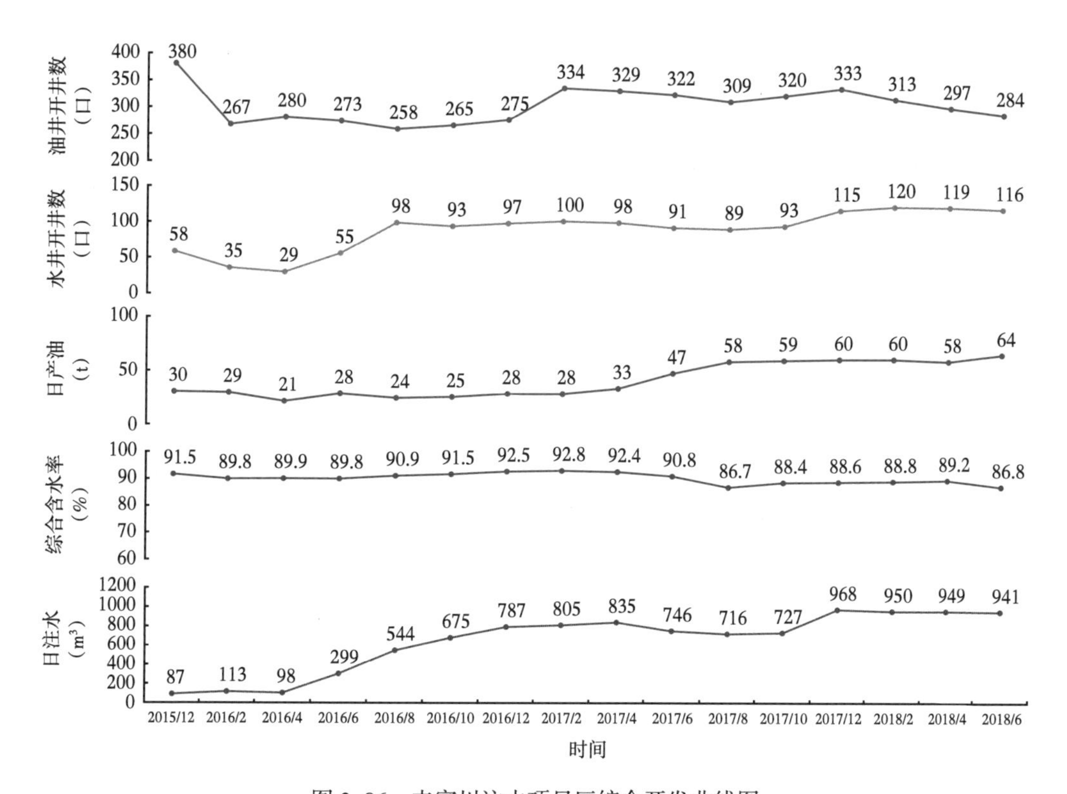

图 3-86　丰富川注水项目区综合开发曲线图

四、延长组长6油藏“多点温和”注水调控技术

延长组长6低孔隙度低渗透率油藏，局部储层发育稳定、连通性好，主力层相对单一，分布面积较大但非均质性较强，强注强采注水效果较差，需采用“多点温和”注水。通过储层精细研究和剩余油分布规律评价，把原来“少井点、强注水、高产出”的注水方式转移到“多井点、低强度、稳产出”的注水思路上来，实施“点弱面强、温和注水”，加强地层能量补充，形成面状驱替，增强驱替效果。

（一）“多点温和”注水开发的概念和作用机理

1.“多点温和”注水的概念

“多点温和”注水，是指在控制注水强度和注水压力的基础上，保持区域注采比和总注水量不变，将原来的“少井点、强注水、高产出”的注水方式，转化为“多井点、弱注水、稳产出”的点弱面强的注水策略，合理控制水驱前缘推进速度，增加油水交换时间，充分发挥毛细管的自发渗吸作用，进而提高采收率的一种注水开发方式。其主要机理一方面是有效利用顺向渗吸作用，通过控制注水强度和注水压力，使得水驱前缘尽可能地均匀推进，避免水窜、水淹的发生；另一方面充分发挥逆向渗吸交换作用，基于亲水多孔介质的吸水排油机理，合理控制注水驱替速度，采出更多基质孔隙原油。特低渗透油藏大规模压裂后，可形成高导流能力裂缝网，毛细管力作用下裂缝中润湿相（水）渗吸到基质内，基质的非润湿相（油）被置换到裂缝中，裂缝中的油在注入水压差作用下被驱替到油井井底。与传统注水理念相比，“多点温和”注水更加强调对注水速度的控制，以“时间换空间”，充分发挥逆向渗吸作用。

2.“多点温和”注水的作用机理

特低渗透油藏具有更广泛更严重的非均质性，使得“多点温和”注水技术更有用武之地。一般来说，油藏的非均质性体现在3个方面：一是构造的起伏不定，断层的随机分布；二是储层物性的非均质分布，包括层间、平面、层内和微观4种非均质性；三是流体的非均质性，压力分布不同时，原油的黏度、含气性等都各自不同。这些非均质性不仅造成微观上流体分布的不同，更造成了宏观上剩余油的分布不同，这些剩余油就构成了油藏挖潜、三次采油等的重点，也是“多点温和”注水技术提高采收率的物质基础。

（1）对层间非均质性的作用机理。

在多层合采的情况下，由于层间非均质性的影响，多油层间会出现层间干扰问题。往往高渗透油层水驱启动压力低，容易水驱；而较低渗透的储层水驱启动压力高，水驱程度弱甚至未水驱。这样，便出现水沿高渗透层突进的现象，而较低渗透层动用不好或基本没有动用，形成剩余油层（图3-87）。层间干扰现象在吸水剖面和产液剖面上反映十分明显。在多层合注的注水井中，在相同的注水压力下，各层单位厚度吸水能力相差较大。层间干扰主要与储层层间非均质程度有关。层位越多，层间差异越大，单井产液量越高，层间干扰就越严重。

在多层合采的情况，在开采过程中出现了严重的层间干扰，储集性能好的油层出油，而物性较差的油层很少或不出油。显然，对于层间非均质明显的油藏，依靠调整注入量和采出量能够起到一定的调节作用，例如，多层砂岩油藏开采时，如果降低采油井的井底流压，可以使低渗透层也得以动用。

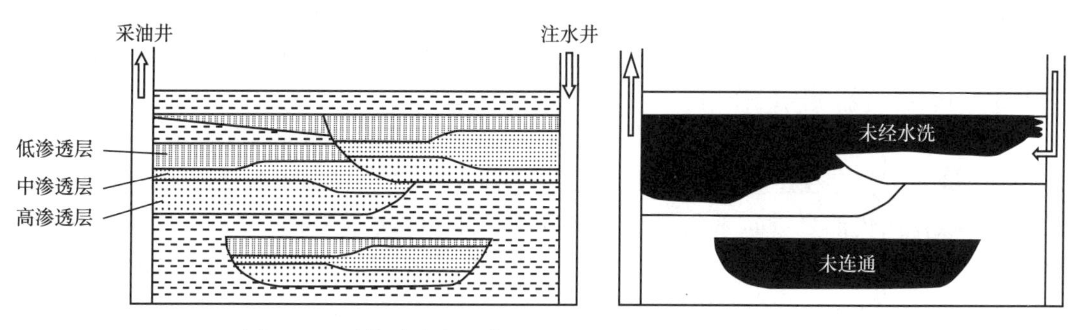

图 3-87　砂体分布与剩余油分布示意图（据 Weber，1999）

（2）对平面非均质性的作用机理。

注水开发过程中，由于储层平面非均质性、流体非均质性及开发条件的影响，在平面上会出现注入水舌进的情况。注水井中的注入水向不同方向驱油，推进往往是不均匀的，一般总有一个方向突进最快，且经过长期水洗之后，这个方向有可能发展成“水道”。

由于平面水窜，注入水优先沿一个方向驱油，而在其他方向水洗程度弱甚至未水洗，从而造成了剩余油滞留区。主要包括以下几种情况：

①条带状高渗透带与低渗透区共存。若油层高渗透带呈条带状，而大部分地区为低渗透区，在注水开发时，水沿高渗透带窜流，而绕过低渗透带甚至把低渗透带包围起来，这样，低渗透区的原油就采不出来，而成为剩余油滞留区（图 3-88）。另外，沿古主流线方向，颗粒定向排列，颗粒长轴平行于古主流线，沿这一方向孔道也较直，渗透率高。这一方向是古水流流动阻力最小的方向，因此也是注入水流动阻力最小、流速最大的方向，注入水易沿此方向窜流，而在相邻区形成剩余油。

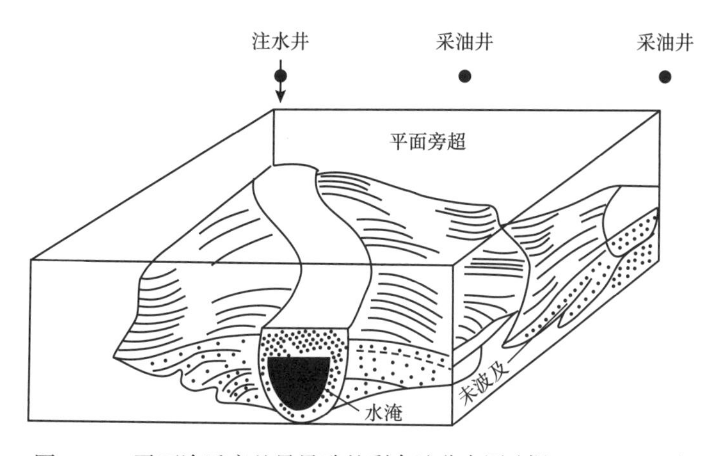

图 3-88　平面渗透率差异导致的剩余油分布图（据 Tyler，1991）

②裂缝水窜造成的剩余油滞留区。若注水开发区内存在若干延伸较远（超过井距或裂缝相交连接超过井距）的大裂缝，注入水沿裂缝窜流，使油井迅速水淹，从而使大量的原油仍饱含在基质岩块孔隙或微裂缝中而采不出来，形成滞留区。

③平面注入水失调。若一口油井或一个油井排受多向注水影响，其中某一两个注水方向的注水强度大、注水量大且含水饱和度高，那么就会造成其他方向的储量动用不好。这

样长期下去，就会造成平面失调，尤其是当出现“水道”时，问题就更严重了。这种平面失调主要是储层渗透率在平面上的各向异性和（或）不同注水井间的压力差异造成的。

（3）对裂缝与基质间的作用。

只要存在的裂缝和基质具有明显的差别，注入水之后水一定是在裂缝里面优先流动，但由于裂缝和基质存在压力差和毛细管力差，所以注入水会被吸入基质中而替换出原油。但这种替换作用仍然会导致基质出现较多的剩余油，因此提高采收率的关键是把基质的剩余油降低。如图3-89所示，在水润湿条件下，注入水在裂缝与基质之间进行吸水排油的介质交换，通过毛细管力作用将润湿相（水）渗吸到基质内，将基质中的非润湿相（油）置换到裂缝中，然后在注入水压差作用下将裂缝中的油驱替到出口端，这种裂缝与基质之间流体的置换作用就是渗吸采油和驱替作用的交互机制，这也是裂缝性油藏适应于“多点温和”注水最主要的理论基础。

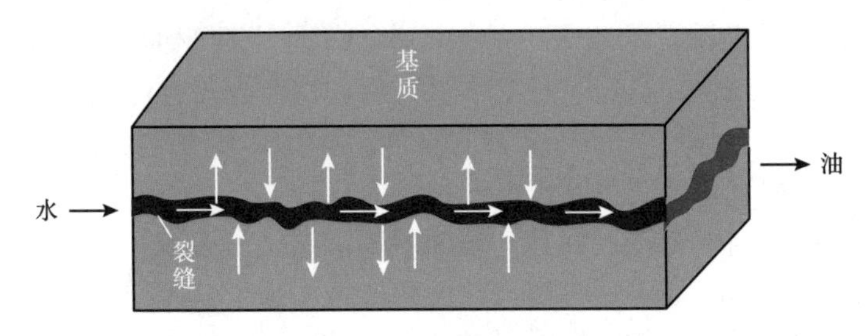

图3-89　裂缝与基质流体交换的物理模型示意图（据王香增，2014）

基于图3-89所示裂缝与基质模型，开展注水速度对水驱采收率影响的室内实验研究（图3-90）。实验结果表明：注水速度从0.6m/d增加到3.0m/d，渗吸采收率先升高后降低，存在最佳驱替速度使渗吸采收率达到最高，且该驱替速度随着岩心渗透率的降低而降低；储层渗透率分别为$0.058\times10^{-3}\mu m^2$、$0.18\times10^{-3}\mu m^2$和$0.23\times10^{-3}\mu m^2$时，最佳注水驱替速度分别为0.9m/d、1.2m/d和1.4m/d，得到其最佳渗吸采收率分别为11.34%、16.17%和19.32%。最佳驱替速度时毛细管力和黏性力二者协同驱油效果最好，当驱替速度小于最佳驱替速度时，毛细管力发挥主要作用，小孔隙原油更容易被采出，当驱替速度大于最佳驱替速

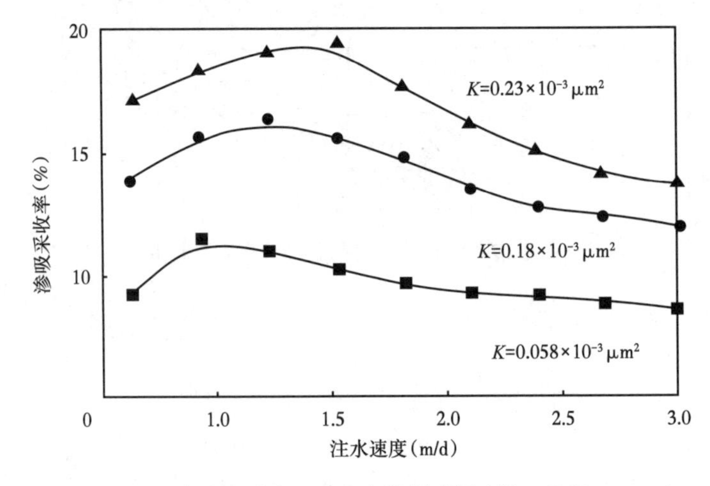

图3-90　注水速度对渗吸采收率的影响图（据王香增，2014）

度时，压差驱动发挥主要作用，大孔隙原油更容易被采出，因此存在一个最佳驱替速度，使尽可能多孔隙中的原油均被采出。综上所述，注水速度过高和过低都不利于非均质区域内的原油采出，而恰当的注入速度显然能够起到促使不同渗透率区域原油共同被采出的作用。

（二）“多点温和”注水调控措施

1.“多点温和”连续注水

（1）井网优化。

前已述及，菱形反九点法井网是特低渗透油藏最优基础井网，菱形反九点法井网人工压裂，菱形长轴的方向平行于裂缝方向，使注水井与角井连线平行于裂缝方向，相应地增加裂缝方向上的井距，缩小垂直于裂缝方向上的排距，有效改善平面上各油井的均匀受效程度，延缓角井见水时间，同时边井的受效度加大，而且当角井含水率较高时可以转注，从而形成矩形五点注采井网系统。根据最大累计产量和经济最大化的原则，得到最优井网形式是菱形反九点法井网。

（2）合理井网参数的确定。

利用复杂介质渗流理论模型，以长6油藏为例，对特低渗透油藏井网参数进行了优化。优化参数见表3-13。

2.“多点温和”不连续注水

裂缝性油藏及非均质性较强的油藏注水开发过程中，常规的稳定注水方式使得注入水往往沿高渗透层或裂缝推进而绕过低渗透层。在固定的注采井网条件下，容易形成较固定的压力场和流场分布，尤其是在已经形成水窜通道的中、高含水期，注入水很难扩大波及体积，大部分水沿着已形成的水窜通道采出地面，使注入水的利用率越来越低，无效注水严重。通过长期大量的矿场试验、室内实验和数值模拟研究，发现与稳定注水相比，不稳定注水是改善高含水期油田注水开发效果的一项简单易行、经济有效的方法。

不稳定注水通过周期注水、间歇注水、脉冲注水及改变液流方向（改向注水）注水，使得注入水能够较多地进入裂缝包围的基质岩块、低渗透岩层内，明显减少水窜程度，从而提高注入水波及系数与驱油效率。其最大优点是利用现有层系和井网，通过压力场的调控，使滞留状态的原油动用起来，提高注入水的利用率，扩大注水波及体积，从而控制含水上升幅度，延长油田稳产期，改善油田开发效果。不稳定注水方法简便，容易实施，投资较少，经济有效，易于在油田大规模地推广应用。

（1）不连续注水机理。

根据我国低渗透油田的地质特点和实际开发状况，周期注水和改变液流方向的方式具有较大现实意义，一般周期注水与改变液流方向是结合进行的。

对于不连续注水，我国进行过不同规模的现场试验，“八五”以来又进行了比较深入细致的研究。关于周期注水的机理，通过采用核磁共振成像技术、对非均质地层模型进行的试验进而有了比较深入的了解：周期注水改善水驱效果的机理主要是高低渗透区间的油水交渗效应，在注水升压半周期时，注入水在压力梯度作用下，沿着高低渗透层之间的交渗透面强化渗入低渗透层；在停注降压半周期中，高渗透层压力迅速下降，低渗透层弹性能量释放，孔隙内流体反向流入高渗透层；同时部分渗入水被滞留在低渗透孔隙中，被滞留水取代的原油在降压半周期中流入高渗透层后采出。交渗效应的大小强弱取决于两个因素，其一是毛细管力，主要是地层的孔隙结构、润湿性和界面张力，一般亲水地层交渗效应较强；其二是高低渗透区间压力差的大小。

表 3–13 “多点温和”连续注水井网参数优化表

井网参数	模拟曲线	曲线特征	优选结果
排距	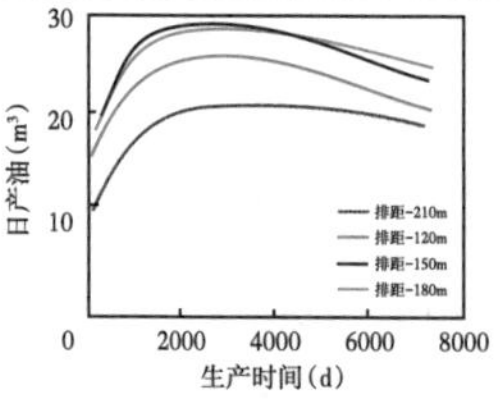 日产油（m^3） 30 20 10 0 排距-210m 排距-120m 排距-150m 排距-180m 2000 4000 6000 8000 生产时间（d） （a）日产油 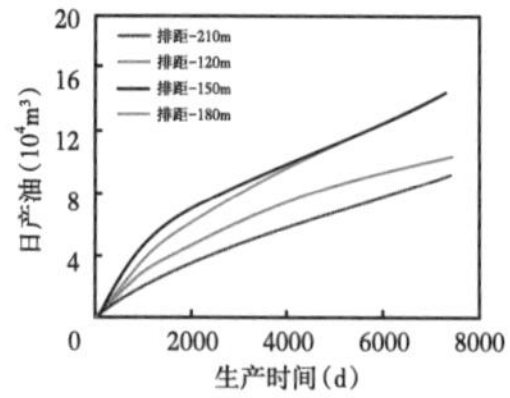 日产油（10^4m^3） 20 16 12 8 4 0 排距-210m 排距-120m 排距-150m 排距-180m 2000 4000 6000 8000 生产时间（d） （b）累计产油	对比日产油发现，150m 排距时，日产油最多；其次为 180m 排距时的日产油。累计采油量 150m 时累计产油量最大，180m 时次之	150~180m
井距	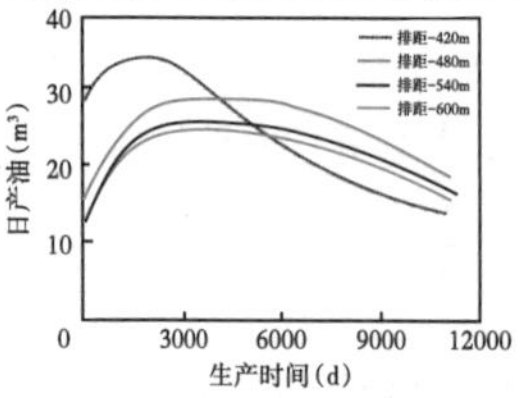 日产油（m^3） 40 30 20 10 0 排距-420m 排距-480m 排距-540m 排距-600m 3000 6000 9000 12000 生产时间（d） （a）日产油 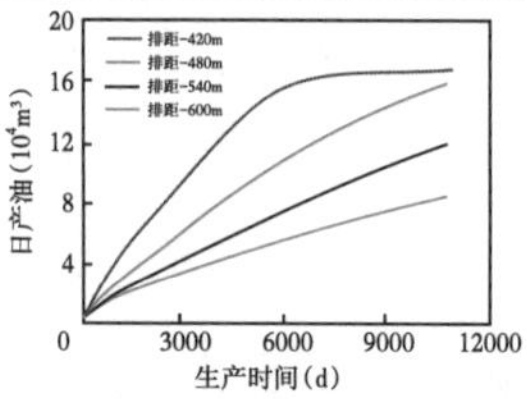 日产油（10^4m^3） 20 16 12 8 4 0 排距-420m 排距-480m 排距-540m 排距-600m 3000 6000 9000 12000 生产时间（d） （b）累计产油	当井距为 420m 时，日产油初产显著增加，540m 与 600m 井距时累计产油较低，井距 420m 和 480m 最终累计产油基本相同，但是井距 420m 可以缩短油田开发周期	420~480m
裂缝穿透比	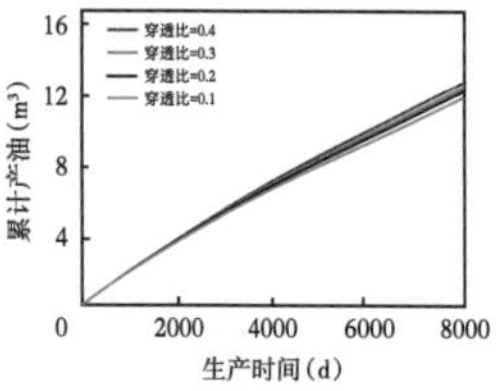 累计产油（m^3） 16 12 8 4 0 穿透比=0.4 穿透比=0.3 穿透比=0.2 穿透比=0.1 2000 4000 6000 8000 生产时间（d） （a）日产油 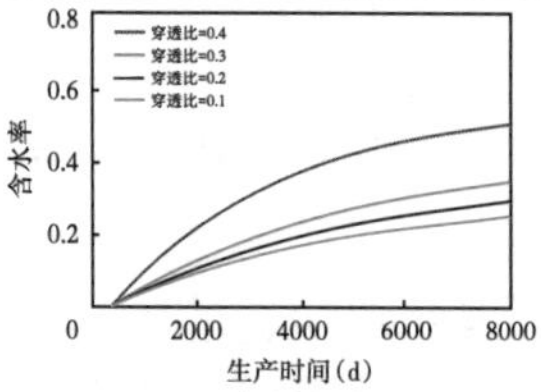 含水率 0.8 0.6 0.4 0.2 0 穿透比=0.4 穿透比=0.3 穿透比=0.2 穿透比=0.1 2000 4000 6000 8000 生产时间（d） （b）含水率上升规律	压裂缝长增加到一定程度后，水井增注量难以增加，相应油井日增油量、累计增油量和增注水利用率在裂缝穿透比小于 0.2 时逐渐增加；当裂缝穿透比超过 0.2 以后，呈下降趋势	0.2
合理注水压力	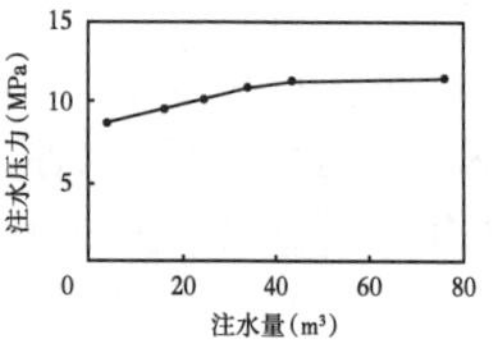 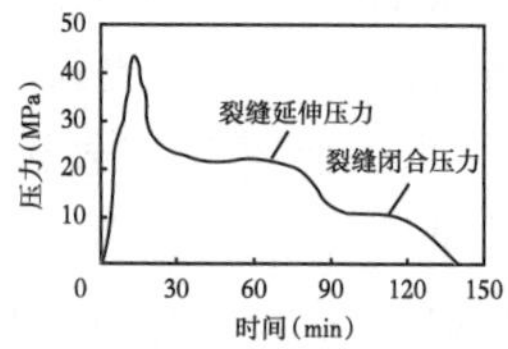 注水压力（MPa） 15 10 5 0 20 40 60 80 注水量（m^3） 压力（MPa） 50 40 30 20 10 0 裂缝延伸压力 裂缝闭合压力 30 60 90 120 150 时间（min）	启动压力可以通过定期测试单井吸水指示曲线获得；裂缝延伸压力可以通过求取注水井对应油井的压裂裂缝延伸压力平均值而获得。裂缝闭合压力根据井组所有油井实际压裂施工压力值统计得到，单井合理配注所需的最小压力根据现场实际情况进行调整	
合理地层压力	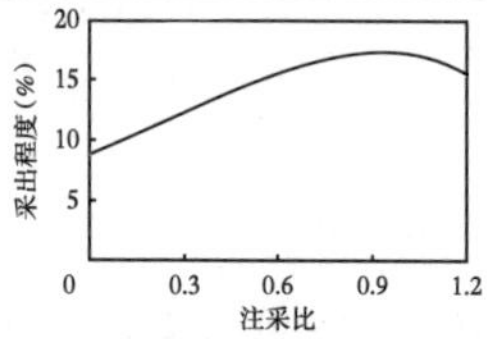 采出程度（%） 20 15 10 5 0 0.3 0.6 0.9 1.2 注采比	延长油田特低渗透油藏油层压力保持水平为 85% 左右，考虑部分注水的外溢，累计注采比略高，但不宜过大	0.9~1.1 MPa
合理注水强度	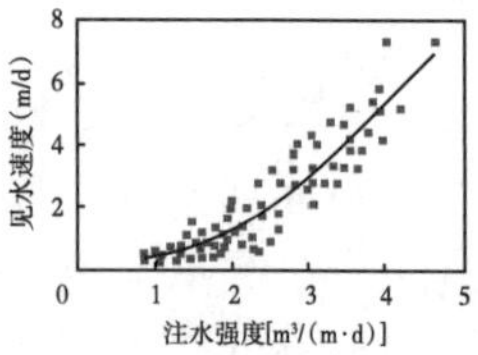 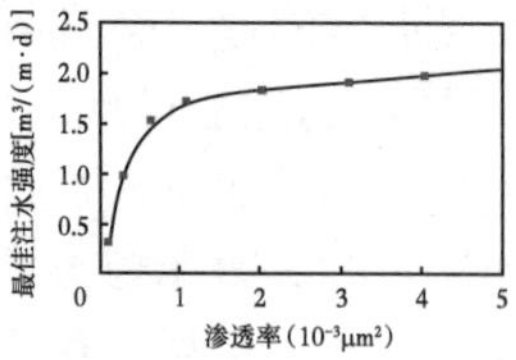 见水速度（m/d） 8 6 4 2 0 1 2 3 4 5 注水强度[$m^3/(m\cdot d)$] 最佳注水强度[$m^3/(m\cdot d)$] 2.5 2.0 1.5 1.0 0.5 0 1 2 3 4 5 渗透率（$10^{-3}\mu m^2$）	根据延长油田合理生产制度，见水速度控制在 2m/d，得出合理注水强度小于 $2.5m^3/(m\cdot d)$，而根据延长油田储层渗透率分布及特征，得出合理注水强度应小于 $1.8m^3/(m\cdot d)$	$1.8\sim2.5$ $m^3/(m\cdot d)$
合理注水速度	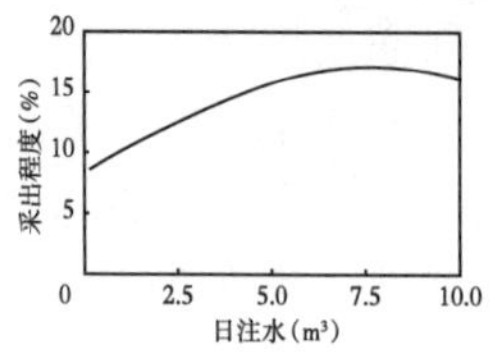 采出程度（%） 20 15 10 5 0 2.5 5.0 7.5 10.0 日注水（m^3）	日注水量取值 $7.5m^3/d$ 时预测采出程度最高（17.4%）。当日注水量小于最佳注水量时，驱替作用没有充分发挥；当日注水量大于最佳注水量时，注水速度过快渗吸作用不能充分发挥，水驱采收率降低	$7.5m^3/d$

据初步试验结果，第一周期注水效果最好，第三周期效果已经很小，3 个周期合计，亲水地层采收率可以提高 10.11%，亲油地层提高 7.84%，具体数据见表 3–14。

表 3–14 周期注水效果试验表（据渗流流体力学研究所）

项目	第一周期	第二周期	第三周期	合计
亲水地层提高采收率（%）	6.38	3.47	0.36	10.11
亲油地层提高采收率（%）	5.77	1.75	0.32	7.84

从上述机理研究可以看出，低渗透油层、特别是裂缝性油层很适合于周期注水。

（2）不连续注水时机及注水参数选择。

①注水时机。

一是根据数模结果进行选择，由较高含水期转入周期注水效果较好。其原因是：在油层水淹程度小的情况下，高低渗透带内流体基本都是原油，液流交换失去意义，且过度提高注水强度，会加剧高低渗透层水驱不均衡的矛盾，水驱开发效果将变差。而在高含水期或特高含水期转入周期注水，高渗透层内流体多为注入水，高低渗透带间液流交渗作用才有意义，毛细管力和亲水油藏的吮吸作用能够得到充分发挥，提高油藏采收率幅度相对较高。二是根据生产情况，通过常规注水式开发，含水率上升幅度较高，有必要开展不稳定注水。

②注采比优选。

合理注采比范围为 0.9~1.05。过高的注采比会造成水窜，含水上升快，区块最终采收率低；注采比过低，地层压力下降快，不能正常生产；注采比为 0.9~1.05 时，含水上升较慢，压力能保持稳定，开发效果较好。

③注水周期优选。

优选合理注采比和注水方式后，可对波动周期进行计算。对平面径向流油藏，最优化的工作周期交替频率为：

$$\omega = \frac{4\eta}{R^2} \tag{3-6}$$

最优化工作周期：

$$T = \frac{IR^2}{4\eta} \tag{3-7}$$

$$\eta = \frac{K}{(\beta_r + \phi\beta_1)\mu} \tag{3-8}$$

式中 R——排泄单元半径，m；

I——排泄单元长度，m；

β_r——岩石压缩系数，MPa^{-1}；

β_1——液体压缩系数，MPa^{-1}；

T——周期，d；

K——渗透率，$10^{-3}\mu m^2$；

ϕ——孔隙度，%；

μ——液体黏度，mPa·s。

④注水量波动幅度。

注水量波动幅度计算公式为：

$$X=\left(q_1-q_2\right)/q \tag{3-9}$$

式中 q_1——不稳定注水时最大注水量，m^3/d；

q_2——不稳定注水时最小注水量，m^3/d；

q——常规注水量平均注水量，m^3/d；

X——注水量波动幅度。

数值模拟结果表明，注水量波动幅度高于50%效果最好。低于这个量值，一个周期内，为了保持一定的注采比，注水时间就要相对延长，而长注短停效果差。但注水量波动幅度过大，对注水压力要求过高，也会给注水系统带来难度。根据注水量的波动幅度，考虑到低渗透油田保持地层压力开发的要求，采用强注和弱注的方式。

注水方式对称性选择：根据周期注水的模拟结果，长注短停的采收率最低；对称型即注停相等的效果略好；不对称型的短注长停效果更好。不对称型的水井强注期间油井停产，水井停注期间油井枯竭采油，这种方式采收率最高。

采用改向注水的方式：采用注水井井排交替强注、弱注的方法，即一排注水井强注时，另一排注水井弱注，依次交替。从而对应一排油井，有两排注水井改向交替注水，能够起到较好的注水效果。

（三）长6“多点温和”注水实例

甄家峁注水项目区面积38km²，主力产层为长6¹、长6²油层，2000年开始投入开发，2005年进入大规模开发阶段，2006年产量达到历史高峰，年产原油20.7×10^4t，2007年开始无新井开发后产量快速递减，2010年开始注水，但仍未有效扭转递减的趋势，到2014年产量降为8.3×10^4t，年平均递减率达11.5%以上。

2015年7月注水项目区成立后，针对长6油层物性差、非均质性强、经过大规模压裂且井网定型的特点，制定出了“多点温和、点弱面强、差异配注、整体平衡”的开发策略，采用不规则反九点法井网和反七点法井网相结合的面积注水方式（图3-91），注采最大井距从原来的500m缩小为260m，注采井数比从1∶4.4减小为1∶2.5。

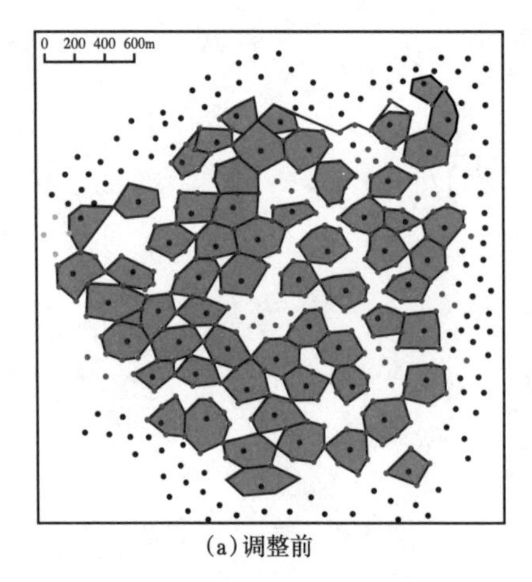

（a）调整前

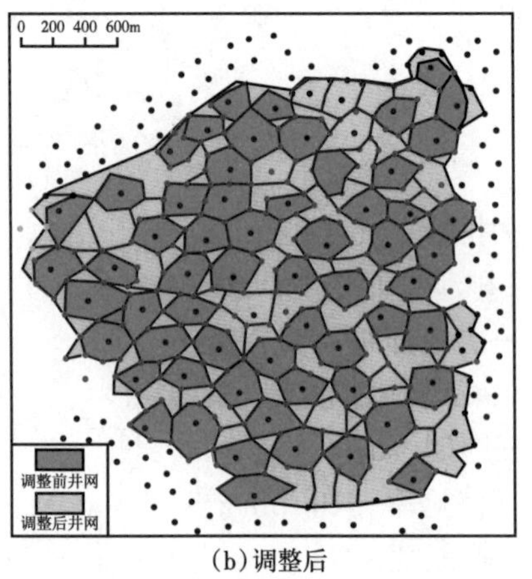

（b）调整后

图3-91 甄家峁油区井网调整前后对比图

注水措施调整后，原油产量开始大幅度回升，由 2015 年 12 月的日产油 245.9t 增到 2018 年 6 月的 353.2t，增产幅度达 43.6%，单井产量由 0.76t/d 增为 1.25t/d，增产幅度达 64.4%，油田开发形势日趋好转（图 3-92）。

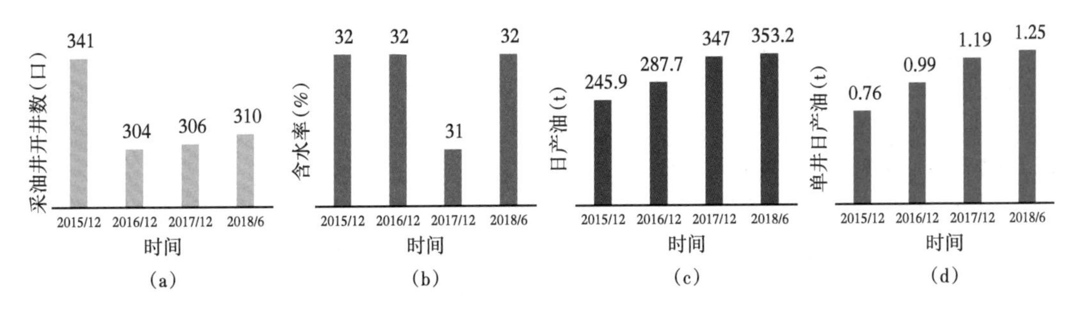

图 3-92　甄家峁注水项目区历年油水柱状图

甄家峁油区长 6 油藏通过“多点温和”注水调控技术，取得很好的开发效果，对整个延长油田长 6 油层实施精细注水开发，有重要的示范和指导作用。2017 年，延长油田又将志丹双河油田的 205km^2 开发面积作为扩大的区块，推广应用“多点温和”注水调控技术，进行注水有效补充地层能量开发。本技术实施以来，在吴起胜利山、新寨—南庄畔、志丹双河东、刘湾、榆咀子和杏子川郝家坪老庄等研究区取得显著的效果，各项技术管理指标明显提升，经济效益十分显著。

五、多层系开发油藏注采井网调整技术

延长油田多层系油区复合油藏的开发层系大致可划分为：侏罗系延安组、三叠系长 2+3 油层组、长 4+5—长 6 和长 7—长 9 四套开发层系。由于含油层系多，注采严重不对应，各层系动用程度不均衡，注水效率低下，采取细分注水单元，重新部署井网，按照“分而治之”的思路，分别建立有效压力驱替系统，形成多层系开发油藏注采井网调整技术。

（一）开发层系划分原则及方法

1. 开发层系划分原则

油田开发层系划分与组合是否合理，是决定油田开发效果好坏的关键因素之一，特别对于注水保持压力开发的油田尤为重要。

由于各个油层性质不同，其生产状况和地层压力差异很大，从而对油田开发效果和原油采收率造成严重影响。为了改善这种不利状况，逐渐把不同性质的油层，用不同的井网分开开采。油田初期阶段，开发层系的划分一般都比较粗放。随着观测技术的进步，研究水平的提高，认识程度的加深和实践经验的积累，油田开发层系的划分与组合日趋细致与合理。

根据国内外油田开发实践经验和研究分析，开发层系的划分与组合遵循以下基本原则：

（1）一套开发层系中的油藏类型、油水分布、压力系统和流体性质等特征应基本一致。不同类型油藏的驱油机理和开采特征很不一样，应该用不同方式、不同井网分开开采。

（2）一套开发层系中油层沉积条件应该大体相同，渗透率差异不应过大。同一开发层系中层间渗透率级差（最高渗透率与最低渗透率比值）不宜超过 5~10 倍。

（3）一套开发层系中油层不能太多，井段不能太长。根据目前的分层调整控制技术状况，一套层系中主力油层一般为 2~3 个，一口井中油层总数一般为 6~9 个。

（4）一套开发层系中要有一定的油层厚度（一般为15m左右），一定的油井生产能力和单井控制储量，以保证达到较好的经济效益。其具体界限要根据各个油田的油层埋藏深度等地下、地面条件，用经济评价的方法确定。

（5）不同开发层系之间要有比较稳定的泥岩隔层。隔层厚度一般不小于3m。

2. 低渗透油层开发层系划分

开发层系划分原则对任何一个具体油田，都必须结合注水方式、井网等总体开发部署、做出经济评价后才能具体化。根据我国低渗透砂岩油藏的实践经验，低渗透油藏的开发层系划分组合，还应重点考虑以下一些特殊问题。

（1）低渗透砂岩油藏产能较低，需要较大油层厚度才能达到单井经济产量的要求；水驱油渗流阻力较大，注采井距一般不能过大，相对井网密度较大；因此一般情况下，与同类中高渗透砂岩油藏相比，开发层系要相对简化，不宜过多。

（2）低渗透砂岩油藏一般较早采用人工举升和较大生产压差采油，层间干扰相对较弱，同一层系的油层间渗透率级差可以适当扩大。

（3）存在裂缝的低渗透砂岩油藏或储层与夹层（砂、泥岩）间岩石力学性质（弹性模量）差别较小时，由于普遍采用压裂改造油层，隔层的隔挡能力易受天然或人工裂缝破坏或降低，在划分开发层系时要充分估计这一条件。

（4）在具有足够油层厚度和储量丰度、经济技术条件允许分层系分井网开发以外，在要求井网密度较大，不分开发层系又不足以克服层间矛盾时，对于这类低渗透多层砂岩油藏，用一套井网分开发层系逐层上采的部署，也是一种值得选择的方式。

我国绝大多数低渗透砂岩油藏，实际上都采用一套层系合采的方式，通过其他一些分层注采工艺技术处理层间非均质性（表3-15）。

表3-15　我国部分低渗透砂岩油田开发层系划分表

油田	开发层系	埋藏深度（m）	油层井段长度（m）	砂岩组数（层）	小层数（层）	有效厚度（m）	孔隙度（%）	渗透率（$10^{-3}\mu m^2$）	储量丰度（$10^4t/km^2$）	开发层系
朝阳沟	扶余组	820~1340	150~200	3	17	8.7	17.0	11.3	57.9	一套
新立	扶余组 杨大城	1200~1500	100~200	9	26	9.2	14.1	6.5	55.0	一套
安塞	长6组	1000~1300	30	2	7	12.0	13.5	2.5	51.3	一套
红岗	萨尔图	1200				5.1	24.0	165	63.7	一套
扶余	扶余组	280~500				10.3	25.0	180	155.8	一套
马岭中一区	延安组	1450~1650	200	6	18	8.6	18.4	130	59.8	一套
渤南三区	沙三	2400~3900	400	14	24	35.0	16.0	20.8	156.8	开始一套，后调整为两套
北大港马西深层	沙一下	3780~4030	180~190	2	10	25.9	13.6	10	83.7	顶部为两套，边部为一套
丘陵	三间房组	2380~3113	217	4	16	56.1	14.0	13.8	246.8	有效厚度大于50m分为两套，小于50m为一套

由表3-15中也可看到，一些低渗透油田，层数多、厚度大，非均质性比较严重，需要划分层系开采。

（二）多层系开发注采井网调整实例

1. 井网调整背景

吴仓堡注水项目区 2008 年投入开发，主力油层为延 10、长 2、长 9 油层组，开发初期以长 9 为主力开采层，通过对长 9 油藏地质特征及裂缝发育特征进行综合分析，采用菱形反九点法井网进行注水开发。2010 年及 2012 年分别开始开发延 10 及长 2 两套油层，在之后的开采中，实际以长 2、延 10 为主力层位，故之前针对长 9 所设计的井网不能满足长 2 及延 10 两套油层的注水开发需要，开发井网亟待调整。

2. 井网调整措施

对于平面上延 10、长 2 和长 9 油层组油层均发育的叠合区，分析发现 3 个油层组深度距离较远，压力差异较大，仅用之前的一套开发井网进行开发不能满足开发需要，故将叠合区划分为三套开发层系。长 9 油藏，由于面积较大，砂体厚度不大，储层物性较低，裂缝较为发育，因此采用菱形反九点法井网形式，注水井排与裂缝（最大主应力）方向一致。而吴仓堡延 10 和长 2 油藏，具有储层物性好，砂体规模较大，储层非均质较弱，开发时间较长等特点，为了提高井网控制程度和减少平面剩余油分布，采用反七点法注采井网（图 3-93）。

纵向上针对部分油层叠合区域，采用“先肥后瘦，先易后难”的开发原则，优先开发较发育的油层，以期达到较好的增油效果，将暂未射开的油层作为接替层系，等优先开发的层系进入高含水阶段后，进行接替开发以延缓油田递减。随着开发的深入进行，根据油井的产量随时进行调整，对未动用的储量进行开发，提高油田的采出程度。

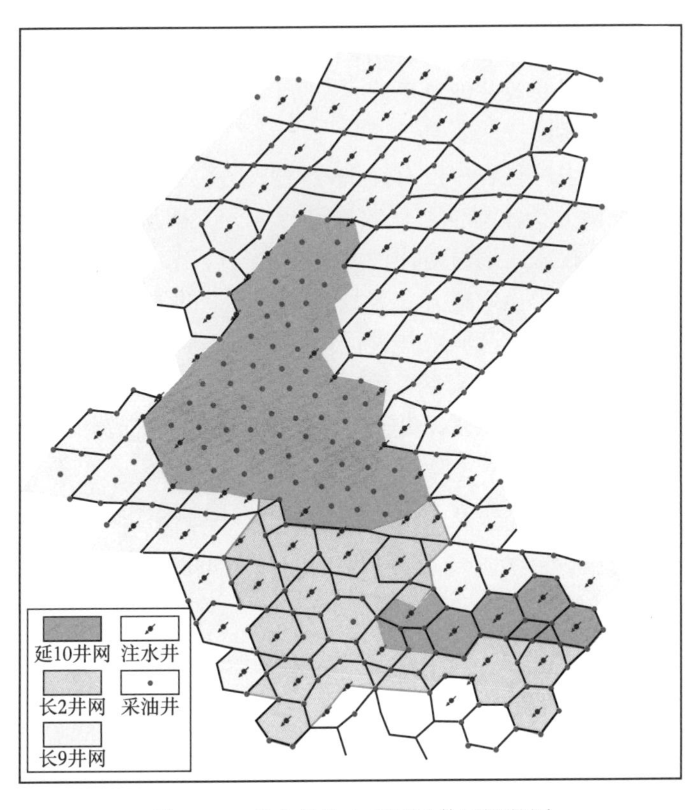

图 3-93　吴仓堡注水项目区井网调整图

3. 井网调整效果

吴仓堡注水项目区注采井网调整后，注水后地层能量得到补充，整体开发形势逐渐好转：延 10^{1-1} 油藏注采对应率由 0 上升至 88.2%，延 10^{1-2} 油藏注采对应率由 0 上升至 65.7%，长 2 油藏注采对应率由 32.7% 上升至 96.2%，长 9 油藏注采对应率由 14% 上升至 59.2%；2015—2018 年，该区含水基本稳定在 44%，综合递减率由 15.95% 下降到 2.68%，自然递减率由 15.96 下降到 6.18%，日产油由 525t 上升至 581t。

多层系开发注采井网技术实施以来，在吴起贺阳山等研究区取得显著的效果，各项技术管理指标明显提升，经济效益十分显著。

第三节　精细工艺配套

在油藏注水开发中，面对开发矛盾的多样性，针对不同类型油藏的开发需求，延长油田通过科研攻关、集成配套，形成了以低产低效井恢复、热泡沫负压洗井工艺、分类解堵、一体化采油井抽吸参数优化、套损井井筒修复、精细分层注水技术为主的较为完善的工艺配套技术系列，并实现了规模化应用。

一、低产低效井恢复工艺

随着油田开发时间的延长，大量油井处于低效与无效益生产状态，导致油田产量明显递减。为保证油田的有效生产，必须对这部分井进行必要的治理。通过低产低效井的成因分析，注水项目区形成了以压裂、完善井网、优化注水、周期间抽、增效射孔、解堵、井筒治理与恢复等一系列低产低效井恢复工艺。

（一）低产低效井的判别

低产低效井，是指在生产过程中没有经济效益或经济效益较低的井。根据低产低效井的定义，可采用盈亏平衡分析法对低产低效井进行划分，即从油井生产的各个环节入手，汇总油井生产过程中各种投入，通过对比油井的投入与产出，分析油井在生产过程中的效益，盈亏平衡点以下的油井为负效益井，盈亏平衡点以上的油井根据油井效益评价采用的成本和费用的范围不同，可对低产低效井进行划分（陈萍等，2012）。

每口井的生产成本，包括操作成本与折旧。操作成本，包括不随产量变化的固定成本和随产量变化的可变成本。折旧是指钻井工程费及配套设施工程费的折旧，不含油田前期勘探投入的摊销。

单井效益等于 0 时，销售收入等于生产成本与销售税金之和：

$$Q_o \times P_o = a + b \times Q_L + \left(I_D + I_B\right) / T / 365 + Q_o \times R_t \quad (3\text{-}10)$$

式中　Q_o——单井日产油，m^3；

Q_L——单井日产液，m^3；

I_D——平均单井钻井投资，元；

I_B——平均单井配套设施投资，元；

T——折旧年限，a；

P_o——油价，元 /m^3；

R_t——方油税金，元/m^3；

a，b——回归系数。

单井开采时间在折现年限内的井称为新井，新井应考虑固定资产折旧；单井开采时间超过折旧年限井称为老井，老井不需要考虑资产折旧。因此可得新井与老井的低产低效井判断模型为：

新井：

$$Q_o \times (P_o - R_t) \leqslant a + b \times Q_L + (I_D + I_B)/T/365 \tag{3-11}$$

老井：

$$Q_o \times (P_o - R_t) \leqslant a + b \times Q_L \tag{3-12}$$

式（3-11）和式（3-12）中，各参数的含义同式（3-10）。

当含水率一定时，求得产油量即为单井经济极限日产油量；当产液量一定时，求得含水率即为单井经济极限含水率（李丰辉等，2017）。

实际工作中，对低产低效井的定义常常根据各油田的实际情况进行简化。一般简化办法不考虑单井投入成本的不同，均按照区块总投入计算。实践中，常采用日产油指标法、年产油指标法和综合含水率指标法中的一种方法。日产油指标法较为常用，即按照油田总投入成本及费用与总产出，计算出本油田单井经济极限产能，根据开发经验确定低产低效井最低产量界限，低于此产量的油井定为低产低效油井。应用实际产量低于新井经济极限初产油量来定义新井低效，应用实际产量及含水率与经济极限含水率及经济极限产油量比较定义老井是否低效（陈萍等，2012）。例如，吴起采油厂将产油量小于0.5t/d的油井定义为低产低效井（徐胜玲等，2019）；子北油田，2009年在油价3300元/t的条件下计算出采油经济界限产量为0.12t/d，结合2010年初延长油田组织全公司油井普查所划分的低产井标准0.1t/d，最终划定子北采油厂2010年低产井标准为0.1t/d（刘金宝等，2011）。

（二）低产低效井的成因

低产低效井的成因大体可分为三类，即地质因素、开发因素以及工程因素。

1. 地质因素

（1）油层非均质性的影响。

油层渗透率在垂向上的差异使注入水在不同渗透率油层的推进速度不同，并且渗透率级差达到一定程度，会导致注入水的单层突进。油层渗透率在平面上存在差异导致注水波及体积偏小。

例如，反韵律油层的岩性特点是由下而上渗透率由小变大，具有这种韵律的油层一般具有含水率上升慢，见水厚度大但无明显水洗层段，驱油效率低等特点；正韵律油层的岩性特点与反韵律油层相反，通常具有平面水淹面积大，油井产出液含水率上升快，在中、低含水期采出程度低和垂向水洗厚度小、水洗层段驱油效率高等特点。

（2）储层物性差。

储层物性差导致产液能力不足，投产初期生产较好，但后期能量迅速下降，出现低液量、低油量的特征。

（3）敏感性伤害。

储层中的敏感矿物会导致储层受到水敏、速敏和酸敏等伤害，堵塞渗流通道。

2. 开发因素

(1)注采井网不完善。

本身油层条件好，投产初期产量较高，但由于井网不完善造成有采无注，地层能量亏空。

(2)注入水与地层水不配伍。

生产过程中，储层压力、温度变化，注入水不断进入地层，可能造成地层、井筒和管道壁面结垢，尤其在高含水率期，结垢问题日益突出。

(3)储层含水率上升。

开发过程中受油井压裂改造参数、地层能量、生产压差等因素的影响，造成底水锥进，油井生产动态表现出高液量、高含水率的特征。

3. 工程因素

(1)钻完井液伤害。

主要包括固相颗粒沉积、微粒运移、化学剂吸附和无机垢等。如当储层发育有一定的微裂缝，导致钻完井液的渗透性滤失，造成储层伤害；酸不溶性细粒加重材料进入储层，造成储层伤害；低矿化度的钻完井液滤液促使地层微粒活化、分散运移，堵塞储层；钻完井液中的高分子处理剂吸附滞留于细小孔喉处和微裂缝中，进一步加重储层伤害；钻井液中的 Ca^{2+} 与地层水中的 HCO_3^- 在井筒附近生成沉淀等。

(2)压裂液伤害。

压裂液对储层伤害主要体现在两大方面：一是压裂液滤液与地层不配伍对地层产生伤害，二是压裂液残渣对地层造成伤害。压裂液与地层不配伍主要是指地层中存在水敏、速敏等矿物，在压裂过程中受到压裂液影响而产生储层伤害(杨淼，2014)。压裂液残渣主要来源于压裂液基液、各种添加剂以及压裂液冲刷产生的岩石小颗粒等，可以堵塞储层孔喉，引起储层伤害。

(3)井下技术问题。

井下技术状况存在的问题有套管变形、层间窜槽、井下落物、套管腐蚀以及因结蜡、出砂、结垢导致的产量降低。注水井套管变形后，为了防止注水井进一步套管变形，将本井或邻井同层位停注，势必会造成周围油井供液不足，造成低产低效(段杏宽，2014)。层间窜槽以及套管腐蚀会导致固井质量差，发生层间管外窜通，造成层间矛盾以及注水井非目的层吸水，严重影响开发效果。油井底部的结蜡、出砂、结垢等问题会导致井底流动压力阻力增大，同时堵塞射孔井眼，严重影响油井产量。

(三)低产低效井恢复原则

在进行低产低效井的恢复治理前，首先要确定是否具有恢复潜力，是否适合恢复治理，根据油井现状选择适当恢复工艺，初步判断治理能否提升油井产量或提高经济效益。

延长油田低产低效井恢复治理选井原则为：

(1)注水开发区域：注采不对应，地层能量未恢复，油井坚决不允许调整生产层位；地层能量恢复后仍然出现低液低含水的采油井，可以采取压裂、解堵等储层改造技术；注水见效不均的低效井，首先进行井网完善及纵向对应关系调整，改善吸水剖面，实现均衡注水，提高水驱控制程度；对于部分含水率上升较高的油井，在注采对应的基础上选取有潜力的替代层进行换层措施。

（2）非注水开发区域：首先规划注水方案，尽快实施注水，补充地层能量，建立有效压力驱替系统，恢复地层能量；其次是优化机采参数，调整油井间开工作制度，控制合理生产压差，实现提高单井机采效率，降低能耗。

（四）低产低效井恢复工艺

经过多年生产实践，结合延长油田开发现状，目前适合低产低效油井的主要恢复工艺有：压裂等储层改造技术、优化注水技术、周期性间抽技术、补孔或增效射孔技术等。

1. 压裂等储层改造技术

结合延长油田实际开发状况，部分采油井地层能量恢复后，仍然出现低液低含水率，近井地带污染堵塞的问题。采取重复压裂等储层改造技术，通过压裂参数设计优化裂缝长度和导流能力，形成具有高导流能力的人工通道，可以有效改善储层物性以及渗流特性，增加储层产能。在注水开发实践中不断归纳总结注水开发经验，形成了具有延长特色的系统压裂注采开发技术。

2. 优化注水技术

河流相储层平面非均质性强，注入水呈尖峰状突进，导致注水井周边水淹强度大。高能区含水高，剩余油贫瘠，低能区注入水波及不到，形成剩余油富集，针对此类平面注水受效不均的低效井，主要通过调驱完成高能区控水、低能区加强注水，最终实现注采平衡。

以延安组地层为例，针对延安组底水锥进长期关停的油井，先落实接替层潜力，后在注水端加强注水，待地层能量恢复后，对油井实施改造恢复生产。吴起采油厂柳沟项目区 30-49 井在长期关停后经过加强注水（图 3-94），获得了初产日产油 20t 以上的高产（图 3-95）。

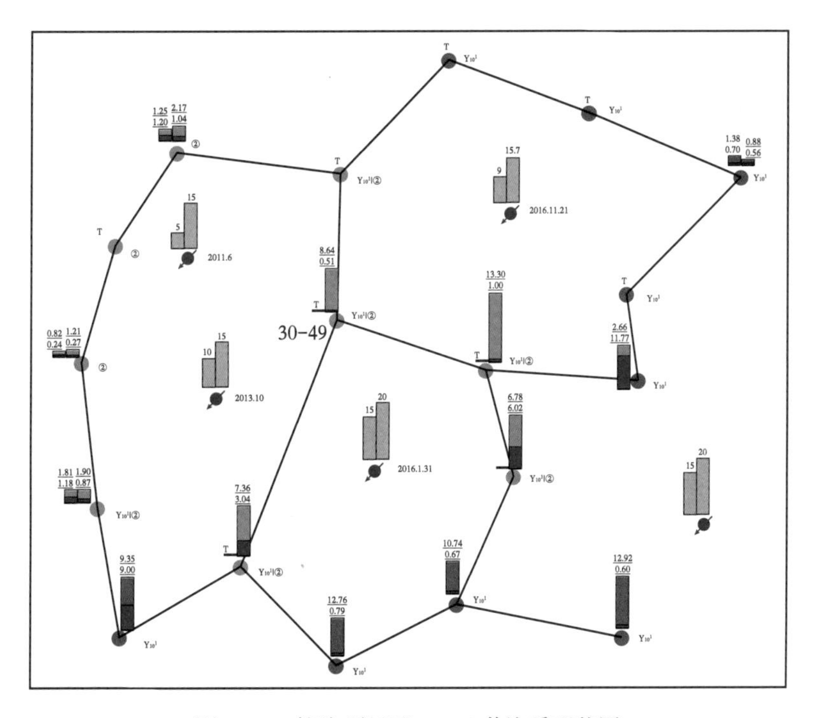

图 3-94　柳沟项目区 30-49 井注采现状图

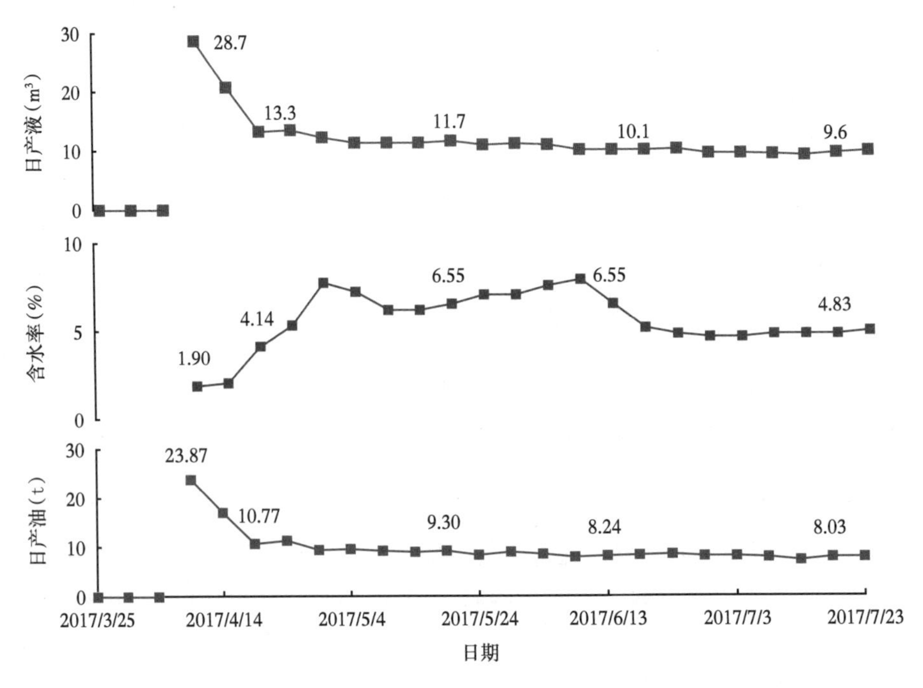

图 3-95　柳沟项目区 30-49 井生产曲线图

3. 周期间抽技术

随着油田逐步进入开发后期，地层能量越来越低，部分井由于地层条件差，在油田有限的注水条件下难以保证能量的及时补充，从而造成这部分井生产液面低，供液不足，无法满足全天生产的需要，并且在现有设备条件下，生产参数无法继续缩小，供液与采油严重不协调。针对这部分井，现场一般采用间歇抽油的办法，即抽一段时间停一段时间，如此往复，这样既能有效采出井底液，又能降低油井因长期在低液面状态下工作而造成的井底出砂，同时节约电能。

利用动液面上升曲线确定关井时间，油井关井后，每隔一定时间测一次液面，求得沉没度，绘出沉没度上升曲线。根据曲线变化，当沉没度上升到一定值时，上升速度逐渐变缓，从停井至沉没度上升变缓的这一拐点对应的时间段为油井关井时间，此后油井开抽生产。

4. 补孔或增效射孔技术

对于部分含水率上升较快的井，选取有潜力的替代层进行补孔，起到了有效增产的目的。如 D6596-4 井 2013 年 8 月 5 日对该井延 10 油层压裂投产，日均产液 16.3m³，产油 1.5t，含水率 89%，2014 年 3 月 8 日，明水停抽。2016 年 1 月 4 日 6596-1 井转注，日注水 20m³，累计注水 2000m³ 以后，于 4 月 22 日对 6596-4 井进行补孔压裂，长 2 射孔段：1646.0~1649.0/3.0m，开抽后日产液 17.7m³，日产油 6.9t，含水率 54%，全年增油 1298t（图 3-96）。

此外，基于动态负压、高压气体冲刷孔道、高能粒子二次做功和高能气体压裂做功等原理，形成了包括动态负压射孔、自清洁射孔、后效体射孔、爆燃压裂、等孔径射孔和超高孔密大孔径射孔等技术，有效支持了项目区的开发增产。

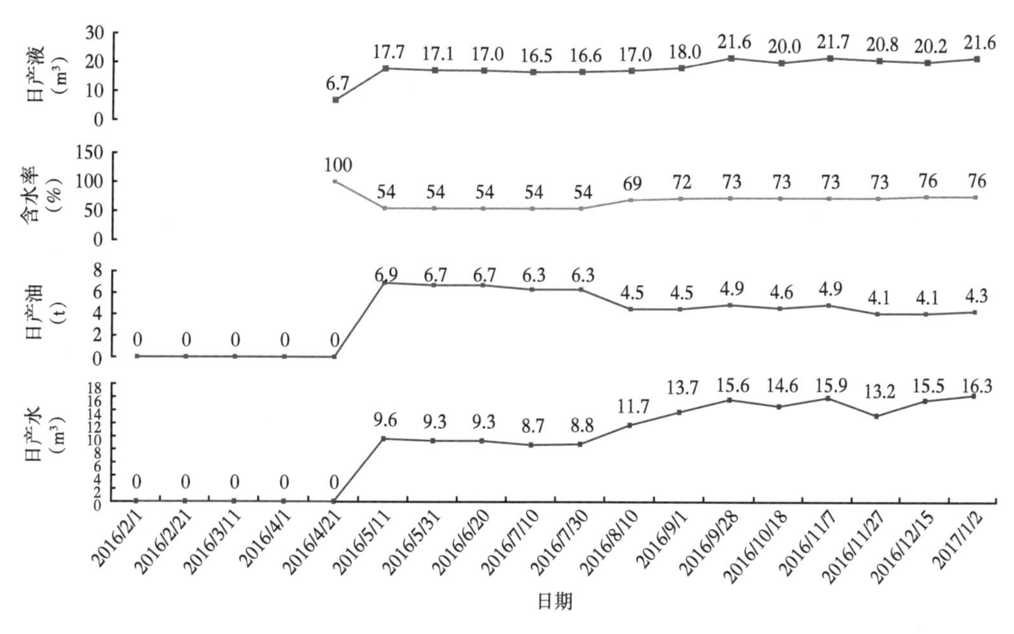

图 3-96 学庄注水项目区 D6596-4 井生产曲线图

二、热泡沫负压洗井工艺

当油田进入开发中后期，井内的结蜡、死油、铁锈、杂质等脏物使井底流体流动阻力增大、设备磨损严重，最终导致油井减产、进入检修期。洗井是在地面向井筒内打入具有一定性质的洗井工作液把脏物混合到洗井工作液带至地面的施工，是一项经常性项目，在抽油机井、注水井以及结蜡严重的井施工时，一般都需要洗井。清水因为其成本低、处理容易等优点，最早作为冲砂液在常规洗井中被应用。但长时间的原油开采导致油井地层压力严重下降，压力系数普遍减小，这样的情况下使用清水洗井，易造成清水大量漏失，井筒出口流速过小，循环建立困难，甚至造成洗井作业失败。同时由于清水的大量漏失，会污染油井储层，导致洗井作业后产量下降、含水量增加、维修次数增多等诸多问题。

鉴于上述工艺的局限性，延长油田采油井转注前按正常流程洗井，由于地层亏空严重，洗井液容易倒灌地层造成近井地带污染，通过采用泡沫流体取代清水用于洗井作业中，有效降低注水压力，避免洗井液伤害地层，目前已取得规模化应用。

（一）工艺原理

热泡沫负压洗井工艺利用配制一种密度小于水的洗井液，在洗井过程中通过调整地面气液比，以井底形成较大的负压差，将近井地带及井筒的固体颗粒以及沉淀物排出地层，同时在汽化水洗井过程中利用产生大量返排泡沫，加速井底脏物的返排，解除近井地带的堵塞，达到增产目的。

这项工艺技术的特点：一是泡沫密度低，可实现低压或负压循环，减小漏失；二是泡沫表面张力大，滤失量少，液相成分低，可减少对产层的伤害；三是泡沫洗油能力强，可以把井底和油管套管上的固体污染物带出；四是诱导近井地带污染物外排，疏导射孔段处注水通道，降低注水压力；五是热泡沫洗井液温度高，可熔化井筒及近井地带蜡质、沥青及油污等。

（二）泡沫液成分

泡沫流体一般由气体（分散相）分散到基液（分散介质）中形成的气液两相均匀分散系统。泡沫有两种聚集态，一种是气体以小的球形均匀分散在较黏稠的液体中，气泡间的相互作用力弱，这种泡沫被称为稀泡。由于外观类似乳状液，有时甚至称这种稀泡为“气体乳状液”。另一种被称为浓泡，泡沫较为密集，气泡间只被极薄的一层液膜所隔开，构成曲面体气泡而堆积起来。洗井作业中所使用的泡沫一般指浓泡，主要有气体（分散相）、基液（分散介质）、起泡剂、稳泡剂组成。

1. 气体（分散相）

工程中气相多为空气、氮气以及二氧化碳，空气易于获取，常常作为泡沫的气相组成部分。

2. 基液（分散介质）

基液可分为水基、醇基、烃基和酸基。其中醇基、烃基可适用于水敏性极强的地层，且利于保护油气层，但较为易燃，携液能力差，目前应用较少；酸基一般只应用于碳酸盐地层或含钙质砂岩地层中；水基是应用最为广泛的泡沫液相流体，除水敏性极强的地层均可使用。

3. 起泡剂的种类与特点

泡沫剂的类型很多，根据来源可分为天然发泡剂和人工合成发泡剂两类。天然发泡剂多数都是低分子的极性有机化合物，在很早以前人们就发现它们有优良的发泡性能，目前很少使用。人工合成发泡剂，根据其表面张力大小分为两种：一种是表面活性能力较小的泡沫剂，多数都应用在冶金行业中的矿石浮选方面；另一种是表面活性能力较大的泡沫剂，是石油工程中使用得最多的一类发泡剂。井筒作业施工中所用泡沫剂多以阴离子型、非离子型、复合型及高聚物型发泡剂为主。

（1）阴离子型发泡剂。

阴离子型泡沫剂类型很多，目前使用在井筒作业施工中的泡沫剂多数都是属于此类，常见的有羧酸盐、硫酸盐、磺酸盐等。

羧酸盐类型的泡沫剂使用最早，如日常使用的肥皂就属于此类。其特点是发泡能力较低，抗钙镁离子的能力较差，且受 pH 的影响较大，在高钙镁离子及低 pH 环境下易生成不溶物，但其价格适宜。

硫酸盐类型的泡沫剂广泛使用在日用化工行业，其代表性化合物是十烷基硫酸钠（SDS）。这种类型的泡沫剂发泡能力和泡沫量较高，但是其溶解性较差不易制成高浓度的水溶液，且在富含钙、镁的环境下，发泡能力下降，稳定性较差，其原因是其碱土金属盐不溶于水。

磺酸盐类型的泡沫剂是洗衣粉中的主要成分，其代表性化合物是十烷基苯磺酸钠（ABS）。这种类型的泡沫剂发泡能力和泡沫量都很高，溶解性好，耐酸碱，其碱金属及碱土金属盐均溶于水，故抗钙镁能力很强。直链的烷基苯磺酸盐生物降解性达 94%~97%，是目前作业施工中经常使用的代用品。

（2）非离子型泡沫剂。

非离子型发泡剂由于在水中不电离，所以这种泡沫剂的最大优点是有很高的抗盐、抗钙能力，不受水质及 pH 值的影响，应用范围比较广泛。其最大的缺点是溶解速度慢，需要加入大量的助溶剂。在作业施工中常用的是脂肪醇聚氧乙烯醚、烷基酚聚氧乙烯醚、聚氧乙烯烷基酰醇胺和氧化叔胺类，其中脂肪醇聚氧乙烯醚和烷基酚聚氧乙烯醚两种较为常用。聚氧乙烯烷基醇胺和氧化叔胺则由于其发泡能力低，稳泡能力强而常用作稳泡剂。

（3）复合型发泡剂。

复合型发泡剂是最近几年才发展起来的一种新型发泡剂，由于其性能优越，所以其应用范围日益扩大，复合型发泡剂是在阴离子型发泡剂的亲水基和亲油基之间插入具有一定极性的亲水基团，常加入的是聚氧乙烯醚。由于这种发泡剂的加入，无论在溶解性、分散性、耐低温性、起泡能力，还是在抗硬水性上都是优良的，且其生物降解能力较好，可以在 2~3d 内完全降解而不污染环境（孙茂盛，2007）。

4. 稳泡剂的选择

发泡剂—水体系产生的泡沫不够稳定，必须加入泡沫稳定剂，以提高泡沫的稳定性。泡沫稳定剂按作用方式可分为两类。第一类是增黏性稳定剂，主要是通过提高液相黏度来减缓泡沫的排液速率，提高泡沫的稳定性，属于这类的有 CMC、CMS 等。第二类引起溶液黏度的增加较小，但能提高薄膜的质量，增加薄膜的黏弹性，减小泡沫的透气性，从而增大泡沫的稳定性，属于这一类的有 HEC、TQ（孙茂盛，2007）等。

对于稳泡剂的选择，需要在确定起泡剂的基础上，通过实验对比不同稳泡剂的性能，选择效果较好的稳泡剂。

（三）泡沫液性能

1. 泡沫液的密度

泡沫冲砂液的密度与泡沫干度相关。泡沫干度又称泡沫质量，指泡沫中气体体积占泡沫总体积的百分比，泡沫干度越大，气体所占比例越大，密度越低。采用泡沫冲砂、洗井时，在井口压力、泡沫液排量、空气排量一定时，由于空气受压缩，泡沫干度及密度随井深而变化。随着深度增加，气体被压缩，泡沫干度下降，泡沫密度增加。

泡沫密度大小取决于油井储层压力和井深，密度选择的一般原则是能建立循环且又不至于太低而增加井控风险，其值可通过调节空气和洗井液的注入排量来控制（王强军等，2010）。

在人工充气的条件下，控制气体的充入量，可以方便地调节泡沫液的密度，在石油工程的范畴内，泡沫液的密度一般在 0.1~0.9g/cm^3 的范围内调节，完全可以满足技术需要。

2. 泡沫液的失水

泡沫液中的微气泡占据了水中相当大的体积，在与固体物质的接触面上，气泡也占有很多表面积。由于表面张力的作用，水进入孔隙就比较困难。因此，泡沫液的失水量很小，有利于减少对油层的污染。

3. 泡沫液的稳定性

泡沫液中的气泡直径越小，泡沫液越稳定；泡沫液在流动中，速度越高，流体越稳定。在静止状态下，泡沫液在常压下有脱气现象，这是正常的。但是有较高压力的情况下，气体不易从水中脱离出来。常压静止条件下，气体的大部分很快会从水中分离，这有利于从井中返回流体的消泡。

4. 泡沫液的悬浮性及携带能力

泡沫的悬浮性和携砂能力是洗井作业中具有重要作用的一种性能。悬浮性能是指当流体处于静止状态时对固体颗粒悬浮的能力，主要受流体静切力的影响。携砂能力指的是流体在循环过程把固体颗粒从井底或任何井段带到地面或从地面带到井内任何位置的能力，主要受流体动切力和黏度的影响（钟显，2006）。携砂能力是冲砂用泡沫的关键性能之一，冲砂时泡沫的流速大于最大砂粒在静止的泡沫中的沉降速度，即可将砂粒携带至地面（张佩玉等，2008）。

泡沫液的携带能力比纯水强许多倍，这是因为气泡的表面张力可以克服固体的重力，防止固体下沉，在相同的流速下泡沫液可以更有效地从井下携带沉砂、岩屑等。因此，洗井中泡沫液可以减少洗井液用量及循环时间。

5. 泡沫液的配伍性

由于泡沫液仅由水、气体和少量发泡剂组成，因此配伍性很好，可以用于自来水、油田污水等，并且允许加入多种化学剂，用于防止黏土膨胀、洗蜡等作业，并且允许高温（90℃以上）的环境。

（四）泡沫发生器

泡沫发生器（图 3-97）主要由接头、孔板和填充物组成，特点是利用填充物间的孔隙产生均匀细小的泡沫。孔板采用钢板钻孔或具有一定强度的钢丝网，其孔洞尺寸小于填充物的尺寸。

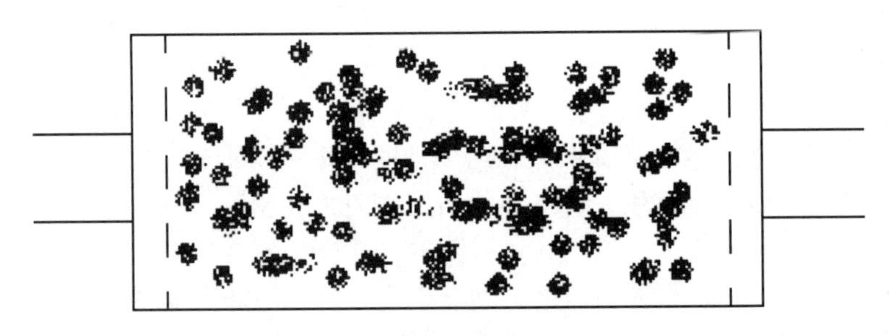

图 3-97　泡沫发生器结构示意图

（五）洗井方式

洗井方式可分为正洗井、反洗井、正反洗井 3 种方式。

（1）正洗井：冲砂液从井口的油管注入，到达井底后携带砂粒从环空返回，达到清除井底淤砂的目的，适用于油管结蜡严重的井。

（2）反洗井：由环空流向井底，由油管返出地面。适用于抽油机井、注水井、套管结蜡严重的井。

（3）正反洗井：指采用正冲的方式冲散砂堵，并使其呈悬浮状态，然后迅速采用反冲洗将砂子带到地面，适用于脏物坚固、量多、相对密度大的油井。

正洗井和反洗井各有利弊，正洗井对井底造成的回压较小，正洗的液流速度为 0.3~0.6m/s，反洗则可达到 1~3m/s，后者为前者的 5 倍，但洗井工作液在油套环空中上返的速度稍慢，对套管壁上脏物的冲洗力度相对小些；反洗井对井底造成的回压较大，洗井工作液在油管中上返的速度较快，对套管壁上脏物的冲洗力度相对大些。为保护油层，当管柱结构允许时，一般采取正洗井。所以要根据现场井筒脏物数量及特征确定正确的洗井方式。

（六）洗井程序及技术要求

循环的流程是在水罐车中加入适当的化学发泡剂用水泥车的柱塞泵从水罐车中吸取发泡液，加压后用高压管线向井中泵送。在高压管线上接有泡沫发生器，在泡沫发生器上接有高压气管线，向内注压缩空气。空气与泡沫液体在搅拌器内混合，并进行强烈的旋转，被叶片切割，气泡粉碎成为微泡沫形成泡沫流体。目前，泡沫洗井已经广泛应用到延长油田生产开发中，尤其在生产井转注中，泡沫洗井得到了大量应用。

以负冲砂工艺为例（图 3-98），泡沫洗井的具体流程为：

（1）按施工设计的管柱结构要求，将洗井管柱下至预定深度；

（2）连接地面管线，地面管线试压至设计施工泵压的1.5倍，经5min后不刺不漏为合格；

（3）通过压风车将高压气体注入井筒内，45~60min；

（4）水泥车向井筒持续注入活性水，并与高压气体充分混合，形成均匀的泡沫流体，30~45min；

（5）泡沫流体在环空和油管中循环热洗，熔化井筒及近井地带蜡质、沥青及油污等，使环空建立相对于油层的负压区；

（6）放喷作业，30~45min；

（7）洗井过程中，随时观察并记录泵压、排量、出口排量及漏失量等数据。泵压升高、洗井不通时，应停泵及时分析原因后进行处理，不得强行施工。

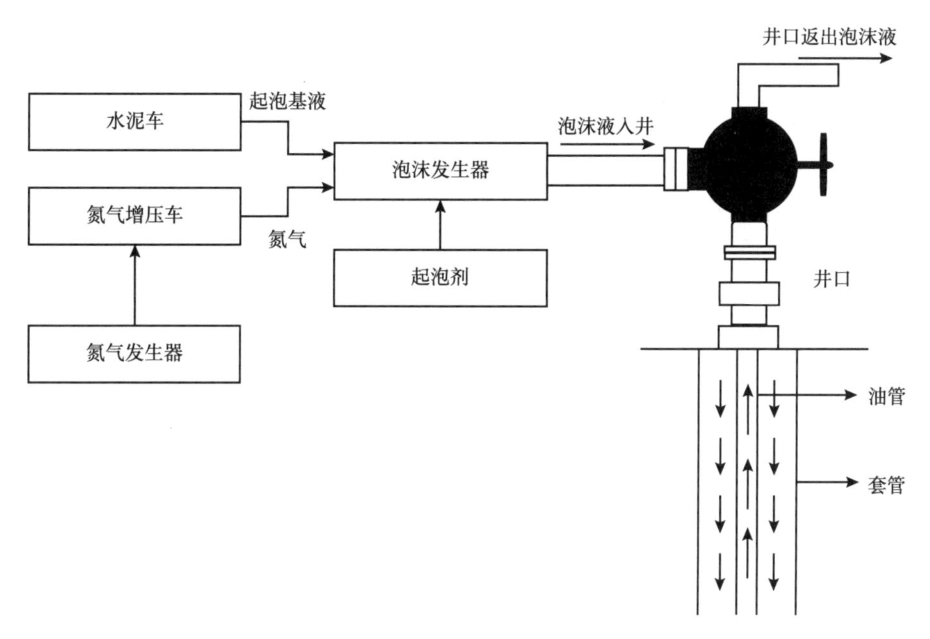

图 3-98　泡沫洗井负冲砂工艺流程示意图

三、分类解堵工艺

生产过程中，由于外来流体进入、钻井液滤失、颗粒运移以及温度、压力变化后导致的蜡质、胶质、沥青质的析出等，导致地层堵塞，渗透率降低，严重影响油层的正常生产。在明确油层堵塞机理的基础上，分类进行储层解堵，可以有效恢复储层产能。

（一）堵塞成因

1. 黏土矿物堵塞

黏土矿物随流经地层流体的矿化度的改变而改变，离子交换、盐浓度的变化、流体速度的改变等会引起黏土矿物的膨胀或移动，从而堵塞孔隙，引起地层渗透率的变化。常见的水敏矿物为蒙皂石和蒙脱石混合物，吸水膨胀后体积可增加6倍。另外，绿泥石是强酸敏的，在酸性环境下与铁的化合物作用可形成沉淀。

2. 地层结垢导致堵塞

地层结垢可分为无机垢、有机垢以及生物垢3种。无机垢的产生通常是由于注入水与原地层水不配伍造成的，可形成$CaCO_3$、$CaSO_4$、$BaSO_4$、$SrSO_4$等沉淀，黏附在地层或油套管壁上，形成堵塞。有机垢通常是由于生产过程中未能有效补充地层压力，使得地层温度与压力降低，溶解于原油中的蜡、胶质和沥青质开始析出并沉积下来，形成堵塞。生物垢是由于在地面处于抑制状态的厌氧细菌在井下开始大量繁殖，如硫酸盐还原菌、氧化铁细菌、黏泥形成的细菌等。厌氧细菌的大量繁殖除本身造成堵塞外，还会造成硫化物、$Fe(OH)_3$凝胶等物质的沉淀，以及管柱的锈蚀，造成堵塞。

3. 微粒运移堵塞

地层中的微粒可来源于地层的岩石，也可以来自外来流体。地层岩石中的微粒包括黏土和粉砂，当注入流体速度较快时，带动岩石中的微粒运移，从而堵塞孔隙。外来流体可以是钻井、完井、修井增产措施以及二次、三次采油等注入水，其中的微粒范围较宽，包括黏土、钻屑、加重剂、防滤失剂等（康毅，2006；贾育宾，2014）。

（二）油水井解堵选井原则

在进行解堵前，首先要确定油井或注水井是否适合解堵，解堵能否提升油井产量或提高经济效益。经过多年生产实践，延长油田解堵油井选井原则为：（1）从地质角度上，钻井油气显示较好，含油厚度较大，测井解释孔隙度、渗透率较高，含油饱和度较高，但试油效果较差的井；（2）从生产角度上，初期产量较高，近期产量下降，邻井产量仍然较高的井；（3）通过检泵或其他措施证明存在结垢，区块测压资料显示油层压力较高的井。注水井选井原则为：（1）注水井与对应油井产层连通性好；（2）注水前后期注水压力存在一定压差，注水压力逐渐升高、注水量逐渐降低；（3）注水井管柱状况满足施工要求。

（三）常规解堵技术

目前主要的解堵方法可分为两类，即物理法解堵与化学法解堵。物理法解堵主要包括水力压裂解堵、高压水力射流解堵、声波和电磁波解堵、循环脉冲解堵以及高能气体压裂等。

化学法解堵主要是通过将化学剂注入地层，通过化学剂与地层中物质的化学反应，解除胶质、沥青、结垢以及微粒等对储层的伤害。根据伤害类型不同，选择的化学剂不同。其中最常用的是酸化解堵。

油田酸化解堵工艺指的是将酸液当作工作液，将其注入地层中去，缓解或解除堵塞、提高地层渗透率，最终实现油田增产增注的工艺技术。通过使用酸液，不仅可以对储层中的外来物质或者是酸溶性矿物质进行溶解，解除堵塞，还可以对地层中的天然裂缝壁面、孔隙进行溶蚀，从而提高地层中裂缝、孔隙的流动性能，改善水、油的流动情况，提高地层渗透率，最终达到增加注水井注入量以及油田产量的目的。

在进行酸化解堵前，考虑到酸液对储层矿物的溶蚀能力、储层伤害的解除能力以及对储层敏感性伤害的抑制能力，首先需要进行酸液体系的选择。各种酸液优缺点与使用条件见表 3-16。所采用的酸液体系应满足以下要求（杨淼，2014）：

（1）能够有效解除储层污染；

（2）能够有效溶蚀储层矿物，同时保持岩石骨架结构完整；

（3）酸液体系自身配伍性良好，并且与地层水混合后不产生沉淀；

（4）具有较好的稳定黏土能力、稳定铁离子能力和缓蚀能力；

（5）具有一定的缓速性，能够达到深层解堵的效果。

不同酸液体系适用于不同地层，对硅质岩石而言，最常采用的是盐酸（HCl）与氢氟酸（HF）酸液体系，即土酸体系。氢氟酸几乎可以溶解所有的砂岩矿物，尤其是对黏土矿物和胶结物具有较高的溶蚀能力，但与碳酸盐岩反应容易生成氟化钙沉淀，堵塞孔隙，因而在注入氢氟酸之前，首先采用盐酸作为前置液溶解储层中的碳酸盐矿物，避免氢氟酸与碳酸盐矿物的反应，防止二次沉淀的产生。

表 3-16 各种酸液优缺点及适用条件表（据徐伟，2020）

酸类	名称	优点	缺点	适用条件
无机酸	盐酸	溶蚀能力强，价格便宜，货源较广	反应速度较快，对管线腐蚀严重	碳酸盐岩储层，砂岩储层中含有大量碳酸盐
	盐酸—氢氟酸（土酸）	溶蚀能力强	反应速度快，过度反应容易形成二次沉淀	在井筒附近的砂岩储层形成堵塞
	磷酸	反应速度较慢，对硫化物堵塞作用效果好	pH 较高时，易产生氟硅盐沉淀	磷酸盐与泥质含量高，储层水敏或酸敏。可用磷酸 + 氢氟酸处理
有机酸	甲酸（蚁酸）	反应较慢，腐蚀性弱	溶蚀黏土能力低，添加剂复杂	高温碳酸盐岩储层酸化
	乙酸			
粉状酸	氨基磺酸	反应较慢，腐蚀性弱，运输方便	溶蚀能力低，添加剂复杂	温度不高于 70℃ 的碳酸盐岩储层解堵酸化
	氯醋酸	反应慢，腐蚀性弱，运输方便；较氨基磺酸酸性强而稳定	溶蚀能力低	碳酸盐岩储层的深部酸化
多组分酸	甲酸—盐酸混合液	既可保证较强的溶解力，又可较好地实现深部酸化	添加剂选择，施工工艺复杂	高温碳酸盐岩储层的深部酸化
	乙酸—盐酸混合液			
缓速酸	稠化酸	缓速效果好，滤失量小	高温下稳定性差，残酸不易返排	中、低温碳酸盐岩储层的酸化
	乳化酸	缓速酸化效果好，腐蚀性弱	摩阻大，排量受限	碳酸盐岩储层
	胶化酸	缓速效果好，滤失量小	高温稳定性差，未破胶对储层污染严重	碳酸盐岩储层
	化学缓速酸	缓速效果好	施工工艺复杂，难度大	碳酸盐岩储层
	泡沫酸	缓速效果好，滤失量小，对储层污染小	施工成本高，施工困难	低压，低渗透水敏性碳酸盐岩储层酸化压裂

除前置液外，还需要在酸液中加入多种添加剂，避免对储层的二次伤害，包括黏土稳定剂、铁离子稳定剂、缓蚀剂、有机解堵剂、防二次沉淀螯合剂等。

（1）黏土稳定剂。

酸液与黏土矿物接触时会发生化学反应和水化膨胀，因而酸液中需加入黏土稳定剂抑制黏土与水接触后不发生膨胀，从而避免对储层的二次伤害。

（2）铁离子稳定剂。

储层中的绿泥石与含铁矿物与酸液反应会产生大量铁离子，同时酸液与管柱反应也会产生大量铁离子，因此要求酸液体系具有较好的稳定铁离子的能力，需要加入铁离子稳定剂。

（3）缓蚀剂。

酸化缓蚀剂作为解堵工艺中不可或缺的一种添加药剂，可以有效地减轻酸溶液对井下管柱和设备的腐蚀，保护井下工具。

（4）有机解堵剂。

有机解堵剂能够有效解除地层中的有机垢，清除地层中的胶质与沥青质，提高酸液的清洗效果。有机解堵剂主要是对油酸钠、硬脂酸钠中添加一定质量浓度的表面活性剂和活化剂得到。

（5）防二次沉淀螯合剂。

螯合剂主要是以有机膦类产品为主，能够有效提高与高价金属离子的反应，产生螯合物，从而改善酸化的质量和效果（杨森，2014；雷蕾，2018）。

（四）特色酸化解堵技术

延长油田生产层位多，不同层系岩石矿物成分、储层物性和开发特征差异大。针对不同地层的油井与注水井制定不同的酸化配方和解堵工艺，提高储层渗流能力，取得较好的效果。

1. 油井酸化解堵技术

根据油藏物性特点、敏感性和堵塞机理的不同，对需要引效的油井制定不同的酸化解堵配方（表3-17），在地层能量恢复后，实施分类解堵引效，取得了很好的增产效果。

表3-17 注水项目区油井酸化解堵体系表

油层	井别	储层特性	解堵技术	配方
延安组	油井	硅质和钙质胶结	无机酸化解堵	13%HCl+4%HF+3% 缓蚀剂 +2% 助排剂 +3% 稳定剂
			氧化解堵	20%HCl+10% 亚氯酸钠 +2.3% 三氯异氰尿酸 +3% 助排剂 +1.6% 缓蚀剂
长2	油井	绿泥石含量高	有机酸化解堵	13%CH_3COOH+3%HF+2.0% 缓蚀剂 +0.5% 助排剂 +1% 稳定剂

延安组储层主要由砂岩组成，多含泥岩夹层，砂岩多为硅质和钙质胶结，其酸液体系为：（1）无机酸化解堵：利用盐酸溶解碳酸盐类胶结物和氢氟酸溶解硅酸盐矿物的性质，来配制不同浓度盐酸和氢氟酸配方，达到解除地层堵塞目的。配方为：13%HCl+4%HF+3% 缓蚀剂 +2% 助排挤 +3% 稳定剂。（2）氧化解堵：酸液中加入强氧化剂（亚氯酸钠或二氧化氯）配制解堵配方，利用其强氧化性，清除聚合物、细菌和硫化亚铁污染，达到解堵目的。配方为：20%HCl+10% 亚氯酸钠＋ 2.3% 三氯异氰尿酸 +3% 助排剂 +1.6% 缓蚀剂。

长2储层中长石含量较高，黏土矿物中绿泥石（含Fe层状硅酸盐矿物）含量较高，绿泥石为盐酸酸敏性矿物，因此土酸体系不再适用，其酸液体系为有机酸化解堵：有机酸与氢氟酸混合配制进行解堵，优点在于有机弱酸延缓主体酸消耗和酸岩反应速度，具有腐蚀性小，处理范围大，减少沉淀生成等特点。配方为：13%CH_3COOH + 3%HF + 2.0% 缓蚀剂 +0.5% 助排挤 +1% 稳定剂。

长 6 储层相对于长 2 储层绿泥石含量更高，酸敏性更强，并且方解石含量较高，容易与 HF 反应产生沉淀，酸化效果较差，原则上不进行酸化解堵。

如靖边采油厂老庄注水项目区 L42-04 井，生产层为延 10^1，射孔段：1408.0~1410.0m，该井为三向受益井，自 2020 年 10 月以来产液量持续下降，措施前日产液 4.90m^3，日产油 2.25t，含水率 46%，经分析为近井地带堵塞，热洗后无效果，经分析需进行酸化解堵。配置解堵液 4m^3（13%HCl+4%HF+3% 缓蚀剂 +2% 助排挤 +3% 稳定剂），挤酸完毕后加 4m^3 顶替液，关井反应 3h 后，洗井开抽。措施后日产液 16.38m^3，日产油 4.59t，含水率 67%，酸化解堵效果明显。

吴起采油厂柳沟注水项目区 QS30-136 井，生产层位为长 2，2005 年 6 月投产，射孔段 1780.0~1783.0m，初始日产液 15m^3，日产油 4.46t，含水率 65%。至 2020 年 4 月，日产液 1.08m^3，日产油 0.78t，含水率 54%。该井初期产量较高，通过注水井网完善，现受益于注水井 QS30-137 井，但是产量改善不明显，判断为近井地带有污染，于 2023 年 6 月实施酸化解堵。配置酸化解堵液 5m^3（清水 3.8m^3+ 铁离子稳定剂 35kg、缓蚀剂 50kg、助排剂 120kg、活性剂 40kg、黏土稳定剂 120kg、31% 盐酸 1300kg、11% 氢氟酸 60kg），解堵后日产液 15.34m，日产油 5.09t，含水率 61%，酸化解堵取得了较好的效果（图 3-99）。

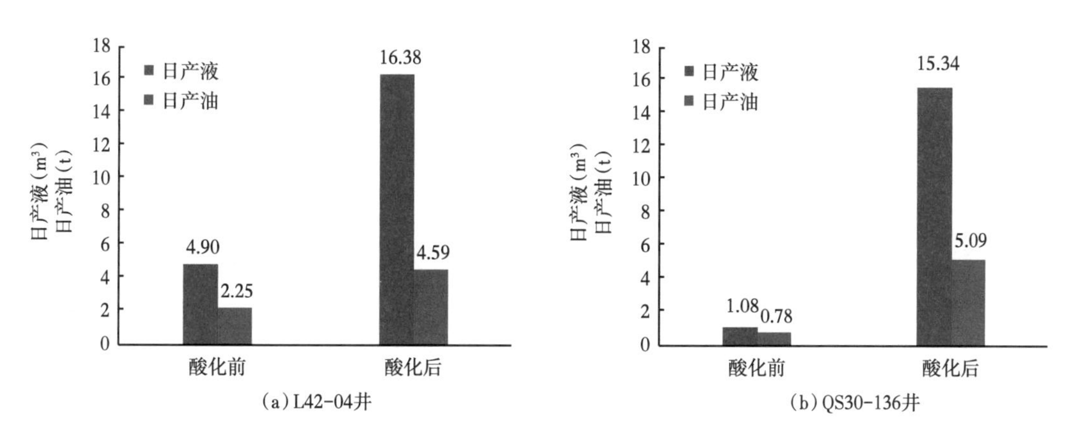

图 3-99　L42-04 井、QS30-136 井酸化解堵效果图

2. 注水井酸化解堵技术

注水井相对于油井具有不同的堵塞机理，需要相对应的采取解堵措施。各注水项目区根据注水井高压原因和堵塞机理的不同，有针对性的采用酸化解堵、氧化解堵等不同增注措施，有效降低注水压力、提高了地层吸水能力（表 3-18）。

表 3-18　注水项目区注水井分类解堵工艺表

氧化解堵配方	酸化解堵配方
以 4m^3 解堵液为例：添加复合稳定剂 65kg+HS 离子激发剂 65kg+ 复合氧化剂 1.2t+KT 脱氢剂 42kg	以 4m^3 解堵液为例：添加盐酸 2000kg+ 乙酸 200kg、缓蚀剂 10kg+ 铁离子稳定剂 30kg

图 3-100 为延长油田吴起采油厂 QS30-175 井、QS45-01 井解堵工艺实施前后注水效果对比，经过分类解堵后，注水量提升，油压明显降低。

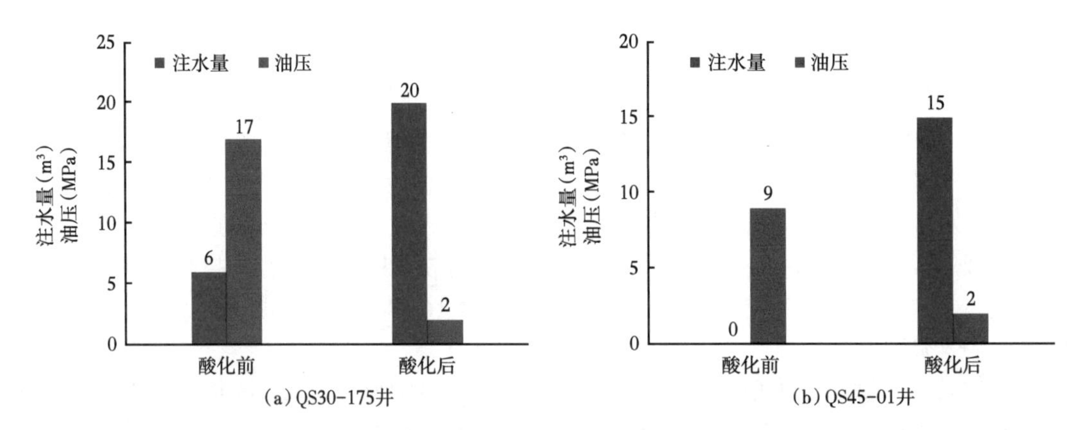

图 3-100　QS30-175 井、QS45-01 井注水井分类解堵效果图

（五）酸化解堵施工流程

主要包括以下几个步骤（图 3-101）：

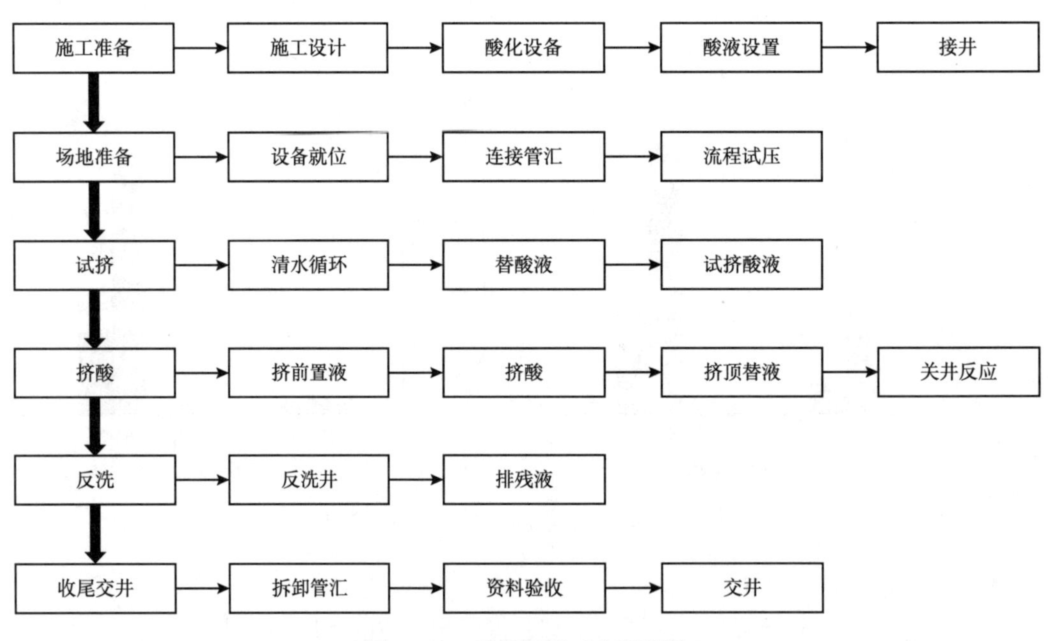

图 3-101　酸化解堵工艺流程图

（1）通过解堵半径、孔段厚度、孔隙度等参数，计算酸量；

（2）按设计要求的压井液或洗井液压井，起出井内原管柱；

（3）若下封隔器酸化的井则必须通井，通井规外径比所下工具大 2mm，长度不小于 1m，通井深度为预计封隔器坐封位置以下 5m；

（4）按酸化设计要求下酸化管柱；

（5）洗井，清水正洗井 1.5~2 周，洗井排量不小于 500L/min，达到进出口水色一致；

（6）起泵，试压，挤前置液；

（7）挤酸；

（8）挤顶替液。挤完酸后，立即挤入设计数量的顶替液，中途不得停泵；

（9）关井反应；

（10）酸液返排。一般排出液量应为挤入酸量的 4~5 倍，或者 pH 达到 7~8 为止；

（11）起出施工管柱，下入生产管柱。

四、一体化采油井抽吸参数优化技术

延长油田区块多为低孔低渗储层，难以通过地层本身的能量进行开采，绝大多数油井都是通过抽油机方式进行开采，因而优化采油井抽吸参数，确定合理的抽油机工作制度，是保证油井合理开采的前提。经过多年的开发实践，形成了一体化采油井抽吸参数优化技术。

（一）影响机采效率因素分析

1. 供采关系不平衡

延长油田区块多为低孔低渗储层，且为同步注水或滞后注水，通过测试数据分析，供采关系不平衡、油井产液量低是影响系统效率的主要因素，延长油田抽油泵泵效普遍较低，如吴起贺阳山区域泵效为 14.1%、志丹双河西区域泵效为 15.83%。

2. 沉没度较低

沉没度是影响泵效的关键，沉没度过高或过低都对系统效率有很大影响。沉没度过低会导致抽油泵供液不足，上冲程时工作筒不能完全充满液体，下冲程一开始悬点载荷不能迅速减小。沉没度过高对一些地质条件不好的油井将产生出液困难，加剧油井产层的层间矛盾，同时会增加悬点载荷，增大电动机负荷，降低系统效率。随着开发形势的变化，延长油田沉没度呈逐年下降趋势，制约了井下效率的提高。

3. 井况复杂，无功损耗大

一方面，由于注入水与地层水的不配伍，导致地层结垢，作业现场多次发现管、杆、泵结蜡垢严重，在油井生产过程中蜡垢等杂质进入井筒；另一方面，油井普遍采用压裂投产的方式，炮眼附近的岩石较疏松，造成地层出砂。随着投产时间的增加，长时间未采取洗井措施，井筒脏物较多，加之油井普遍液量低，携带能力差，砂、垢等脏物进入泵筒后不易排出，造成抽油泵漏失，油井产量降低，无功损耗增加，导致井下效率下降。

4. 抽油机五率不达标

一是抽油机平衡率，抽油机驴头悬点运动加速度较大，如果平衡效果差，会造成抽油机载荷波动较大，在运转工程中用于克服惯性载荷的负功明显增大，系统效率降低。现场测试表明，抽油机欠平衡或过平衡，都会增加系统的输入功率，而平衡度为 85%~115% 时电动机消耗功率最低。二是抽油井驴头、悬绳器、盘根盒中心的三点一线对中率，盘根盒填料过紧，导致机采效率降低。现场功图测试结果证明，部分盘根盒密封填料过紧或盘根盒与光杆的对中性差，造成光杆在上、下行中摩擦阻力增加，引起抽油机悬点负荷变化 0.5t 左右，光杆功率损失增加 0.5%~1%，造成井下效率降低。另外日常管理不到位，如抽油机润滑率、零部件紧固率、底座水平率不合格也会导致系统效率降低。

（二）提高机采效率措施

确定合理的抽吸参数，首先要确定合理的生产压差，采用较为合理的间开周期，进而确定抽油泵的合理沉没度与下泵深度，最后依据选用的抽油机机型和油井产量来优化抽油泵的泵径、冲程、冲次等。通过对采油井抽吸参数一体化优化，不仅能够保证油层能量得到合理的利用，不破坏油层，同时能够有效提高机采效率，减少能量的浪费，实现效益最大化（表 3-19）。

表 3–19　一体化采油井抽吸参数优化技术优化内容与主要作用表

优化内容	优化项目	提供的参数	主要作用
系统效率（有用功率/输入功率）	有用功率	间歇周期、产量	实际产液量
		油压、套压	有效扬程
		泵挂（沉没度）	
	输入功率（有用功率＋损失功率）	冲程、冲次	影响泵效、抽油机和电动机的损耗功率、杆管及柱塞与泵筒摩擦的损耗功率
		管、杆、泵	
		抽油机五率	

1. 间歇周期的确定

一般情况下，利用动液面上升曲线可以确定关井时间。油井关井后，每隔一定时间测一次液面，求得沉没度，绘出沉没度上升曲线。根据曲线变化，当沉没度上升到一定值时，上升速度逐渐变缓，从停井至沉没度上升变缓的这一拐点对应的时间段为油井关井时间，此后油井开抽生产。

此外，通过井筒流入量与流出量与动液面的关系可以更为准确地确定间歇周期。以井下存在气、油、水三相流体为例（朱海琦，2016），井筒流入量与井底流压的关系为：

$$Q_1=\frac{J_0}{1+(1-f_w)R(p)}(p_r-p_{wf}) \tag{3-13}$$

式中 Q_1——井筒流入量，m^3/d；

J_0——采液指数，$m^3/(d \cdot MPa)$；

p_{wf}——井底流动压力，MPa；

f_w——地面含水率，%；

$R(p)$——地层压力为 p 时的气油比，常数；

p_r——地层静压，MPa。

动液面与井底流压的关系为：

$$h=H-\frac{1000\times(p_{wf}-p_c)}{\rho g} \tag{3-14}$$

式中 h——动液面深度，m；

H——油层中部深度，m；

p_c——套管压力，MPa。

结合式（3-13）与式（3-14）井筒流入量与动液面的关系为：

$$Q_1=\frac{J_0}{1+(1-f_w)R(p)}\left[p_r-\left(p_c+\frac{\rho g(H-h)}{1000}\right)\right] \tag{3-15}$$

井筒流出量与泵效的关系为：

$$Q=\frac{1440\pi\eta snD^2}{4} \tag{3-16}$$

式中　Q——井筒流出量，m^3/d；

η——泵效，%；

s——光杆冲程，m；

n——冲次，min^{-1}；

D——泵径，m。

泵效与动液面的关系主要是通过经验法研究，现有的经验公式类型主要有两种：

$$\eta=a\ln h+b \tag{3-17}$$

$$\eta=ah^4+bh^3+ch^2+dh+e \tag{3-18}$$

以式（3-17）为例，结合式（3-16），可得井筒流出量与动液面的关系为：

$$Q=\frac{1440\pi\eta snD^2}{4}\left[a\ln(h_1-h_2)+b\right] \tag{3-19}$$

结合式（3-15）与式（3-19），可以绘制井筒流入量、井筒流出量与动液面关系曲线图（图3-102），选择合适的动液面深度区间，使得油井的流入量和排出量速率适中，都处于高速恢复区和高速采油区的范围内，油井在保证有较大的流入量的同时，也能保证有较大的产液量。

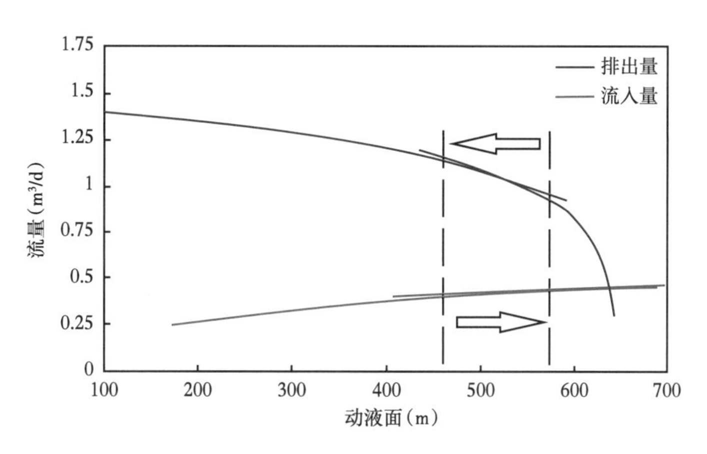

图3-102　井筒流入量、流出量与动液面关系曲线图

2. 合理抽吸参数的确定

抽吸参数对地面效率及系统效率都有一定的影响。研究与试验表明，在众多的抽吸参数中，抽油机冲次和冲程、泵径、下泵深度以及抽油杆尺寸对系统效率（特别是井下效率）影响较大。在满足提液要求的情况下，应选择最优参数，提高系统效率（李功华，2013）。

（1）合理流压的确定。

合理流压的确定与产能有直接的关系。当井底流动压力大于饱和压力时，随着井底流动压力的减小，油井的产量成本成正比例增加。当井底流压小于饱和压力时，原油脱气，渗流条件发生变化导致地层流体的流动性降低。因此，流动压力减小到一定值时，流入动态曲线（IPR）出现偏转，出现最大产量点，此时的流动压力即为合理流动压力（霍明宇，2020）。

最小合理流压公式：

$$p_{\mathrm{wfmin}}=\frac{1}{1-n}\left[\sqrt{n^2 p_{\mathrm{b}}^2+(1-n)np_{\mathrm{b}}p_{\mathrm{r}}}-np_{\mathrm{b}}\right] \tag{3-20}$$

$$n=\frac{0.1033\alpha ZT}{293B_{\mathrm{o}}}\left(1-f_{\mathrm{w}}\right) \tag{3-21}$$

式中 $p_{\mathrm{wf\,min}}$——井底最小合理流动压力，MPa；

p_{b}——饱和压力，MPa；

p_{r}——地层静压，MPa；

α——原油溶解系数；

Z——天然气压缩因子；

T——油层温度，K；

B_{o}——地下原油体积系数；

f_{w}——地面含水率，%。

根据油井含水率，计算最小合理流压，延长油田老井合理流压上限一般控制在饱和压力的 80%，新井控制在饱和压力附近。

（2）合理泵挂的确定。

确定井底流压后，根据井筒压力分布计算模型，计算动液面的深度，根据不同含水率确定合理沉没度范围，得到合理泵挂深度。

动液面根据井底流压按式（3-14）计算：

根据泵效确定泵挂深度：

$$\eta=\eta_{\lambda}\beta\eta_{\mathrm{I}}\eta_{\mathrm{B}}=\frac{\eta_{\lambda}\beta\eta_{\mathrm{I}}}{B_{\mathrm{I}}} \tag{3-22}$$

式中 η_{λ}——杆、管弹性伸缩对泵效的影响；

β——泵的充满系数；

η_{I}——泵漏失对泵效影响的漏失系数，此处取 1.0；

η_{B}——考虑到原油脱气引起收缩对泵效计算影响；

B_{I}——吸入条件下抽汲液体的体积系数。

例如，当井底流压确定为 2MPa 后，计算得到动液面的深度为 960m。建立泵效随泵挂关系曲线，按照泵效最优的原则，确定泵挂深度为 1750m（图 3-103）。

（3）井筒设备优化。

常规游梁式抽油机效率较低，且机采系统设计与油井产能不匹配造成机采系统效率较低，大量的电能在举升过程中被浪费，因此需要对油井工作参数（泵径、冲程、冲次）进行优化。主要方法为：一是尽量增大抽油机光杆冲程，减少冲程损失；二是选择小泵径的抽油泵，减轻对驴头悬点的载荷，减小冲程损失；三是在满足抽油井生产能力时，尽可能降低冲次。

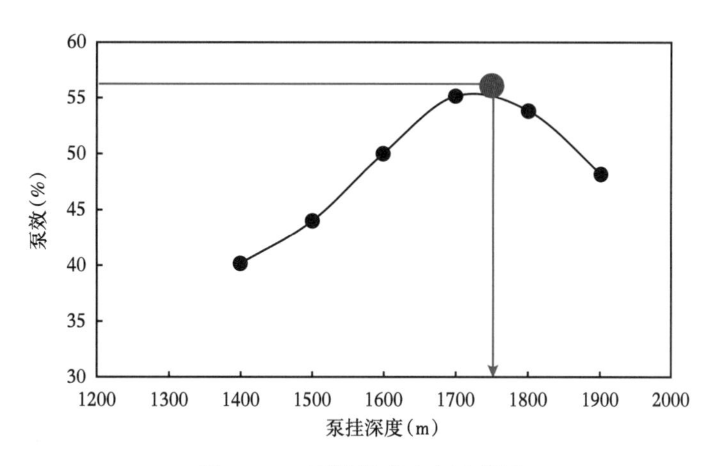

图 3-103　泵挂深度确定示意图

①管、杆、泵优化。

一是优选小泵径的抽油泵，根据现有的抽油泵泵效大小，并在检泵过程中对泵径不合理的油井进行更换泵径，延长检泵周期，要同时考虑抽油泵防卡措施。二是优选管杆泵组合，如：泵挂位置小于 1000m，油杆组合采用一级结构；泵挂位置在 1000~1500m 之间，油杆组合采用二级结构；泵挂位置大于 1500m，油杆组合采用三级结构。

②防砂、防磨、防蜡、防腐、防垢措施。

一是将特殊界面活性剂等组成的清蜡剂、高效缓蚀阻垢剂及其他药剂按一定比例混合，注入井筒起到防蜡、防腐、防垢作用；二是沉砂工艺，以旋流沉砂器、防砂泵和各类防砂管为主，解决不同井况下出砂的问题；三是在不同井筒条件（井斜、管杆组合、井液性质、工作制度等）下，杆柱受力分布基本状况，中和点位置，采取更加优化合理的防偏磨工艺对策。

如：周长、郝家坪等区域，采用扶正器防偏磨，在增斜段（305~850m），扶正器平均间距为 20m，在降斜段（1230~2091m），扶正器平均间距为 17m；在造斜点—泵挂位置，两根抽油杆加一个扶正器（均匀分布）。在全角变化率不小于 3°/25m（狗腿度）的井段前后抽油杆上各接 2 个，共计接 20 个以上。

（4）冲程、冲次的优化。

冲程、冲次的选择原则为：

①要考虑到整个系统效率合理；

②要和所采用的抽油机参数、功率相匹配；

③应让抽油泵的最大排量达到油井的供液能力；

④要考虑到油井的类型及地质状况；

⑤对特殊油井如出砂还要考虑地层对渗流速度的承受力。

冲程尽量放大，使得抽油机大冲程运行，增加抽油泵的充满系数。尽量增大抽油机光杆冲程，减少冲程损失。冲次优化，要求在不影响产量的前提下冲次尽可能地小。

抽油机实现低冲次的方法有 3 种：

①调整电动机皮带轮直径。减小皮带轮直径可以降低 1~2 个冲次，但皮带轮直径变小

后导致皮带轮包容角变小，皮带容易蠕动和滑动，不仅造成电动机传动效率降低，而且加大了皮带的磨损。

②使用低速电动机。使用低速电动机可以降低一半以上的冲次，但因为抽油机负载为周期性波动状态，电动机级数越多，实际效率下降越快，而且电动机级数越多，电动机成本越高。

③安装减速器。安装减速器是目前降低抽油机冲次的最可靠的方法，传动效率在 90% 以上，冲次可以降低到 1~3 次，但是需要对减速器进行定期保养。

（三）一体化采油井抽吸参数优化技术的优势

一体化采油井抽吸参数优化技术具有以下优势：

（1）对泵径不合理的油井进行更换泵径，延长检泵周期，降低修井费用及油管、油杆、扶正器、油泵的磨损，实现降本增效。

（2）采用长冲程、慢冲次生产模式，使抽油机载荷与电动机功率相匹配，降低抽油机劳动强度和皮带磨损，延长泵和油管杆的使用寿命，降低抽油机的维修费及材料费。

（3）制定合理的泵挂高度，使抽油泵的沉没度保持在合理的范围。合理的沉没度可以抑制底水锥进，延长油井无水采油期和控制底水均匀驱替，达到提高底水油藏开发效果的目的。

（4）对于受设备限制参数调整不到位或不能调整的油井，或者产液量小，功图显示供液不足的油井进行间歇采油，提高抽油机系统效率、降低能耗。

五、套损井井筒治理技术

油田油水井的套管损坏简称为套损，指在开发生产过程中由于地层水或井筒内流体对套管进行腐蚀，以及外力作用等导致套管发生塑性变形、破裂或穿孔等损坏的一种现象。延长油田很多区块处于开发中后期，以甄家峁注水项目区为例，生产 15 年以上的井有 54 口，占总井数的 14.8%，生产 10 年以上的井 264 口，占总井数的 72.5%。井筒情况逐步发生不同程度的套管破损、井下故障、管柱变形等问题。套损会造成单井产能下降，增加生产成本。在对延长油田套损机理进行研究的基础上，采用多分子稠化剂 + 树脂凝胶套损井筒治理技术，取得了较好的效果。

（一）套损成因

套管损坏的主要原因可分为地层水腐蚀、酸性气体腐蚀以及外力作用。此外温度、pH、矿化度差异以及含氧量等也会对套管造成损坏。

1. 地层水腐蚀

由于水泥胶结质量差，地层水与套管直接接触，进而导致腐蚀穿孔。其中影响套管腐蚀穿孔的主要离子有 Cl^-、SO_4^{2-}、HCO_3^-、Na^+、Ca^{2+}、Mg^{2+} 等。Cl^- 浓度高时会破坏钢表面的保护层，导致套管壁的稳定性被破坏形成蓬松状的腐蚀产物，腐蚀产物与未腐蚀的部位还会形成化学原电池，造成电化学腐蚀进一步破坏套管。SO_4^{2-} 主要是增加地层水的导电性，增强电化学腐蚀的速度。HCO_3^- 在低浓度时，会加速套管表面的电化学腐蚀，但当 HCO_3^- 浓度达到 1g/L 后，随 HCO_3^- 浓度增大，HCO_3^- 与套管表面的阳极反应的生成物在套管表面形成一层致密保护膜，使套管处于钝化状态，抑制了腐蚀的进行。Na^+ 能够降低地层水中溶解氧的含量并减少溶解氧的扩散速度，减缓腐蚀速率。Ca^{2+} 与 Mg^{2+} 对腐蚀的影响与 HCO_3^- 类似，在浓度较低时由于电化学作用对套管产生腐蚀，而当达到一定浓度之后，Ca^{2+} 与地层水中的 CO_3^{2-}、SO_4^{2-} 结合产生 $CaCO_3$ 与 $CaSO_4$ 沉淀，Mg^{2+} 可以形成一层氢氧化物或氧化物钝化膜，减缓腐蚀速度。

2. 酸性气体腐蚀

开采过程中储层中的 CO_2 与 H_2S 溶于水中，造成井筒内流体具有腐蚀性。CO_2 在干气状态下不存在腐蚀性，但当 CO_2 溶于水后生成碳酸，会释放强去极化剂氢离子，促进阳极铁溶解，从而导致腐蚀（潘永功，2019）。

3. 外力作用

主要是地应力、摩擦力以及流体动静力等对套管的破坏。在钻遇地层活动较为多变的井段或因钻井开发使地层活跃的井段，使得地应力对套管产生不同程度的破坏，如断层区间的压力不平衡、泥岩蠕动或断层滑移产生的剪切力以及由于开采过程中注采不平衡或地层出砂导致的地层压力不平衡，均会导致套管损坏。摩擦力来自在油井生产过程中，流体中的钻井液、岩屑对套管的摩擦、碰撞，同时在完井过程中，套管与岩层的碰撞以及钻杆、油管对套管的碰撞。流体动静力对套管的破坏是指在生产过程中采取高压措施时，如压裂、注水等，强大的流体冲击力对套管进行冲刷，从而使套管发生变形损坏。

（二）常规套损井治理技术

常规套损井治理技术主要是机械堵漏技术和化学堵漏技术。

1. 机械堵漏技术

主要包括封隔器隔采、膨胀管补贴、侧钻、小套管固井、取套换套等工艺，适应范围宽，但存在有效期短、成本高、隔水采油后井筒管理难度大等缺点。

2. 化学堵漏技术

从地面通过井筒向套漏点注入化学堵剂，在套管漏失点外环空与地层之间形成低渗透高抗压的水泥环，从而达到封堵套漏，重建井筒完整性的目的。其应用局限性小，不需动用大修设备，施工简易且费用较低，施工周期也比较短，是目前应用最为广泛的套损井治理技术之一。

较为常用的化学堵漏剂包括树脂类堵剂、凝胶类堵剂和颗粒类堵剂。

（1）树脂类堵剂。

树脂类堵剂包括酚醛树脂、脲醛树脂、环氧树脂。树脂类堵剂的封堵强度很大，但成本很高，且现场工艺复杂，伴有一定危险性。可以作为堵剂体系的封口剂，但难以大剂量使用。

（2）颗粒类堵剂。

颗粒类堵剂包括水膨体型堵剂和非水膨体型堵剂，主要是利用颗粒的尺寸与孔隙孔道之间的关系进行堵塞。水膨体由聚合物单体、交联剂和其他添加剂构成，进入地层后遇水膨胀，从而堵塞孔隙。缺点是耐温耐盐性差（陈阳，2019）。

非水膨体型堵剂主要由固体颗粒构成，依靠自身的支撑作用堵塞孔隙。非水膨体型堵剂成本低廉、可以耐高温和耐高矿化度，选择合适的颗粒能够达到较好的封堵效果，是目前较为常用的堵剂。目前较为常用的主要为改性水泥堵漏体系，包括暂堵水泥堵漏体系与柔性化学堵漏体系。

暂堵水泥堵漏体系：使用高强度微膨胀堵剂，当该堵剂进入漏失段后可以快速形成网架结构，并能在漏失段内有效滞留，凝固后就能在漏失段内形成强度高、韧性好、微膨胀和有效期长的固化体。

柔性化学堵漏体系：当该堵剂进入套管漏失段后能快速失水并形成网架结构，可以在漏失段内有效滞留。在注浆结束后，形成本体强度高、界面胶结性好的微膨胀固化体，达到封堵目的。

非水膨体型堵剂的缺点是注入性不好，如果体系悬浮效果不好，很难挤入地层深部，此外还存在封堵剂驻留性差，封堵剂替至目的层后未凝固就已漏失或被稀释，造成堵漏浆注入量大，成功率低；封堵剂胶结强度低，形成的固化体不能与套管和周围介质形成牢固的界面胶结；封堵剂固化后，因收缩而形成裂纹，有效时间短等缺点（王小勇，2013）。

（3）凝胶类堵剂。

凝胶类堵剂分为无机凝胶类堵剂与聚合物凝胶类堵剂。无机凝胶类堵剂主要是硅酸钠和硫酸铵生成的硅酸凝胶，具有很好的耐温性与注入性，但不耐冲刷，容易缩水失效，不能对地层实现长时间封堵（陈阳，2019）。

聚合物凝胶常用聚丙烯酰胺作为聚合物。丙烯酸（AA）与丙烯酰胺（AM）和丙烯腈（AN）单体构成的聚合物和带电荷离子或有机化合物的活性官能团交联形成凝胶。丙烯酰胺作为单体可用做合成堵漏剂，这是由于酰胺基团吸水能力强是非离子单体，具有良好的耐盐性，另外酰胺基团有吸附能力，可以增加树脂的吸附能力的形成，提高驻留能力。在AA和AM聚合体系中，还可以引入膨润土和蒙脱土等无机材料提高材料的强度，并且降低成本。聚合物凝胶的优点是具有油水选择性，但缺点是受温度、压力、矿化度、酸碱度影响很大，稳定性差。

（三）特色套损治理技术

延长油田基于现有堵剂的优缺点，经过多重实践应用，形成树脂凝胶封堵体系，套损井修复效果显著。

1. 触变性水泥浆堵漏技术

普通G级水泥中加入触变剂，在剪切力的作用下具有良好的流动性，挤入地层后，能迅速形成具有一定胶凝强度的网状结构，控制水泥浆向地层的漏失速度，在井筒周围形成网状结构，并迅速稠化、凝固，从而大大提高堵漏的成功率（图3-104）。漏失点地层温度低于35℃时，水泥浆中加入0.06%~0.09%引发剂（过硫酸铵），而高于35℃时，加入

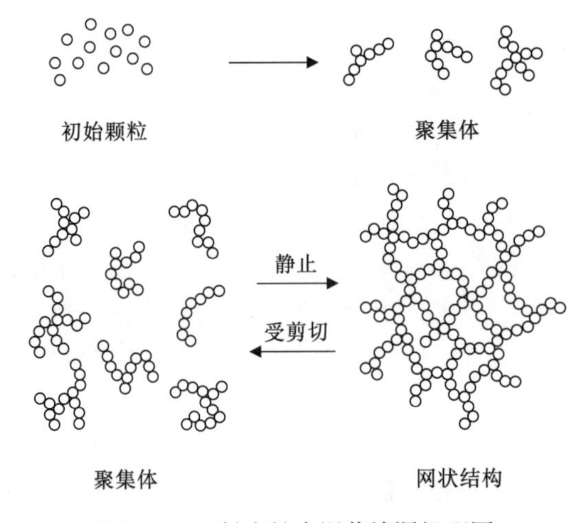

图3-104　触变性水泥浆堵漏机理图

0.03% 引发剂（过硫酸铵）；针对较大漏点时，水泥浆中加入 5% 丙烯酰胺，小漏点及渗漏时加入 3% 丙烯酰胺。

其技术特点为：

（1）稠化具有突变性。触变性水泥体系稠化实验显示（图 3-105），较常规水泥体系（图 3-106）稠化具有突变性，可以在某时间节点上迅速稠化，能够控制水泥浆体向地层的漏失速度，而常规水泥体系稠化具有渐进性，渐进过程中容易发生水侵，造成水泥胶结质量变差，凝固强度降低，水泥滤失量增大。

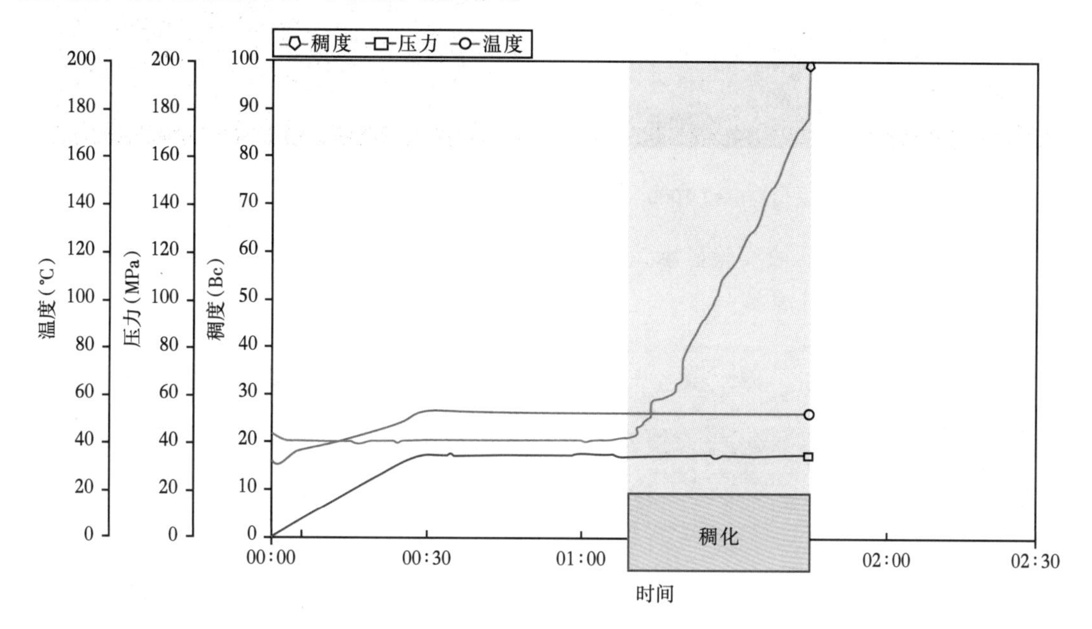

图 3-105 常规水泥体系稠化曲线图

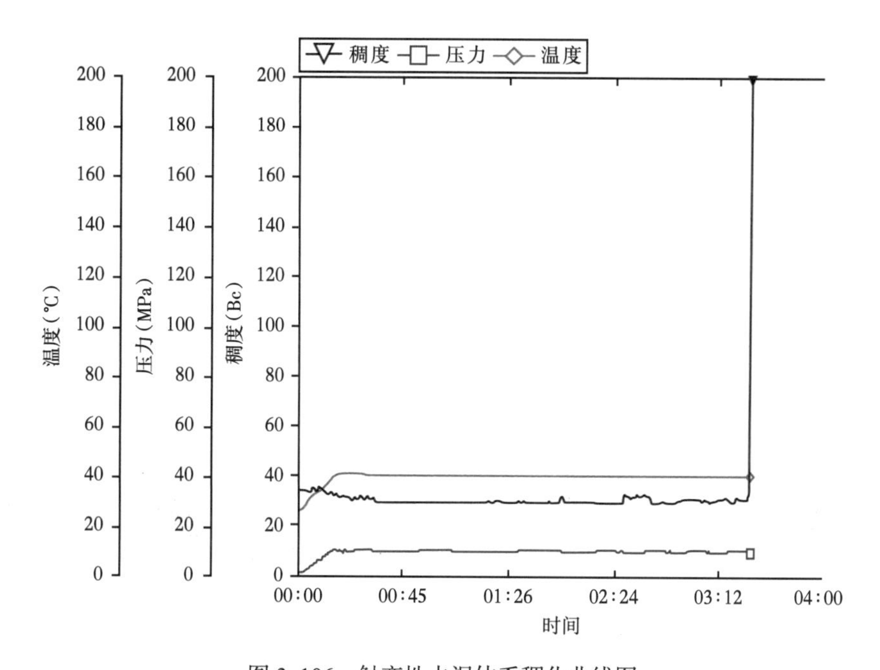

图 3-106 触变性水泥体系稠化曲线图

（2）凝固后致密性高。通过扫描电镜对常规水泥体系（图 3-107）和触变性水泥体系（图 3-108）进行微观分析可以看出，触变性水泥体系凝固后微观孔径较小，孔隙较少，致密性高。

图 3-107　常规水泥体系扫描电镜 1000 倍图

图 3-108　触变性水泥体系扫描电镜 1000 倍图

（3）凝固强度大。压块实验显示，触变性水泥体系（图 3-109）承受压力及强度明显高于常规水泥体系（图 3-110）。

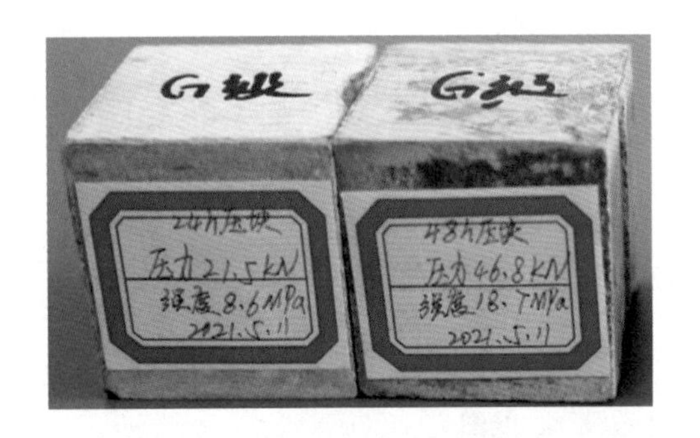

图 3-109　常规水泥体系压块强度试验结果图

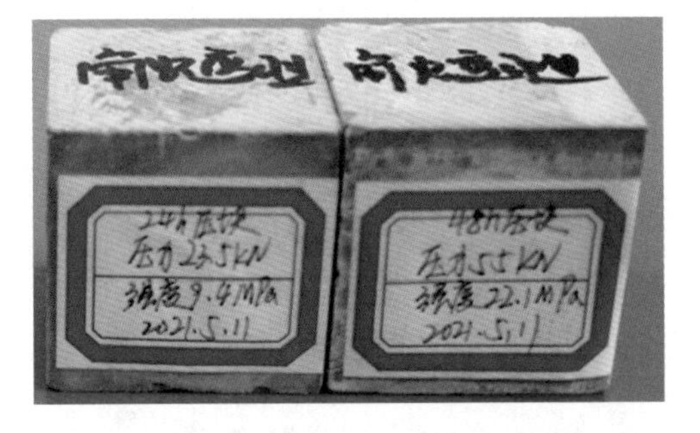

图 3-110　触变性水泥体系压块强度试验结果图

（4）体积收缩量小。触变性水泥体系（图 3-111）在凝固过程中不具有体积收缩性，而常规水泥体系（图 3-112）在凝固过程中具有一定的体积收缩性，导致胶结不严密，存在渗液、漏液现象，降低了堵漏有效期。

图 3-111　触变性水泥体系凝固后体积收缩试验结果图

图 3-112　常规水泥体系凝固后体积收缩试验结果图

H667 井开采层位长 2，为双向受益油井，因套损导致明水停抽。2021 年 6 月对该井进行套损治理，找到两个漏点（12~192m、650~690m），采用触变性水泥技术进行堵漏，8 月底开抽，9 月底开始见油，取样化验总矿化度从 6452mg/L 逐步恢复至 35876mg/L。初期日产液为 14.5m^3，含水率 63%，日产油 4.5t。后期稳定在日产液 9.6m^3，日产油 2.4t，综合含水率 71%（图 3-113）。

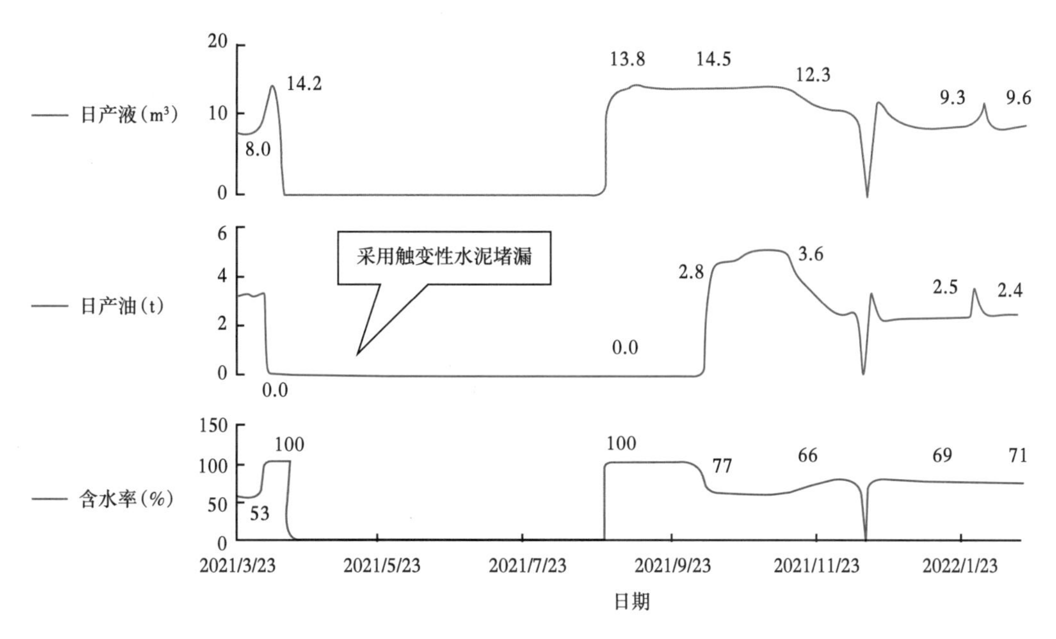

图 3-113 H667 井综合开发曲线图

2. 多分子稠化剂 + 树脂凝胶封堵体系

多分子稠化剂 + 树脂凝胶封堵体系采用两段塞堵漏工艺，前段塞为隔断凝胶，用以推走并隔断地层水，在地层中快速建立承压段塞，提高堵剂地层驻留性能，为尾追的微膨胀水泥段塞提供低水环境。微膨胀水泥中添加多分子稠化剂增加其稠化性能，添加 Al_2O_3-SiO_2、ZrO_2-TiO_2 增加其抗压强度，添加过硫酸铵、丙烯酰胺等增加其触变性。

采用胶结强度高、抗压强度较高的微膨胀水泥堵剂封口，提高封堵强度，延长封堵有效期。再经过一段时间，如果封口段塞形成的胶结界面变差或形成小裂纹，因前段的凝胶段塞具有很高的黏度，也可以填充、滞留裂纹，阻断地层水达到套管或进入井筒（刘婧慧，2020；王小勇等，2013）。

其技术特点为：（1）互穿网络结构形成速度快，具有高的界面胶结强度；（2）形成的固化体结构致密、抗压强度高、韧性强、微膨胀；（3）堵剂进入封堵层后能有效地驻留在封堵层内；（4）配制的堵浆流动性和稳定性好，挤注压力低。

D4425-1 井于 2018 年 2 月投入生产，由于坐封生产失败关井。2018 年 4 月对该井进行多分子稠化剂 + 树脂凝胶套损井筒治理，具体配方为：结构形成剂 + 胶凝固化剂 + 膨胀型活性填充剂 + 活性纳米 Al_2O_3-SiO_2 增强剂 + 活性纳米 ZrO_2-TiO_2 材料 + 活性纳米 Y-TZP 材料 + 施工性能调节剂。至 4 月底产量开始逐步恢复，现已恢复正常生产（图 3-114）。

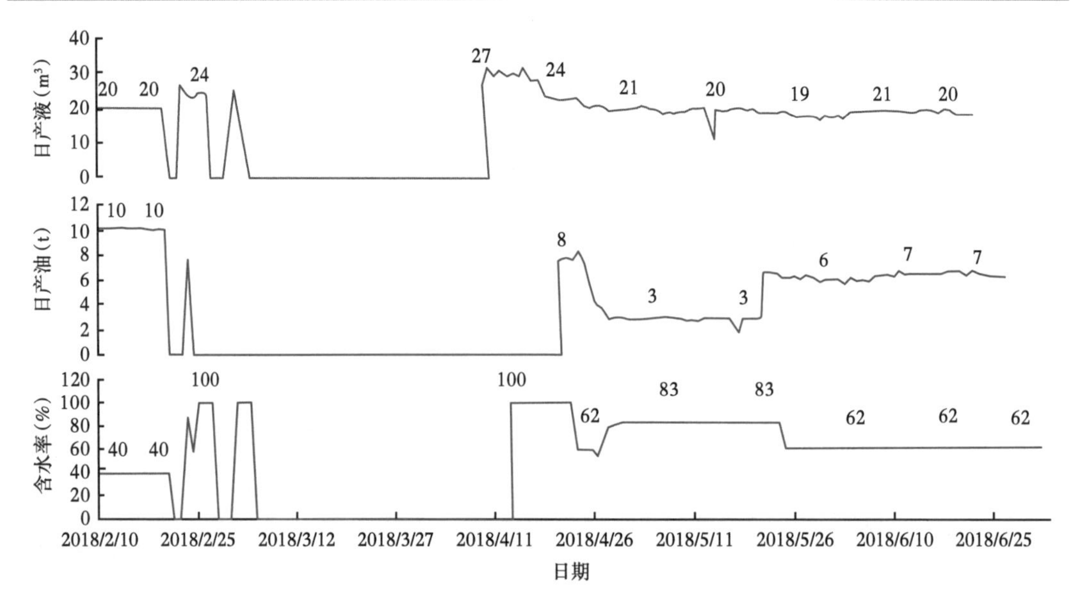

图 3-114　D4425-1 井综合开发曲线图

（四）施工工艺

对于腐蚀穿孔的套管修复，采取在套损段笼统高压挤入堵剂的方式，使套损段外部形成强度较高的堵剂环，达到套管一样的承压能力，从而达到套损修复的目的，具体措施如下（图 3-115）：

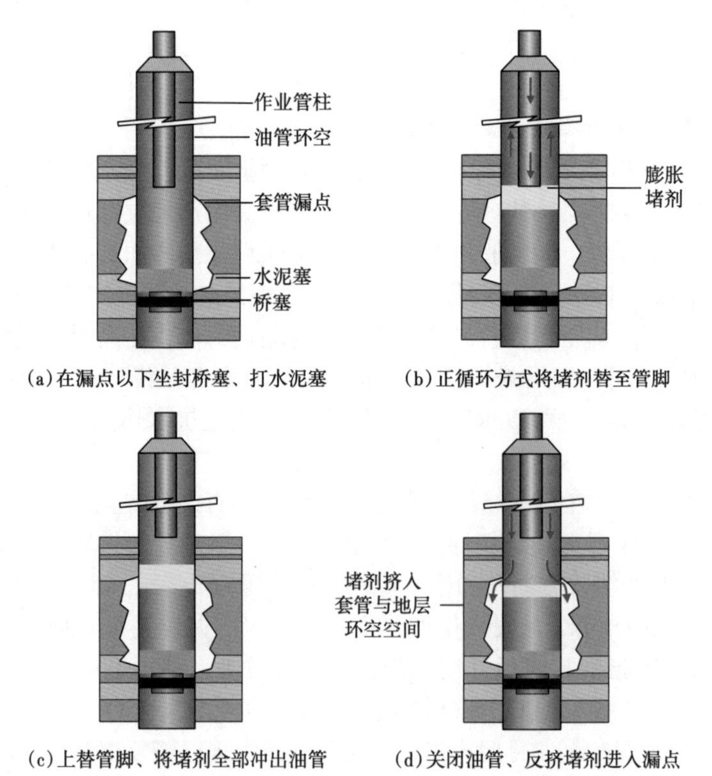

（a）在漏点以下坐封桥塞、打水泥塞　（b）正循环方式将堵剂替至管脚

（c）上替管脚、将堵剂全部冲出油管　（d）关闭油管、反挤堵剂进入漏点

图 3-115　套损井治理工艺示意图（据田磊等，2020）

（1）在套损点以下打悬空塞或下入桥塞；

（2）通过“正替反挤”的方式，先将前段隔断凝胶堵剂在高压下被挤入漏点；

（3）挤入水泥堵剂，在套管与地层之间形成胶结，达到修复套管的目的；

（4）关井候凝 48h；

（5）对全井打压，30min 内无压降，判定对漏点封堵合格；

（6）通过钻头把套管内的堵剂和水泥塞磨掉，使井筒恢复正常状态。

六、精细分层注水技术

对于多油层开发油田，即使在合理组合开发层系后，每套开发层系中仍有多个性质不同的油层，致使注入水在层间、平面和层内推进速度差异较大，并且随着含水率的不断上升，出现的矛盾和问题更加尖锐复杂，开发的难度越来越大。

分层注水就是在注水井中，利用封隔器将多个油层在井筒内分隔成几个层段，然后根据每个层段配注量的要求，通过调节各配水器水嘴的大小将井口相同的注水压力转换成井下各层段不同的注水压力，从而控制高渗透层注水，加强较低渗透层注水，实现吸水剖面的有效调整。

（一）常规分层注水工艺

注入水是及时补充地层能量最经济、最有效的方法，分层注水是不同油藏根据开发目的层对能量的需求进行分层补充，以满足油田开发要求。随着油藏精细化管理技术的不断提高油田注水工艺技术发展先后经历了笼统注水、同心分层注水、偏心分层注水和数字智能化分注 4 个阶段。

开发初期油田注水采取笼统注入方式，保持了地层压力，油井自喷能力旺盛。但由于多油层非均质性产生的层间、层内、平面三大矛盾，出现了主力油层单层突进、过早见水的现象，因此，油田提出了分层注水的技术要求。

1. 同心分层注水

（1）同心固定式分层注水。

该工艺通过下井前调节配水器上阀的启动压力或配水嘴直径，实现同井单管分层定量注水。由于该工艺水嘴固定在配水器上，在下分注管柱前，必须单独下一趟分层测试管柱，确定分层吸水量以选择相应的水嘴，调整水嘴时也必须起下管柱，因此，井下作业工作量比较大。

（2）同心活动式分层注水。

该工艺水嘴装配在配水器芯子上，配水器芯子位于油管中心，自上而下逐级缩小，更换、调整水嘴时只需捞出配水器芯子就可更换水嘴，但每捞一级配水器芯子，其上部各级配水器芯子都必须全部捞出，投捞测试工作量大，且分层测试时各层互相干扰，测试资料准确率低。该技术虽然可通过更换水嘴来控制分层注水量，但无法进行分层压力测试。

2. 偏心分层注水

（1）普通偏心分层注水。

水嘴装配在工作筒为侧孔内的堵塞器上，注入水以堵塞器滤罩、水嘴、堵塞器为主体的出液槽和以工作筒为主体的偏孔进入油套环形空间后注入目的层。利用钢丝可以投捞、更换任意一级堵塞器的水嘴，测试调整比较方便，后期仍然存在投捞测试工作量大，且分层测试时各层互相干扰，测试资料准确率低等问题。

（2）桥式偏心分层注水。

针对原偏心分层注水在单层压力、流量测试中存在的问题而研制的注水工艺，对原偏心配水器的结构进行较大改进。改进后，可不用捞出井下的偏心配水堵塞器，直接在偏心配水器的主通道内投入连有压力或流量测试仪器的测试密封段，即可实现各个层段的压力或流量测试的功能。其分层注水量调配、堵塞器投捞的原理与偏心配水管柱完全相同，即靠水嘴的节流作用建立起的压差来达到分层配水的目的。

（二）特色分层注水工艺

鉴于上述工艺的局限性，延长油田根据注水开发需求，形成主要以桥式偏心注水和数字智能化分注技术为主的分注体系，采取同心双管、桥式同心测调一体化、缆控智能、无线智能（波码）等分层注水工艺，调节层间吸水能力的差异，增加水驱动用储量，进一步提高了油田水驱油的采收率。

1. 同心双管分层注水技术

（1）技术介绍。

通过油管、中心管组成的相对独立的注水通道，对不同储层实施注水。一般采用 ϕ89mm 或 ϕ73mm 内防腐油管作为外管、ϕ48mm 或 ϕ32mm 玻璃钢管作为内管，油层之间和上部套管用封隔器封隔，内外管之间用插管连通器封隔，对上下两个油层分别注水，井口内外管各自安装四通和悬挂器，各自连接地面配水器，实现分层配注（图 3-116）。

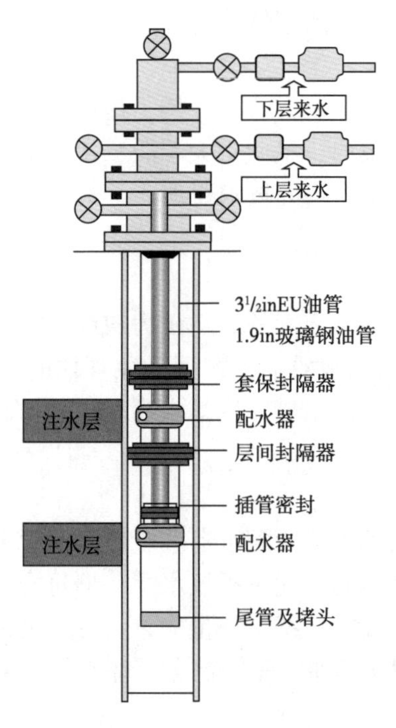

图 3-116　同心双管分层注水技术原理图

（2）技术特点。

①无须投捞测试，能够带压作业、反洗井；长期密封可靠性高、分层效果好，免验封；

②单层独立管分注，无须配水器，免测调，有效提高注水合格率；

③由于该工艺通过油管与中心管组成独立注水通道，因此仅能适合于两层分注，不能满足多层分注的需要，同时该工艺还存在吸水剖面测试困难、管材费用较高等问题。

同心双管分层注水技术目前已在志丹双河东区域实施 6 井次，取得了较好的效果。如 S57 井采用同心双管分层注水工艺后，井组月产油从分注前 2021 年 7 月的 150t 上升到 2021 年 12 月的 162.4t，2021 年 8—12 月平均月产油较 2021 年 1—7 月提高 3.4t，综合含水率由分注前的 15.9% 下降至 15.0%（图 3-117）。

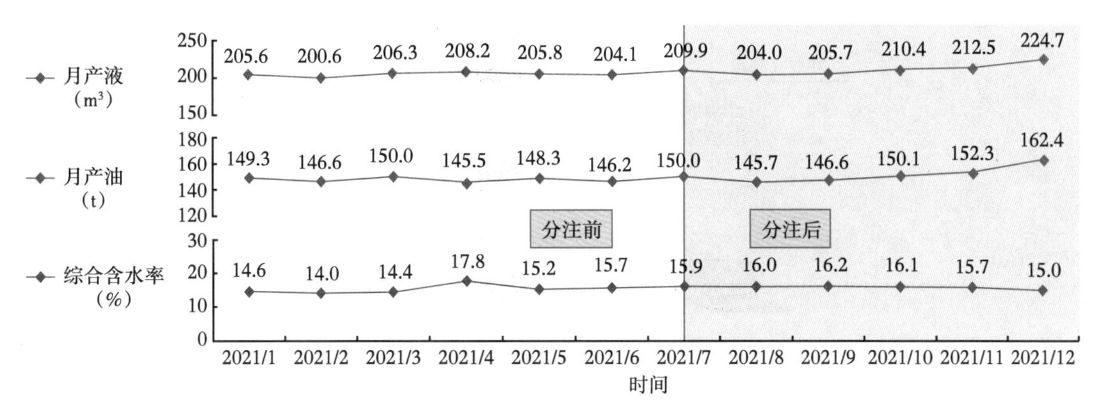

图 3-117　S57 井组综合生产曲线图

2. 缆控式测调一体化分层注水技术

（1）技术介绍。

常规分注工艺采用的钢丝或电缆测调，不能进行长时间实时监测与控制，只能监测瞬时注入量，不能同时实时反映各层吸水变化；当注水压力或地层压力变化引起注水量发生改变，注水不合格时不能及时进行调节。缆控式测调一体化分层注水技术是电子测控与机电一体化技术为核心的电缆式测控一体化分层注水系统（图 3-118）。在每个注水层位上均装有一个智能配水器，层间用封隔器隔开。可以实时监测每层注水量的大小，由微处理器根据设置调节阀门开度，将注水量控制在需要的水平上。同时能够与地面双向通信，随时监测地面指令，重新配置每层注水量的大小。

（2）技术特点。

①配水工作筒和可调水嘴一体化设计，不必进行水嘴投捞工作；

②缆控式测调一体化分层注水技术经地面装置与计算机连接，实现地面与井下信号传输。地面装置通过测调仪的调节头带动同心配水器的转动，调节配水器开度大小。该技术可实现全过程分层压力、分层流量的连续监测；

③可在线进行静压测试，无须投捞双通道压力计，可实现分层注水量的自动调节，方便进行注水方案优化，可实现注水指示曲线在线测试，无须动用测试车；

④可进行注水管柱封隔器密封性能动态监测以及对智能注水井进行远程数据监控，但该工艺费用较高，配水器需要定制且周期较长。

搅控式测调一体化分层注水工艺目前已实施 2 井次。W6-121 井实施搅控式测调一体化分层注水工艺后，井组月产油从分注前 2021 年 5 月的 33.9t 上升到 2021 年 12 月的 79.8t，2021 年 6—12 月平均月产油较 2021 年 1—5 月提高 26.4t，综合含水率由分注前的

60.8% 下降至 37%，分层注水效果明显（图 3-119）。

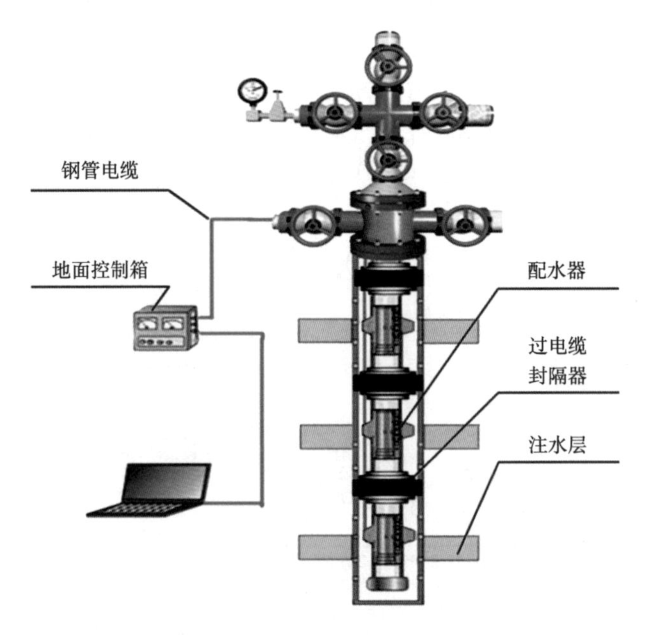

图 3-118　缆控智能分层注水技术示意图

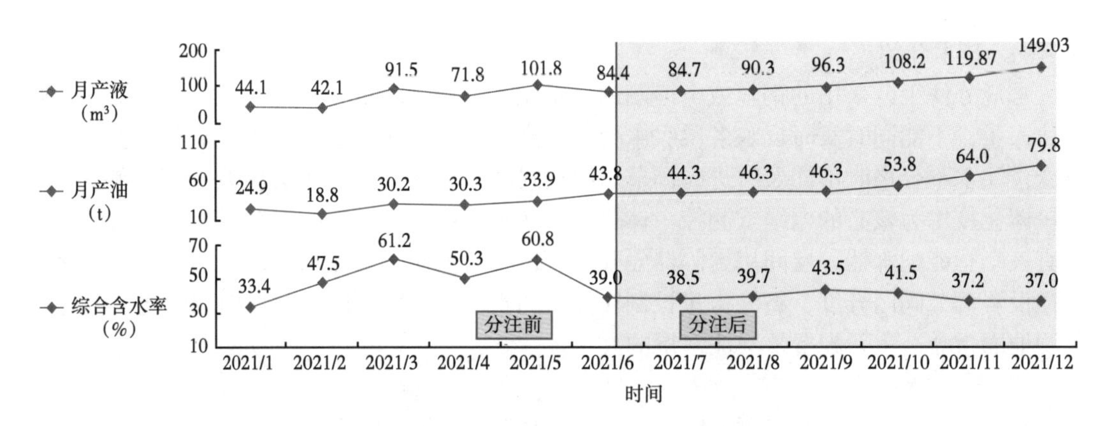

图 3-119　W6-121 井组综合生产曲线图

3. 桥式同心测调一体化分层注水技术

（1）技术介绍。

桥式同心测调一体化分层注水仪主要由桥式同心测调配水器、三参数直读电磁流量计、井下水量调节仪、地面控制测量仪组成。利用地面控制仪通过电缆控制同心测调仪径向旋转，带动同心配水器内部水嘴开启和关闭及控制水嘴开度来控制水量大小。

同心配水器由同心活动筒、可调式水嘴组成。入井时水嘴处于关闭状态，满足封隔器坐封，注水时通过测调仪带动可调式水嘴转动，改变配水器水嘴的开度大小，实现注水量的精细化调节。桥式同心分层注水技术在主通道周围布有桥式通道，目标层作业时占用中心通道，不影响其他层段的正常注水（图 3-120）。

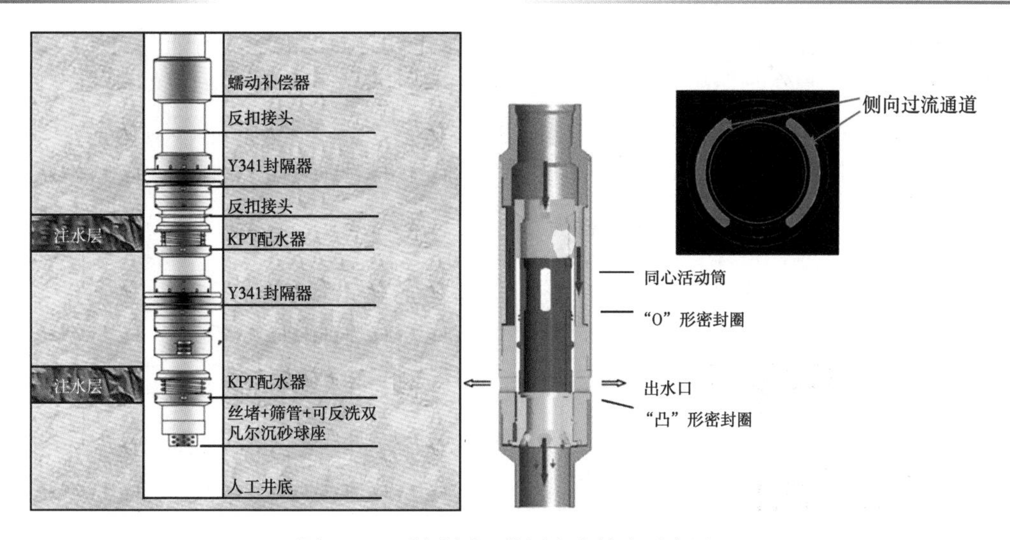

图 3-120 桥式同心分层注水技术示意图

（2）技术特点。

①配水工作筒和可调水嘴一体化设计，不必进行水嘴投捞工作；

②同心配水器具有较大面积的桥式过流通道，可有效解决层间干扰，提高测试精度；

③采取同心中心通道遇阻式对接，对接成功率高，消除桥式偏心侧对接成功率低的问题以及遇阻易卡的事故；

④适用大斜度井作业，并且可用于污水水源，分层段三层以上的区域实施该工艺的注水井。

桥式同心测调一体化分层注水技术目前已在志丹双河西实施 2 井次，均取得了较好的注水开发效果。以双 400-1 井为例，该井完成桥式同心测调一体化作业后，上层配注 $5m^3$，下层配注 $10m^3$，分注后井组月产油由 2021 年 5 月的 376.2t 上升到 2021 年 12 月的 457.4t，2021 年 6—12 月平均月产油较 2021 年 1—5 月提高 64.4t，综合含水率趋于平稳（图 3-121）。

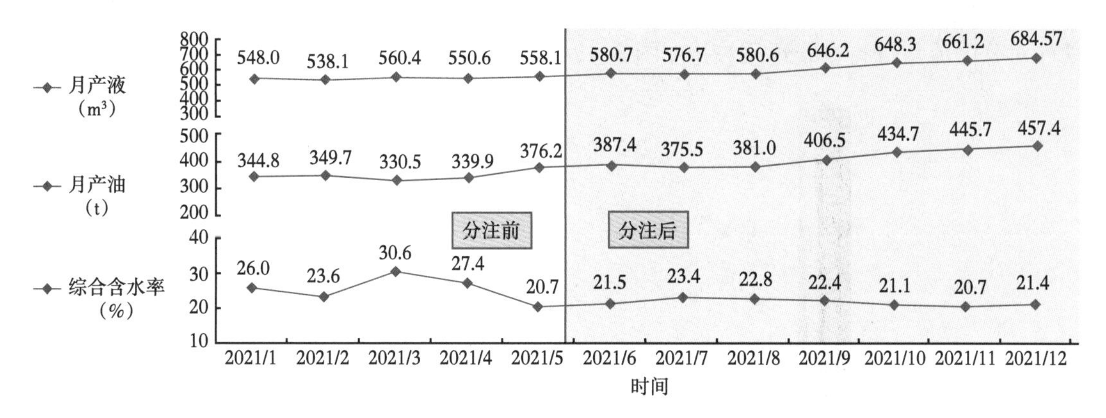

图 3-121 S400-1 井组综合生产曲线图

4. 无线智能（波码）分层注水技术

（1）技术介绍。

缆控智能分层注水技术在水平井中应用时，井下智能配水器在下井过程中电缆保护难度较大，无法满足带压作业的要求，因此，采用基于波码通信的无线智能分层注水技术在水平井进行分层注水作业(图 3-122)。无线智能分层注水技术采用井下一体化智能配水器，集成了流量计、压力计、温度计、通信模块和调节总成，可实现注入层段温度、压力、流量的实时监测，由微处理器自动调节阀门开度，将目标层段注水量控制在需要的水平上。

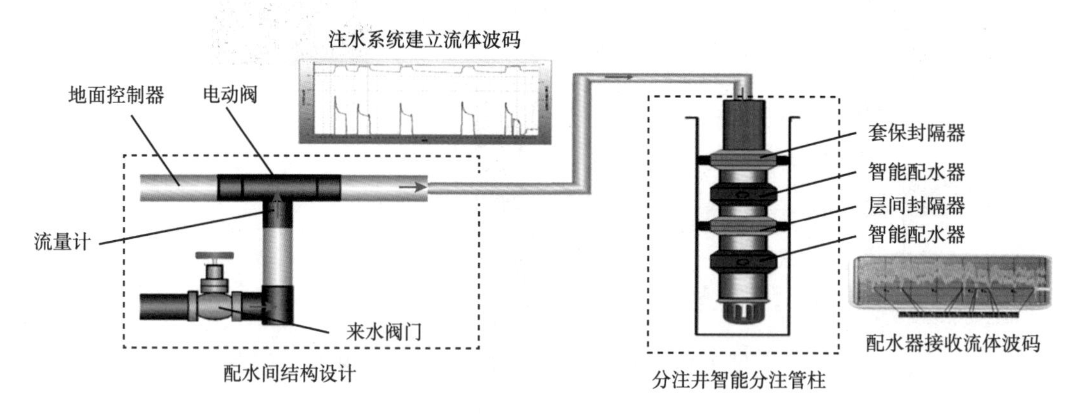

图 3-122　无线智能(波码)分层注水工艺示意图

无线智能(波码)分层注水技术是由井下智能配水器、地面控制系统和远程控制系统组成，通过压力 + 流量双波码集成通信码信息传送，实现井下、地面、基地信号双向传输。

其中地面至井下的通信采用具有恒流恒压双重作用的电控阀，以井筒内的水为载体，通过开关时长的不同建立含油层位、水嘴开度的压力波码。井下智能配水器感应压力波动并完成解码，实现对不同层位配注量的测调。井下至地面的通信以井下智能配水器作为脉冲发生器，通过控制水嘴开度，产生压力和流量变化，从而在井口产生压力波动信号，向地面传输井下分层流量、压力以及温度数据。地面控制系统通过高精度压力计监测流体波码，经过识别、整形、放大后形成可识别的方波。

井下智能配水器为无流量计配水器(图 3-123)，集成压力传感器，可同步测量嘴前嘴后压力，建立压差、水嘴开度和流量三维图版计算流量。存在误差时，可通过地面标准流量计对分层流量进行在线远程校准(图 3-124)。

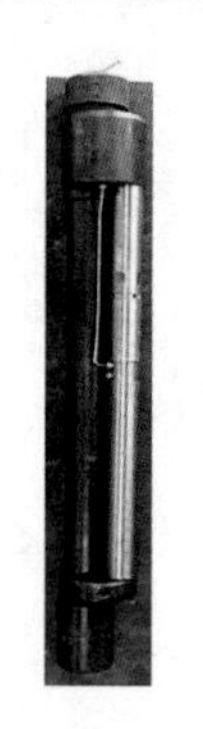

图 3-123　无流量计配水器图

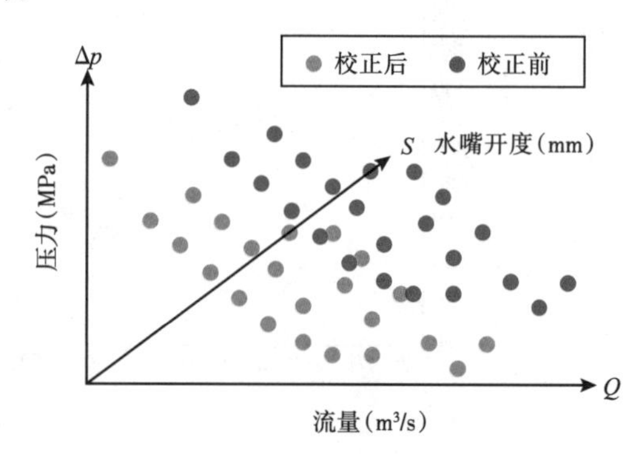

图 3-124　人工智能建立数据散点图

(2)技术特点。

①地面与井下可实现远距离双向无线通信，减少了电缆式配水器因电缆故障造成的各种井下配水器问题；

②可远程进行分层流量计量和在线校准，可以对各层位地层压力、温度、流量进行长期实时监测；

③实现了远程实时监测与控制（图 3-125），通过一套装备系统实现了地面数据采集、井下分层数据采集、分层自动测调、信息实时传送以及中心站远程监控，全面实现办公室管理模式的水井日常监测管理和动态管理，提升了注水井精细化管理水平；

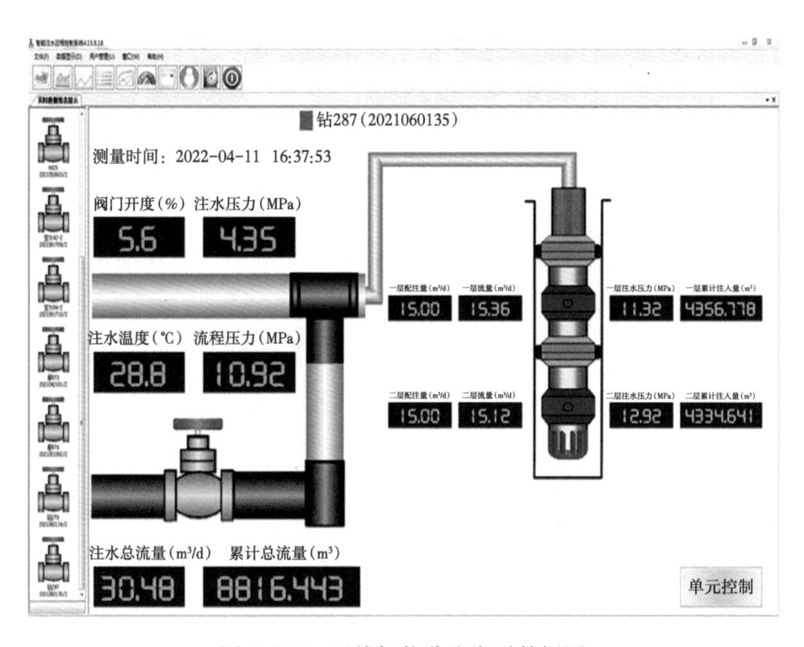

图 3-125　无线智能分注实时数据图

④封隔器可靠条件下 3 年不动管柱（井下电池使用寿命 3 年）。适用于清水水源，水质稳定，物联网配套设施齐全区域实施该工艺。

无线智能波码分层注水工艺分别在杏子川郝家坪、子长余家坪、定边五兴庄、吴起贺阳山、横山白狼城区域共计实施 12 井次。其中 8017 井完成无线智能（波码）分层注水工艺后，井组月产油从分注前 2021 年 5 月的 172t 上升至 2021 年 12 月的 235.2t，2021 年 6—12 月平均月产油较 2021 年 1—5 月提高 35.7t，综合含水率由分注前的 31% 下降至 24%（图 3-126）。

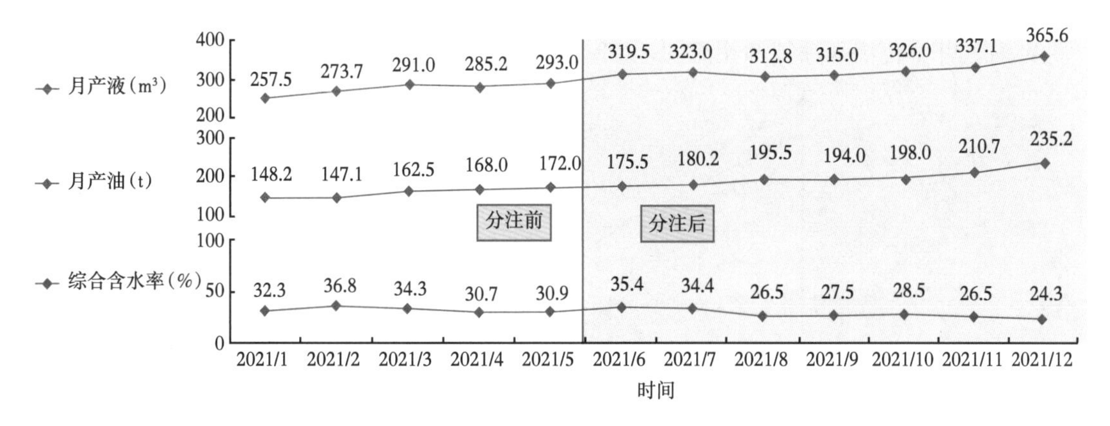

图 3-126　8017 井组综合生产曲线图

七、不停井短周期压力、产液一体化测试技术

油井生产过程中，由于各种因素影响（如油井工作制度的改变、抽油设备故障、井身的技术状况、井内层间干扰、地层物性变化及周围油水井干扰等），油井生产状态不断变化。因而需要随时跟踪油井的动态变化，掌握各产层的出油情况、见水情况及压力变化，以便对油井采取综合调整措施，提高油井产能（代永革，2008）。试井是认识储层动态以及生产井、注入井生产动态的重要手段。最早使用的是稳定试井法，即通过长时间关井等待地层压力恢复，而后通过地层测试测井仪对地层压力、井温、流量等参数进行测量。但长时间关井会影响油井产量，同时，对于多层合采的油井，通过稳定试井的方法往往只能得到一个多层平均的压力与流量数据，给后期开发策略的制定带来了很大困难。

（一）不停井压力、产液测试技术原理

油井的井筒流入动态方程大致可分为两种情况：流压大于油井饱和压力与流压小于油井饱和压力。

当流压大于饱和压力时，油井产液量与流压之间的关系为：

$$Q_0 = Q_b(p_R - p_{wf})/(p_R - p_b) \tag{3-23}$$

式中 Q_0——油井产液量，m^3/d；

Q_b——油井饱和压力下的产液量，m^3/d；

p_R——地层压力，MPa；

p_{wf}——流压，MPa；

p_b——油井饱和压力，MPa。

此时，油藏中全部为单相液体，采油指数为常数，IPR 曲线为直线（图 3-127 中 A 段）。

当流压小于饱和压力时，油井产液量与流压之间的关系为：

$$Q_0 = Q_b + (Q_{max} - Q_b)\left[(2-V)R\frac{p_b - p_{wf}}{p_b} + (V-1)R^2\left(\frac{p_b - p_{wf}}{p_b}\right)^2\right] \tag{3-24}$$

式中 Q_{max}——油井的无阻尼产液量，m^3/d；

V——沃格参数，与油井的采出程度相关；

R——表示油井的不完善程度。

此时，井下将出现油气两相流动，IPR 曲线将由直线变成曲线（图 3-127 中 B 段）。

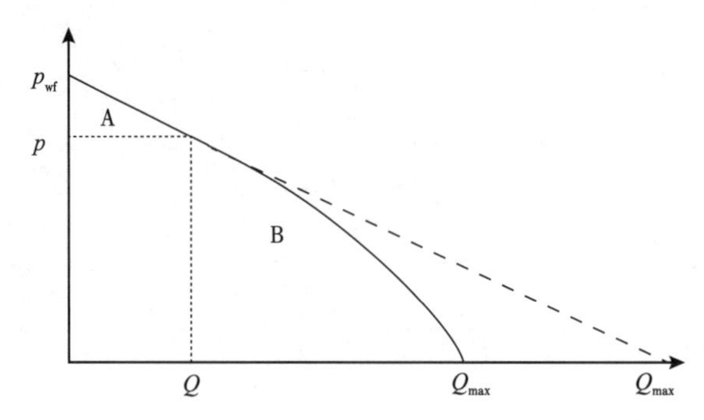

图 3-127 典型油井 IPR 曲线图

在油井其他参数保持不变的情况下，改变油井的工作制度（冲程或冲次）以改变油井产量。通过3~5个工作制度下的流量、流压资料拟合出该井的IPR曲线。当Q=0时，对应的p_{wf}即为地层静压p_R，曲线斜率的倒数即为当前的采液指数（赵忠健，2006）。

（二）分层测试工艺

目前，对于多层合采采油井，在绝大多数情况下，现场主要通过测试压力恢复曲线或压力降落曲线，获得全井生产层段的平均地层压力及其他地层参数，然而其解释结果只是全井各油层的平均地层参数，对于单层生产油井来说可以满足地质工程师的分析需要，但对多层合采抽油井而言意义不大，难以直接用于指导油田开采。特别是当两油层地层压力相差较大，存在“窜流”或“倒灌”现象时，显然平均地层参数不能真实地反映各油层的油藏特性。尤其是油田投入注水开发后，由于层间与层内地质特性的差别，诸如分层地层压力、渗透率、孔隙度等参数的不同，地下水线推进速度不一，导致油井各层出力状况、含水率相差悬殊，影响油井稳产，如果产生严重的单层突进现象，则会大大缩短油井生产寿命。

要解决多层合采抽油井的层间矛盾，就必须掌握多层合采时的各分层技术参数，如产出剖面、分层地层压力、分层采液指数、分层渗透率等。

抽油机井正常生产的情况下，将小直径的流量—压力组合测井仪通过偏心井。在井下第一生产油层上方，撑开集流伞封隔套管集流，迫使井下流体经过流量计测量，此时流量计计量的流量是第一生产油层及其以下各生产油层的产量之和。录取完这一测点的资料后，仪器收起集流伞，仪器下至下一油层上方，再撑开集流伞进行集流测试，在该测点位置流量计测得流量是第二生产油层及其以下各油层的产量之和（不再包括第一油层的流量）。如此，由上至下分别测取油井各小层上方的流量、含水值，然后通过简单的递减计算，就可得到井下各分层流量和含水。

改变油井的工作制度以改变油井产量，通过3~5个稳定工作制度下的流量、流压资料拟合出井下各小层的IPR曲线，通过IPR曲线分析，当产量趋于零时，就得到各分层的地层压力、全井及分层地层压力与采液指数等参数，可为合理调整油田开发方案、优化油井工作制度、选择合理的生产压差、充分挖掘各油层的潜力提供措施依据，其成果对多油层合采井的开发具有重要的指导意义（张平，2006）。

（三）过环空测井工艺

抽油机井在正常生产情况下，采用适当直径的下井仪，通过专用的环测井口及油管和套管之间的环形空间下到目的层段测取地层和井筒物性参数，从而制定合理的开发方案、增产措施及工作制度，为油田高效开发提供可靠依据。

1. 环测井口装置

该装置是完成过环空测井工艺的关键设备。给下井仪提供一个“月牙形”空间，当下井仪器遇阻、遇卡或缠绕油管时，可转动偏心油管挂，改变月牙形看见的位置，达到解除故障的目的（图3-128）。

2. 可放式防喷装置

可放式防喷装置，是在抽油井不停产的情况下进行带压测试的专用配套设备，可用于抽油井环空起下测产液剖面、流压、静压、压力恢复等项目带压测井。该装置在仪器下入井后即可放倒使用，不需专用吊车，操作简单、方便（图3-129）。

图 3-128　环测井口装置图

图 3-129　可放式放喷装置图

3. 环空产出剖面测试仪

环空产出剖面测试仪测井时仪器从偏心井口从油管和套管之间的环形空间下入井下，抽油机不停产。

（1）非集流式环空产出剖面测试仪。

在非集流仪器方面，20 世纪 80 年代我国引进了吉尔哈特、康普乐等公司的 PLT 生产测井组合仪，主要包括全井眼流量计、示踪流量计、流体电容计、流体密度仪、温度仪、压力仪、自然伽马仪和磁定位仪等。仪器直径有适用于自喷井的大直径仪器，也有适用于过环空测井的外径 1in 仪器。

（2）集流式环空产出剖面测试仪。

集流式环空测产出剖面是油田录取动态资料的一种重要的技术手段。这种井下集流式油井产液剖面测井方法较其他测井方法相比，具有如下优点：一是在油井不作业、不停产、正常生产的情况下，直接下仪器进行测试，资料真实可信，客观地反映了油井生产时的井下流动特性；二是集流测试，流量计启动排量低，测试精度高，能准确地测试低产液油层的流量；三是现场测试费用低，施工简单方便，对人和油井均不存在放射性污染（张平，2006）。

①集流式环空产出剖面测试仪结构。集流式环空产出剖面测井仪可由电缆头、伽马遥测、压力 + 井温测试仪、扶正器、持水率测试仪、高灵敏涡轮流量计、金属伞式集流器以及电动机驱动机构构成（图 3-130）。

②持水率测量工作原理。持水率仪主要利用井中流体的介电常数 ε 随含水百分比的变化而变化这一机理，来测量持水率。一般水的介电常数为 60~80，天然气的介电常数为 1~2，石油的介电常数为 2~6。该仪器是利用介电常数的变化，使持水率仪的电容量跟着变化。当探头周围填充不同介质时，其电容值发生变化，振荡电路输出的频率也随之变化。该信号频率高低直接反映井内流体的持水率。

③流量仪工作原理。该仪器采用高灵敏度的磁敏元件和涡轮作为传感器测量井下流体的流速。在涡轮轴端上装有一块磁铁，当流体流动带动涡轮转动，磁铁转动正对传感器时，磁铁转动与磁敏元件产生电磁感应效应，磁敏元件将涡轮的转数变成脉冲数，涡轮每旋转一周，磁敏元件产生一个脉冲，再由电路部分变成 4 个脉冲，从而可以进行脉冲计数，然后根据图版就可以查出流量和含水数据。集流伞是配合涡轮工作的，当地面供给集流伞 +50V 电

压时，伞撑至套管四壁，流体集流后推动涡轮旋转，可以准确地测出低产层的产量，该流量仪器只能定点测量。

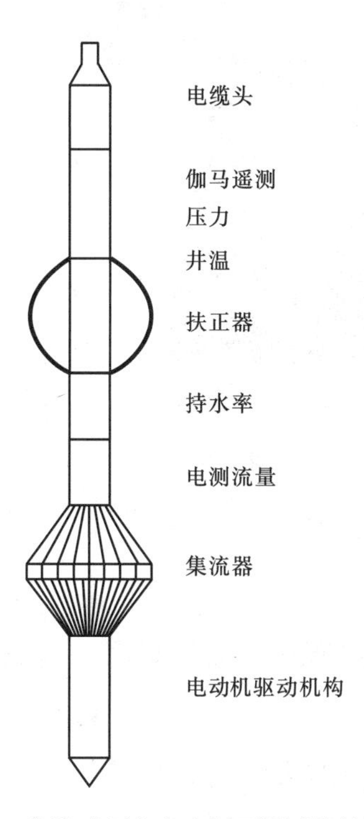

图 3-130　集流式环空产出剖面测试仪结构示意图

④集流器工作原理。集流器主要由开关电路，集流伞、推拉机构、断电开关、调节机构、微型电动机等组成。它的工作过程是：开关电路给微型电动机提供工作电压，电动机工作带动推拉机构、推拉机构工作使集流伞或撑开或回收、集流伞撑或收到一定位置通过断电开关使开关电路断电。调节机构主要是调节集流伞的撑收程度（艾望希，2002）。

（四）不停井短周期压力、产液一体化施工工艺

不停井短周期压力、产液一体化测试工艺现场施工如图 3-131 所示。测试时，首先安装十字接头，打好绷绳，接好天地滑轮并穿好电缆，连接好防喷管和防喷头及吊车起吊，挂接仪器串，供电检查仪器是否正常，准备下井。一次下井可以测量磁定位、自然伽马、温度、压力、持水、流量 6 个参数（表 3-20）。

到达目的层时要求先下测温度曲线，再上测自然伽马曲线，这两条连续曲线测量范围为油层顶界 50m 到油层底界下 30m，用自然伽马曲线经蓝图校深后，逐一将集流伞卡到两个射孔层中间进行持水和流量的点测，最后录全、录准整个产出剖面（魏高沁等，2014）。定点测量时，集流伞撑开后紧贴套管壁，井筒内所有流体都将流经该流体通道，由于该流体通道较井筒要小，因此井筒内流体将充分混合均匀，同时流经持水率探头，涡轮转动频率反映流量，含水率值反映持水率（张王斌，2019）。在测试层段的每个测点分别进行撑伞测试、收伞等过程，获取各测点以下几个层的涡轮脉冲数及持水响应频率值；然后求得各层的流量及含水率进而求得分层的流量及含水率，集流式流量计的涡轮启动排量小，适用于低产液、高含水井（段迎利，2014）。

图 3-131　不停井短周期压力、产液一体化测试工艺现场施工示意图

表 3-20　不停井短周期压力、产液一体化测试测量参数表

测井内容	测井项目	提供的参数	主要作用
分层产液	产液量	各层产液量	计算分层产液量
	含水率	各层含水率	计算分层含水率
	梯度井温	流动井温	定性判断主要产液层
	压力	井内压力	与井温配合判断动液面位置
分层压力	分层压力	产层压力	评价地层参数以及储层性质

该技术具有以下优势：(1)一次下井，同时测试压力恢复和流量，节省作业时间和费用。(2)采用井下关井器进行压力恢复测试，减少井筒储集效应对试井曲线的影响，提高解释精度，减少压力恢复时间，总有一层在生产，对产量影响小。(3)压力恢复和产液同时测试，能够明确各层的产量和含水率，两种测试方式相互印证，提高解释符合率，在两层产量和含水率有明显差异时，通过井口取样对各层情况做出基本判断。(4)产液测试时，井下关井器封堵非测试层，能够有效提高测试精度，减小层间干扰。

延长油田于 2015—2018 年对该技术进行推广应用(表 3-21)，一次下井可对多个射孔段进行产液剖面测试，测试结果准确，解释精度较高。

表 3-21　2015—2018 年部分井不停井产液剖面测试结果表

井号	测试内容	测试时间	层位	射孔段（m）	产液（m^3）	产油（m^3）	产水（m^3）	含水率（%）
D1854	产出剖面	2015/10/28	长 8	2158.0~2168.0/10.0	1.02	0.17	0.85	83.33
				2242.0~2246.0/4.0	1.47	0.21	1.26	85.71
D1716A-2	产出剖面	2015/10/27	长 2	1766.0~1768.0/2.0	3.42	0.48	2.94	85.96
				1776.0~1778.0/2.0	4.21	0.61	3.60	85.51
D1716A-2	产出剖面	2017/11/29	长 1	1766.0~1768.0/2.0	0.87	0.14	0.73	83.91
				1776.0~1778.0/2.0	1.05	0.19	0.86	81.90
D1756	产出剖面	2017/11/29	长 1	1662.0~1664.0/2.0	0.47	0.17	0.30	63.83
				1687.0~1690.0/3.0	0.82	0.27	0.55	67.07
D7349-4	产出剖面	2018/11/10	长 6	1881.0~1883.0/2.0	1.98	0.32	1.66	83.84
				1894.0~1897.0/3.0	1.50	0.29	1.21	80.67
D7365-1	产出剖面	2018/11/10	长 6	1954.0~1957.0/3.0	0.93	0.13	0.8	86.02
				1959.0~1961.0/2.0	1.18	0.20	0.98	83.05
				2000.5~2005.5/5.0	0.74	0.15	0.59	79.73

八、量化射孔段选择及压裂规模技术

射孔是目前最主要的完井方式，对于注水开发而言，油井产能与注水井效率往往与射孔段位置有关。另外，延长油田大部分注水开发区均为低孔低渗储层，往往需要通过压裂提升产能。通过理论与实践相结合，经过多年现场实践，延长油田总结出了一套量化射孔段选择及压裂规模技术，有效指导了延长油田生产开发。

（一）射孔厚度的选择

由平面径向流产量公式［式（3-25）］可以看出，对于天然能量开发油井而言，油井产量大小与射开厚度成正比。

$$q_0 = \frac{2\pi K_0 h \Delta p}{\mu_0 \ln(r_0 / r_w)} \tag{3-25}$$

式中　q_0——日产油，t；

K_0——油相渗透率，$10^{-3}\mu m^2$；

h——油井射开有效厚度，m；

Δp——生产压差，MPa；

μ_0——原油黏度，mPa·s；

r_0——供油半径，m；

r_w——井底半径，m。

注水开发条件下，油井射开厚度与弹性溶解气驱开发要有所区别，尤其是采取超前注水的油区，为保证油井在注水开发中有旺盛的生产能力，提高油田采收率，需要油井射孔段具有一定的厚度。根据国内外低渗透油田开发经验，结合油田注水开发实践成果，针对不同地层制定了不同的射孔方案。

对于小于 4m 的薄油层全部射开；对于厚油层分 2 段至 3 段射孔，每段射开 3~5m，并留有 1.5m 的隔层，为后续层系调整挖潜留有余地。对于注水井，对应于相应油井的连通层，小于 4m 的薄油层要全部射开；对于厚油层，层内变差位置留有 1m 封隔器，其他部位要全部射开，这样注水井射开厚度大，油井射开厚度小，形成倒喇叭口似的注水，有利于水驱油。若注水井射开层多，层间干扰严重，可以下封隔器注水。

定边采油厂学庄项目区 D6670-5 井为注水井，初始射孔段为 1706~1708m，注水效果不明显。分析认为，注水段砂层较厚，原射孔段厚度过小，造成注水效率较低。对该段砂体进行补孔，补孔深度为 1708~1714m，补孔后吸水剖面明显提高，注水效率得到了显著提升（图 3-132）。

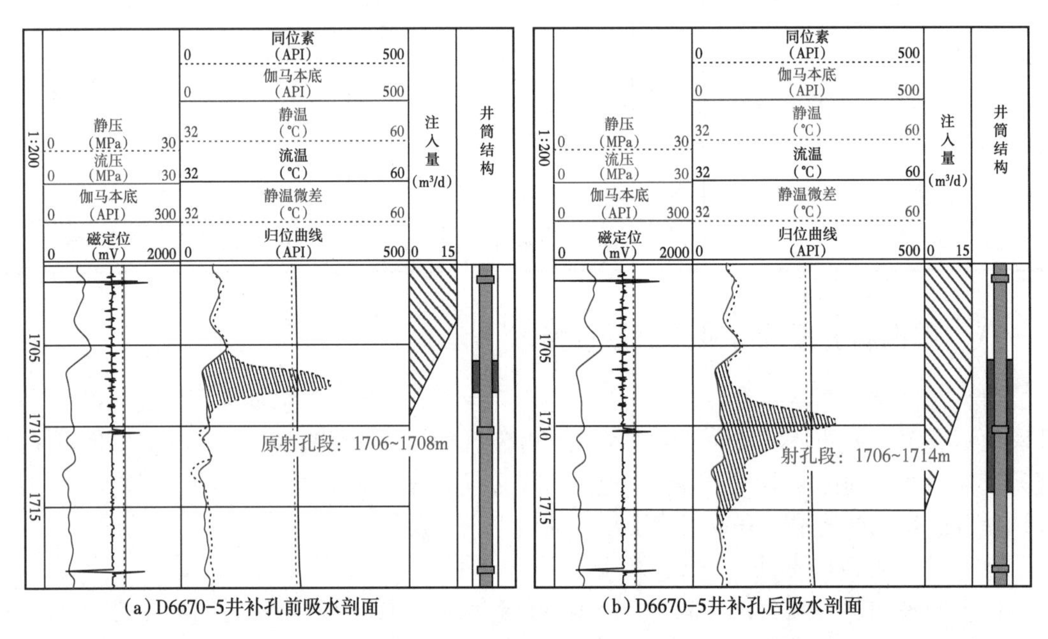

（a）D6670-5井补孔前吸水剖面　（b）D6670-5井补孔后吸水剖面

图 3-132　定边采油厂学庄项目区 D6670-5 井补孔措施效果图

（二）射孔段选择原则

射孔段选择主要遵循以下原则：

（1）单井射孔厚度不能过小，在同一开发层系内，要优选发育好的油层进行射孔。

（2）在同一开发层系内，油井尽量不射油水同层、差油层、致密层，注水井只要能注进水，可以补开差油层、致密层、油水同层、水层和干层等，使水从注水井注入，把油井附近的油驱替出来。

（3）油层内含有油水层时，射孔时需要慎重，层内必须要有物性夹层或物性变差的部位，只射开含油部分，严格注意水窜。

（4）厚油层射孔应采取高注低采的方法，即注水井在油层顶部补孔，油井在油层底部补孔，从而使注入水在重力作用下，边驱油边沿油层底部渗透，提高了水驱油效率，提高了采收率。

（5）油井射孔段应在整个砂体油水分界线上部1/3处，射孔段顶部应在自然电位和自然伽马下降曲线半幅点以下1/3处（屈彦霖，2013）。

（6）同一注采井组，如果同时有两个层位油层都比较发育，油水井应在两个层位射孔，使每口井都有两个层系生产。

（7）同一注采井组，油水井射孔层位不对应，若大部分油井射孔在同一砂体上，可以在注水井补孔，同时油井补开与注水井连通层，使绝大部分井都有采有注。

（8）同一注采井组，大部分油井与注水井射孔层位对应，仅有少数油井射孔层位与注水井层位不对应，油井补开对应连通层。

（9）同一注采井组，油水井射孔层位均不对应，每口井各自射开一个层系，油水井补孔工作很复杂，暂时不补孔，待注采系统调整时统一考虑。

除砂层厚度外，还要考虑韵律对注水开发的影响。通过投注、转注补孔大量的实践，建立不同韵律剖面的驱替模型，绘制出不同开发阶段、不同沉积韵律的注水井射孔选段模板，提高了射孔完善程度和水驱效率。（图3-133）。

正韵律：注入水优先对底部高渗透部位驱替，同时重力影响加剧了这种作用，使吸水段下移，因此射孔时应选在韵律中上部，射开程度约30%。

反韵律：注入水在顶部高渗透部位驱替的同时，在重力作用下，下部低渗透部位也得到一定的驱替，因此射孔时应选在韵律顶部，射开程度为30%~40%。

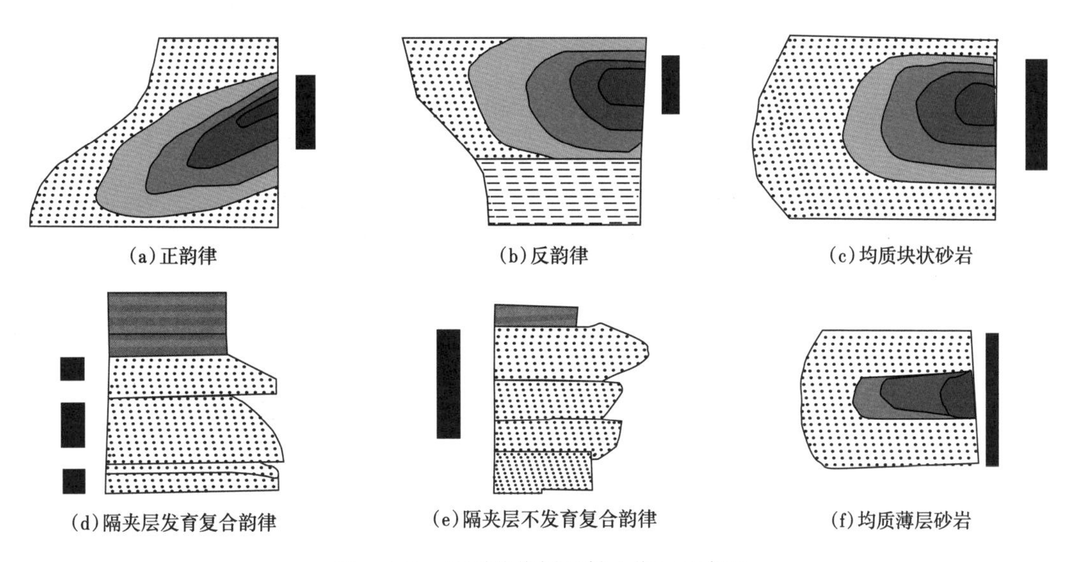

图3-133　不同韵律剖面射孔位置示意图

均质块状砂岩：块状序列相对均质，各个深度物性相差不大。在重力作用下吸水段向下扩大，剖面射孔选在韵律上部，射开程度为50%~60%。

隔夹层发育复合韵律：依据正韵律分段动用单个韵律中上部，射开程度为50%~60%。

根据以上原则对甄家峁注水项目区射孔段进行优化，优化后油井效率明显提升。具体措施如图3-134至图3-137所示。

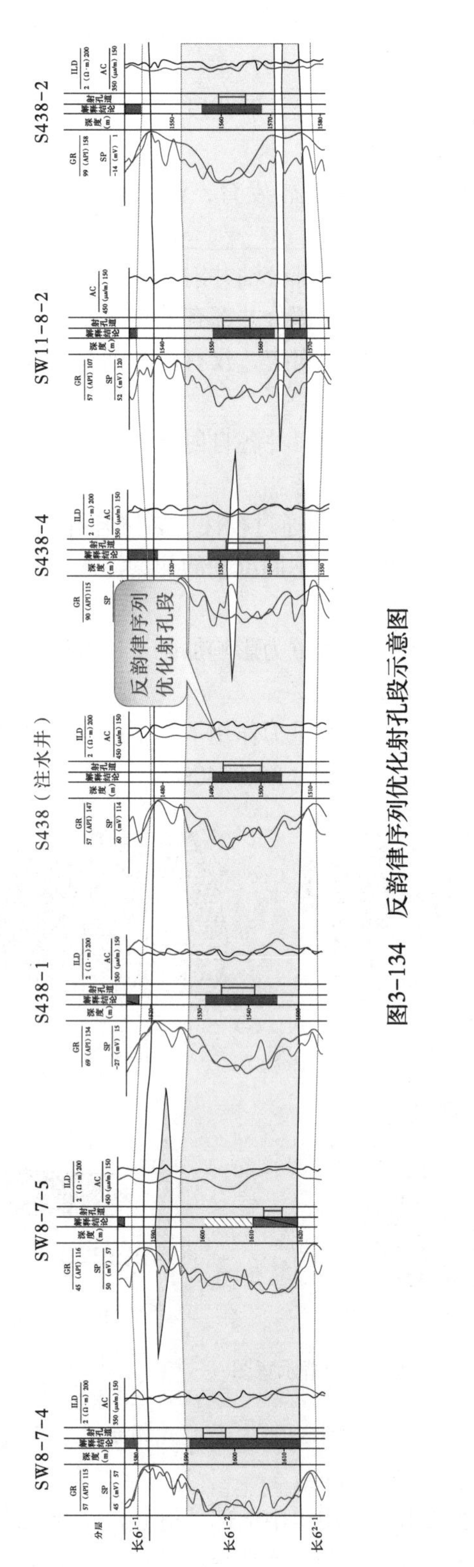

图3-134 反韵律序列优化射孔段示意图

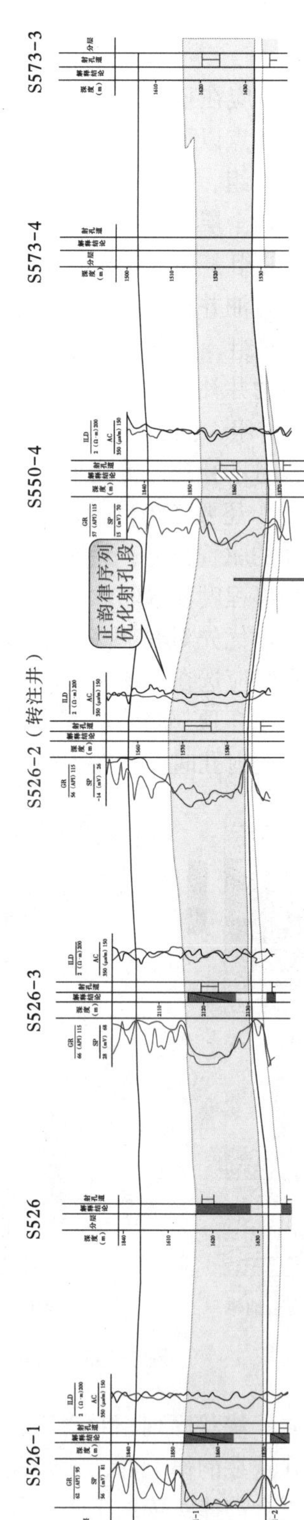

图3-135 正韵律序列优化射孔段示意图

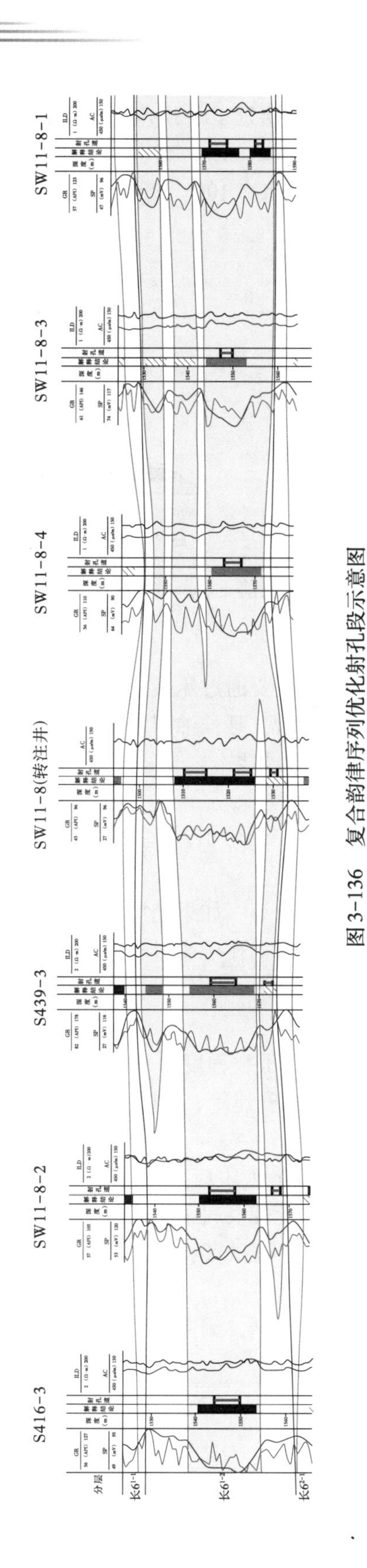

图3-136　复合韵律序列优化射孔段示意图

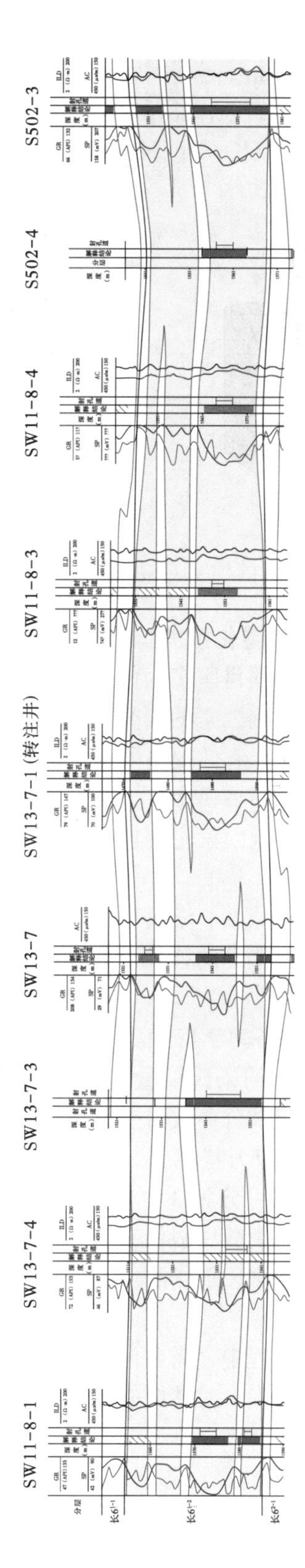

图 3-137　均质块状韵律序列优化射孔段示意图

志丹采油厂甄家峁注水项目区S537-5井于2005年投产长6^{1-2}、长6^{2-1}，不含水，初产油7.65t，2011年2月液量1.1m³，含水率50%，产油0.5t；后改生产层延10，层位调整后液量25.4m³，含水率20%，产油17.3t；2016年2月产液量10m³，含水率100%，高含水率暂停。2016年11月补孔长6^{1-1}与原长6^{1-2}、长6^{2-1}合采，产液量7m³，含水率10%，产油5.23t（图3-138）。

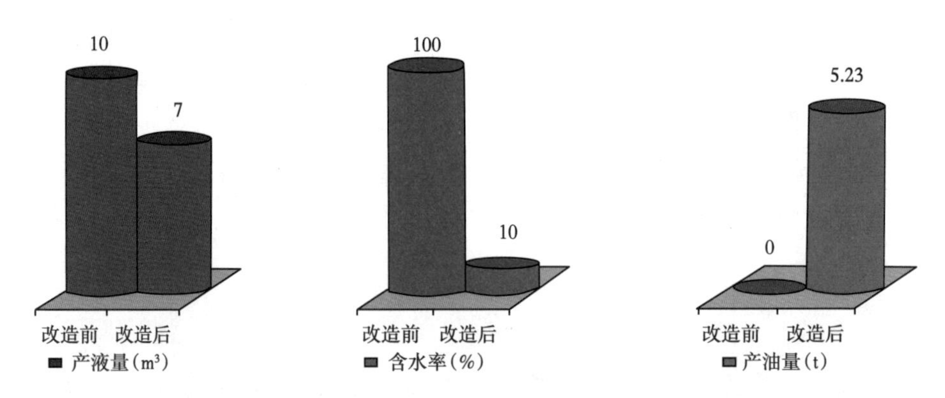

图3-138　志丹采油厂甄家峁项目区S537-5井补孔前、后产量对比图

（三）压裂规模量化技术

延长油田注水项目区多为低孔低渗储层，因此常常需要通过压裂增加储层产能。通过对储层缝网形成影响因素的研究，结合压裂工艺实践经验，延长油田注水项目区形成一套量化压裂规模技术，有效提高了油田产能，取得了较好的效果。

1. 油层缝网的影响因素

储层缝网的影响因素主要包括以下几个方面（贺瑞平等，2012；李安建等，2008）：

（1）储层物性。

包括储层的孔隙度、渗透率以及天然裂缝的发育情况等。如果储层渗透率较低，可以考虑适当增加压裂造缝的缝长；如果储层中含有天然裂缝，在压裂过程中应注意尽量与天然裂缝相沟通。

（2）储层的岩石力学特性。

主要是指岩石的杨氏模量与泊松比，表征岩石的易压裂程度。通过三轴岩石力学实验、压裂施工资料结合声波时差计算等方法进行评价（李安建等，2008）。

（3）储层的地应力特性。

储层的地应力可分为3个方向，垂向主应力、水平最大主应力以及水平最小主应力，压裂过程中产生的裂缝一般沿垂直于最小主应力的方向延伸。目前对地应力进行评价的方法主要有物质平衡法、现场测压、不稳定试井或钻杆地层测试资料等。

（4）储层敏感性。

进行压裂的过程中，需要向地层中注入压裂液与支撑剂，因此需要进行储层敏感性研究，避免在压裂过程中对储层进行伤害，影响压裂效果。

2. 压裂工艺参数优选

（1）压裂半缝长。

压裂半缝长是压裂设计的主要内容之一，一般情况下，随压裂半缝长的增加，油井产量有所增加。但裂缝过长则容易造成水淹速度快，影响开发效果（韩小琴，2018），同时超过一定长度后，产量增加幅度会逐渐放缓而压裂施工成本增高（杨学云，2019），因此需要选择合适的压裂半缝长以达到最佳压裂效果。压裂半缝长的选取要同时考虑井距与砂体连通性。如果井距过小，易压窜，此时可以采取隔井压裂，加大压裂规模，通过尽量少的压裂井，实现平面上油层改造最大化（谢辉，2021）。如果储层在平面上连通性较低，注水难见效果，可以适当提高缝长以沟通不同砂体，提高增产效果（李安建等，2008）。

延长油田吴仓堡油区长9储层物性及水平井施工参数模拟研究表明，当裂缝半长为0.6倍井距时，累计产油最高且含水率增长幅度不大（图3-139），此时开发效果最好（韩小琴，2018）。

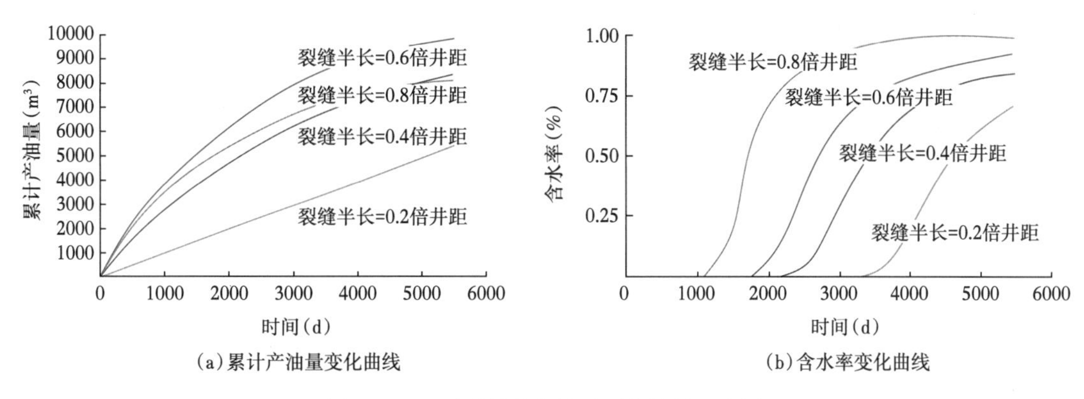

（a）累计产油量变化曲线　（b）含水率变化曲线

图3-139　不同裂缝半长下开发效果对比图

（2）压裂液体系与支撑剂的选择。

压裂液体系的选取应充分考虑到储层敏感性，避免对储层产生伤害，同时应具有以下特点：体系破胶残渣少；破胶液含有表面活性剂成分，具有驱油作用；添加剂种类少，具有防膨助排性能，单方成本低等。支撑剂的选取可按照石油天然气行业标准SY/T 5108—2014《水力压裂和砾石充填作业用支撑剂性能测试方法》，根据地层闭合压力并结合该井工艺需求选择合适的支撑剂（谢辉，2021）。

（3）施工参数优化。

压裂施工参数包括施工排量、加砂量、前置液量、携液砂量和砂液比等。应用压裂设计软件，输入地层参数、压裂液参数以及支撑剂参数，分别调整各项压裂施工参数进行压裂模拟，从而优选出实现压裂半缝长的最佳压裂施工参数（贺瑞平，2012；宫伟超，2018）。

①排量是压裂施工中的非常重要的一个参数，增大排量可以提高裂缝的形成长度和宽度，并有利于复杂裂缝网络结构的形成，同时可以提高支撑剂在裂缝中的分布有效性。但排量并不能无限增大，受到现场压裂设备的制约，排量的选择必须符合安全性要求。延长油田目前能达到的最大施工排量为10m^3/min。

②压裂液量是压裂施工中非常重要的参数，压裂液量大，压裂效果好，且形成的裂缝网络结构更复杂，但高压裂液量也会增加施工成本。通常情况下在确定裂缝半长的情况下，考量其他地质与压裂参数，通过软件模拟确定压裂液量。

③前置液用量对压裂效果有重要的影响，具有正反两方面的作用。一方面，前置液量大，有利于裂缝的延伸以及支撑剂的运移，但压后不易排出，对支撑剂裂缝的导流能力及

储层的渗透率均有较大的伤害，反而影响了压裂效果。另一方面，前置液量少，这将导致前置液在压裂过程中会提前滤失完，不利于造缝和支撑剂的运移，严重时甚至会导致砂堵，显著影响压后产量和压裂效果。在渗透率高、滤失系数较高的地层可以适当提高前置液比例。

④携砂液是在前置液压开地层以后，紧随前置液之后进一步扩伸裂缝，并把支撑剂携带进入裂缝，填铺高导流能力的砂床，形成一定的支撑剂剖面，以此增大油气的导流能力。同时携砂液用量的多少还受加砂量的多少和砂地比大小的影响。一般情况是加砂量越大相对应的携砂液的量就越大，砂地比越小，携砂液的量就越大。

九、注采井组双向调整改变渗流方向技术

所谓的精细注采调控，就是针对储层物性及特征，结合油田开发过程中的主要矛盾，对储层进行分类，根据其储层物性的好坏及开发的主要矛盾，制定与此相匹配的注水强度、注采比和流压等相关参数，并结合生产动态，及时进行注采参数的调整，促使油藏长期稳产。

目前，针对低渗透油气藏开采的特点与低产低效井的成因，通过对注水井组与采油井组进行双向调整，改变油藏渗流方向，从而达到油藏平面调控、剖面调整，提升低产井产能（图 3-140）。

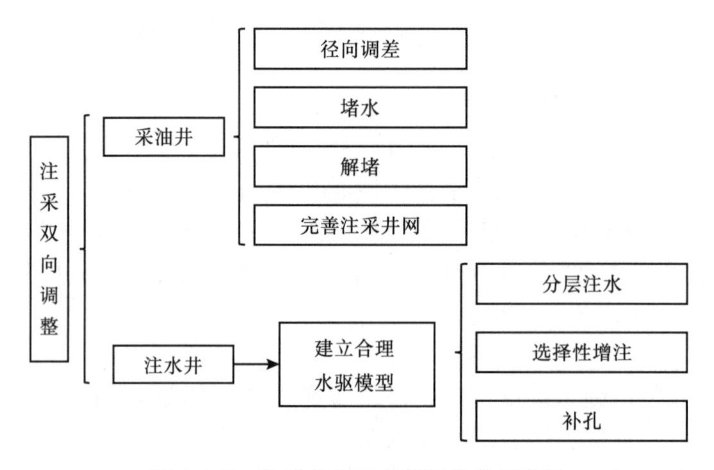

图 3-140　注采井组双向调整技术示意图

平面注水调控：根据研究区油藏动态变化，结合地层压力在平面上的分布状况，本着注采平衡的原则，不断细化油藏平面注采关系，进行平面精细注采调整。针对开发层位和受效单元特征，根据注采动态，适时地开展油藏的注采双向调控，促使油藏平面能量分布和水驱状况不断趋向均衡化。主要是通过油井的生产参数调整，促使平面水驱方向均衡，地层能量分布和油井见效均匀，控制主应力方向采液强度，提高侧向采液强度（王艳玲等，2012）。

注采剖面调整：注水开发油藏中油水井剖面非均质性差异影响着油水井连通状况，进而约束着油井受效结果。由于延长油田开发层系较多，层间、层内矛盾突出，吸水不均衡，水驱动用程度差，在部署井网过程中，注采不对应现象较多，通过分层注水的方式，

改善注采剖面，提高水驱波及体积和驱油效率，以提高油田采收率。

针对不同开采特点，在平面上对吸水能力强、见效明显的主渗流带与主渗流带之外的侧向油井分别开展相应注采调控技术，剖面上采用分层注水工艺解决层间吸水不均衡的问题。

（一）主渗流带注采调控技术

对于吸水能力强，见效明显，地层能量恢复好的主渗流带，进行注采参数双向调整。具体措施为在注水端降低配注，采油端降低生产压差，减缓注入水沿主渗流方向推进速度，使侧向油井逐步受效，保证油井安全长效生产。

如定边学庄项目区 D6609-9 井组（图 3-141），进行注水开发后，见效明显，油井产量较高，为保证长期有效生产，于 2017 年 3 月减小 6690-9 井的配注量，由 15m^3/d 减小为 10m^3/d，并降低油井生产压差。采取措施后，油井产液量与产油量均有所上升（图 3-142）。

（二）侧向未见效油井注采调控技术

对于地层压力较低的油藏，沿主渗流方向油井见效，而侧向油井未见效。为提高侧向油井的受效程度，采用对注水井适当加大配注量、未见效采油井加大生产压差，改变渗流方向，使井组整体均匀受效，提高单井产量。

吴仓堡项目区 W49-1021 井组（图 3-143），油井主要受效方向为北西—南东方向，W49-478 井位于注水井南西方向，受效程度较低。2017 年 1 月采取措施，增大注水井的配注量，由 10m^3/d 提升为 20m^3/d，并增大 49-478 井的生产压差。采取措施 5 个月后，该井产量获得明显提升（图 3-144）。

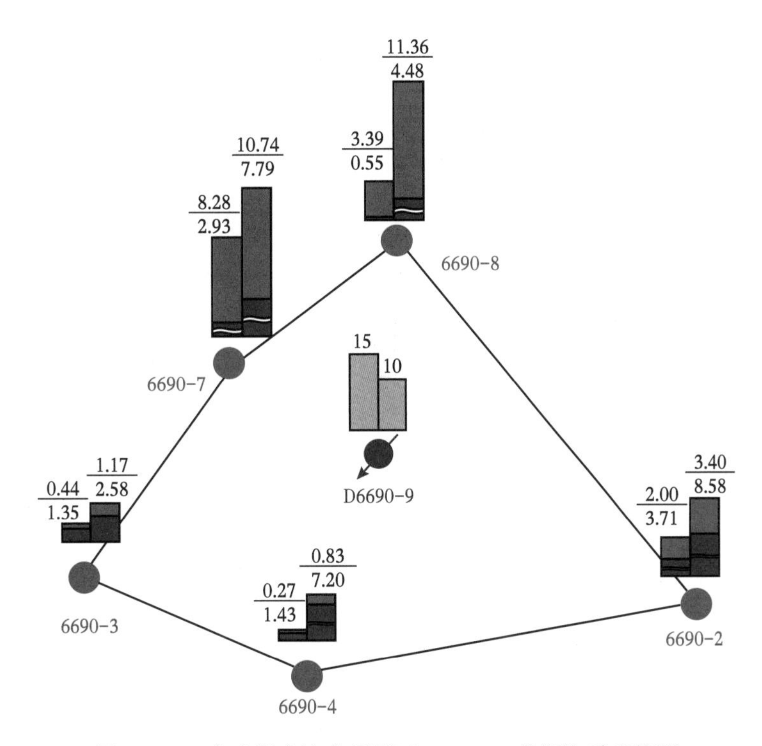

图 3-141　定边学庄注水项目区 D6609-9 井组注采现状图

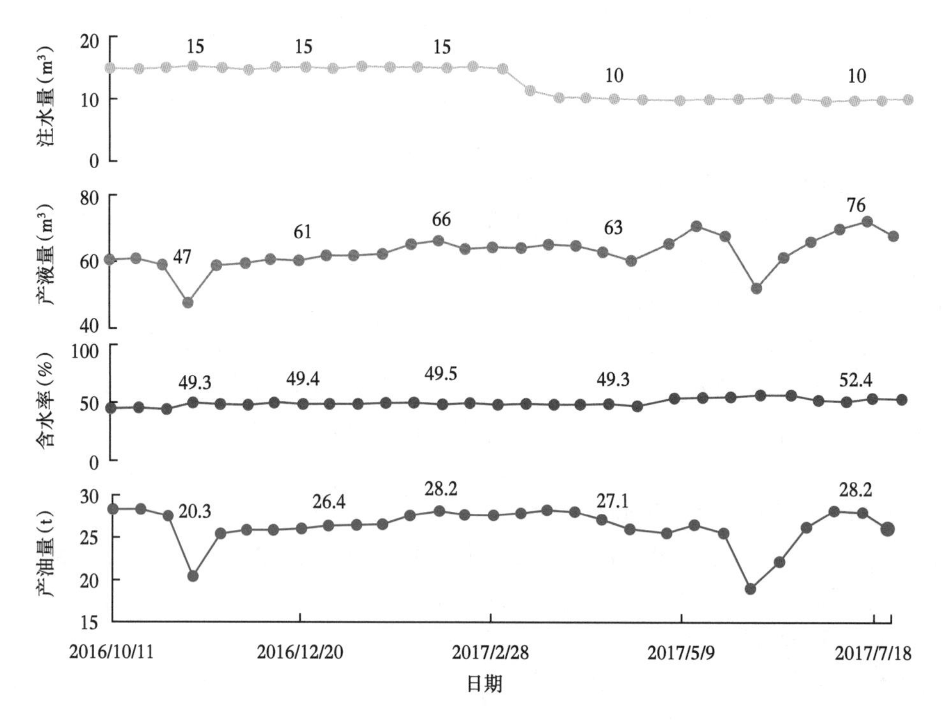

图 3-142　定边学庄注水项目区 D6609-9 井组注采曲线图

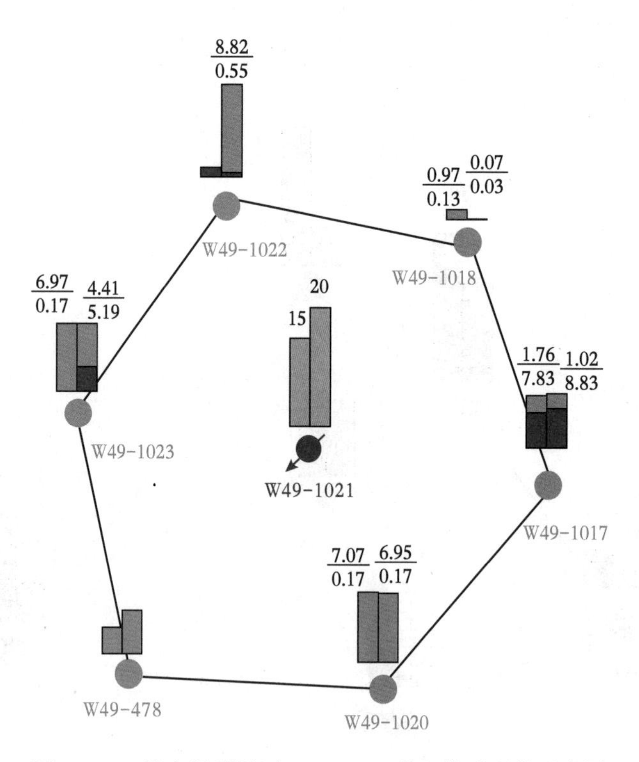

图 3-143　吴仓堡项目区 W49-1021 井组注采现状示意图

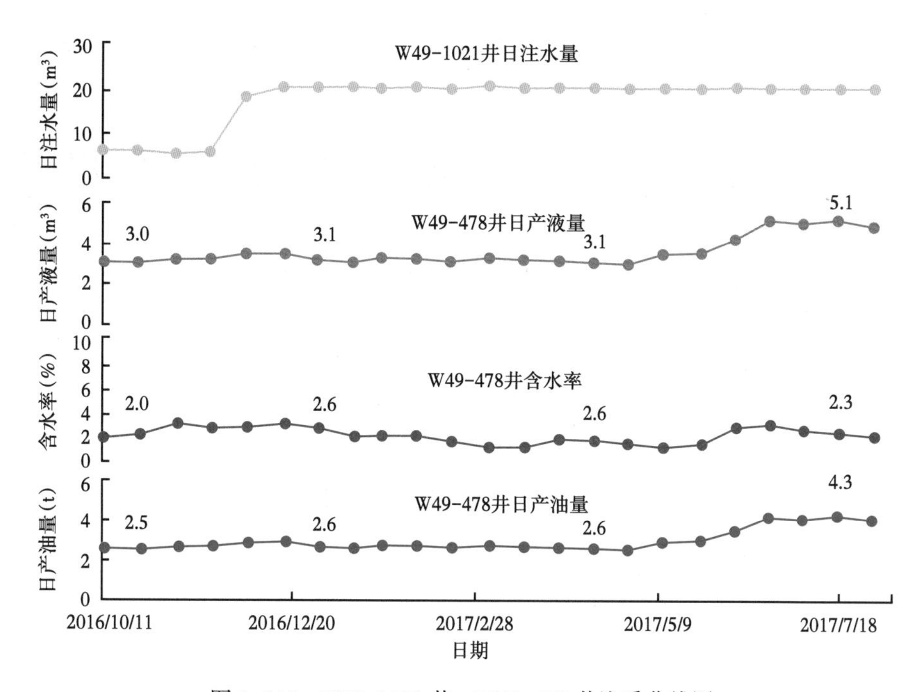

图 3-144 W49-1021 井—W49-478 井注采曲线图

第四章　延长油田注水开发精细管理模式

延长油田把注水作为重中之重，举全油田之力“抓注水”，层层落实责任“注好水”。“三年注水大会战”以来，不断创新管理思路和方法，推行注水“一把手”工程，创立“注水项目区管理指挥部”直管模式，逐步形成“七化”管控模式，以真抓促落实，以实干求实效，稳扎稳打推进科技增效与管理增效“两条腿”走路。

第一节　注水开发战略

2015年以来，国际油价长期处于低位运行状态，内、外部各类不利因素叠加交织，使原本就在“磨刀石”上艰难开采石油的延长石油更加雪上加霜，长期保持规模稳产面临前所未有的压力和挑战。

面对困难与挑战，延长油田全员思想一条心，将注水工作提到战略高度，把“注好水、注够水、精细注水、有效注水”的理念贯穿始终，形成“精细地质、精细调整、精细工艺、精细管理”的“四个精细”模式，努力控制油田含水上升速度和产量递减，夯实油田稳产基础，促进百年油田持续健康发展。

一、解放思想

中国东部大庆、胜利、大港等油田注水开发均在50年左右，这些油田都形成了各具特色的注水开发经验成果，其中有一条共同经验就是搞注水开发要持续坚持解放思想。一个油田从注上水的那一天起直到废弃，全体干部职工都要持续不断地解放思想，尤其各级领导干部要带头转变观念，深刻认识到精细注水是一个油田最核心的业务，是提高采收率和开发效益最经济、最有效的手段。所有的资源重点向精细注水倾斜，逐渐形成稳油必先重水的共识，促进精细注水理念逐步深入人心。大庆油田提出“六分四清”“四个精细”“五个不等于”的精细注水开发理念。长庆油田提出“油上出问题，水上找原因”的工作理念。辽河油田提出“每一滴水即是每一滴油”的思想。青海油田也提出“今天的注水质量是明天的原油产量”的思路。

因此，延长油田在注水开发进程中，也特别重视坚持解放思想，转变观念。油田稳油必先重水的认识普遍形成，但是受到长期以来“以产量论英雄”“靠打井保产量”的惯性思维束缚，抓注水的主动性不强，积极性不高等思想依然存在。为此，“三年注水大会战”以来，油田发出“不抓注水抓什么”的延长之问，引导5万多名干部职工破除思想藩篱，打破思维壁垒，把注水作为油田压倒一切的头等大事来抓。

思维转变推动行动升级。油田各级领导干部抓实“一把手”工程，注水被动应付、上下博弈的少了，主动争取、自觉行动的多了，做到凡是注水工作提级管理，凡是注水费用集中保障，凡是注水项目优先实施，凡是注水问题限时办结。广大职工由“要我干向我要干、等着干向抢着干”转变，成立技术攻关组、抢修小分队，“战严寒”“斗酷暑”，发扬“埋头苦干”精神，转变工作作风，坚守岗位，连续作战，编方案、定设计、抓落实、抢进度、保质量，涓涓细流汇聚成为延长油田推动注水工作的磅礴之力。

油田注水兴油理念蔚然成风，推动油藏经营管理由“以油井为中心”向“以水井为中心”转变，由“自然能量开采”向由“注水先培育，后动用”转变，形成安全长效的油藏开发理念。油田注水工作已经从领导重视转变成为全员的自觉行动。油田各部门、各单位主动对标，学习先进注水经验，提升注水实力，扩大注水战果。

二、提级管理

2015年，延长油田正处在转型发展的关键时期，储量动用程度高，剩余资源品位差，注水欠账较多，新技术、新工艺攻关困难，稳产压力加大，面临的形势异常严峻。同年7月，油田公司审时度势，启动“三年注水大会战”，成立注水项目区管理指挥部，根据不同区域、不同开发矛盾，按照“好、中、差”原则，选取设立首批8个具有代表性的公司级注水项目区，采取“试验求证、项目带动、示范引领”的方式，推进油田注水开发。同时，延长油田把注水确立为“一把手”工程，集全公司人、财、物优势向注水项目区倾斜，建立精细注水示范厂和示范区，全面推行注采一体化、项目条块式管理模式。在注水工作推进过程中，构建了“项目制”管理新机制，确立了“会战式”推进新方式，形成了“由点及面”辐射新效应，逐步打造形成了一套切合实际的延长石油注水管理新模式，全面加快了注水项目区建设，取得了显著成效。

（一）机构保障

延长油田在延长石油（集团）有限责任公司的领导下，成立了注水项目区推进工作领导小组，由延长油田总经理任组长，各相关副职任副组长，各相关部门为主要成员单位。组建注水项目区管理指挥部，专职负责注水项目区建设工作，各采油厂也相应成立注水管理办公室，全力推进注水工作。

注水项目区推进工作领导小组是全油田注水工作的领导主体，主要职责包括：（1）制定油田公司“三年注水大会战”总体规划，明确目标任务，制定实施方案，保障落实；（2）建立工作协调机制，适时召开公司注水推进工作领导小组会议，及时解决“会战”过程中的各类问题和重大事项；（3）负责“会战”考核工作，制定考核细则，落实考核奖惩兑现等。

注水项目区管理指挥部是各注水项目区的领导指挥、顶层设计、技术指导服务、督导检查主体。主要职责包括：

（1）完成注水项目区选定工作；

（2）组织完成注水项目区专项治理方案设计；

（3）组织制订注水项目区相关规章制度、操作流程及技术标准等；

（4）督导检查注水项目区专项治理方案落实、日常运行、技术管理和工程建设等工作的完成，进行技术指导与服务；

（5）协调解决注水项目区出现的各类问题；

（6）注水项目区专项治理资金的使用、管理等；

（7）注水项目区考核兑现等工作；

（8）完成公司下达指挥部的各项考核指标；

（9）对注水项目区所在采油厂相关领导干部的人事任免具有建议权。

各采油厂是注水项目区专项治理方案的实施主体。主要职责包括：

（1）组织落实本厂注水项目区专项治理方案；

（2）拟定注水项目区内较大设备、设施投资计划；

（3）完成注水项目区地面工程等基础配套设施完善的方案设计；

（4）最大限度组织本厂技术人员参与项目设计、实施、运行等；

（5）安排指挥部工作人员现场办公场所等；

（6）制订注水项目区内本厂员工薪酬分配政策。

各采油厂注水管理办公室是采油厂注水工作的管理部门。主要职责包括：

（1）贯彻执行陕西延长石油（集团）有限责任公司、延长油田股份有限公司有关注水工作的政策制度、技术标准；

（2）参与编制采油厂长、中、短期注水开发规划；

（3）负责制订采油厂注水工作相关规章制度、操作流程及技术标准等；

（4）负责注水业务协调对接工作，包括上报整体规划、计划、调整注水方案等工作；

（5）负责注水指标任务的分解下达及专项考核等工作；

（6）参与注水工程项目前期调研、勘察、论证及方案编制等工作；

（7）负责注水项目区建设及各类方案实施情况的监督检查等工作；

（8）负责注水设备、材料的申报及注水费用审批结算等工作；

（9）负责油水井测试、注水井措施、项目区油井措施方案实施及验收等工作，负责组织实施注水设备设施、零星工程维修等工作；

（10）负责引进、应用和推广注水新工艺、新技术、新产品以及组织注水相关业务技能培训工作。

（二）直管模式

为深入推进油田精细注水开发，发挥注水项目区示范引领作用，落实科技增效和管理增效“两条腿走路”举措，稳产量、降递减，提质量、增效益。延长油田转变观念，强化经营意识，依托采油厂，注水项目区管理指挥部深度参与，试点探索下放经营管理自主权。由注水项目区管理指挥部对吴起采油厂贺阳山项目区和子长采油厂余家坪项目区直接管理，突出“注水指挥部经营决策、采油厂程序保障、项目部执行落实”工作新机制，打造油田注水开发综合管理样板，为油田精细注水开发提供一套可复制、可推广的经验。

（三）资金保障

近年来，延长油田坚持把注水工作作为“生命工程”“饭碗工程”来对待，将注水作为“一把手”“厂长”工程来抓。会战期间，公司统筹科技费用、安全经费等所有能动用的资金向注水工作倾斜。厘清公司和采油厂注水投入权责，单列注水成本费用，“捆绑式”使用注水资金。在资金分配上，优先保障公司级注水项目区，加快推进厂级项目区建设，统筹兼顾非项目区注水，确保实现效益最大化。

第二节　注水开发管理模式

油田注水能否“水”到“渠”成，管理至关重要。近年来，延长油田稳扎稳打实践注水工程，建立了规范统一的制度体系，夯实了直击源头的基础管理，打通了技术生产的衔接堵点，打造了科学有序的工作流程，最终形成了“标准化制度流程、目标化过程管控、规范化资料录取、系统化动态分析、科学化配产配注、动态化调整治理和差异化督查考核”的“七化”管理模式（图4-1）。注水会战实践证明，“七化”管理模式是符合延长油田实际、具有延长油田特色的注水管理体系。

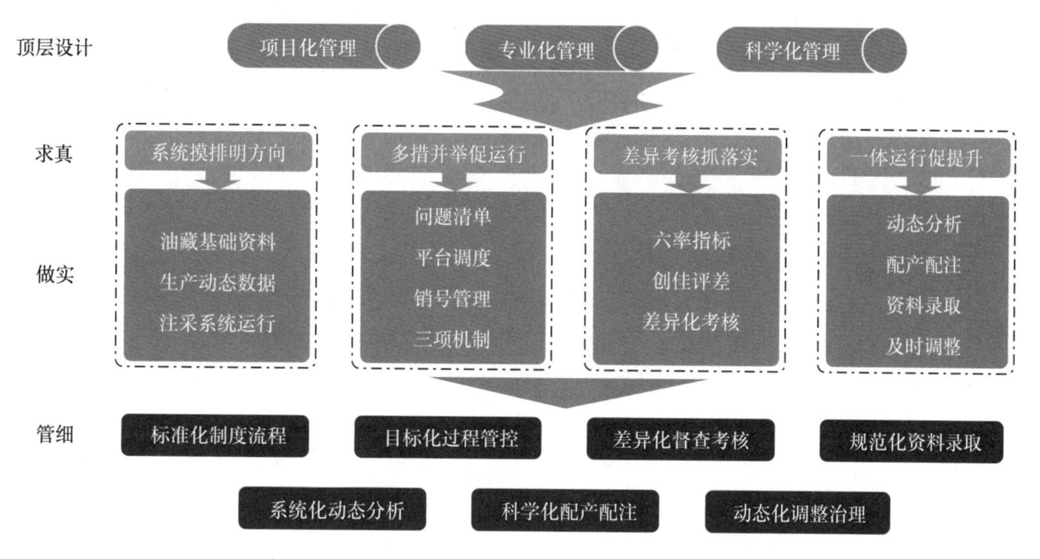

图4-1　注水项目区管理指挥部“七化”管理模式图

一、标准化制度流程

为贯彻落实“制度至上，依法治企”的经营宗旨，推进制度标准化、信息化建设，提升制度执行力和管理效能，结合延长油田管理实际，从梳理职能定位、业务流程、规章制度入手，理顺业务流程，对现有规章制度进行科学分级分类和标准化改造，建立标准化制度体系和业务流程体系，完善流程管理和制度管理运行机制。

针对系统管理模式、操作流程等，及时梳理、修订和完善相关规章制度，确保规章制度能覆盖各项工作的关键点和风险点。将各种规章制度、风险防范措施融入每个操作岗位及环节当中，确保每个员工明确自身岗位的职责和操作内容及要点，最终形成统一、规范、完善的业务操作流程，提升内控管理的规范化、流程化水平。持续优化运行管理机制，完善各项工作流程及制度，建立健全监督检查机制，不断推进基础管理规范化、精细化。

（一）体系建设

注水项目区和各个采油厂均有自己的管理体系，项目区受指挥部和采油厂“双重”管理，体系建设就是按照整体规划、分步实施、协调推进工作步骤，开展制度梳理工作，找出指挥部与采油厂管理制度存在的交叉、重复、矛盾等问题，在此基础上，制定制度标准化改造方案，有重点地对存量制度实施标准化改造，同时对新增制度按照标准化要求制定。进而全面完成制度标准化改造工作，完善制度管理运行机制；开展业务流程梳理和业务流程体系建设工作；开展制度信息化梳理，逐步推进制度信息化，形成各项制度约束，分步完善制度约束体系。

制度管理体系工作目标是规范注水项目区管理指挥部生产经营的各项管理行为，促进注水项目区管理指挥部各部门的有效沟通与协作的具体要求，有助于注水项目区管理指挥部管理体系的正常运转。

制度约束体系是注水项目区管理指挥部管理体系中的一个重要支撑体系，其建立、完善工作纵向到底、横向到边、不留死角。该体系以规范注水项目区管理指挥部战略规划、程序流程、组织机构、部门岗位、规章制度、管理控制为基础，以创新和健全注水项目区管理指挥部管理体制、运行机制为手段，以强化监督考核约束和提高执行力为重点，确保注水项目区管理指挥部生产经营的各项活动在规范化管理的前提下有序高效运转，实现“职能清晰，权责明确；制度健全，有章可循；有效执行，高效管理”的目标。

（二）标准化制度建设

为切实推进注水工作，延长油田分别从油田公司、注水项目区管理指挥部及采油厂3个层面完善相关制度，其中油田公司3项、注水项目区管理指挥部6项、采油厂相关制度8项，健全保障体系。

1. 油田公司制度建设

2017年7月，延长油田股份有限公司为贯彻落实追赶超越发展要求，实现内涵式发展，进一步提升公司各注水项目区工作质量、效率和管理水平，加快综合调整治理进度，切实调动注水项目区广大干部职工干事创业的积极性，公司党委研究制定了《延长油田股份有限公司注水项目区工作三项机制实施细则（试行）》（简称三项机制）。三项机制是针对有关注水工作的各级干部职工，包括各采油厂分管注水项目区厂级领导、主要负责注水项目区工作的科级干部、相关业务科室主要负责人，注水项目区所在采油队主要负责人及其他班子成员、采油班（站）长等，油田公司相关部门和注水项目区管理指挥部干部职工的鼓励和约束机制。形成了《企业领导人员鼓励激励办法（试行）》《企业领导人员容错纠错实施办法（试行）》和《企业领导人员能上能下办法（试行）》三项机制。

2. 注水项目区管理指挥部制度建设

注水项目区管理指挥部逐步建立和完善了《注水项目区管理指挥部劳动纪律管理办法（试行）》《注水项目区管理指挥部公司级注水项目区专项费用使用管理办法（试行）》《注水项目区管理指挥部驻现场工作组管理办法（试行）》《注水项目区管理指挥部油水井测试及注水井措施作业队伍管理办法（试行）》《注水项目区管理指挥部监管公司级项目区管理办法（试行）》《注水项目区管理指挥部督查及考核工作管理办法（试行）》。

3. 采油厂相关制度

为适应注水管理的需要，各个注水项目区所在采油厂设立注水管理办公室，负责贯彻、落实、执行油田公司和注水项目区管理指挥部有关标准和规定，针对注水方案执行情况、注水资料录取情况以及注水效果汇总情况，采油厂均配套制定相关系列制度，以协调、解决注水生产管理中的各项问题。主要包括水质管理制度、巡回检查制度、井口设备管理、地面设施及井场、设备检查维修管理制度、资料填报制度、事故预案及上报制度以及项目区检查与考核制度。

二、目标化过程管理

美国管理学家彼得·德鲁克最早提出目标管理的概念，其后他又提出“目标管理和自我控制”的主张。德鲁克认为，并不是有了工作才有目标，而是相反，有了目标才能确定每个人的工作。所以，企业的使命和任务，必须转化为目标。

目标管理不仅是目前国内外企业广泛实施的一种绩效评估工具，更是一个组织从上到下设定目标和实现目标的过程，这种绩效评估方法既重视目标达成的结果，又重视通过对总目标层层分解以达到自上而下层层展开、自下而上层层保证的过程控制。

目标化过程管理是注水项目区管理指挥部层面上以开发管理单元（开发层系）为对象，充分利用信息化手段，建立单元目标化管理网络，科学确定单元管理年度、季度工作目标，以系统节点为主抓手，加强网络监控和考核力度，责任落实到人的一种科学管理方法。目标化过程管理有利于提高开发技术人员加强开发单元管理的积极性和主动性，有利于控制开发单元自然递减和提高采收率。

（一）生产运行目标化管理

1. 开展“创佳评差”活动

围绕基础管理10项重点工作，制定各项工作具体要求和目标，每季度考核评比，评出先进和较差项目区，公司层面给予奖惩，有力推动工作落实。具体内容如下。

（1）建立“四图两表一对比”体系。

在注水开发区块基础地质研究管理规范的基础上，建立和定期更新分析“四图两表一对比”（“四图”即：小层砂体厚度等值线图、小层油层厚度等值线图、小层构造等值线图、注采井组连通剖面图；“两表”即：油水井井史数据表、小层数据表；“一对比”即：生产现状对比图）。

“四图两表”的建立和更新，需按区块指定专人负责，要求倒排工作计划，完成资料收集、小层对比、数据录入和图件编制，作为调整治理技术决策的依据。“一对比”指月度注采井生产状况对比分析，以单井、井组为单元，在生产现状图上每月更新单井油水柱子，按照月度、季度、年度分析每一口油水井的生产动态和开发趋势。“四图”每年定期更新，“两表”根据工作需要每季度更新一次，“一对比”每月更新数据。

（2）配注工作。

①计量内容。注水时间、注水量、泵压、分水器压力、管压、油压、套压。

②配注准确性。各站点必须严格执行配注标准，提高单井配注合格率，严禁私自调表等任何违规调整注水量的行为。单井日注水量不得超过波动范围：配注量$\leqslant 5m^3/d$时，误差不超过$\pm 1m^3$；$5m^3/d <$配注量$\leqslant 10m^3/d$时，误差不超过$\pm 15\%$；配注量$> 10m^3/d$时，误差不超过$\pm 10\%$。全站月注水量波动控制在$\pm 5\%$以内。

③因停电、检修等导致日配注量未达标的，不得补注，确保均衡注水。

④配水间计量仪表配备齐全，运转正常，保障配水间单井流量计实时调控。

⑤注水井根据站点性质和人员配置情况，确定抄表时间，每天不少于2次。（注水井采用物联网计量的，每天通过物联网平台巡检注水井运行情况不少于4次）。

⑥要求每季度对所有井流量计进行校验，确保注水井实际注入量与流量计计量误差控制在$\pm 10\%$以内，并留有相关记录。

⑦注水井油压、套压 7 天录取 1 次，对不具备测试条件的井口及时整改。

⑧注水井停井 24h 以上恢复注水前必须洗井。

（3）单井计量。

①计量内容。产液量、生产时间、含水率。

②计量周期。注水项目区根据现有条件对油井开展单井计量，计量周期小于 10 天的，按目前能够达到的最小周期予以计量；计量周期大于 10 天的，须对计量系统予以改造，确保最大计量周期小于 10 天。

③井口含水化验。严格按照 7 天一个化验周期（早、中、晚各取样化验一次）。

④计量准确性。集输井产液量不小于 $5m^3$ 的，计量误差控制在 ±6% 以内；产液量在 1~$5m^3$ 之间的，计量误差控制在 ±12% 以内；产液量不大于 $1m^3$ 的，计量误差控制在 30% 以内。非集输井产液量不小于 $5m^3$ 的，计量误差控制在 ±3% 以内；产液量在 1~$5m^3$ 之间的，计量误差控制在 ±6% 以内；产液量不大于 $1m^3$ 的，计量误差控制在 ±15% 以内。井口含水化验误差控制在 ±3% 以内。

⑤新井、技改井、异常井、故障恢复井每天开展计量化验工作，直至产量稳定。

⑥计量器具的配备。计量点至少配备一套计量化验设备，满足油井计量化验的需要。

（4）示功图、动液面、电流平衡测试。

①项目区要结合生产运行实际，合理安排测试计划。区域内采油井每月至少完成 1 次电流平衡测试工作；集输井每 15 天完成 1 次示功图测试，非集输井每 30 天完成 1 次示功图测试；延安组每 15 天完成 1 次动液面测试，延长组每 30 天完成 1 次动液面测试。

②测试数据进行汇总建档，对未能开展测试的，需说明原因，对不具备测试条件和测试结果分析异常的井及时整改。

（5）水质、水型化验建档。

①建档要求。项目区严格按周期开展水质、水型监测工作，并建立监测档案。

②产出水水型全分析。项目区采油井半年完成 1 次产出水水型全分析工作，合理安排化验进度。对水型异常进行复测，对含水异常井进行加密测试。

③注入水水质监测。注入水水质监测项目、监测周期见表 4-1，将监测数据及时反馈至注水站点。

表 4-1 注水项目区水质监测项目及周期表

单位：d/ 次

取样地点 \ 项目 / 周期	固体悬浮物	含油量	溶解氧	总铁	粒径中值	pH	硫酸盐还原菌	腐生菌	铁细菌	备注
固定站	1	1	1	7	1	1	90	90	90	（1）清水站不监测含油量；粒径中值根据设备配置情况测试；（2）注水站 7 天内必须化验 1 次站内分水器水质
污水橇装站	1	1	1	7	1	1	90	90	90	
清水橇装站	7		7	7	7	7	90	90	90	
配水间	30	30	30	30	30	30	90	90	90	
监测井	30	30	30	30	30	30	180	180	180	注水管线每条支线至少选择一口端点注水井作为监测井

④技术要求。加强对水源站出口、注水站出口和注水井井口等控制点的水质监测。加强水处理系统排泥、更换和补充滤料及设备设施维护保养等环节的管理。控制过滤罐反冲洗强度，制定合理反冲洗周期，提高反冲洗效果。

若水质发生突变时，应当及时对上游水处理环节及注水站水质进行监控，增加检测频次，分析水质变化原因，同时做好注水系统维护、管网清洗和洗井工作，确保水质达标。

（6）动态分析。

①项目区至少配备一名专职动态分析员，以日度、月度动态分析为主，主要分析生产运行和井筒管理。每月召开动态分析会。

日度动态分析，以单井生产动态分析为主，从生产管理和井筒管理分析当日生产状况与区块产能变化及原因。通过测产、含水化验、水型监测和功图、液面测试等内容，分析油井工况是否正常，对问题井进行检泵、调参、热洗、清蜡等维护性措施；通过注水量、压力、水质分析注水井，对异常井进行压力、注入量等方面核实，并开展洗井、检管、增注等措施。

月度动态分析，以单井、井组生产动态分析为主，从生产管理和井筒管理跟踪分析区块的工作量实施进度及效果，并对指标变化进行情况说明，提出下阶段改善开发效果的措施及调整建议。

②注水办（开发科、研究所）以年度动态分析为主。主要分析油藏、区块（单元）注水效果评价等。

年度动态分析主要对油藏变化规律和开发指标进行分析，主要包括地层能量保持利用状况、储量动用程度、水驱状况、井网适应性和措施效果分析等。

（7）作业质量监督。

①项目区要建立油水井作业登记台账，记录、跟踪作业过程。

②故障井上修前后要录取相关资料，凭证上修。

③油水井措施、测试、新井投产、投转注井等作业，采油厂需派专业技术人员进行监督，并做好现场监督记录，同时将现场作业数据 7 个工作日内反馈。

④故障井必须在 3 日内恢复生产，且保证修井质量。

（8）井、站脏乱差治理。

对于生产井场，项目区依据《延长油田股份有限公司井场建设规范》要求，逐项创建治理。

①井场要求平整清洁，井场内布局合理，设备安装稳定，无跑、冒、滴、漏现象，抽油机等设备要干净见本色，井场内油泥、垃圾要有固定存放场所。

②井场涉及的危险设施及建筑应有安全标志。

③抽油机的防护栏、支架平台应齐全、牢固，方便操作，防护栏有“严禁穿越”标志或字样。

④抽油机防腐良好，运行平稳，无异响，抽油机底座正面有该井井号。各部位配件齐全，螺栓紧固，润滑良好，定期保养。抽油机电动机接地良好。

⑤井口安装横平竖直，配件齐全，不刺不漏，卫生清洁，必须能满足工况测试、井口取样等要求。

⑥开关箱走线正规，无裸露线头，电气配件齐全，无乱拉乱接现象，必须能满足电流

测试要求。

⑦储油罐有正规踏步、装油栈桥及正规量油口，罐区内无油污、杂草，禁止存放可燃物，不得安装非防爆电气设备。

⑧生产现场有坑、池、台及2m以上高空作业点围栏，盖板、扶手、踏步齐全、可靠。

⑨值班房卫生清洁，电气线路走线正规，无乱拉乱接现象。

⑩消防器材配备齐全到位，定期检查保养。

对于注水井、站的治理，主要包括以下几个方面：

①注水设备主体完整，附件齐全，不存在脏、漏、松、缺、锈现象。

②设备、管线标识清晰（要求管线颜色按介质区分、且须标明介质名称及介质走向）、包机牌完好、定置摆放、内容齐全，流量计、压力表完整。

③设备、管线、阀门、电气线路、仪表等安装符合设计要求。

④设备及管线的保温、油漆完好无损。

⑤维护工具、安全设施、消防器具等齐备完整、灵活好用、摆放整齐。

⑥室内四壁、顶棚、地面、仪表盘前后清洁整齐，门窗玻璃明亮无缺，照明器具完整好用，符合安全规范。

⑦设备要轴见光、沟见底、设备见本色；阀门、手轮齐全无缺、干净无油垢、阀门丝杠要见亮，不存在脏、松、缺、锈、漏现象。

⑧配水间应满足区块最高注水压力、切断、计量、流量调节、洗井、测压、取样、扫线等基本要求，冬季要有保温措施，保证正常运行。

⑨配水间配注卡配备齐全，配注卡内容编写规范齐全（井号、日配注量、瞬时流量）。

⑩注水井口做到配件齐全，各连接部位不渗不漏，无锈蚀，各阀门开关灵活，必须满足测试、取样、洗井等要求。

（9）设备运行、维护。

①保证现有地面设备运行正常。计量仪表安装配备率、完好率、受检率100%。

②设备技术档案完整，台账、设备手册、图纸、检修记录、使用证、巡检记录完整；各种设备管理信息数据录入全面，信息反馈及时准确。

③岗位人员管理好设备、设施和工具，搞好规范化，要做到“三清”“四无”“五不漏”，即机电设备清洁、场地清洁、值班室清洁；无油污、无杂草、无明火、无易燃物；不漏油、不漏电、不漏水、不漏气、不漏明火，做到文明生产。对使用设备要做到“四懂三会”（懂性能、懂原理、懂规范、懂流程；会操作、会保养、会事故处理）。严格执行设备保养规定，做好设备维护保养，建立设备维护保养台账，保证设备在良好的状态下运行。

④注水泵必须定期维护，定期做好防尘、防腐及防锈工作，保持清洁卫生。备用泵要定期检查、盘车、试运，严格执行设备定期保养制度，定期切换，发现问题及时处理。

⑤对发生故障的仪器、仪表、设备、管线，要求48h内必须恢复正常。

⑥主要设备备用（注水泵、电源）须按标准配备。

（10）配产配注完成情况。

严格按照月度配产配注下达计划执行。

2. 自主研发生产动态管理平台

通过自主研发生产动态管理平台，实现日常问题录入、调度、整改、督办一体化、信息化管理。

（二）技术目标化管理

1.“七率”指标

本着油藏开发“安全长效”的理念，同一指标针对不同区块不同油藏特征，结合油田开发历程实际情况，制定符合油藏开发的实际目标，与采油厂项目区签订目标责任书，实行差异化考核，调动各项目区争先进位的积极性和主动性。表 4-2 为注水项目区“三年注水大会战”指标目标。

表 4-2　部分注水项目区目标指标体系表

项目区	配注合格率（%）	水质达标率（%）	注水井利用率（%）	水驱控制程度（%）	自然递减率（%）	综合递减率（%）	含水上升率（%）	资料全准率（%）
柳沟	＞90	＞75	＞96	＞80	12.0~14.0	8.0~8.7	≤2.5	＞94
榆咀子	＞90	＞80	＞96	＞88	7.6~8.6	-1.0~1.0	≤2.0	＞96
学庄	＞90	＞78	＞96	＞88	10.0~10.1	9.5~9.6	≤2.5	＞96
老庄	＞88	＞78	＞95	＞86	5.8~6.3	5.5~5.9	≤2.0	＞94
郝家坪	＞90	＞80	＞96	＞89	-2.5~-1.0	-4.5~-3.5	≤2.0	＞96
丰富川	＞90	＞80	＞96	＞88	9.3~10.0	8.3~9.0	≤2.0	＞96

2. 技术支撑团队管理

形成了以“一月一小结，一季一交流，半年一分析，全年一评价”的管理形式，即每月形成月度动态分析总结报告，每季度技术支撑团队与项目区现场交流技术工作动态，半年对区块整体动态调整工作进行全面分析，年度对区块综合调整治理工作进行评价总结。

（三）重点工作清单化管理

制定“重点工作任务清单”进行“销号管理”，根据阶段主要工作任务，结合现场实际，列出“问题清单”，明确时间节点及责任人，督查人员“准时核查、收账销号”（表 4-3）。

三、差异化监督考核

根据各项目区地面配套、运行管理和技术力量的差异性，进一步细化“同一指标、不同标准”的考核体系，每季度开展考核，持续不断加强过程督查，提升了项目区整体工作水平。

（一）注水项目区工作考核

1. 考核原则

考核主要遵循以下 4 项原则：

（1）区分类别，差异考核。结合各注水项目区硬件设施、技术力量及注水现状等客观因素，制订相同的指标不同的考核标准，更加注重指标的提升幅度，使基础好的持之以恒，稳步提升，基础差的迎头赶上，缩小差距。

（2）指标量化，客观考核。注水工作具有技术含量高、见效周期长等特点，在绩效考核指标提取时，充分考虑指标及评分细则的可行性和实用性，确保工作业绩和薪酬管理能够有效结合。

表 4-3　公司级注水项目区 2021 年度第 1 期重点工作任务清单表

项目区	任务内容	工作要求	开工时限	完成时限
柳沟	完成 W30-113 井、W30-11 井、W30-214 井、W30-58 井、W30-61 井、W13-21 井、W13-24 井等 7 口生产井措施作业	指挥部动态室于 3 月 5 日前下发设计，采油厂尽快组织完成作业	3 月 5 日	3 月底前
	W30-78 井、W30-80 井、W13-162 井、W30-25 井等 4 口转注井方案已下达，注水管线铺设及转注工程进度缓慢	采油厂加快管线铺设及转注进度，尽快完成转注作业	2 月 22 日	5 月底前
	W30-122 井，W30-34 井，W30-134 井，W30-130 井，W30-9 井，W30-10 井等 6 口注水井无法录取油套压	采油厂尽快对注水井口进行改造，确保油套压正常录取	2 月 22 日	5 月底前
	W30-175 注水井压高注不进，需治理	指挥部动态室于 2 月底前下发设计，采油厂尽快完成施工作业	2 月 28 日	3 月 10 日前
	完成油水井测试 36 口，其中吸水剖面测试 16 口，压力降落测试 2 口，压力恢复测试 8 口，静压测试 10 口	指挥部动态室于 3 月底前下发设计，采油厂尽快组织完成测试作业	3 月 31 日	6 月底前
	完成 W30-158 注水井套损治理	设计已下发，采油厂尽快组织完成套损井治理作业	2 月 22 日	4 月底前
	完成 W29-25 井、W30-119 井生产井套损治理	指挥部动态室于 3 月 15 日前下发设计，采油厂尽快完成作业	3 月 15 日	5 月底前
吴仓堡	49-1343、49-516、49-859、49-1040、49-916、49-1175、49-205、49-677、49-135、49-491 等 10 座配水间腐蚀严重，影响正常注水	采油厂尽快整改，确保注水正常运行	2 月 22 日	4 月底前
	完成 49-1015、49-149、49-243、49-531 等 4 口生产井措施作业	设计已下发，采油厂尽快组织完成措施作业	2 月 22 日	3 月 15 日前
	完成油水井测试 56 口，其中吸水剖面测试 22 口，静压测试 15 口，压恢测试 9 口，压降测试 10 口	采油厂尽快组织完成测试作业	3 月 31 日	6 月底前
榆咀子	完成 4094-4、Z309-7、4040-7、Z30 等 4 口注水井检管作业	采油厂尽快组织实施检管作业	2 月 22 日	3 月底前
	完成油水井测试 70 口，其中吸水剖面测试 37 口，静压测试 24 口，压恢测试 6 口，压降测试 3 口	指挥部地质室于 3 月底前下发设计，采油厂尽快组织完成测试作业	3 月 31 日	6 月底前
	完成 5293-7、5333-9、5331-7、Z297-1 等 4 口生产井措施作业	设计已下发，采油厂尽快组织完成施工作业	2 月 22 日	3 月 15 日前
学庄	D6708、D6725、D6668、D6704、D6707 生产井集输管线腐蚀严重，急需更换	采油厂尽快组织整改，确保生产正常运行	2 月 22 日	6 月底前

续表

项目区	任务内容	工作要求	开工时限	完成时限
学庄	完成 6690-6、6660-6、6596-10 等 3 口转注井的管线铺设工作	采油厂尽快组织实施，完成管线铺设工作	2 月 22 日	5 月底前
	完成 6664-4、6703-22 措施作业	采油厂尽快组织完成措施作业	2 月 22 日	3 月 15 日前
	完成 37 口油水井测试，其中吸水剖面 13 口，静压测试 2 口，压恢测试 11 口，压降测试 11 口	指挥部地质室于 3 月底前下发设计，采油厂尽快组织完成测试作业	3 月 31 日	6 月底前
老庄	梁 6 注水站至梁 41 配水间管线刺漏频繁、承压不足，需更换 1.5km 注水管线	采油厂及时做好频繁刺漏管线的维护和更换工作，确保注水正常	2 月 22 日	6 月底前
	老庄橇装注水站—梁 4 配水间注水管线刺漏频繁、承压不足，需更换 2km 注水管线	采油厂及时做好频繁刺漏管线的维护和更换工作，确保注水正常	2 月 22 日	6 月底前
	完成 L8-1、L44-1、L17-3、L42-4 等 4 口生产井措施作业	设计已下发，采油厂尽快组织完成措施作业	2 月 22 日	3 月 15 日前
	完成油水井测试 22 口，吸水剖面测试 8 口，静压测试 9 口，压力恢复测试 5 口	指挥部地质室于 3 月底前下发设计，采油厂尽快组织完成测试作业	3 月 31 日	6 月底前
郝家坪	根据方案部署，完成 39 口分层注水作业	指挥部动态室于 3 月底前下发设计，采油厂尽快完成分注作业	3 月 31 日	6 月底前
	完成 H616-2、H694、H667、H669、H746、H719 等 6 口生产井措施作业	指挥部动态室 3 月 15 日前下发设计，采油厂尽快完成措施作业	3 月 15 日	4 月底前
	完成 40 口注水井检管作业	采油厂尽快完成检管作业	2 月 22 日	6 月底前
	完成 79 口油水井测试作业，其中静压测试 17 口，压力降落测试 15 口，压力恢复 12 口，吸水剖面 35 口	指挥部动态室于 3 月底前下发设计，采油厂尽快完成测试作业	3 月 31 日	6 月底前
	完成 H859-1、H858-2、H853-3、H856-5、H856-3、H94-4、H823、H852-1 等 8 口高压注水井治理	指挥部动态室于 3 月 15 日前下发设计，采油厂尽快完成高压治理作业	3 月 15 日	4 月底前
	完成 H810、H850-3 注水井套损治理	指挥部动态室于 3 月 15 日前下发设计，采油厂尽快完成套损治理作业	3 月 15 日	4 月底前
丰富川	完成 F1366、F1344-7、丁 54-8 井、F1346-6、F1344-5 等 5 口油水井措施作业	设计已下发，采油厂尽快组织完成措施作业	2 月 22 日	3 月 15 日前
	完成油水井测试 24 口，其中吸水剖面 6 口，压力恢复 3 口，压力降落 6 口，静压测试 9 口	指挥部地质室于 3 月底前下发设计，采油厂尽快组织完成测试作业	3 月 31 日	6 月底前

（3）考评结合，注重过程。实行日常监督检查、季度考核与年终考评相结合。将日常监督检查纳入季度考核。紧盯日运行、抓重点、促落实，发挥督查考核“指挥棒”作用。

（4）创新驱动，突出重点。重视技术创新，以提质增效为主线，突出科技创新，夯实发展基础，将创新管理纳入绩效考核体系，鼓励基层员工围绕注水工作不断找问题，提意见，寻方法，提升注水项目区的发展动力。

2. 考核机构及职责

在公司考核领导小组领导下，成立注水项目区领导小组，全面开展项目区考核工作。主要负责考核办法制定、考核过程实施、考核总结报告、考核结果等工作。

3. 考核指标体系

考核指标设置季度考核指标 20 项和年度考核指标 8 项。实行百分制考核。

（1）季度考核指标设置：主要从配产配注完成率、“七率”指标和现场运行管理、技术研究、方案执行、重点工作落实、季度进步加分项等构成，具体项目区考核设置见表 4-4。

表 4-4　季度考核指标设置表

考核指标		单位	目标值	分值
季度考核指标	配注完成率	%	95~105	5
	配产完成率	%	98	8
	油井利用率	%	95	3
	油水井利用率	%	按照目标责任书考核	5
	配注合格率	%		5
	水质达标率	%		5
	油井生产时率	%	90	3
	油水井生产时率	%	95	3
	脏乱差治理			2
	油水井检修			3
	设备运行、维护			3
	水质、水型化验建档			8
	油水井计量			8
	工况测试			5
	四图两表一对比			6
	动态分析			8
	技术研究			6
	方案执行			8
	重点工作落实情况			6
季度进步加分项	油井利用率、油水井利用率、单井配注合格率、水质达标率 4 项指标与上月比较			

（2）年度考核指标设置：主要有水驱控制程度、自然递减率、综合递减率、含水上升率、资料全准率、区块注水开发方案及调整方案、区块年度注水开发图件绘制和年度进步加分项构成，具体指标设置见表 4-5。

表 4–5　年度考核指标设置表

考核指标		单位	目标值	分值
年度考核指标	水驱控制程度	%	按照目标责任书和实施方案考核	10
	自然递减率	%		30
	综合递减率	%		20
	含水上升率	%		20
	资料全准率	%		10
	区块注水开发方案及调整方案			5
	区块年度注水开发图件绘制			5
年度进步加分项	对标国内其他油田同类型油藏，含水上升率每降低 0.1%，增加 2 分			

4. 考核方式及考核兑现

（1）考核方式。

考核方式分为季度和年度考核，突出季度考核。按季度完成注水项目区考核工作，年度考核在季度考核的基础上，对各项目区年度得分进行计算。

（2）考核兑现。

季度考核：评比出“标杆项目区”，对“标杆项目区”所在采油厂进行奖励，对“最差项目区”所在采油厂进行通报批评，并挂黄牌警示。

其他奖惩：对在注水会战工作中，做出突出贡献或取得重大成绩者，在岗位调整等方面优先考虑；对工作推动不力或出现重大失误且负主要责任的相关领导根据情况进行处理。

（二）技术支撑团队考核

1. 技术团队构成

每一个注水项目区综合调整治理、动态监测等工作是由各技术支撑团队来负责，注水指挥部负责对各类技术团队工作开展情况负总责。技术支撑团队主要有 6 类：注水指挥部、采油厂自主、外聘技术团队、集团研究院、科技项目技术团队和公司研究院。

2. 考核指标设置

技术支撑团队考核指标设置分为季度考核指标和年度考核指标，季度考核指标设置 7 项：基础研究、动态监测及动态分析、方案执行、注水井利用率、配注合格率、水质达标率、其他。年度考核指标设置 4 项：水驱控制程度、自然递减率、含水上升率、区块综合治理和提高采收率实施方案编制情况（表 4–6）。

3. 考核方式

每季度对各技术支撑团队工作开展情况进行考核，按照年度考核指标逐项考核打分。

4. 考核奖惩

根据考核结果，每季度评出优秀技术团队给予奖励，对较差技术团队给予通报。

表 4-6 技术支撑团队考核指标表

考核指标		单位	目标值	分值
季度考核指标	基础研究			18
	动态监测及动态分析			25
	方案执行			17
	注水井利用率	%	按照季度考核目标值考核	10
	配注合格率	%		10
	水质达标率	%		10
	其他			10
年度考核指标	水驱控制程度	%	按照年度考核目标值考核	30
	自然递减率	%		30
	含水上升率	%		20
	区块综合治理和提高采收率实施方案编制情况			20

四、标准化资料录取

标准化资料录取主要分为两部分，一是在项目区成立初期，开展系统化生产大调查，制定了一套完备的资料录取表单，主要从油水井基础数据收集和生产系统运行两方面开展。二是在项目区日常运行管理中，本着“求真、做实、做细”的原则，就油水井从标准化录取单井计量、示功图、动液面、产出水水型、注入水水质等日常监测项目数据资料并按规定监测周期开展，确保取全取准各项基础资料。

（一）基础资料收集

基础数据收集：主要收集开发现状、采油井基础数据、采油井井史数据、注水井基础数据、注水井井史数据、历年井数产量、历年单井日产液量、历年单井日注水量，归纳后形成基础数据表。

图件收集：主要收集井位图、综合测井解释成果图（斜深）、固井质量图、综合测井解释成果图（校直）、连斜井眼轨迹图，简称“五图”。

监测资料：主要收集生产监测（示功图、动液面、电流、压力、产出水水型全分析、注入水水质监测）和油藏监测资料（历年油水井压力测试、产液剖面测试、吸水剖面测试、示踪剂测试、剩余油研究）。

（二）生产运行调查数据资料收集

运行管理：主要收集项目区所在的厂、队、站领导组织机构，生产运行管理模式，区域内职工人员信息、油水井、站点和采油队等详细情况，归纳后形成数据表。

采油系统：主要收集井场内采油井信息、井场设施、各类站点及计量方式等，完成采油系统调查数据表。

注水系统：主要收集供水系统、注水站、水处理系统、注水管网、配水间和注水井等，完成注水系统调查数据表。

（三）生产运行监测数据

主要录取油水井日常生产动态监测数据，主要有液面测试、示功图测试、憋压数据、电流平衡测试、采出水水型化验、注入水水质以及油压、套压数据资料录取。

具体要求如下：

油井工况测试：集输井每 15 天完成 1 次示功图测试，非集输井每 30 天完成 1 次示功图测试；延安组每 15 天完成 1 次动液面测试，延长组每 30 天完成 1 次动液面测试。

电流平衡测试：每 30 天对抽油机电流测试分析 1 次。

油井产出水化验：半年完成产出水化验分析 1 次，异常井连续监测。

水质“8 项”指标化验周期：要求注水井化验周期为 30 天，注水站化验周期为 1 天，橇装站化验周期为 7 天，配水间化验周期为 30 天。

油水井计量：油井的日产液量、含水率（取 3 次含水化验的平均值）；注水井的日注水量、泵压、管压、油压、套压。

五、系统化动态分析

注水项目区动态分析以“四图两表一对比”资料为分析基础，主要采用地质分析和统计分析等方法，分析油田开采过程中不同阶段地下油、气、水的运动规律，并提出合理治理方案，最终达到油藏安全长效开发。

（一）体系建设

构建三级动态分析体系，明确责任主体，并建立动态分析月度例会制度。针对现场生产问题，研究讨论解决办法，及时发现、及时反馈、及时整改，确保动态分析取得实效。

注水项目区管理指挥部：制定综合治理、动态监测方案、调整配产配注、分析评价区块开发的主要指标，找出开发中存在的矛盾并制定对应策略。

采油厂技术部门：设计编制与方案实施，优化注采工艺，每月对项目区方案落实与效果总结评价，反馈生产中存在的主要问题。

采油队：油水井单井维护与计量、日常生产动态监测与测试、解决油水井地面故障与井筒异常状况，提高油水井生产时率，确保油水井日常生产。

（二）分析内容

日度分析内容：主要从油井生产能力、注水井注水量、注水压力、工况测试（示功图、动液面）、电流、水型化验资料、单井工作制度合理性、井筒工况等方面开展日常分析。

月度分析内容：注采井组平面上产液量、含水变化规律；油井见效、见水、水淹状况分析；吸水指数、采油指数分析；“七率”指标分析。

年度分析内容：地层能量保持利用状况、储量动用程度、水驱状况、井网适应性、措施效果等。

六、科学化配产配注

基于精细地质研究，结合动态分析结果，以提高水驱动用程度、提高单井产量为目的，分油藏、分井组进行有针对性的差异化配产配注，配合“月初下达，月中分析，月底评价”管理模式，实现配产配注“精”与“细”有效落地（图 4-2）。

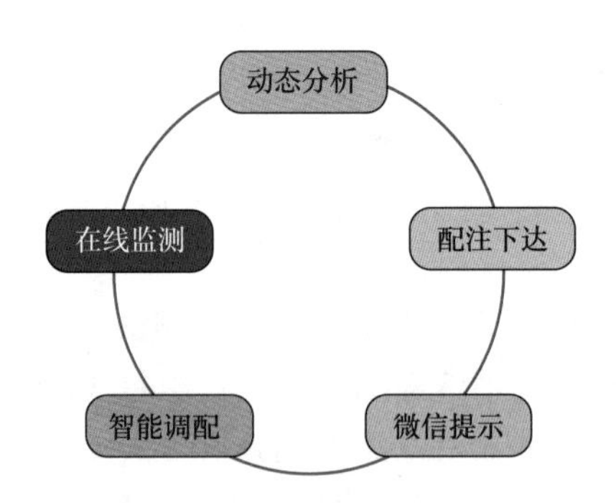

图 4-2　科学化配产配注图

递减法配产为油田开发过程中最为常用的配产方法。主要通过标定水平递减率，从而预测老井产量、老井措施增油量、新井产量。

注采平衡法配注适用于各类油藏，其主要的研究方法和注采指标为地层压力。通过调整配注量使得区块保持合理的地层压力，形成有效的压力驱替系统。以注采平衡为主要原则，以恢复地层能量为主要目的，计算地下累计亏空体积，确定合理的注采比。

七、动态化调整治理

通过油田生产数据和专门的测试资料来分析研究油田开采过程中地下油、气、水的运动规律，检验开发方案及有关措施的实施效果，预测油田生产情况，并为方案调整及采取新措施提供依据的全部工作统称油田动态分析。

油藏投入开发后，油藏内部诸因素都在发生变化：油气储量、地层压力、驱油能力和油水分布状况的变化等。

动态分析就是研究这些变化，找出各种变化之间的相互关系以及对生产的影响。通过分析解释现象，认识本质、发现规律、解决生产问题。提出调整措施、挖掘生产潜力、预测今后的发展趋势。

重点需要分析的内容包括：（1）含水与产液量变化情况的分析；（2）主要增产增注措施的效果分析；（3）注水效果评价分析；（4）注采平衡和能量保持利用状况的分析；（5）储量利用程度和油水分布状况的分析。通过以上分析，对油藏注采系统的适应性进行评价，找出影响提高储量动用程度和注入水波及系数的主要因素，从而采取有针对性的调整措施，提高油藏的开发效果和采收率。

（一）单井动态分析

分析油井酸化、压裂、堵水、调层、补孔、调参、生产后的产量及含水率变化情况，是否需要对注水井进行调水；注水井增注、调剖、调层后的吸水情况，分析油水井措施后增注效果，影响措施效果的原因及今后措施意见。

分析油井出砂、结盐、结垢、结蜡规律，提出油井掺水热洗、加药降黏、清蜡等工作管理制度，分析井下落物，管外串槽、套管变形，以及分注、分采（堵水）井封隔器密封情况并提出处理意见。

分析见效情况［产量上升、流压（动液面），静压上升还是下降，见效方向］，见水时间及含水率上升趋势，产量变化情况。

（二）井组动态分析

查明油井、注水井的分层生产、吸水状况，注水井的水流方向，油井见效、见水、水淹层位及时间，分层注水量是否合理。掌握不同注水强度、注采比情况下油井产量、压力、含水率变化及水线推进情况。

找出井组内油井变化的根本原因，井组稳产减产的经验教训，井组油层的主力层段、潜力层段、油水层的分布状况；明确井组的主攻方向、管理措施；研究确定合理的注水量及配产量，提出调整挖潜的层段措施意见以及油井管理意见。

（三）油藏动态分析

对小层、区块、全油田，主要针对以下主要问题开展动态分析：

（1）注采是否平衡、产量、压力、含水率是否稳定，注水见效的程度如何；

（2）见水情况：无水采收率及水线推进速度的高低，有无单层突进、平面舌进和死油区；

（3）注入速度、采油速度、压力恢复速度、含水率上升速度是否达到方案要求，是否在合理界限内；

（4）验证地质特征和油藏模型的建立是否符合客观实际；

（5）对储量利用程度和油水分布状况分析；油藏动用状况和潜力分析，搞清各小层的吸水、出液、含水和剩余油的分布，能量利用是否充分；

（6）对主要增产措施的效果分析；

（7）小层的岩性、物性（孔隙度、渗透率、平面上分布的面积等）、原油物性（黏度、相对密度、饱和压力等）的变化及对开发的影响；

（8）在小层、区块和全油田动态分析时，还要综合单井、井组的分析成果，指出小层、区块和全油田的开发趋势，预测近期的产量、压力、含水率等参数的变化，说明所划分的开发层系开发方式是否合理，找出内在的规律，采取相应的措施来不断改善油田的开发状况，对原开发方案需作哪些补充和调整；

（9）对油田注采系统的适应性做出评价，找出影响提高储量动用程度和注入水波及系数的主要因素，提出针对性措施，提高开发效果。

（四）调整措施

调整措施主要包括以下几个方面：

（1）动态调水，调整日注水量或者改为间歇注水；

（2）注水井水力解堵；

（3）注水井酸化增注；

（4）注水井分层增注或换封；

（5）注水井加装增压泵；

（6）注水井超高压增注；

（7）注水井分注或调剖；

（8）油井转注。

延长油田在持续多轮注水会战实践中探索，大力推进科技增效与管理增效，在组织管理、生产管理、技术管理、制度建设等方面都取得了可喜的成绩。

2010—2013 年的“三年注水规划”期间，油田基础产量多采出 173.62×10^4t，折算少钻油井 7959 口，节省投资约 119 亿元。

2016—2018 年的“三年注水大会战”期间，在基本未打新井的情况下，实现净增油 24.92×10^4t。弥补基础产量近 49×10^4t，相当于少钻井 1740 余口，节约新井投资超过 35 亿元，首批 8 个公司级注水项目区已有 7 个达到了国内低渗透油藏Ⅰ类开发水平，成效显著。

2019—2021 年，新“三年注水大会战”期间，油田上下紧紧围绕“会战”目标，按照“示范引领、科技带动”的思路，全力推进精细注水，建成了一批开发水平较高的注水项目区，有力带动了油田整体注水工作，为千万吨稳产奠定了基础。2021 年 8 月，延长油田新“三年注水大会战”圆满收官。回首三年注水征程，延长油田按照科技增效与管理增效“两条腿”走路工作思路，将注水作为科技增效的核心举措，真抓实干，推动了油田注水工作思维转变、管理蜕变、技术突破、模式形成、队伍锻造等一系列转变，成为推动油田高质量发展的“新引擎”。扎扎实实推进的“新三年”，全油田水驱面积增加 951.8km^2，水驱储量占比达到 66.1%，油田水驱控制程度、自然递减率、采收率等各项开发指标均创历史最好水平。通过油田注水，老井单井日产油平均增长 11%，老井基础产量占比达到 90.6%，成为油田稳产的基石。同时，两级注水项目区增加至 113 个，年产量占全油田的 64%，已成为油田的稳产核心区和增产潜力区。其中，公司级注水项目区累计净增油 64.1×10^4t，弥补基础递减 146.8×10^4t，成为油田实现效益开发的“领头雁”。

从“三年注水规划”到“三年注水大会战”，再到新“三年注水大会战”，一路走来取得的显著成效，让百年油田尝到了注水的甜头，也看到了注水的广阔前景和希望。油田干部职工已形成抓注水的“一盘棋”思想，坚持现行抓注水的体制机制、方法措施不动摇，从领导班子到基层一线职工，形成持续推进“注水会战”的强大合力，紧盯提高原油采收率目标，全力实现油田高质量发展。

第五章　延长油田注水开发效果评价

近年来，延长油田设立公司级注水项目区，紧紧围绕油田总体部署，坚持技术与管理并举，求真务实，攻坚啃硬，全面加快科学化、精细化注水进程，圆满完成了各项目标任务，取得了显著成效。在探索中发展，初步形成了适合延长油田注水开发的“四个精细”（精细油藏研究、精细调整技术、精细工艺配套、精细运行管理）配套技术与“七化”（动态化调整治理、科学化配产配注、系统化动态分析、规范化资料录取、差异化督查考核、目标化过程管控、标准化制度流程）管控模式，为油田持续高效推进注水开发积累了宝贵经验，树立了样板。

油田开发效果评价贯穿于油田开发的全过程，正确、客观、科学地综合评价油田开发效果，是油田开发方案调整，实施有效、高效挖潜措施，达到高效合理开发的基础。油田开发作为一个有机的整体，各项开发指标是油田开发状况的反映，开发效果评价就是根据这些指标的动态变化来评价油田开发效果的好坏。

油田开发效果评价指标主要包括开发技术指标和经济效益指标。其中开发技术指标主要包括水驱控制和动用程度、水驱效果和采收率等。

第一节　水驱控制及动用程度评价

一、水驱控制程度

水驱控制程度的定义为注水井与采油井之间油层连通的厚度占据采油井总有效厚度的百分比，可以反映在现有的注采井网条件下注入水所能波及的含油面积情况。水驱控制程度是直接影响采油速度、含水上升率、储量动用程度和最终采收率等的重要因素。

按照定义，水驱控制程度的计算公式为：

$$M_i = \frac{h_{i0}}{h_e} \times 100\% \tag{5-1}$$

式中　M_i——水驱控制程度，%；

h_{i0}——注水井与采油井之间油层连通的总厚度，m；

h_e——采油井总有效厚度，m。

从开发效果的角度来看，水驱控制储量百分比也是注入水体积波及系数在另一角度的呈现，其结果不但受油田本身的地质特征等客观因素的影响，人为的开发制度、注采井网、布井方法及井网适应性也会对其产生较大的影响。

依据低渗透、特低渗透油藏中含水期水驱控制程度评价标准（表 5-1），8 个注水项目区 2016—2018 年水驱控制程度整体属于 I 类。如柳沟注水项目区水驱控制程度由 2015 年的 20.1% 上升至 2017 年的 85.2%，属于Ⅰ类。吴仓堡注水项目区长 2 油层组水驱控制程度由 2016 年的 25.1% 上升到 2018 年的 76.3%，处在Ⅰ类开发水平；而长 9 油层组水驱控制程度由 2016 年的 42.5% 上升到 2018 年的 50.6%，处于Ⅲ类开发水平，说明长 9 油藏仍有潜力未释放，可提出转注、补层压裂等措施提高水驱控制程度。再如，老庄注水项目区延 9 油藏水驱控制程度由 2016 年的 81.7% 上升到 2018 年的 85.0%，榆咀子注水项目区长 6 油藏水驱控制程度由 2016 年的 83.7% 上升到 2018 年的 85.7%，均属于Ⅰ类。其他注水开发区类也均达到Ⅰ类开发水平（图 5-1）。

表 5-1　低渗透、特低渗透油藏中含水期水驱控制程度评价标准表

沉积相类型，储层特征	水驱控制程度（%）		
	Ⅰ类	Ⅱ类	Ⅲ类
河流相、三角洲相，低渗透	＞70	60~70	＜60
河流相、三角洲相，特低渗透	＞60	50~60	＜50

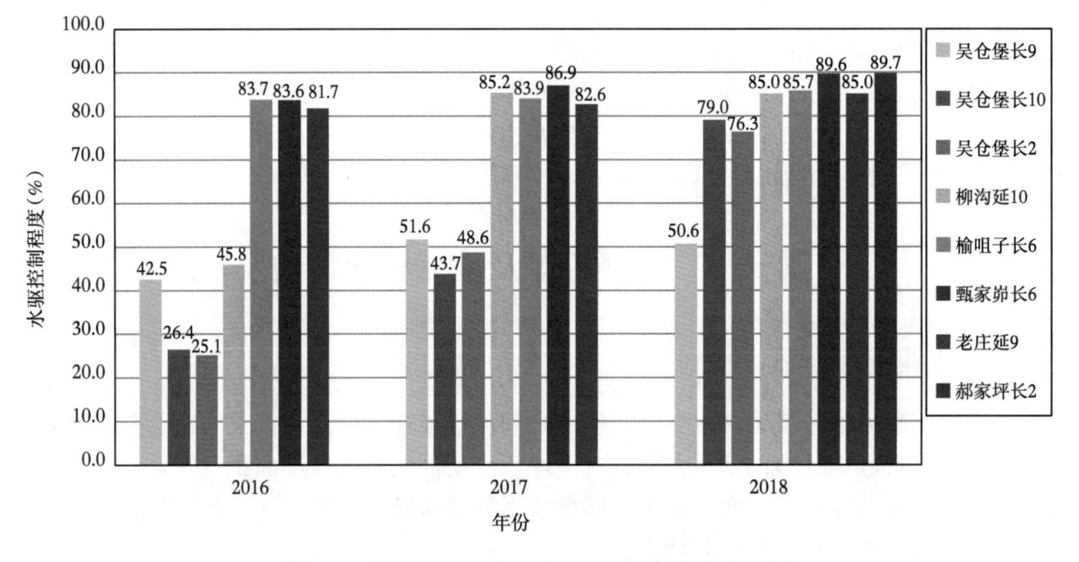

图 5-1　延长油田注水开发区水驱控制程度直方图

二、油井双多向受益率

油井对应的注水方向数越多，越可能注水受效。引入概念油井双多向受益率，油井双多向受益率是指在当前井网条件下，双多向受益井数与总受益井数之比。计算公式为：

$$R_{\mathrm{double}}=\frac{W_{\mathrm{double}}}{W_{\mathrm{o}}}\times 100\% \tag{5-2}$$

式中　R_{double}——油井双多向受益率，%；

W_{double}——双多向受益井数，口；

W_{o}——油井总数，口。

依据石油行业关于特低渗透油藏油井双多向受益率评价标准（表 5-2），延长油田 8 个注水项目区双多向受益总体评价均处Ⅰ类水平。如榆咀子注水项目区双向多向受益井占比自 2016 年来一直稳定在 60% 以上，以双向受益为主，处于Ⅰ类水平。再如老庄区以双向和多向受益为主，处于Ⅰ类水平。而吴仓堡区受益井数增加，但双多向受益井数占比由 2016 年的 66.7% 下降到 2018 年的 48.3%，以单向受益为主，处于Ⅱ类开发水平，应当通过措施继续提升受益方向数（图 5-2）。

表 5-2　特低渗透油藏油井双多向受益率评价标准表

油井双多向受益率（%）		
Ⅰ类	Ⅱ类	Ⅲ类
＞ 50	40~50	＜ 40

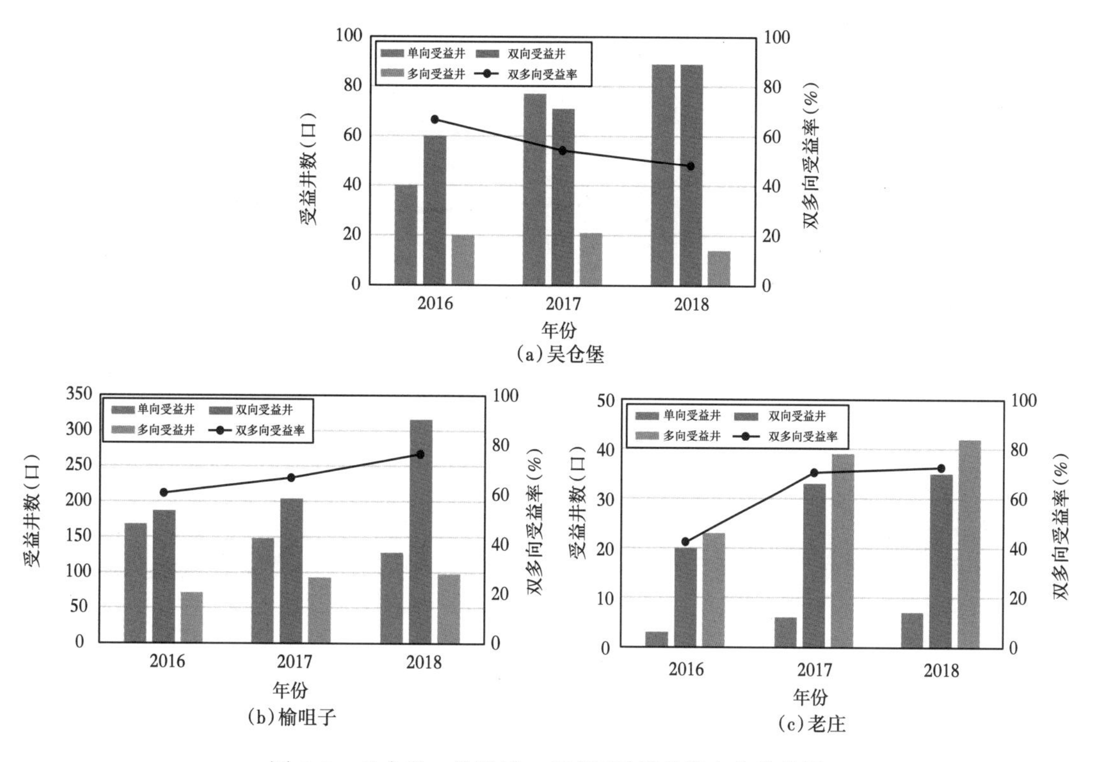

图 5-2　吴仓堡、榆咀子、老庄区受益井数变化趋势图

统计甄家峁长 6 油层组的 139 口井（不含措施井及不正常生产井），注水后由于油井双多向受益特征的差异导致生产特征大致分为以下 4 种类型：第 1 类特征为日产油、日产液持续上升、含水率稳定，占统计井数 37.4%[图 5-3（a）]；第 2 类表现特征为初期日产油、日产液升、含水率稳、后日产液稳、日产油降含水率升，占统计井数的 38.8%[图 5-3（b）]；第 3 类表现为初期日产油、日产液短期小幅上升，后日产液升、日产油降含水率突升，具此现象井占统计井数 10.1%[图 5-4（a）]；第 4 类特征为日产油、日产液较长时间稳定，后日产油降、日产液升含水率突升。具此现象井占统计井数 13.7%[图 5-4（b）]。

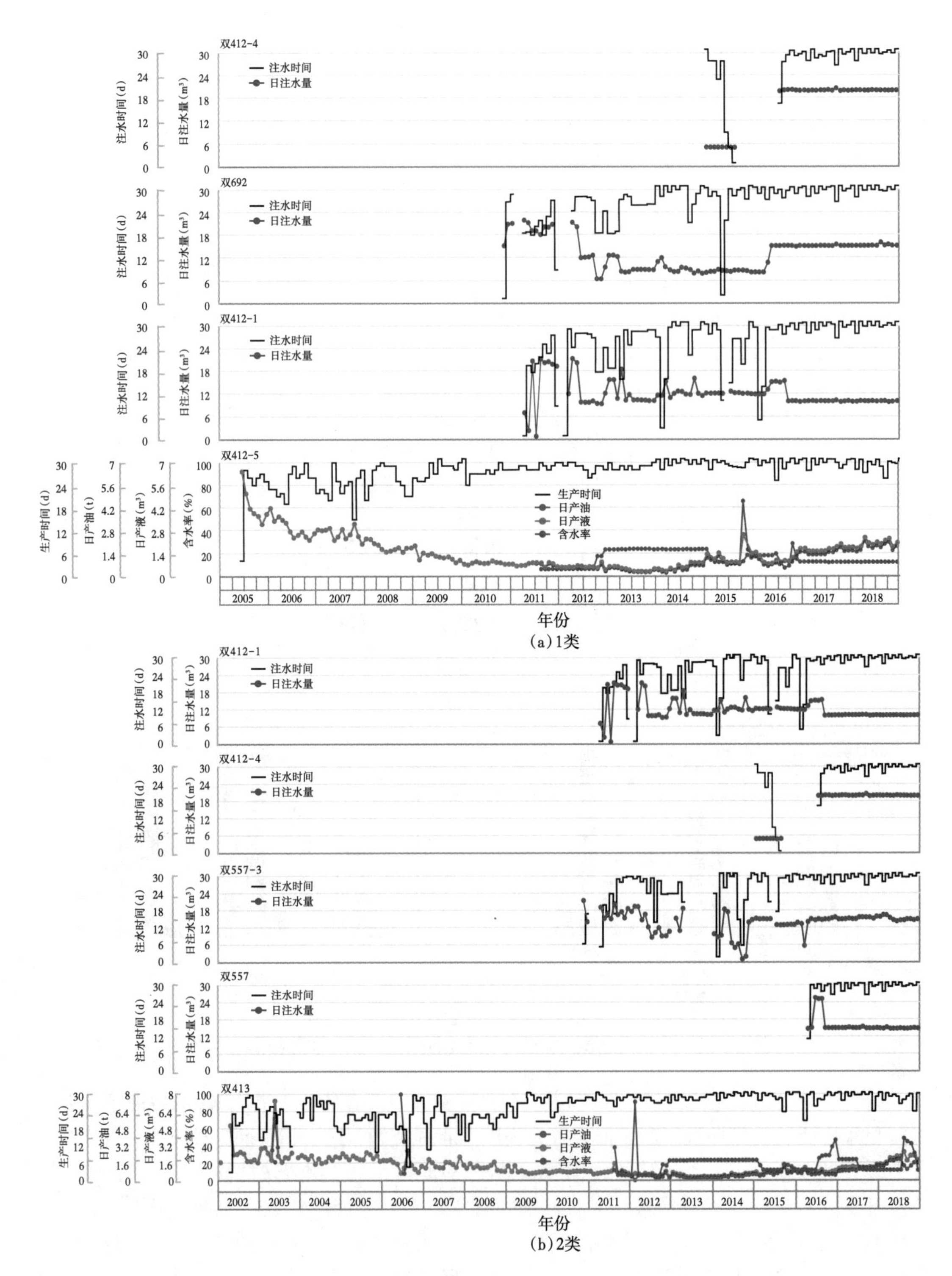

图 5-3　甄家峁油井双多向受益类型特征图(1 类、2 类)

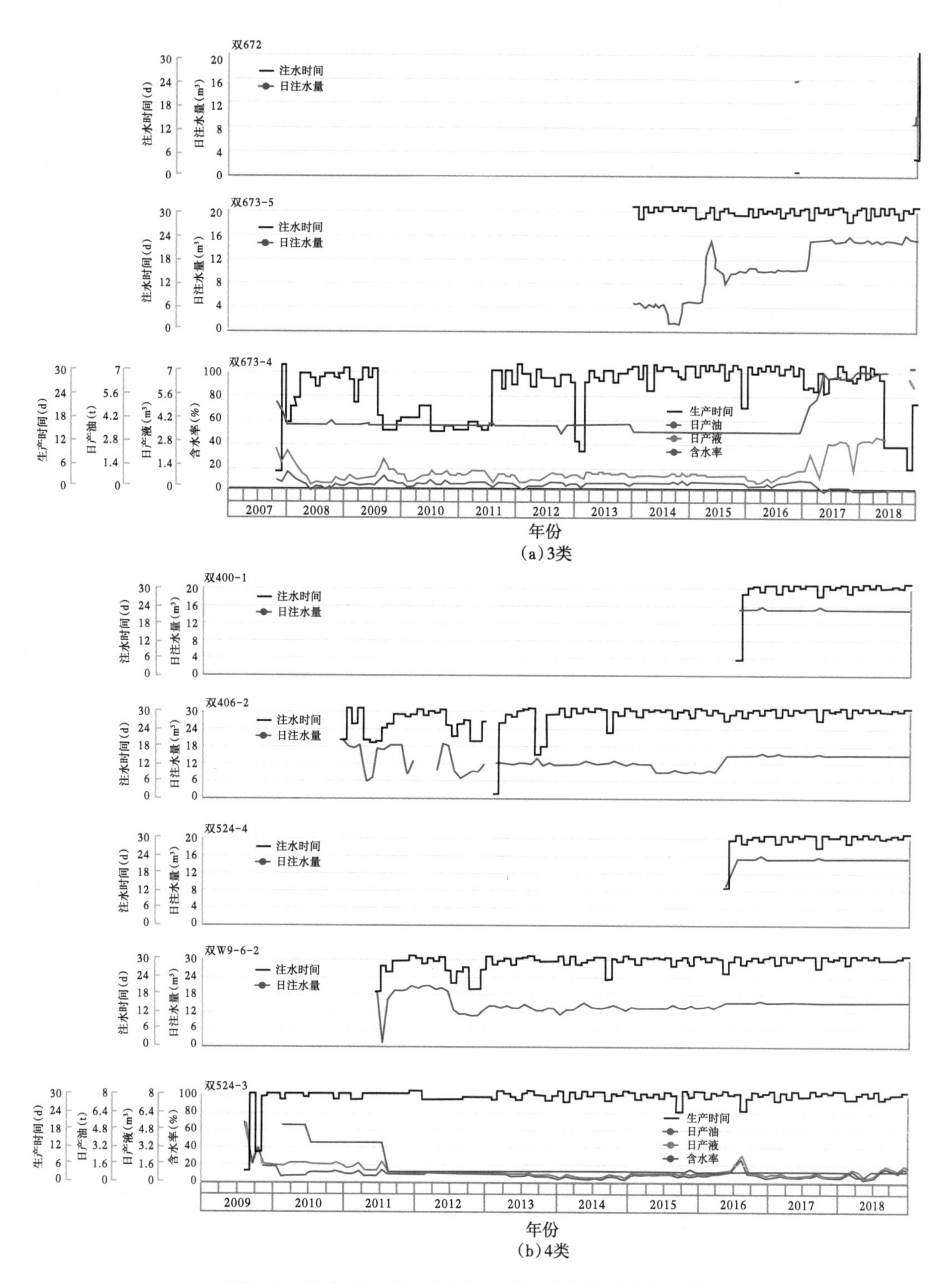

(a)3类

(b)4类

图 5-4　甄家峁油井双多向受益类型特征图(3 类、4 类)

三、水驱动用程度

在固有的注采系统和井网条件下，能够动用的水驱储量只占到井网控制储量的一部分，提高水驱动用储量对油田整体的开发效果有很重要的作用。动用储量的大小与储层的非均质性、开采方式的选择、井网布置等技术措施密切相关。通过定期对注水井吸水剖面的测试，统计出吸水层厚度占总射开厚度的比值，并以该数值表示该阶段内的水驱储量动用状况。计算公式为：

$$E_{\mathrm{w}}=\frac{h}{H_{\mathrm{o}}}\times 100\% \tag{5-3}$$

式中 E_{w}——水驱动用程度，%；

h——注水井吸水总厚度，m；

H_{o}——注水井总射可连通厚度，m。

依据特低渗透油藏中水驱动用程度在不同沉积相的评价标准（表 5-3），开展水驱动用程度评价，8 个注水项目区整体水驱动用程度良好。其中，柳沟注水项目区至 2017 年水驱动用程度达到 84.9%，处于Ⅰ类开发水平；吴仓堡项目区油层水驱动用程度由 2016 年 67.4% 变化到 2018 年 59.8%，处于Ⅱ类开发水平（图 5-5）；老庄项目区水驱动用程度由 2016 年 57.6% 提高到 2018 年 87.7%，处在Ⅰ类开发水平；甄家峁注水项目区水驱动用程度 2015 年为 31.4%、2016 年为 32.8%、2017 年为 36.2%、2018 年为 39.9%，处于Ⅲ类水平；榆咀子项目区油层动用程度由 2016 年 51.4% 下降到 2018 年 38.3%，处于Ⅲ类开发水平；依据学庄、丰富川注水项目区资料统计，处于Ⅱ类水平；郝家坪注水项目区至 2018 年水驱动用程度达到 89.7%，较 2015 年底 49.6% 有很大幅度提升，处于Ⅰ类开发水平。

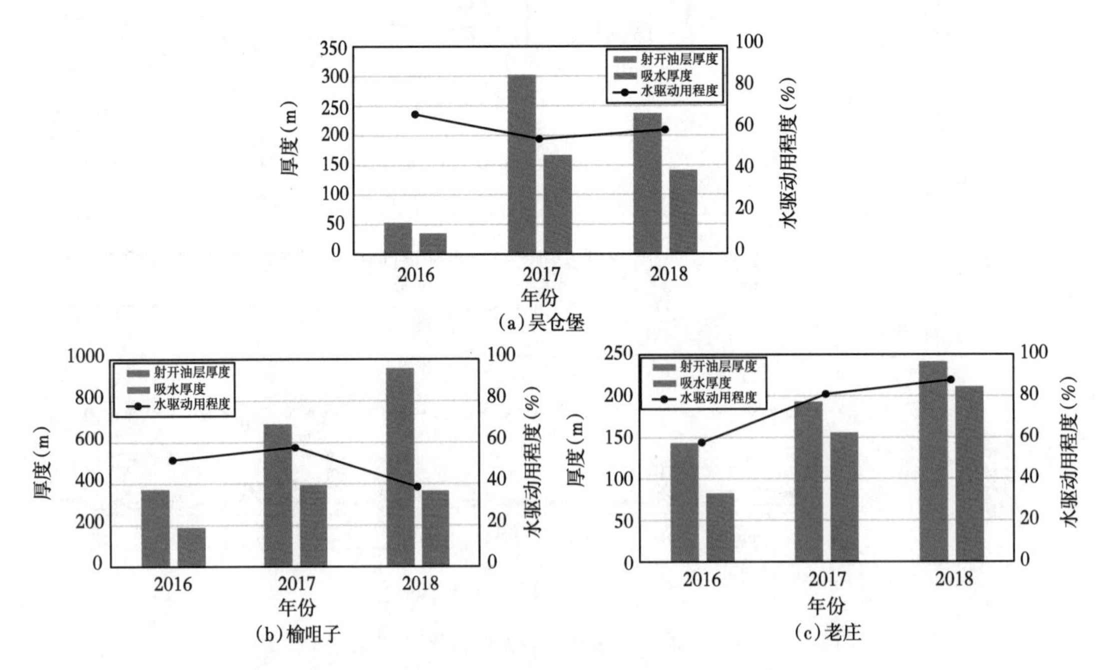

图 5-5 吴仓堡、榆咀子、老庄注水项目区水驱动用程度变化图

表 5-3　水驱动用程度在不同沉积相的评价标准表

沉积相类型	水驱动用程度（%）		
	Ⅰ类	Ⅱ类	Ⅲ类
河流相	＞75	65~75	＜65
三角洲相	＞80	70~80	＜70

第二节　水驱效果评价

水驱效果评价参数众多，各指标间具有相关性，评价水驱效果时应当结合多个指标共同评价，防止产生“片面性”错误。一般主要包括递减率、采油速度、措施有效率、配注合格率、油水井综合生产时率、含水率和含水上升率、注采比、耗水率、存水率、水驱指数、地层压力保持水平、注入水质达标状况、油水井免修期和动态监测计划完成率等主要指标。

一、递减率

递减率大小反映了油田稳产形势好坏，其计算公式为：

$$D=-\frac{1}{Q}\frac{\mathrm{d}Q}{\mathrm{d}t} \tag{5-4}$$

式中　D——瞬时递减率，mon^{-1} 或 a^{-1}；

Q——油递减阶段时间的产量，油田为 $10^4\,\mathrm{t/mon}$ 或 $10^4\,\mathrm{t/a}$；

t——递减阶段的开采时间，mon 或 a；

$\frac{\mathrm{d}Q}{\mathrm{d}t}$——单位时间内的产量变化率。

油田常用自然递减率和综合递减率来评价产量递减规律。自然递减率计算公式为：

$$D_{\mathrm{n}}=\frac{Q_{\mathrm{o}}-Q_{\mathrm{new}}-Q_{\mathrm{m}}}{Q_{\mathrm{c}}} \tag{5-5}$$

式中　Q_{o}——年产油量，$10^4\mathrm{t}$；

Q_{new}——新井年油量，$10^4\mathrm{t}$；

Q_{m}——年措施增产油量，$10^4\mathrm{t}$；

Q_{c}——上年底标定日产油量水平折算的基础年产油量，$10^4\mathrm{t}$；

D_{n}——年自然递减率，a^{-1}。

综合递减率指没有新井投产情况下的产量递减率，即扣除新井产量后的阶段采油量与上阶段采油量之差，再与上阶段采油量之比。计算公式为：

$$D_c = \frac{Q_o - Q_{new}}{Q_c} \tag{5-6}$$

式中　D_c——年综合递减率，a^{-1}

低渗透—特低渗透油藏按递减率一般分为Ⅰ、Ⅱ、Ⅲ类（表5-4）。

表5-4　低渗透—特低渗透油藏中含水期递减率评价标准表

递减率	Ⅰ类	Ⅱ类	Ⅲ类
自然递减率（%）	≤15	15~25	＞25
综合递减率（%）	≤6	6~10	＞10

相比较而言，水驱开发过程中应更加注重自然递减率的评价。综合递减率包含了措施增油的情况，两者的差值即为措施增油对产量的贡献程度，而自然递减率能够从产量方面直观反映水驱开发效果。

根据低渗透—特低渗透油藏中含水期递减率评价标准，郝家坪、甄家峁、吴仓堡、榆咀子项目区递减率整体处于Ⅰ类水平。其中，柳沟注水项目区综合递减率从2015年的7.60%下降至2017年的-11.52%；自然递减率从2015年的11.10%下降至2017年的3.66%（见第六章第二节图6-16），为Ⅰ类；吴仓堡区近年自然递减缓慢增加处于Ⅰ类水平，综合递减波动上升（见第六章第二节图6-122），处于Ⅱ类水平，说明开发效果较好，措施挖潜方面尚存在不足但并不影响总体水驱效果；学庄注水项目区综合递减率从2015年的23.10%下降至2018年的8.41%；自然递减率从2015年的24.80%下降至2018年的11.21%［图5-6（a）］，综合为Ⅰ~Ⅱ类水平。老庄注水项目区综合递减率从2015年的13.00%下降至2018年的4.21%；自然递减率从2015年的14.70%下降至2018年的5.52%，为Ⅰ类（见第六章第二节图6-40）；甄家峁注水项目区综合递减率从2015年的8.50%下降至2018年

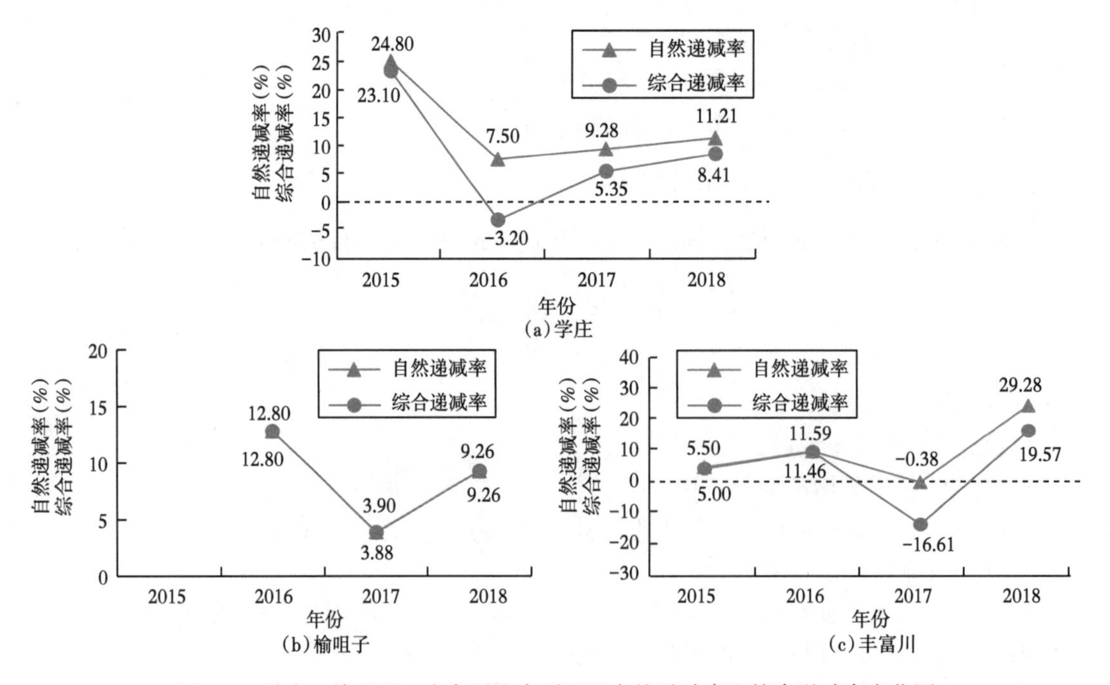

图5-6　学庄、榆咀子、丰富川注水项目区自然递减率和综合递减率变化图

的 -13.57%、2018 年的 -4.18%；自然递减率从 2015 年的 9.19% 下降至 2017 年的 -13.35%、2018 年的 -3.57%（见第六章第二节图 6-100），为Ⅰ类水平；榆咀子区 2016 年至 2018 年的自然递减率和综合递减率均有降低，均从 12.80% 降至 9.26%，说明注水效果向好，措施增油量多，后续应时刻关注水驱动态，及时调控，尽量保持稳产［图 5-6（b）］；丰富川综合递减率从 2015 年的 5.00% 变化至 2018 年的 19.57%；自然递减率从 2015 年的 5.50% 变化至 2018 年的 29.28%［图 5-6（c）］，为Ⅲ类水平；郝家坪综合递减率从 2015 年的 6.70% 下降至 2018 年的 -16.13%；自然递减率从 2015 年的 5.90% 下降至 2018 年的 -17.77%（见第六章第二节图 6-67），为Ⅰ类水平。

甄家峁注水项目区 2006 年至 2021 年的年产油量和采油速度参数统计分析表明，2015 年成立公司级注水项目区以前，原油年产量的年平均递减为 15%，采油速度由 2006 年的 1.09 到 2014 年递减至 0.43，2015 年成立公司级注水项目区以后至 2021 年，原油年产量的年平均递减为 -6%，采油速度至 2021 年为 0.86。甄家峁注水项目区的注水开发后，原油产量变化反映，达到了良好的开发效果（图 5-7）。

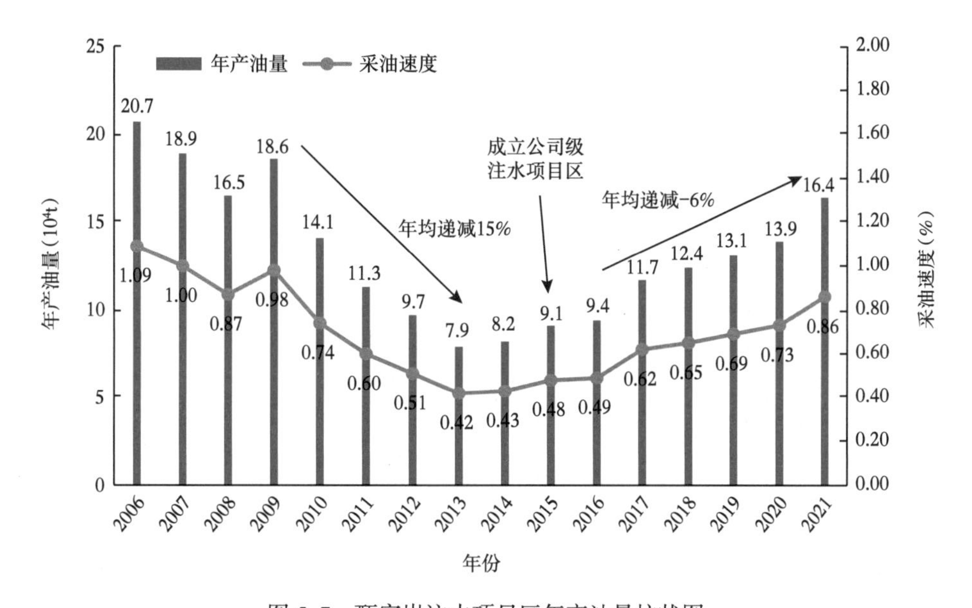

图 5-7　甄家峁注水项目区年产油量柱状图

郝家坪注水项目区 1994 年至 2021 年的年产油量和采油速度参数统计分析表明，2015 年成立公司级注水项目区以前，原油年产量的递减至 4.0×10^4t，2015 年成立公司级注水项目区以后至 2021 年，原油年产量的年平均递减为 -8%，原油年产量增至 10.1×10^4t。郝家坪注水项目区的注水开发后，原油产量变化反映，达到了很好的开发效果（图 5-8）。

二、采油速度

采油速度对油田开发效果有重要的影响，尤其对于底水或者砾岩等油藏，采油速度过高会引起含水上升快以及暴性水淹等现象。采油速度表示每年实际采出的油量占地质储量或可采储量的百分数，计算公式为：

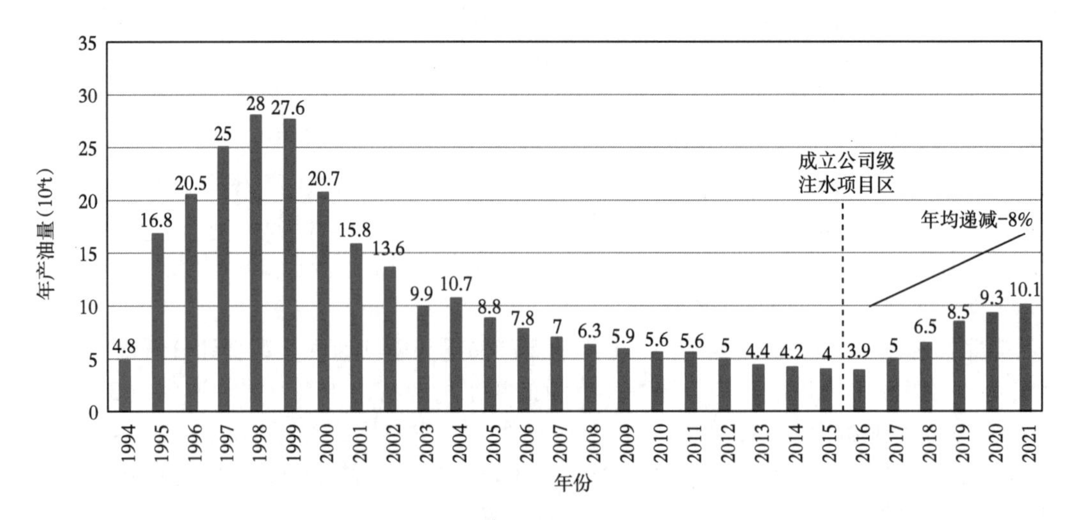

图 5-8　郝家坪注水项目区年产油量柱状图

$$v_{\mathrm{L}}=\frac{Q_{\mathrm{o}}}{N_{\mathrm{p}}}\times 100\% \tag{5-7}$$

式中　v_{L}——采油速度，%；

Q_{o}——年产油量，10^4t；

N_{p}——动用地质储量，10^4t。

采油速度并非越大越好，应当根据油藏的特性，评价特定阶段的采油速度是否合理。例如，根据经验，延长组长 2 油藏，中含水期（20%~60%）的合理采油速度为 0.55%~0.70%，长 6 油藏合理采油速度为 0.35%~0.50%，如果采油速度过小，说明油藏潜力未得到释放，应着重采取井网加密、增加射孔层段等手段释放产能；如果采油速度过大，区块具有快速水淹、最终采收率下降等风险，导致经济效益变差。

另外，采油速度的相对指标为剩余可采储量采油速度，指当年核实年产油量除以上年末的剩余可采储量的百分数，其计算公式为：

$$v_{\mathrm{s}}=\frac{Q_{\mathrm{o}}}{N_{\mathrm{s}}}\times 100\% \tag{5-8}$$

式中　v_{s}——剩余可采储量采油速度，%；

N_{s}——上年末剩余可采储量，10^4t。

从油藏经营管理角度，该指标反映油田生产的调控水平。由于不同开发阶段地下油水分布和开采特点相差很大，应按开发阶段分别制定分类标准，根据特低渗透中含水期可采储量的采出程度，中含水期剩余可采储量采油速度可划分三类（表 5-5）。

表 5-5　低渗透—特低渗透油藏剩余可采储量采油速度评价标准表

分类	Ⅰ类	Ⅱ类	Ⅲ类
剩余可采储量采油速度（%）	＞4	3~4	＜3

例如，至2018年底吴仓堡区地质储量采出程度6.5%，可采储量采出程度33.0%，剩余可采储量采油速度为5.7%~7.0%（图5-9和图5-10），处在Ⅰ类开发水平，应及时关注动态，及时调控，保证较高水平生产。

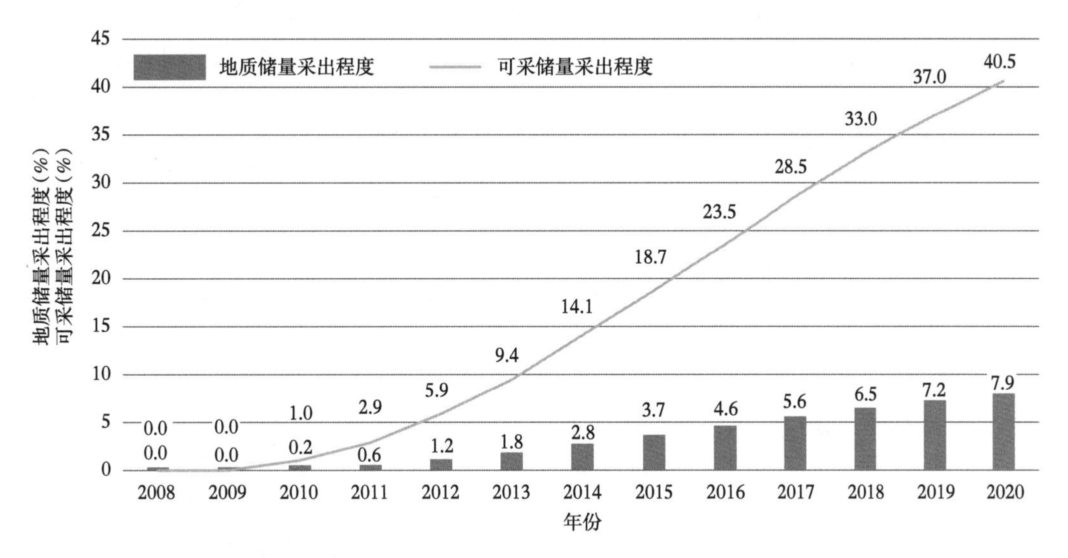

图5-9　吴仓堡注水项目区历年地质储量采出程度和可采储量采出程度评价图

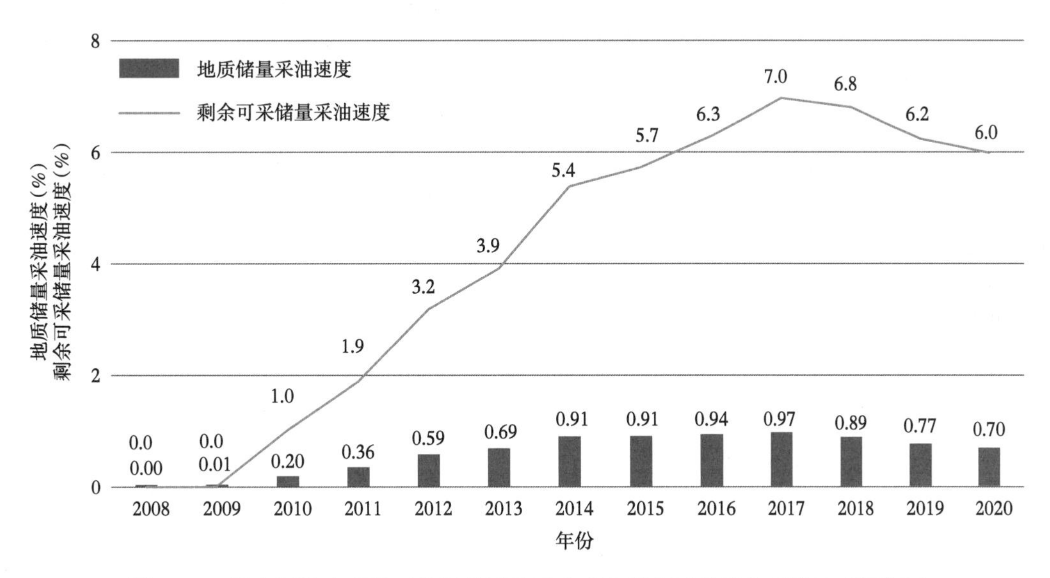

图5-10　吴仓堡注水项目区地质储量采油速度和剩余可采储量采油速度评价图

再如，丰富川注水项目区2015年剩余可采储量采油速度为1.32%；2016年关停部分高含水井；2017年通过完善注采井网，温和注水，合理配产，综合治理等各项工作的开展，项目区剩余可采储量采油速度达到1.53%，处于Ⅲ类水平。

还有，根据注水项目区实际情况统计，柳沟、学庄、老庄注水项目区剩余可采储量采油速度为Ⅰ类水平，甄家峁剩余可采储量采油速度为Ⅱ类，榆咀子、郝家坪剩余可采储量采油速度为Ⅲ类开发水平。

三、措施有效率

根据油田开发标准，进行油井措施效果统计遵循以下原则：

（1）以净增油量法统计措施增油，即措施后每个月的月产量减去措施前月产量之和；

（2）措施前产量选取，对于措施前1~3个月内生产不正常井，要根据实际情况确定月产量；

（3）措施有效率以增油为标准，若连续3个月正常生产，但无增油或停产或实施其他措施等，则定为本次措施无效；若连续3个月以上因没有正常生产导致无增油量，之后产量上升井，则视为不可对比井，不参加全区措施效果统计。

吴仓堡注水项目区延安组2015年至2020年实施的措施，以生产层位调整为主，实施65井次，增油12.84×10^{4}t，占总措施产量的77.05%；油层改造工作43井次，占比39.81%，增油3.82×10^{4}t，占比22.95%；其中增油500t以上的高效井42井次，占工作量的38.89%，增油16.18×10^{4}t，占总措施增产的97.07%，增油20t以下无效井35井次，措施有效率67.59%。吴仓堡延长组长2组2015年至2018年实施的措施，以生产层位调整为主，实施52井次，占总工作量的63.41%，增油5.53×10^{4}t，占总措施产量的77.05%；油层改造工作43井次，占比39.81%，增油3.82×10^{4}t，占比22.95%。其中年增油500t以上的高效井42井次，占工作量的38.89%，增油16.18×10^{4}t，占总措施增产的97.07%。

甄家峁注水项目区延长组长6实施措施以开发层系调整为主，由于长6油层分布范围广，地质情况认识较清楚，措施有效率较高，2015年至2018年实施8口井，有效7口，有效率87.5%。

榆咀子注水项目区2015年至2020年共实施油井措施37井次，有效21井次，措施有效率56.76%，累计增油4668.82t，平均年增油994.4t，平均单井增油100.7t。

丰富川注水项目区2015年至2017年老井增产措施总井数43口，仅有一口井措施后未见效，措施有效率达到98%，达到Ⅰ类水平。其他项目区也均达到Ⅰ类水平。

四、配注合格率

配注合格率是指配注合格井数与实际开井总数的比值。对照表5-6中的配注合格率评价标准（中含水阶段），榆咀子注水项目区长6油层2015年至2018年配注合格率分别为76.8%、76.8%、90.7%、90.0%，配注合格率稳步提升，由Ⅲ类水平上升至Ⅱ类水平；2018年，老庄注水项目区配注合格率77.6%，属于Ⅲ类水平；丰富川项目区2015年配注合格率为45.0%，通过改造注水系统，更换维修地面注水设备，优化人员配置，严格执行问责机制，加强注水管理，2017年配注合格率达到98.3%，2018年配注合格率为97.2%，达到Ⅰ类水平；柳沟、郝家坪注水项目区配注合格率分别为94.5%、94.5%，达到Ⅱ类水平；吴仓堡、学庄、甄家峁注水项目区配注合格率分别为97.5%、98.5%、99.7%，达到Ⅰ类水平（图5-11）。

表5-6　配注合格率评价标准表（中含水阶段）

分类	Ⅰ类	Ⅱ类	Ⅲ类
配注合格率（%）	≥95	90~95	＜90

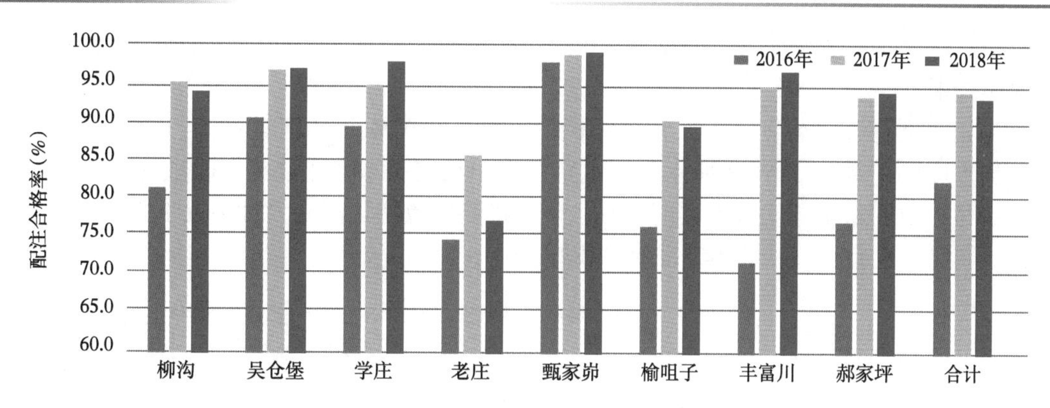

图 5-11　2016—2018 年 8 个注水项目区配注合格率统计图

五、油水井综合生产时率

油水井综合生产时率是油井生产管理的重要指标。油水井综合生产时率 =(油、水井开井当月累计生产时间 / 油、水井开井当月累计日历时间)×100%，生产时间单位为 h。

丰富川项目区 2015 年油水井综合生产时率分别为 85.79%、83.16%。项目区成立后，定期开展动态监测，进行功图测试，液面测试等，对异常井实施连续加密监测，及时发现故障井并排除解决。2017 年油井、水井综合生产时率分别为 89.79%、89.17%，生产时率较高，达到 I 类水平(图 5-12)。

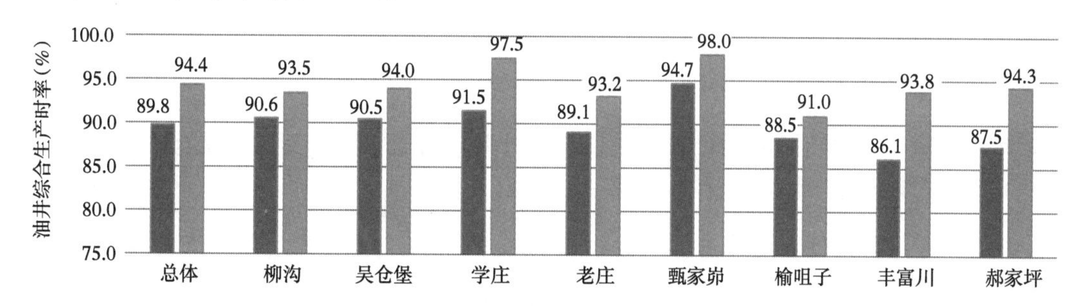

图 5-12　8 个注水项目区油水井综合生产时率统计图

2015—2018 年，其他注水项目区油水井综合生产时率均大于 90%。依据油水井综合生产时率评价标准(表 5-7)，可知，8 个注水项目区油水井综合生产时率均属 I 类水平。

表 5-7　油水井综合生产时率评价标准表

分类	Ⅰ类	Ⅱ类	Ⅲ类
油水井综合生产时率(%)	≥ 70	60~70	＜ 60

六、含水率与含水上升率

根据油田开发标准，可按含水率大小划分含水阶段(表 5-8)。

表 5-8　含水阶段划分表

含水阶段	无水采油期	低含水期	中含水期	高含水期	特高含水期
含水率(%)	＜ 2	2~20	20~60	60~90	＞ 90

单纯看含水率的变化，不能反映油田水驱开发效果的好坏，可与采出程度相关联，评价水驱效果。

例如，吴仓堡注水项目区含水上升率由 2016 年 5.97% 下降到 2018 年 1.85%，含水率与采出程度的关系如图 5-13 所示，含水率与采出程度关系变化趋势在改进的童氏图版上向右偏移，说明水驱开发效果逐渐变好，预计最终采收率逐渐变大且接近于 20% 理论线，相比于同层系叠合油藏，水驱开发效果较好。

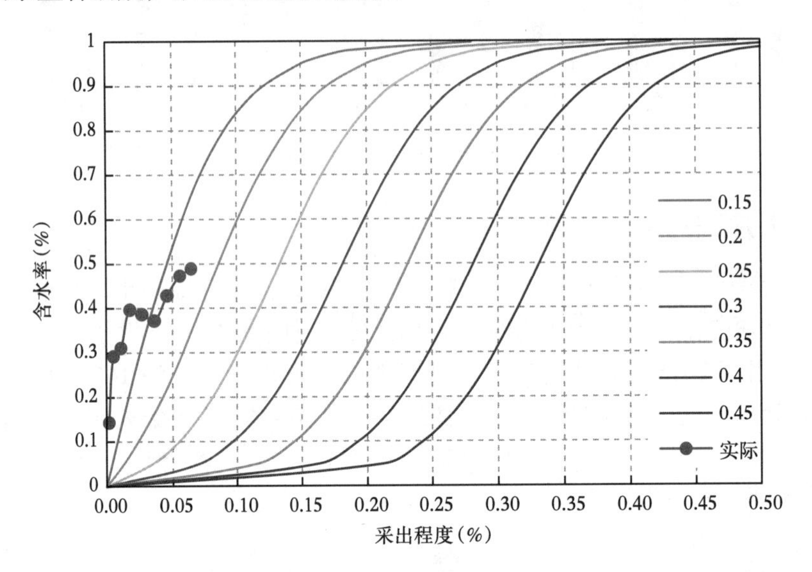

图 5-13　吴仓堡注水项目区含水率与采出程度关系图（改进的童氏图版）

再如，学庄、榆咀子注水项目开发区的含水率与采出程度关系变化趋势（图 5-14 和图 5-15），同样反映出水驱开发效果较好。

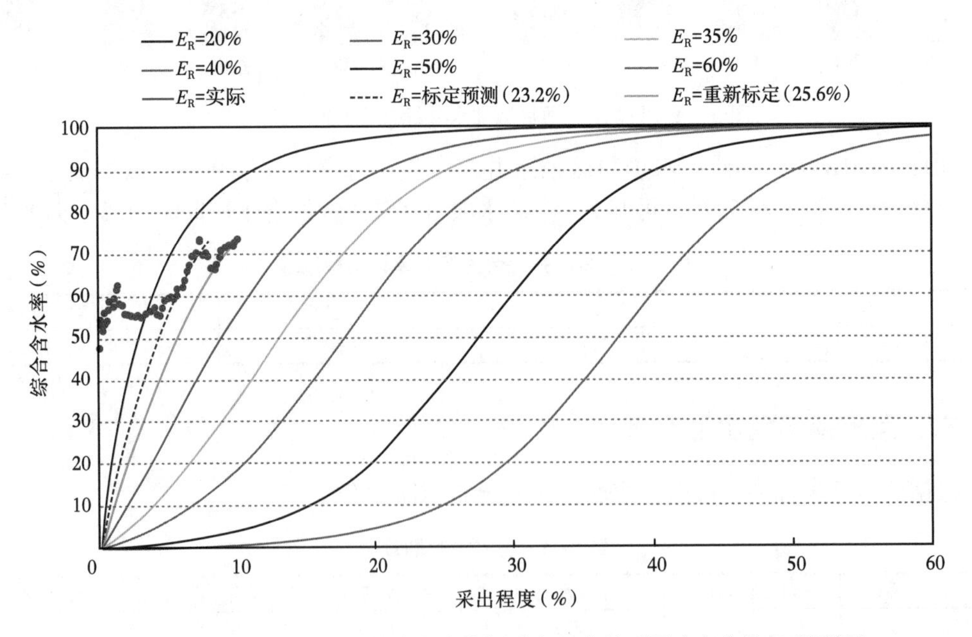

图 5-14　学庄注水项目区综合含水率与采出程度关系图（改进的童氏图版）

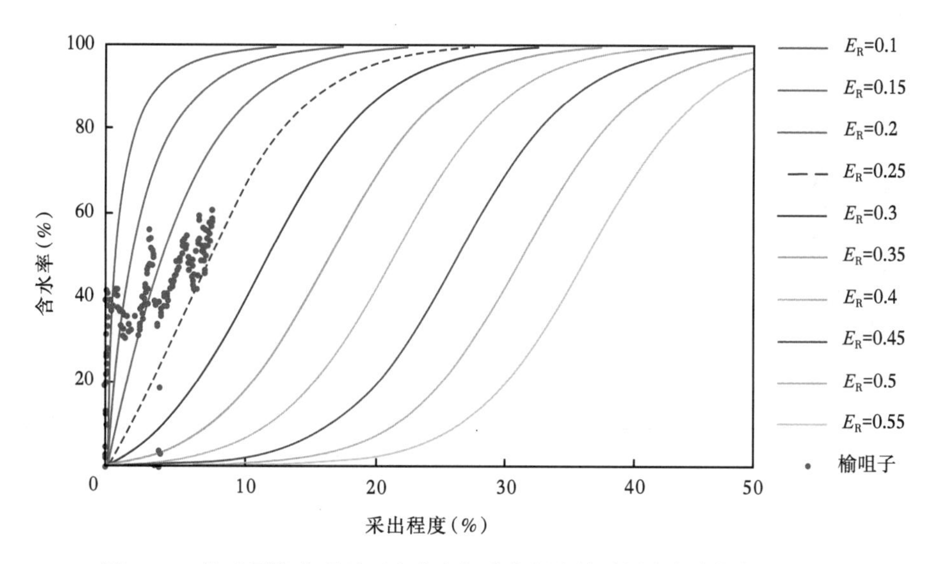

图 5-15　榆咀子注水项目区含水率与采出程度关系图（改进的童氏图版）

含水上升率为含水率与采出程度关系曲线的导数，定义为每采出 1% 的地质储量含水率上升的百分数。其计算公式：

$$I_{NW}=\frac{f_2-f_1}{R_2-R_1} \tag{5-9}$$

式中　I_{NW}——阶段含水上升率，%；

f_1——阶段初期的含水率，%；

f_2——阶段末期的含水率，%；

R_1——阶段初期采出程度，%；

R_2——阶段末期采出程度，%。

含水上升率是评价水驱油田开发特征的重要指标（表 5-9），油藏工程师普遍采用童氏水驱特征曲线图版进行评价，含水上升率低，说明油藏水驱效果好。

表 5-9　低渗透—特低渗透油藏中含水期含水上升率评价标准表

分类	Ⅰ类	Ⅱ类	Ⅲ类
含水上升率（%）	≤ 2.5	2.5~5	＞5

“三年注水大会战”以来，8 个注水项目区综合含水上升率从 10.78% 降至 1.80%，降低 8.98 个百分点。含水上升速度从 2.5% 下降到 0.8%，降低了 1.7 个百分点（图 5-16 和图 5-17）。

图 5-18 为吴仓堡、老庄、甄家峁、榆咀子共 4 个注水项目区 2016 年至 2018 年含水上升率指标，其中吴仓堡注水项目区含水上升率由 2016 年的 5.97% 下降到 2018 年的 1.85%，至 2018 年末，除榆咀子外，其他 3 个注水项目区含水率均达到Ⅰ—Ⅱ类开发水平，说明延长油田常用的“控水稳油”政策逐渐起到好的效果。

另外，学庄注水项目区2015年12月的含水率为70.38%，2018年6月含水率为68.20%，达到Ⅰ类开发水平。

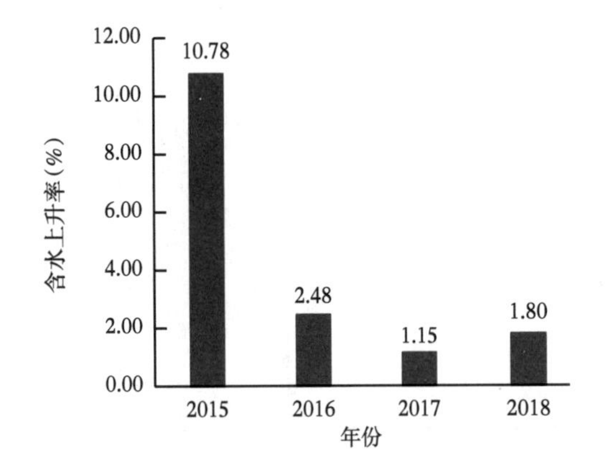

图5-16　注水项目区含水上升率统计图

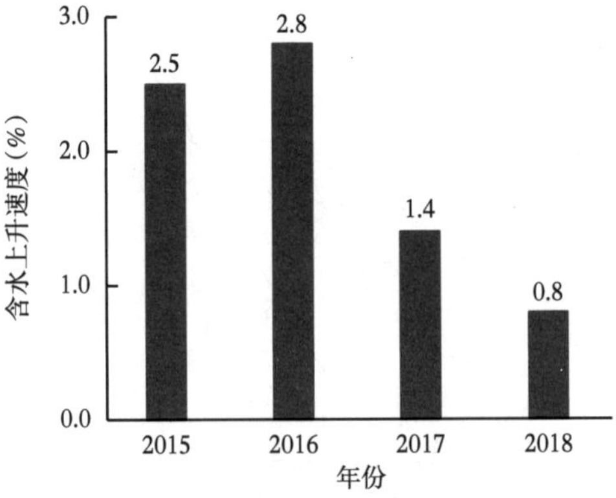

图5-17　注水项目区含水上升速度统计图

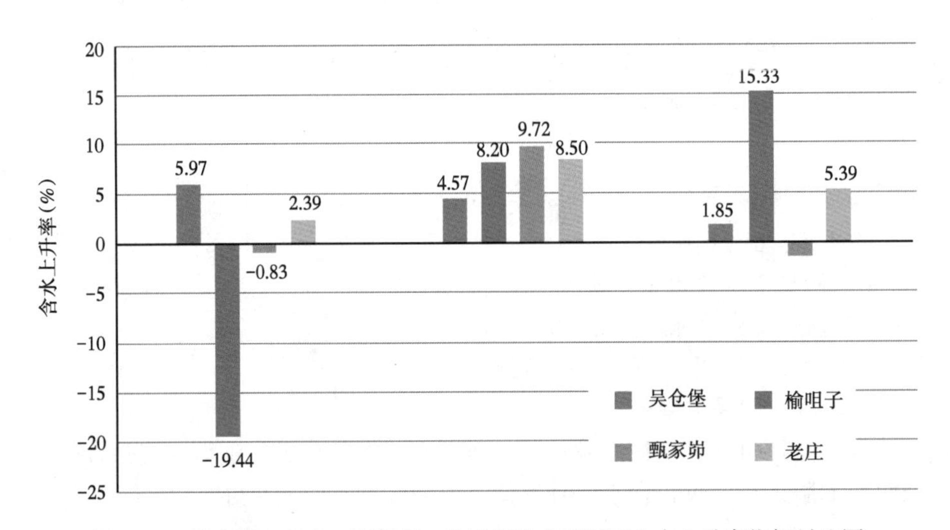

图5-18　吴仓堡、老庄、甄家峁、榆咀子注水项目区含水上升率指标对比图

七、注采比

注采比是油田注入剂（水、气）地下体积与采出液量（油、气、水）的地下体积之比。计算公式为：

$$X=\frac{V_p}{V_i} \tag{5-10}$$

式中　X——注采比；

V_p——采出流体地下总体积，%；

V_i——注入流体地下总体积，%。

该指标常常与合理注采比对比评价。合理注采比可以通过采用近年的注水开发的动态指标围绕目标建立线性规划数学模型，以各项参数间的最佳拟合关系作为条件计算得出最优解。一般情况下，低渗透油藏合理累计注采比在0.6~1.2之间。

例如，吴仓堡注水项目区长2组注采比为0.70，2018年累计注采比为0.41（图5-19），与合理注采比相比依然偏低，但经过调控措施，累计注采比逐渐增大，说明注水效果持续向好，因此后续还需要保持较高的注水强度来提高累计注采比，弥补地下亏空。

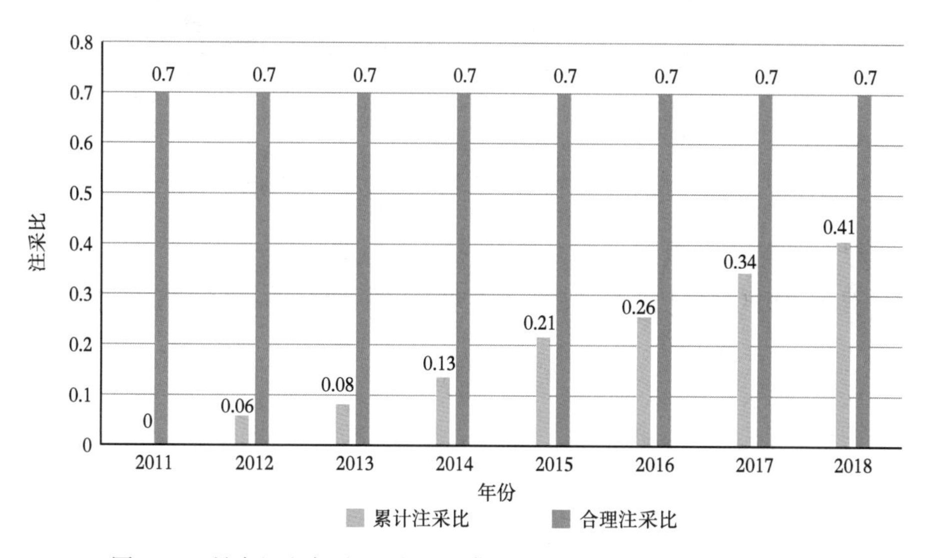

图5-19 吴仓堡注水项目区长2油藏累计注采比和合理注采比统计图

八、耗水率

耗水率是指注水开发油田每采出1t原油所伴随的采出的注入水量。耗水率低说明注入水的利用率高，可减少注水量，降低注水成本。计算公式为：

$$\omega=\frac{\mathrm{d}N_{\mathrm{i}}}{\mathrm{d}Q_0} \qquad (5\text{-}11)$$

式中 ω——耗水率，t/m³；

N_{i}——采油量，t；

Q_0——注入水量，m³。

同一注采比下，随着含水率上升，耗水率增长幅度明显；根据低渗透—特低渗透油藏耗水率评价标准（表5-10），2018年吴仓堡注水项目区延安组耗水率2.16（图5-20），处于Ⅱ类水平。无论是阶段还是累计的实际耗水率都高于理论值，说明注水利用还有待提高。

表5-10 低渗透—特低渗透油藏耗水率评价标准表

分类	Ⅰ类	Ⅱ类	Ⅲ类
耗水率（t/m³）	≤2.0	2.0~4.0	＞4.0

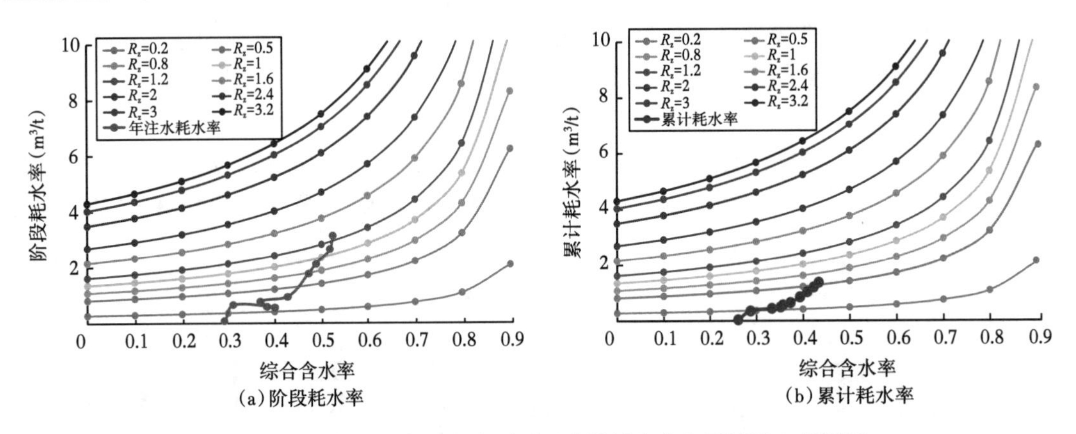

(a)阶段耗水率　　(b)累计耗水率

图 5-20　吴仓堡延安组注水项目区阶段耗水率和累计耗水率图版

九、存水率

存水率是指油田（或区块）注入水地下存水量与累计注水量之比。计算公式为：

$$E_s = \frac{N_i - Q_w}{N_i} \tag{5-12}$$

式中　E_s——存水率；

N_i——累计注水量，10^4m^3；

Q_w——累计产水量，10^4m^3。

对所评价的油田，注水开发过程中，存水率变化趋势主要受开发系统制约。开发系统选择合理，适应油田地质特点，采收率高，则存水率变化趋势与标准曲线吻合。否则，应综合调整开发系统，以改善开发效果。

吴仓堡区自 2011 年投入注水开发，因延安组和长 2 油层组油藏有边底水或弱边底水的影响，整体区块的阶段注采比为 0.34~1.16，存水率为 0.15~0.57；累计注采比为 0.18~0.60，累计存水率为 0.44~0.32。前期无法评价，近阶段和累计存水率都渐与图版理论值接近且偏高，说明注水效果改善。2018 年存水率 0.46，累计存水率 0.30（图 5-21），均在理论线偏上运行，图版适用于今后的注水效果评价，效果持续变好。

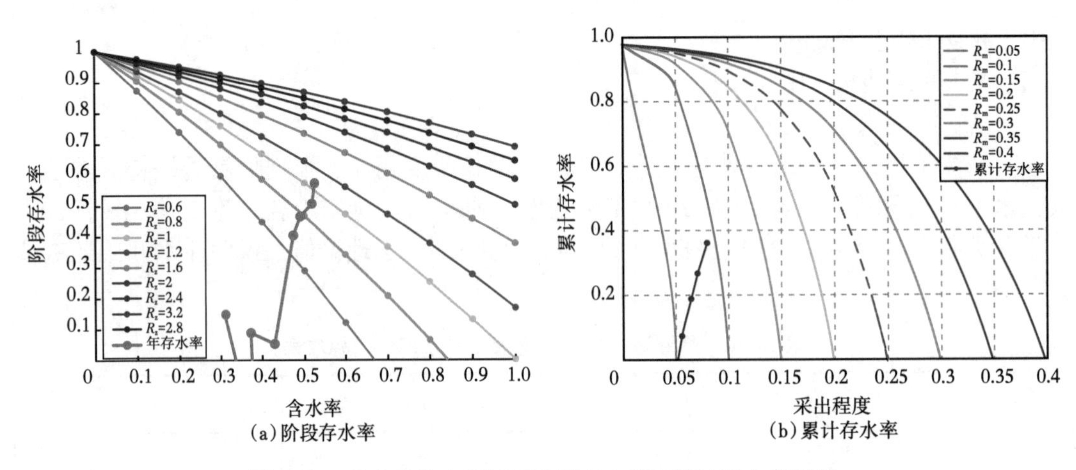

(a)阶段存水率　　(b)累计存水率

图 5-21　吴仓堡注水项目区阶段存水率和累计存水率图版

老庄区自2011年3月投入注水开发以来，逐渐加大注水量弥补地下亏空，2015年之前注采比逐年递增，但相对较低，年均注采比0.58，2015年开始实施注水工程计划，年均注采比达到1.06，至2018年，年注采比1.16，累计注采比0.78。2018年存水率0.36，累计存水率0.30（图5-22），均靠近理论线上运行，说明注水利用率越来越高。

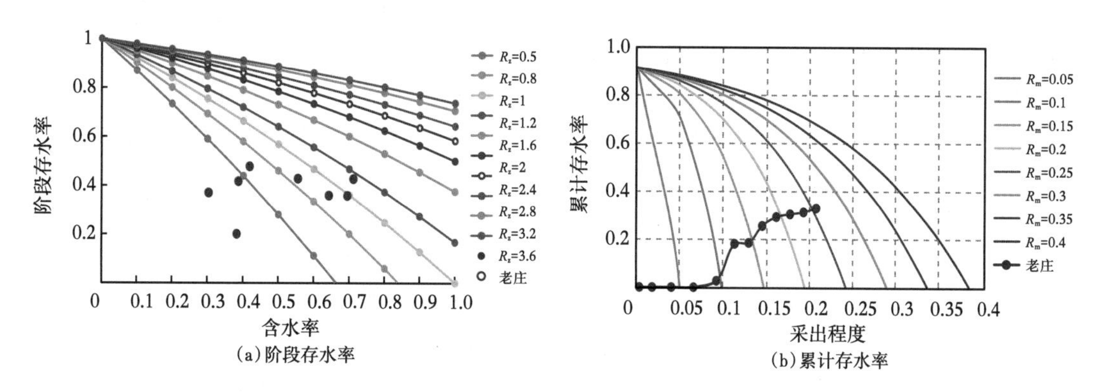

图5-22　老庄注水项目区阶段存水率和累计存水率图版

十、水驱指数

水驱指数定义为某一段时间内，注水量与产水量之差与地下产油量的比值。水驱指数反映了油田开发某一段时间内的注水能量利用率和注水开发效果的好坏，水驱指数越大，说明需要的注水量也越大。计算公式为：

$$S_p = \frac{N_i - Q_w}{Q_{op}} \tag{5-13}$$

式中　S_p——水驱指数，m^3/t；

　　Q_{op}——产油量（地下），t。

例如，吴仓堡区自2011年投入注水开发，因延安组和长2组油藏有边底水或弱边底水的影响，整体区块的注采比为0.02~1.16，水驱指数整体很低，为−1.5~1.3（图5-23），但阶段水驱指数、累计水驱指数近期均与理论曲线接近，说明注水能量利用率在提高。

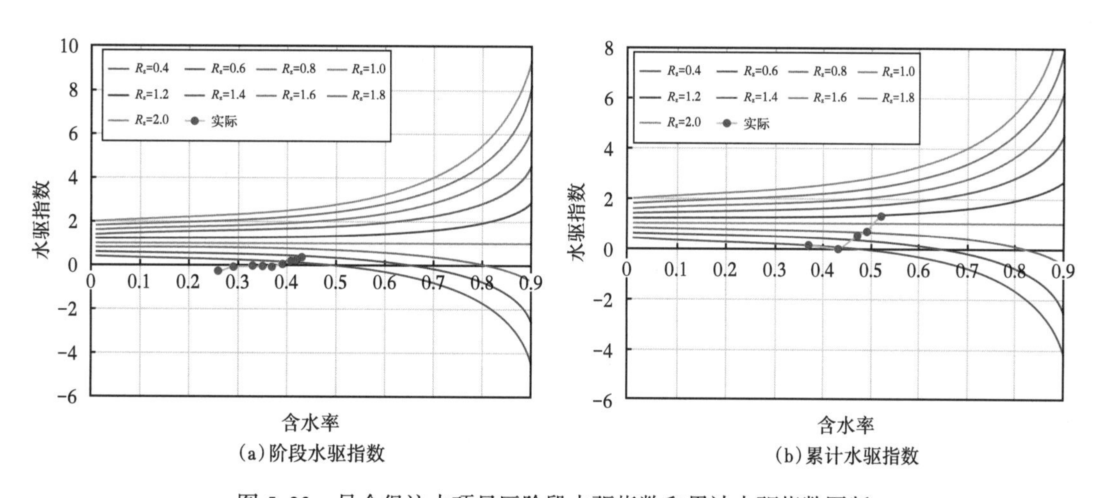

图5-23　吴仓堡注水项目区阶段水驱指数和累计水驱指数图版

十一、地层压力保持水平

合理的地层压力系统对于保持注水效率、稳定产量及提高采收率具有重要意义。对于采油井来说，合理的地层压力可以使油层有较高的压力补给，可以使生产效率最大化。这里要注意的是，为了更好地评价地层压力保持水平，在选取压力测试井点时，应尽量均匀分布在油藏各个部位，保证评价结果的准确性。

依据低渗透—特低渗透油藏地层压力保持水平评价标准（表 5-11），柳沟注水项目区延 10 地层压力由 2015 年的 6.1MPa 至 2018 年恢复到 7.6MPa，恢复到原有地层压力的 87%，为Ⅱ类水平；吴仓堡区油层压力保持水平由 2016 年 41.6% 上升到 2018 年 46.8%（图 5-24），处于Ⅲ类开发水平，结合生产数据来看，说明开发效果持续向好；老庄项目区压力保持水平由 2015 年 36% 上升到 2017 年的 68%，2018 年又降至 49%，处于Ⅱ至Ⅲ类偏低开发水平（图 5-25）；甄家峁注水项目区长 6 油藏 2014 年地层压力测试为 6.53MPa，2017 年回升至 8.24MPa，达到原始地层的 68.6%，为Ⅱ类开发水平；榆咀子项目区 2015 年至 2018 年随着强化注水持续进行，地层压力稳步回升，2018 年地层压力达到 10.86MPa，地层压力保持水平 99.92%，处于Ⅰ类开发水平（图 5-26）；郝家坪注水项目区地层压力由 2015 年 2.37MPa 回升至 2017 年的 3.52MPa，压力保持水平仍然较低，为Ⅱ类偏低开发水平。

表 5-11　低渗透—特低渗透油藏地层压力保持水平评价标准表

分类	Ⅰ类	Ⅱ类	Ⅲ类
地层压力保持水平（%）	≥ 90	60~90	＜ 60

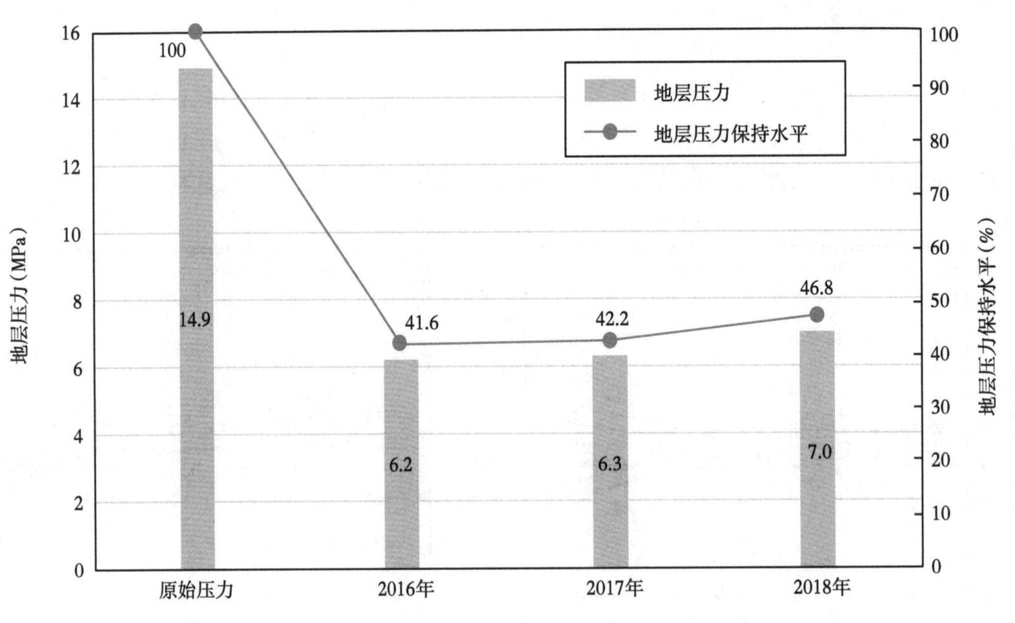

图 5-24　吴仓堡注水项目区 2016 年至 2018 年油水井压力数据统计图

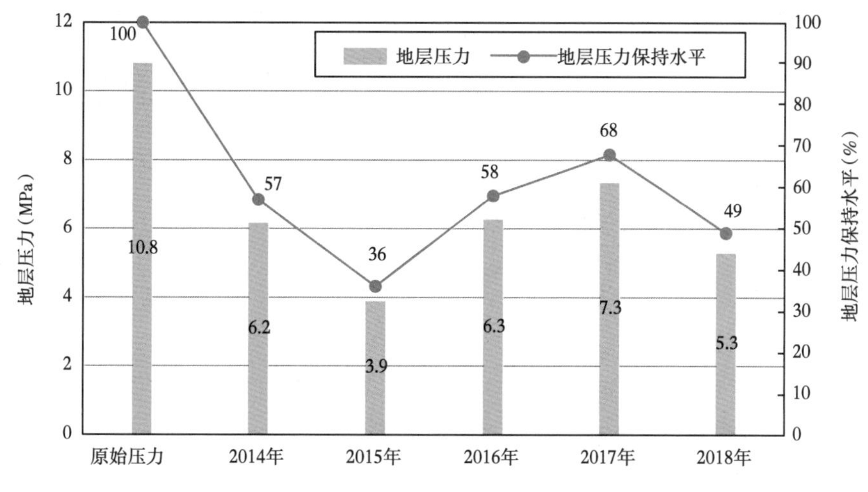

图 5-25　老庄注水项目区 2014 年至 2018 年油水井压力数据统计图

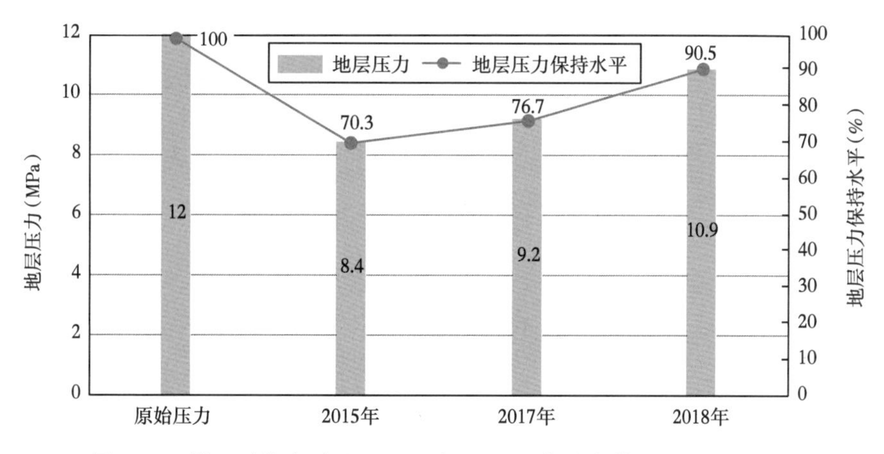

图 5-26　榆咀子注水项目区 2015 年至 2018 年油水井压力数据统计图

十二、注入水质达标状况

油田注水的目的是通过一系列注水管网、注水设备及注水井将水注入地层，使地层保持能量，提高采油速度和原油采收率。因此，油田注水水质根据实际油藏情况，对其注入性、腐蚀性和配伍性均有具体要求。一般按照 SY/T 5329—2022《碎屑岩油藏注水水质指标技术要求及分析方法》规定的相关水质标准检查注入水质达标符合程度。

延长油田结合油田勘探开发的实际情况，经过多年的探索与实践，在水质的悬浮物、油分、平均腐蚀率、膜滤系数、溶解氧、二氧化碳、硫化氢和细菌等方面开展了相关研究与探索，形成了符合延长油田实际的采出水回注水水质标准（表 5-12 和表 5-13）。根据石油行业标准，指标符合大于等于 9 项为Ⅰ类，大于等于 6 项、小于 9 项为Ⅱ类，小于 6 项为Ⅲ类。

表 5-12 延长油田采出水回注技术指标表（2019 年试行）

水质指标[①]		标准分级及注入层平均空气渗透率（$10^{-3}\mu m^2$）			
		Ⅰ级	Ⅱ级	Ⅲ级	Ⅳ级
		≤ 1.0	1.0~10.0	10.0~20.0	≥ 20.0
主要控制指标	悬浮物含量（mg/L）	≤ 5.0	≤ 8.0	≤ 10.0	≤ 15.0
	悬浮物颗粒直径中值（μm）	≤ 3.0	≤ 3.0	≤ 5.0	≤ 5.0
	含油量（mg/L）	≤ 8.0	≤ 10.0	≤ 20.0	≤ 30.0
	平均腐蚀率（mm/a）	≤ 0.076			
	硫酸盐还原菌（个 /mL）	≤ 10			
	腐生菌（个 /mL）	≤ 10^2			
	铁细菌（个 /mL）	≤ 10^2			
辅助性控制指标	总铁量（mg/L）	≤ 0.5			
	pH	6.5~7.5			
	溶解氧（mg/L）	油层水≤ 0.05、清水≤ 0.5			
	硫化物（mg/L）	油层水≤ 2.0、清水 0			
	配伍性[②]	良好（岩心伤害率≤ 30%）			
	侵蚀性 CO_2（mg/L）	-1~1			

①水质基本要求。

a. 与油层水配伍。水质稳定，与油层水相混不产生沉淀；b. 与油层配伍。注入水注入油层后不应产生敏感性伤害；c. 当注入水水源、处理工艺或注入层发生改变时，须进行注入水与油层（水）配伍性评价试验，证实注入水与油层（水）配伍性好，对油层无伤害才可注入。

②配伍性。

用注入水进行岩心伤害实验，岩心伤害率≤ 30% 时为配伍性良好。

注：a. 侵蚀性二氧化碳含量等于零时此水稳定，大于零时此水可溶解碳酸钙并对注水设施有腐蚀作用，小于零时有碳酸盐沉淀出现；

b. 当水中含亚铁时，由于铁细菌作用可将二价铁转化为三价铁而生成氢氧化铁沉淀；当水中含硫化物（S^{2-}）时，可生成 FeS 沉淀，使水中悬浮物增加。

表 5-13 延长油田不同区块不同层位采出水回注主要技术指标表（2019 年试行）

采油厂	区块	层位	渗透率（$10^{-3}\mu m^3$）	悬浮物含量（mg/L）	悬浮物颗粒直径中值（μm）	含油量（mg/L）	备注
吴起	庙沟	延安组	10.4~15.8	10	5	20	柳沟所在区
		长 1—长 3	3.02~6.4	8	3	10	
		长 4+5—长 6	0.97~1.25	5	3	8	
		长 7 及以下	0.38~1.38	5	3	8	
	吴仓堡	延安组	12.2~19.3	10	5	20	
		长 1—长 3	2.09~7.86	8	3	10	
		长 4+5—长 6	0.81~1.45	5	3	8	
		长 7 及以下	0.16~1.07	5	3	8	

续表

采油厂	区块	层位	渗透率 （$10^{-3}\mu m^3$）	悬浮物含量 （mg/L）	悬浮物颗粒直径中值 （μm）	含油量 （mg/L）	备注
志丹	双河	延安组	14.7~565.1	15	5	30	甄家峁所在区
		长1—长3	0.9~98.4	8	3	10	
		长4+5—长6	0.1~7.2	8	3	10	
		长7及以下	0.01~2.35	5	3	8	
	旦八	延安组	50~80	15	5	30	榆咀子邻区
		长1—长3	0.10~34.10	8	3	10	
		长4+5—长6	0.02~4.25	5	3	8	
		长7及以下	0.02~2.67	5	3	8	
定边	学庄	延安组	9.31~10.1	10	5	20	
		长1—长3	7.22	8	3	10	
		长4+5—长6	1.42	8	3	10	
		长7及以下	0.28~2.40	5	3	8	
靖边	东坑	延安组	14.5	10	5	20	老庄邻区
杏子川	郝家坪	长1—长3	15	10	5	20	
宝塔	丰富川	长1—长3	8.4	8	3	10	
		长4+5—长6	0.48~0.69	5	3	8	

注：（1）对尚未列入或以后新增注水区块可参照其他区块执行，待条件成熟后予以补充；
（2）该表中仅提供注入水中的悬浮物含量、悬浮物颗粒直径中值、含油量等主要指标，其他相关指标同表5-12；
（3）如区块内不同开发单元渗透率差别较大，则各开发单元依照表5-12所划分的渗透率级别对照确定相应水质标准；
（4）油田清水注水技术指标参照此推荐指标执行。

统计延长8个注水项目区注入水分析化验结果，一一对照表5-12统计可知，老庄注水项目区注入水水质达标符合要求的为7项，属于Ⅱ类，其余柳沟、郝家坪等7个注水项目区的注入水水质达标均大于等于9项，属于Ⅰ类。综合分析认为8个注水项目区水质达标状况总体达到Ⅰ类。

十三、油水井免修期

油田进入开发后，生产方式均采用机械采油，采油设备是否正常制约着油井的正常生产。油藏开发过程中，油井生产受到结蜡、出砂、偏磨等因素的影响，出现蜡卡、断脱、漏失等故障，造成躺井，降低油井免修期，影响油井的开发效益。找出影响油井正常生产的原因并采取有效的措施解决问题，可有效提高油井免修期，也是大油田生产开发的重要工作。

依据石油工业行业规范标准 SY/T 6219—1996《油田开发水平分级》，当油水井免修期大于等于 300 天时属于Ⅰ类开发水平，当油水井免修期在 200~300 天之间时属于Ⅱ类开发水平，当油水井免修期小于 200 天时属于Ⅲ类开发水平。

根据延长油田 8 个注水项目区的实际情况统计，柳沟注水项目区 2015 年至 2018 年期间的油水井免修期平均 323 天，属于Ⅰ类开发水平；学庄注水项目区 2015 年至 2018 年期间的油水井免修期平均 347 天，属于Ⅰ类开发水平；老庄注水项目区 2014 年至 2018 年期间的油水井免修期平均分别为 224 天，属于Ⅱ类开发水平；榆咀子注水项目区 2017 年至 2018 年期间的油水井免修期分别为 245 天、240 天，属于Ⅱ类开发水平；丰富川注水项目区 2015 年至 2018 年期间的油水井免修期平均为 259 天，属于Ⅱ类开发水平；其他 3 个注水项目区的油水井免修期平均大于 300 天，属于Ⅰ类开发水平。综合分析认为 8 个注水项目区总体开发水平达到Ⅰ类。

十四、动态监测计划完成率

油气田注水开发过程中，动态监测是一项系统工程，贯穿于油田开发的整个过程。动态监测是认识油藏的重要手段、制定开发技术政策的基础、开发调整的依据、科学开发提高采收率的保障，是油藏开发者工作者的“地下眼睛”。

动态监测计划完成率，是指年实际完成动态监测井次占年计划动态监测井次的百分比。依据石油行业标准，计划完成率不小于 95% 时属于Ⅰ类，在 90%~95% 之间的属于Ⅱ类，小于 90% 的属于Ⅲ类。

根据延长油田 8 个注水项目区的实际情况统计，柳沟注水项目区 2015 年至 2018 年之间动态监测计划完成率平均为 92.3%，属于Ⅱ类；学庄注水项目区 2015 年至 2018 年之间动态监测计划完成率平均为 100.0%，属于Ⅰ类；郝家坪注水项目区 2015 年至 2017 年之间共进行各类措施井及测试井 115 口，动态监测计划完成率平均为 100.0%，属于Ⅰ类；其他 5 个注水项目区的动态监测计划完成率均大于 95%，属于Ⅰ类。综合分析认为 8 个注水项目区总体动态监测计划完成率达到Ⅰ类。

第三节　采收率评价

目前计算采收率的方法很多，但总的趋向是在充分掌握油田实际资料的基础上，通过综合分析来确定目前和最终采收率。

一、递减曲线法

产量处于稳定递减的油田，主要采用 Arps 递减公式进行产量预测，目前，常采用的 Arps 递减有指数、双曲和调和 3 种递减规律。

Arps 递减规律通用表达式为：

$$Q = Q_{\mathrm{i}}\left(1 + nD_{\mathrm{i}}t\right)^{-1/n} \tag{5-14}$$

$$N_p = \frac{Q_i^n}{D_i}\left(\frac{1}{1-n}\right)\left(Q_i^{1-n} - Q^{1-n}\right) \tag{5-15}$$

式中　Q——单位时间产油量，10^4/a；

Q_i——初始递减产量，10^4t/a；

D_i——初始递减率；

N_p——累计产油量，10^4t；

t——时间，a；

n——递减指数。

n 值用于判断递减类型。当 n=0 时，为指数递减；当 n=1 时，为调和递减；当 $0<n<1$ 时，为双曲递减。

双曲递减是最有代表性的递减类型，指数递减和调和递减是当 n=0 和 n=1 时的特定的双曲线递减类型。

Arps 递减类型及产量递减规律表达式见表 5-14。

表 5-14　Arps 递减类型及产量递减规律表达式表

递减类型	指数递减	双曲递减	调和递减
递减指数	n=0	$0<n<1$	n=1
递减率	D=D_i=1	$D = D_i\left(1+nD_it\right)^{-1}$	$D = D_i\left(1+D_it\right)^{-1}$
产量与时间	$Q = Q_ie^{-D_i}$ $\lg Q = \lg Q_i - \frac{D}{2.303}t$	$Q = Q_i\left(1+nDt\right)^{-1/n}$ $E_V = e^{-a/s}$	$Q = Q_i\left(1+nD_it\right)^{-1}$ $\frac{1}{Q} = \frac{1}{Q_i} + \frac{D_i}{Q_i}t$
产量与累计产量	$Q = Q_i - DN_p$ $N_p = \frac{Q_i - Q}{D_i}$	$N_p = \frac{Q_i^n}{D_i}\left(\frac{1}{1-n}\right)\left(Q_i^{1-n} - Q^{1-n}\right)$	$N_p = \frac{Q_i}{D_i}\ln\frac{Q_i}{Q}$ $\lg Q = \lg Q_i - 2.303\frac{D_i}{Q_i}N_p$

例如，吴仓堡注水项目区长 2 油藏，从递减类型拟合上看，递减类型最接近双曲递减，预测采收率 24.66%（图 5-27）。榆咀子注水项目区长 6 油藏，从递减类型拟合上看，递减类型最接近指数递减，预测采收率 25.78%（图 5-28）。

基于递减曲线法的原理，其预测采收率的优势在于，预测结果会随着开发进程的推进而越来越准确，这需要大量的数据支持。应用时要求井网已经完善，并且已经开发有一段时间，递减有规律可循的开发阶段，不适用于勘探、试采和产能建设阶段。

二、水驱特征曲线法

水驱特征曲线（也叫驱替特征曲线）是水驱开发油藏采出液、产油量和产水量的关系曲线。主要用来评价注水开发油藏可采储量、采收率和动态储量，在国内外油田预测开发指标和可采储量中得到了广泛应用（表 5-15）。

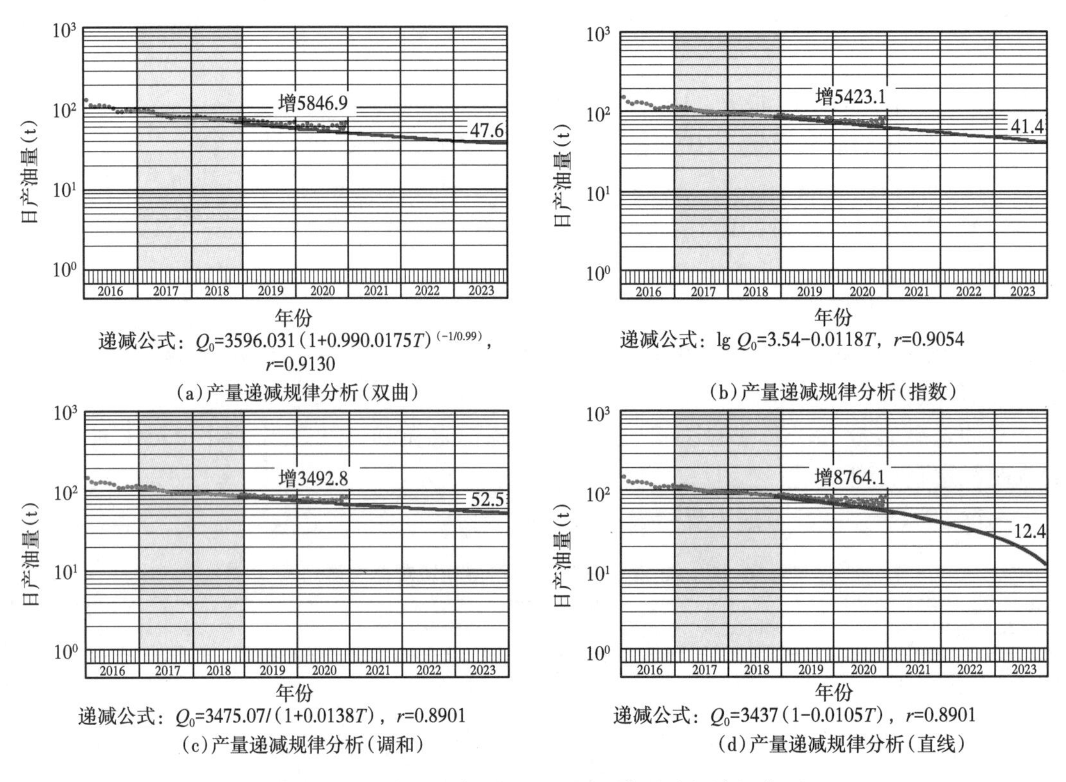

图 5-27　吴仓堡注水项目区长 2 油藏递减规律拟合图

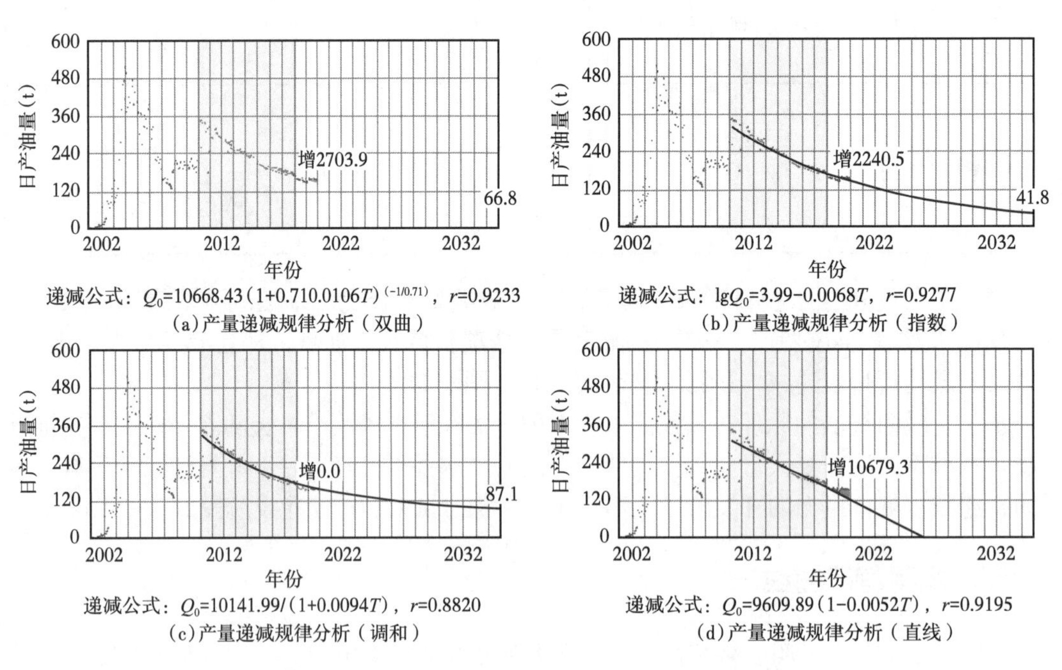

图 5-28　榆咀子注水项目区长 6 油藏递减规律拟合图

表 5-15　水驱特征曲线分类表

类型	基本表达式	f_w–N_p 关系	$\frac{df_w}{dR}-R$ 关系
甲型水驱特征曲线	$\lg W_p=A_1+B_1N_p$	$N_p=\frac{\lg\left(\frac{f_w}{1-f_w}\right)-A_1+\lg(2.303B_1)}{B_1}$	$\frac{df_w}{dR}=\frac{10^{\frac{R+b_1}{a_1}}\left(\frac{1}{a_1}\ln 10-1\right)}{\left(1+10^{\frac{R+b_1}{a_1}}\right)^2}$
乙型水驱特征曲线	$\lg L_p=A_2+B_2N_p$	$N_p=\frac{\lg\left(\frac{1}{1-f_w}\right)-A_2+\lg(2.303B_2)}{B_2}$	$\frac{df_w}{dR}=\frac{2.303B_2N}{10^{(B_2NR+C_2)}}$
丙型水驱特征曲线	$L_p/N_p=A_3+B_3L_p$	$N_p=\frac{1-\sqrt{A_3(1-f_w)}}{B_3}$	$\frac{df_w}{dR}=\frac{2B_3N(1-B_3NR)}{A_3}$
丁型水驱特征曲线	$L_p/N_p=A_4+B_4W_p$	$N_p=\frac{1-\sqrt{A_4(1-f_w)/f_w}}{B_4}$	$\frac{df_w}{dR}=\frac{2B_4N(A_4-1)(1-B_4NR)}{\left[A_4-1+(1-B_4NR)^2\right]^2}$

由于含水率的变化，除了受地层油水黏度比的影响外，还要受到油藏类型、储层物性、非均质性、注采方式、采液速度和工艺条件的制约和影响。所以，在应用水驱特征曲线时，应该根据油田生产实际含水率曲线形态来优选适用的水驱特征曲线。根据不同的原油黏度选择不同的曲线类型（表 5-16）。

表 5-16　水驱特征曲线适用条件表

水驱特征曲线	甲型	乙型	丙型	丁型
黏度（mPa·s）	3~30	≥ 30	3~30	≤ 3
含水率（%）	≥ 40		≥ 80	≥ 40

例如，吴仓堡区采用水驱特征曲线法预测采收率时，由于是中等黏度油藏（黏度约3.1mPa·s），首先排除掉乙型曲线，在选取直线段拟合实际数据后发现，甲型曲线拟合程度最高（图 5-29），因此后续在预测采收率时，采用甲型水驱特征曲线。而根据甲型水驱

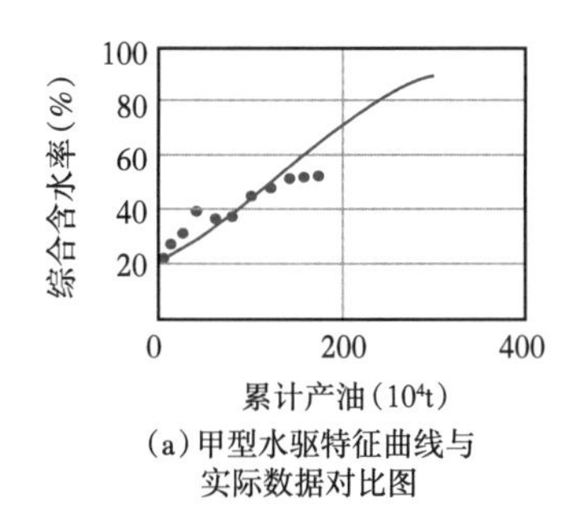

（a）甲型水驱特征曲线与实际数据对比图

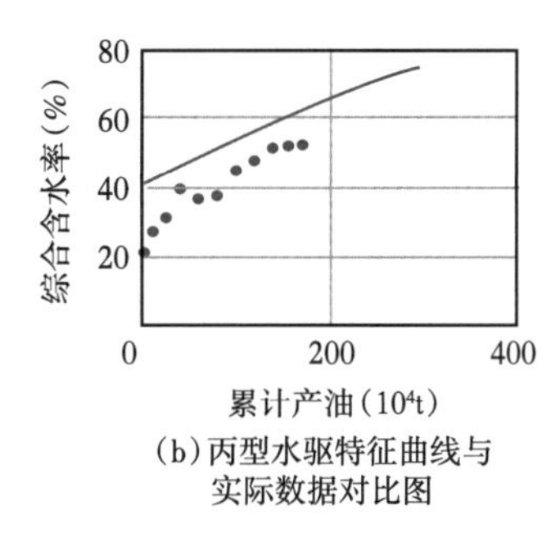

（b）丙型水驱特征曲线与实际数据对比图

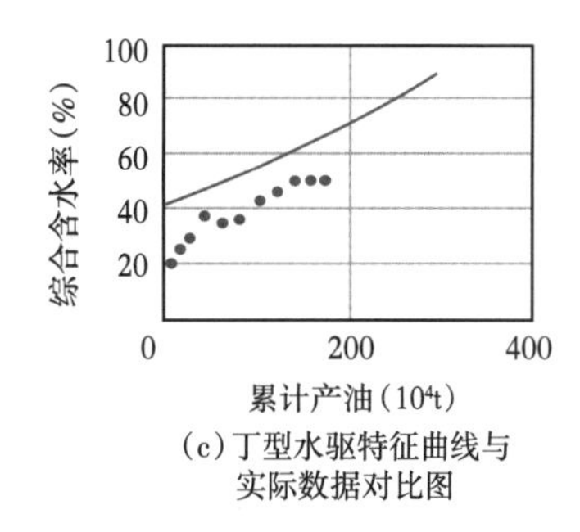

（c）丁型水驱特征曲线与实际数据对比图

图 5-29　吴仓堡注水项目区甲型、丙型、丁型水驱特征曲线与实际数据对比图

特征曲线，预测吴仓堡区长 2 油藏采收率 23.17%，长 9 油藏采收率 10.90%，总计采收率为 18.71%（图 5-30）。根据甲型水驱特征曲线，预测甄家峁区长 6 油藏采收率 23.12%（图 5-31），榆咀子区长 6 油藏采收率 26.14%（图 5-32）。

甲型水驱特征曲线与实际数据对比图、丙型水驱特征曲线与实际数据对比图、丁型水驱特征曲线与实际数据对比图。

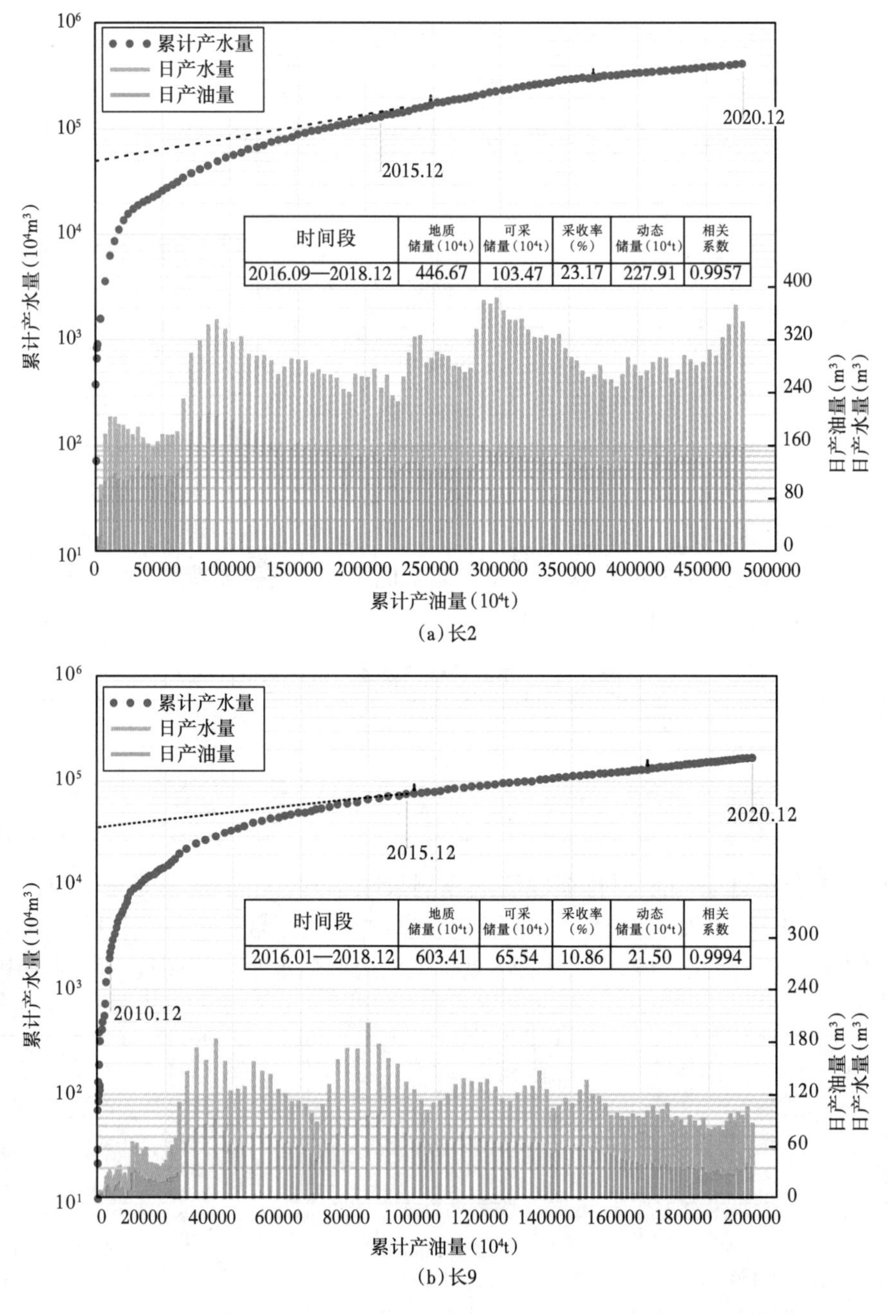

图 5-30 吴仓堡注水项目区长 2 和长 9 储层甲型水驱特征曲线图

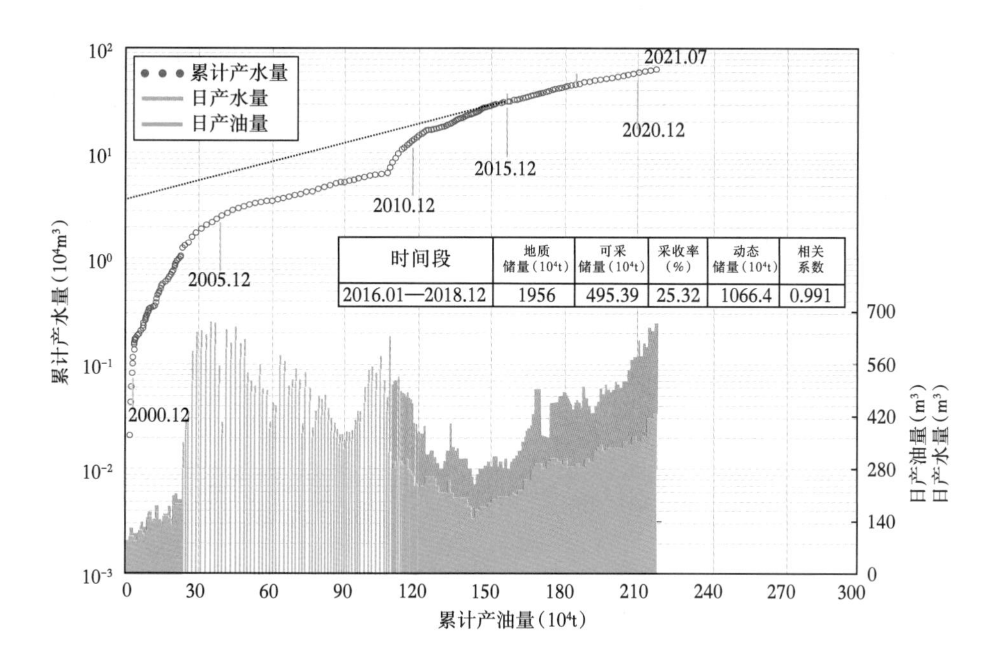

时间段	地质储量（10^4t）	可采储量（10^4t）	采收率（%）	动态储量（10^4t）	相关系数
2016.01—2018.12	1956	495.39	25.32	1066.4	0.991

图 5-31　甄家峁长 6 油藏甲型水驱特征曲线图

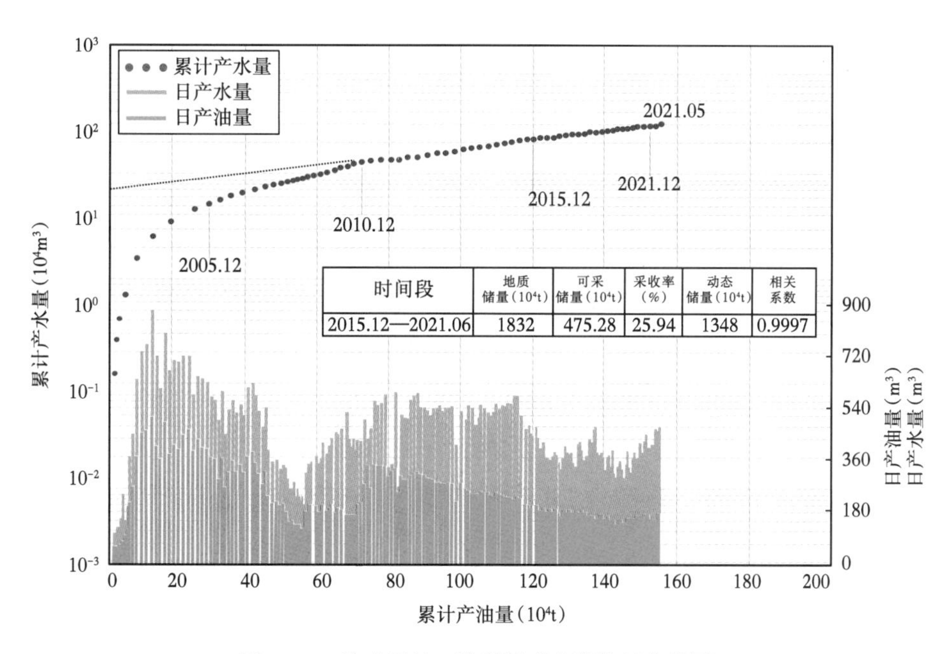

时间段	地质储量（10^4t）	可采储量（10^4t）	采收率（%）	动态储量（10^4t）	相关系数
2015.12—2021.06	1832	475.28	25.94	1348	0.9997

图 5-32　榆咀子长 6 油藏甲型水驱特征曲线图

水驱特征曲线法预测采收率同样需要油藏开发至一定阶段，通过含水率上升是否稳定来决定是否应用该方法。甲型、乙型、丙型、丁型水驱特征曲线对含水率、原油黏度有一定的要求，因此在选择时要着重考虑流体性质。与递减曲线法不同的是，应用时不需要井网已经完善，因此常常用来评价区块综合调整的效果。

三、经验公式法

1985年，我国学者陈元千利用美国、苏联公布的109个水驱砂岩油藏和我国114个水驱砂岩油藏资料进行了统计。利用多元回归分析，得到了影响采收率的主要因素为油层渗透率和原油地下黏度两者的比值（流度），与采收率的相关经验公式：

$$E_R = 0.214289\left(\frac{K}{\mu_o}\right)^{0.1316} \tag{5-16}$$

长庆油田低渗透油藏经验公式：

$$E_R = 0.1646 + 0.1226\lg\left(\frac{K}{K_{oi}}\right) \tag{5-17}$$

式中　K_{oi}——油层有效渗透率，$10^{-3}\mu m^2$。

大庆低渗透油田经验公式：

$$E_R = 0.3634 + 0.089\lg\frac{K}{\mu_o} - 0.011146 + 0.0007S \tag{5-18}$$

我国东部地区150个水驱砂岩油藏，统计得到的相关经验公式：

$$E_R = 0.058419 + 0.084612\lg\frac{K}{\mu_o} + 0.3464 + 0.003871S \tag{5-19}$$

式中　E_R——采收率，%；

K——油层平均渗透率，$10^{-3}\mu m^2$；

μ_o——原油地下黏度，mPa·s；

S——井网密度，口/km²。

各区按层位分别用经验公式计算采收率，结果统计见表5-17。

表5-17　经验公式法采收率计算结果表

区块	层位	渗透率（$10^{-3}\mu m^2$）	原油黏度（mPa·s）	井网密度（口/km²）	孔隙度（%）	采收率（%）				平均采收率（%）
						式（5-16）	式（5-17）	式（5-18）	式（5-19）	
吴仓堡	延10	10.45	5.42	18.0	13.1	23.36	26.23	25.54	19.76	23.72
	长2	5.81	5.42	21.2	10.9	21.63	23.11	25.94	18.08	22.19
	长9	0.50	5.42	21.2	8.8	15.66	10.05	18.80	8.34	13.21
榆咀子	长6	2.20	2.44	20.4	12.6	21.14	17.94	23.32	17.72	20.03
甄家峁	长6	1.97	2.44	15.0	10.3	20.83	17.35	25.08	14.43	19.42
老庄	延9	11.32	8.60	20.0	15.7	22.22	26.66	21.30	20.03	22.55

根据数据分析知，部分油藏不适合应用部分经验公式，例如长9油藏，运用式（5-16）和式（5-18）评价采收率时误差过大，不符合常规认识，这是由于渗透率越低的油藏，渗

流特征越不符合达西定律。各公式基于其原理，均有适用条件，见表 5-18。

表 5-18　各公式适用条件分析表

公式	参数敏感性				不适用情况	推荐适用层位
	渗透率	原油黏度	井网密度	孔隙度		
式（5-16）	强	强				延 9、延 10、长 2、长 6
式（5-17）	强				中高渗透油藏，高温油藏	长 6、长 9
式（5-18）	强	强	弱	中	井网未完善油藏	延 9、延 10、长 2、长 6
式（5-19）	强	强	中	强	井网未完善油藏，超低渗透、致密油藏	延 9、延 10、长 2

经验公式法的优势在于可在油田的勘探阶段应用，可估算出相对准确的采收率。因油田开发过程中夹杂着工程、管理等人为因素，因此常在开发过程中或高含水阶段与其他方法结合使用。

根据上述方法，对学庄注水项目区的资料进行处理结果统计见表 5-19，综合评价采收率为 26.6%。

表 5-19　学庄注水项目区采收率计算汇总表

计算方法	经验公式法	水驱特征曲线法	递减曲线法	综合评价
采收率 E_R（%）	25.1	25.6	29.2	26.6

第四节　开发效果综合评价

目前尚未有统一的注水开发效果评价行业标准，延长油田从“油藏、工程、管理、效益”四个方面入手，以“注好水、注够水、精细注水、有效注水”为指导理念，深化注水评价方法认识，运用分析水驱控制程度、水驱动用程度、能量保持和利用水平、采油速度、采出程度、措施有效率、配注合格率、油水井综合生产时率、含水上升率和递减率等技术指标，依据其重要程度进行权重赋值和综合评分，对 8 个注水开发区开发效果进行评价，综合评价结果见表 5-20。

表 5-20　延长油田 8 个注水项目区 2016 年至 2018 年开发水平综合评价表（据 SY/T 6219—1996）

项目	类别			柳沟	吴仓堡	学庄	老庄	甄家峁	榆咀子	丰富川	郝家坪	综合评价
	Ⅰ类	Ⅱ类	Ⅲ类									
水驱控制程度（%）	≥ 70	70~60	＜ 60	Ⅰ	Ⅰ	Ⅰ	Ⅰ	Ⅰ	Ⅰ	Ⅰ	Ⅰ	Ⅰ
水驱动用程度（%）	≥ 70	70~50	＜ 50	Ⅱ、Ⅰ	Ⅱ	Ⅱ	Ⅰ	Ⅲ	Ⅲ	Ⅱ	Ⅱ、Ⅰ	Ⅱ
能量保持和利用水平（%）	≥ 90	90~60	＜ 60	Ⅱ	Ⅲ、Ⅱ	Ⅱ	Ⅲ、Ⅱ	Ⅱ	Ⅱ、Ⅰ	Ⅲ	Ⅱ	Ⅱ
剩余可采储量采油速度（%）	≥ 5	5~4	＜ 4	Ⅰ	Ⅰ	Ⅰ	Ⅰ	Ⅱ	Ⅲ	Ⅲ	Ⅲ	Ⅲ

续表

项目	类别			柳沟	吴仓堡	学庄	老庄	甄家峁	榆咀子	丰富川	郝家坪	综合评价
	Ⅰ类	Ⅱ类	Ⅲ类									
老井措施有效率（%）	≥70	70~60	＜60	Ⅰ	Ⅰ	Ⅰ	Ⅰ	Ⅰ	Ⅰ	Ⅰ	Ⅰ	Ⅰ
配注合格率（%）	≥95	95~90	＜90	Ⅱ	Ⅰ	Ⅰ	Ⅲ	Ⅰ	Ⅱ	Ⅰ	Ⅱ	Ⅱ
油水井综合生产时率（%）	≥70	70~60	＜60	Ⅰ	Ⅰ	Ⅰ	Ⅰ	Ⅰ	Ⅰ	Ⅰ	Ⅰ	Ⅰ
含水上升率（%）	≤2.5	2.5~5	＞5	Ⅰ	Ⅰ	Ⅰ	Ⅲ	Ⅰ	Ⅲ	Ⅰ	Ⅰ	Ⅱ
自然递减率（%）	≤15	15~25	＞25	Ⅰ	Ⅰ	Ⅰ	Ⅰ	Ⅰ	Ⅰ	Ⅲ	Ⅰ	Ⅱ
综合递减率（%）	≤6	6~10	＞10	Ⅰ	Ⅱ	Ⅱ	Ⅰ	Ⅰ	Ⅱ	Ⅲ	Ⅰ	Ⅱ
注入水质达标状况（项）	≥9	9~6	＜6	Ⅰ	Ⅰ	Ⅰ	Ⅱ	Ⅰ	Ⅰ	Ⅰ	Ⅰ	Ⅰ
油水井免修期（d）	≥300	300~200	＜200	Ⅰ	Ⅰ	Ⅰ	Ⅱ	Ⅰ	Ⅱ	Ⅱ	Ⅰ	Ⅰ
动态监测计划完成率（%）	≥95	95~90	＜90	Ⅱ	Ⅰ	Ⅰ	Ⅰ	Ⅰ	Ⅰ	Ⅰ	Ⅰ	Ⅰ

第五节　经济效益评价

经济评价是在油气藏工程、钻井工程、采油工程及地面工程等研究成果的基础上，根据项目投入产出原理，在评价期内，通过测算项目的预期投资、营业收入和营业成本再根据相关税费政策，测算相应的税费和利润，并通过编制财务报表，计算项目的经济指标，分析项目财务盈利能力、清偿能力和财务生存能力，判断项目的经济可行性。

参考中华人民共和国石油天然气行业标准 SY/T 6511—2008《油田开发方案及调整方案经济评价技术要求》，结合延长油田实际情况，开展经济效益评价。

一、经济评价原则及依据

（一）经济评价原则

（1）遵循国家颁布的相关经济法规及石油行业关于建设项目的规定；

（2）以地质为基础，在油藏工程、钻井工程、采油工程和地面工程方案基础上进行经济分析；

（3）新区开发方案经济评价以动态评价方法为主，静态评价方法为辅；

（4）老区调整方案采用增量法进行评价，用方案调整前后费用及效益的增量数据进行评价；

（5）以经济效益为中心，追求投资效益最大化。

（二）经济评价依据

（1）某区开发调整方案；

（2）油田年生产成本；

（3）财政部关于提高石油特别收益金起征点的通知（财税〔2014〕115 号）；

（4）关于调整原油、天然气资源税有关政策的通知（财税〔2014〕73 号）。

二、经济评价基本步骤

经济评价基本操作步骤如下：

（1）了解方案的类别、目的，设计原则和要点；

（2）熟悉油藏工程、钻井工程、采油工程、地面工程方案内容并收集相关基础资料；

（3）收集财务数据和相关的经济评价参数；

（4）根据油田开发方案设计指标进行经济指标计算；

（5）对计算结果进行初步分析，采用动态经济评价模式优化评价方案；

（6）对计算方案进行不确定性分析；

（7）对不同方案进行比选，提出推荐方案；

（8）编写开发方案经济评价报告。

三、经济评价方法

（一）净现值法简介

经济可采储量是在一定的技术经济条件下，能够采出的具有经济价值的储量。经济可采储量减去累计产油气量就是剩余经济可采储量。其计算方法为净现值法，在我国资产评估界又称为收益现值法。根据投入产出原理，采用通用的现金流通量，依据当前的价格、产量、成本对未来进行预测，编制现金流量表，当现金流入等于现金流出时的累计净现值，就是剩余经济可采储量的货币价值，对应的累计产油量就是剩余经济可采储量。或者可以说，通过测算被评估资产在若干年内每年的预期收益，并采用适宜的折现率折算成现值，然后累加求和，得出被评估资产的现实价格，即评估值。

（二）投资、成本、价格、税率及折现率的确定

1. 开发建设总投资估算

开发建设总投资包括开发井投资、地面建设投资、流动资金和基建期利息。

投资估算成本：例如，延长油田开发钻井成本取 549 元 /m，单井安装投资定额为 22.85 万元，地面建设投资测算取值一般为开发井投资的 10%。

2. 基建期贷款利息

根据有关财务制度的有关规定，企业在设立时必须有法定资本金，并不得低于国家规定的限额。例如，延长油田开发建设投资中的 30% 为贷款，贷款利率为 7.56%，其余均为自筹。

基建结束时第 n 年贷款应付本息 F_n 的计算公式为：

$$F_n = I_n\left(1+i\right)^{\mathrm{i}-n+1} \tag{5-20}$$

式中　i——年利率；

I_n——第 n 年的基建投资，万元；

n——基建期第 n 年；

F_n——第 n 年的基建投资贷款本息，万元。

3. 流动资金估算

流动资金全部为自筹，采用经营成本扩大指标估算法进行估算，按照正常年份经营成本的 20% 计算。

4. 生产成本费用估算

在原油生产中原油生产成本费用由原油生产成本、管理费用、财务费用和销售费用构成，原油生产成本由原油操作成本、折旧折耗组成。其中，原油操作成本包括钻井措施、地面工程投资成本、操作费定额成本等（表 5–21 和表 5–22）。

折旧费的估算，按年限平均法折旧，其中固定资产形成率取 100%。参照产生费用当年的费用预算值评价中的折旧费用、管理费用、财务费用、销售费用等，进行生产成本费用估算。

例如，表 5–21 和表 5–27 中列举了部分注水区的钻井、设施、地面工程投资成本及操作费定额成本。

表 5–21　延长油田部分注水区块钻井、措施、地面工程投资表

序号	项目区名称	钻井、措施投资（2015—2018 年）（万元）	地面工程投资（2015—2018 年）（万元）
1	吴仓堡	1666.00	455.32
2	榆咀子	1878.00	34.75
3	甄家峁	4549.00	398.26
4	老庄	1463.00	199.19
5	郝家坪	5265.00	3311.00
6	学庄	5000.00	2033.00
7	丰富川	4209.00	762.79
8	柳沟	2282.15	1613.00

表 5–22　延长油田部分注水区操作费定额估算表

序号	费用类别	甄家峁	老庄	郝家坪	学庄	丰富川
1	直接材料费（元 / 吨液）	32.35	8.12	17.50	8.98	19.18
2	直接燃料费（元 / 吨液）	20.73	5.01	13.36	5.80	10.03
3	直接动力费（元 / 吨液）	33.81	11.29	21.22	13.12	0.00
4	生产人员工资（万元 / 井）	6.60	4.64	6.71	3.62	1.44
5	维护及修理费（万元 / 井）	3.37	3.61	1.75	7.74	0.17
6	运输费（元 / 吨液）	41.13	6.88	13.93	20.61	0.00
7	其他直接费（元 / 吨油）	20.78	13.39	21.75	0.00	0.00
8	厂矿管理费（万元 / 井）	2.53	0.84	2.41	0.07	0.84

（三）主要经济评价指标计算

1. 总投资

总投资等于建设投资、流动资金、建设期利息之和。

$$I_p = I_d + I_f + F_n \tag{5-21}$$

式中　I_p——总投资，万元；

I_d——建设投资，万元；

I_f——流动资金，万元；

F_n——投资贷款本息，万元。

2. 总投资收益率

总投资收益率等于息税前利润与总投资的比率。

$$ROI = EBIT / I_p \times 100\% \tag{5-22}$$

式中　ROI——总投资收益率；

$EBIT$——息税前利润，万元；

I_p——总投资，万元。

3. 投资回收期

投资回收期指项目的净收益抵偿全部投资所需要的时间。

$$\sum_{t=1}^{P_t}(CI - CO)_t = 0 \tag{5-23}$$

式中　P_t——投资回收期，a；

CI——现金流入，万元；

CO——现金流出，万元；

$(CI-CO)_t$——第 t 年净现金流量，万元。

4. 财务净现值

财务净现值是指按设定的折现率（一般采用基准折现率 12%）计算的项目计算期内净现金流量之和。

$$FNPV = \sum_{t=1}^{n}(CI - CO)_t (1 + i_c)^{-t} \tag{5-24}$$

式中　$FNPV$——财务净现值，万元；

i_c——行业基准收益率（作折现率）。

5. 内部收益率

内部收益率是方案评价期内能够使其净现值等于零的折现率。

$$\sum_{t=1}^{n}(CI - CO)_t (1 + IRR)^{-t} = 0 \tag{5-25}$$

式中　IRR——财务内部收益率。

经过计算，“注水大会战”三年累计投入 10.41 亿元，预测净增油 24.9×10^4t，十五年净增油 199.5×10⁴t，实现财务净现值 5.86 亿元，内部收益率 45.3%，高于行业基准（12%）33.3 个百分点，投资回收期仅为 4.1 年，经济效益十分显著（表 5-23）。8 个公司级项目区在基本没打新井的情况下，三年净增油 24.92×10⁴t，测算弥补基础产量 48.7×10⁴t，节约新井投资 35.1 亿元，取得原油产量和经济效益双丰收。

表 5-23　延长油田“三年注水大会战”区块经济效益评价对比表

指标 项目区	三年投资（万元）	三年成本（万元）	其中专项（万元）	三年增产量（10^4t）	十五年增产量预测（10^4t）	财务净现值（万元）	内部收益率（%）	投资回收期（a）
甄家峁	5777	8445	4706	6.3	44.2	22877	96.8	2.9
吴仓堡	4279	10158	4199	6.1	49.6	15118	71.7	3.3
柳沟	6789	9929	5293	4.6	27.1	7683	55.3	＜1.0
榆咀子	1324	7867	4840	0.6	14.4	5581	43.7	4.8
学庄	3951	4206	2271	1.5	5.5	1181	43.5	＜1.0
老庄	2132	3795	2336	1.6	13.8	3417	37.2	3.9
郝家坪	10176	9938	6007	0.4	33.8	5656	25.0	5.0
丰富川	7016	8384	5184	1.4	11.1	-2855	-0.1	＞18.0
合计	41443	62719	34833	24.9	199.5	58658	45.3	4.1

第六章　注水开发典型实例分析

针对注水项目区各自不同的地质特征以及开发前期存在的主要问题，注水项目区管理指挥部积极沟通协调，反复研究，统一思想，结合现场实际情况。通过采取完善注采井网、调整注采参数、优化注水设备、精选措施方案、提升管理水平、加强思想认识等一系列相关的治理方案，稳步提升项目区的注水开发效果。

依据注水项目区的油藏地质特点，选取延安组构造—岩性油藏、延安组构造油藏、延长组长 2 油层组中高含水油藏、延长组长 6 油层组滞后注水油藏以及多层系开发油藏五类典型油藏，分别以老庄注水项目区、柳沟注水项目区、榆咀子注水项目区、甄家峁注水项目区以及吴仓堡注水项目区为例，对不同类型油藏的注水开发方式进行剖析。

第一节　综合治理措施及流程

针对鄂尔多斯盆地低渗透油藏的地质特点，延长油田一直在积极探索如何合理选择和优化注水方式来最大限度地提高油田采收率。截至 2018 年，延长油田注水开发历程大概可分为以下 3 个主要阶段。

（1）试验注水阶段（1952—2010 年）。

单井自然灌注式注水试验、面积注水试验。早期，七里村、青化砭油田进行了单井自然灌注式注水试验；杏子川、下寺湾、川口等油田先后开展点状注水和面积注水试验。初步论证优化出与特低渗透油藏特点相适应的反九点法面积注采井网并进行推广。

（2）扩大注水规模阶段（2010—2015 年）。

制定长期注水规划，分步实施注水相关工作内容，吴起、定边、靖边、志丹、杏子川注水加大投资力度，逐步扩大注水规模，对注水开发的思想逐步成熟化、专业化。

（3）规范注水阶段（2015—2018 年）。

通过开展“三年注水大会战”，各厂加快了对注水项目示范区建设，不断扩大注水面积，现已基本实现全面注水的条件，让注水示范区成为标杆，以点带面整体不断提高注水开发水平。在注水项目区管理指挥部多年来的努力下，延长油田在低渗透油田的井网调整技术，层系开发技术、增产增注技术等方面都有了新的较大发展和提高，形成了一系列适合鄂尔多斯盆地低渗透油藏的注水开发特色技术。

一、各层系注水开发面临的主要问题

为了确保注水开发的有效性，需要针对各个注水项目区的开发状况、存在问题进行剖析，并进行大规模的对应开发措施调整。由于不同注水项目区开发历程不同，油藏类型不单一，所面临的注水开发问题较为复杂，因此采取多元化的注水模式是核心关键点，更是注水指挥部一直以来工作的重难点。

根据“三年注水大会战”前延长油田注水项目区的开发动态等相关资料分析，侏罗系延安组延 9 油藏、延 10 油藏，延长组长 2 油藏、长 6 油藏以及多层系开发油层存在主要问题如下：

侏罗系延安组延 9 油藏注水开发面临的主要问题为：

（1）注采井网不完善，平面驱油不均衡；

（2）部分井高含水，含水率上升快；

（3）油藏能量不均，部分井存在底水能量不足情况，如靖边老庄注水项目区。

侏罗系延安组延 10 油藏注水开发面临的主要问题为：

（1）注采井网不完善，水驱控制程度低；

（2）开采时间长，地层能量亏空严重；

（3）油水界面抬升，有效厚度变薄，底水锥进和边水突进现象普遍，“控水稳油”矛盾突出，如吴起柳沟项目区。

三叠系延长组长 2 油层组油藏注水开发存在的主要问题为：

（1）早期依靠天然能量开发，注水启动时间晚，地层能量严重亏空；

（2）注采井网不完善，水驱控制程度低；

（3）地面配套与地下需求不匹配，水源严重短缺，如杏子川郝家坪注水项目区；

（4）油层非均质性强，压力保持不均衡，渗流方向性明显，注入水沿渗流主流通道窜流严重，水淹速度快，产量递减快，低产低效、套损故障等关停井占比高，整体采收率低，如丰富川作业区。

三叠系延长组长 6 油层组油藏注水开发存在的主要问题为：

（1）长 6 特低渗透油藏由于岩性致密、渗流阻力大、压力传导能力差，油藏驱替压力系统长期建立不起来，地层能量亏空，在生产上表现为低产、低效井多；

（2）注采井网布置不合理，水驱动用程度低；

（3）注采对应差，普遍存在有采无注、有注无采的现象；

（4）油藏非均质性强、裂缝普遍发育，水驱突进。油藏含水率上升过快，产量递减较大。

以上问题在甄家峁注水项目区普遍存在。

侏罗系、三叠系多层系油藏注水开发存在的主要问题为：

（1）各油层地质特征不一，平面注采井网不能满足多层系油藏注水开发需要，水驱占比低；

（2）层间矛盾突出，注采对应率低，水驱动用程度不足，以吴仓堡注水项目区最为典型。

除以上因素造成的注水困难外，各注水作业区均面临着不同程度的设施设备老化，生产基础薄弱的困境，致使部分地面设施维护不到位、不配套，无法完成配注工作。

二、综合治理措施及流程

注水工作面临的各种“疑难杂症”，也激发了注水指挥部的无限潜力，之前项目区采收率较低，也就意味着地下仍有丰富的石油储量未被开采，这也正是注水指挥部夜以继日不断努力的方向，如何提高采收率才是真正的核心技术。

注水项目区管理指挥部有大量业务精英和专业的人才梯队，在科研上与国内大专院校通力合作，并有国内最优秀的技术专家常年现场指导；秉承着"求真、做实、管细"的注水方针，实行指挥部驻厂垂直管理模式，能够更好深入一线，掌握第一手资料，看到第一眼现场，分析第一手数据，不怕吃苦，求真务实，使得相关措施、方案、设计更为主动、更为有效，这也是注水指挥部先进的管理模式。

根据延长油田"转变增长方式、推进科学发展，建设国内一流标准化大油田"的战略方针，注水项目区管理指挥部始终能坚持"整体部署、分步实施、跟踪分析、及时调整"的油藏综合治理思路，从油层认识开始、从注采关系开始、从合理的井网井距开始、一个层一个层的认识、一个层一个层的描述、一个层一个层落实潜力、一个层一个层优化措施，坚持落实"一井一策一工艺、一层一策一方法"，从而摸索出了一套适合低渗透油田不同油藏类型的注水开发综合治理措施及流程（表 6-1）。

表 6-1　延长油田注水项目区综合治理思路表

地层		油藏特点	治理思路	井网调整	配套工艺
延安组	延 9	油层厚度大，非均质性较强	面积注水，动态监测，合理控制生产压差	边部注水与内部点状注水结合	多级加砂压裂，前置酸加砂压裂，多级多峰压裂，水力喷砂压裂等 （1）压裂参数优化； （2）压裂优化设计； （3）压裂效果评价
	延 10	油层厚度大，非均质性较弱	早期边部注水，后期边部结合内部面积注水，整体温和，外强内弱	以边部注水为主，内部局部区域面积为辅的井网方式	多级加砂压裂，前置酸加砂压裂，多级多峰压裂，水力喷砂压裂等 （1）压裂参数优化； （2）压裂优化设计； （3）压裂效果评价
延长组	长 2	油层厚度大，非均质性较弱	前期完善井网，强化注水，后期纵向剖面调整，扩大动用程度。	面积注水，整体见效 反七点法、反九点法	井网加密技术 （1）加密方案设计及优选； （2）油藏工程设计； （3）现场试验； （4）效果评价
	长 6	油层厚度小，非均质性较强	"多点温和，点弱面强"，均衡补充能量	非均质性较弱：正方形反九点； 非均质性较强：菱形反九点； 非均质性强：矩形井网	开发压裂，注水井调剖 （1）调剖剂优化； （2）调剖工艺优化
多层系	延 10 长 2 长 9	开发层系多，非均质性较强	细分注水单元，分而治之，分别建立有效压力驱替系统	先肥后瘦，先易后难，逐步阶段性调整井网	分层注水 （1）油套分层注水； （2）空心分层注水； （3）偏心分层注水

（一）延安组油层厚度大、非均质性强油藏综合治理措施及流程

1. 治理前开发现状分析

前已述及，延安组延 9 油藏受岩性—构造共同控制，油层厚度大，非均质性强，缺少统一油水界面，以靖边老庄延 9 油藏为例，治理前井网以不规则点状注水为主，注采井网不完善；受非均质性影响，地层能量分布不均。

2. 调整方案措施及流程

（1）治理思路。

针对延9油藏地质特征及开发现状，注水项目区管理指挥部将此类油藏的治理思路确定为：采用面积注水方式完善井网，补充地层能量，建立起有效的压力驱替系统，后期强化动态监测，合理控制生产压差。

（2）治理措施及流程。

治理措施和流程主要为：

①完善注采井网，扩大水驱面积。以老庄项目区为例，该项目区开发初期开发井网不规则，注水项目区成立后，经研究发现，按之前不规则的边缘点式注水井网规划，注入水推进较慢，受益井较少。本着经济实用，少投入多产出，最大限度完善井网的目的，在不影响产量任务及油藏井网分布的均匀性的情况下，以现有井网为基础，尽可能保留高产井，首先转注高含水或低产井。井网形式已经固定且无法改变的情况下，针对受构造控制的油藏采用边部注水和内部点状注水相结合的井网形式，既能控制边底水的均匀推进，又能防止构造高部位的底水锥进。油层发育较好的西南部、北部以及东南部钻加密井，提高油田产能、增加储量动用程度。

②低产低效油井改造。通过酸化、压裂等增产措施改造储层，调整储层非均质性，提高油井生产能力。

③对部分高压注水井采取酸化增注或者小型压裂增注措施。

④完善地面配套。

（二）延安组油层厚度大、非均质性弱油藏综合治理措施及流程

1. 治理前开发现状分析

延安组延10油藏主要为构造油气藏，油水分异较好，具有统一的油水界面，含油面积小，油层厚度大，物性好且均质性较强。以吴起柳沟延10油藏为例，初期靠天然能量开发，随着开发时间延长，地层能量下降，底水锥进边水内推，油井含水开始大幅上升。

2. 调整方案措施及流程

（1）治理思路。

针对延10油藏地质特征及开发现状，注水项目区管理指挥部将此类油藏的治理思路确定为：采用边部注水完善注采井网，补充地层能量，防止底水锥进、边水指进。后期采取边部结合内部注水提高水驱控制程度。

（2）治理措施及流程。

治理措施和流程主要为：

①完善注采井网。在原有井网形式的基础上，进行井网调整。实施以边部注水为主，内部局部区域面积注水（反七点法）为辅的井网方式。充分利用现有井网，在未水驱区域进行油井转注，在已水驱区域进行老井利用、查层补孔，以提高水驱储量控制程度、水驱储量动用程度为主要目的。

②优化注采参数。采取“整体温和，外强内弱”的注水政策，根据油水界面接触关系及抬升速度，严格控制措施规模，同时合理控制采液强度，柳沟注水项目区延10油藏合理注水强度不大于1.55m^3/（d·m），合理的注采比为0.7~1.2。

③停躺井恢复、低产低效井改造、高压水井治理。

"三年注水大会战"期间（2015—2018年），针对54口停躺井用不同的工艺进行了恢复；对26口低产低效井采用酸化解堵和原层复压的工艺进行了恢复；对高压水井，进行补孔，酸化及压裂等针对性措施，重新确定配注量。

④完善地面配套。

（三）延长组油层厚度大、非均质性弱油藏综合治理措施及流程

1. 治理前开发现状分析

延长组长2油藏属于构造—岩性油藏，受多期河道叠置影响，油层厚度大，均质性较强，以郝家坪注水项目区为例，早期开发未实施注水，以天然能量开采为主，地层能量得不到补充，产量快速下降。初期多家单位开采，导致后期形成部分不规则井网，注采井网不连片，产量递减得不到有效的遏制。

2. 调整方案措施及流程

（1）治理思路。

针对郝家坪长2油藏地质特征及开发现状，注水项目区管理指挥部将此类油藏的治理思路确定为：前期完善注采井网，采取强化注水技术，快速补充地层能量，建立有效压力驱替系统，待地层压力得到一定恢复后，实施纵向剖面调整，扩大水驱动用程度，进一步改善注水开发效果。

（2）治理措施及流程。

治理措施和流程主要为：

①完善注采井网。按照强化注水思路，选择含水率长期较高的油井或因低产、低效、高含水暂关井为转注井，提高注采井数比。

②低产低效井恢复工艺。

③分类解堵工艺。

④完善地面配套。

（四）延长组油层厚度小、非均质性强油藏综合治理措施及流程

1. 治理前开发现状分析

长6为多油层叠合的岩性油藏，具有岩性致密、渗流阻力大、压力传导能力差，非均质性强、天然能量不足等特点，以甄家峁长6油藏为例，剖析油藏开发综合治理措施及流程。

2. 调整方案措施及流程

（1）治理思路。

针对甄家峁长6油藏地质特征及开发现状，注水项目区管理指挥部将此类油藏的治理思路确定为：以建立起有效压力驱替系统为阶段目标，充分考虑储层特征和开采状况，合理调整注采井网，均衡补充地层能量，提出"多点温和、点弱面强、差异配注、整体平衡"开发调整思路，取得良好效果。

（2）治理措施及流程。

治理措施和流程主要为：

①平面上完善注采井网，提高水驱控制程度。在原有井网的基础上灵活调整，选取不规则的反九点法井网和反七点法井网相结合的面积注水方式，进行井网完善。

②优化注采参数。

③调层补孔，提高注采对应率。

（五）多层系开发油藏综合治理措施及流程

1. 治理前开发现状分析

注水项目区的油藏普遍为多层系开发，经过多年的粗放式开发后，导致目前开发层系混乱，原有井网已经不能满足实际需求，以吴仓堡项目区为例，主要目的层有侏罗系延安组延 10 油层、三叠系延长组长 2 和长 9 油层，各油藏特征、类型明显不同，而原来已有的开发井网仅有菱形反九点法井网一种形式，层间矛盾突出，各油层动用程度低。

2. 调整方案措施及流程

（1）治理思路。

针对吴仓堡含油层系油藏地质特征及开发现状，注水项目区管理指挥部将此类多层系油藏的治理思路确定为：细分注水单元，重新部署井网，按照分而治之思路，分别建立有效压力驱替系统。

（2）治理措施及流程。

治理措施和流程主要为：

①多层系开发注采井网调整。针对开采对象为长 9 油藏的地区，由于长 9 砂体厚度不大，储层物性较差，裂缝较为发育，依然沿用菱形反九点法井网形式。

针对部分地区开采对象由主力油层长 9 转向长 2 和延安组，将原来长 9 的菱形反九点法井网转化成适合延 10、长 2 的反七点法。

针对开采对象既有延 10，又有长 2 和长 9 的叠合区，由于 3 个油层深度距离较远，压力差异较大，故分为三套开发层系；纵向上采取“先易后难，先肥后瘦”的策略，优先开发较发育的油层，以期达到较好的增油效果，暂未射开的油层作为接替层系，等优先开发的层系进入高含水阶段后，进行接替开发以延缓油田递减。

②优化注采参数。针对吴仓堡注水项目区多层系开发的特点，对各含油层系分别确定其注采参数。

③分层注水工艺技术。

第二节　典型注水项目区开发实例分析

一、柳沟注水项目区延安组构造油藏开发

吴起采油厂柳沟注水项目区主体开发始于 2002 年，开发面积 39km^2，含油层系较多，主力生产层位为延 9、延 10 和长 2。柳沟注水项目区从 2002 年投入开发以来，产量在 2006 年达到最高峰。之后产量逐年递减，综合含水率逐年上升。该项目区 2002 年至 2010 年无注水井，为自然能量开发阶段，2011 年开始进入注水开发阶段，但注水井数较少，仅 14 口，配注量小，实际注入水量达不到配注要求。2015 年成立柳沟注水项目区，该项目区延 10 油层开采综合含水率高，含水率上升较快，平均单井产量低，产量下降较快，低产低效井逐年增多；含水率上升和能量下降是影响产量递减的主要因素。

从历年开发含水率变化来看，2004 年到 2009 年含水率呈现上升趋势，从 2009 年至 2015 年，含水率呈现下降后逐渐缓慢上升的趋势，随着油田逐步进入注水开发阶段，含水率上升得到缓解（图 6-1）。

截至2015年底，柳沟注水项目区油水井347口，其中采油井325口，开井150口、日产油408t、综合含水率38%，年产油量15.34×10^4t，采油速度0.6%。注水井22口，开井16口，日注水122m^3，年注水量4.58×10^4m^3，累计注水量18.29×10^4m^3，累计注采比0.038，累计亏空535.87×10^4m^3，地下亏空程度很大（图6-1）。

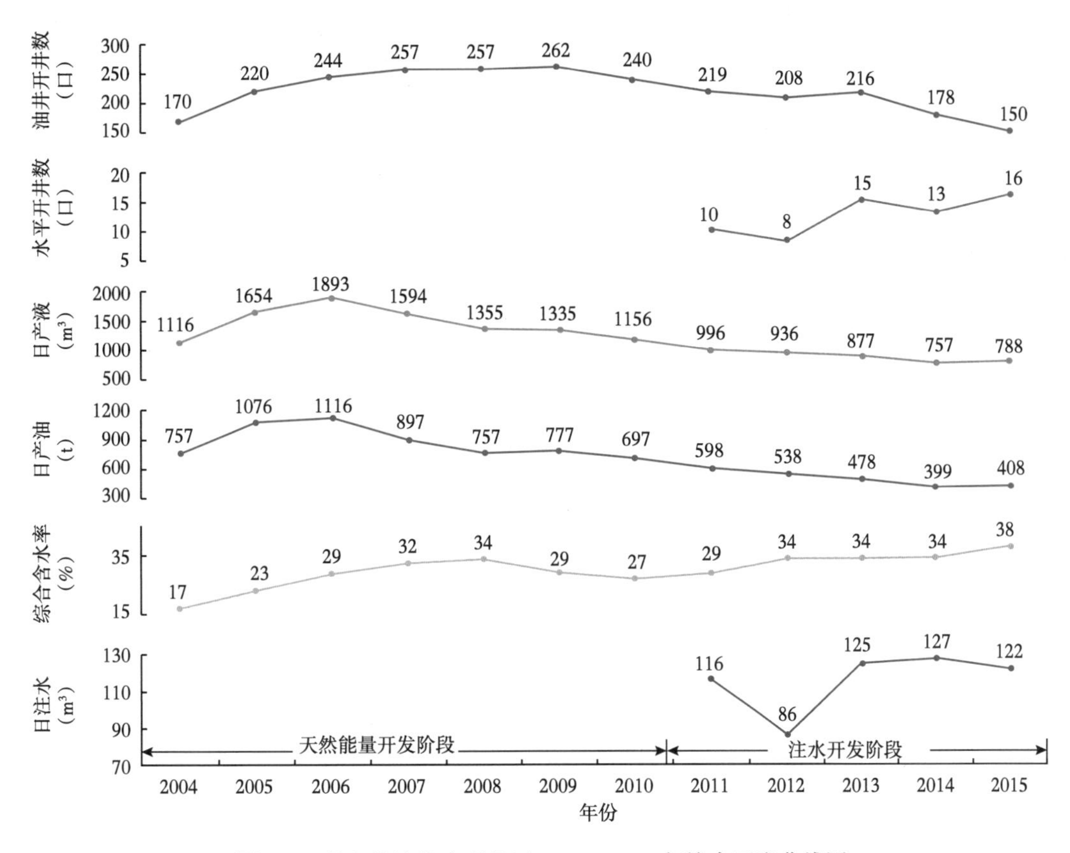

图6-1 吴起柳沟注水项目区2004—2015年综合开发曲线图

（一）储层特征和油藏特征

柳沟油田侏罗系延10储层主要为河流相河道及边滩沉积，在区域平缓的西倾单斜背景上，分布有由差异压实作用形成的宽缓低幅度隆起，对延10油藏成藏起到了控制作用。油气聚集以河流下切沟通油源为根本，以有利沉积相带为条件，以差异压实构造为主导，三者对形成相当规模的油藏来说，缺一不可。研究表明，延10局部构造面貌与侵蚀起伏十分协调，主要分布于支河夹持的残丘阶地和汇水三角地区。这是一种以古地形为基础，以上覆沉积的漫滩、河床相沉积差异压实为主导的同沉积构造，其构造成群成带分布。而这些地区恰是有利储集相带，其下倾方向又面向供油区，因而最有利油气聚集，形成广泛分布的压实构造油藏。

柳沟油田侏罗系延10油藏的形成与古残丘背景下的差异压实构造相关。油藏的油水分异相对较好，并具有纯油顶与油水过渡带，纵向上有统一的油水界面。在古河道下倾方向有大面积的边水或底水。油气的富集与分异程度主要受构造因素控制，油藏构造圈闭幅度越大，油水分异越好，富集程度亦高，单井产量越高（图3-73）。

1. 储层特征

（1）岩石学特征。

柳沟注水项目区延10砂岩以浅灰色、灰白色细—中粒长石石英砂岩为主，其次为岩屑石英砂岩、岩屑长石砂岩、长石岩屑砂岩，平均粒径0.17~4.1mm，分选较好，石英次生加大普遍，成岩后生作用较强。石英类含量为63%~78%，平均70.0%；长石类含量为7%~17%，平均10.9%（图6-2）。延10岩屑类含量为6.0%~12.5%，平均9.8%；填隙物总含量一般为6.5%~12.5%，平均9.3%，填隙物主要由高岭石、水云母、铁白云石和硅质组成，次为方解石、铁方解石，并含少量重晶石和闪锌矿。

柳沟注水项目区延安组延10段主要为填平补齐式河流沉积，沉积物粒度粗，下部以滞留砾岩、含砾粗砂岩、中粗砂岩及细砂岩为主，向上逐渐变为粉细砂岩、粉砂岩。延10砂岩粒径变化范围0.12~0.8mm，最大1.7mm，砂岩颗粒磨圆度以次圆—次棱角状、次圆状为主，分选好、中等，胶结类型主要为加大—孔隙型，少量孔隙型。

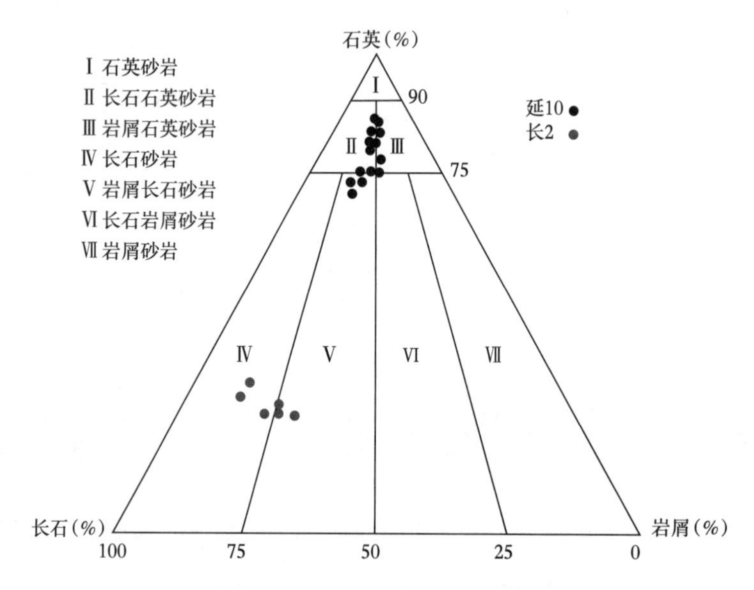

图6-2 延长油田延10、长2注水项目区主力油层中砂岩分类三角图

柳沟注水项目区主要成岩作用为压实压溶作用、胶结作用以及溶蚀作用。项目区石英含量较高，残余粒间孔较为发育。胶结作用主要为高岭石、水云母为主的黏土胶结，其次为碳酸盐胶结与石英自生加大。溶蚀作用主要为岩屑溶蚀，发育有一定量的溶蚀孔。

（2）物性特征。

①孔渗特征。

柳沟注水项目区延10^1孔隙度最大21.1%，最小5.6%，平均15.9%；渗透率最大$1448\times10^{-3}\mu m^2$，最小$0.205\times10^{-3}\mu m^2$，平均$118.8\times10^{-3}\mu m^2$；延$10^2$孔隙度最大19.1%，最小13.7%，平均15.8%；渗透率最大$458\times10^{-3}\mu m^2$，最小$7.8\times10^{-3}\mu m^2$，平均$65.6\times10^{-3}\mu m^2$。

对延安组延10油层孔隙度与渗透率相关性进行分析（图6-3），两者具正相关性，反映了河流相砂岩孔隙型储层的特点，相关系数为0.54。当孔隙度小于17%时，渗透率随孔隙度的增加而增加，但渗透率增加缓慢；当孔隙度大于17%时，随着孔隙度的增大，渗透率迅速增加。

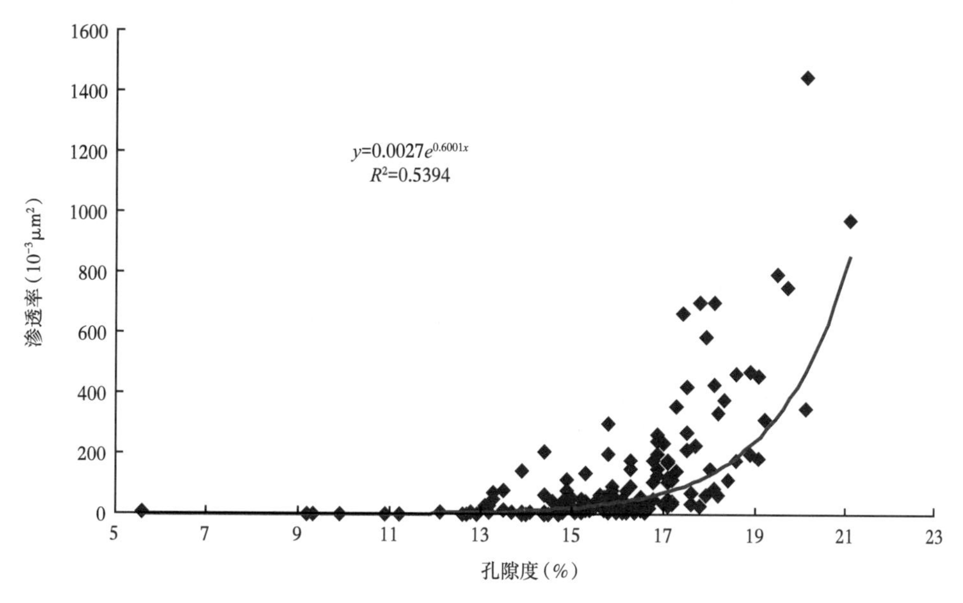

图 6-3　吴起柳沟注水项目区延 10 储层孔隙度和渗透率关系图

柳沟项目区延安组延 10 常规物性分析资料按数值区间归类统计，孔隙度主要集中在 14%~18% 之间，占样品总数的 79.78%，大于 18% 的样品占有 7.58%。储层渗透性好，渗透率 1×10^{-3}~$10\times10^{-3}\mu m^2$ 的样品占 15.8%，10×10^{-3}~$100\times10^{-3}\mu m^2$ 的样品占 52%，大于 $100\times10^{-3}\mu m^2$ 的样品占 28.3%，而小于 $1\times10^{-3}\mu m^2$ 的样品仅占 3.9%（图 6-4、图 6-5）。

根据孔隙度、渗透率分级标准和本区数据分析表明，柳沟项目区延 10 油层组主要为一套中孔隙度—中渗透率储层，间夹少量中孔隙度—低渗透率储层。

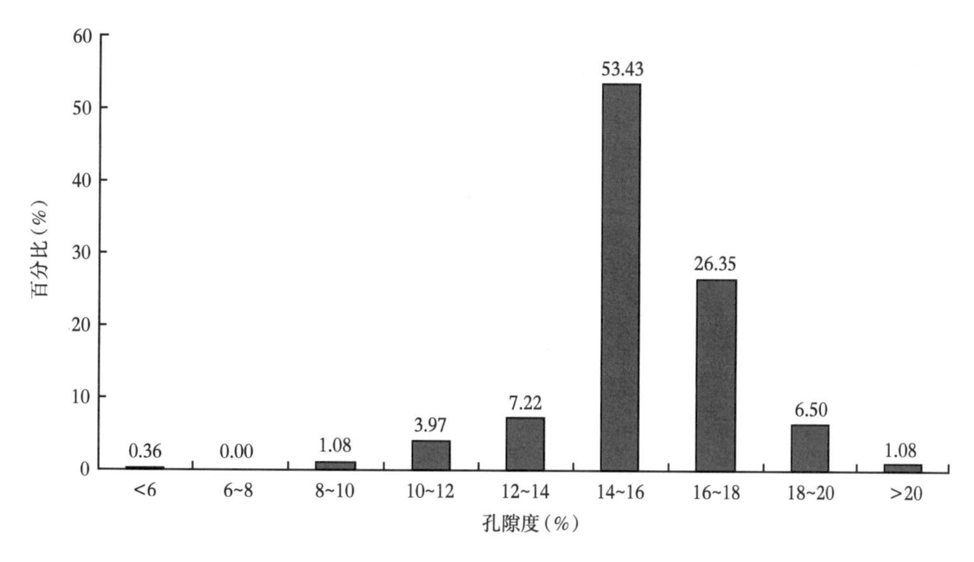

图 6-4　吴起柳沟注水项目区延 10 孔隙度区间分布图

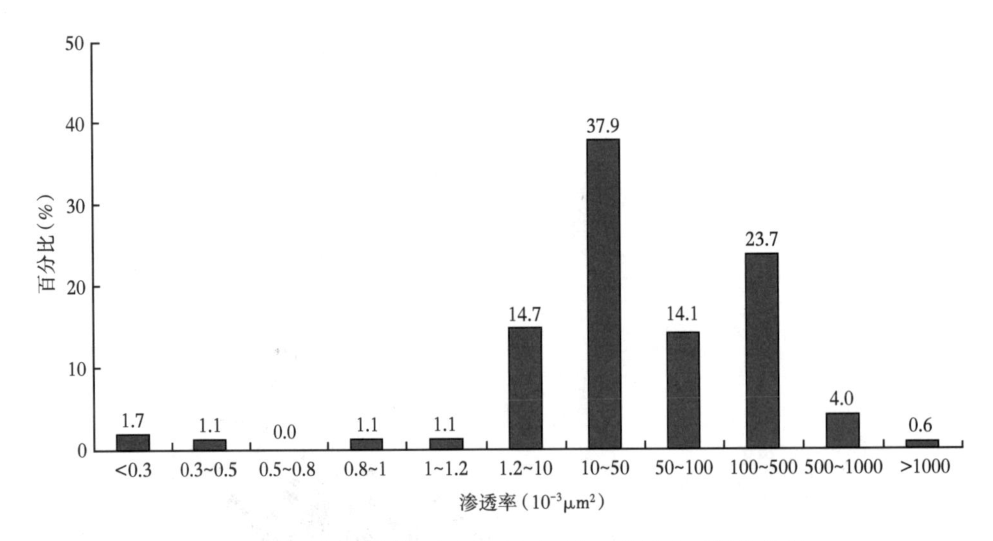

图 6-5　吴起柳沟注水项目区延安组延 10 渗透率区间分布图

②孔隙类型。

延 10 期边滩相砂体和支流河道砂体中，粒间孔最发育，溶蚀孔隙次之，高岭石晶间孔在延 10 顶部的煤系地层附近砂岩中比较发育，这是成岩期酸性水活跃作用的结果。延 10 储层面孔率平均 10.9%，粒间孔占绝对优势，达 91%，其次为溶蚀孔占 4%。孔径一般为 40~200μm，平均 94.4μm。柳沟注水项目区取心观察及邻区成像测井资料显示构造裂缝不发育。

（3）孔隙结构特征。

根据柳沟注水项目区延 10 砂岩压汞资料分析，延 10 储层砂岩喉道大，喉道中值半径最小 0.25μm，最大 26.61μm，平均喉道中值半径 4.49μm；喉道分布较好，变化小，喉道分选系数为 2.22~3.23，平均 2.82；排驱压力低，一般为 0.0041~1.6725MPa，平均 0.14MPa；中值压力低，一般为 0.0276~4.9287MPa，平均 0.99MPa；汞注入率高，最大汞饱和度 97.1%，最小汞饱和度 75.6%，平均汞饱和度 87.99%。延 10 孔隙结构总体属于不均匀大孔—中孔粗喉型、大孔粗喉型，与大喉道连通的孔隙占 35%，与中等喉道连通的孔隙占 15%，与小喉道连通的孔隙占 15%。

（4）储层非均质性。

①层内非均质性。统计分析了本区延 10 储层各小层的渗透率级差、突进系数以及变异系数。延 10 层内渗透率变异系数为 1.56~1.78，突进系数为 2.58~7.64，极差为 154~874（表 6-2），整体非均质性较强。

表 6-2　吴起柳沟注水项目区延 10 油藏各小层层内非均质性参数

层位	变异系数	突进系数	级差	评价
延 10^{1-1}	1.78	6.66	232	强非均质
延 10^{1-2}	1.56	7.64	874	强非均质
延 10^{2}	1.63	2.58	154	强非均质

②层间非均质性。储层层间非均质性是指储层单油层砂体之间的差异，即在物性、岩性、产能和产状方面的不均匀性。柳沟注水项目区延 10 沉积时期，由于河道沉积较发育，河道中沉积砂体物性较好，而侧向物性逐渐变差，河道侧向迁移频繁，早期河道沉积物往往被后期河漫沼泽沉积物覆盖，使不同时期河道砂体间不能很好连通，纵向上具非均质性。储层层间非均质性一般用分层系数和砂岩密度进行表征（表 6-3）。

表 6-3　吴起柳沟注水项目区延 10 油藏层间非均质性参数统计表

地层	平均地层厚度（m）	平均砂层厚度（m）	分层系数	垂向砂岩密度
延 10^{1-1}	13.1	5.28	2.23	0.55
延 10^{1-2}	11.4	6.53	2.56	0.62
延 10^{2}	26.4	11.10	2.33	0.69

③平面非均质性。

a. 延 10^2 孔隙度、渗透率分布特征。延 10^2 地层孔隙度变化范围在 1.2%~24.1% 之间，平均 13.5%。分布面积相对较大，高孔隙地带零星分布，多分布在研究区西部地区。中部孔隙度较低。平面上孔隙度分布不均，高孔隙地带与低孔隙地带交错分布，非均质性较强。

延 10^2 地层渗透率分布面积相对较大，但分布不连续，平均值为 $17.2\times10^{-3}\mu m^2$。高渗透地区分布在研究区西北方向柳 6-29 至柳 6 井区。L6-148 井到 30-55 井一线渗透率较低。在平面上高渗透地区与低渗透地区交错分布，形成较强的非均质性（图 6-6）。

b. 延 10^{1-2} 孔隙度、渗透率分布特征。延 10^{1-2} 孔隙度变化范围在 0.9%~21.4% 之间，平均 12.8%。主要分布在研究区中部—南部地区。平面上低孔隙地区分散在高孔隙带周围，孔隙度分布不均，造成较大的非均质性。

延 10^{1-2} 地层渗透率分布不均，平均值为 $20.2\times10^{-3}\mu m^2$。研究区北西方向 30-19 井周围渗透率较高。从平面上看渗透率呈不连续片状分布，高渗透地区与低渗透地区交错分布，渗透率分布不均造成较强的非均质性（图 6-7）。

c. 延 10^{1-1} 孔隙度、渗透率分布特征。延 10^{1-1} 孔隙度变化范围为 1.7%~30.5%，平均 11.6%。主要分布在研究区北部地区。低孔隙地带，围绕高孔隙地带分布，平面上孔隙度分布不均造成较大面积的非均质性。

延 10^{1-1} 地层渗透率平均值为 $18.2\times10^{-3}\mu m^2$。分布面积较小，主要分布在研究区北部地区。30-14 井区周围渗透率相对较高。平面上看高渗透地区与低渗透地区交错分布，非均质较强（图 6-8）。

（5）储层渗流特征。

柳沟注水项目区延 10 邻近地层富县组两块柱样的气测渗透率（$20.017\times10^{-3}\mu m^2$、$50.307\times10^{-3}\mu m^2$），孔隙度（10.6%、12.3%）相差较大，束缚水饱和度为 25% 和 35%，残余油饱和度为 50% 和 30%，等渗点含水饱和度分别为 38% 和 52%，水的相对渗透率为 0.06 和 0.1，整体上随含水饱和度增大，油相渗透率下降很快，而水的相对渗透率上升较慢，表现出岩性弱亲水特征［图 6-9（a）］。

富县组两块柱样的相对渗透率曲线的共渗区差距较大，共渗区较小，由水驱油效率曲线［图 6-9（b）］也可得驱油效率不同，驱油效率均低于 60%，最低是 25% 左右。

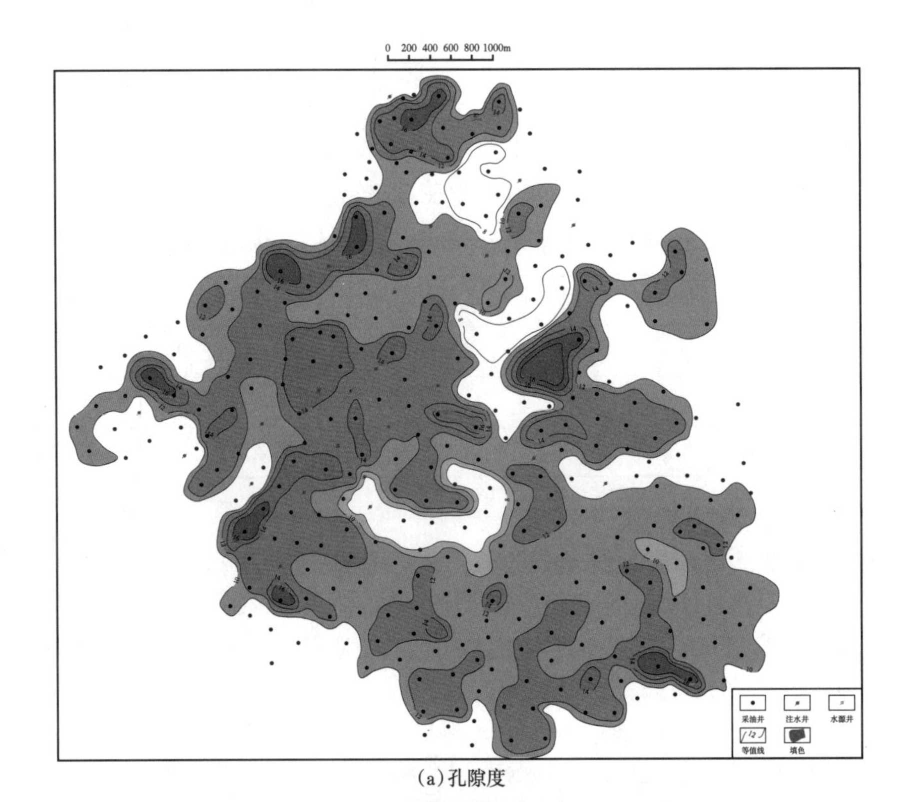

(a)孔隙度

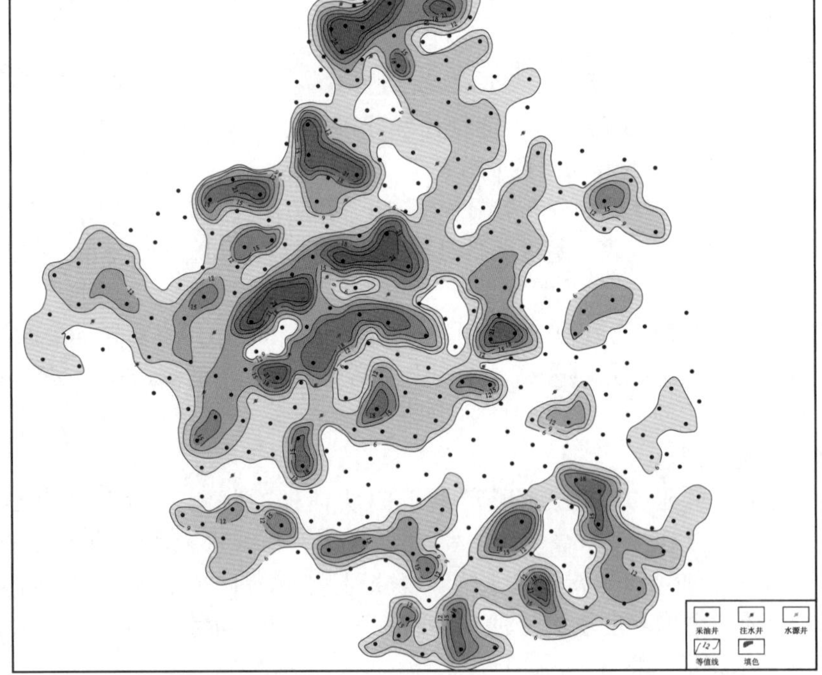

(b)渗透率

图 6-6　吴起柳沟注水项目区延 10^2 物性参数平面分布图

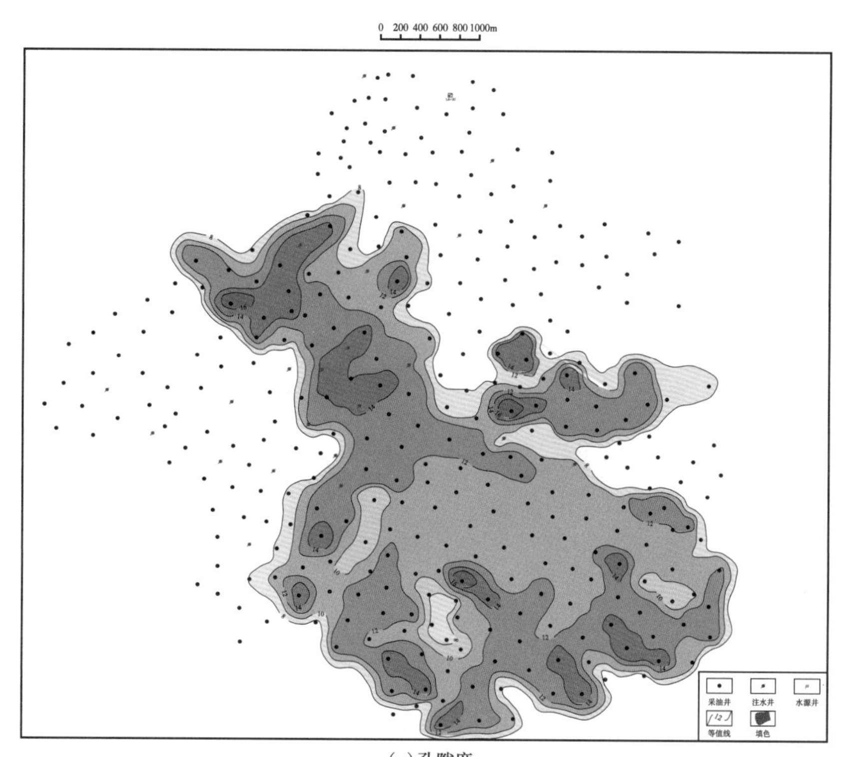

(a)孔隙度

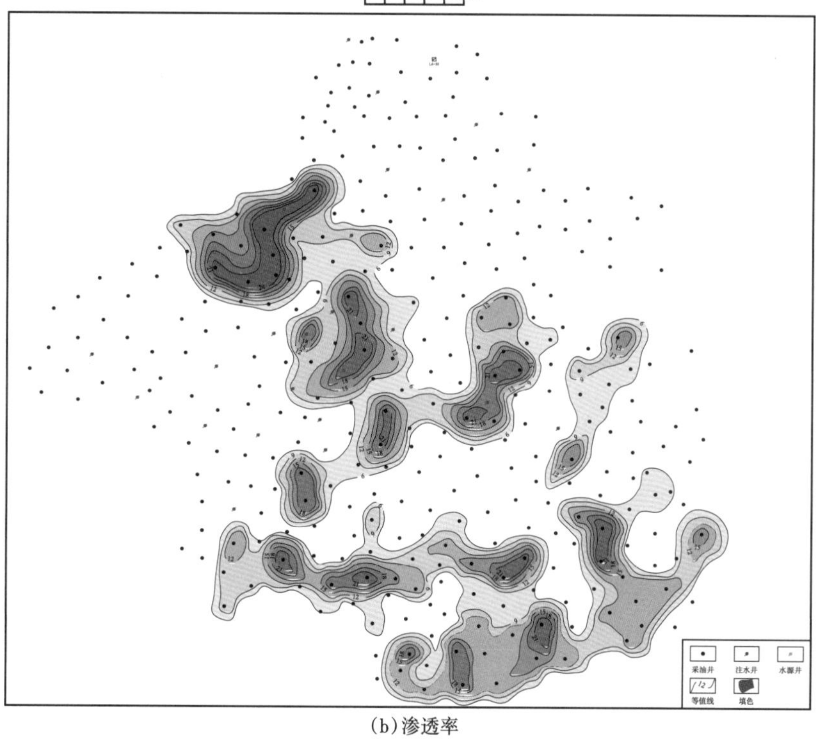

(b)渗透率

图 6–7　吴起柳沟注水项目区延 10^{1-2} 物性参数平面分布图

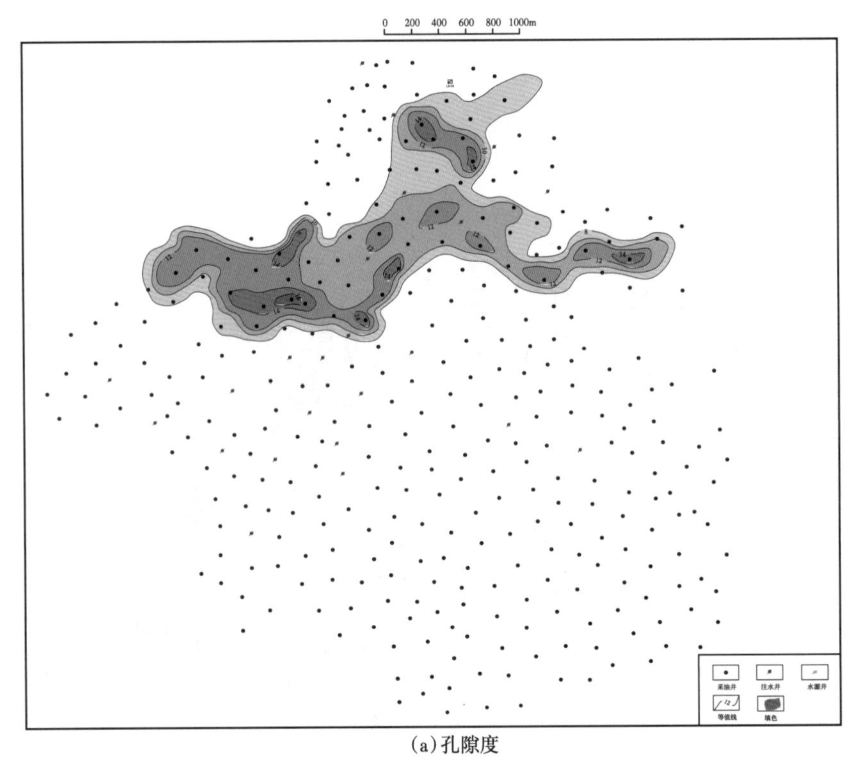

(a)孔隙度

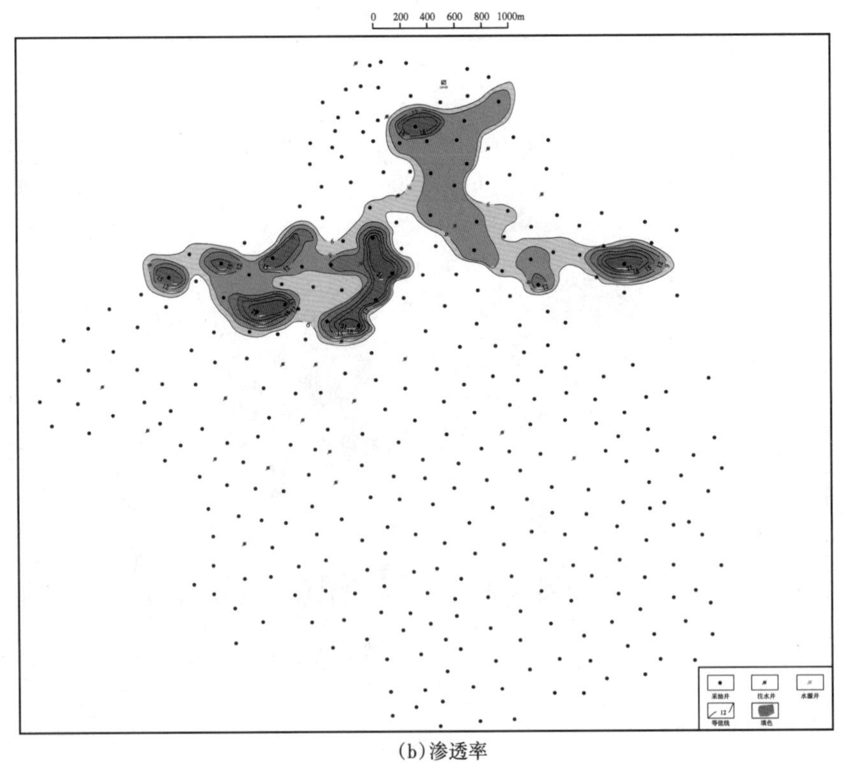

(b)渗透率

图 6-8　吴起柳沟注水项目区延 10^{1-1} 物性参数平面分布图

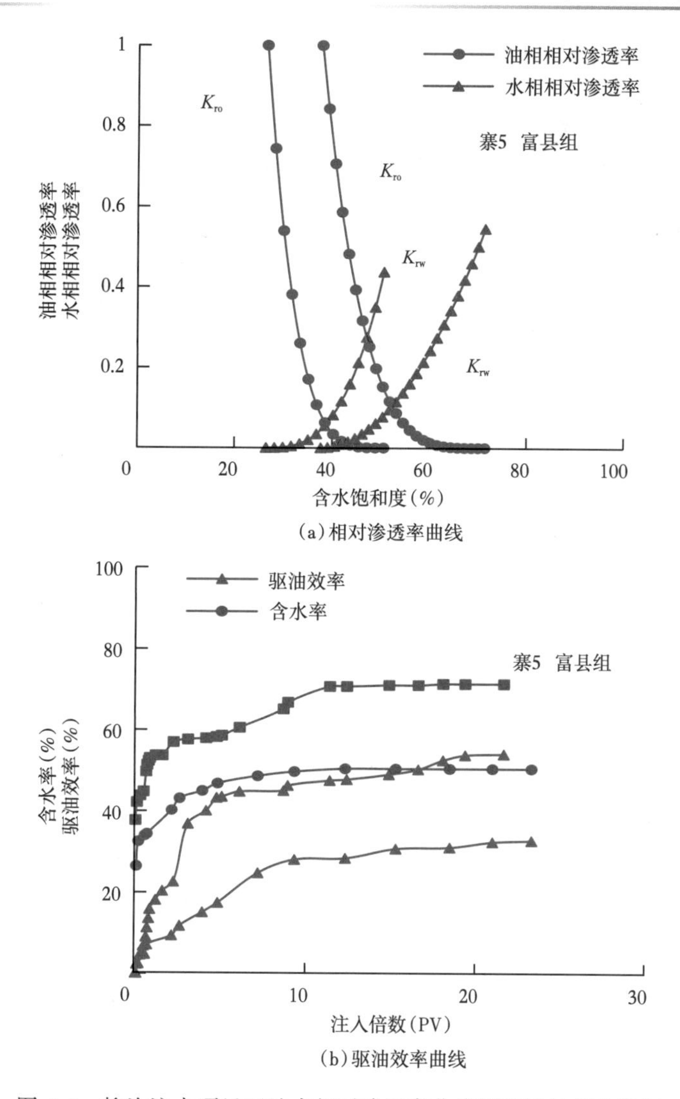

图 6-9 柳沟注水项目区油水相对渗透率曲线及驱油效率曲线图

(6)储层敏感性与润湿性。

柳沟注水项目区延 10 储层为弱水敏、无速敏、弱酸敏、中等偏强碱敏程度。润湿性整体表现为中等—弱亲水类型。

2. 油藏特征

柳沟油田侏罗系延 10 油藏油水分异相对较好，并具有纯油顶与油水过渡带。纵向上油水过渡带相对较薄，有统一油水界面。油藏在古残丘方向依赖砂岩尖灭侧变作为对油气的遮挡圈闭条件，而油藏在古河道方向由于差异压实作用，下倾方向有大面积的边水或底水。油气富集与分异程度主要受构造因素控制，油藏构造圈闭幅度越大，油水分异越好，富集程度亦高，单井产量越高。柳沟油田侏罗系延 10 油藏总体属于构造控制的边底水油藏。

柳沟注水项目区延 10 油藏地面原油具有低相对密度(0.828~0.840g/cm^3)、低黏度(4.28~5.34mPa·s)、低沥青质(4.2%~4.9%)、低凝固点(12.0℃)、初馏点低(48.0~58.0℃)、含蜡量较高(8.6%~10.3%)，不含硫的特性，地层原油黏度 4.99mPa·s，密度 0.808g/cm^3。

气油比 16.4m^3/t，饱和压力 1.145MPa。地层水水型为 $CaCl_2$ 型，总矿化度为 75.69g/L。延 10 地层原始地层压力一般为 9.3~9.8MPa，饱和压力为 1.145MPa，油藏平均温度为 41.9℃。

（二）开发前期存在问题

柳沟注水项目区延 10 边底水油藏开发的前期特征反映，主要存在注采井网不完善导致水驱控制程度低、地层能量亏空严重等问题。

1. 注采井网不完善，水驱控制程度低

截至 2015 年，柳沟项目区水驱控制面积为 5.9km^2，仅占开发面积的 15%，其中注水单向受效井 15 口，双向受效井 1 口，天然能量生产井 75 口，水驱控制程度仅有 20.1%，处于非常低的水平，注采对应率非常低，井网不完善，大部分井处于单向受效和天然能量开采状态（表 6–4）。

表 6–4　吴起柳沟注水项目区 2015 年延 10 层水驱控制程度统计表

年份	层位	单向		双向		多向		无向		厚度合计（m）	水驱控制程度（%）
		井数	连通厚度（m）	井数	连通厚度（m）	井数	连通厚度（m）	井数	射孔厚度（m）		
2015	延 10	15	135.1	1	17.0			75	606.3	758.4	20.1

应用射孔厚度统计法、吸水剖面法、水驱曲线法统计油藏地质储量的动用状况，有注水井控制的油层有效厚度仅占总有效厚度的 10% 左右，水驱控制程度较差（表 6–5）。

表 6–5　吴起柳沟项目区延 10 储量动用程度统计表

层位		油层有效厚度（m）	储量动用程度		油井		注水井	
			有效厚度（m）	百分比（%）	有效厚度（m）	百分比（%）	有效厚度（m）	百分比（%）
延 10	延 10^{1-1}	4035.23	2944.61	72.97	2551.33	63.23	393.28	9.75
	延 10^{1-2}	6016.19	4613.46	76.68	3996.95	66.44	616.51	10.25
	延 10^2	10051.42	7558.07	75.19	6548.28	65.15	1009.79	10.05

2. 地层能量亏空严重

截至 2015 年底，柳沟注水项目区延 10 累计注水量 18.29×10^{4}m^3，累计采油量 312.67×10^{4}t，累计产水量 121.41×10^{4}m^3，体积系数 1.15，累计注采比为 0.038；延 10 层由原始地层压力的 9.8MPa 降到 6.1MPa，地下亏空程度很大。

3. 注水能力严重不足

注水基础配套设施不足，项目区成立前，仅 8 号站能基本运行，日注水能力 540m^3，且运行不稳定，无法满足注水开发需求。

（三）开发治理措施

1. 边部注水，完善注采井网

（1）完善注采井网。

柳沟注水项目区延 10 油藏为一典型构造油藏，含油面积不大，边底水发育，油层厚度较大。针对已有井网存在的问题，调整思路为：采用边部注水，完善注采井网，补充地层能量，防止底水锥进、边水指进，后期采取边部结合内部注水提高水驱控制程度。结合剩余油分布及油藏分布特征及油水边界（图 6–10 和图 6–11），从 2016 年开始对注采井网进行了改造，利用现有井网进行调整。

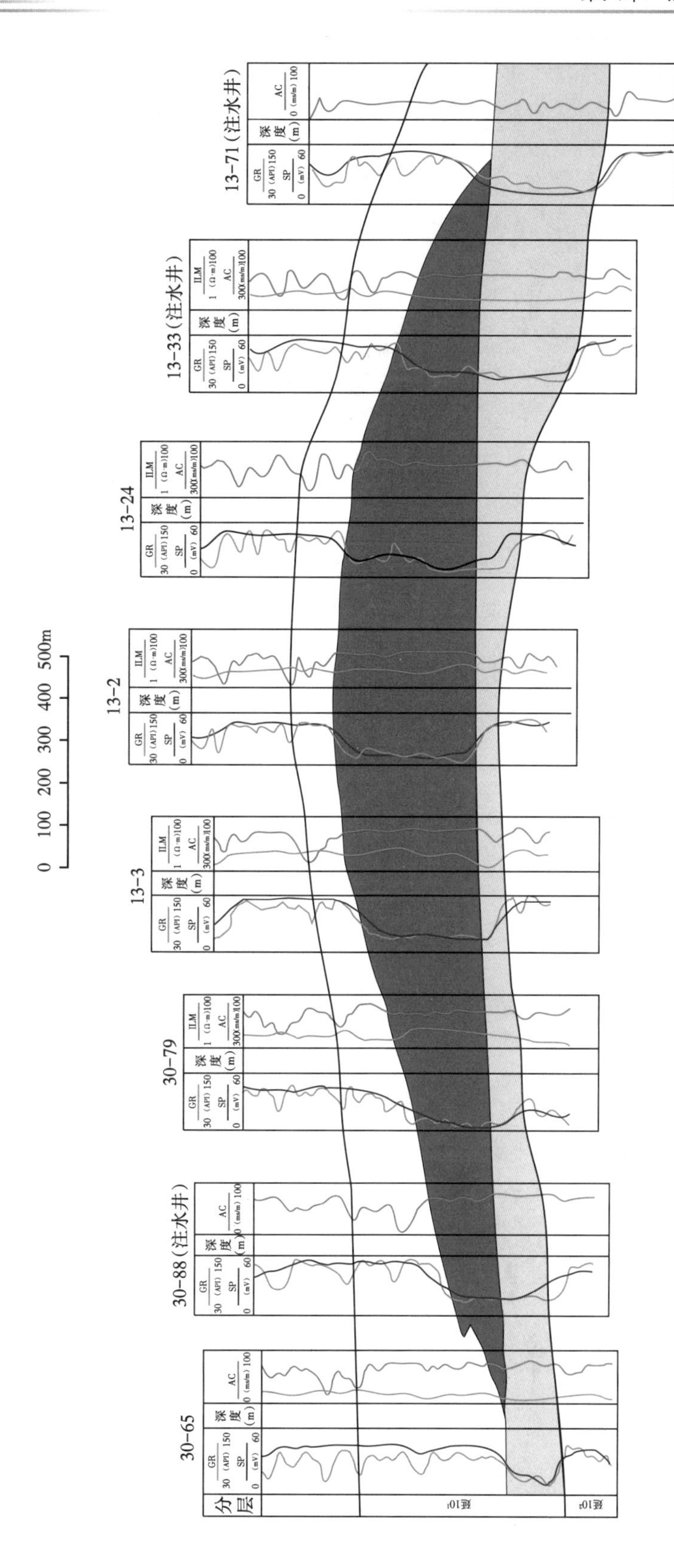

图 6-10　吴起柳沟注水项目区延安组油藏剖面图

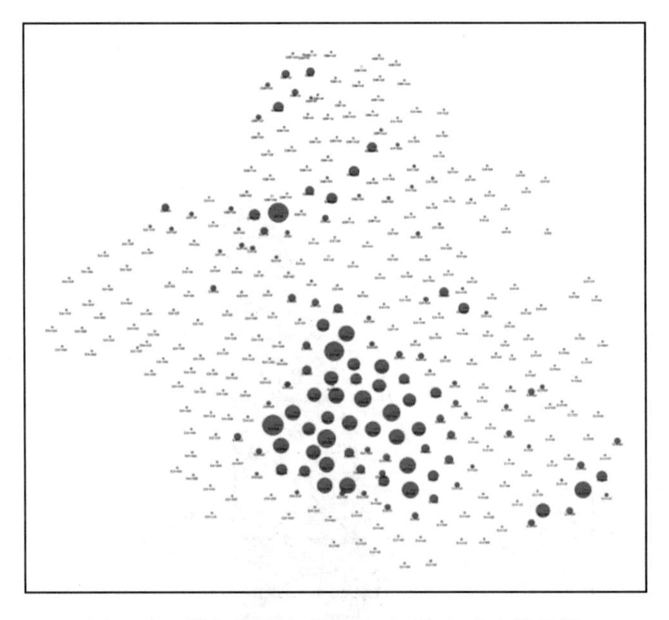

图 6-11　吴起柳沟注水项目区延安组生产饼状图

主要开展转注、原有注水井调层补孔、新井等工作，最终达到井网完善提高水驱控制程度的目的（图 6-12）。

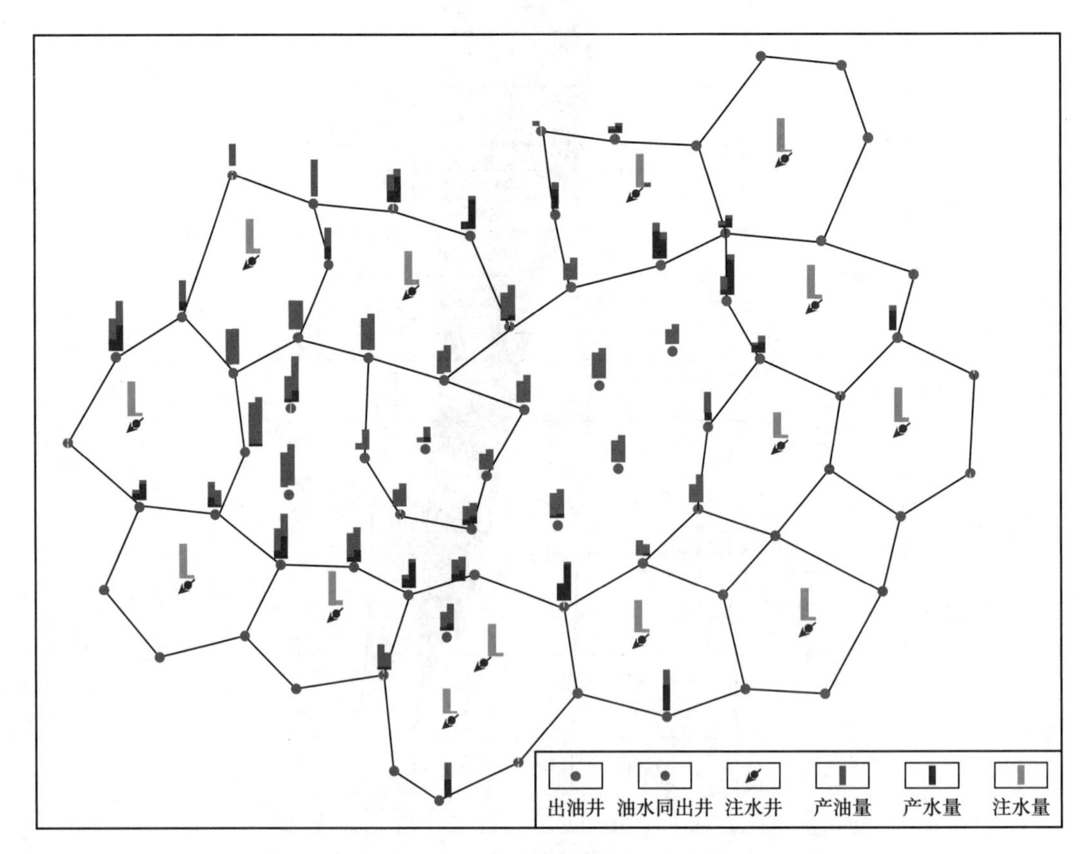

图 6-12　吴起柳沟注水项目区南部延 10 油藏边部注水井网图

（2）分层注水。

通过对2016年部分注水井的吸水剖面结果进行分析，多层注水井大多吸水不均匀，需要对多层注水井采取分层注水措施，从而提高水驱动用程度。

2017年分别选取15口井进行分层注水，分别为：W30-10、W30-26、W30-39、W30-9、WL6-38、W13-16、W13-55、W30-101、W30-175、W30-176、W30-89、W6-12、WL6-153、WL6-23和WL6-30（表6-6）。

表6-6　吴起柳沟注水项目区分层注水工作量统计表

序号	井名	措施层位	措施	措施时间
1	吴30-10井	延10^{1-2}、长2^{1-2}	分层注水	2017年
2	吴30-26井	延10^{1}、长2^{1-2}	分层注水	2017年
3	吴30-39井	延10^{1}、长2^{1-2}	分层注水	2017年
4	吴30-9井	延10^{1}、长2^{1-2}	分层注水	2017年
5	吴柳6-38井	延10^{1}、延10^{2}	分层注水	2017年
6	吴13-16井	延10^{1}、长2^{1-2}	分层注水	2017年
7	吴13-55井	延10^{1}、长2^{1-2}	分层注水	2017年
8	吴30-101井	延10^{1}、长2^{1-2}	分层注水	2017年
9	吴30-175井	延10^{1}、延10^{2}	分层注水	2017年
10	吴30-176井	延10^{1-1}、延10^{2}	分层注水	2017年
11	吴30-89井	延10^{1}、延10^{2}	分层注水	2017年
12	吴柳6-12井	延10^{2}、长2^{1-1}	分层注水	2017年
13	吴柳6-153井	延10^{1}、延10^{2}	分层注水	2017年
14	吴柳6-23井	长1^{1}、长2^{1-2}	分层注水	2017年
15	吴柳6-30井	延10^{1-1}、延10^{1-2}	分层注水	2017年

2. 完善注水设施

完善井网过程中，根据油井生产现状主要采用补孔转注、生产层位调整转注的方式进行井网完善工作。截至2018年投转注共计74口，注水井措施增注15口。为保障注水工作的开展，2016年建成投用4座注水站：柳6-12注水站、29-25注水站、30-42注水站、5号注水站。完成柳沟8号注水站技改工程，更换了30-36井、30-9井、30-39井、30-10井、30-26井的注水管线。注水设施的改善有效保证了注采井网的完善以及注水开发工作的进展。

3. 确定注采参数

为防止柳沟注水项目区延10构造油藏注水开发过程中底水锥进、边水指进，采取“整体温和，外强内弱”的注水政策，在确定注采参数时，根据油水界面接触关系及抬升速度，严格控制措施规模，同时合理控制采液强度。根据已有的生产开发资料分析与井场试验，柳沟注水项目区延10油藏合理注水强度不大于1.55m^3/（d·m），合理注采比为0.7~1.2。开采措施规模与生产参数见表6-7和表6-8。

表6-7　延安组构造油藏措施规模推荐表

井别	油层厚度（m）	措施方式	射孔参数			压裂参数			工作液	备注
			射孔位置	射孔程度（%）	孔密	砂量（m^3）	砂地比（%）	排量（m^3/min）		
采油井	＞7	压裂	油层上部	＜20	16	＜3	10~20	0.8~1.0	瓜尔胶	油层与水层直接接触
	＜7	高能气体压裂		＜20		＜45kg				
注水井	射孔或高能气体压裂		油层上部	20~40	14	助排剂＋黏土稳定剂＋清水＋炸药（55kg）				

表6-8　延安组构造油藏生产参数推荐表

储层结构类型	生产压差（MPa）	采液强度	
		低含水期［m^3/（d·m）］	中高含水期［m^3/（d·m）］
油层与水层直接接触	＜1.7	0.88	油藏内部＜1.5；边部＜0.8

实施过程中，需根据实际情况，结合采油厂实际，注水按照温和注水方式进行，对该项目区延安组注水按照目前实际产量结果计算所得日注水量进行注水，并对地层压力进行实时监测，确保地层压力保持在原始地层压力附近，根据地层压力变化，随时调整注水参数。

4. 油水井综合治理

柳沟注水项目区2016—2018年油水井综合治理共188口井，具体工作部署为：

（1）水井：2016年完成油井补孔转注47口，排液转注13口，注水井补孔7口，高压井补孔压裂增注2口；2017年完成油井补孔转注2口，排液转注3口，高压井酸化增注9口、补孔压裂1口、原层压裂3口；2018年完成油井补孔转注1口、排液转注1口；共计89口井实施措施。

（2）油井：2016年完成低产低效井恢复7口，套损井修复3口；2017年完成完善井网井3口、低产低效井恢复39口，酸化解堵20口，套损井修复6口；2018年完成完善井网井3口、低产低效井恢复4口，酸化解堵6口，套损井修复4口；共计99口。

经调整后，注采关系得到明显改善，注采井网基本覆盖整个项目区，水驱控制程度明显提高。

（四）注水开发效果

1. 注采井数比与注水面积

至2018年6月，柳沟注水项目区注水井数由22口上升至85口，采油井数由325口下降至 266 口，注采井数比由 1∶14.8 下降至 1∶3.1（图 6-13），注水面积由 2015 年的 2.3km^2 提高到 27.1km^2，注采关系得到了极大的改善。

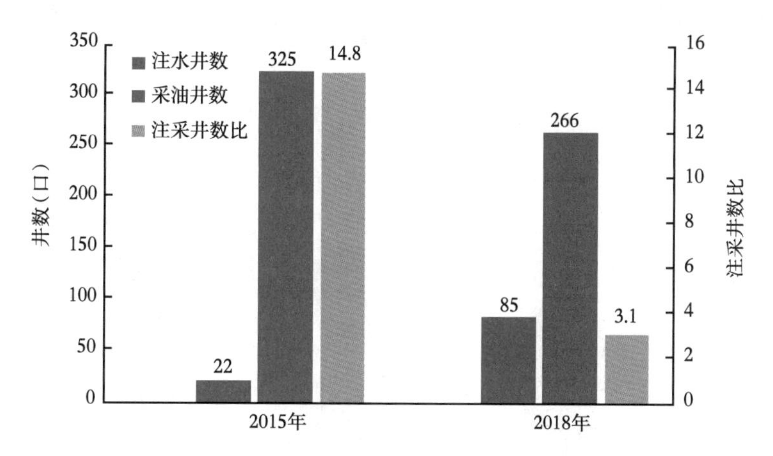

图 6-13 吴起柳沟注水项目区 2015 年、2018 年注水井数、采油井数及注采井数比变化图

2. 产量与含水率

截至 2018 年 6 月，日产液由 788m^3 上升到 1085m^3，柳沟注水项目区单井日产量从 2015 年底的 2.58t 上升到目前的 2.97t，最高达到 3.46t，含水率呈现缓慢递增的趋势，从 2015 年底的 38.3% 缓慢上升到 2018 年的 51%，表明水线推进比较均匀，水窜和水淹得到了有效控制（图 6-14）。

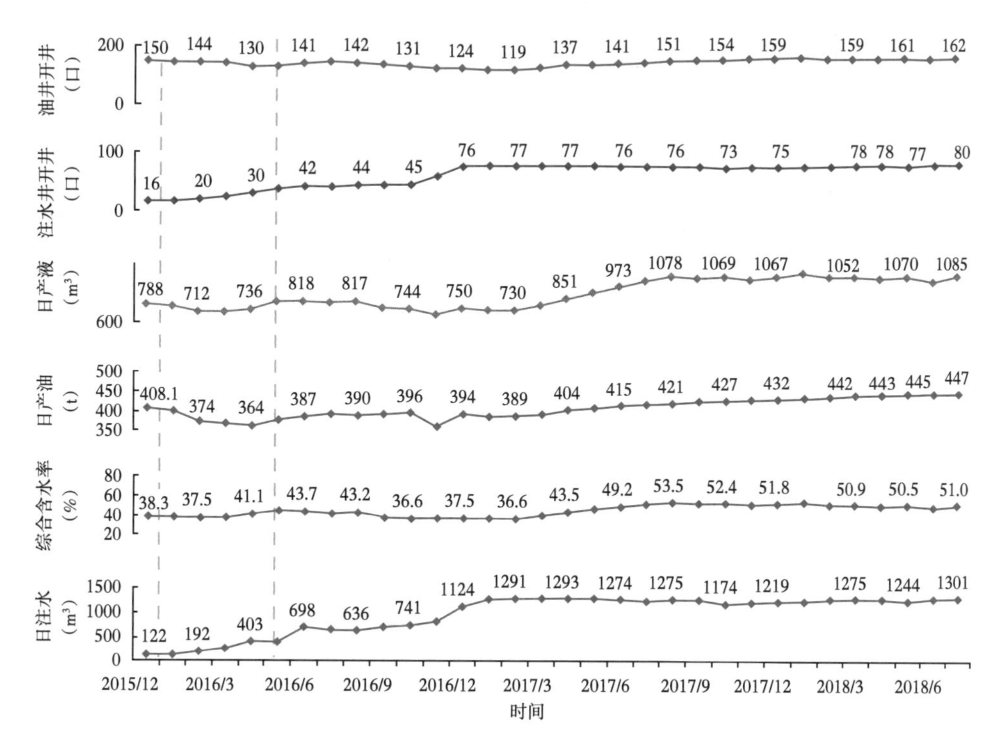

图 6-14 吴起柳沟注水项目区开发效果评价图

3. 地层能量恢复情况

经过大面积转注作业，地层能量得到有效补充，地层压力有所恢复，延 10 地层压力由 2015 年的 6.1MPa 至 2018 年恢复到 7.6MPa，恢复到原有地层压力（8.7MPa）的 87%，地层亏空有所缓解（图 6-15）。

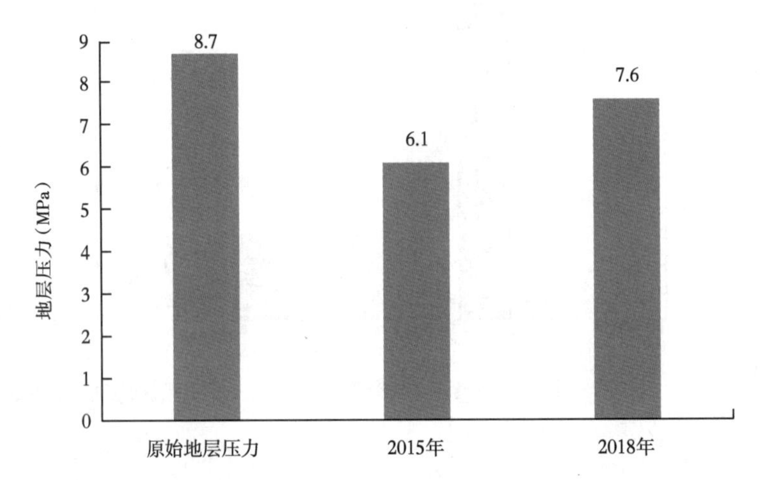

图 6-15 柳沟注水项目区原始地层压力、2015 年与 2018 年地层压力对比柱状图

4. 水驱控制程度

进行转注、补孔等调整后，延 10 天然能量开发井从 75 口降至 28 口，单向受效井从 15 口增至 30 口，双向受效井从 1 口增至 36 口，三向以上受效井从无增至 16 口，水驱控制程度从 20.1% 增至 85.2%，相对于 2015 年的水驱控制程度有了大幅度提升（表 6-9）。

表 6-9 柳沟注水项目区水驱控制程度统计表

年份	层位	单向		双向		多向		无向		厚度合计（m）	水驱控制程度
		井数（口）	连通厚度（m）	井数（口）	连通厚度（m）	井数（口）	连通厚度（m）	井数（口）	射孔厚度（m）		
2015	延 10	15	135.1	1	17.0			75	606.3	758.4	20.1
2017	延 10	30	245.5	36	340.8	16	169.6	28	131.6	887.5	85.2

5. 水驱动用程度

2016 年、2017 年通过对 23 口注水井测取吸水剖面来看，柳沟注水项目区延 10 储层 2016 年水驱动用程度达到 50% 左右，2017 年水驱动用程度为 40% 左右。相比较 2015 年的水驱动用程度平均值为 10% 左右，水驱动用程度有了很大的提升（表 6-10），注采对应率提高，油层吸水均匀，注水开发效果显著。

表 6-10 柳沟注水项目区水驱动用程度分析表

年份	测试井数	层位	砂厚（m）	吸水厚度（m）	水驱动用程度（%）
2016	10	延 10^1	163.5	83.37	50.99
2017	13	延 10^1	176.0	71.66	40.72
	5	延 10^2	152.4	46.76	30.68

6. 综合递减率与自然递减率

柳沟注水项目区 2017 年综合递减率 -11.52%，相较于 2015 年的 7.6% 有显著下降；自然递减率从 2015 年的 11.1% 下降至 2017 年的 3.66%（图 6-16）。

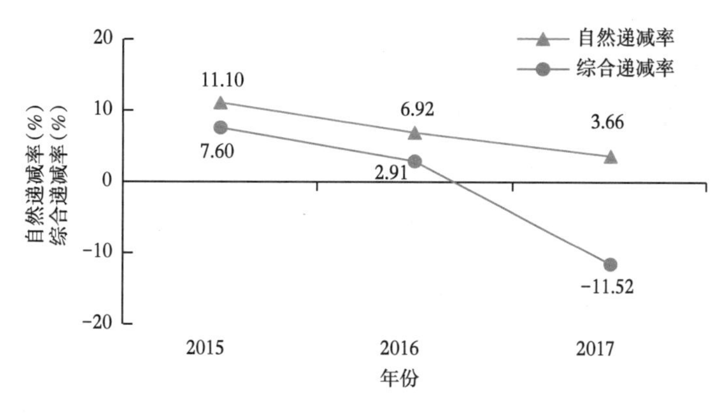

图 6-16　吴起柳沟注水项目区递减率变化图

7. 措施效果综合评价

（1）井网完善区效果分析。

通过转注完善了井网，补充了地层压力，实现了注采对应，受益井产量得到了明显提升。

①单向受益：W30-61 井 2016 年 3 月 20 日转注，注水前受益井 W30-82 井日产油 10.86t，含水率 3%；注水后日产油 12.94t，含水率 4%。截至 2017 年 12 月累计增油 487.34t（图 6-17）。

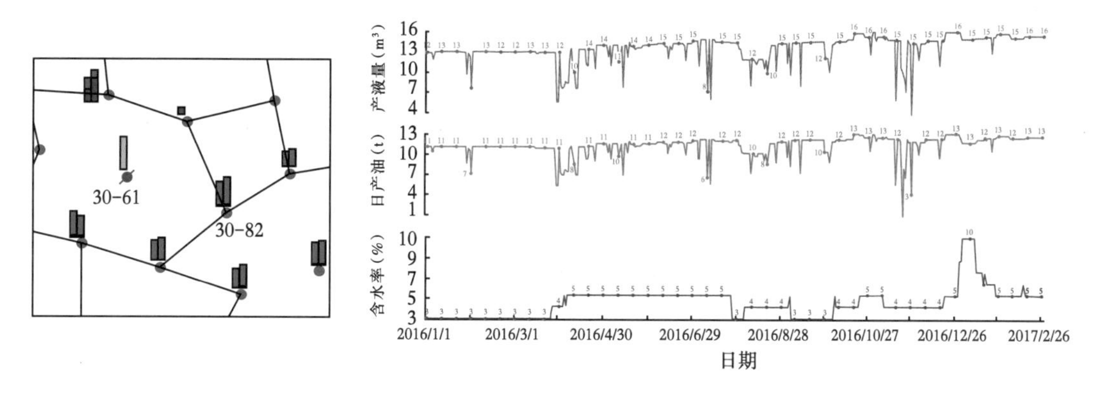

图 6-17　柳沟注水项目区延 10 油藏 W30-82 井产量对比及开采曲线图

②三向受益：W30 井、L6-35 井、W30-16 井 2016 年 3 月 10 日陆续转注，注水前受益井 W30-14 井日产油 2.05t，含水率 5%；注水后日产油 4.37t，含水率 5%。截至 2017 年 12 月累计增油 1142.58t（图 6-18）。

③边部注水受益：W13-7 井、W13-5 井、W13-33 井、W13-55 井 2016 年 1 月 31 日陆续转注，注水前受益井 W13-3 井日产油 9.76t，含水率 5%；注水后日产油 12.54t，含水率 5%。截至 2017 年 12 月累计增油 1350.21t（图 6-19）。

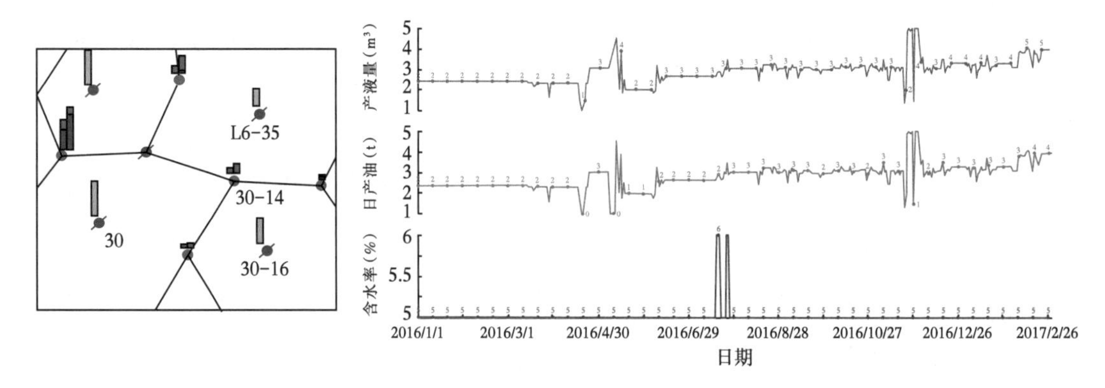

图 6-18　柳沟注水项目区延 10 油藏 W30-14 井产量对比及开采曲线图

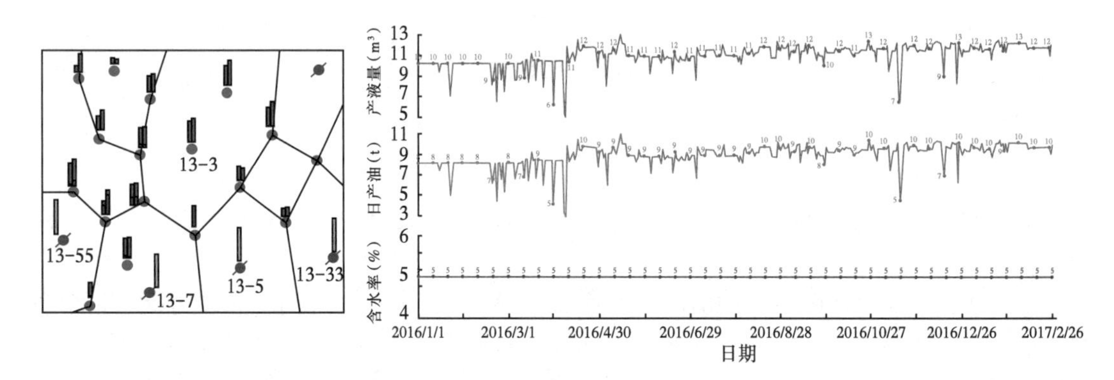

图 6-19　柳沟注水项目区延 10 油藏 W13-3 井产量对比及开采曲线图

（2）高压水井治理。

针对油藏地质特征以及各井的具体问题，提出酸化解堵和压裂解堵两种增注方法，针对吴起柳沟注水项目区水井注不进水的情况，分析注不进水的原因，进行补孔，酸化及压裂等针对性措施，重新确定配注量，2016 年和 2017 年对 10 口高压井（15 井次）进行高压井综合治理，效果比较明显，都能达到配注要求（表 6-11）。

表 6-11　吴起柳沟注水项目区高压水井综合治理统计表

序号	井号	作业时间	作业内容	配注量（m^3）	作业前			作业后		
					注水量（m^3）	油压（MPa）	套压（MPa）	注水量（m^3）	油压（MPa）	套压（MPa）
1	W13-21 井	2016/7/3	补孔压裂增注	15	6.70	10.00	9.10	14.57	0	0
2	W30-175 井	2016/5/30	补孔压裂增注	20	0	0	0	12.50	0	0
3	W30-175 井	2017/3/12	酸化增注	20	6.00	15.50	15.00	20.10	4.00	2.00
4	W30-30 井	2017/3/17	酸化增注	20	7.20	17.01	17.03	20.06	13.00	13.00
5	WL6-18 井	2017/4/13	酸化增注	20	15.10	14.20	13.80	19.93	3.10	3.10

续表

序号	井号	作业时间	作业内容	配注量（m^3）	作业前			作业后		
					注水量（m^3）	油压（MPa）	套压（MPa）	注水量（m^3）	油压（MPa）	套压（MPa）
6	W13-41 井	2017/5/12	酸化增注	20	18.05	13.00	13.00	19.56	5.00	5.00
7	W30-160 井	2017/5/19	酸化增注	15	14.70	15.50	15.50	14.90	14.00	14.00
8	W30-30 井	2017/5/29	原层压裂增注	20	13.17	15.50	15.50	19.62	14.00	13.50
9	W30-134 井	2017/6/11	补孔压裂增注	15	8.88	16.00	16.00	15.28	13.50	10.00
10	W30-30 井	2017/12/19	酸化增注	15	12.11	16.18	16.15	12.15	13.44	13.27
11	W29-21 井	2017/12/22	酸化增注	20	6.60	15.81	15.73	12.40	13.31	13.09
12	W30-164 井	2017/12/22	酸化增注	20	5.60	17.25	17.21	20.40	0	0
13	WL6-30 井	2017/12/22	酸化增注	15	9.88	17.20	17.20	15.34	16.40	16.79
14	W30-134 井	2017/12/24	原层压裂增注	15	11.12	16.18	15.44	15.23	9.58	6.07
15	W30-160 井	2017/12/28	原层压裂增注	15	7.30	16.98	16.90	14.50	15.10	15.00

W30-175 井及 W13-21 井注水压力较高、达不到配注要求、影响注水效果，经过研究分析分别采取小型压裂及酸化的措施对两口井进行了增注，措施后注水压力均明显降低（图 6-20 和图 6-21）。其中，W13-21 井压裂增注延 10^1 小层，待压裂液返排后立即安排注水，此次承压段为 1500~1507m，石英砂用量为 $2m^3$，粒径为 0.45~0.90mm，砂地比为 20%，施工排量为 $1.0m^3/min$。W30-175 井进行压裂改造，前置液选择盐酸，用量为 $5m^3$，注酸排量为 $0.5m^3/min$，缓蚀剂 10kg。

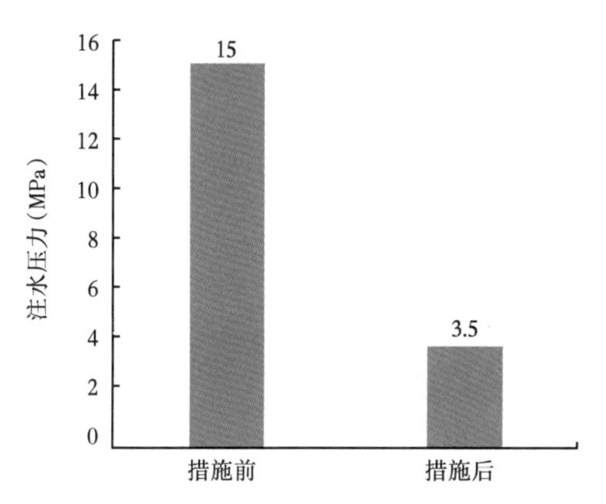

图 6-20　吴起柳沟注水项目区 W13-31 井增注措施前后注水压力对比图

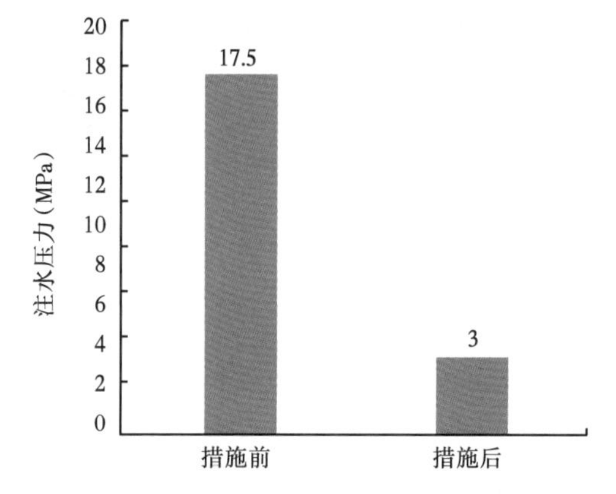

图 6-21　吴起柳沟注水项目区 W30-175 井增注措施前后注水压力对比图

（3）低产低效井改造。

在地层压力和井网完善，注采对应基础上，对低产低效井井采取技改措施，2017 年和 2018 年采用酸化解堵和原层复压的工艺对项目区 10 口进行了恢复，取得了不错的效果，

（表 6-12），技改恢复后单井平均产量在 2.23t，最高的 W13-56 井单井产量在 7.62t。

表 6-12　吴起柳沟注水项目区低产低效井技改统计表

序号	井号	措施时间	具体措施	技改前产液（m^3）	含水率（%）	技改前产油（t）	技改后产液（m^3）	含水率（%）	技改后产油（t）
1	W29-25 井	2017 年	酸化解堵	0.6	65	0.18	15.3	74	3.38
2	W30-154 井	2017 年	酸化解堵	2.0	50	0.85	4.5	60	1.53
3	W30-174 井	2017 年	酸化解堵	1.0	6	0.80	5.4	10	4.13
4	W30-178 井	2017 年	酸化解堵	1.5	9	1.16	9.2	58	3.28
5	W30-8 井	2017 年	酸化解堵	1.4	75	0.30	11.0	77	2.15
6	W13-56 井	2017 年	二氧化氯解堵	1.2	8	0.94	11.2	20	7.62
7	W30-111 井	2017 年	二氧化氯解堵	0.5	17	0.35	2.2	49	0.95
8	WL6-154 井	2017 年	原层重复压裂	0.6	56	0.22	6.3	93	0.37
9	W30-38 井	2018 年	原层重复压裂	2.0	71	0.49	3.5	62	1.13
10	W30-113 井	2018 年	酸化解堵	0.9	19	0.62	20.0	23	2.37

针对柳沟注水项目区构造油藏特点，采取边部注水，完善注采井网的方式，使底水水线均匀推进，截至 2018 年 6 月，吴起柳沟注水项目区在油井井数减少，水井井数大幅上升的情况下，日产液由 788m^3 上升到 1085m^3，日产油由 408.1t 上升至 447t，效果比较明显。地层能量得到明显补充，水驱控制程度大幅提升。含水率呈现缓慢递增的趋势，表明水线推进比较均匀，水窜和水淹得到了有效控制。

二、老庄注水项目区延安组构造—岩性油藏开发

（一）项目区概况

老庄注水项目区位于陕西省靖边县内，面积 13.5km^2，叠合含油面积 9.31km^2，地质储量 453.5×10^4t。2009 年 6 月中旬部署在老庄注水项目区的靖探 276 井在延安组延 9 钻遇油层，射孔爆压后初期日产液 14.3m^3，初期日产油 4.2t/d，拉开老庄油田滚动开发的序幕。至 2009 年底，共有 24 口油井生产，累计产油量为 1.98×10^4t。至 2010 年底，共有 48 口油井生产，累计产油量 7.09×10^4t。至 2011 年 3 月，共有 61 口油井，累计产油量 9.97×10^4t。从 2009 年至 2011 年 3 月，老庄注水项目区为天然能力开发阶段。2011 年 4 月底靖边采油厂对老庄项目区实施注水开发，转注 15 口油井，配注 205m^3/d，老庄注水项目区进入注水开发阶段。

截至 2015 年底，老庄项目区共有油水井 155 口，其中采油井 127 口（开井 61 口），注水井 26 口（开井 25 口）。日产液量 358m^3，日产油 149t，平均单井日产液 5.87m^3，单井日产油 2.44t，累计产油量 59.56×10^4t。日注水 168.90m^3，累计注水 51.48×$10^4$$m^3$，累计

注采比 0.48，综合含水率 50%，采出程度 13.13%。注水井比例较小，受益井较少，延 9^2 油藏发育的南部地区，未开展注水（图 6-22）。

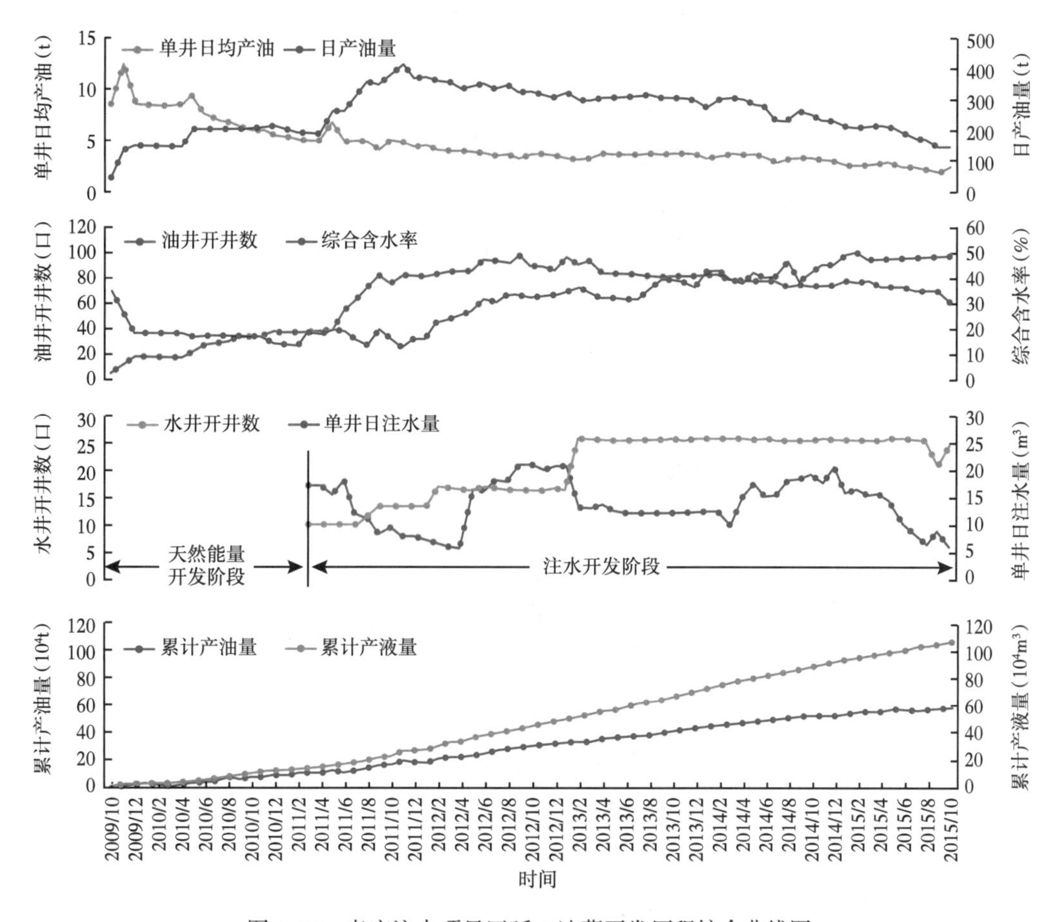

图 6-22　老庄注水项目区延 9 油藏开发历程综合曲线图

（二）地质特征

1. 构造、沉积相及砂体展布特征

老庄注水项目区构造上位于鄂尔多斯盆地陕北斜坡之上，受早期燕山运动的影响地层产状平缓，总体呈一平缓西倾单斜构造，地层倾角小于 1°，平面上发育有低幅度鼻状隆起构造，轴向近东西或北东—西南向。老庄注水项目区延 9 段构造形态总体上呈东高西低的趋势，局部发育有近东西向，与构造线垂直或斜交鼻状隆起，具有较好的继承性，河道沉积与鼻状隆起构造共同影响着本区油气的富集与分布。

老庄注水项目区延 9 油藏主要受构造—岩性共同控制。油层分布主要受控于河道沉积，局部受差异压实作用形成的鼻状隆起控制。储层主要为河道砂，呈近南北向带状展布，延伸较长，两侧及上覆河漫沉积泥岩构成主要岩性遮挡。纵向上，油水分布自上而下可以分为三带：纯油带、油水过渡带与纯水带，不具有统一的油水界面；延 9^2 小层为主力油层，其次为延 9^1 小层，且砂体发育及连通情况较好；油层发育程度主要受沉积相、鼻状隆起、储层物性共同控制，非均质性强，平面连通性差，边底水相对不发育（图 6-23）。

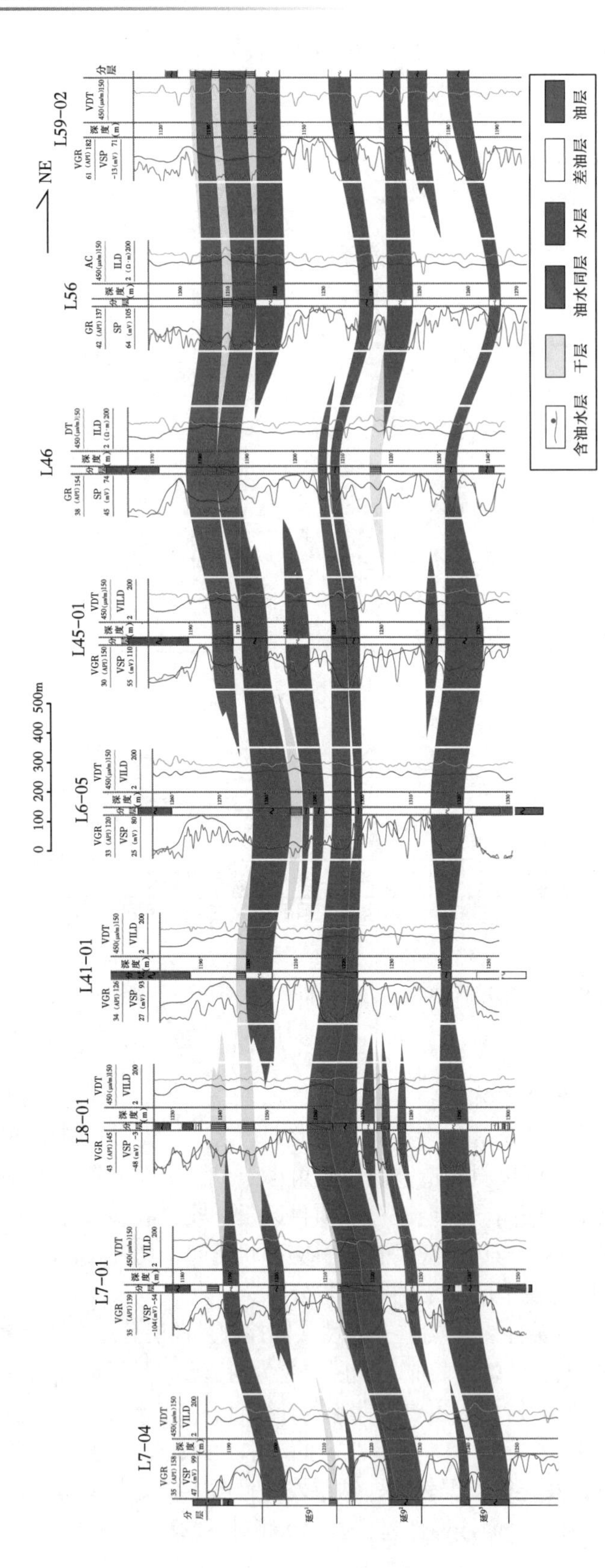

图6-23　老庄注水项目区延9油藏剖面图

2. 储层及油藏特征

（1）岩性特征。

老庄注水项目区延9储层中砂岩碎屑颗粒含量较高，碎屑成分一般占岩石总体积的60%~80%。石英含量一般为50%~92%，主要为75%~85%；长石含量一般为2%~25%，以斜长石居多；岩屑含量一般为10%~20%，以隐晶岩、片岩以及千枚岩岩屑为主。延9砂岩主要为岩屑质石英砂岩（图6-24）。

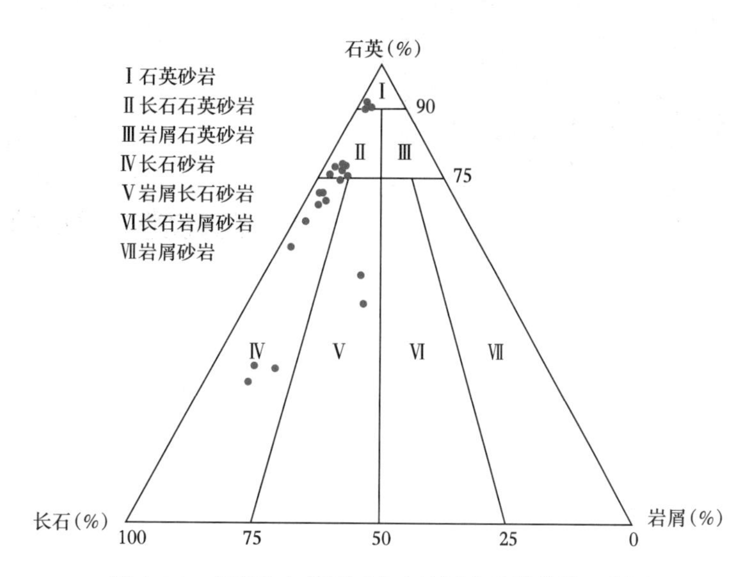

图6-24 老庄注水项目区主力油层中砂岩分类三角图

延9砂岩碎屑颗粒粒度一般为0.15~0.4mm，主要为0.2~0.35mm，多具细—中粒结构，粉砂质结构次之，少量粗粒结构和细粉砂结构；砂岩分选性总体中等—较好，以次圆—次棱角状为主，磨圆度中等，结构成熟度中等—较好。延9填隙物含量一般为15%~25%，主要为胶结物。胶结物以高岭石为主，其次还有石英长石次生加大、水云母、方解石、铁白云石等，胶结类型以孔隙式为主。

老庄注水项目区成岩作用主要为压实岩溶作用、溶蚀作用与胶结作用。延9相对延长组压实压溶作用较弱，保留有较多的原生粒间孔隙，是老庄注水项目区延9储层主要孔隙类型［图6-25（a）］。溶蚀作用主要为长石与岩屑溶蚀，可形成溶蚀粒间孔与粒内溶孔［图6-25（b）］，对改善储层物性有重要作用。延9油藏主要发育高岭石胶结，其次为石英次生加大、水云母胶结以及碳酸盐胶结。

（2）物性特征。

①孔渗特征。

老庄注水项目区延9砂岩孔隙度一般为5.1%~23.4%，渗透率一般为0.20×10^{-3}~$62.84\times10^{-3}\mu m^2$，其中延$9^1$储层物性较好，延$9^2$储层物性较差（表6-13）。

②孔隙类型。

老庄注水项目区邻区（靖边东南部地区）延9油藏相关分析揭示，延9储层孔隙类型主要为粒间孔隙和各种类型溶蚀孔（表6-14）。

取心观察及邻区成像测井资料显示，延9构造裂缝不发育。

孔隙组合类型主要包括溶孔—粒间孔隙型、溶蚀孔隙型和粒间孔—溶孔型。

(a)原生粒间孔

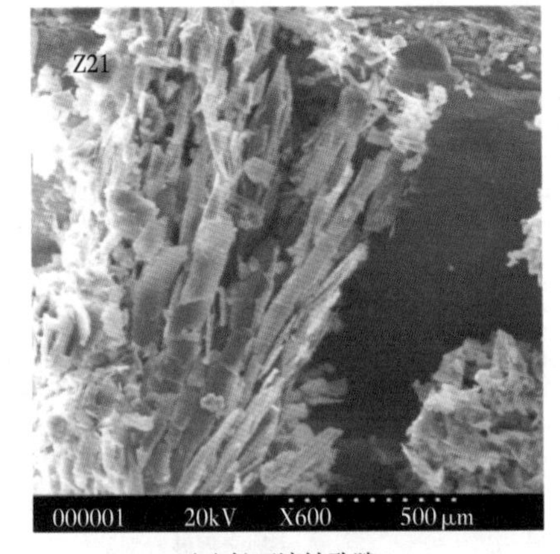

(b)长石溶蚀孔隙

图 6-25 老庄注水项目区成岩作用图

表 6-13 老庄注水项目区延 9 各小层物性特征表

层位	孔隙度(%)			渗透率($10^{-3}\mu m^2$)		
	最小值	最大值	平均值	最小值	最大值	平均值
延 9^1	5.1	23.4	13.5	0.20	58.00	10.74
延 9^2	8.4	16.5	12.4	3.50	56.80	10.68
延 9^3	8.7	22.3	12.1	2.62	62.84	10.66

表 6-14 靖边东南部地区延 9 油藏孔隙类型统计表表

样品数	粒间孔(%)	粒间溶孔(%)	长石溶孔(%)	岩屑溶孔(%)	晶间孔(%)	面孔率(%)	平均孔径(μm)
20	3~12	0~10	2~5	1~3	0~0.5	6.5~26.0	90~500
	8.7	1.7	3.2	1.2	0.4	15.1	179

(3)孔隙结构特征。

老庄注水项目区侏罗系延安组砂岩主要为河流相沉积，非均质性强，具中孔隙度、中—低渗透不均匀孔喉型特点。根据其地质特点和孔隙结构，选择压汞排驱压力(p_d)、饱和度中值压力(p_{50})、最小非饱和孔隙体积(S_{min})等 3 项主要参数以表征孔隙结构特征。

借鉴老庄注水项目区岩心分析资料可知排驱压力、中值压力均较低，分别为 0.06MPa、0.20MPa，中值半径为 3.77μm，平均喉道半径为 4.61μm，喉道分选系数为 3.00，歪度为 1.33。从压汞曲线看，储层排驱压力低，进汞饱和度大，退汞率低，曲线平坦段明显。延 9 储层孔隙类型为中孔—中喉型，储层分选性较好(图 6-26)。

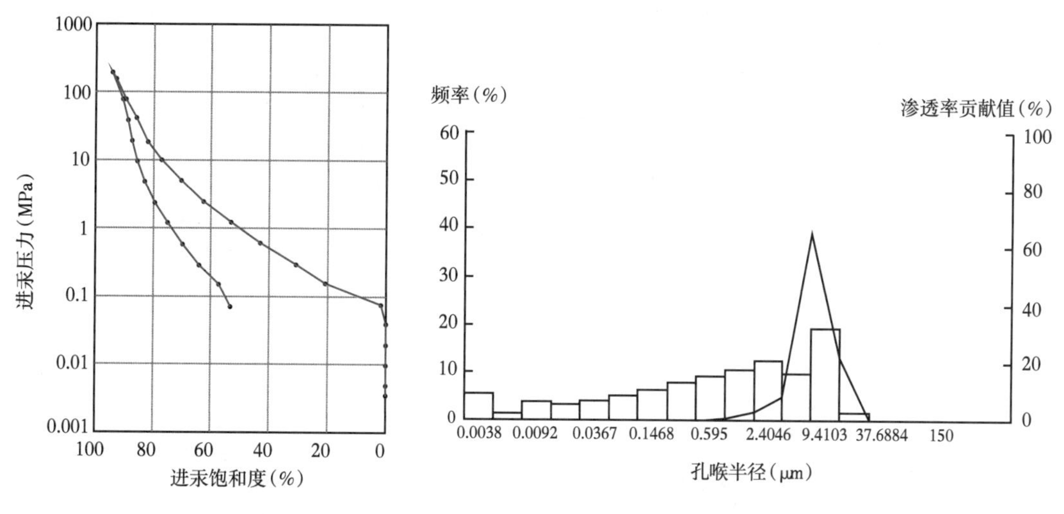

图 6-26 老庄注水项目区延 9 油藏毛细管力曲线图(靖探 306,920.27m)

(4)储层非均质性。

①平面非均质性。

a. 砂体平面分布非均质性。

老庄注水项目区延 9 砂体较发育,平面上呈带状展布。其中,延 9^3 砂体最大厚度为 25m,最小为 2m,平均为 8.2m;延 9^2 砂体最大厚度为 17.6m,最小为 1m,平均为 9.1m;延 9^1 砂体最大厚度为 25m,最小为 2m,平均为 8.2m。通过对该项目区 155 口井统计,延 9 砂岩钻遇率高,延 9^3 钻遇砂岩井数达 151 口,钻遇率为 98.1%;延 9^2 钻遇砂岩井数达 153 口,钻遇率为 98.7%;延 9^1 钻遇砂岩井数达 151 口,钻遇率为 98.1%(表 6-15)。

由砂体钻遇率及连通系数可以看出,延 9 砂体在老庄注水项目区内基本上均有分布,其连续性、连通性纵向上均具有中部好、上下差的特点。延 9^2 砂体钻遇率为 98.7%,砂体连续性好,连通系数最高为 52.3%,连通性好。

表 6-15 老庄注水项目区延 9 油藏各小层砂体厚度分布特征表

层位	砂体累计厚度(m)	砂体厚度(m)			钻遇砂体井数(口)	钻遇率(%)	大于平均厚度的井数(口)	连通系数(%)
		最大	最小	平均				
延 9^1	1254	25.0	2.0	8.2	151	98.1	61	39.4
延 9^2	1389	17.6	1.0	9.1	153	98.7	81	52.3
延 9^3	1254	25.0	2.0	8.2	151	98.1	61	39.4

b. 物性平面非均质性。

从延 9^3 物性参数分布平面图可以看出,孔隙度高值区主要分布于老庄注水项目区西部和中部 3 个井区,相对连片性较好。相对高渗透区渗透率一般大于 $10\times10^{-3}\mu m^2$,连片性较差,主要分布于项目区中北部的 4 个井区(图 6-27)。

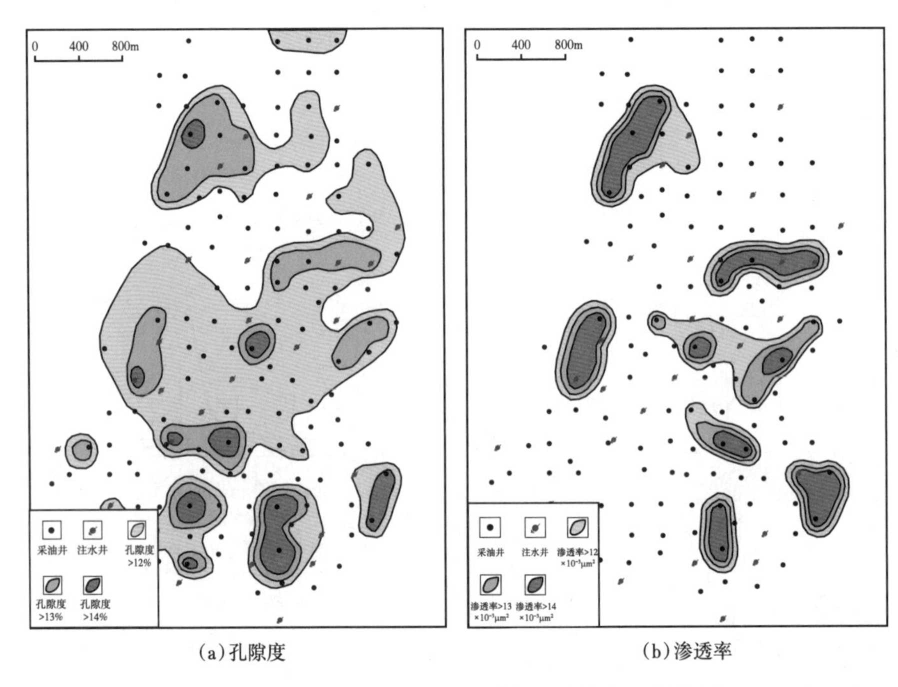

(a)孔隙度　　(b)渗透率

图 6-27　老庄注水项目区延 9^3 物性分布平面分布图

延 9^2 物性参数分布平面图反映，高值区呈带状展布，连片性好。大部分井中延 9^2 储层孔隙度大于 10%，差异小，高值区主要分布在项目区中部、北部 3 个井区。相对高渗透区渗透率一般大于 $10\times10^{-3}\mu m^2$，如项目区南部的 4 个井区（图 6-28）。

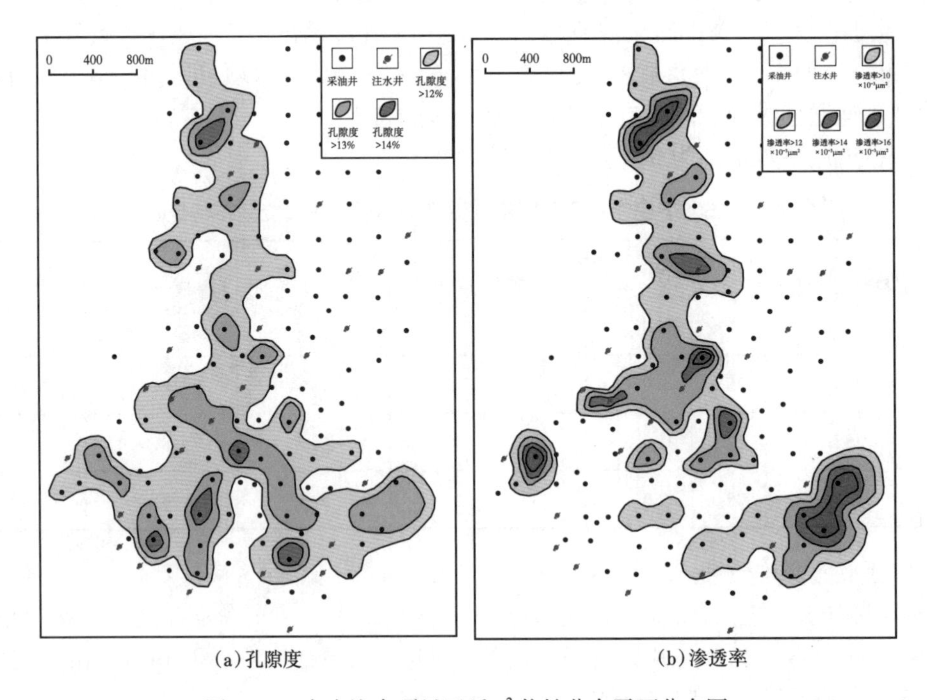

(a)孔隙度　　(b)渗透率

图 6-28　老庄注水项目区延 9^2 物性分布平面分布图

延 9^1 物性参数分布平面图反映，孔隙度大于 10% 的区域主要分布于项目区西北部的 4 个井区，整体差异较小，连片性较好。相对高渗透区渗透率主要分布于该项目区西北部的 5 个井区（图 6-29）。

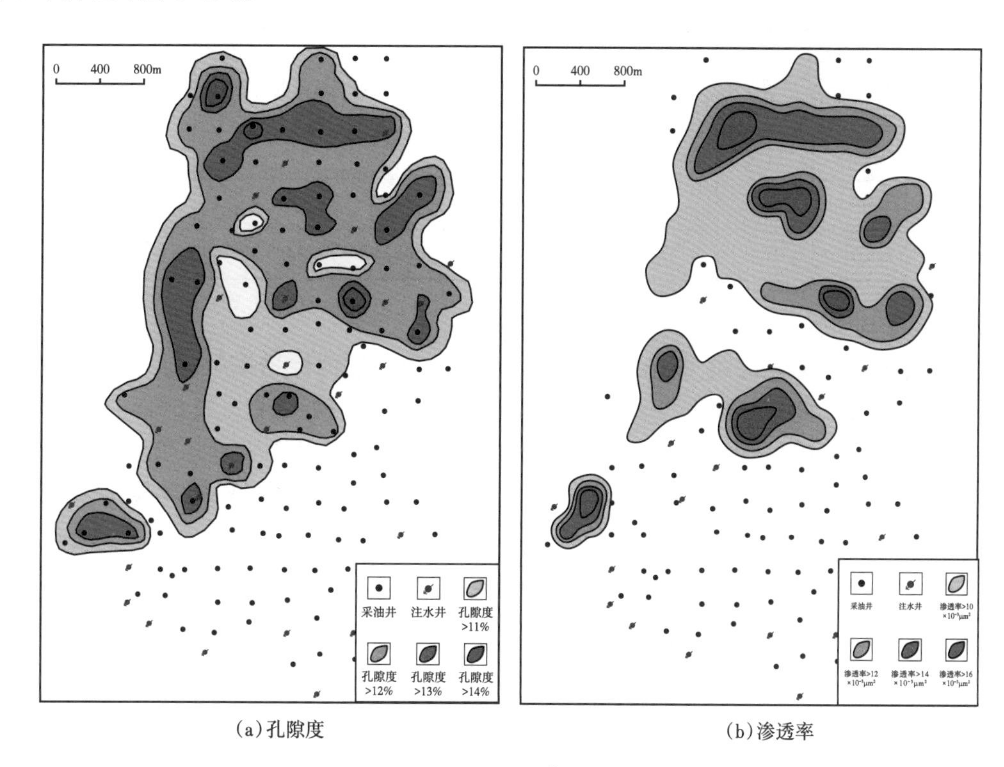

（a）孔隙度　　（b）渗透率

图 6-29　老庄注水项目区延 9^1 物性分布平面分布图

②层间非均质性。

老庄注水项目区延 9 沉积期，由于河道沉积较发育，河道中沉积砂体物性较好，而侧向物性逐渐变差，河道侧向迁移频繁，早期河道沉积物往往被后期河漫沼泽沉积物覆盖，使不同时期河道砂体间不能很好连通，纵向上具非均质性。

a. 分层系数。

对于一定层段，当砂层总厚度一定时，垂向砂层数越多，则分层越多，隔层越多，越易产生层间差异，即分层系数越大，层间非均质性愈严重。由表 6-16 可知，延 9^1 小层层间夹层最多，延 9^2 次之。

表 6-16　老庄注水项目区延 9 油藏各小层分层系数统计表

层号	砂层层数（个）	井数（口）	分层系数
延 9^1	322	151	2.13
延 9^2	314	153	2.05
延 9^3	300	151	1.99

b. 层间隔层厚度。

老庄注水项目区延 9 层间隔层较厚，平均厚度大于 8m（表 6–17），有利于注水开发。

表 6–17　老庄注水项目区延 9 油藏隔层统计表

隔层统计				隔层厚度为零的井数（口）	总井数（口）	零值比例（%）
隔层个数	隔层厚度（m）					
	平均	最大	最小			
1~2	10.90	24.8	0	5	124	0.04
2~3	8.01	27.1	0	4	134	0.03

③层内非均质性。

统计关键取心井探 222、探 231、探 510 和探 511 井层内渗透率数据，利用渗透率模型公式，计算层内渗透率极差、渗透率突进系数和渗透率变异系数（表 6–18）。其中延 9^3 变异系数最高可达 0.34，极差最高 3.27，突进系数最高 1.48；延 9^2 变异系数最高可达 0.40，极差最高 2.05，突进系数最高 1.23；延 9^1 变异系数最高可达 0.46，极差最高 4.3，突进系数最高 1.65。整体来看，老庄注水项目区延 9 层内非均质性较强。

表 6–18　老庄注水项目区延 9 油藏各小层层内非均质性参数表

井号	层号	非均质性			井号	层号	非均质性		
		变异系数	极差	突进系数			变异系数	极差	突进系数
探 510	延 9^1	0.057	1.19	1.07	探 231	延 9^1	0.38	2.30	1.19
	延 9^2	0.05	1.14	1.06		延 9^2	0.09	1.27	1.15
	延 9^3	0.08	1.13	1.06		延 9^3	0.24	2.47	1.32
探 511	延 9^1	0.46	2.78	1.65	探 222	延 9^1	0.30	4.30	1.65
	延 9^2	0.09	1.23	0.98		延 9^2	0.40	2.05	1.23
	延 9^3	0.12	1.59	1.34		延 9^3	0.34	3.27	1.48

（5）储层敏感性与润湿性。

老庄注水项目区延 9 储层为弱盐敏、中等酸敏、中等偏弱速敏、中等水敏和弱碱敏。

（6）油藏特征。

老庄注水项目区延 9 油藏油藏压力系数为 0.92，温度梯度为 2.7℃/100m，为常温低压油藏，平均原油密度较低，为 0.7994g/cm^3，地层水为 $NaHCO_3$ 型水，地层水矿化度平均为 6652.6mg/L。

（三）开发前期存在的问题

1. 油藏方面问题

（1）部分井含水率高，投产即高含水。

油井高含水或含水率上升快的原因不外乎以下几方面原因：一是油层本身含水饱和度较高；二是油藏底水发育，由于采液强度高或者固井质量不高，引起底水锥进；三是由于油层存在高渗透带或者裂缝带，导致注水井注入水窜进，造成油井高含水；四是油井初期由于排液未彻底，投产后含水率较高，但生产一段时间后，含水率又会有所下降。很明显，该区油藏目前还未注水，且投产后上述高含水井含水率并未下降，因此高含水原因可能是前两种。

（2）部分井采液强度偏高，导致含水率上升较快。

老庄注水项目区含水率上升井的平均采液强度为 16.62m^3/（d·m），而含水平稳井的采液强度为 9.07m^3/（d·m），即含水率上升井的采液强度为含水率平稳井的两倍左右。对于底水油藏来说，采液强度不宜过大，避免底水锥进。

（3）油藏能量不均，部分井底水能量不足，需及时注水。

从油藏总体生产状况来看，总体产液、产油下降较快；从单井生产状况分析，体现了油藏能量分布的不均匀，大部分井底水能量不足，只有少部分井表现了平稳生产的态势。产液量下降较快的大部分井处于油藏的构造高部位，对于该部分井应及时注水，但由于延 9 油藏物性好，底水较发育，且位于构造的高位，因此注水强度不宜过大。

2. 生产运行方面

（1）现场管理不到位。

项目区内绝大多数井场内脏、乱、差现象突出，现场没有安全设施及标识，设备保养不到位。其中 12 个井场采用明火加温方式实现油水分离。

（2）计量不准确。

多数井场混合生产，没有单井计量；配水间流量计靠人工调节，没有配注合格的概念。

（3）注入水水质不达标。

注水工艺系统不完善，没有开展水质监测，水质合格率不到 20%，尤其是梁 6 注水站，直接将油田产出水不经任何处理直接回注地层。

（4）油井故障频繁，设备保养不到位。

项目区油井故障频繁，没有管窜优化的概念，维修成本高。没有设备运行、保养台账，设备带病运转时有发生，闲置设备也没有统一管理。

（5）日常监测不足。

动态分析体系不够完善，生产动态、油井工况分析不够深入，水井测试制度不够健全；没有完整的功图、液面及工程台账，油水井工况不清、故障频繁，泵效、时效低。

3. 注采配套方面

（1）注水设备老化。

注水设备长时间使用，日常维护保养不到位，设备老化腐蚀明显，并无保温及其他措施。

（2）水源短缺。

3 个橇装注水站共有水源井 2 口，日供应清水 150m^3，供应污水 200m^3，项目区成立以来，平均日注水量只有 230m^3。

（3）高压注水井多。

由于长期注入污水，造成近井地带污染堵塞，老庄项目区 26 口注水井中就有 7 口因压力过高而注不进水，配注合格率低。

（四）开发治理措施

1. 综合治理的思路及原则

结合该区地质特征及分析的研究成果，遵循加强基础研究，强化油藏地质认识，针对油藏生产动态特征，坚持整体部署、分步实施、跟踪分析、及时调整的油藏综合治理思路。对项目区主要开展以下工作：

（1）完善注采井网，扩大水驱面积；

（2）通过调层补孔措施提高注采对应率，提高水驱控制程度；

（3）优化注采工艺，实施分层注水，提高水驱动用程度及受益向；

（4）建立起动态监测系统和开发管理制度，实施精细注采调控。

在地质研究的基础上，以井组为单元，进一步完善井网、层系，特别是单砂体的注采关系，依靠不同井网补充完善，相互利用。通过采油井的治理措施，大幅度降低低产低效井比例，有效提高动用程度。同时优化注水井调整方案，进一步提高注采对应率、开发效果，实现项目区科学规范注水开发。

在具体实施过程中遵循以下原则：

第一：“动静结合”。利用大量的动态、静态数据和油水井监测资料，分析目的井、层的注采对应关系以及储层的动用状况，研究措施潜力，确定具体的治理对象和挖潜方法。

第二：“点面结合”。即沉积单砂体与不同层系的井点相结合，在一定条件下考虑井网综合利用，提高单砂体内部的注采对应率。

第三：“提控结合”。即采油井压裂、补孔和堵水、封窜相结合，进一步调整平面和层间矛盾，在提液挖潜的同时，精细调整高含水后期的产液结构。

第四：通过井网注采系统调整，完善注采关系，保持地层能量，并减轻目前水井的压力负担，改善油藏的开发效果。

2. 综合治理方案整体部署

1）完善注采井网

老庄注水项目区主要开发层位为延 9 油藏，主要受构造控制，油藏面积较大，非均质性较强，边底水不发育，平面连通性较差，并且经过一段时间的注水开发，边底水已经有所推进，油藏高点部位采出程度较高。由于原来井网规划未考虑构造及边底水等因素且为不规则井网，井网形式已经固定且无法改变的情况下，结合油藏构造及剩余油分布形式（图 6-30 和图 6-31）对井网进行了调整，针对受构造控制的油藏采用边部注水和内部点状注水相结合的井网形式，既能控制边底水的均匀推进，又能防止构造高部位的底水锥进，最大限度减缓水淹水窜和水锥的时间，提高油田开发寿命和最终采收率。

老庄项目区开发初期，对于油藏的渗透率各向异性程度及地应力大小不清楚，因而，开发井网不规范，致使在后期调整上存在相当大的困难。项目区成立之后，经研究发现，按之前不规则的边缘点式注水井网规划，注入水推进较慢，受益井较少（图 6-32）。考虑到不影响产量任务及油藏井网分布的均匀性的情况，对 28 口井采取转注。进一步完善井网是根据油层展布情况，本着经济实用，少投入多产出，最大限度完善井网的原则。以现有井网为基础，尽可能保留高产井，转注高含水或低产井；同时，根据目前井网及开采层位，考虑井网的最大控制程度及目前油井的产量，以构造中间部位的高含水井为主，转注井同时要考虑多口油井受效（图 6-33）。

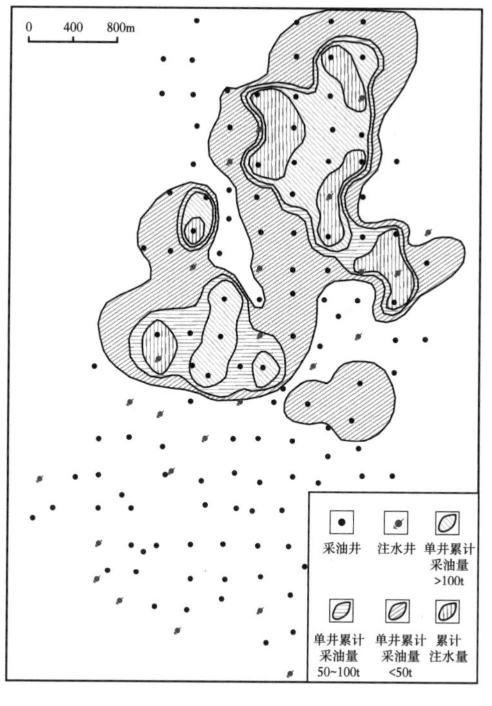

图 6-30　老庄注水项目区延 9^1 油层剩余油分布图

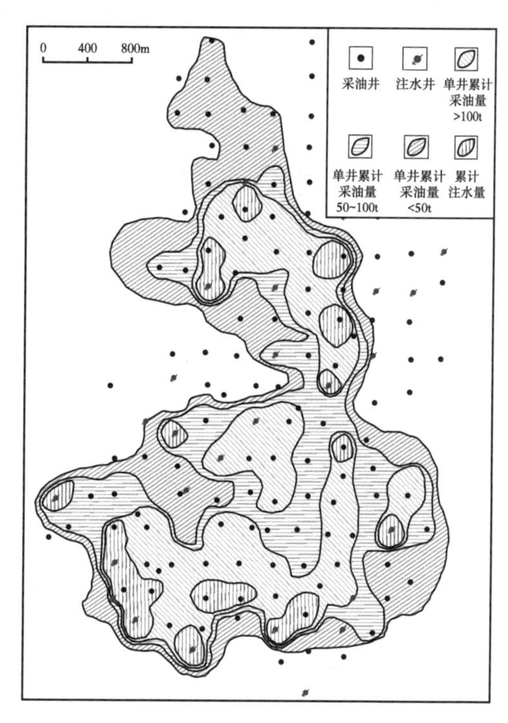

图 6-31　老庄注水项目区延 9^2 油层剩余油分布图

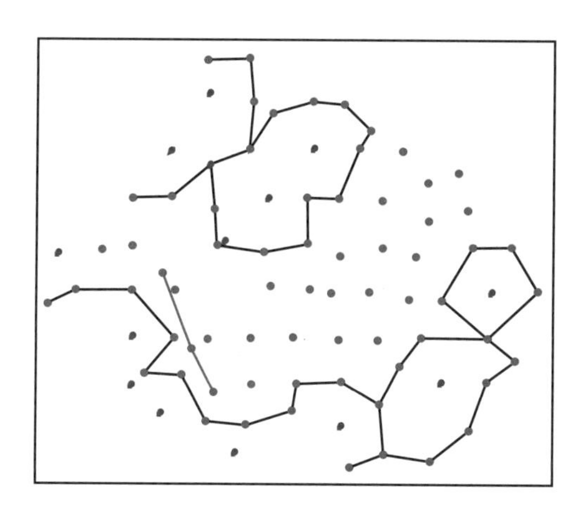

图 6-32　老庄注水项目区延 9 油藏原始井网图

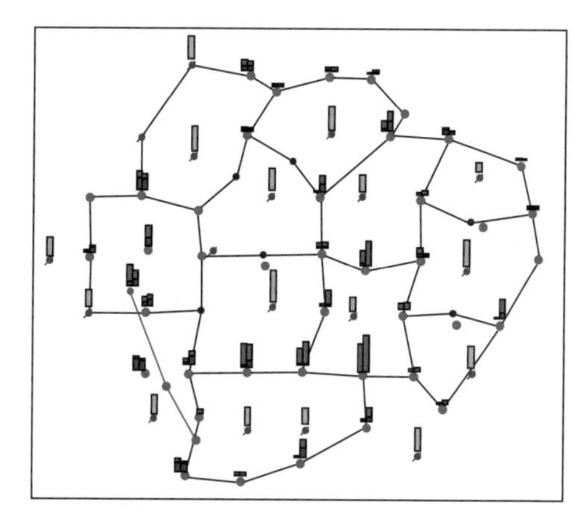

图 6-33　老庄注水项目区延 9 油藏井网调整图

钻新井是完善井网、提高油田产能、增加储量动用程度的主要措施，通过对老庄注水项目区地质特征深入研究后，2016 年在油层发育较好的西南部钻加密井 2 口。2018 年在北部以及东南部钻加密井 4 口（图 6-32）。

2）低产低效井改造及高压注水井治理

2016—2018 年针对低产低效及高含水井共实施油井增产措施 19 口。通过岩心酸溶实验等工作，对酸液配方优化、配方添加剂优选，并对 19 口高压注水井采取酸化增注措施。

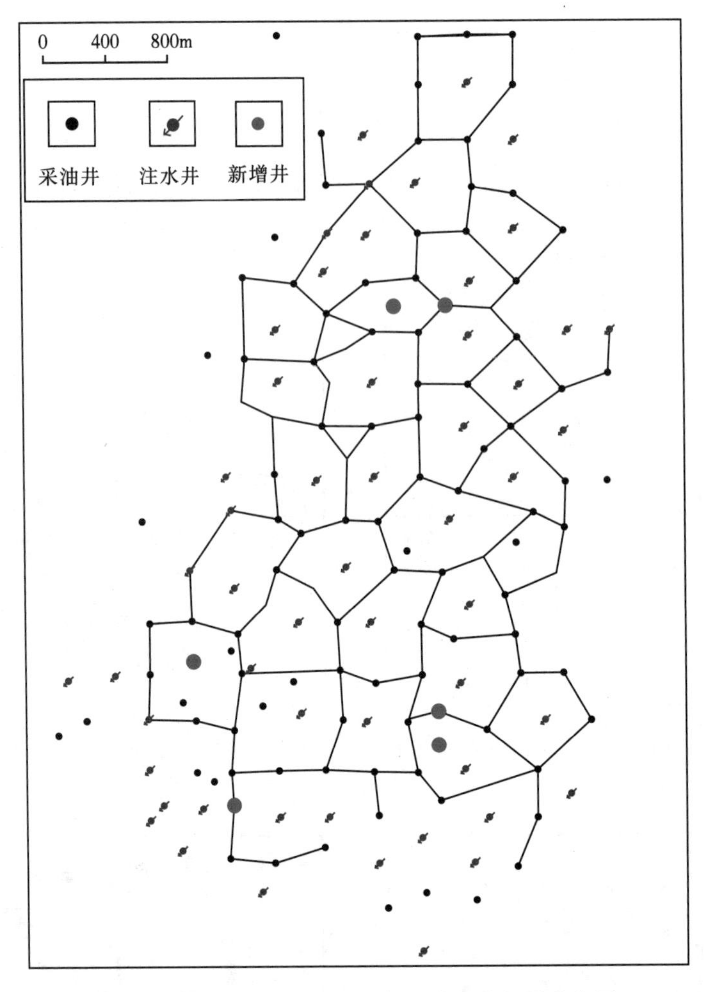

图 6-34 老庄注水项目区延 9 油藏新井部署井位图

3）采油参数确定

要确定合理压力水平，首先应确定合理最小井底流压和最大合理注水压力，然后根据注采平衡原理确定出油藏合理压力水平。

（1）根据饱和压力确定油井最低流压。

低渗透油藏油井采油指数小，为了保持一定的油井产量，需要降低流动压力，加大生产压差。但对于饱和压力较高的油藏，如果流动压力低于饱和压力太多，会引起油井脱气半径扩大，使液体在油层和井筒中流动条件变差，对油井的正常生产造成不利。

根据同类油藏开发经验，当流动压力为原始饱和压力的 60%~70% 时，采油指数最高，由此计算本区延 9 油藏油井合理流压为 4.97~5.8MPa。

（2）根据合理泵效确定最小流动压力。

根据油层深度、泵型、泵深，不同含水率条件下保证泵效所要求的泵口压力，由泵口压力可以计算最小合理流动压力。

合理泵效与泵口压力的关系见式（6-1）：

$$N=\frac{1}{\left(\frac{F_{go}-a}{10.197p_p+B_t}\right)\times(1-f_w)+f_w} \tag{6-1}$$

式中　N——泵效；

p_p——泵口压力，MPa；

F_{go}——气油比，m^3/t；

a——天然气溶解系数，m^3/MPa；

f_w——综合含水率，%；

B_t——泵口压力下的原油体积系数。

根据上式计算出不同含水时期泵效与泵口压力的关系。低渗透油藏渗流条件差，要求泵效达到40%时，可得出不同含水时期泵口压力值。

最小合理流动压力与泵口压力的关系式为：

$$p_{wf}=p_p+\frac{H_m-H_p}{100}\times[\rho_o\times(1-f_w)+\rho_w\times f_w]\times F_x \tag{6-2}$$

式中　p_{wf}——最小合理流动压力，MPa；

p_p——泵口压力，MPa；

ρ_o——动液面以下泵口压力以上原油平均密度，g/cm^3；

ρ_w——井筒中水的密度，g/cm^3；

H_m——油层中部深度，m；

H_p——泵下入深度，m；

F_x——液体密度平均校正系数。

根据泵口压力与最小合理流动压力的关系求出最小合理流动压力，最后得到最小合理流动压力与含水率关系。老庄区延9油藏的综合含水率为56.8%，所以最小合理流动压力为2.56MPa。

（3）生产压差确定。

低渗透油田采油井采油指数较小，而当采油井见水后，其采液指数还要大幅度下降，也就是说，采油井见水后，产液量会有大幅度下降，要保持一定的产能，必须要扩大生产压差。保持较大生产压差需要从两方面同时采取措施，一方面要恢复和保持较高的地层压力，同时还要降低流动压力，进行这两方面都有很大难度。对于延9油藏来说，因为底水较发育，能量下降较慢，在合理生产压差确定时还应考虑避免底水锥进。

生产井的产能公式如式（6-3）和式（6-4）所示：

$$Q=J\Delta p \tag{6-3}$$

$$\Delta p=Q/J \tag{6-4}$$

式中　Q——单井日产油量，t；

J——采油指数，t/（d·MPa）；

Δp——生产压差，MPa。

通过试油结果可以算出油井的采油指数，为了保持采油井持续稳定生产，对于低渗透油藏，采油井的采油指数应是试油井的 1/4 左右，然后再根据上式算出目前油井的合理生产压差。结果见表 6-19：

表 6-19　老庄注水项目区延 9 油藏油井合理压差计算结果表

层位	采油指数［t/（d·MPa）］	目前日产油（t）	合理压差（MPa）
延 9	2.34	2.87	1.21

综上所述，在当前生产情况下，本区延 9 油藏的合理生产压差为 1.21MPa 左右。

（4）单井配注量确定。

配注原则：实行低注水强度的温和注水，总体上注采比保持在 1.2 以内，不同油层组、井组区别对待。根据既定的方针累计注采比小于 0.6 之前，注采比可用 0.8~1.0 培养地层能量，在累计注采比大于 0.6 以后，注采比应调整到 1.4~1.8 弥补亏空，在累计注采比大于 1 以后，注采比应调整到 1.0~1.2，保持地层能量，防止水窜，油井过早见水、水淹。

①合理注水强度。

根据靖边老庄注水项目区延 9 油藏储层特点，延 9 合理注水强度为 $5.2m^3/(m\cdot d)$，实施过程中根据油藏动态变化情况实时调整。

②最大初始注入量。

注水井注水量见式（6-5）：

$$Q_w = J_w \times \Delta p \tag{6-5}$$

式中　Q_w——单井日注水量，m^3；

J_w——吸水指数，$m^3/(d\cdot MPa)$；

Δp——注入压差，MPa。

因为井底最大注入压力不超过岩石破裂压力 90% 的原则，计算出最大初始注水量。结果见表 6-20：

表 6-20　老庄注水项目区延 9 油藏注水井最大注入量计算结果表

层位	中深（m）	井底破压（MPa）	吸水指数［m^3/（d·MPa）］	原始地层压力（MPa）	最大初始注入量（m^3/d）
延 9	1350	24	3.9	10.97	48

计算结果表明，靖边老庄注水项目区延 9 油藏的最大初始注入量分别为 48 m^3/d，合理的注入量的确定要以注入量和注入压力不超过上述最大值为原则。

③注水量。

根据注采平衡原理，采油井日产油量确定后，便可采用下式计算注水井的日注水量见式（6-6）：

$$q_w = G\frac{q_o B}{\rho_o(1-f_w)}/M \tag{6-6}$$

式中　q_w——注水井单井日注水量，m^3；

q_o——采油井单井日产油量，m^3；

B——原油体积系数；

ρ_o——原油密度，m^3/t；

G——注采比；

M——注采井数比，延9注采井数比为1∶4.9。

按照综合产能评价初期延安组补充亏空的目的，注采比按0.8~1.0计算。靖边老庄注水项目区延9油藏初期单井平均日产油8.44t，综合含水率18.72%左右，确定延9油藏在注水前期采用温和注水，注采比较低，并计算出平均单井日注水量为10.24~12.80m^3；当累计注采比大于0.6时，按照注采比1.4~1.8计算，得到日注水量为17.92~23.04m^3。

在实施过程中，根据目前实际情况，该区自2009年投入开发，开发8年后，开采程度较大，结合采油厂实际情况，按照温和注水进行。该区延9油藏注水按照目前实际产量结果计算所得日注水量进行注水，并对地层压力进行实时监测，确保地层压力保持在原始地层压力附近，根据地层压力变化，随时调整注水参数。

方案设计注采井数比为1∶1.9，油井单井配产液为8.44m^3/d，初期平均单井注水量12.80m^3/d即能满足注采平衡。

4）基础设施建设

设备维修保养方面：对3座注水站、18个配水间以及61台抽油机的保养台账进行了规范和完善，设备完好率提高至97%。

计量改造方面：完成101口井计量管线改造，计量周期从之前的12天缩短到5天，计量准确率由原来的55%提升至96%。

水源补充方面：新增2口水源井，供水能力从350m^3/d增加到650m^3/d。

注水站改造方面：新增清、污水处理设备各1套，水处理能力从480m^3/d增加到960m^3/d；对3个橇装注水站进行了扩建和工艺改造、更换配水间13座，配注合格率由原来的58%上升至目前的85.4%。

水质化验方面：建立区队化验室注水站水质化验周期为1次/d，配水间水质化验周期为2次/周，水质合格率由20%提升到74.71%。

（五）注水开发效果评价

1. 开发效果分析

截至2018年6月，老庄项目区采油井开井66口，比2015年12月增加了5口，注水井开井46口，比2015年12月增加了15口，注采井数比由2015年的1∶2.44上升至1∶1.43（图6-35）。

2. 产量递减分析

老庄注水项目区选取2015年6月至2018年6月段绘制产量构成图（图6-36）分析，从2015年6月开始老井产量下降明显，选取部分井措施增油，从2015年11月后产量基本保持稳定，起到补充效果，2016年下半年开始部分新井投产，在措施井与新井的作用下，产量有上升趋势。

3. 井网完善效果评价

经过井网完善后，利用面积注水提高水驱控制面积，注水波及系数扩大，注水开发效果得到提高。至2018年12月，延9^1油藏注水面积由2015年的2.7km^2上升至2018年的2.97km^2，延9^2油藏注水面积由2015年的4km^2上升至2018年的6.1km^2（表6-21）。

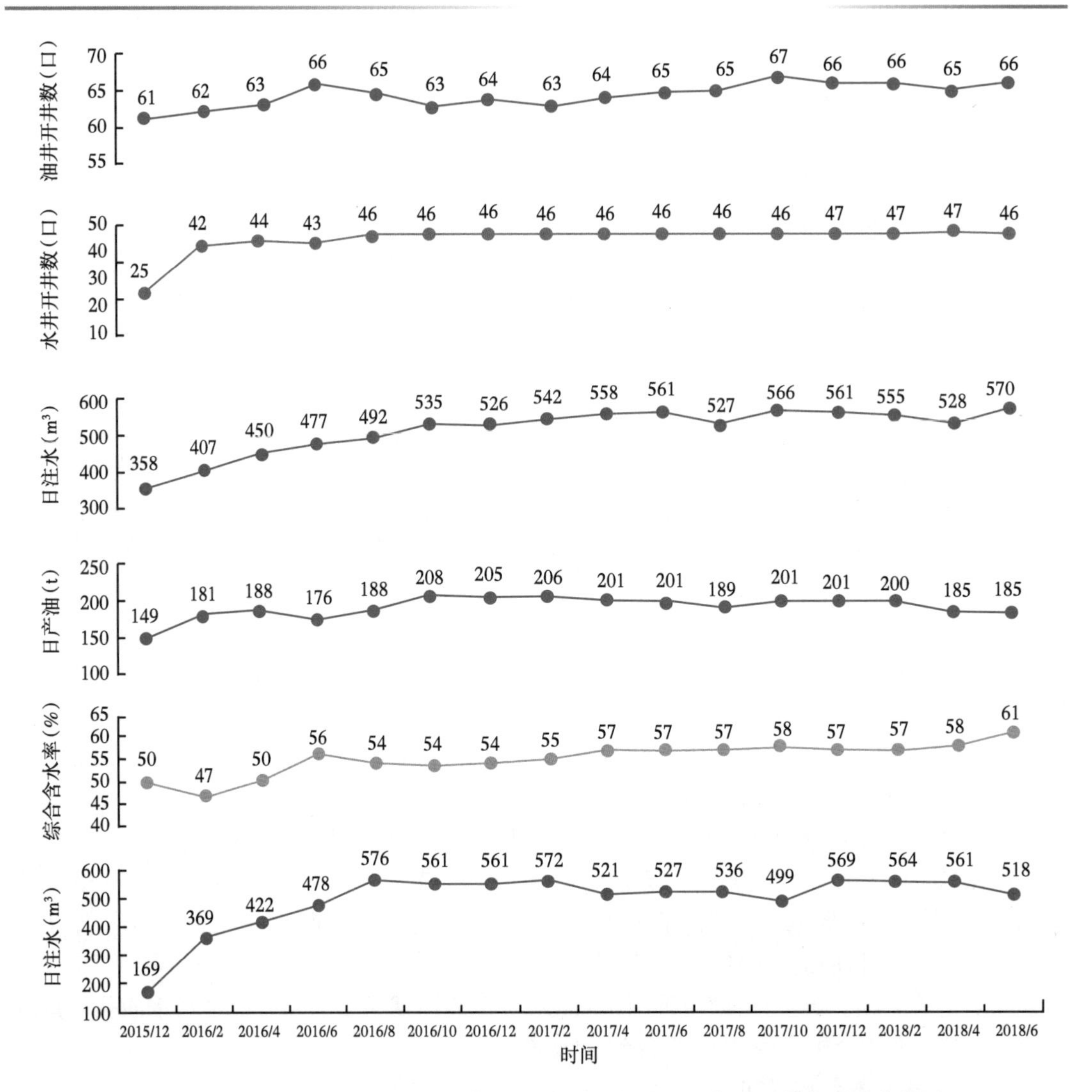

图 6-35　老庄注水项目区延 9 油藏 2015 年 12 月至 2018 年 6 月综合开采曲线图

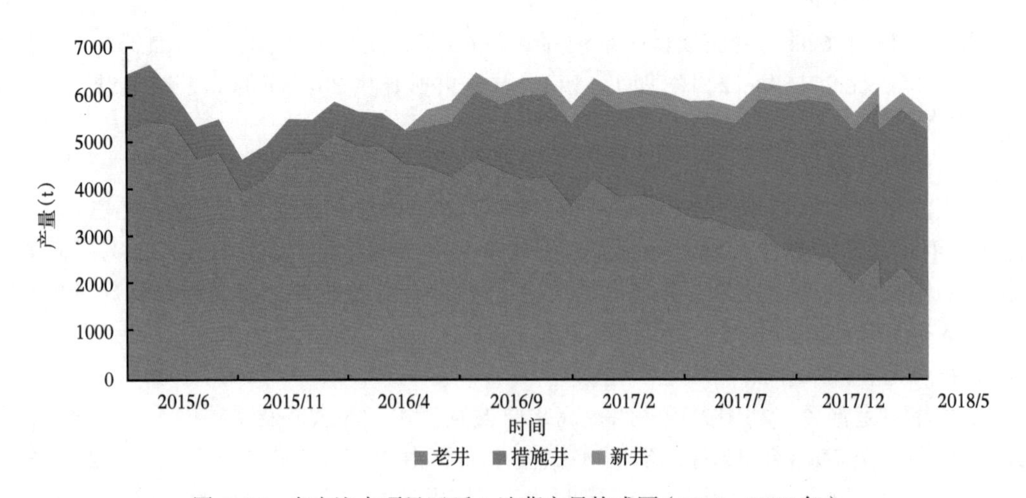

图 6-36　老庄注水项目区延 9 油藏产量构成图（2015—2018 年）

表 6-21　老庄注水项目区延 9 油藏注水控制面积统计表

区块	层位	注水面积（km^2）	油层面积（km^2）	比例（%）
老庄	延 9^1	2.97	4.42	67.2
	延 9^2	6.1	6.2	98.3

4. 开发指标评价

（1）地层压力恢复。

2015 年 5 月测得的地层压力为 5.01MPa，原始地层压力为 10.5MPa，随着项目区注水开发压力得到了一定的恢复，到 2018 年地层压力恢复到 6.4MPa，如图 6-37 所示。

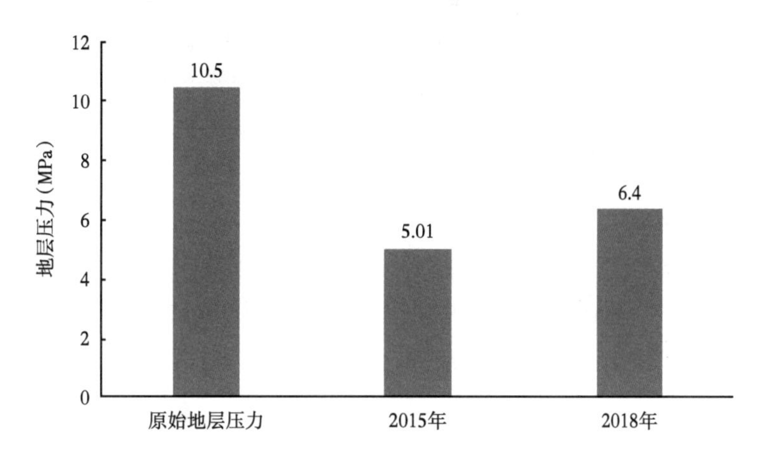

图 6-37　老庄注水项目区地层压力柱状图

（2）水驱控制程度。

通过转注 28 口油井，井网完善后，研究区 62 口开井中，双向及多向受益井达 56 口，已见效 42 口，其中 18 口产量提升 30% 以上，见效明显。目前仅在项目区边部，有 1 口低产井（L60-04 井）无对应注水井（图 6-38）。

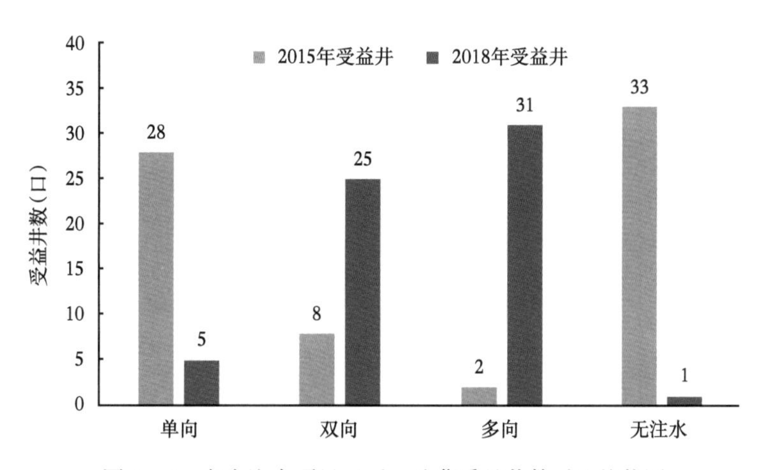

图 6-38　老庄注水项目区延 9 油藏受益井数对比柱状图

延 9[1] 油藏注水面积由 2015 年的 2.7km^2 上升至 2018 年的 2.97km^2，水驱控制程度由 2015 年的 73.01% 上升至 2018 年的 84.82%。延 9[2] 油藏注水面积由 2015 年的 4km^2 上升至 2018 年的 6.1km^2，水驱控制程度由 2015 年的 73.14% 上升至 2018 年的 93.68%（图 6-39）。

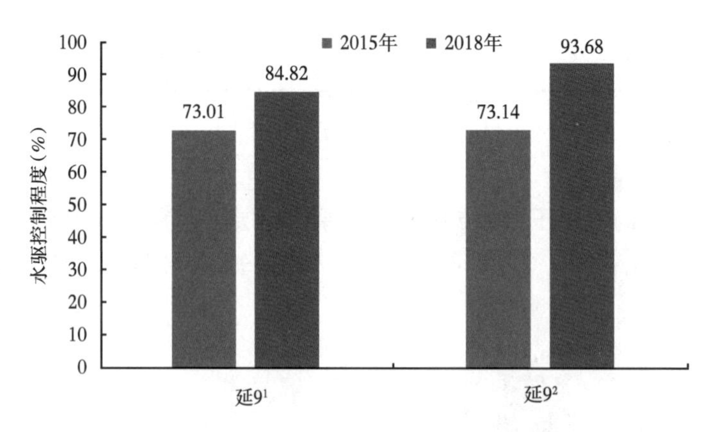

图 6-39　老庄注水项目区延 9 油藏水驱控制程度柱状图

（3）水驱动用程度。

通过对 25 口水井进行补孔，增加水驱动用程度，井网完善井 6 口，延 9[1] 油藏水驱动用程度为 62.92%，延 9[2] 油藏水驱动用程度为 84.86%，见表 6-22。

表 6-22　老庄注水项目区水驱动用程度统计表

项目区	年份	层位	吸水厚度（m）	砂厚（m）	水驱动用程度（%）
老庄	2019	延 9[1]	52.1	82.8	62.92
		延 9[2]	92	108.41	84.86

（4）递减率评价。

方案实施以来，老庄注水项目区整体开发形势逐渐变好，综合递减率从 2015 年的 13% 下降至 2018 年的 4.21%；自然递减率从 2015 年的 14.7% 下降至 2018 年的 5.52%（图 6-40）。

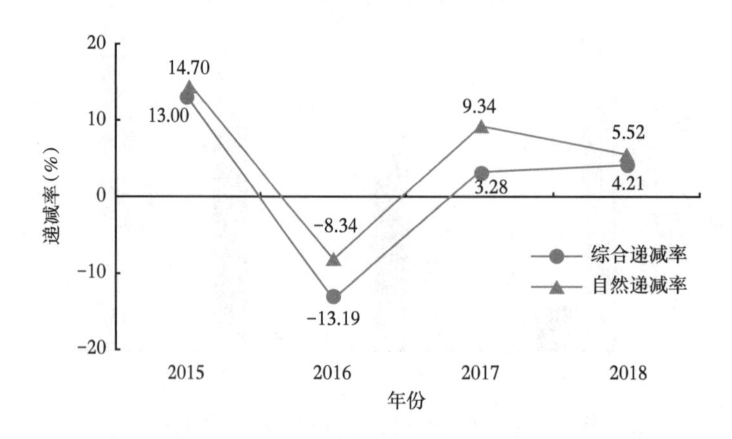

图 6-40　老庄注水项目区延 9 油藏综合递减曲线图

（5）单井产量和含水率变化。

截至2018年6月，产液量由358m³增加至570m³，日均产油量由149t增加至185t，单井产油由2015年的2.44t/d上升到2.80t/d（图6-41），含水率由50%上升至61%（图6-42），含水率呈现明显的缓慢上升的趋势，注水效果已经明显显现。

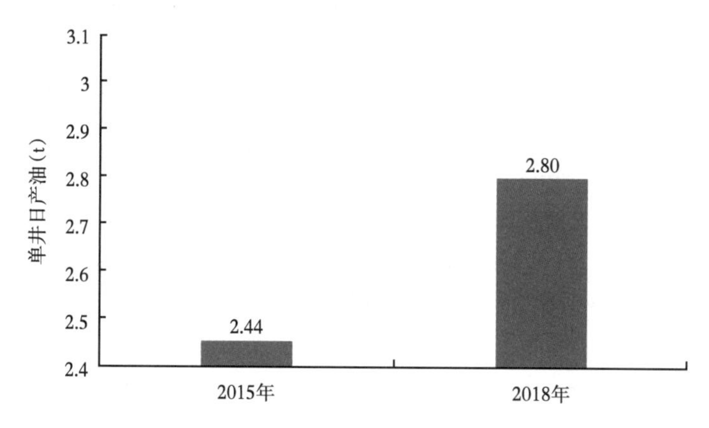

图6-41　老庄注水项目区延9油藏单井日产油对比图

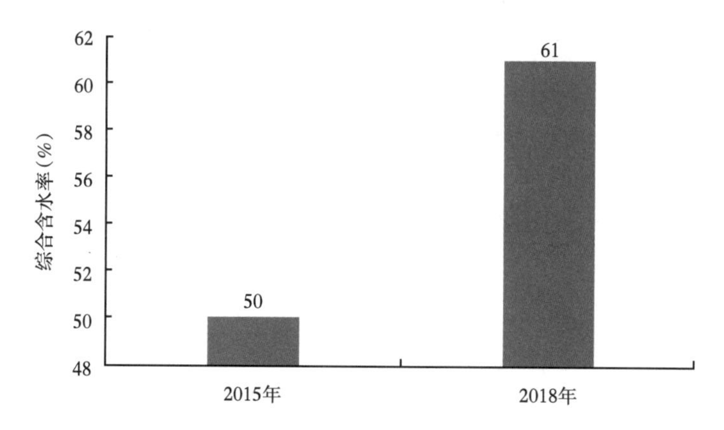

图6-42　老庄注水项目区延9油藏综合含水率对比图

（6）生产时率和油水井利用率。

老庄注水项目区2016—2019年平均油井生产时率为90.2%，且有小幅度的提升，2019年前半年由于停电，憋罐、故障井影响产量较多（表6-23）。

表6-23　老庄注水项目区生产时率统计表

年份	总生产时间（h）	生产时率（%）
2016	520302	88.4
2017	540480	93.4
2018	332217	88.9
2019	196044	90.56

（7）综合开发指标评价。

方案实施以来，老庄注水项目区整体开发形势逐渐变好，主要指标呈现“一稳、一降、一提升”的良好态势，在油井转注28口影响9.25t的情况下，目前日产油水平仍保持在200t以上，呈现稳中有增态势；自然递减率由14.7%降至9.10%，下降5.6个百分点；平均单井日产油由2.63t上升至3.01t。同时日产液由见效前的365.56m^{3}增至目前的572.49m^3，日产油由150.03t增至196.61t，提高了30%，综合含水率由52%上升至60%，基本保持稳定。水驱动用程度，水驱控制程度都有明显的提升，油水井利用率和生产时率得到规范，地层能量得到明显恢复，注水逐步见效，油田处于科学合理的开发水平。

5. 措施效果综合评价

（1）低产低效井分析。

在地层压力和井网完善，注采对应基础上，在注水区域，地层能量得到一定恢复的情况下，选取有价值的低产低效井进行措施挖潜（表6-24）。

表6-24　老庄注水项目区技改井统计表

年份	技改井数（口）	年增油量（t）
2016	8	2897
2017	10	4554
2018	9	479（截至2018年6月）

L4-5井2016年9月30进行酸化。酸化前日产油0.70t，含水率0%；改造后日产油6.80t，含水率8%。截至2018年6月累计增油4487.14t（图6-43）。

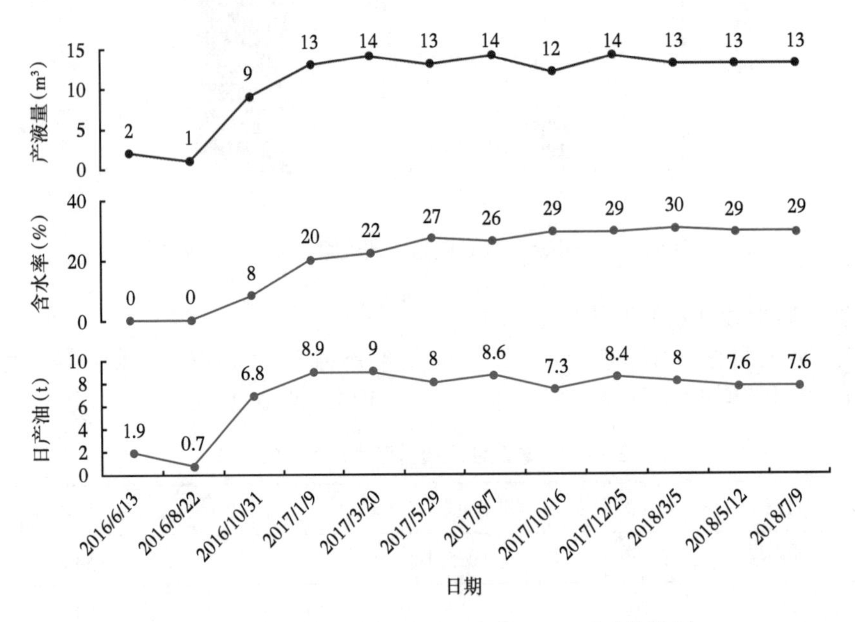

图6-43　老庄注水项目区延9油藏L4-5开采曲线图

L15-5井2016年9月24日进行爆燃压裂。改造前日产油0.90t，含水率0%；改造后日产油3.20t，含水率60%。截至2018年6月累计增油2718.28t（图6-44）。

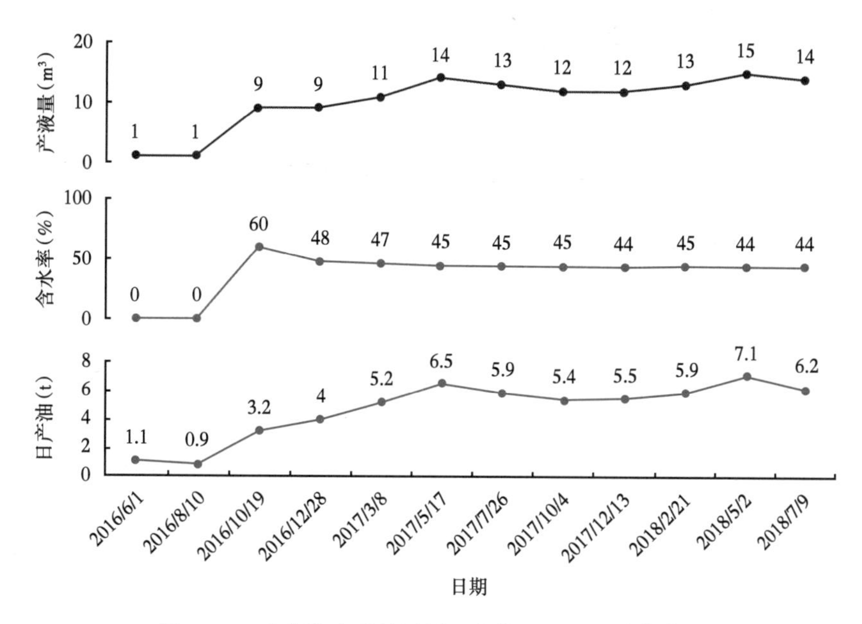

图 6-44　老庄注水项目区延 9 油藏 L15-5 开采曲线图

2017 年选取了有价值的 6 口低产低效井进行措施挖潜，累计增油 860t。

L21-1 井 2017 年 7 月 4 日进行酸化。改造前日产油 0.20t，含水率 37%，改造后日产油 4.1t，含水率 77%。截至 2018 年 6 月累计增油 2469.78t。（图 6-45）。

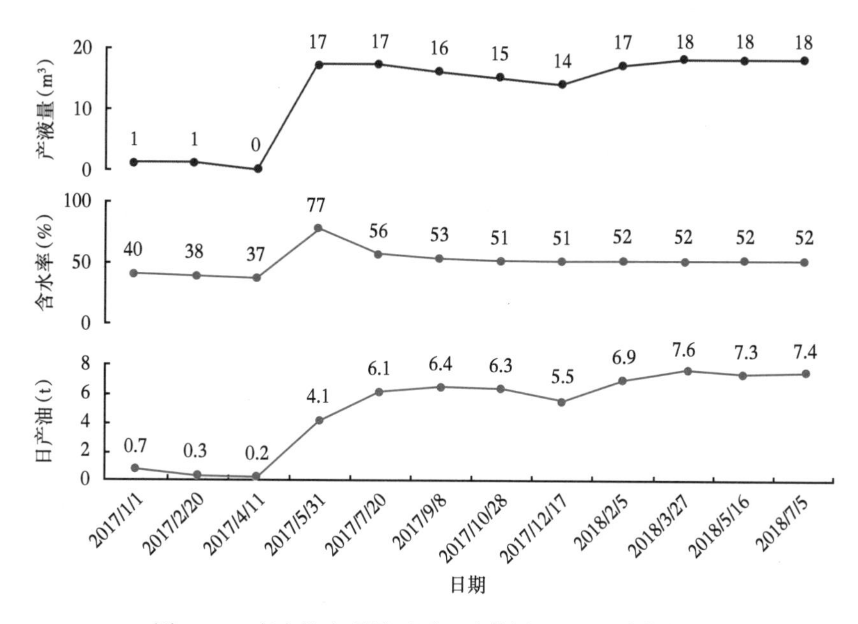

图 6-45　老庄注水项目区延 9 油藏梁 21-1 开采曲线图

L6-6 井 2017 年 4 月 7 日进行酸化。酸化前日产油 0.90t，含水率 10%；改造后日产油 3.70t，含水率 78%。截至 2018 年 6 月累计增油 1240.43t（图 6-46）。

（2）高压水井治理。

针对油藏地质特征以及各井的具体问题，对于高压注水井采取酸化增注或者小型压裂增注措施，取得良好效果。通过对效果进行分析，措施之后注水量都达到注水设计要求（表 6-25）。

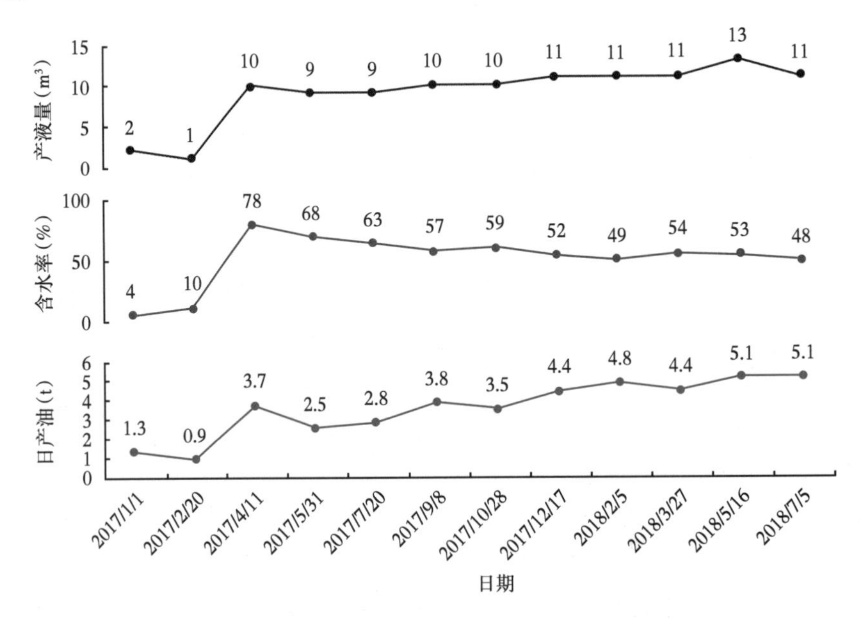

图 6-46　老庄注水项目区延 9 油藏 L6-6 开采曲线图

表 6-25　老庄注水项目区延 9 油藏高压井增注效果统计表

年份	井号	措施前注水（m³）	措施后注水（m³）
2016	L45-01	0	14.70
	L46-01	0.10	14.90
	L56-03	0	14.60
2017	L41-4	5.41	11.55
	L56-3	7.50	15.11
	L22-3	0.98	8.09

三、郝家坪注水项目区延长组长 2 油层中高含水油藏开发

（一）项目区概况

郝家坪项目区位于陕西省安塞区，地表为 100~200m 厚的第四系黄土覆盖，因长期遭受雨水浸蚀切割，形成沟谷纵横，梁峁相间的地貌特征，地形条件较复杂。地面海拔为 1100~1600m，地表高差为 150~250m。本区属大陆季风性气候，气温变化大，四季分明，冬春少雨雪。植被不发育，年降水量为 300~557mm，多集中在夏季、秋季。年平均气温为 7.8~9.3℃，无霜期 170 天。区内农业生产水平较低，交通条件较为便利。

郝家坪项目区于 1994 年投入开发，1998 年产量达到 28×10^4t，由于地层能量长期得不到补充，仅靠自然能量开采，产量快速降至 2007 年的 7.13×10^4t；尽管 2007 年以后开展了注水试验评价，但由于注采井网不完善，注采不对应问题依然存在，产量依然递减，2015

年年产油仅为 4.01×10^4t，2015 年 8 月确定为注水项目区。

截至 2015 年底，开发面积 $42km^2$，主力生产层位为长 2^{1-3}，地质储量 3080.6×10^4t，平均孔隙度 13.7%，平均渗透率 $11.7\times10^{-3}m^2$，采油井 655 口，开井数 338 口，注水井 97 口，开井数 95 口，日产油 110t，单井日产油平均 0.33t，综合含水率 70.5%，年累计采油 4.01×10^4t，累计采油量 260.11×10^4t，日注水量 $850m^3$，年注水量 $39.3\times10^4m^3$，累计年注水量 $112.21\times10^4m^3$，采油速度 0.13%，采出程度 8.44%，累计注采比 0.13，累计亏空 $740.3\times10^4m^3$，该区现配套注水站 3 座，开发效果较差。

按照注水时间早晚和注水规模大小，可将郝家坪项目区开发历程划分为天然能量开发阶段、注水试验阶段和规模注水 3 个阶段（图 6-47）。

（1）天然能量开采阶段（1994—2006 年）。

1994 年至 2003 年由多家单位共同开发，年产油量快速由 1994 年的 4.8×10^4t 上产至 1997 年的 28×10^4t，由于地层能量得不到补充，产量快速降至 2007 年的 7.13×10^4t。

（2）注水试验阶段（2007—2012 年）。

该阶段内，采用两座橇装站注水，注水井由 2 口增加至 67 口，开展注水试验评价，但单井配注量小，注水效果不明显。

（3）规模注水阶段（2013—2015 年）。

期间虽然注水井增多，注水量提高，但并未形成规则的注水井网，转注井多为高含水低产井，注采井网不连片，部分井注水见效，但增产幅度不高，产量递减得不到有效的遏制，注水开发还未见到明显效果（图 6-47）。

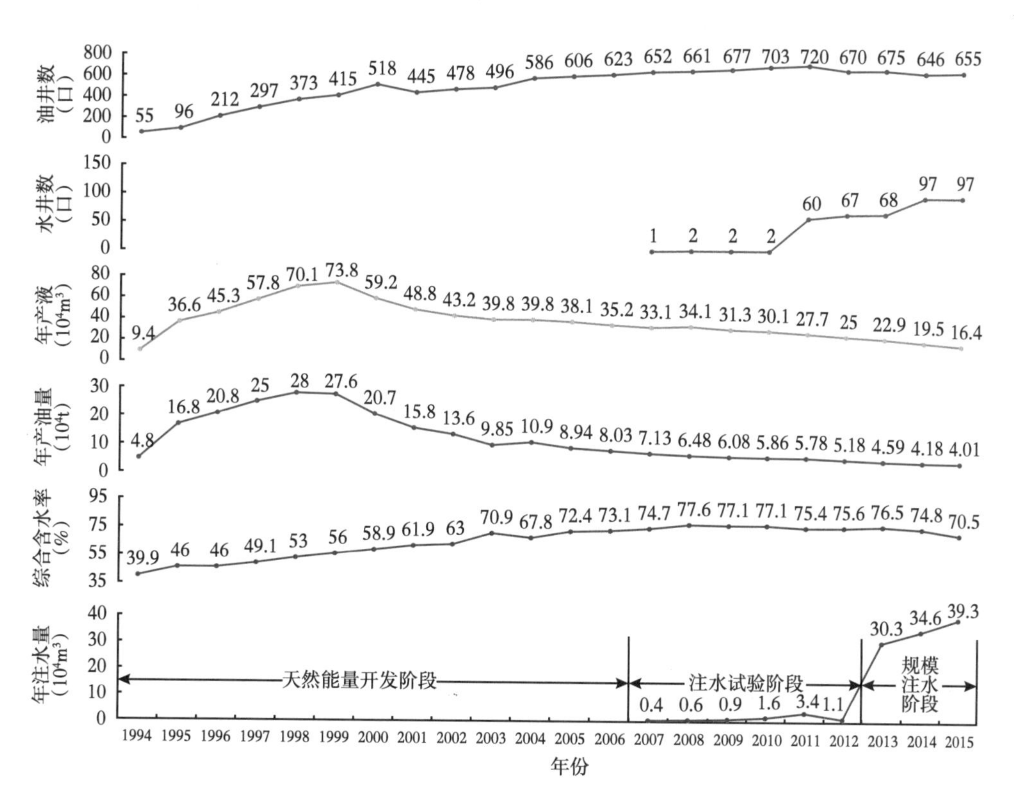

图 6-47　郝家坪注水项目区综合开采曲线图

（二）地质特征

1. 构造、沉积相及砂体展布特征

研究区位于鄂尔多斯盆地内二级构造单元——伊陕斜坡的中央部位，伊陕斜坡为一平缓西倾的单斜构造，其地层倾角约 1°，坡降平均为 7~8m/km，内部构造简单，仅局部具有一些微型鼻状构造，未见断层及其他类型应力构造。该区各砂层组及小层顶面构造特征仍然为一平缓的西倾单斜，与陕北斜坡的区域构造特征一致，在西倾单斜背景上发育近东西向的低缓鼻褶带。由于砂体沉积的不均一性以及成岩压实的差异性，使得微构造较为发育，主要是鼻状隆起、小高点，各砂层的微构造也具有一定的继承性，均发育在西倾单斜的构造格局之上。

本研究区位于三角洲群中安塞三角洲前缘，物源主要来自北—东北方向，物源区向湖盆方向依次发育冲积平原、辫状河及泛滥平原、三角洲平原、三角洲前缘、前三角洲、浅湖及深湖。垂向上，安塞三角洲沉积演化史经历了初始生长期（长 6^3 沉积时期），高速推进期（长 6^2—长 6^1 沉积时期）和充填补齐期（长 4+5 沉积时期）3 个阶段，大致在长 4+5 沉积末期三角洲沉积趋于终止，进入长 3—长 1 沉积时期的河流和沼泽化沉积阶段。

2. 储层及油藏特征

（1）岩性特征。

长 2 储层以细砂岩为主，其次为中砂岩。该项目区长 2 碎屑岩岩石成分比较稳定，石英含量一般为 30%~40%、长石含量一般为 40%~60%、岩屑含量 10% 左右。以长石砂岩为主，少数岩屑长石砂岩（图 6-48）。碎屑颗粒成分成熟度 Q/（F+R）为 0.38~0.51，为中等成熟度。长 2 储层填隙物含量平均为 10.36%，主要为绿泥石、方解石、白云石及少量的微碎屑。填隙物中，黏土矿物约占 1/3，以绿泥石为主，相对含量达 88.9%，按黏土成分在岩石中占比 3.4% 计算，其绝对含量可达 3%。绿泥石的形成常与富含 Fe^{3+}、Mg^{2+} 的火山碎屑、云母有关。

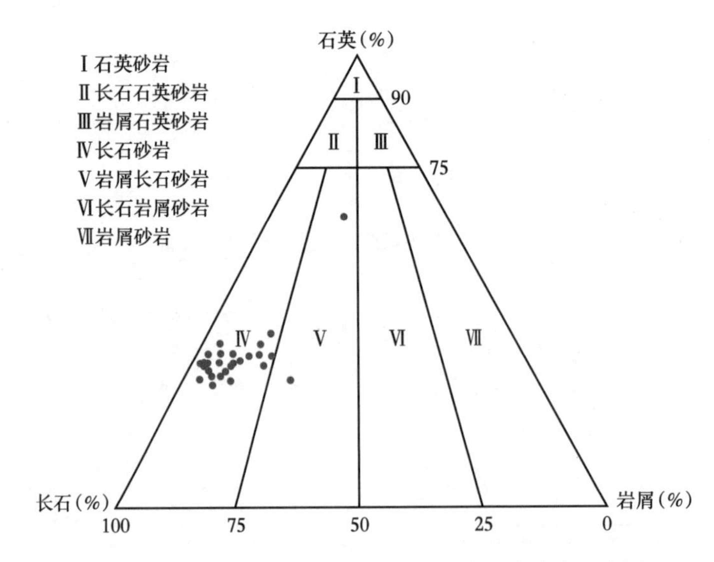

图 6-48　郝家坪注水项目区主力油层中砂岩分类三角图

碎屑颗粒磨圆基本上均为次棱角状。分选较好，大部分属于分选好，部分为分选好—中。胶结类型以薄膜型为主，占35.7%，其次为孔隙型与薄膜—孔隙型，表明长2储层砂岩结构成熟度较好。

郝家坪注水项目区对储层性质影响最大的成岩作用主要为压实压溶作用、胶结作用和溶蚀作用。压实压溶作用是导致原生孔隙缩小、物性变差的主要原因。胶结作用同样会导致孔隙减小。郝家坪注水项目区主要胶结作用为绿泥石胶结、碳酸盐胶结以及自生石英加大。绿泥石胶结［图6-49（a）］一方面会造成孔隙度减小，同时会抑制石英的自生加大，对孔隙有一定的保护作用。溶蚀作用主要为长石、岩屑溶蚀以及碳酸盐胶结物溶蚀［图6-49（b）］。溶蚀作用可以形成一定的溶蚀型次生孔隙，对改善储层物性有重要作用。

（a）长2^{1-3}针叶状自生绿泥石，郝883井，862.3m

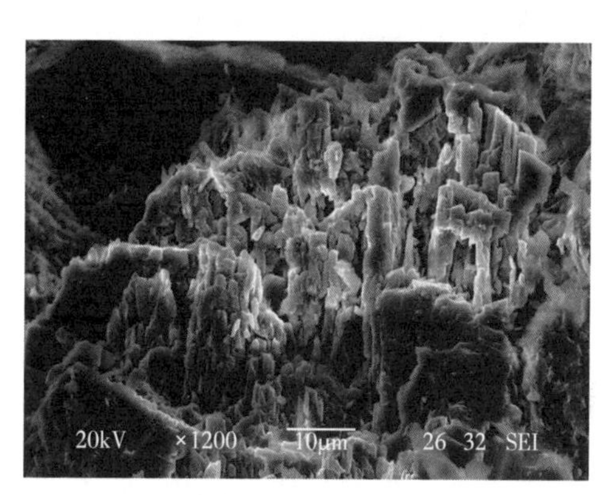

（b）长石溶孔、溶缝，郝885井，861.23m

图6-49 郝家坪注水项目区主要成岩作用图

（2）物性特征。

郝家坪长2储层孔隙度一般10%~15%，平均13.7%，平均渗透率$11.7\times10^{-3}\mu m^2$。长2储层总体表现为中等孔隙度低渗透率特点。铸体薄片、扫描电镜资料的综合分析反映，长2储层孔隙可分为原生孔隙和次生孔隙两大类，主要孔隙类型为长石以及碳酸盐溶孔。取心观察及邻区成像测井资料显示，郝家坪长2构造裂缝不发育（表6-26）。

表6-26 郝家坪注水项目区长2储层孔隙类型统计表

分类	亚类		发育程度
原生孔隙	残留原生粒间孔		较发育
	晶间孔、层间孔	绿泥石、伊利石晶间孔，长石解理孔	少量
次生孔隙	颗粒溶蚀孔	长石溶孔	发育
		岩屑溶孔	较发育
	胶结物溶孔	碳酸盐溶孔	发育
		黏土矿物溶孔	少量
	构造裂缝孔		不发育

（3）孔隙结构特征。

根据长2储层样品毛细管力曲线形态分布特征及孔隙结构参数、孔径大小的变化将该储层微观孔隙结构划分 4 种类型。长 2^1 储层主要以Ⅰ类、Ⅱ类为主。

Ⅰ类——该项目区最好的一种孔隙结构类型，毛细管力曲线偏下方，平直段较明显。孔隙结构表现为物性好、渗透率高。如郝 73 井长 2^{1-3} 岩样孔隙度 15.5%、渗透率 $22.87\times10^{-3}\mu m^2$、中值压力 1.56MPa、排驱压力 0.07MPa、均质系数 0.44、孔隙结构系数 18.92（图 6-50）。

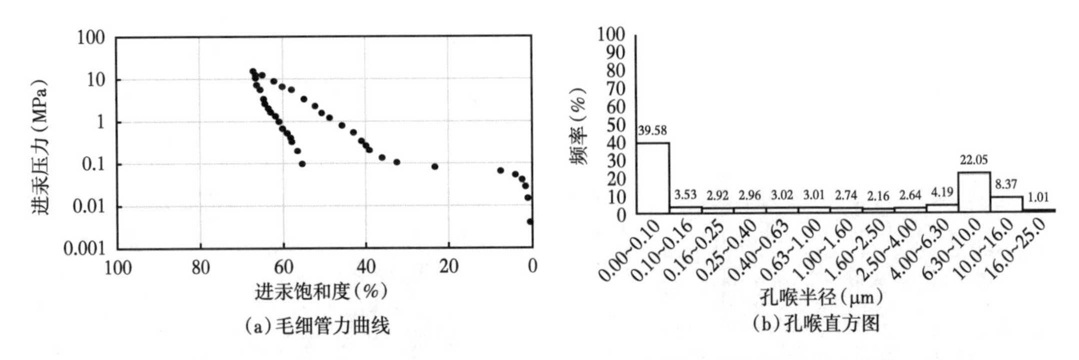

图 6-50 郝家坪注水项目区郝 73 井压汞法毛细管力曲线与孔喉直方图

Ⅱ类——孔喉大小、分选与结构特征均较Ⅰ类差，毛细管力曲线位于Ⅰ类上方，斜率较高。分选性较差，各项孔隙结构参数变化范围较大。如郝 904 井长 2^{1-3} 岩样渗透率 $4.64\times10^{-3}\mu m^2$、孔隙度 16.9%、中值压力 1.34MPa、排驱压力 0.13MPa、均质系数 0.29、孔隙结构系数 10.62（图 6-51）。

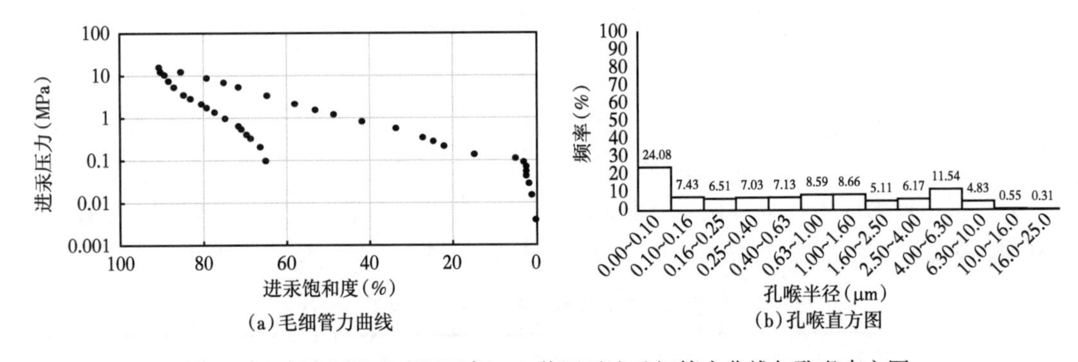

图 6-51 郝家坪注水项目区郝 904 井压汞法毛细管力曲线与孔喉直方图

Ⅲ类——微观孔隙结构最大的特点是孔喉较Ⅰ、Ⅱ类细小、孔喉分布区间窄，孔喉分选性好，毛细管力曲线斜率小、平直段长。

Ⅳ类——岩性致密，钙质胶结或泥质含量高。物性差，属于非储层。

（4）储层非均质特征。

①郝家坪注水项目区平面非均质性。

郝家坪注水项目区长 2^{1-3} 砂体相对发育，呈带状展布。长 2^{1-3-1} 渗透率平面分布不连续，大于 $12\times10^{-3}\mu m^2$ 的零星分布；孔隙度平面分布较均匀，孔隙度一般大于 10%。长 2^{1-3-2} 渗透率平面分布相对连续，比长 2^{1-3-1} 整体高，大于 $12\times10^{-3}\mu m^2$ 的分布区较连续，孔隙度平面分布较均匀，大于 14% 的分布更广。长 2^{1-3-1} 平面非均质性相对较强（图 6-52 和图 6-53）。

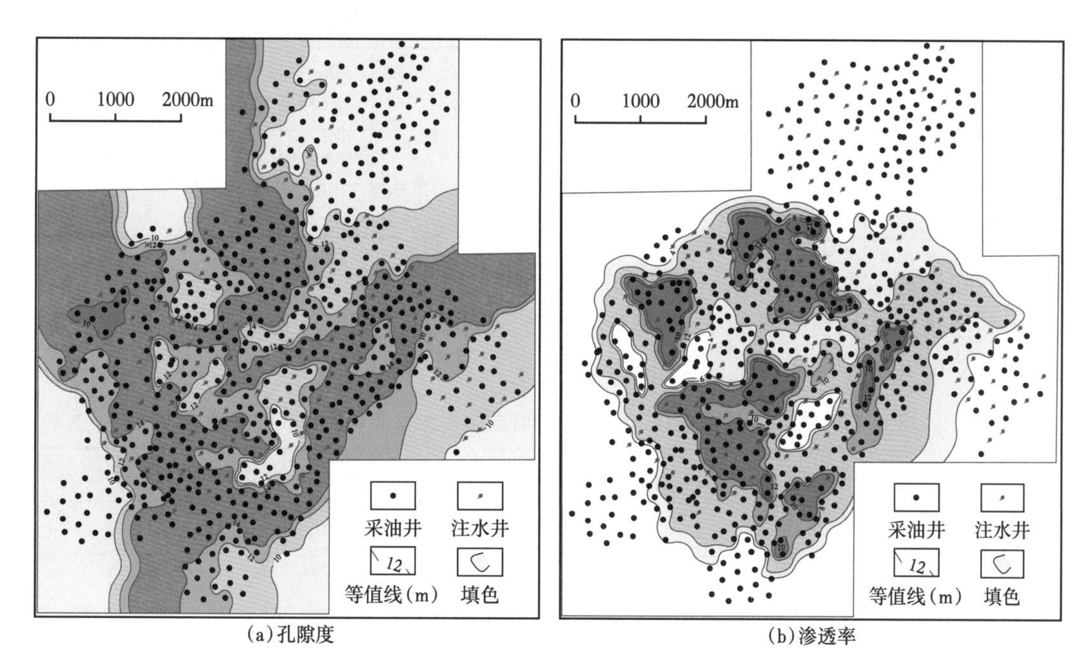

(a)孔隙度　　(b)渗透率

图 6-52　郝家坪注水项目区长 2^{1-3-1} 物性参数分布平面图

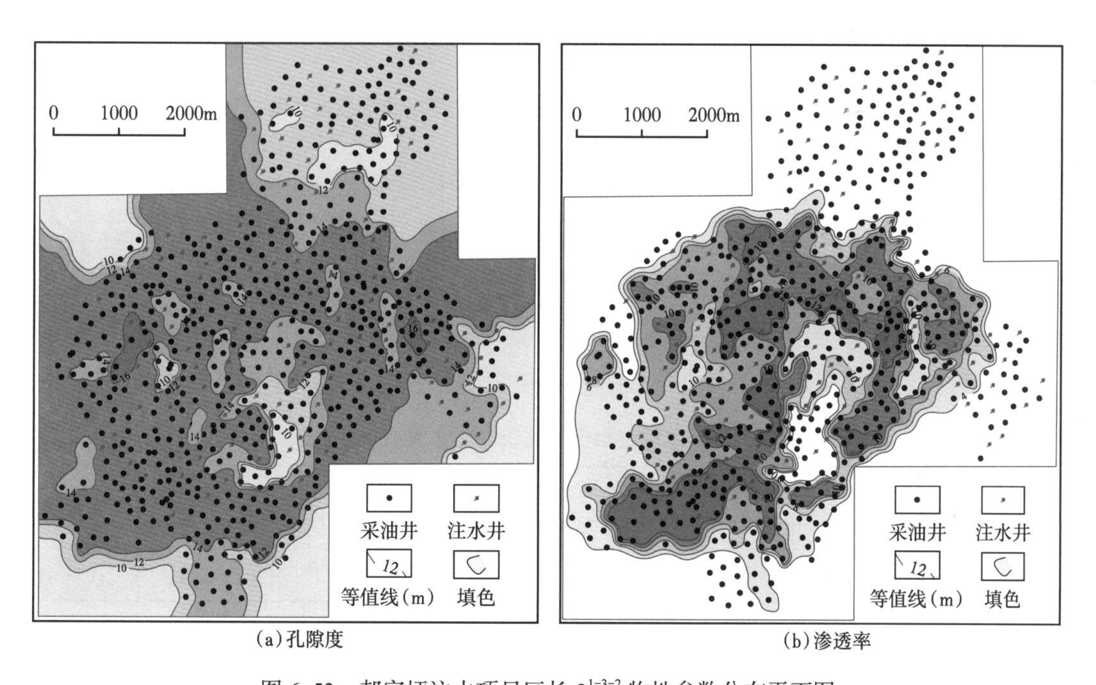

(a)孔隙度　　(b)渗透率

图 6-53　郝家坪注水项目区长 2^{1-3-2} 物性参数分布平面图

②郝家坪注水项目区层间非均质性。

a. 分层系数与砂岩密度。

根据郝家坪注水项目区 107 口探井测井曲线资料统计，长 2^1 分层系数 3.1，砂岩密度 54%（表 6-27）。

表 6-27 郝家坪注水项目区长 2^{1-3} 砂地比统计表

层位	地层平均厚度（m）	单井平均砂岩层数（层）	单井平均砂岩厚度（m）	单砂层平均厚度（m）	砂地比（%）
长 2^{1-3-1}	12.5	2.8	11.3	4.0	0.90
长 2^{1-3-2}	10.9	1.9	9.7	5.1	0.89

b. 层间渗透率非均质性。

根据渗透率非均质性参数统计可知，长 2^{1-3-1}、长 2^{1-3-2} 储层渗透率非均质性属于强非均质性（表 6-28）。

表 6-28 郝家坪注水项目区长 2^{1-3} 小层层间渗透率非均质性参数统计表

层位	变异系数	突进系数	级差	均质系数
长 2^{1-3-1}	1.37	5.71	55.07	0.17
长 2^{1-3-2}	1.02	7.09	74.20	0.14

③郝家坪注水项目区层内非均质性。

a. 层内渗透率非均质性。

用渗透率变异系数、突进系数、级差、均质系数来表征该项目区中主力产层的层内非均质程度（表 6-29）。从中可知，长 2^{1-3} 层内非均质性较强，长 2^{1-3-1} 非均质性强于长 2^{1-3-2}。

表 6-29 郝家坪注水项目区长 2 储层层内渗透率非均质性参数统计表

层位	变异系数	突进系数	级差	均质系数
长 2^{1-3-1}	0.82	10.04	60.40	0.21
长 2^{1-3-2}	0.78	9.91	57.40	0.23

b. 层内夹层特征。

该项目区，长 2 砂层中泥质夹层较多，出现频率、密度及厚度变化见表 6-30。

表 6-30 郝家坪注水项目区长 2^{1-3} 小层夹层统计表

层位	单井平均砂岩厚度（m）	单井平均夹层层数（层）	单井平均夹层厚度（m）	单夹层平均厚度（m）	夹层频率（层/m）	夹层密度
长 2^{1-3-1}	11.3	1.1	1.6	0.8	0.08	0.08
长 2^{1-3-2}	9.7	0.8	1.1	0.7	0.05	0.04

（5）储层渗流特征。

郝家坪注水项目区杏 5009 井长 2 三块样品的气测渗透率 14.506×10^{-3}~$40.552 \times 10^{-3} \mu m^2$，孔隙度 8.86%~11.67%，相差不大。束缚水饱和度为 25% 左右，残余油饱和度为 40% 左右，等渗点含水饱和度为 45% 左右，水的相对渗透率为 0.08 左右，整体上随含水饱和度的增大，油相渗透率下降很快，而水的相对渗透率上升较慢，表现出岩性弱亲水特征（图 6-54）。

三块样品的油水共渗区差距不大，共渗区范围较窄，由水驱油效率曲线也可得驱油效率都不高，驱油效率最高 40%（图 6-55）。

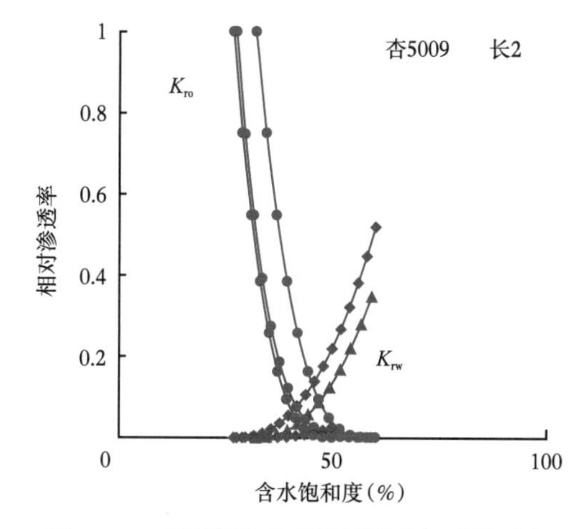

图 6-54　郝家坪注水项目区油水相对渗透率曲线图

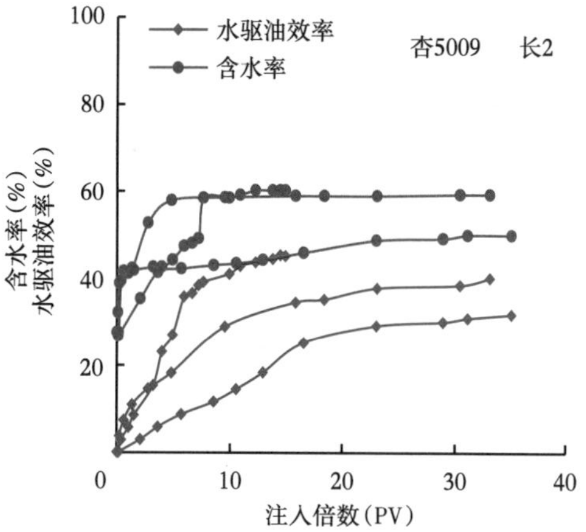

图 6-55　郝家坪注水项目区水驱油效率曲线和含水率曲线图

（6）储层敏感性与润湿性。

郝家坪注水项目区长 2 储层为弱水敏、弱速敏、中等偏弱酸敏和中等偏弱碱敏，润湿性表现为亲水—强亲水特征。

（7）油藏特征。

长 2 油藏为弹性驱动为主的具有常温、低压系统的油藏，初始地层压力为 2.34~9.45MPa，地层温度为 27~43.9℃，饱和压力为 0.68~7MPa，压力系数为 0.824~1.05。

水型以 $CaCl_2$ 型为主，地层水矿化度为 34060mg/L。

（三）开发前期存在的问题

1. 油藏方面问题

（1）地层能量亏空严重，需快速补充能量。

统计分析 2013—2015 年静压测试资料，取其平均值，绘制直方图（图 6-56）。可以看

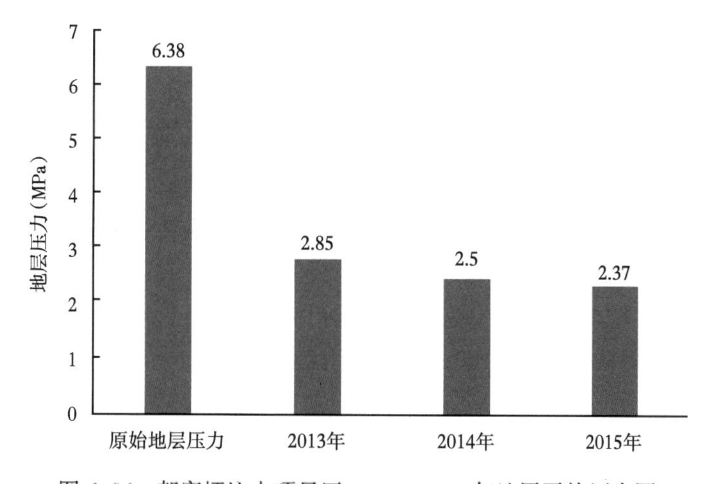

图 6-56　郝家坪注水项目区 2013—2015 年地层平均压力图

出，虽然2013—2015年已进入规模注水阶段，但地层能量没有得到有效补充，平均地层压力逐年降低，由原始地层压力6.38MPa降到2015年的2.37MPa，压力保持水平仅为37%，地层能量亏空严重。

油井生产表现为，单井产能低，平均单井日产不足0.4t，综合含水率达到70%，开发效益逐年变差；截至2015年底，因低产低效等原因关停井多达317口，占到总井数的51.7%，地下累计亏空$740.3 \times 10^4 m^3$，急需补充能量。

（2）注采井网不完善，水驱控制程度低。

2015年，郝家坪项目区油井射开有效厚度共6548.28m，与注水井连通的油井射开总有效厚度为3247.56m，水驱控制程度为49.59%（表6-31），整体水驱程度较差，以单向水驱为主，长2^{1-3-2}较好于长2^{1-3-1}层，仍有50.41%的生产层无水驱控制。

表6-31 郝家坪注水项目区长2^{1-3}小层水驱控制程度统计表（2015年）

层位		长2^{1-3-1}	长2^{1-3-2}	合计
油井生产总厚度（m）		2551.3	3996.9	6548.2
与注水井连通厚度（m）		1227.3	2020.2	3247.5
水驱控制程度（%）		48.11	50.54	49.59
单向水驱	井数（口）	68	110	178
	厚度（m）	658.78	1041.40	1700.20
	水驱率（%）	25.82	26.06	25.97
双向水驱	井数（口）	49	88	137
	厚度（m）	418.4	858.3	1276.7
	水驱率（%）	16.40	21.47	19.50
多向水驱	井数（口）	15	12	27
	厚度（m）	150.1	120.4	270.5
	水驱率（%）	5.89	3.01	4.13
无水驱	井数（口）	138	175	313
	厚度（m）	1323.9	1976.4	3300.4
	无水驱占比（%）	51.89	49.45	50.41

（3）注水井吸水不均匀，储层非均质严重。

具体表现为部分井存在不吸水的层段，少数井纵向上吸水不均匀，存在单层指进，反映层内可能存在高渗透条带或微裂缝，储层非均质严重。

2. 生产运行方面

（1）油田开发年限长，基础资料短缺、失真。

项目区内752口油水井，580口为三权回收井，95口无纸质组合图、139口无数字化的电子组合图，44 口井无射孔数据（表 6-32）；35 口资料失真，油藏认识难度较大。

表 6-32　郝家坪注水项目区基础资料短缺统计表

类别	电子版	纸质版	合计
组合图（口）	139	95	234
校直图（口）	58	5	63

（2）井筒井况差。

40% 油水井不同程度存在套管破损、井下故障、管柱变形等问题。

3. 注采配套方面

（1）水源严重短缺。运行前项目区日配注 1175m^3，实际供水量仅有 850m^3；预计井网完善后日供水需 3255m^3，水源缺口 2400m^3。

（2）水处理系统运行不稳定，注水能力不足；井网完善后水处理能力缺口要达到 1600m^3/d 以上。

（四）开发治理措施

1. 综合治理的思路及原则

针对郝家坪开采现状，强化基础地质研究，依据油藏地质特征再认识的成果综合研究油藏剩余开发潜力，以提高水驱储量控制程度、水驱储量动用程度及注采小层对应率为主要目的，按照“整体部署、分批实施、跟踪分析、及时调整”的原则，整体部署开发调整方案，最终实现改善油田开发效果的目标。

根据郝家坪长 2 油藏地质特征、试注试采分析、油藏描述的情况，开发时应遵循以下原则：

（1）以经济效益为中心，以油藏工程研究为前提，油田开发力求简单实用，实现效益最大化。

（2）采用合理经济的工艺技术开展储层改造，最大限度地提高油井产能。

（3）实施全过程油层保护，降低油层污染。

郝家坪长 2 油组主要发育有 2 套油层，为长 2^{1-3-1} 和长 2^{1-3-2}，2 套油层厚度也较大，分别为 8.7m 和 9.6m，有效厚度较大，在项目区都有分布，2 套油层中间发育一套隔层，最大厚度在 7~8m 之间，平均厚度在 4~5m 之间，可以以一套开发井网对 2 套油层可以进行综合开采。同时郝家坪注水项目区原始井网已经形成，在具体井网形式上不做更大的改动，本次在一套井网形式下，主要以完善注采井网、提高水驱储量控制程度、水驱储量动用程度，充分挖潜油藏开发潜力，改善油田注水开发效果等工作为主，具体部署了油井转注、高压井增注、低产低效井恢复、分层注水、综合措施、套损修复、动态监测等内容。

2. 综合治理方案整体部署

（1）完善注采井网。

2015 年底，郝家坪注水项目区共有注水井 97 口，注采井数比为 1∶6.8，注水覆盖面积为 19.8km^2，还有 53% 的区域未注上水，按照“点弱面强，整体覆盖，整体注水见效”

原则，经过油藏地质等研究，确定转注 109 口。

转注井选井原则为含水率长期较高的油井或因低产、低效、高含水率暂关井，该类油井含水率高，含油量低，转注后对产油影响小。井网完善后共有注水井 206 口，采油井 546 口，注采井数比 1∶2.7，注水覆盖面积为 $42km^2$。

同时对郝家坪项目区长 2 油藏采取强化注水技术，在完善注采井网后，逐步提高注水井配注量，日配注量从 $8m^3/d$ 提高至 $15m^3/d$，快速补充地层能量建立有效压力驱替系统。

（2）加大注水强度，强化注采速度。

转注井配注量计算根据注采平衡原理，采油井日产油量确定后，按照前面计算的配注量进行配注，同时对注水井组生产动态情况进行跟踪评价，实时对配注量进行调整，以达到“点弱面强，整体见效”的目的。

开展不同驱替压力下油水相对渗透率、驱油效率以及含水率变化的实验（图 6–57 至图 6–59），根据不同驱替压力系统下的相对渗透率曲线特征可知，当水驱油压力梯度提高时，油相相对渗透率上升，而水相相对渗透率变化不大；不同驱替压力系统驱油效率与注入孔隙体积倍数关系图表明当水驱油压力梯度提高时，水驱油效率和注入孔隙体积倍数都相应提高。

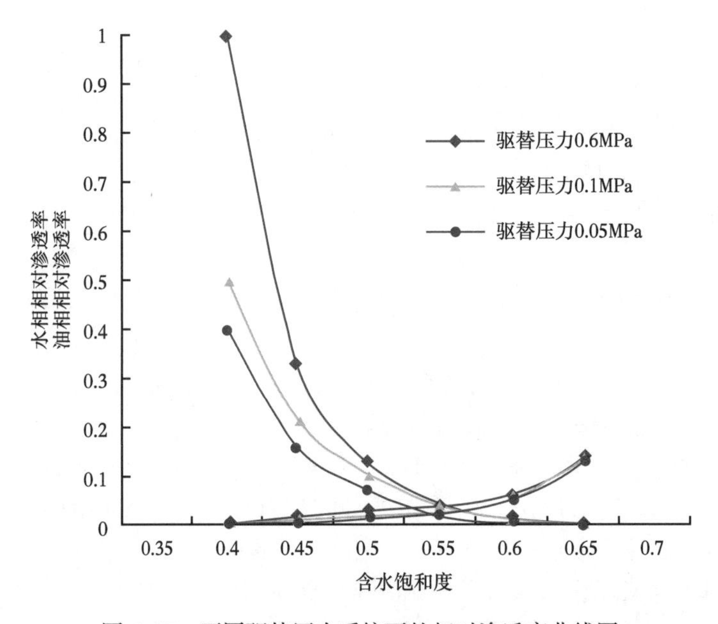

图 6–57　不同驱替压力系统下的相对渗透率曲线图

2015 年底，郝家坪注水项目区平均单井产油 0.33t/d，平均单井产液 $1.3m^3/d$，含水率 70.5%，按初期设计平均单井日产油 0.34t 计算，含水率 71%，考虑到郝家坪注水项目区长 2 地层能量亏空及注水量的损失和郝家坪区长 2 注水开发实践，初期注采比在 1.2~1.5 之间；见效程度低、含水率低、采出程度低的注采比大于 2；见效程度高、含水率和采出程度适中的注采比保持在 1.0~2.0 之间，高含水率、高采出程度的注采比稳定在 0.8~1.0 之间。

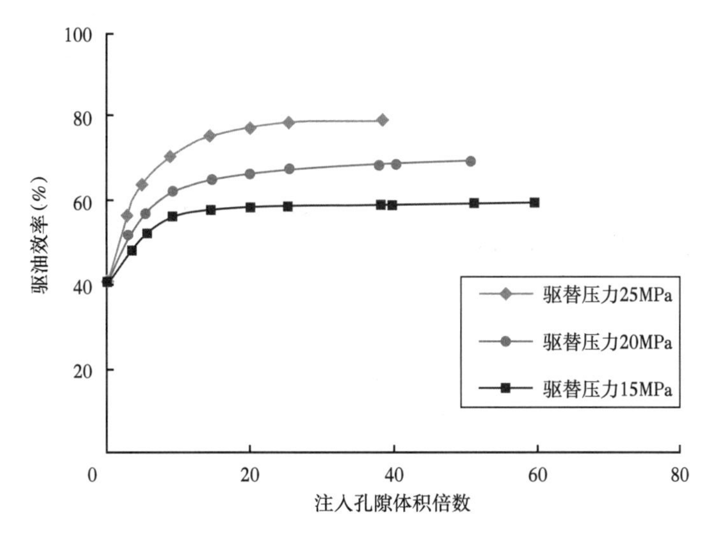

图 6-58 不同驱替压力系统下的驱油效率与注入孔隙体积倍数关系图

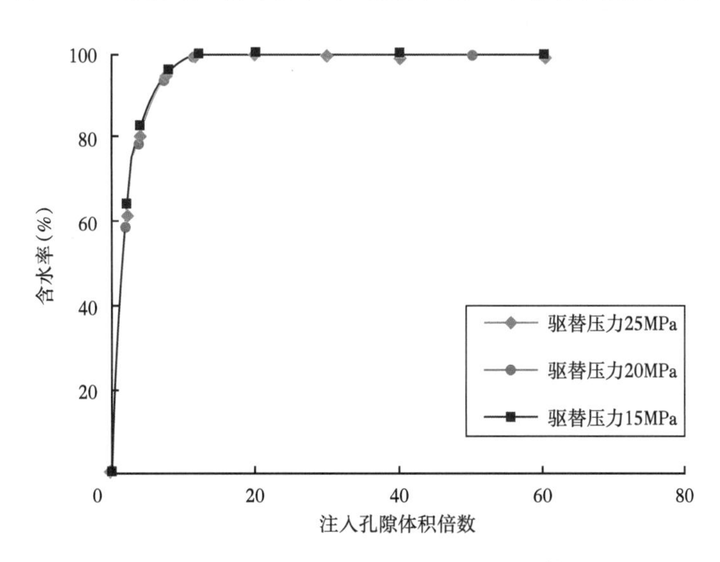

图 6-59 不同驱替压力系统下的含水率与注入孔隙体积倍数关系图

郝 820 井组于 2016 年 6 月将日配注量调整为 15m^3，建立起有效驱替系统后，及时分析油井受效程度及压力恢复状况，于 2016 年 11 月将日配注量调整为 20m^3，继续补充能量，均衡压力分布，通过实时动态调整，该井组含水率持续下降，产液量和产油量显著提升（图 6-60）。

针对注水井吸水剖面不均，存在单层指进的情况，在选用压裂工艺时，采取“小砂量、小砂比、小排量”的压裂工艺，防止水窜水淹。

（3）完善注水设施。

郝 46 供水站建设：按照注水系统规划，全面注水后，郝家坪联合站总配注量 2775m^3/d，污水注水量 900m^3/d，不足水量由清水补充。经过充分的科研论证，在郝家坪油区新建日处理能力 2000m^3 供水站 1 座，将清水加以处理后，输送至油区各个注水站。

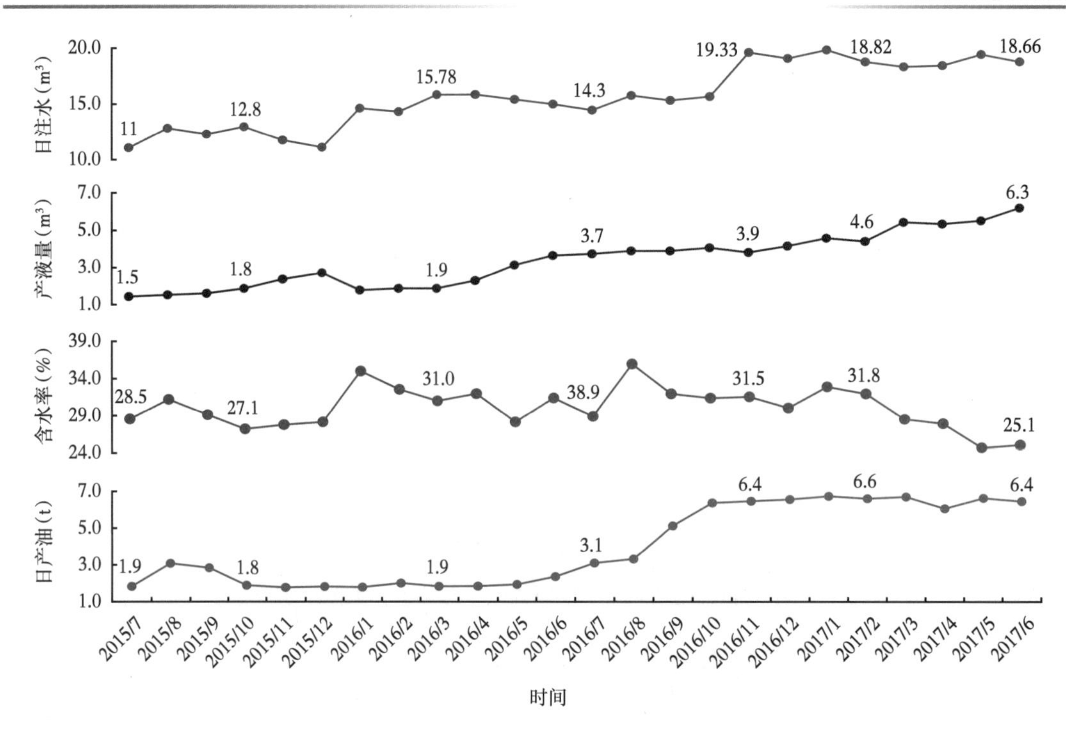

图 6-60 郝家坪注水项目区 H820 井组注采曲线图

郝家坪联合站改造：郝家坪水处理系统由污水处理系统改为清水处理系统和污水处理系统双流程，注水系统由清污混注改为清污分注流程。为充分利用现有场地，建筑物和设备，水处理系统将气浮、缓冲水箱拆除，在原地新建 700m³ 沉降除油罐 1 具，将 1 具 700m³ 调节水罐改为缓冲水罐，1 具 700m³ 调节水罐改为原水罐，1 具 700m³ 净化水罐改为清水罐，1 具 3000m³ 净化油罐改为净化水罐，保留水处理间及内部 5 具油水分离器、2 具纤维球过滤器、4 具 PEU 精细过滤器，拆除水处理间内其余设备，新建 2 套溶气气浮装置、1 套双滤料 + 多介质过滤器；保留注水泵房内所有设备；将郝 523 汇水堡拆除，在原位置新建阀组间 1 座，内部新建清水注水管汇 1 具，日注水能力提升至 2000m³。

郝 742 橇装站：在郝家坪北部新建郝 742 橇装站 1 座，日注水能力 200m³，辐射区域内 11 口注水井。

（4）油水井综合治理。

郝家坪注水项目区 2016—2018 年油水井综合治理共 302 口井，具体工作可分为 3 个阶段：

①第一阶段：初步完善郝家坪注水项目区的注水井网，部署完善井网井 3 口，油井转注 76 口。挖潜改造停躺井、低效井 5 口，优化油井参数 2 井次；收集整理郝家坪注水项目区油水井各类日生产数据，初步建立起该油区动态监测及分析体系。

②第二阶段：油井转注 19 口、排液转注井 5 口、处理高压注水井 14 井次。挖潜改造停躺井、低效井 1 口，恢复停躺井 41 口、套损井治理 16 口；收集整理郝家坪注水项目区油水井每天的各类生产数据，进一步完善该油区的动态监测及分析体系。

③第三阶段：原注水井调整层位补孔转注 66 口、处理高压注水井 1 井次。挖潜改造停躺井、低效井 13 口，恢复停躺井 24 口、套损井治理 14 口，优化油井参数 2 井次；收

集整理郝家坪注水项目区油水井各类日生产数据，结合该油区的动态监测，分析注水效果，做出相应部署和调整。

（五）注水开发效果评价

1. 开发效果分析

截至 2018 年 6 月底，郝家坪项目区生产井开井 279 口，注水井 194 口，在转注误产 12.7t、暂关 12 口井误产 1.69t、套损 12 口井误产 5.87t 的情况下，日产液由 2016 年初的 $429m^3$ 上升至 $625m^3$，日产油由 111t 上升至 197t，年产油量从 2015 年底的 4.0×10^4t 上升到 2018 年的 6.1×10^4t，产液量保持持续上升，综合含水率由 69% 下降至 63%，注水效果明显，地层能量得到稳步回升（图 6-61），注水开发效果逐步显现。

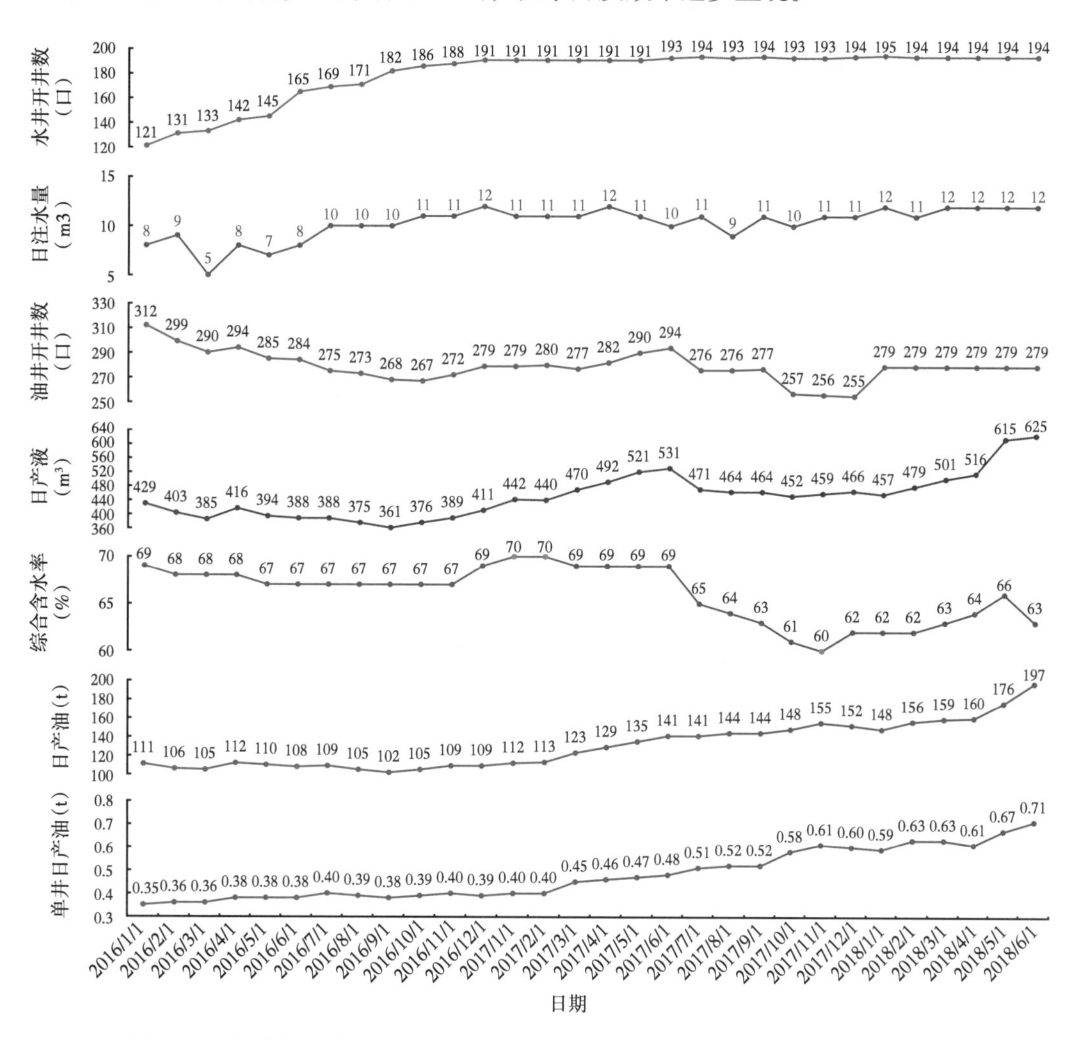

图 6-61　郝家坪注水项目区 2016 年 1 月 1 日—2018 年 6 月 1 日综合开采曲线图

2. 产量变化分析

2015 年底至 2018 年，在采油井开井数从 338 口下降到 279 口井的情况下，年产油量从 2015 年底的 4.0×10^4t 上升到 2018 年的 6.1×10^4t，年产油量和产液量持续上升，注水效果明显，地层能量得到稳步回升（图 6-62）。

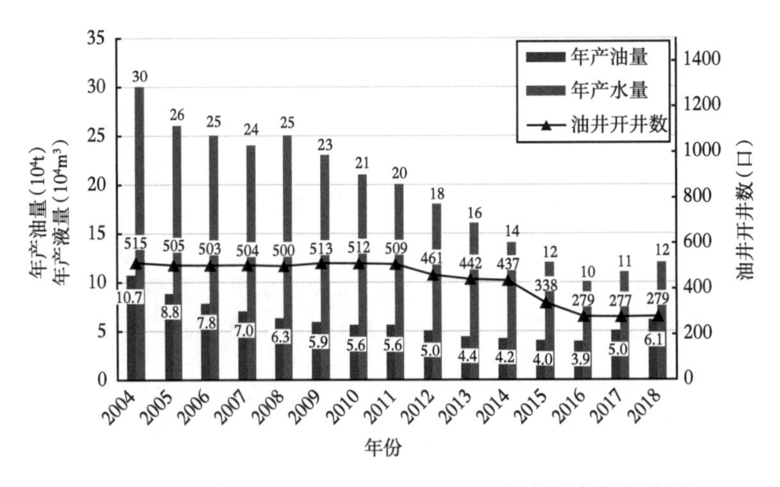

图 6-62　郝家坪注水项目区 2004—2018 年产油产水柱状图

3. 注水见效程度分析

统计分析 2018 年 6 月 279 口井见效情况，见效 199 口，未见效 74 口，无水驱 6 口，见效程度为 71.3%（表 6-33）。平均单井日产液由见效前的 1.16m^3 增至 2.29m^3，平均单井日产油井由见效前的 0.33t 增至 0.71t。

表 6-33　郝家坪注水项目区生产井见效情况统计表

类别	见效井	未见效井	无水驱	合计
井数（口）	199	74	6	279
百分比（%）	71.3	26.5	2.2	100

同 2015 年 12 月见效情况对比分析，2018 年 6 月见效井增加 123 口，无水驱井减少 123 口（图 6-63）。

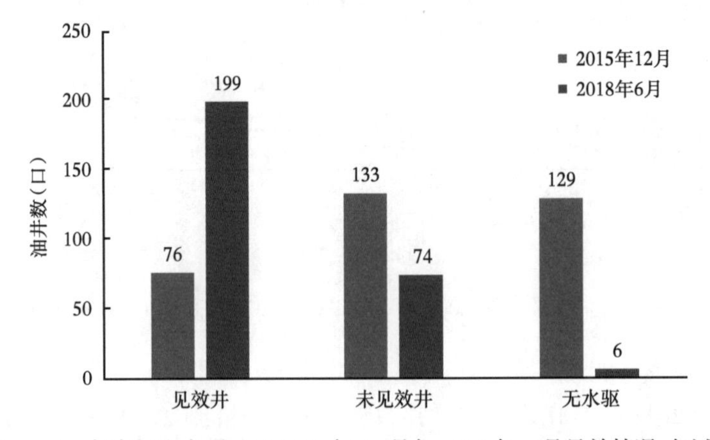

图 6-63　郝家坪注水项目区 2015 年 12 月与 2018 年 6 月见效情况对比图

对郝家坪注水项目区注水井累计注水量进行分析，累计注水量大的注水井井组内见效程度较高，如 H696、H572、H399、H660 等井组（表 6-34）。

表 6-34　郝家坪注水项目区注水量统计表

井组名称	转注日期	采油井数（口）	累计注水量（10^4m^3）	注水前日产液量（m^3）	注水前日产油量（t）	注水后日产液量（m^3）	注水后日产油（t）	增油幅度（%）
H696	2016.1	4	8894.00	9.40	4.50	26.00	20.40	120.0
H572	2012.3	6	21268.08	3.72	1.74	4.65	2.51	44.3
H399	2013.3	4	13571.27	2.71	1.16	9.24	2.83	143.9
H660	2012.1	6	18494.89	15.74	4.71	27.28	13.06	177.3
H366	2014.11	4	6926.00	4.20	1.19	3.77	0.92	-22.6
H723	2014.1	5	6820.00	7.59	1.66	8.72	1.56	-6.0
H386	2015.12	4	4131.00	2.86	1.14	2.43	0.98	-14.0

如 H696 井组，位于油藏中东部，2016 年 1 月转注，截至 2018 年 6 月已累计注水 $0.9\times10^4m^3$，井组内 H744 井、H697 井、H830 井在注水 3000 m^3 后不同程度见效，油量由注水前的 3.5t，增至 2018 年 6 月的 20.5t，提高了 120%（图 6-64）。

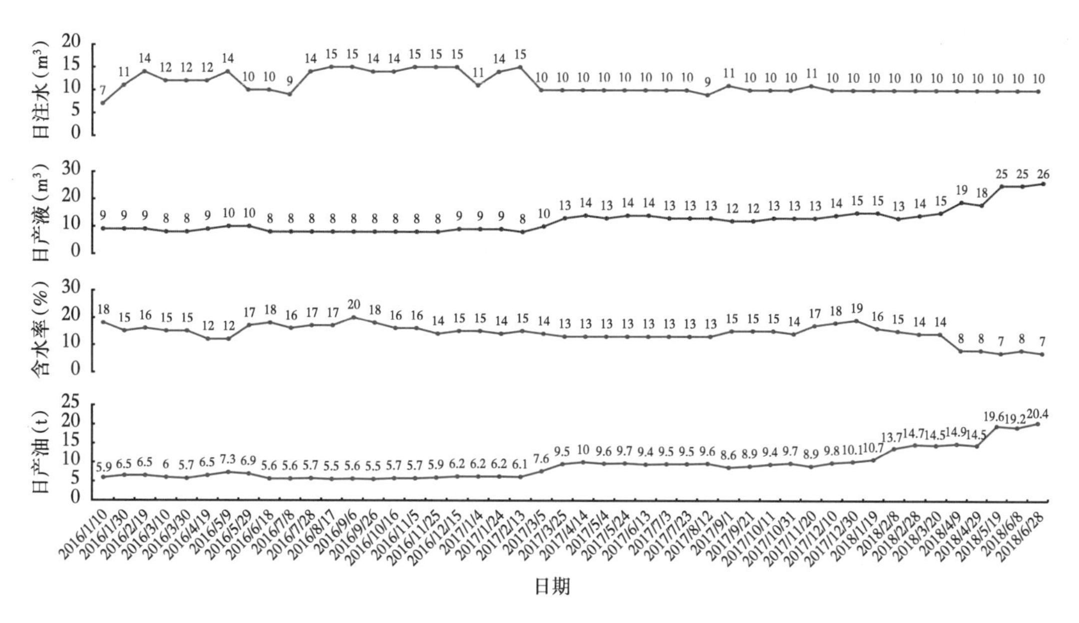

图 6-64　郝家坪注水项目区 H696 井组排采曲线图

4. 开发指标分析

（1）注采井数比与注水面积。

截至 2018 年 6 月，郝家坪项目区生产井开井 279 口，注水井 196 口，注采井数比 1∶1.42，注水开发效果逐步显现。截至 2018 年，注水面积由 2015 年的 9.8km^2 上升至

2018年的35.6km^2。

（2）单井产量与含水率变化。

截至2018年6月，郝家坪注水项目区单井产量有明显提升，从2015年的0.33t上升至2018年6月的0.71t，产量为原产量的1.18倍，含水率从2015年的70.5%下降至63%（表6-35），在单井产量上升的情况下含水率明显下降，说明郝家坪长2油藏的地层压力已经得到一定程度的恢复，注水效果显著。

表6-35　郝家坪注水项目区长2油藏单井产量和含水率变化统计表

年份	单井产量（t）	含水率（%）
2015	0.33	70.5
2016	0.54	67
2017	0.69	65
2018	0.71	63

（3）地层能量恢复情况。

根据2016年压力测试资料分析，地层压力由2015年2.37MPa回升至2017年的3.52MPa（图6-65），压力保持水平仍然较低（38%），需进一步加强注水。

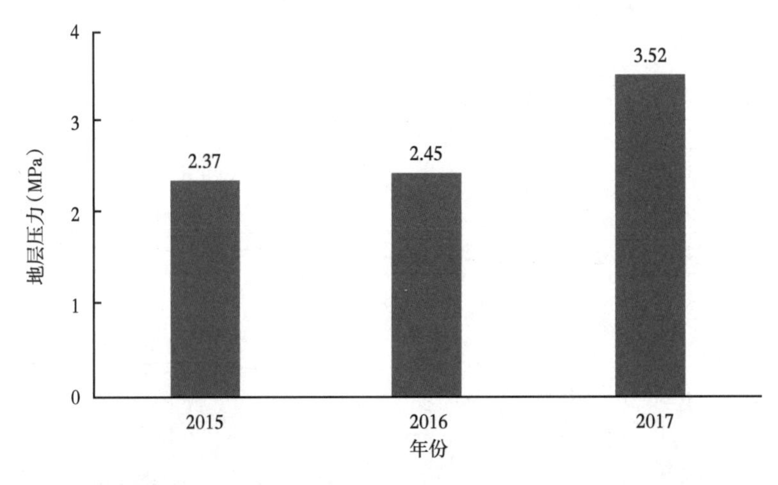

图6-65　郝家坪注水项目区2015—2017年地层压力柱状图

分析项目区内196口测试井2015年12月、2017年2月动液面数据，152口井液面上升，44口井液面下降，发现除项目区北部液面有所下降外其他区域液面均有所上升或保持稳定。北部液面下降原因为注水井由郝859、郝742橇装站所辐射，分别于2013年底、2015年底投运，部分区域未注上水且注水区域注水不稳定，地层能量得不到补充，压力下降较快。

（4）采油时率与油水井利用率。

通过对停躺井恢复、低产低效井改造，完善油井采油参数和注采制度，项目区采油时率从2016年初的95.81%上升到2018年的97.39%，效果显著（图6-66）。

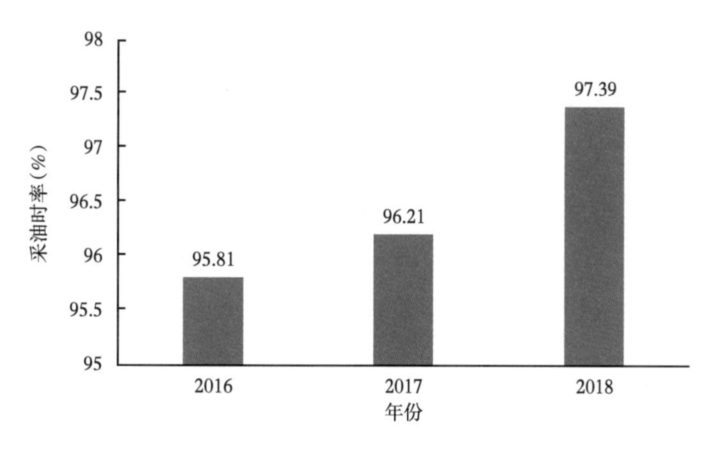

图 6-66　郝家坪项目区采油时率变化图

对比 2015 年 11 月与 2018 年 11 月产液量数据，单井产液大于 2m^3 的油井由 63 口增至 116 口，单井产液 1~2m^3 的油井由 64 口增至 83 口，单井产液 0.5~1m^3 的油井由 63 口减至 55 口，单井产液小于 0.5m^3 的油井由 111 口减至 40 口。由此可见，产液形势向好，低产低效井数逐年递减（表 6-36）。

表 6-36　郝家坪项目区 2015 年 11 月到 2018 年 11 月油井产液分级统计表

郝家坪注水项目区 2015 年 11 月产液分级统计表					2015.11 开井	郝家坪注水项目区 2018 年 11 月产液分级统计表				
产液（m^3）	≥2	1~2	0.5~1	＜0.5	301 口	产液（m^3）	≥2	1~2	0.5~1	＜0.5
井数（口）	63	64	63	111	2018.11 开井	井数（口）	116	83	55	40
百分比（%）	20.93	21	21.2	36.87	294 口	百分比（%）	39	28	19	14

（5）水驱控制程度。

通过转注 99 口油井，单向水驱由 178 口减至 114 口，双向水驱及多向水驱分别增加 75 口、186 口，但仍有 23 口井的生产层无水驱。长 2^{1-3-1} 水驱动用程度为 88.14%，长 2^{1-3-2} 水驱动用程度为 90.67%，平均水驱动用程度为 89.69%，较 2015 年底水平有大幅度的提升（表 6-37）。

表 6-37　郝家坪注水项目区 2018 年 6 月水驱控制程度统计表

层位		长 2^{1-3-1}	长 2^{1-3-2}	合计
油井生产总厚度（m）		2149.42	3430.24	5579.66
与注水井连通厚度（m）		1894.45	3110.11	5004.56
水驱控制程度（%）		88.14	90.67	89.69
单向水驱	井数（口）	39	75	114
	厚度（m）	382.47	770.98	1153.45
	水驱率（%）	17.79	22.48	20.67

续表

层位		长 2^{1-3-1}	长 2^{1-3-2}	合计
双向水驱	井数（口）	78	134	212
	厚度（m）	735.30	1356.95	2092.25
	水驱率（%）	34.21	39.56	37.5
多向水驱	井数（口）	77	136	213
	厚度（m）	737.03	1336.65	2073.68
	水驱率（%）	34.29	38.97	37.16
无水驱	井数（口）	10	13	23
	厚度（m）	117.89	126.44	244.33
	无水驱占比（%）	5.48	3.69	4.38

（6）综合递减率与自然递减率。

统计分析郝家坪注水项目区2015年至2018年6月期间的产量变化，2015年综合递减率为5.90%，自然递减率为6.70%；2017年底，综合递减率为−27.23%，自然递减率为−26.26%；2018年按照全年产量进行折算，综合递减率为−17.77%，自然递减率为−16.13%，相对于2015年底分别增加了20.78%和22.42%，产量上升明显（图6−67），郝家坪注水项目区注水开发走向正规、科学有序的开发阶段。

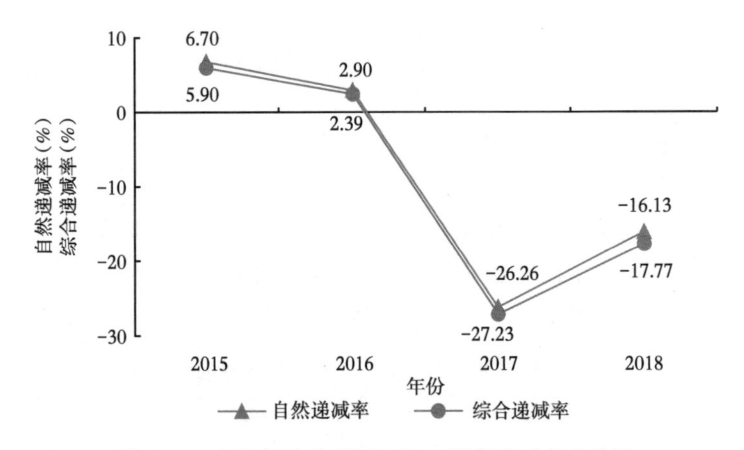

图6−67　郝家坪注水项目区长2油藏递减率变化图

郝家坪注水项目区地层能量长期得不到补充，地层能量亏空严重，水驱控制程度低。通过完善注采井网，加大注水强度，注水开发效果逐步变好，水驱控制程度由2015年底的49.59%提高至81.8%，地层压力由2015年的2.37MPa回升至2017年的3.52MPa。自然递减率由6.8%降至−16.58%，下降23个百分点；平均单井日产油由0.35t上升至0.72t。注水见效井由2015年的95口增加到128口，平均单井日产液由见效前的0.42m³增至2.16m³，平均单井日产油由0.32t增至0.68t，提高了113%，同时综合含水率由71%下降至63%，下降了8个百分点，注水开发取得了明显效果。

5. 措施效果综合评价

（1）低产低效井分析。

在对主力油层展布特征及生产状况分析对比的基础上，选取注采井网完善、地层能量恢复较高的区域对低产低效井进行有效改造，地层能量未恢复时慎重作业。如位于郝608井组的郝614井，地层能量恢复前措施后上明水（图6-68），待地层能量恢复至60%以后再次进行措施改造产量明显上升（图6-69）。

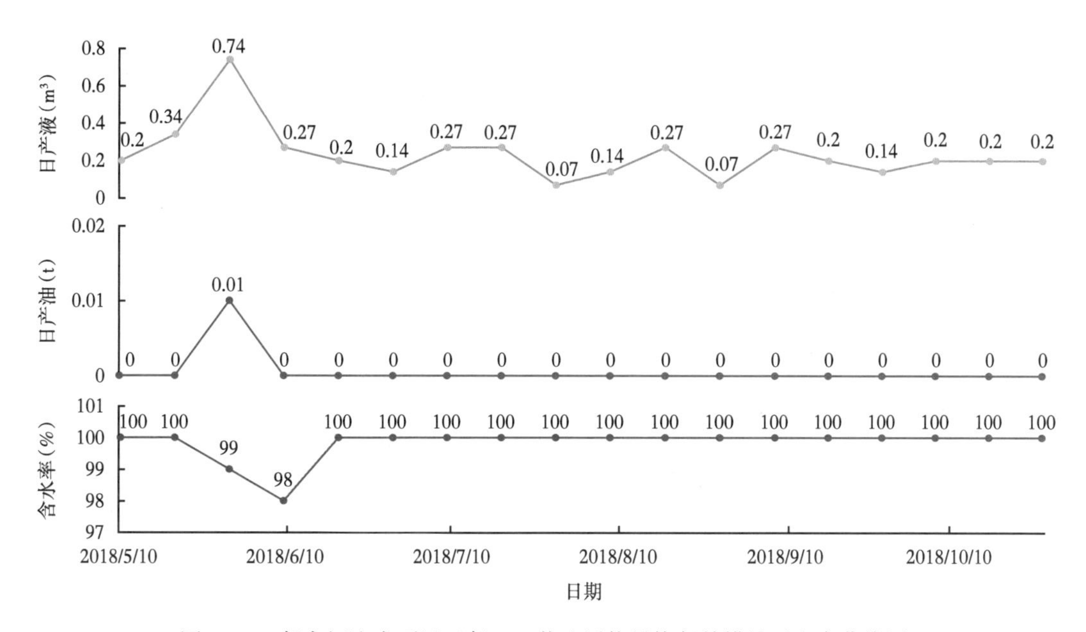

图6-68　郝家坪注水项目区郝614井地层能量恢复前措施后生产曲线图

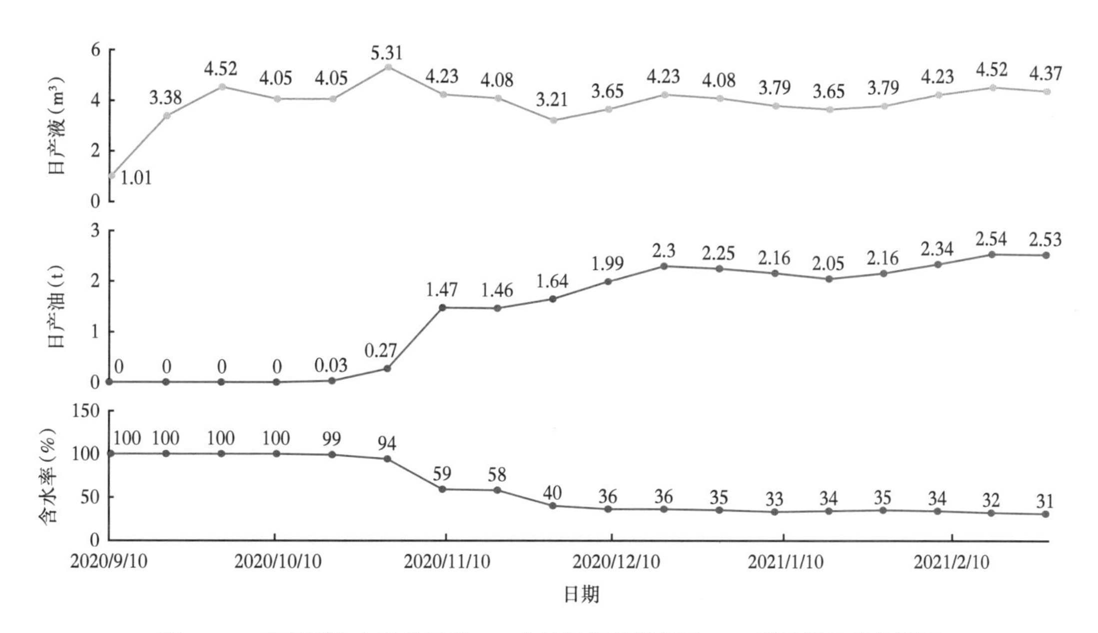

图6-69　郝家坪注水项目区郝614井地层能量恢复至60%措施后生产曲线图

（2）高压井治理分析。

对注水压力较高、达不到配注要求、影响开发效果的注水井进行原因分析，制定相应的增注措施，取得了较好的效果。总体实施27口井，2016年实施14口，2017年实施13口。

H850-3 井 2018 年 6 月补孔后，注水量能达到配注要求；经过一段时间注水后，2020 年 12 月注水量达不到配注要求且注入压力较高，经分析认为原因是近井地带堵塞，于 2021 年酸化解堵后，满足注入要求（图 6-70）。

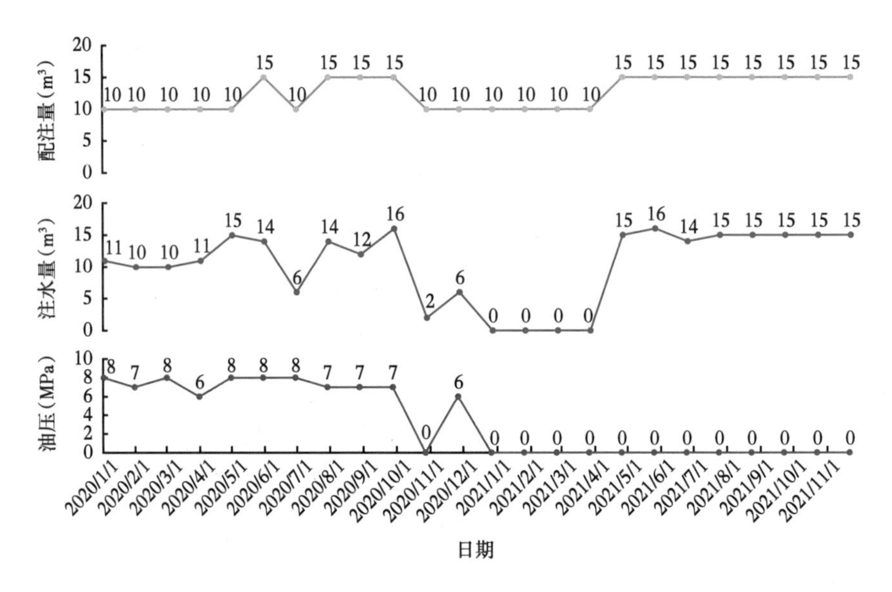

图 6-70　郝家坪注水项目区 H850-3 井注水量图

H783 井 2018 年 6 月补孔后，注水量能达到配注要求；经过一段时间注水后，2019 年 1 月注水量达不到配注要求且注入压力较高，最高可达 12MPa，经分析认为原因是近井地带堵塞，于 2019 年 4 月压裂增注后，满足注入要求（图 6-71）。

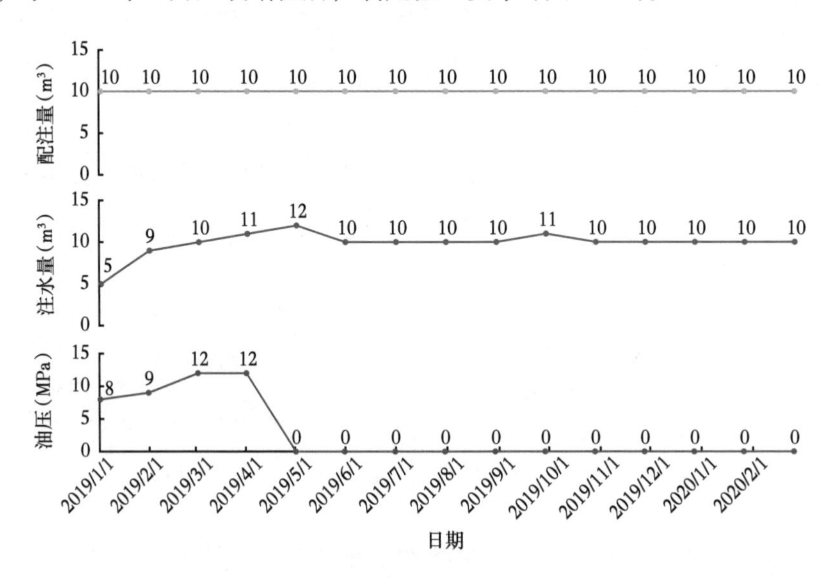

图 6-71　郝家坪注水项目区 H783 井注水量图

（3）停躺井恢复效果分析。

在注水区域，地层能量得到一定恢复的情况下，选取有价值的低产低效井进行恢复，第一批计划恢复 70 口，2016 年恢复 7 口，2017 年恢复 33 口，2018 年恢复 30 口。

H827 井，2017 年 5 月 23 日开始复抽，日产液 0.66m³，含水率 50%，日产油 0.28t，2018 年 4 月 19 日原层位补孔压裂，日产液 4.3m³，含水率 53%，日产油 1.7t（图 6-72）。

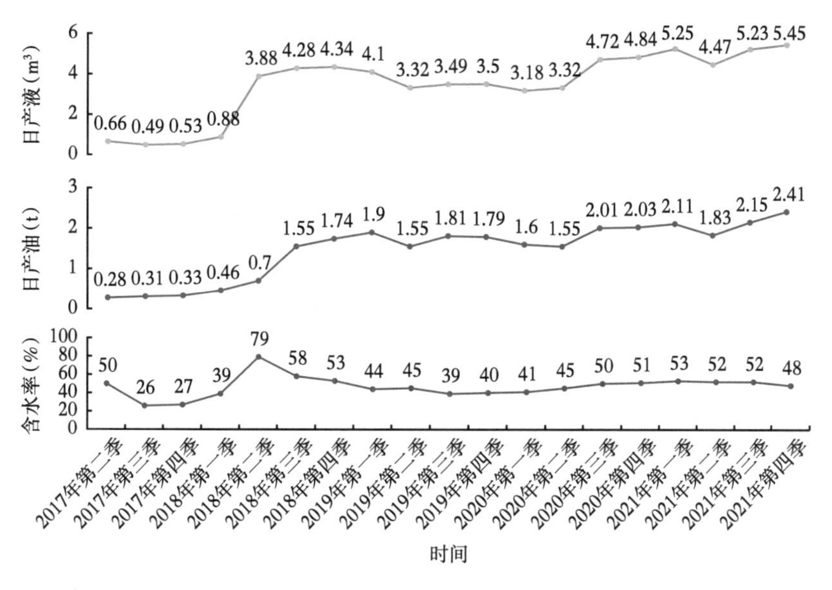

图 6-72　郝家坪注水项目区 H827 生产曲线图

H728 停躺井，2010 年 8 月停井时日产油 0.46t，含水率 75%，2020 年 4 月 30 日恢复。恢复时日产油 1.2t，含水率 79%，截至 2021 年 12 月，日产油 2.0t，含水率 44%（图 6-73）。

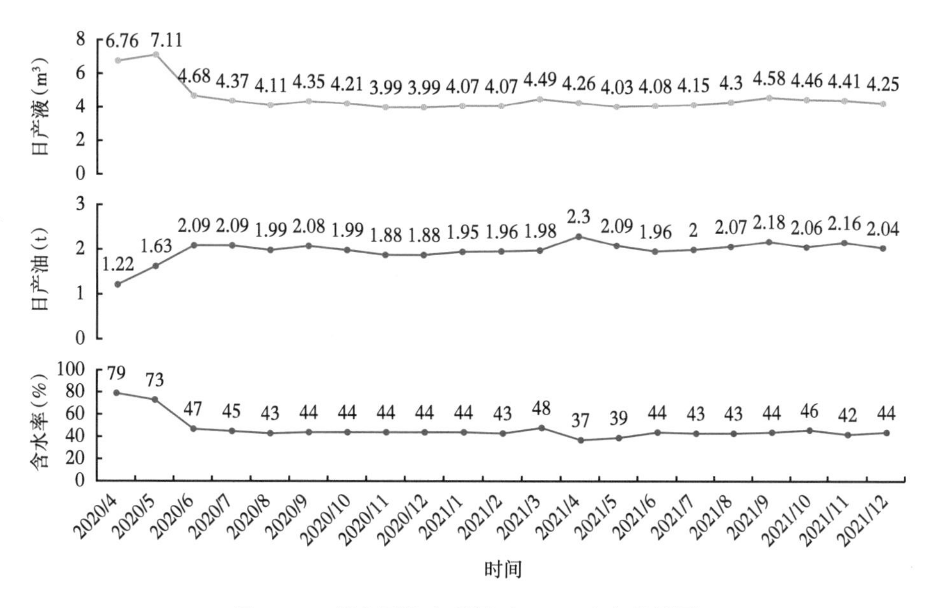

图 6-73　郝家坪注水项目区 H728 生产曲线图

四、甄家峁注水项目区延长组长 6 油层组滞后注水油藏开发

2000 年，甄家峁注水项目区正式投入开发，生产层位主要为延长组长 6 油层，主力产油层为长 6^1、长 6^2。2005 年起，该区大规模投入开发，当年投产新井 199 口，区块日产液量、产油量大幅上升，含水率保持较低水平。2005—2010 年为产量高峰期，2006 年达到历史产量高峰，年产原油 20.68×10^4t；2007 年起，产量呈现明显递减趋势；2010 年 2 月起，综合含水率大幅升高。2010 年 7 月进入注水开发阶段，先后投运了七号、八号注水站，产量递减趋势得到减缓，综合含水率明显降低。其注水开发历程大致可划分为 3 个阶段：

（1）初期注水阶段（2010 年 7 月至 2012 年 5 月）。

甄家峁项目区地层亏空严重，为快速补充地层能量，配注量较高，加之注水技术尚未成熟，平均单井日注水量在 10~15m^3 范围内波动，在 2012 年 5 月前波动较为明显。2011 年年初，八号注水站水源井深井泵故障，加之受冬季低温影响全面停注。

（2）调整注水阶段（2012 年 5 月至 2012 年 12 月）。

为避免初期注水量过大而出现水淹、水窜，在不断扩大注水规模的同时，降低单井配注量，逐步向温和注水阶段过渡，平均单井日注水量由 15m^3 降至 10m^3。

（3）均衡注水阶段（2013 年 1 月至 2015 年 12 月）。

经过两年多的注水开发，为保持地层压力，避免再次出现水淹突进现象，保证注入水线均匀推进，提高水驱效率，该阶段采用均衡注水方式，平均单井日注水量保持在 10m^3 左右（图 6-74）。

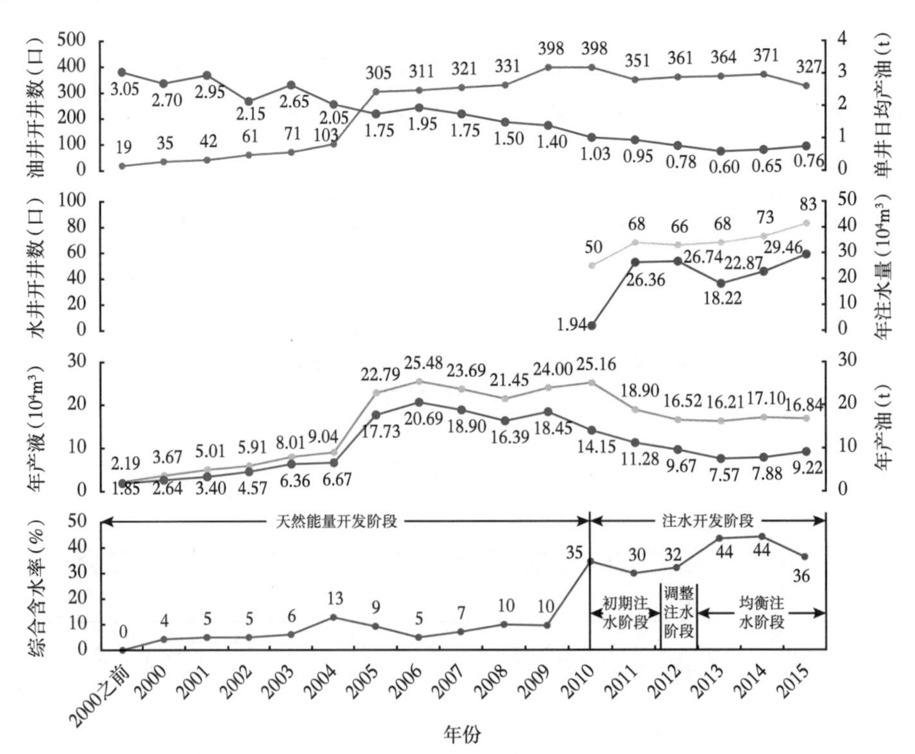

图 6-74　甄家峁注水项目区综合开发曲线图

2010年7月甄家峁注水项目区长6油层注水开发以来，经过五年系统注水后，在一定程度上形成了小范围的连片注水分布。由于项目区井网布置不规则，注采井距一般为188~360m，注水井探测半径一般为76.5~141m，平均为112m，普遍小于现有注采井距，导致注入水控制作用弱，油井间易于形成水动力滞留区，实际水驱见效面积小且连片性差，注水井波及范围小，整体平面水驱效果较差，实际储量动用程度较低。

截至2015年底，甄家峁注水项目区共有油水井465口井，其中采油井380口，注水井85口，采油井开井327口，注水井开井83口，注采井数比1∶3.94。油井利用率86.1%，日产液444m^3，综合含水率34%，日产油247t，单井日均产油量0.76t。累计产液$265.67 \times 10^4 m^3$，累计产水$53.5 \times 10^4 m^3$，累计产油$179.7 \times 10^4 t$，采出程度8.3%，年采油速度0.4%。注水井利用率97.7%，日注水量851.3m^3，单井日均注水量10.26m^3，累计注水量$125.58 \times 10^4 m^3$，累计注采比0.43，地下存水率57.3%。从2000年开始投入开发以来，虽然每年有新井投入，但单井平均日产油呈逐年快速递减趋势，由2000年的3.05t降至2015年的0.76t。

（一）储层特征和油藏特征

1. 储层特征

甄家峁油区长6为多油层叠合的岩性油藏，主力产层包括长6^{1-1}、长6^{1-2}、长6^{2-1}等，纵向含油层位多，具有低地层压力、低气油比（5.63~62.38m^3/t）、低渗透、低产等特点，属于典型的特低渗透岩性油藏，压力低、物性差。依靠天然能量采油方式进行生产开发效果较差，每口油井完井投产都必须经过压裂改造，造成油层压力下降过大、地下能量亏空和采出程度低下的不良状况。

（1）岩性特征。

甄家峁注水项目区长6油层组岩石类型以长石砂岩为主，含少量岩屑质长石砂岩（图6-75），成分成熟度较低。碎屑颗粒主要是长石、石英；长6油层组砂岩碎屑含量为80%~94%，成分以长石为主，石英次之。长石含量为41.7%~64.7%，平均57.1%，石英含量为21.8%~30.8%，平均26.3%。上下各小层组具有近似的岩石学特征。

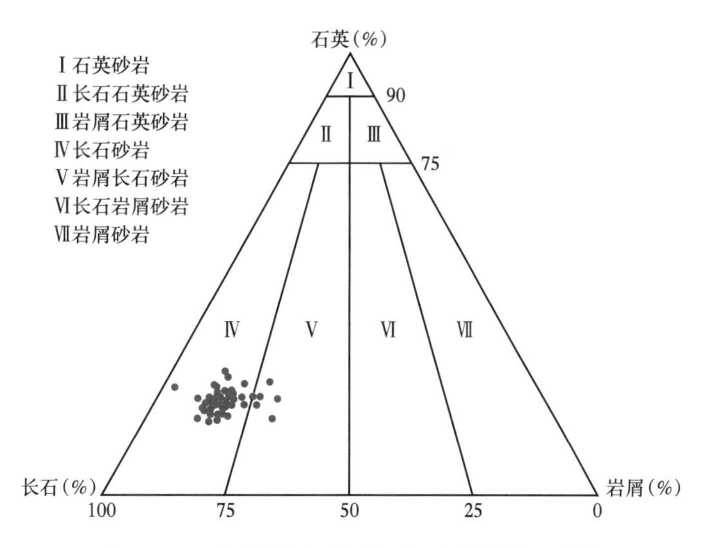

图6-75　甄家峁注水项目区长6砂岩分类三角图

长 6 油层填隙物成分主要以方解石、绿泥石、伊利石为主，其中方解石含量为 5.1%，绿泥石含量为 3.5%，伊利石含量为 4.3%，其他填隙物含量较低。

甄家峁注水项目区主要成岩作用有压实压溶作用、胶结作用以及溶蚀作用等。压实压溶作用以及胶结作用会导致孔隙变小，物性变差。甄家峁注水项目区主要胶结作用有绿泥石胶结、碳酸盐胶结以及伊利石胶结，石英次生加大。绿泥石胶结可以对石英的次生加大有一定的抑制作用，同时对压实作用有一定的抵抗效果，因此对储层物性的影响较为复杂。溶蚀作用主要有长石溶蚀、岩屑溶蚀以及碳酸盐胶结物溶蚀，可以形成一定量的溶蚀孔，对储层物性有重要的改善作用（图 6-76）。

(a)残余粒间孔与粒间溶孔，双994井

(b)残余粒间孔与粒间溶孔，双822井

图 6-76　甄家峁注水项目区成岩作用图

（2）储层物性特征。

①孔渗分布特征。甄家峁注水项目区长 6 油层组各小层孔渗特征见表 6-38。总体上看，长 6 砂岩孔隙度最大值为 18.1%，最小值为 0.2%；渗透率最大值为 $11.5\times10^{-3}\mu m^2$，最小值为 $0.1\times10^{-3}\mu m^2$。纵向上，长 6^{1-1} 平均孔隙度最高，为 12.1%，由长 6^{1-2}、长 6^{2-1}、长 6^{2-2} 以及长 6^3 依次降低；长 6^{1-2} 平均渗透率为最大，为 $2.2\times10^{-3}\mu m^2$，长 6^{1-1} 次之，长 6^{2-1}、长 6^{2-2}、长 6^3 渗透率之间差别较小。

表 6-38　甄家峁注水项目区长 6 油层组各小层孔渗分布特征表

地层	孔隙度（%）			渗透率（$10^{-3}\mu m^2$）		
	最大值	最小值	平均值	最大值	最小值	平均值
长 6^{1-1}	15.9	0.9	12.1	10.9	0.4	2.14
长 6^{1-2}	15.7	0.2	10.1	11.5	0.2	2.2
长 6^{2-1}	18.1	0.2	9.5	10.4	0.1	1.87
长 6^{2-2}	15.5	0.3	8.9	10.8	0.1	1.8
长 6^3	12.5	0.7	8.1	10.7	0.1	1.82

②储层孔隙类型。长 6 油层组砂岩储层主要发育粒间孔、溶孔、晶间孔、微裂隙及少量铸模孔等孔隙类型。岩石中发育有少量微裂缝，但取心观察及邻区成像测井资料显示构

造裂缝不发育。孔隙组合形式主要有粒间孔型、粒间孔—溶孔型、溶孔—粒间孔型、微孔—粒间孔型和微孔复合型等。

（3）储层孔隙结构特征。

甄家峁注水项目区取心资料较少，选取邻区双河油田取心井压汞分析资料统计（表6-39和图6-77），长6油层组排驱压力一般为0.14~2.11MPa，中值压力一般为0.72~22.37MPa；分选较均匀，孔喉均值半径一般为0.17~1.92μm。最大进汞饱和度75%左右，退汞效率为15%~35%，渗透率贡献值呈单峰状，对渗透率起主要贡献作用的孔喉半径分布范围为40~60μm。说明储层无效孔隙或不连通孔隙含量较高，且束缚水含量较高。由退汞效率可知，其采收率较低，另外由渗透率贡献值曲线可以看出，半径为40~60μm的孔喉起最重要的作用。

表6-39 双河油田长6储层压汞资料统计表

长6	最小值	最大值	平均值
孔隙度（%）	4.8	15.6	11.3
渗透率（$10^{-3}μm^2$）	0.20	3.39	0.97
排驱压力（MPa）	0.14	2.11	0.45
最大孔喉半径（μm）	0.62	6.82	1.97
中值压力（MPa）	0.72	22.37	2.67
平均孔喉半径（μm）	0.02	0.81	0.38
孔喉均值半径（μm）	0.17	1.92	0.87
退汞效率（%）	18.16	32.75	25.7

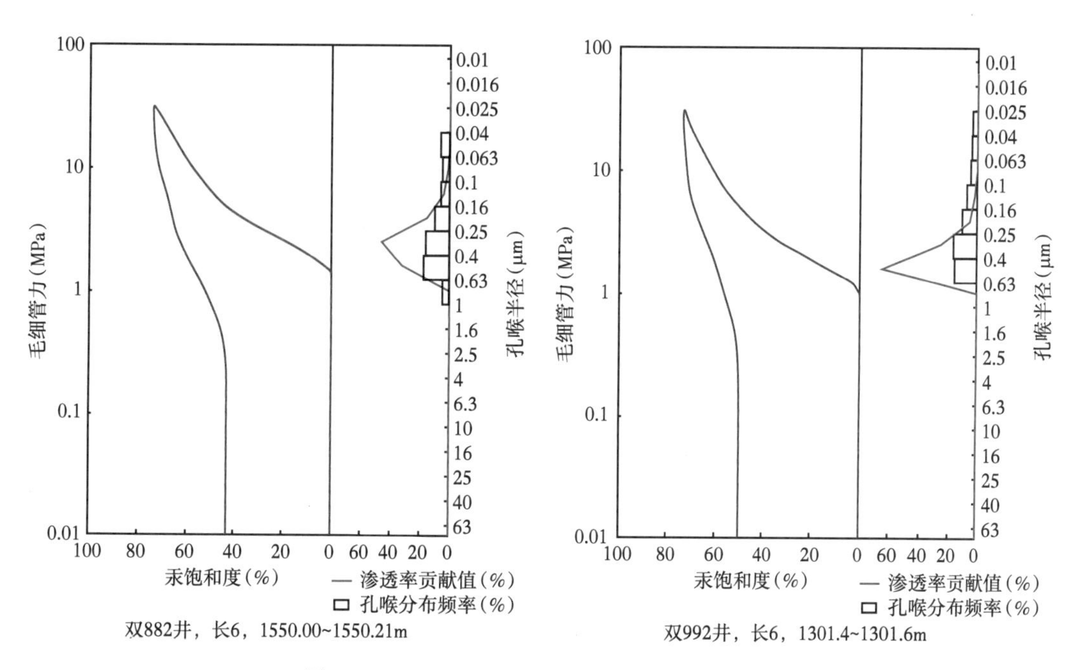

图6-77 双河油田长6油层组压汞曲线特征图

（4）储层非均质性。

①甄家峁注水项目区平面非均质性。

a. 长 6^{1-1} 孔隙度、渗透率分布特征。长 6^{1-1} 上段孔隙度 8%~16%，平均 11.5%，低孔隙度分布区围绕高孔隙度分布区，平面上分布不连续；渗透率 1.0×10^{-3}~$15.0\times10^{-3}\mu m^2$，平均 $3.5\times10^{-3}\mu m^2$，局部渗透率大于 $15.0\times10^{-3}\mu m^2$，渗透率低值区围绕高渗透区分布，平面上分布不连续（图 6-78）。

长 6^{1-1} 下段孔隙度为 8%~15%，平均 12.1%，平面分布相对连续，低孔隙度分布区围绕高孔隙度分布区分布，孔隙度高值区主要分布在西北部，低孔隙度区主要分布于东部和南部；渗透率为 2.0×10^{-3}~$10.0\times10^{-3}\mu m^2$，平均 $2.1\times10^{-3}\mu m^2$，渗透率分布零散，低渗透率区围绕高渗透率区分布（图 6-79）。

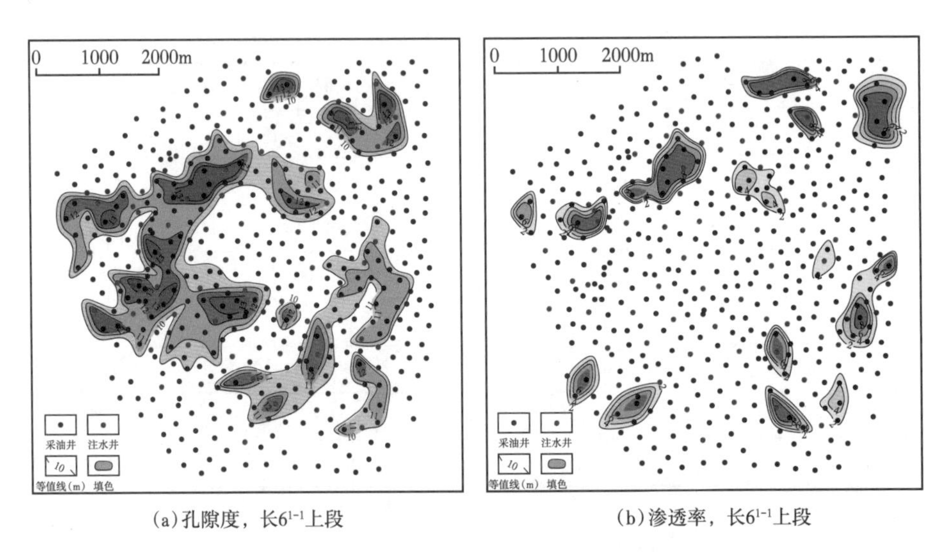

（a）孔隙度，长6^{1-1}上段　　（b）渗透率，长6^{1-1}上段

图 6-78　甄家峁注水项目区长 6^{1-1} 上段物性参数平面分布图

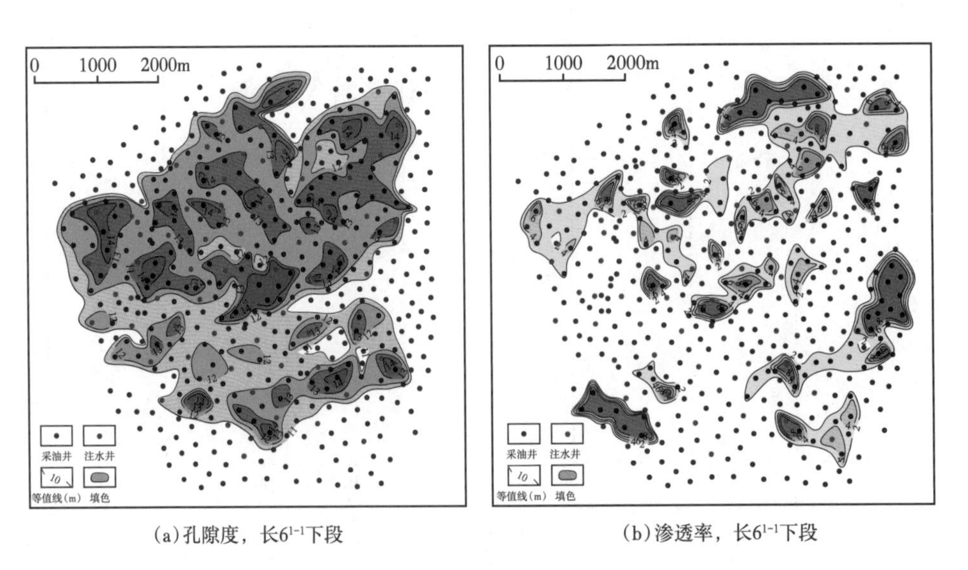

（a）孔隙度，长6^{1-1}下段　　（b）渗透率，长6^{1-1}下段

图 6-79　甄家峁注水项目区长 6^{1-1} 下段物性参数平面分布图

b. 长 6^{1-2} 孔隙度、渗透率分布特征。长 6^{1-2} 上段孔隙度为 8.0%~15.7%，平均 11.4%，主要分布在该项目区北西部和南部，其他地方零星分布；渗透率为 2.4×10^{-3}~$12.3\times10^{-3}\mu m^2$，平均 $3.2\times10^{-3}\mu m^2$，主要分布在该项目区中北部地区，西部地区零星分布（图 6-80）。长 6^{1-2} 下段孔隙度为 8.0%~18.1%，平均 10.3%，高孔隙度区主要分布在西部，东南部相对较低；渗透率 0.2×10^{-3}~$23.2\times10^{-3}\mu m^2$，平均 $3.3\times10^{-3}\mu m^2$，平面上分布不连续，块状零散分布（图 6-81）。

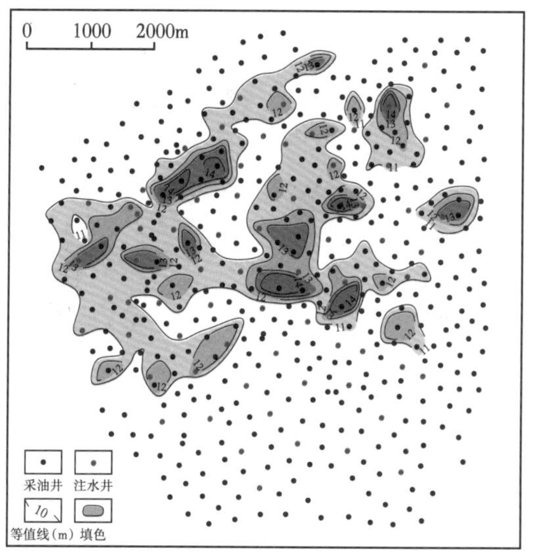

（a）孔隙度，长6^{1-2}上段

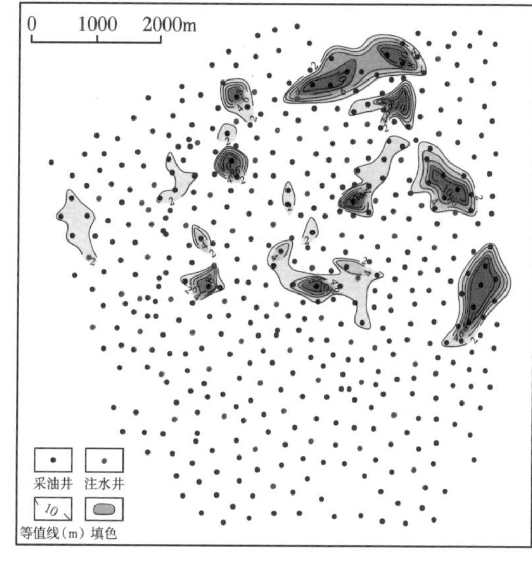

（b）渗透率，长6^{1-2}上段

图 6-80　甄家峁注水项目区长 6^{1-2} 上段物性参数平面分布图

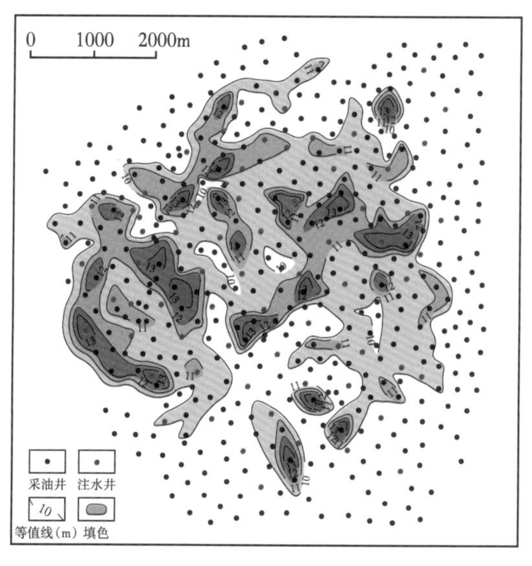

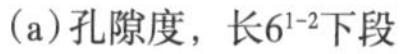
（a）孔隙度，长6^{1-2}下段

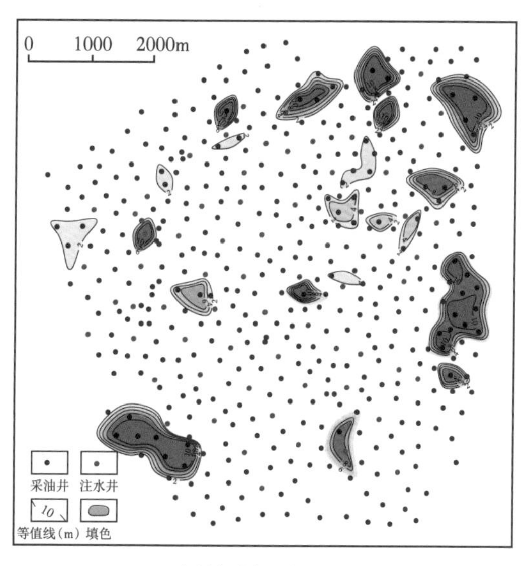

（b）渗透率，长6^{1-2}下段

图 6-81　甄家峁注水项目区长 6^{1-2} 下段物性参数平面分布图

c. 长 6^{2-1} 孔隙度、渗透率分布特征。长 6^{2-1} 上段孔隙度为 8.0%~13.6%，平均 10.06%，平面上分布广泛，该项目区西北部孔隙度较大，南部和东南部孔隙度低；渗透率 1.7×10^{-3}~$10.5\times10^{-3}\mu m^2$，平均 $2.8\times10^{-3}\mu m^2$，主要分布在该项目区北部和东部地区，平面上零星分布（图 6-82）；长 6^{2-1} 下段孔隙度为 8.0%~18.1%，平均 10.0%，主要分布在西部地区和中部地区，其他地区零散分布。渗透率为 1.1×10^{-3}~$8.2\times10^{-3}\mu m^2$，平均 $1.8\times10^{-3}\mu m^2$，东北和西南渗透率相对较高，中部相对较低，平面上分布零散（图 6-83）。

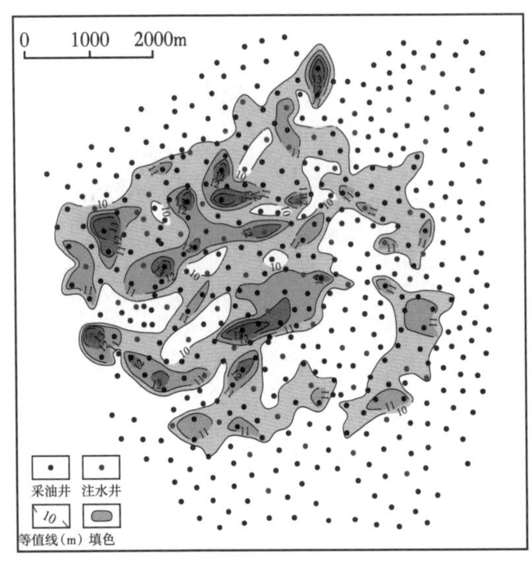

(a)孔隙度，长6^{2-1}上段

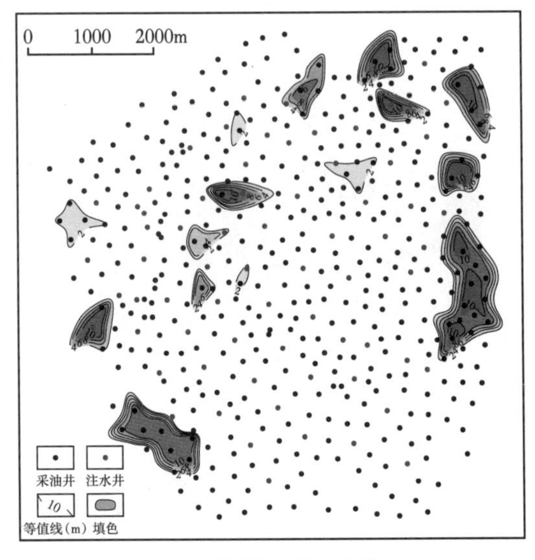

(b)渗透率，长6^{2-1}上段

图 6-82 甄家峁注水项目区长 6^{2-1} 物性参数平面分布图

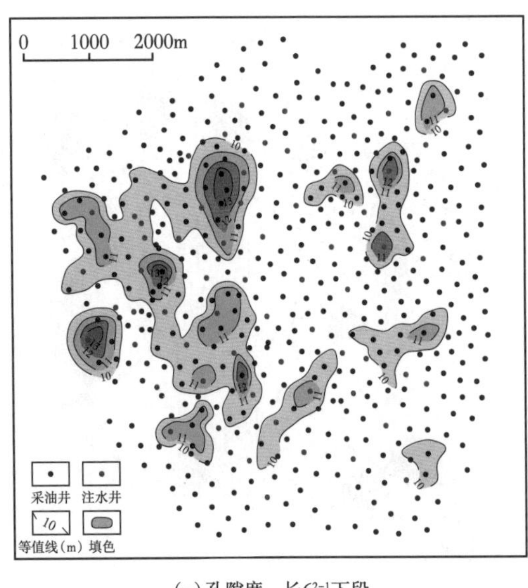

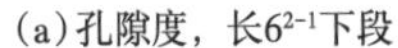
(a)孔隙度，长6^{2-1}下段

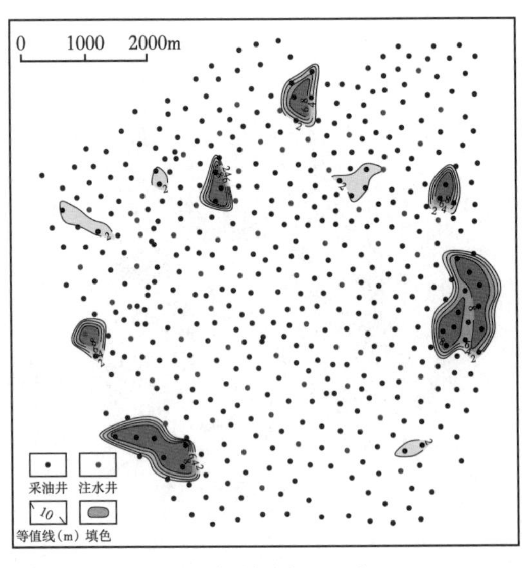

(b)渗透率，长6^{2-1}下段

图 6-83 甄家峁注水项目区长 6^{2-1} 物性参数平面分布图

②甄家峁注水项目区主力产层层间非均质性。

该项目区长 6 油层组，横向上三角洲前缘亚相水下分流河道较发育，水下分流河道砂体物性较好，侧向各个微相物性逐渐变差；纵向上河道侧向迁移较频繁，早期河道砂往往被后期的水下分流河道加细粒沉积物覆盖，不同时期河道砂体间连通性较差，导致纵向非均质性。一般用分层系数、砂岩密度、砂层间渗透率表征层间的非均质程度。

a. 分层系数。统计项目区各个油层段地层厚度、砂层数、单砂层厚度等数据，计算长 6 各层分层系数（图 6–84）。从图中可看出，长 6^{1-1}、长 6^{1-2} 和长 6^{2-1} 分层系数较大，其中长 6^{1-1} 分层系数最大，为 2.16，表现为相对较强的层间非均质性；长 6^{2-2} 和长 6^{3} 分层系数较小，其中长 6^{2-2} 分层系数最小，为 1.32，显示较弱层间非均质性。

b. 砂岩密度。统计长 6 各个小层储层垂向砂体密度，发现各小层砂体密度存在差异性（图 6–85）。长 6^{1-1}、长 6^{1-2} 和长 6^{2-1} 砂岩密度较大，分别为 0.64、0.63 和 0.71，反映长 6^{1-1}、长 6^{1-2} 和长 6^{2-1} 砂体发育好，连通性较好；长 6^{3} 砂岩密度 0.51，反映砂体发育较好；长 6^{2-2} 砂岩密度最小，为 0.45，反映砂体发育较差。

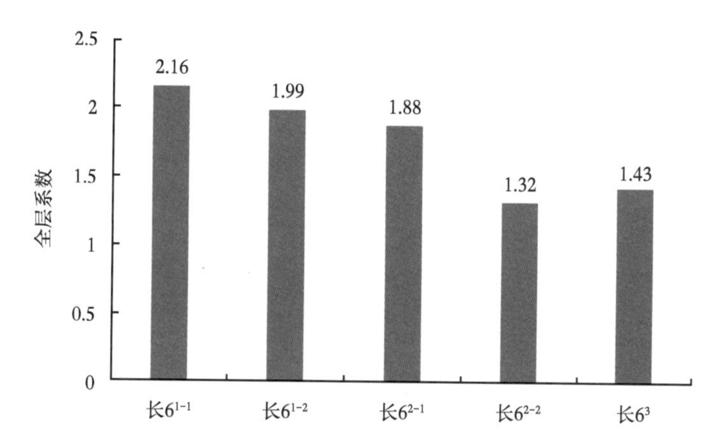

图 6–84　甄家峁项目区长 6 小层分层系数直方图

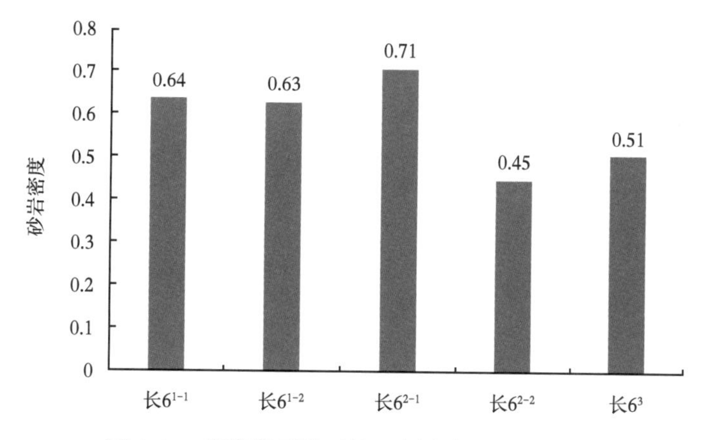

图 6–85　甄家峁项目区长 6 小层砂岩密度直方图

c. 层间渗透率非均质性。

垂向上，长 6^{1-1}、长 6^{1-2}、长 6^{2-1} 物性相对较好，砂体层间非均质性相对较弱；长 6^{2-1} 物性次之，砂体层间非均质性相对较弱；长 6^{2-2}、长 6^{3} 油层物性相对较差。甄家峁注水项目区，长 6^{1-1} 至长 6^{3}，渗透率层间变异系数为 2.27，突进系数为 3.75，层间渗透率级差为 1.7（图 6-86）。统计结果反映甄家峁长 6 储层层间渗透率非均质程度强。

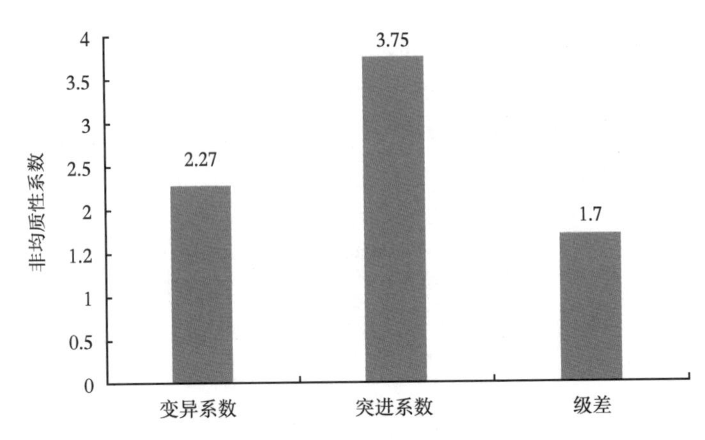

图 6-86　甄家峁注水项目区长 6 储层层间渗透率非均质性直方图

③甄家峁注水项目区主力产层层内非均质性。

甄家峁项目区长 6 储层层内渗透率非均质程度强（表 6-40），各小层渗透率变异系数均大于 1，长 6^{1-1} 最大为 2.65；各小层渗透率突进系数均大于 5，长 6^{2-2} 最大为 6.0；各小层渗透率级差有差异，长 6^{2-2} 最大为 108.0，长 6^{1-1} 最小为 27.25；各小层渗透率非均质系数为 0.17~0.20，差异较小。综合分析认为甄家峁项目区长 6 储层属于强非均质储层。

表 6-40　甄家峁注水项目区长 6 储层层内渗透率非均质性参数统计表

地层	渗透率（$10^{-3}\mu m^2$）			变异系数	突进系数	级差	非均质系数
	最大值	最小值	平均值				
长 6^{1-1}	10.9	0.4	2.14	2.65	5.09	27.25	0.20
长 6^{1-2}	11.5	0.2	2.20	1.48	5.23	57.50	0.19
长 6^{2-1}	10.4	0.1	1.87	1.25	5.56	104.00	0.18
长 6^{2-2}	10.8	0.1	1.80	1.35	6.00	108.00	0.17
长 6^{3}	10.7	0.1	1.82	1.34	5.88	107.00	0.17

（5）储层敏感性及润湿性。

甄家峁注水项目区长 6 储层敏感性表现为中等偏弱水敏、弱酸敏、弱速敏、弱碱敏。长 6 储层产生盐敏伤害的临界矿化度为 42.2g/L。盐敏试验结果显示，地层水矿化度大于 10g/L 时，不会引起储层黏土膨胀对储层造成严重伤害。

长 6 储层润湿性表现为中等混合润湿—弱亲水类型。

2. 油藏特征

甄家峁油区长 6 砂体主要为三角洲前缘水下分流河道沉积，各小层砂体连通关系复杂且变化快。长 6 油层砂体发育层数多，单期河道砂体薄，横向变化快，纵向相互叠置，井间砂体连通性呈现稳定型、分叉型、尖灭型、稳定叠置型、叠置分叉型、叠置尖灭型等复杂连通关系（图 6-87）。

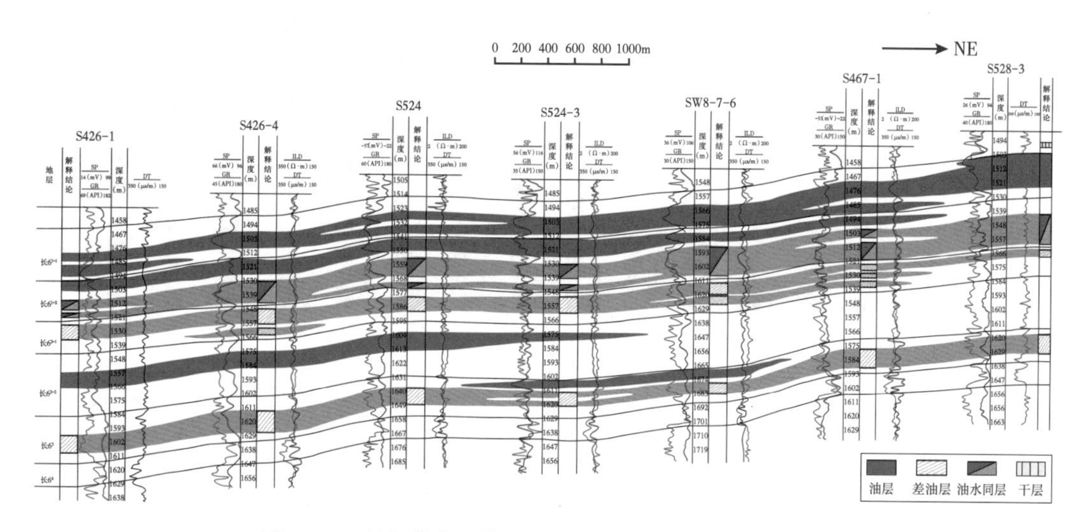

图 6-87　甄家峁油田井长 6 油藏剖面图（据崔强，2020）

甄家峁油区长 6 油藏在构造高、低部位均含油，油水分异不明显，主要受岩性控制，基本呈现油水混储现象。油层主要发育在物性较好的三角洲前缘水下分流河道和河口坝砂体中（干旭，2018），各小层油层厚度分布主要呈条带状沿着主河道发育方向延伸。分流河道及河口坝砂体厚度较大、储层物性较好的区域，含油性较好；储层物性差、非均质性强、砂体变薄尖灭的位置，含油性变差，储层物性及非均质性对油气分布起到主要控制作用（田坤等，2019）。

甄家峁项目区原始地层压力 12MPa 左右，地层温度一般为 45~50℃，地温梯度 2.629℃/100m。具有低地层压力、低气油比、低渗透率等特点。原油密度为 0.846g/cm^3，原油体积系数为 1.112，50℃ 条件下的运动黏度 7.01mPa·s。地层水属 $CaCl_2$ 型水，pH6.6，平均 Cl^- 含量 46.0g/L，平均总矿化度 76.4g/L。

（二）开发前期存在的问题

1. 地层能量没有得到有效补充，地下亏空严重

甄家峁注水项目区自 2000 年投入开发至 2015 年 12 月底，地层压力由 2000 年的约 12MPa，下降至 2009 年的 4.77MPa，亏损较为严重。甄家峁注水项目区 2010 年 7 月注水后，压力没有得到有效恢复，2012 年进一步降低至 3.99MPa；此后随着注水井数和配注量增加，地层能量得到一定补充，地层压力得到缓慢恢复，但压力保持水平仍然较低。

从地层亏空程度来看（图 6-88），自甄家峁注水项目区 2000 年正式投入开发以来，累

积产液 265.67×10⁴m³、注水量 125.27×10⁴m³，地层亏空严重。2005 年大规模开发至 2010 年注水前，年亏空量逐年加大，累计亏空量上涨迅速。2010 年注水后，亏空速度得到了一定程度缓解，但是总体该注水项目区依然处于严重亏空状态。

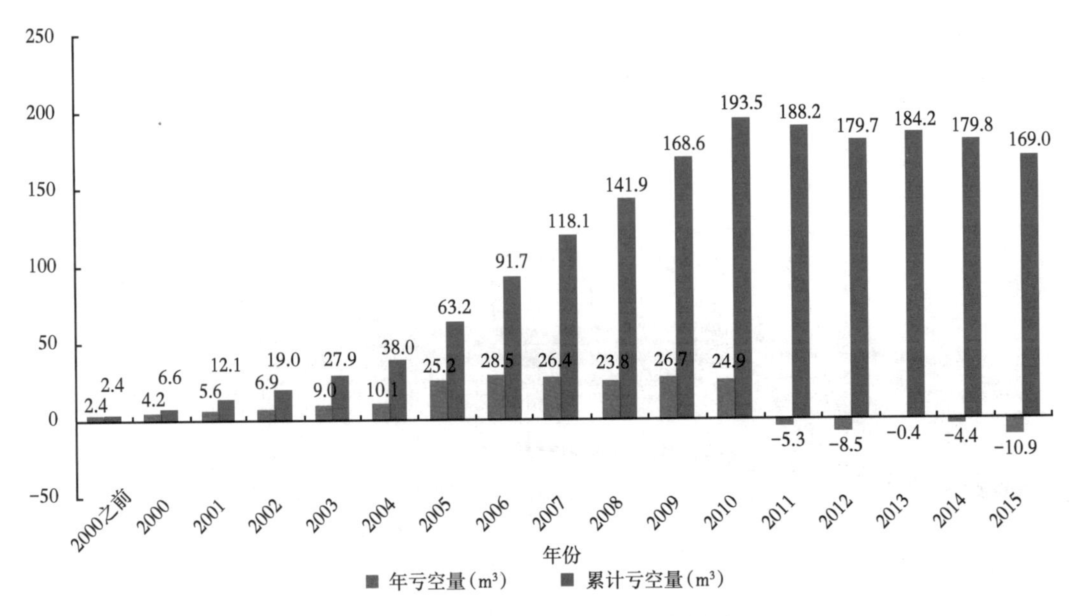

图 6-88　甄家峁项目区亏空量直方图

甄家峁注水项目区长 6 油藏由于储层致密、井距偏大、注水量不足等原因，油藏没能建立有效驱替系统，地层压力保持水平低、能量总体仍处于亏空状态，导致储层内大量原油无法产出，产量下降。截至 2015 年该注水项目区中 286 口井日均产油量低于 1t，占生产井总数的 84%，生产上表现为低产、低效井较多，油井产能明显不足。

2. 注采井网布置不合理，水驱动用程度低

甄家峁注水项目区内油水井部署缺乏统一考虑，且开采地形复杂，井网布置合理性较差。开采井与注水井比例不均，甚至部分区域未布置注水井，导致局部油井无水驱效果或水驱效果较差，形成水动力滞留区域，导致区内开采难度增大，形成尚未采出的剩余油。从各层的采出程度、剩余油分布、注水井波及范围以及吸水剖面来看，各层动用情况不同，总体上水驱动用程度较低。

3. 注采对应差，层间矛盾突出

甄家峁注水项目区于 2011 年全面开始注水，注水井 85 口，开井 83 口，日注水量 851.3m³，注水井多为油井转注，混注混采，导致项目区注采对应差。从井组分析来看，普遍存在有采无注、有注无采的现象，注采对应较差，全区注水效果差。

例如 S479-2 井组（图 6-89），其 8 口受益井中，有 7 口开采长 6^{1-1}，而注水井 S479-2 井没有注长 6^{1-1} 小层；S522 井组（图 6-90），其 6 口受益井中，6 口开采长 6^{1-2}，5 口开采长 6^{2-1}，无井开采长 6^{1-1}，而注水井 522 井注水层位为长 6^{1-1}，长 6^{1-2}、长 6^{2-1}，没有注水。

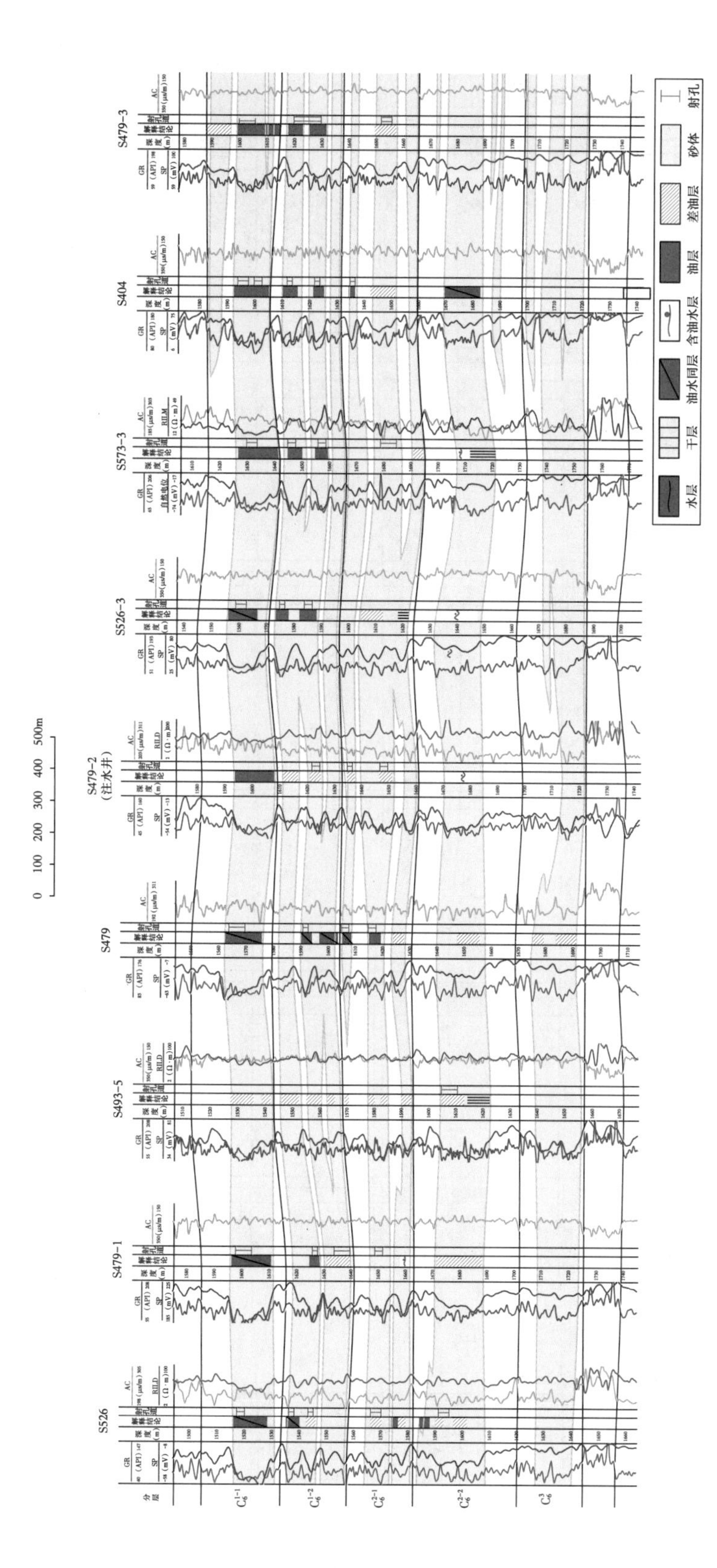

图 6-89 S479-2注水井组及其受益井长6砂体连通剖面图

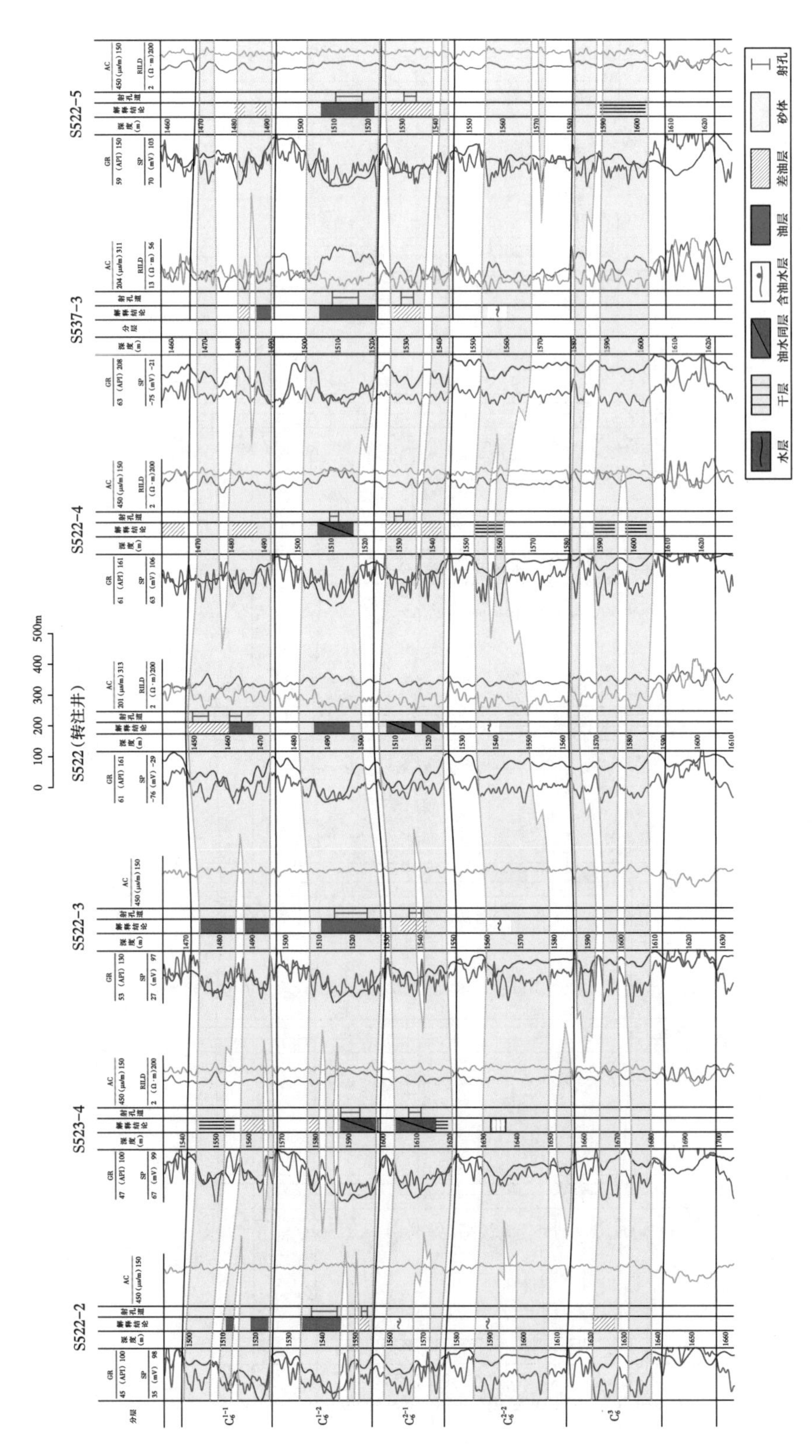

图 6-90 S522注水井组及其受益井长6砂体连通剖面图

（三）开发治理措施

1. 完善注采井网

根据甄家峁注水项目区不同井距下驱替压力梯度与启动压力梯度关系（图 6-91）得出，甄家峁注水项目区注采关系能够建立的最大距离为 260m，只有当驱替压力大于启动压力梯度时，才能建立有效压力驱替系统。如甄家峁注水项目区双 439 井区原始井网注采井距最大距离达到 500m（图 6-92），注采关系能够建立的最大距离为 260m，因此调整后的井网注采井距最大为 260m（图 6-93），保证油层中任一位置其驱动压力梯度均大于启动压力梯度。

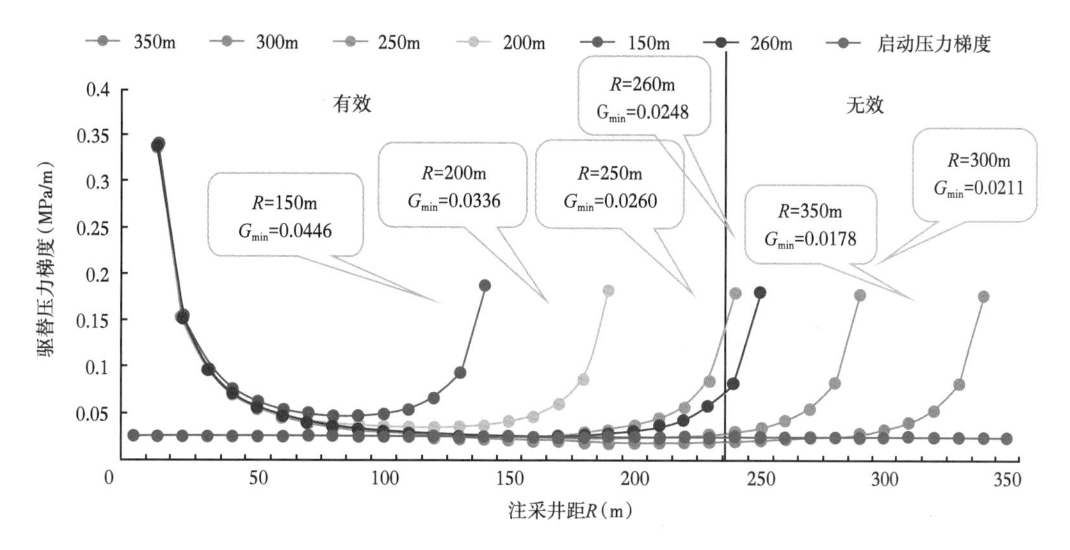

图 6-91　志丹甄家峁注水项目区不同井距下驱替压力梯度与启动压力梯度关系图

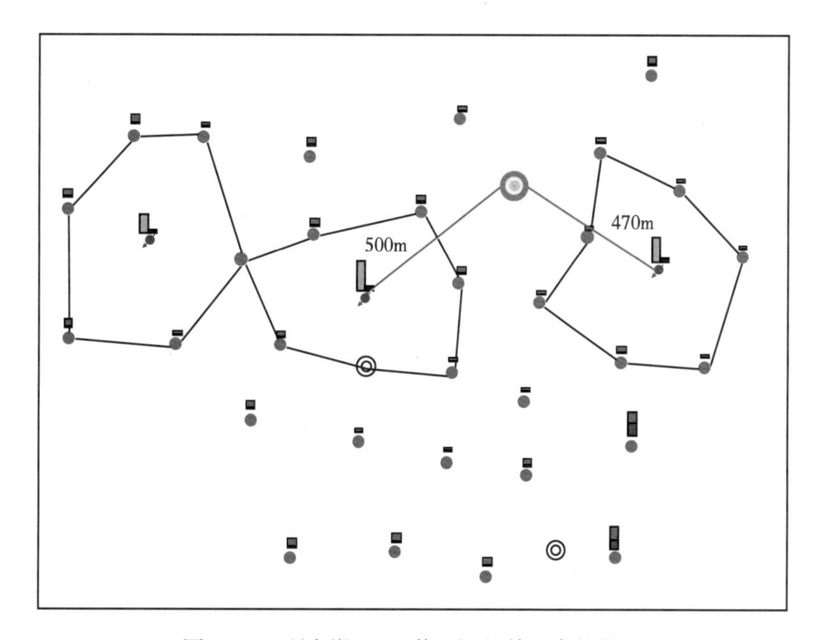

图 6-92　甄家峁 S439 井区调整前生产柱状图

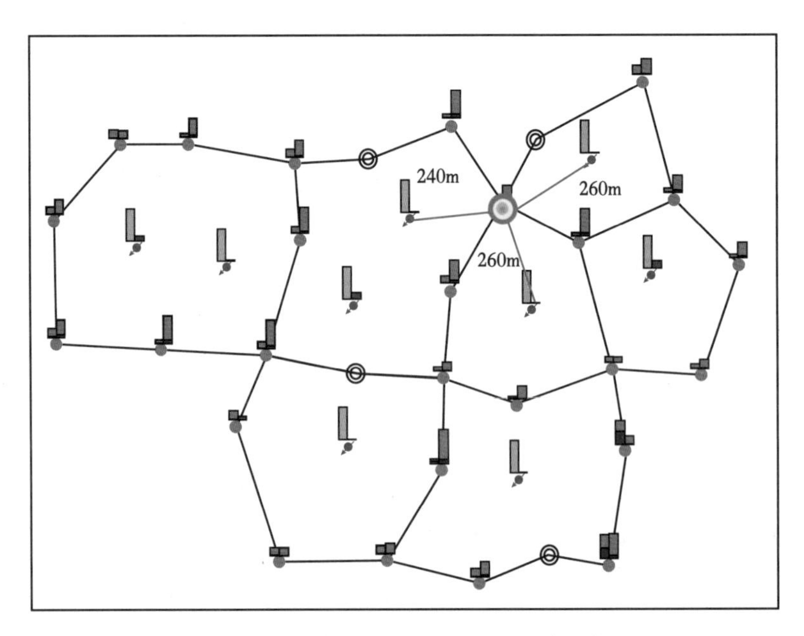

图 6-93　甄家峁 S439 井区调整后生产柱状图

2015 年底，甄家峁注水项目区共有注水井 85 口（开井 60 口），注采井数比为 1∶4.43，控制面积占项目区 60%。综合油藏地质情况并结合原有注采井网，根据“多点温和、点弱面强、差异配注、整体平衡”的原则，采用不规则反九点法井网和反七点法井网相结合的面积注水方式，通过对 49 口油井进行转注等措施，注采井数比由 1∶4.4 降至 1∶2.5（详见第三章第二节）。

进一步缩小注采井距，相对于 2015 年井网注水压力分布（图 6-94），井网完善后注水压力基本覆盖整个项目区（图 6-95），保证油层中任一位置驱替压力梯度均大于启动压力梯度，建立有效压力驱替系统。

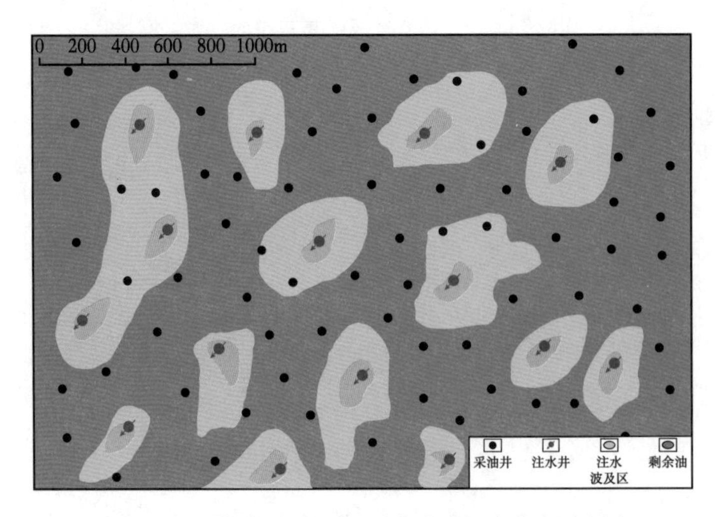

图 6-94　甄家峁项目区 2015 年注水压力分布示意图

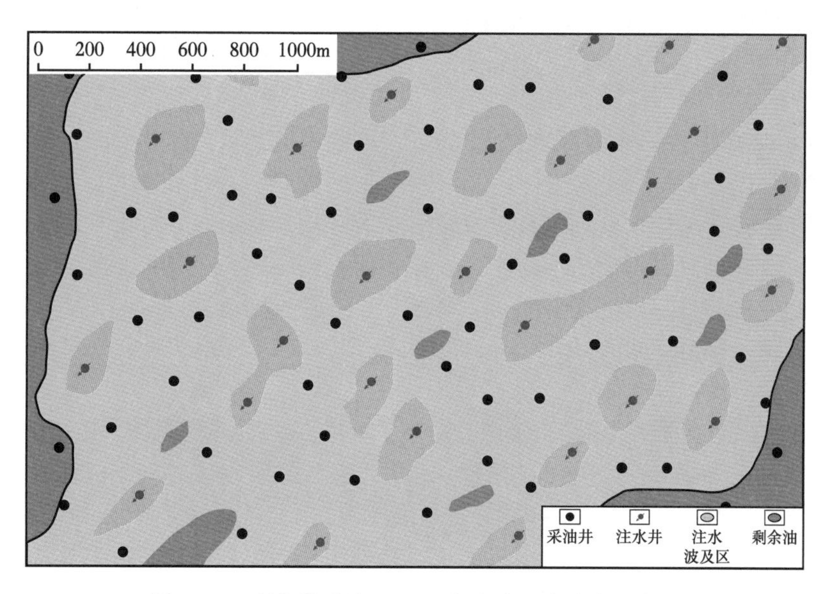

图 6-95　甄家峁项目区 2018 年注水压力分布示意图

2. 纵向调层补孔，提高注采对应率

甄家峁注水项目区纵向油层多，开发小层混乱，大部分注水井组注采层位不对应，水驱控制程度低，加之层间物性差异大，因此完善注采井网后在原有井网层系的基础上对转注井进行调层、补孔措施，提高注采对应率。如 S522 注水井组（图 6-96），该井生产层位为长 6^{1-1} 小层，而邻井产层为长 6^{1-2} 小层及长 6^{2-1} 小层，对双 522 井长 6^{1-2} 小层及 6^{2-1}

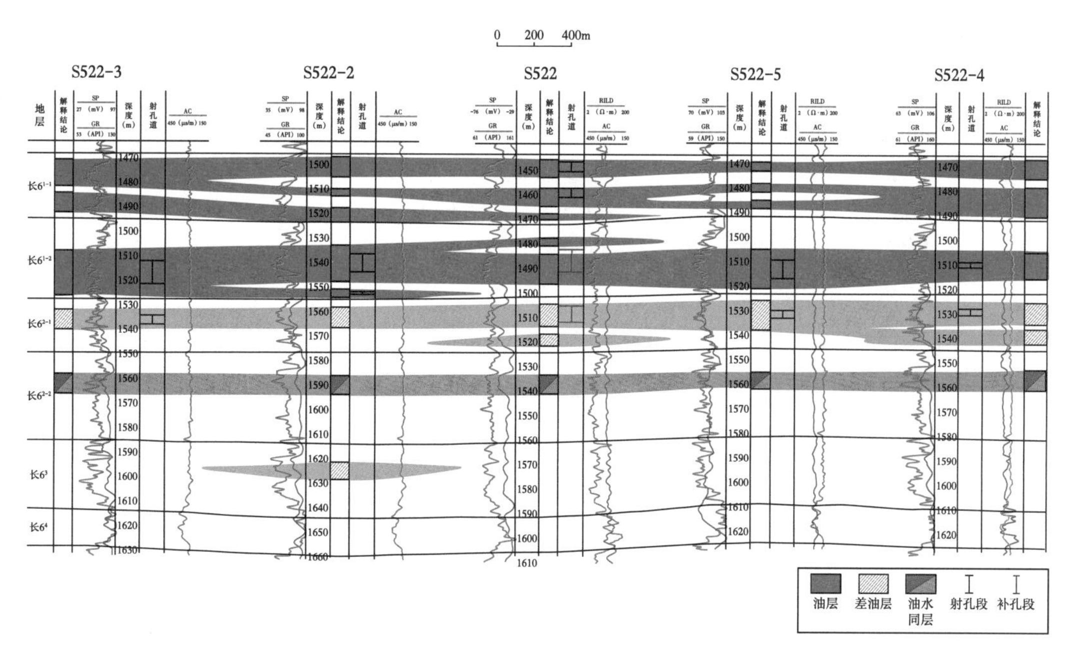

图 6-96　S522 注水井及受益油井油层连通剖面图（据崔强，2020）

小层进行补孔排液，清除近井地带的堵塞物，在井底附近造成适当低压带后再进行转注，更利于注水。

3. 分层注水

甄家峁注水项目区长 6 油藏含油层系多，主要有长 6^{1-1}、长 6^{1-2}、长 6^{2-1}、长 6^{2-2} 及长 6^{3}5 个含油层位，其中长 6^{1-1}，长 6^{1-2}，长 6^{2-1} 物性较好，且性质相近，含水较低，而长 6^{2-2} 和长 6^{3} 物性较差，含水较高，加之长 6 油藏从长 6^{1-1} 到长 6^{3} 中间跨度较大，达 140m 左右，笼统注水很容易引起吸水不均匀，造成水驱动用程度低，影响注水开发效果，因此对于有条件的注水井建议实施分层注水，长 6^{1-1}、长 6^{1-2}、长 6^{2-1} 储层作为一套注水系统，长 6^{2-2} 和长 6^{3} 作为一套注水系统。

4. 确定注采参数

甄家峁注水项目区实际井距远近不等，为了防止采油井过快水淹，必须确定合理注采比，逐步恢复油区地层压力，根据油层地层压力恢复情况分阶段确定注采比，总体原则是：注水前期，由于地层能量亏空严重，油井产液过低，应在地层吸水能力足够且油井不出现水淹的前提下尽可能以较大注水量注水，让地层压力以较快速度恢复。初期注采比类比同类油田的经验设定在 1.7~2.0 之间；注水中后期，地层压力保持水平较高，生产压差可以适当放大来提高产液量，此时注水主要目的是控制区域整体含水上升速度及防止油井水淹，故可以按照较低的注采比注水，一般在 0.8~1.1 之间。整个注水开发过程中，为了让区域平面上受效均衡，地层压力整体分布均匀，必须根据生产动态情况进行单井注水量调整，总体原则是对于长期注水不受效或受效不明显的井组可以适当加大注水强度，而对于有油井出现水淹或者整体含水较高的井组则严格控制注水强度。根据以上原则，甄家峁项目区合理注水强度在 2.4~6.53m^3/（d·m）之间，并根据动态变化情况实时调整，使地层压力保持在 100%~110% 之间。

由于注水项目区长 6 油藏物性较差，储层横向连通较差、吸水能力弱、压力传导慢等特点，在采取压裂工艺时，采用“大砂量、大砂比、大排量”原则，实施压裂改造，提高油层导流能力，加砂强度在 1.0~3.5m^3/m 之间。

5. 油水井综合治理

甄家峁注水项目区 2016—2018 年油水井综合治理共 99 口井，具体为油井转注 45 口，其中直接洗井转注 20 口、补孔转注 8 口、排液转注 17 口、分层注水 8 口、低产低效井改造 32 口、套损井修复 14 口。

（四）注水开发效果

1. 注采井数比与注水面积

截至 2018 年 6 月底，注水项目区采油井 337 口，开井 296 口，油井利用率 87.8%，注水井 130 口，开井 127 口，注水井利用率 97.7%，注采井数比由 2015 年的 1∶3.94 提高至 1∶2.33。注水面积由 2015 年的 20.1km^2 上升至 2018 年的 29.8km^2。

2. 产量与含水率

截至 2018 年 6 月底（图 6-97），日产液 676m^3，综合含水率 39%，日产油 345t，单井日均产油量由 2015 年的 0.76t 上升至 1.17t。日注水量 1862m^3，单井日均注水量 14.7m^3，累计产液 313.44×10^4m^3，累计产水 68.73×10^4m^3，累计产油 206.69×10^4t，累计采出程度 9.64%，年采油速度 0.58%，累计注水量 275.14×10^4m^3。

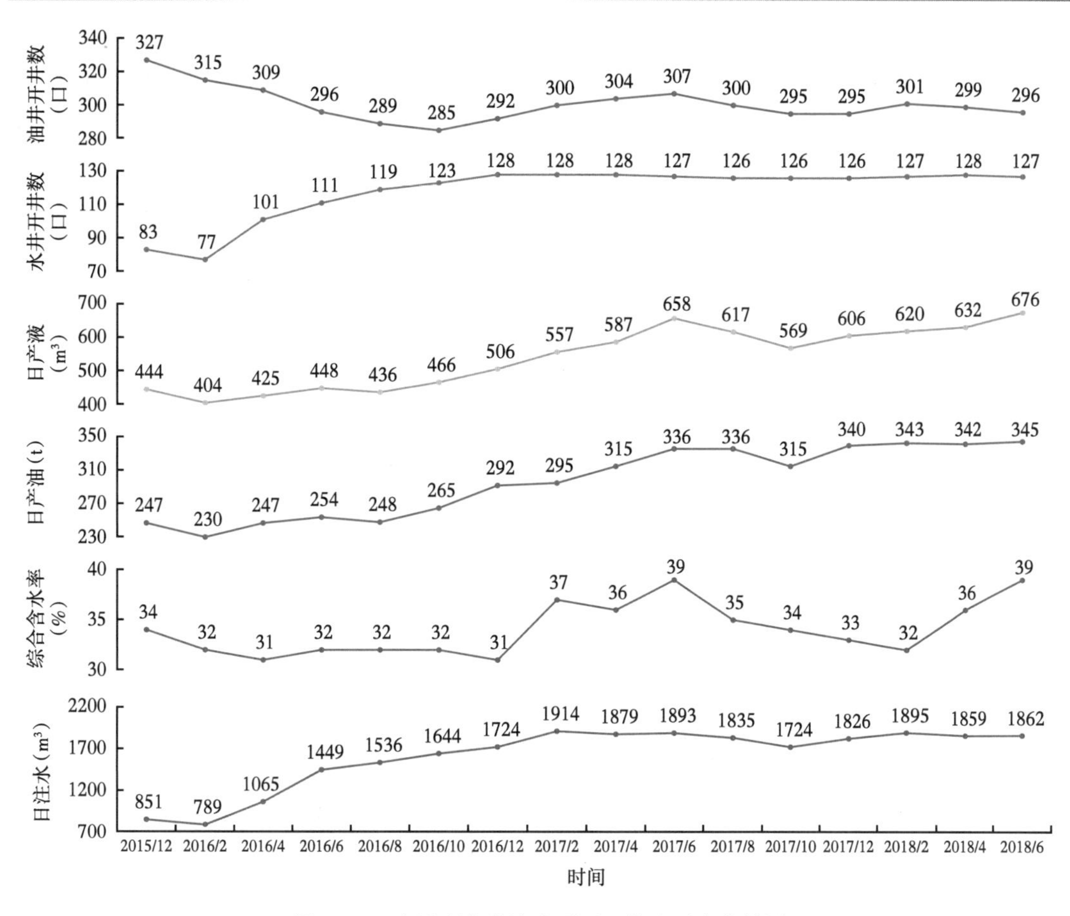

图 6-97 志丹甄家峁注水项目区综合开发曲线图

3. 地层能量恢复情况

甄家峁注水项目区长 6 油藏 2014 年地层压力测试为 6.53MPa，2017 年回升至 8.24MPa，达到原始地层的 68.6%，地层能量得到了一定程度补充（图 6-98）。

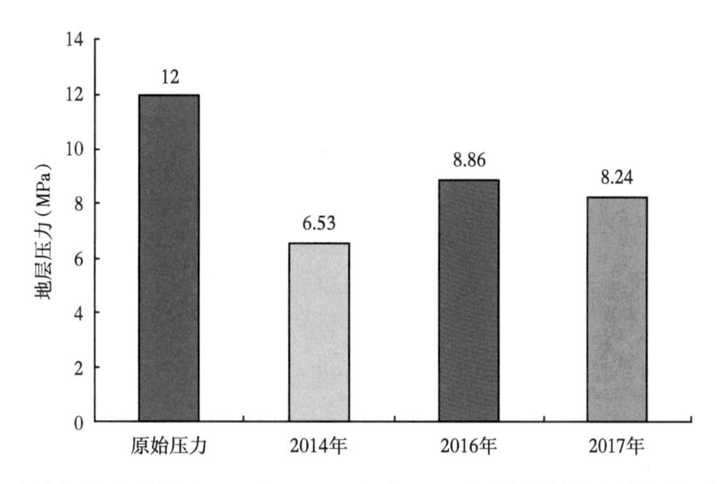

图 6-98 甄家峁注水项目区 2014 年、2016 年和 2017 年地层压力与原始压力对比直方图

4. 水驱控制程度

截至2018年6月底（图6-99），甄家峁注水项目区长 6^{1-1} 上段水驱控制程度44.86%，长 6^{1-1} 下段水驱控制程度90.66%，长 6^{1-2} 上段水驱控制程度73.61%，长 6^{1-2} 下段水驱控制程度为93.46%，长 6^{2-1} 上段水驱控制程度91.30%，长 6^{2-1} 下段水驱控制程度77.24%。整体上，主力产层的长 6^{1-1} 下段、长 6^{1-2} 上段和长 6^{2-1} 上段水驱控程度都达到了较高水平。

与2015年相比，甄家峁注水项目区各层水驱控制程度都有明显增加，长 6^{1-1} 上段增加19.02%，长 6^{1-1} 下段增加8.16%，长 6^{1-2} 上段增加10.71%，长 6^{1-2} 下段增加14.42%，长 6^{2-1} 上段增加13.55%，长 6^{2-1} 下段增加22.82%，长 6^{2-2} 增加13.1%。

经过2016年至2018年6月的调整，甄家峁注水项目区采油井受效方向以双向和三向为主，双向受益132口井，占总井数的45.1%，三向受益90口井，占总井数的30.7%；单向受益62口井，占21.2%。与2015年相比，甄家峁注水项目区单向受益井减少了84口、双向受益井增加了18口、三向受益井增加了67口、多向受益井增加了7口。变化最大的是三向受益井增加和单向受益井减少。

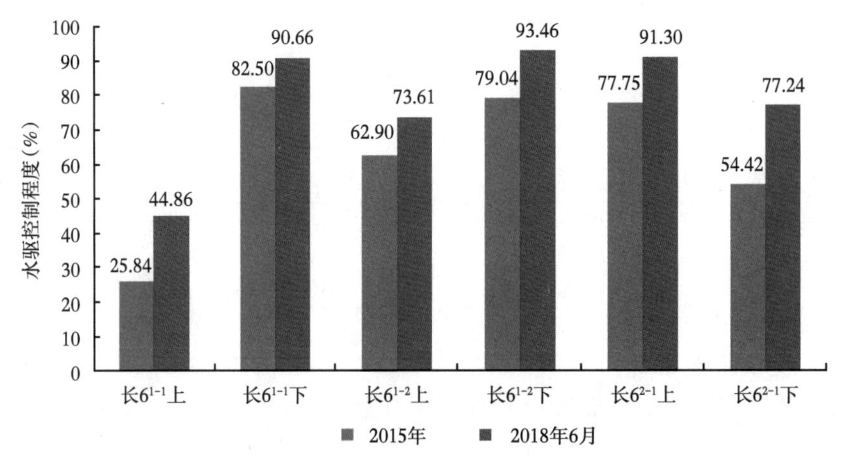

图6-99　2015年和2018年6月水驱控制程度对比图

5. 水驱动用程度

甄家峁注水项目区水驱动用程度2015年为31.40%、2016年为32.80%、2017年为36.20%，水驱动用程度相对较低。

2016—2017年吸水剖面测试结果显示，注水井吸水不均匀。项目区对64口注水井进行了吸水剖面测试，从测试结果看，单井吸水强度范围为0.25~3.14 $m^3/(d·m)$，平均吸水强度为1.0 $m^3/(d·m)$。统计测试的64口井，230个射孔段（表6-41），均匀吸水层段125个，占总段数的54 %；半均匀吸水层段37个，占总段数的16%；指状吸水层段10个，占总段数的4%；不吸水层段58个，占总段数的25%，共38口井中出现不吸水层段，占总井数的59.4%。从吸水剖面吸水情况看，纵向上吸水不均匀。吸水剖面吸水测试结果表明，纵向上吸水不均匀，长6储层层间、层内非均质性非常严重。从不吸水的层所占比例来看，油层实际的动用程度偏低。

表 6-41　甄家峁 64 口井吸水状态统计表

层位	测试射孔段数（个）	均匀吸水		半均匀吸水		指状吸水		不吸水	
		段数（个）	百分比（%）	段数（个）	百分比（%）	段数（个）	百分比（%）	段数（个）	百分比（%）
长 6^{1-1}	74	40	54.05	15	20.27	2	2.70	17	22.97
长 6^{1-2}	95	55	57.89	13	13.68	3	3.16	24	25.26
长 6^{2-1}	59	28	47.46	9	15.25	5	8.47	17	28.81
长 6^{2-2}	1	1	100.00						
长 6^{3}	1	1	100.00						
合计	230	125	54.35	37	16.09	10	4.35	58	25.22

6. 综合递减率与自然递减率

根据统计（图 6-100），甄家峁注水项目区在 2016 年方案实施以来，自然递减和综合递减都有明显改善，总体呈现负增长。综合递减率从 2015 年的 8.50% 降至 2018 年的 -4.18%；自然递减率从 2015 年的 9.19% 降至 2018 年的 -3.57%。注水开发实施效果良好。

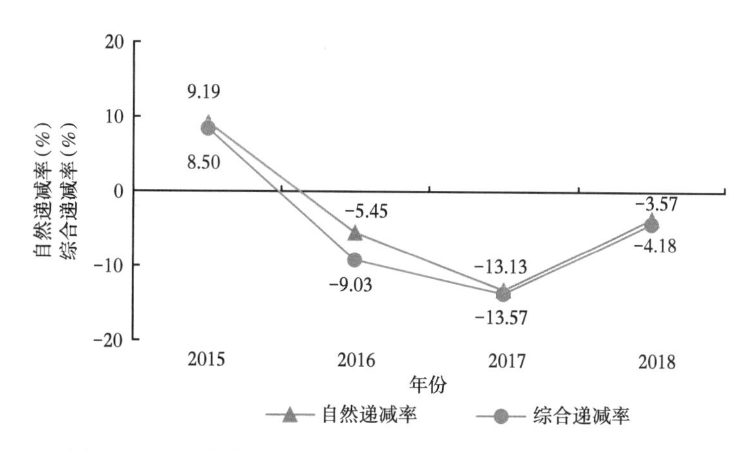

图 6-100　甄家峁项目区自然递减率和综合递减率折线对比图

甄家峁注水项目区长 6 油层组非均质性较强，注采对应差，层间矛盾较为突出。通过“多点温和，点弱面强”的注水开发原则，平面上不断完善注采井网，纵向上调层补孔，有效提高了水驱控制程度和注采对应率。在油井转注 45 口、开井减少 78 口的情况下，日产油水平仍然持续增长，自然递减率由 9.19% 降至 -3.57%。同时注水见效井由 2015 年的 76 口增加到 128 口，平均单井日产油由 0.76t 增至 1.17t，综合含水率由 34% 温和升高至 39%，基本保持稳定，注水开发取得了明显效果。

7. 措施效果综合评价

（1）停躺井恢复。

在地层压力恢复和井网完善、注采对应基础上，对停躺井采取技改措施，进行生产恢复，截至 2018 年 6 月共恢复停躺井 7 口，效果都很明显，S479-5 井和 S505-3 井和

S436-1 井通过治理后，产量由原来的 0.08t，0.59t 和 0.29t 分别上升到 3.49t，1.91t 和 1.99t，其余各不上液的井产量也有所恢复（表 6-42）。

表 6-42　甄家峁项目区停躺井恢复效果统计表

序号	井号	停井前产量				恢复层位	恢复后产量		
		产液量（m^3）	含水率（%）	产油量（t）	备注		产液量（m^3）	含水率（%）	产油量（t）
1	S479-5	2.00	95	0.08	水淹暂停	长 6^{1-1}、长 6^{1-2}	4.67	10	3.49
2	S672	1.00	50	0.42	间歇抽油（2 天抽一次）	长 6^{1-2}、长 6^{2-1}	9.80	98	0.16
3	S505-3	0.84	15	0.59	高含水	长 6^{1-1}	11.5	80	1.91
4	S666-1	1.00	90	0.08	无液面暂停（间抽井）	长 6^{1-1}、长 6^{1-2}、长 6^{2-1}	3.53	61	1.14
5	S436-1	0.51	31	0.29	高含水	长 6^{1-}、长 6^{1-2}、长 6^{2-1}	4.00	40	1.99
6	S421-3	0	0	0	不上液	长 6^{1-2}、长 6^{2-1}	0.20	10	0.15
7	S409	0	0	0	水泥挤封延安组	长 6^{1-1}	1.00	68	0.27

S479-5 于 2004 年 10 月 19 日投产长 6^{1-2}，初产液：5.82 m^3，含水：50%，初产油：2.47t，由于地层能量亏空，2014 年 4 月该井液量：0.5 m^3，含水：50%，产油：0.25t，安排补孔压裂长 6^{1-1}，并复压原层后与长 6^{1-1} 合采，其液量：3m^3，含水：90%，产油：0.25t，生产 2 个月后水淹关井。2016 年 11 月中旬安排该井恢复开抽，2018 年 6 月该井液量：9.67m^3，含水：76%，产油：1.93t，效果明显（图 6-101）。

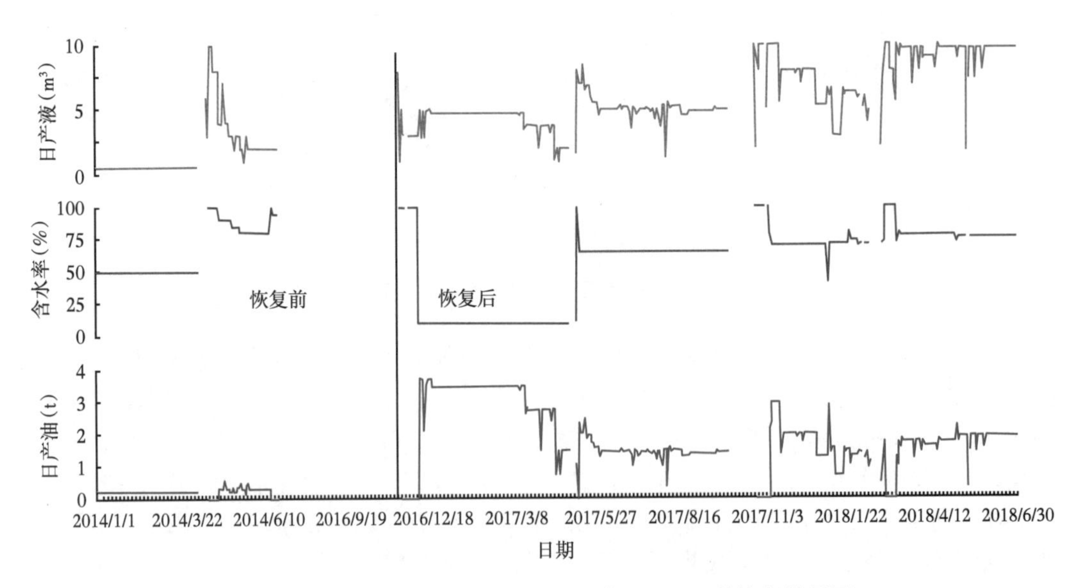

图 6-101　甄家峁注水项目区长 6 油藏双 479-5 井恢复效果图

（2）低产低效井改造。

在甄家峁项目区整体注水和注采层位对应后，对低产低效井进行改造，根据对低产低效井的技改前、后的统计（表 6-43 和图 6-102），技改前日产液 3.7m^3，日产水 2.75m^3，日产油

0.79t；技改后日产液 64.8m³，日产水 32.3m³，日产油 26.99t，日增油 26.2t，技改效果明显。

表 6–43 甄家峁项目区低产低效井改造效果统计表

序号	井号	措施前产量				措施后产量			
		原层位	日产液（m³）	含水率（%）	日产油（t）	措施后层位	日产液（m³）	含水率（%）	日产油（t）
1	S526–1	长 6^{1-1} 长 6^{1-2}	0.3	60	0.1	长 6^{1-1}	8.0	10	5.98
2	S526–5	长 6^{1-1} 长 6^{1-2}	0.2	91	0.01	长 6^{1-1} 长 6^{1-2}	11.0	84	1.46
3	S559–1	长 6^{1-1}	1.2	97	0.03	长 6^{1-2}、长 6^{2-1}	8.0	53	3.12
4	S674–1					长 6^{1-2}、长 6^{2-1}	7.0	50	2.91
5	S674–3					长 6^{1-1}、长 6^{1-2}、长 6^{2-1}	8.0	40	3.98
6	S669–2					长 6^{1-1}、长 6^{1-2}	7.0	48	3.02
7	S493–5	长 6^{2-2}	0.5	29	0.29	长 6^{1-1}	10.7	54	4.09
8	S559–3	长 6^{1-1}	1.0	97	0.02	长 6^{1-1} 长 6^{2-2} 长 6^{3}	3.5	55	1.31
合计			3.7	74	0.79	长 6	64.8	50	26.99

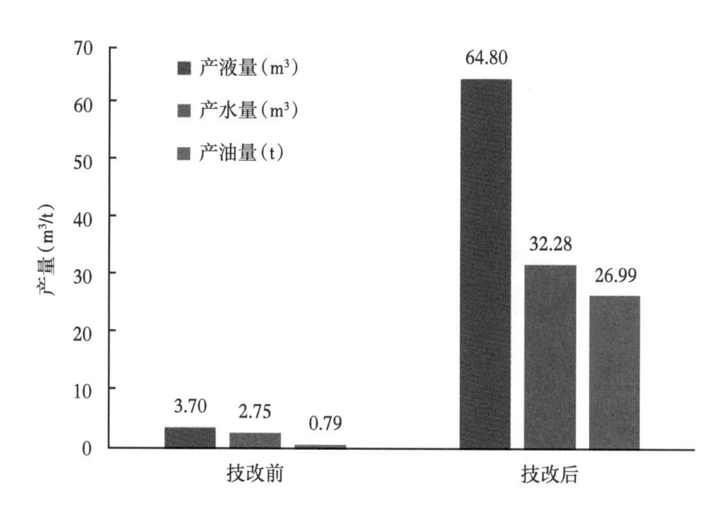

图 6–102 甄家峁注水项目区技改井技改前、后效果图

五、吴仓堡注水项目区延安组、延长组多层系油藏开发

吴仓堡注水项目区位于吴起县西北端、吴仓堡镇朱寨子辖区，属内陆干旱型气候，最低气温 -20℃，最高气温 30℃，年平均气温为 7~12℃。常年少雨雪，年平均降水量为 400~600mm，多集中在秋季，且以地表径流的方式排泄。地下水资源较为丰富，主要含水层位有白垩系的环河组、洛河组。其中，当地饮用水主要为环河组，单位产水量一般小于

5m³/（d·m），矿化度在 2g/L 左右；工业用水为洛河组，单位产水量 10m³/（d·m），矿化度为 3g/L 左右，水质较差。主要目的层为侏罗系延安组延 10 油层及三叠系延长组长 2、长 9 油层。2008 年，吴仓堡注水项目区投入开发，主要油层为延 10、长 9。2011 年底开始对长 9 油藏实施注水开发。2012 年新发现了长 2 油层，初产高达 35t/d，同年，对长 2 油藏实施注水开发。

根据产量变化情况，吴仓堡项目区可以分为勘探开发、上产、稳产 3 个阶段（图 6-103）。

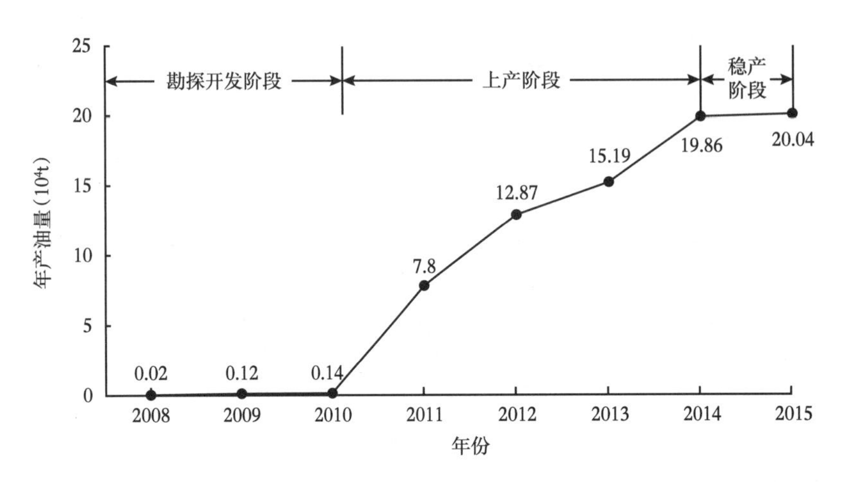

图 6-103　吴仓堡项目区开发阶段划分图

（1）勘探开发阶段。

吴仓堡注水项目区 2008—2010 年为勘探开发阶段，年产油只有 0.14×10^4t，2010 年末油井开井数 40 口左右，累计产油 0.28×10^4t，综合含水率 24%，采出程度 0.1%，采油速度 0.01%。

（2）上产阶段。

2011 年至 2014 年为上产阶段，期间产量呈阶梯状上升，年产油由 2010 年的 0.14×10^4t 上升到了 19.86×10^4t，此阶段油井最高开井数为 200 口以上，2014 年末累计产油 56×10^4t，综合含水率 38%，采出程度 2%，采油速度为 0.6%。

（3）稳产阶段。

2014 年之后为稳产阶段，期间年产量基本保持稳定。

截至 2015 年底，吴仓堡注水项目区油井开井 205 口，注水井开井 60 口，日产液 652.4m³，日产油 493.2t，日注水 384.4m³，综合含水率 39.1%。

其主要层系延 10、长 2、长 9 的各自开发历程为：

（1）延 10 油层。

2008 年，延 10 油层投产的 2 口新井由于效果不好于 2009 年关停。2010—2015 年，依靠每年投产新井延 10 产量逐年递增，老井产量从投产第二年开始出现递减。2014 年延 10 单井日产油 5.8t，2015 年单井日产油 4.7t，单井产量下降达 18.9%。截至 2015 年底，吴仓堡注水项目区内延 10 油井共 88 口，开井 82 口，日产液 546.6m³，日产油 279.3t，平均单井日产液 7.39m³，单井日产油 4.7t，综合含水率 39.6%，未进行注水开发。

（2）长 2 油层。

2011—2014 年，吴仓堡注水项目区长 2 油层依靠每年投产新井保证产量每年递增，新井投产 2 年后产量出现较大递减。2012 年开始针对长 2 油层进行注水开发，但井网极不完善，注采井数比极低，地层能量得不到补充，长 2 总产量出现递减趋势。截至 2015 年，项目区内长 2 油井共 67 口，开井 44 口，日产液 292.8m^3，日产油 153.6t，平均单井日产液 6.37m^3，单井日产油 3.34t，综合含水率 38.3%；注水井 14 口，日注水量 86.4m^3，平均单井日注水量 6.17m^3。

（3）长 9 油层。

2009—2015 年，吴仓堡注水项目区长 9 产量主要依靠新井投入，油井投产 2 年后产量均出现较大递减。2011 年开始针对长 9 油层进行注水开发，但注采井网极不完善，注采井数比极低，地层能量得不到补充，长 9 总产量出现递减趋势。2015 年项目区内长 9 油井共 109 口，开井 79 口，日产液 113m^3，日产油 60.3t，平均单井日产液 1.43m^3，单井日产油 0.76t，综合含水率 37.22%；注水井 63 口，开井 46 口，日注水量 298m^3，平均单井日注水量 6.47m^3。

吴起项目区纵向含油层系较多，存在初期投产综合含水率高，含水率上升较快，平均单井产量低，产量下降较快，低产低效井逐年增多等问题。含水率上升和能量下降是影响产量递减的主要因素。

（一）储层特征和油藏特征

1. 项目区地质概况

研究区位于陕北斜坡中西部，占盆地总面积的二分之一的陕北斜坡总体呈向西倾平缓单斜，平均坡降为 10m/km，倾角不到 1°。其上发育一系列幅度较小的鼻状隆起，很少见幅度较大、圈闭较好的背斜构造发育。

在三叠纪湖盆形成演化阶段，在东北部发育的曲流河三角洲沉积体系的控制下，长 10 沉积时期为三角洲前缘及浅湖沉积，长 9—长 8 沉积时期湖盆进一步发展，湖岸线向外扩张，但仍以三角洲前缘沉积为主，长 7 沉积时期为湖盆最大扩张期，湖盆范围扩大、水体加深，区内发育浅—半深湖沉积，沉积了一套厚 50~100m 的灰黑色、黑色泥岩和油页岩，其电性为高电阻、高伽马以及自然电位负异常，是盆地中生界主要烃源岩沉积期，长 6—长 4+5 沉积时期，湖盆进入萎缩阶段，三角洲前缘广泛发育，也是区内储层形成的主要时期，岩性由浅灰绿色细砂岩、粉细砂岩与灰黑色、深灰色泥岩、页岩互层组成，长 3 沉积时期发育一期小规模的湖进，以泥质沉积为主，砂岩不发育；长 2 沉积时期湖盆范围开始缩小，研究区仍处于湖盆的水下部位，水下分流河道发育，构成又一主力油层；长 1 沉积时期为湖盆逐渐消亡时期，沉积了一套三角洲平原粉砂质泥岩为主，局部夹煤线的地层，构成长 2 储层的区域性盖层。延长世末期由于受印支末期构造运动影响，盆地整体抬升，遭受剥蚀，结束了三叠系湖盆沉积。

早、中侏罗世，河流、三角洲、湖泊沉积发育，晚侏罗世本区又抬升遭受剥蚀，缺失上侏罗系。

2. 储层特征

（1）岩性特征。

根据吴仓堡注水项目区薄片资料统计，延 10、长 2 和长 9 砂岩储层中的石英含量为

17.9%~34.4%，平均25.1%；长石+岩屑含量为51.8%~64.0%，平均58.3%，填隙物（胶结物）含量为14.0%~32.8%，平均24.7%。表明该项目区砂岩成分成熟度差，岩石类型为岩屑长石砂岩（图6-104）。碎屑颗粒大小为0.23~0.34mm，磨圆度次棱—次圆，分选中—好，风化程度中—深，胶结类型多为孔隙胶结，次为压嵌、薄膜胶结，颗粒之间多为凹凸—线状接触。表明砂岩储层具有低结构成熟度特征。

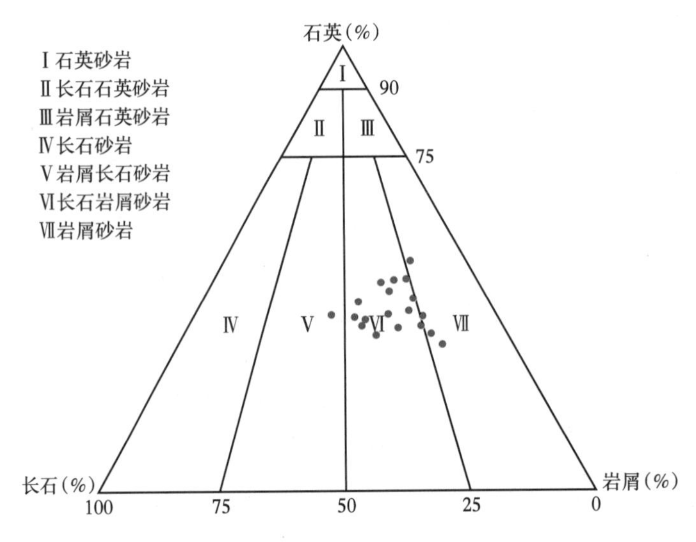

图6-104　吴仓堡注水项目区砂岩分类三角图

岩屑成分主要为喷发岩、隐晶岩、片岩、千枚岩，还有少量石英岩屑、沉积岩屑，岩屑含量为12.0%~30.5%，平均为19.0%，岩屑呈块状分布。普遍见有云母，其含量为1.0%~11.1%，平均为4.8%，云母分布相对比较集中，常与细砂形成相间条带。

填隙物含量平均为24.7%。杂基成分为绿泥石、伊利石、泥铁质等，其平均含量为6.9%；胶结物成分主要为方解石、白云石及石英质、长石质，常见菱铁矿、黄铁矿、沥青质，胶结物含量为17.8%。沥青质常充填微裂缝，并大量浸染片状矿物（如伊利石、绿泥石、云母等）、隐晶岩等岩屑。方解石与菱铁矿大量交代陆源矿物，形成基底胶结假象。

吴仓堡注水项目区主要成岩作用为压实压溶作用、溶蚀作用以及胶结作用。压实压溶作用对物性影响最大，保留有一定的残余粒间孔，是主要的孔隙类型。主要胶结作用为绿泥石胶结、伊利石胶结以及碳酸盐胶结。主要溶蚀类型为长石、岩屑溶蚀，溶蚀作用形成的粒间以及粒内溶蚀孔是改善储层物性的重要作用。

（2）物性特征。

①孔渗分布特征。

吴仓堡注水项目区孔隙度、渗透率分布特征见表6-44。

表6-44　吴仓堡注水项目区各含油层系孔渗分布表

层位	孔隙度（%）			渗透率（$10^{-3}\mu m^2$）		
	最小值	最大值	平均值	最小值	最大值	平均值
延10^{1-1}	1.6	38.2	8.7	1.60	37.20	6.76
延10^{1-2}	7.4	14.0	9.9	1.60	37.20	6.76

续表

层位	孔隙度（%）			渗透率（$10^{-3}\mu m^2$）		
	最小值	最大值	平均值	最小值	最大值	平均值
长 2^{1-2}	7.1	12.4	9.8	1.41	29.15	7.53
长 2^{1-3-1}	6.7	12.0	10.0	2.90	13.60	7.07
长 2^{1-3-2}	7.1	12.8	10.1	2.26	19.94	7.18

②孔隙类型。

吴仓堡注水项目区延 10、长 2 和长 9 油层组砂岩储层孔隙类型主要为粒间孔，占 4.1%；其次为粒内孔、铸模孔、长石溶孔，三者占 3.3%；另有少量裂隙孔，占 0.8%。储层中存在少量微裂隙，但取心观察及邻区成像测井资料显示构造裂缝不发育。各类孔隙所占的总面孔率平均值为 6.4%，长 2、长 9 油层组的面孔率最高，为 8.0%~8.2%；延 10 油层组的面孔率较高为 7.5%（表 6-45）。

表 6-45 吴仓堡项目区孔隙类型统计表

层位	样品数（个）	井数（口）	孔隙类型（%）						面孔率（%）
			粒间孔	粒内孔	铸模孔	长石溶孔	裂隙孔	合计	
延 10	20	3	3.7	1.4	1.2	1.9	0	9.2	7.5
长 2	5	2	5.8	1.0	1.0	1.0	0	8.8	8.2
长 9	17	3	5.3	1.0	1.0	1.3	0	8.7	8.0

（3）孔隙结构特征。

表 6-43 是吴 34 井长 9 油层组 2117.76~2118.59m、2119.41~2120.77m 两个井段岩心压汞分析资料的孔隙结构特征参数。排驱压力平均值为 2.521MPa，中值压力平均值为 21.911MPa，中值孔喉半径平均值为 0.035μm，分选系数 0.055，退汞效率 27.19%，储层排驱压力平均为0.92MPa，中值压力为7.2MPa，中值半径平均仅为0.12μm，分选系数1.9，退汞效率 28.3%（表 6-46 和图 6-105），整体属于特低孔隙度、特低渗透储层。

表 6-46 吴 34 井压汞资料统计表

检测日期	2009-8-28	2009-8-27	合计平均
岩性	砂岩	砂岩	
岩心号	W34 井 /8/4/11-4	W34 井 /10/4/22-5	
井段（m）	2117.76~2118.59	2119.41~2120.77	2117.76~2120.77
层位	长 9	长 9	长 9
常数	1.303	1.076	1.190
中值压力（MPa）	19.7626	24.0589	21.9108
排驱压力（MPa）	2.2722	2.7695	2.5209

续表

检测日期	2009-8-28	2009-8-27	合计平均
岩性	砂岩	砂岩	
岩心号	W34井/8/4/11-4	W34井/10/4/22-5	
进汞迂曲度	1.5430	1.5413	1.5422
退汞迂曲度	1.3471	3.9304	2.6388
相对分选系数	1.0803	1.0947	1.0875
微观均质系数	0.1633	0.1720	0.1675
特征结构系数	0.4758	0.4360	0.4559
几何因子	0.0960	0.0688	0.0824
最大孔喉半径（μm）	0.3301	0.2708	0.3005
平均孔喉半径（μm）	0.1025	0.0915	0.0970
中值孔喉半径（μm）	0.0380	0.0312	0.0346
结构优度	0.9257	0.9135	0.9196
分选系数	0.0582	0.0510	0.0546
结构系数	1.9455	2.0952	2.0204
歪度	2.1482	2.1419	2.1451
均值孔喉半径（μm）	0.0539	0.0466	0.0503
退汞效率（%）	22.940	31.430	27.185
孔隙度（%）	3.41	5.01	4.21
渗透率（$10^{-3}μm^2$）	0.023	0.025	0.024

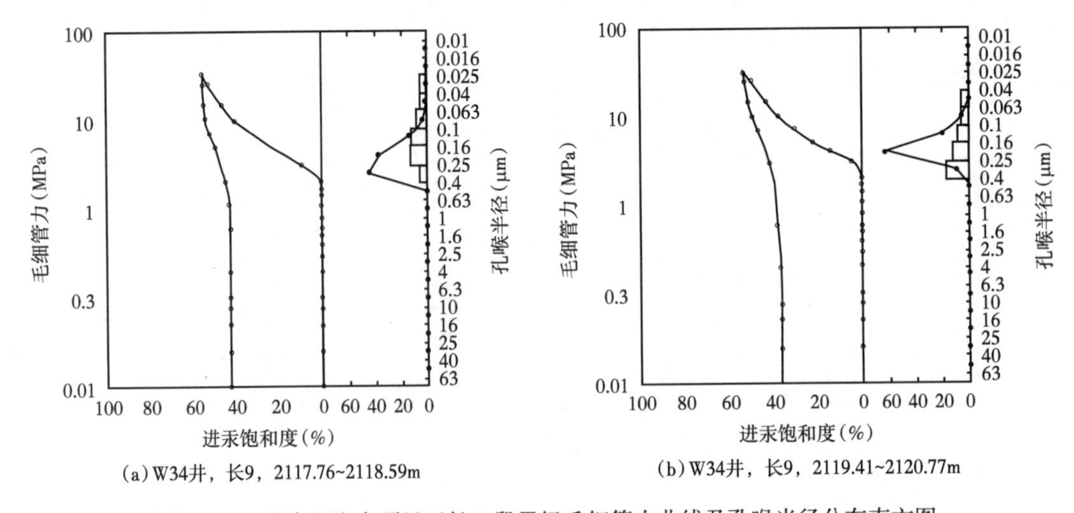

图6-105　吴仓堡注水项目区长9段Ⅲ级毛细管力曲线及孔喉半径分布直方图

（4）储层非均质性。

①吴仓堡注水项目区平面非均质性。

a. 长 2 油层渗透率平面非均质性。

吴仓堡注水项目区内，长 2^{1-2} 砂体渗透率分布不均衡，高低值间隔分布，项目区南北渗透率平面差异较大，南部渗透率一般为 6×10^{-3}~$7\times10^{-3}\mu m^2$；长 2^{1-2} 砂体孔隙度平面分布不均匀，南部孔隙度值较高，一般为 8%~11%。

长 2^{1-3-1} 砂体渗透率平面差异较大，高低值互相间隔分布，项目区中部、南部各一个条带状连片区域渗透率值相对较高，大于 $6\times10^{-3}\mu m^2$，其余地区砂体渗透率在 $5\times10^{-3}\mu m^2$ 左右，高值零星分布，局部达 $10\times10^{-3}\mu m^2$；长 2^{1-3-1} 砂体孔隙度平面分布较为均匀，一般为 9%~10%，局部小范围孔隙度值大于 10%。

长 2^{1-3-2} 砂体渗透率平面分布不均匀，项目区中部渗透率值较低，一般在 $5\times10^{-3}\mu m^2$ 左右，东西两侧及南部区域渗透率值相对较高，大于 $6\times10^{-3}\mu m^2$，项目区东部和南部连续分布，高值零星点式分布；长 2^{1-3-2} 砂体孔隙度平面分布差异较大，呈现出中间低、两边高的特征，中部区孔隙度值一般在 8% 左右，高值区一般大于 10%。

总之，吴仓堡注水项目区长 2 油藏平面渗透率非均质性相对较强，孔隙度平面非均质性较弱。

b. 延 10 油层渗透率平面非均质性。

吴仓堡注水项目区内，延 10^{1-2}、延 10^{1-1} 砂体渗透率平面分布均不均衡，呈零星不连续分布，变化较大，大多为 $9\times10^{-3}\mu m^2$ 左右，最大达 $14\times10^{-3}\mu m^2$；延 10^{1-2}、延 10^{1-1} 砂体孔隙度平面分布比较均匀一般大于 10%（图 6-106 和图 6-107）。

总之，延 10 油藏渗透率平面非均质性较为严重，孔隙度平面非均质性较弱。

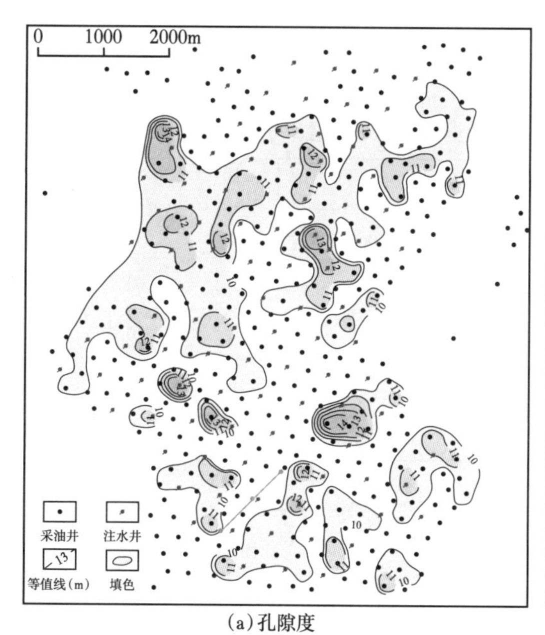

（a）孔隙度

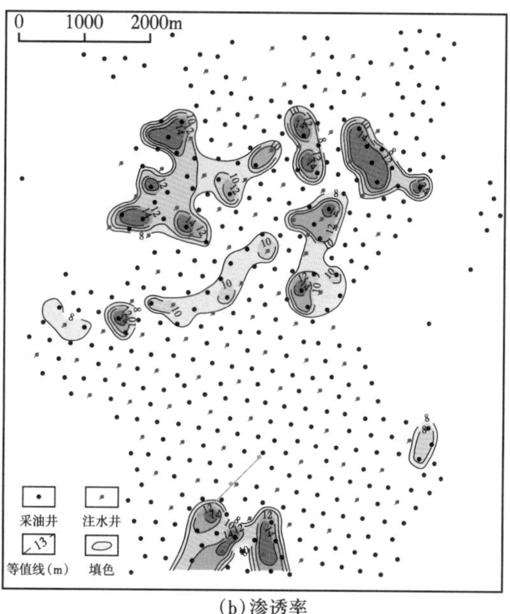

（b）渗透率

图 6-106　吴仓堡注水项目区延 10^{1-1} 物性参数平面分布图

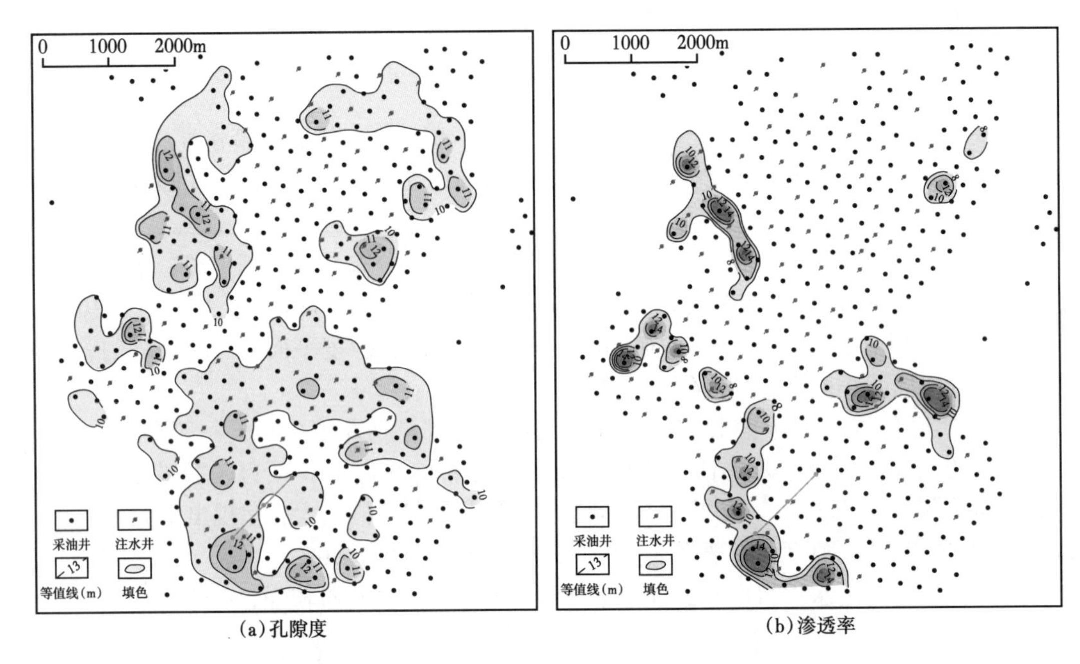

图 6-107 吴仓堡注水项目区延 10^{1-2} 物性参数平面分布图

②吴仓堡注水项目区层间非均质性。

a. 分层系数与砂岩密度。

从吴仓堡注水项目区主力产层分层系数统计表及砂地比直方图可以看出（表 6-47，图 6-108 和图 6-109），该项目区长 2^{1-2} 分层系数 1.05，低于长 2^{1-3} 的分层系数，长 2^{1-2} 的砂地比大于 0.5 的部分占 26%，反映长 2^{1-2} 层间均质性好。延 10^{1-2} 分层系数为 1.3，低于延 10^{1-1}，延 10^{1-2} 砂地比大于 0.5 的部分占 36%，反映延 10^{1-2} 层间均质性最好。

表 6-47 吴仓堡注水项目区 98 口井长 2 分层系数（钻遇率）统计表

层位	单砂体数（个）		分层系数
	范围	主要区间	
延 10^{1-1}	0~3	2	1.60
延 10^{1-2}	0~2	2	1.30
长 2^{1-2}	0~2	1	1.05
长 2^{1-3-1}	0~3	2	1.53
长 2^{1-3-2}	0~3	2	1.31

b. 层间渗透率非均质性。

吴仓堡注水项目区渗透率非均质参数统计可知（表 6-48），长 2^{1-3-1}、长 2^{1-3-2} 储层渗透率非均质性强；延 10^{1-1}、延 10^{1-2} 储层渗透率变异系数反映为中等非均质型，突进系数反映为强非均质型，级差相对较低，均质系数一般，故延 10^{1-1}、延 10^{1-2} 储层渗透率具强非均质性。

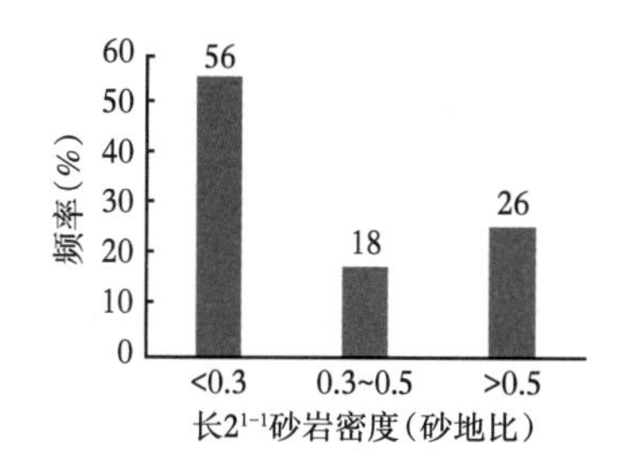

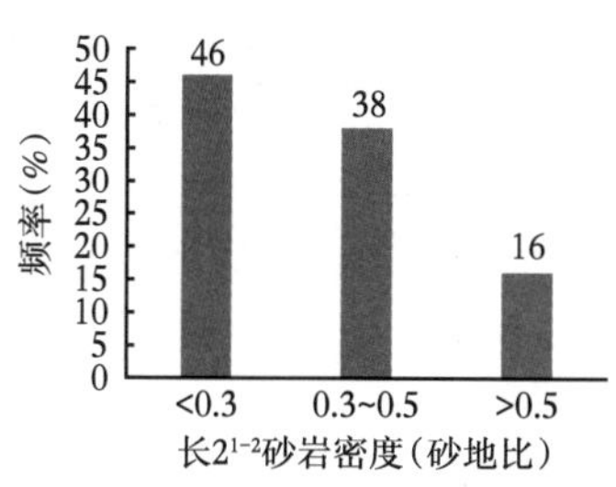

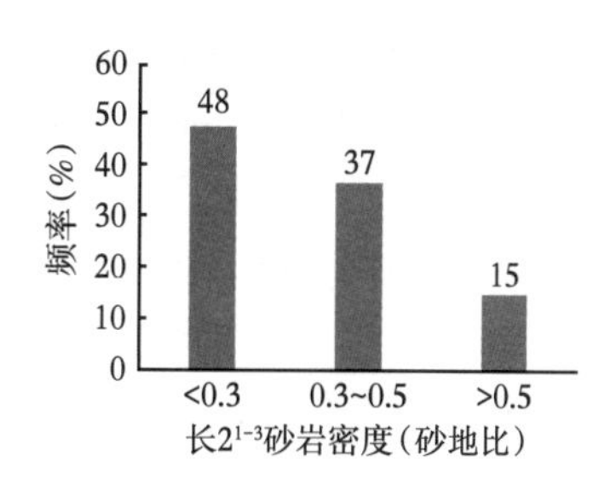

图 6-108　吴仓堡注水项目区长 2 砂岩密度（砂地比）频率分布直方图

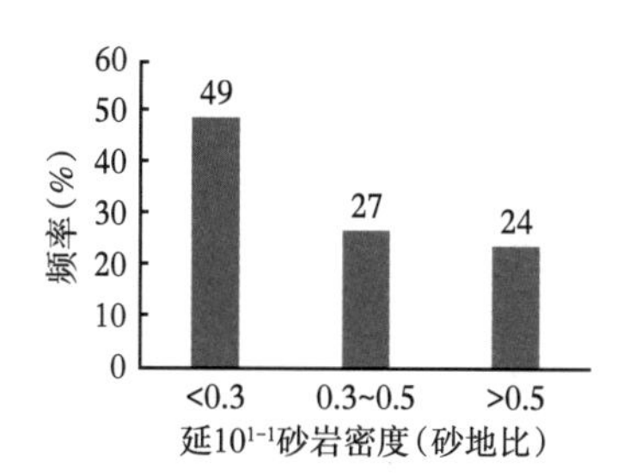

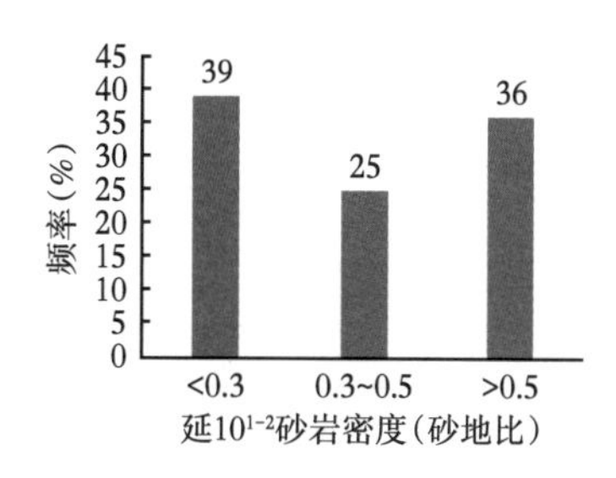

图 6-109　吴仓堡注水项目区延 10 砂岩密度（砂地比）频率分布直方图

表 6-48　吴仓堡注水项目区储层层间渗透率非均质性参数统计表

层位	变异系数	突进系数	级差	均质系数
延 10^{1-1}	0.59	4.30	24.30	0.23
延 10^{1-2}	0.50	5.46	21.88	0.18
长 2^{1-3-1}	1.37	5.71	55.07	0.17
长 2^{1-3-2}	1.02	7.09	74.20	0.14

c. 层间隔层分布特征。

隔层岩性主要为泥岩、粉砂质泥岩、泥质粉砂岩和砂泥岩薄互层，一般把厚度大于 2m 的泥质岩定为砂岩储层间的隔层。

对注水项目区长 2^{1-3}、延 10 的隔层层数、隔层厚度进行数据统计可知（表 6-49），长 2^{1-3} 单井平均隔层层数为 1.3，单隔层平均厚度 4.4m；延 10 单井平均隔层层数为 2.2，单隔层平均厚度 5.3m。隔层横向变化较大，分布随砂岩发育程度和发育部位不同而变化。

表 6-49　吴仓堡注水项目区隔层统计表

层位	平均地层厚度（m）	单井平均隔层层数（层）	单井平均隔层厚度（m）	单隔层平均厚度（m）
延 10^{1}	38.0	2.2	11.6	5.3
长 2^{1-3}	23.5	1.3	5.7	4.4

③吴仓堡注水项目区层内非均质性。

a. 层内渗透率非均质性。

对吴仓堡注水项目区长 2、延 10 渗透率非均质性参数进行统计可知（表 6-50），长

2^{1-2}变异系数最高1.80，极差最高34.48，突进系数最高13.18；长2^{1-3-1}变异系数最高0.84，极差最高10.63，突进系数最高4.34；长2^{1-3-2}变异系数最高0.81，极差最高29.70，突进系数最高6.67，表明吴仓堡长2储层层内非均质性弱，长2^{1-3-1}层内均质性最好。延10^{1-1}变异系数最高0.66，极差最高18.51，突进系数最高4.31；延10^{1-2}变异系数最高0.80，极差最高24.54，突进系数最高4.23；表明吴仓堡地区延10^{1-2}储层层内非均质性弱，延10^{1-1}层内均质性最好。

表6-50　长2、延10层内渗透率非均质性统计表

层位	井号	最大渗透率（$10^{-3}\mu m^2$）	最小渗透率（$10^{-3}\mu m^2$）	平均渗透率（$10^{-3}\mu m^2$）	变异系数	突进系数	级差
延10^{1-1}	49-1229	15.01	2.82	6.52	0.36	2.30	5.32
	49-684	11.71	1.25	6.94	0.36	1.69	9.34
	49-679	17.40	3.10	7.59	0.35	2.29	5.62
	49-682	16.54	1.15	4.38	0.66	3.77	14.40
	49-678	14.42	0.78	5.71	0.49	2.53	18.44
	49-1164	23.86	1.29	5.53	0.66	4.31	18.51
延10^{1-2}	49-1229	22.55	1.17	7.84	0.42	2.88	19.26
	49-684	12.98	0.53	4.56	0.50	2.85	24.54
	49-679	14.70	1.35	4.35	0.80	3.38	10.87
	49-682	21.24	0.90	5.02	0.65	4.23	23.49
	49-678	6.28	0.62	2.63	0.60	2.39	10.17
	49-1164	7.69	1.32	3.58	0.38	2.15	5.82
长2^{1-2}	49-422	12.89	8.18	9.66	0.12	1.33	1.58
	49-428	8.76	0.36	3.35	0.79	2.61	24.47
	49-426	15.69	0.46	3.32	0.89	4.73	34.48
	49-626	8.14	0.83	4.92	0.42	1.65	9.78
	49-424	8.59	2.03	4.45	0.36	1.93	4.22
	49-427	73.86	2.56	5.60	1.83	13.18	28.84
长2^{1-3-1}	49-984	12.81	2.43	6.59	0.52	1.94	5.28
	49-986	14.04	1.64	4.91	0.79	2.86	8.55
	49-478	27.09	2.55	6.25	0.81	4.34	10.63
	49-942	15.28	2.42	6.55	0.73	2.33	2.31
	49-1021	14.80	2.82	6.80	0.53	2.18	5.24
	49-983	24.60	2.93	6.93	0.84	3.55	8.40
长2^{1-3-2}	49-1026	21.13	1.06	10.63	0.42	1.99	19.84
	49-1022	14.39	0.73	6.60	0.57	2.18	19.71
	49-1034	13.71	0.59	7.73	0.45	1.77	23.39
	49-1028	96.56	3.25	14.46	0.81	6.68	29.70
	49-985	20.01	2.01	6.83	0.55	2.93	9.96
	49-1033	21.48	4.11	9.56	0.60	2.25	5.23

b. 层内夹层特征。

吴仓堡注水项目区延10和长2砂层中泥质夹层较多，夹层频率、密度及厚度变化见表6-51。

表 6-51 吴仓堡注水项目区各油层组夹层统计表

层位		单井平均砂岩厚度（m）	单井平均夹层层数（层）	单井平均夹层厚度（m）	单夹层平均厚度（m）	夹层频率（层/m）	夹层密度
延 10	延 10^{1-1}	9.9	0.6	1.5	0.9	0.06	0.15
	延 10^{1-2}	16.0	0.9	2.3	0.8	0.06	0.14
长 2	长 2^{1-3-1}	11.3	1.1	1.6	0.8	0.08	0.08
	长 2^{1-3-2}	9.7	0.8	1.1	0.7	0.05	0.04

（5）储层渗流特征。

吴仓堡注水项目区三块延 10 岩样分析得出，气测渗透率 7.039×10^{-3}~$86.539\times10^{-3}\mu m^2$，孔隙度 9.40%~13.11%，束缚水饱和度均为 30% 左右，残余油饱和度 20%~30%，等渗点含水饱和度均为 60% 左右，水的相对渗透率分别为 0.08、0.15 和 0.3，整体上随含水饱和度增大，油相渗透率下降很快，而水相对渗透率上升较快，表现出中等亲水特征（图 6-110）。

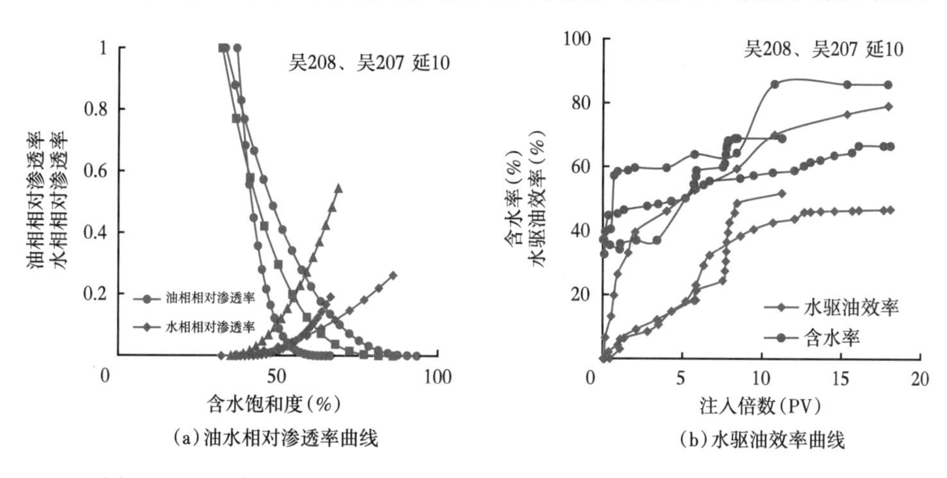

图 6-110 吴仓堡注水项目区延 10 油水相对渗透率曲线及水驱油效率曲线

吴仓堡注水项目区长 2 岩样分析得出，气测渗透率 $8.4\times10^{-3}\mu m^2$ 左右，孔隙度 9.4% 左右，束缚水饱和度均为55%左右，残余油饱和度为8%，等渗点含水饱和度均为75%左右，水的相对渗透率均为 0.05，整体上随含水饱和度的增大，油的相对渗透率下降很快，而水的相对渗透率上升较慢，表现出弱亲水特征（图 6-111）。

吴仓堡注水项目区延 10 三块岩样相对渗透率曲线共渗区差距较大，其中两块共渗区较小，由水驱油效率曲线（图 6-110）也可得出驱油效率不同，驱油效率最高可达 80%，另外 2 块岩样驱油效率小于 60%。长 2 相对渗透率曲线共渗区较大，根据水驱油效率曲线（图 6-111）分析可知驱油效率较高接近 80% 左右。

（6）储层敏感性与润湿性。

吴仓堡注水项目区延 10 储层敏感性为弱水敏、弱速敏、中等偏强酸敏、中等偏弱碱敏；长 2 储层无速敏、弱水敏、弱酸敏、弱碱敏；长 9 储层敏感性为弱盐敏、弱水敏、中等偏强酸敏、中等偏弱碱敏、无到弱速敏，有较强的应力敏感性。

长 9 储层润湿性表现为弱亲水。

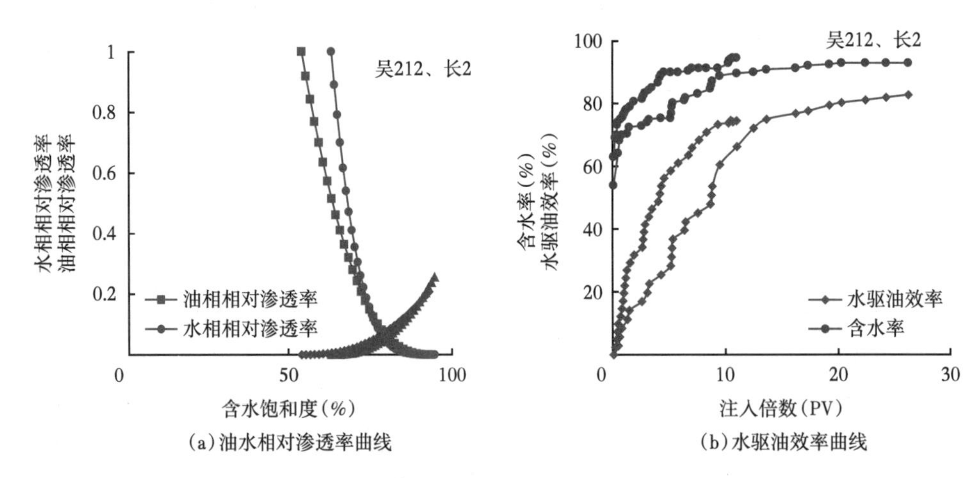

图 6-111　吴仓堡注水项目区长 2 油水相对渗透率曲线及水驱油效率曲线图

3. 油藏特征

（1）延 10 油藏特征。

吴仓堡项目区延 10 主要为辫状河沉积，砂体相互叠置、摆动，形成了多期河道叠加，为油气储集提供了有效储集空间。泛滥平原沉积的灰色泥岩为油气成藏提供了良好盖层。吴仓堡油田侏罗系延 10 油藏的形成与古残丘背景下的差异压实构造有关。油藏油水分异相对较好，并具有纯油顶与油水过渡带。纵向上油水过渡带相对较薄，具有统一油水界面，下倾方向有大面积的边水或底水，油气富集与分异程度主要受构造因素控制，油藏构造圈闭幅度越大，油水分异越好，富集程度亦高，单井产量越高图 6-112。同时，延 10 油藏也受到岩性影响，位于构造高部位砂体，易形成岩性—构造油气藏（薛宁，2019）。

延 10 油藏原始地层压力为 11.97MPa，饱和压力 0.44MPa，压力系数 0.72，压力梯度 0.927MPa/100m；地层温度 45.59℃，地温梯度 3.5℃/100m。属于低压油藏、正常地层温度系统。地层压力下原油密度 0.8569g/cm^3，原油黏度 3.25mPa·s，属于轻质、中黏度、低含硫、常规原油。

（2）长 2 油藏特征。

吴仓堡地区长 2 油藏主要受沉积砂体、构造鼻隆及上倾方向泥岩规模及走向控制，油水分异差。长 2 油层组河道砂体是有利储集体，河漫滩等泥质沉积则是上倾方向良好圈闭条件，下倾方向则由向西南倾没的构造鼻隆形成圈闭。吴仓堡延长组长 2 油藏为构造—岩性油藏图 6-112。

长 2 油藏原始地层压力 8.392MPa，压力梯度 0.97MPa/100m；地层温度 49.09℃，地温梯度 2.81℃/100m。属于低压油藏、正常地层温度系统。地层压力下原油密度 0.7849g/cm^3，原油黏度 2.32mPa·s，属于轻质、中黏度、低含硫、常规原油。

（3）长 9 油藏特征。

长 9 油藏为岩性油藏，主要受储层岩性和物性控制。优质储层主要属于三角洲前缘水下分流河道沉积，平面上呈条带状分布，走向北东—南西向。砂体两侧为水下分流河道间沉积的泥岩和粉砂岩互层，构成长 9 油藏的岩性遮挡。长 9 油藏由于储层物性差，油水分界不明显，油水混储，无明显油水界面，为弹性—溶解气驱岩性油藏。

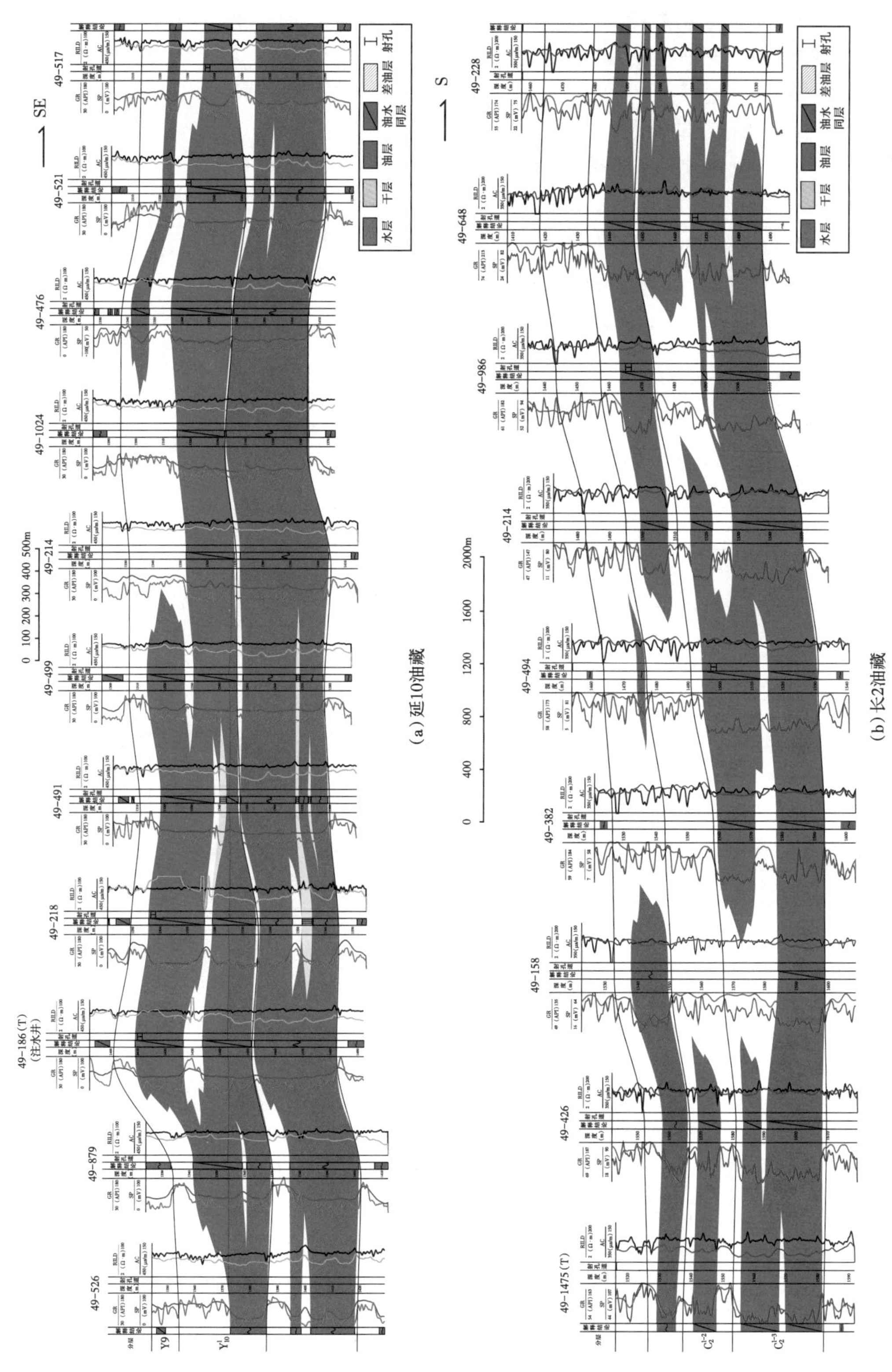

图 6-112　吴仓堡项目区延10、长2油藏剖面图

长 9^1 油藏原始地层压力为 18.10MPa，饱和压力 9.391MPa，压力系数 0.80，压力梯度 0.804MPa/100m；地层温度 72.80℃，地温梯度 3.2℃/100m。属于低压油藏、正常地层温度系统。地层压力下原油密度 0.7532g/cm^3，原油黏度 1.93mPa·s，属于轻质、中黏度、低含硫、常规原油。

（二）开发前期存在的问题

1. 平面注采井网不能满足多层系油藏注水开发需要

2008 年，吴仓堡注水项目区开发长 9 油层，井网为反 9 点法井网；2010 年、2012 年分别开始开发延 10 及长 2 两套油层。由于之前针对长 9 油层所设计的井网不能满足长 2 及延 10 两套油层的注水开发需要，各层系动用程度低（图 6-113）。

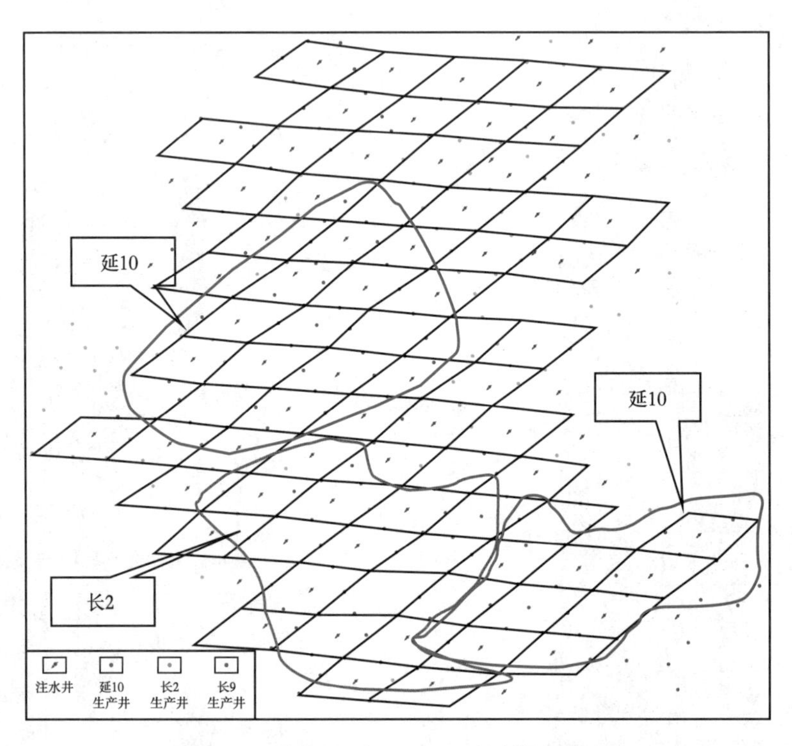

图 6-113　吴仓堡项目区长 9 油层井网部署图

2. 井深轨迹设计差异导致井网不完善

钻井工程设计中，井身轨道设计可分为三段制与五段制两类。三段制井身结构为直井段—增斜段—稳斜段，五段制井身结构为直井段—增斜段—稳斜段—降斜段—直井段。五段制井身轨道设计的中靶层位为延 10 和长 9 油层，所以延 10 油层和长 9 油层的井底位置基本一致，而三段制井身轨道设计为长 9 油层，由于延 10 油层和长 9 油层埋深差距大，导致延 10 油层和长 9 油层井底位置存在较大差异（图 6-114）。

延 10 油层与长 9 油层井底位置差距与二者之间的埋深差以及井斜角呈正比。以埋深差 725m，井斜角 25° 为例，此时延 10 与长 9 油层之间的井底位置差异可达 338.07m，而吴仓堡井网设计的井距为 500m，排距为 130m，两口井之间距离基本在 280m 左右，所以三段制导致的井底位置差距影响延安组井网的完整性（刘大鹏，2021）。

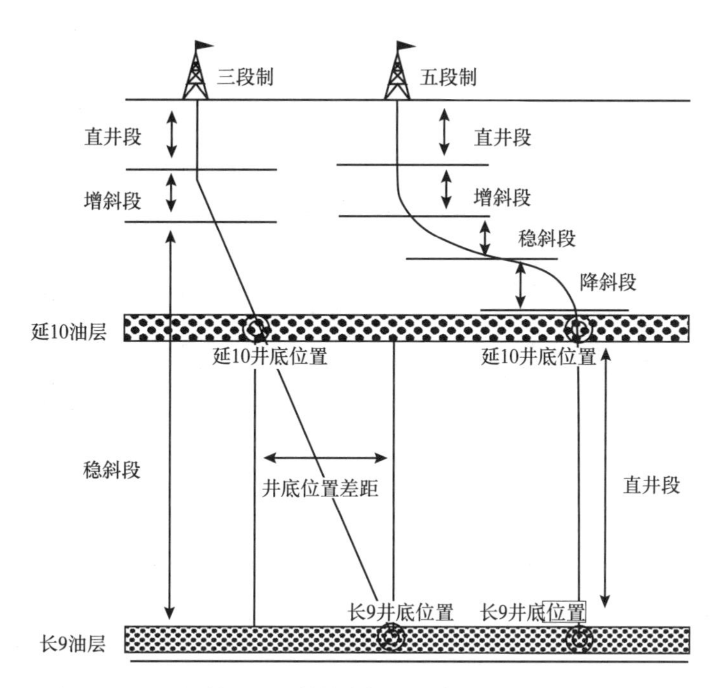

图 6-114　三段制、五段制井身轨迹示意图（据刘大鹏，2021）

3. 纵向上注采不对应

纵向上由于含油层系多，注采层位严重不对应，各层系动用程度不均衡，注水效率低。如 49-526 井，注水层位为长 9，周围采油井 2 口采油层位为延 10，1 口采油层位为延 9，1 口采油层位为长 6，1 口采油层位为长 2，注采关系严重不对应（图 6-115）。再如 49-1167 井注水层位为长 9，周围采油井 2 口采油层位为延 9，4 口采油层位为延 10，注采关系严重不对应（图 6-116）。

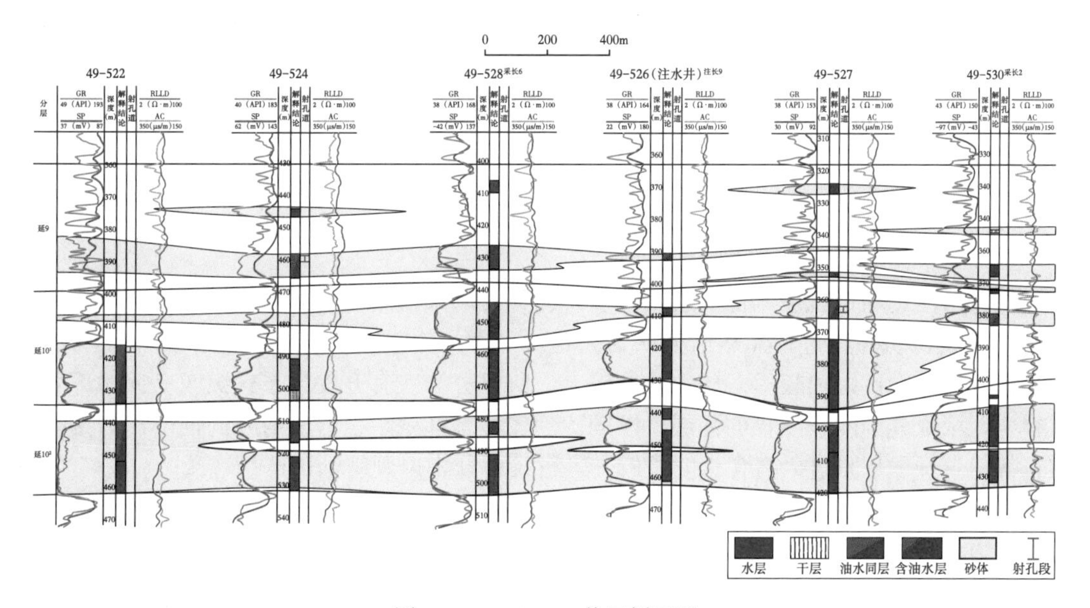

图 6-115　49-526 井组剖面图

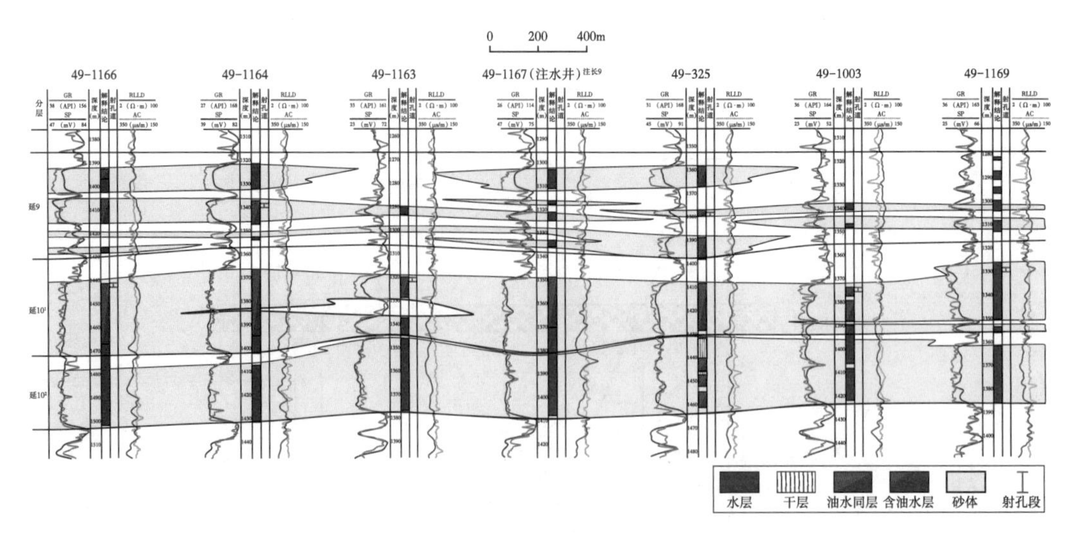

图 6-116　49-1167 井组剖面图

（三）开发治理措施

1. 细分注水单元，完善注采井网

针对吴仓堡注水项目区开发中存在的问题，按照注水单元细分原则（图 6-117），对吴仓堡注水项目区细分注水单元，重新部署井网，按照分而治之思路分别建立有效压力驱替系统。

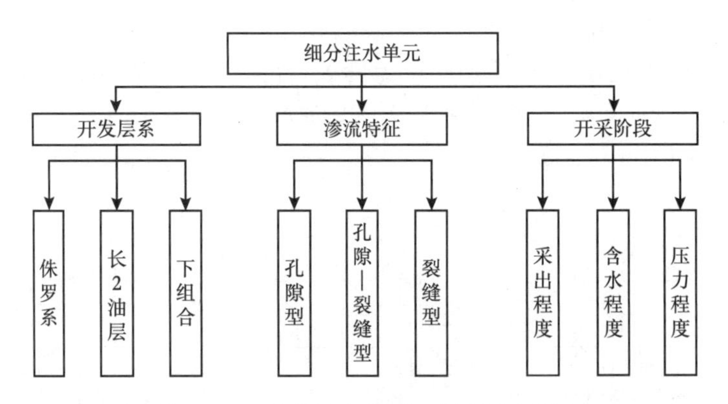

图 6-117　细分注水单元基本原则示意图

吴仓堡注水项目区主体含油层系较多，但开发以来仅用一套开发井网进行开发，但经过多年开发认识并经过近几年研究认为，延 10、长 2 和长 9 油层组储量平面分布有小部分叠合区，且深度距离较远，压力差异较大，所以分为三套开发层系；纵向上针对部分油层叠合区域优先开发较发育的油层，以期达到较好增油效果，暂未射开的油层作为接替层系，等优先开发层系进入高含水阶段后，进行接替开发以延缓油田产量递减。

截至 2018 年，吴仓堡注水项目区共有各类井 565 口。其中采油井 483 口，注水井 82 口，主力油层侏罗系延 10 油层总井数 155 口，主力层长 2 油层总井数 65 口，生产长 9 油层总井数为 181 口。其余为合采井，从统计结果看，延 10 油层井数占总井数的 32.1%，长 9 油层总井数占总井数的 37.5%，长 2 油层总井数占总井数的 13.4%，因此开发层系的划分应以延 10 油层和长 9 油层为主，兼顾长 2 主力油层（详见第三章第二节）。

吴仓堡注水项目区长 9 油藏，由于面积较大，砂体厚度不大，储层物性较低，裂缝较为发育，因此采用菱形反九点法井网形式，注水井排与裂缝（最大主应力）方向一致。吴仓堡延 10 和长 2 油藏，具有储层物性好，砂体规模较大，储层非均质较弱，开发时间较长等特点，为了提高井网控制程度和减少平面剩余油分布，采用反七点法注采井网。

针对三段制井身轨迹所导致的井距过近引起的井间干扰问题，对项目区所有井位逐一排查，根据开发的整体情况，将井位距离较近的 5 口油井关停或换层（刘大鹏，2021）。

2. 确定注采参数

针对吴仓堡注水项目区多层系开发的特点，分别确定其注采参数。

（1）合理流压。

根据低渗透油藏的开发经验，合理流动压力不低于饱和压力的 2/3，最低流动压力为饱和压力的 1/2。据此计算的吴仓堡油田延 10 油藏采油井合理流动压力为 0.66MPa 左右，最低流动压力为 0.5MPa 左右，长 2 油藏采油井合理流动压力为 1.6MPa 左右，最低流动压力为 1.2MPa 左右，长 9 油藏采油井合理流动压力为 6.20MPa 左右，最低流动压力为 4.7 MPa 左右。

（2）最大注入压力。

根据本地区吴仓堡各主力油藏压裂数据统计结果分析，延安组油藏破裂压力为 14.0MPa，长 2 油藏的破裂压力为 25.5MPa，长 9 油藏破裂压力为 34.1MPa。延长组与延安组低渗透油藏的开发实践揭示，注水井井底最大流压一般不得大于地层破裂压力的 80%，管损及嘴损总计损失为 1MPa。据此计算，该区延 10 油藏、长 2 及长 9 油藏注水井最大注入压力分别为 15.0MPa、26.5MPa 和 35.1MPa 左右。

（3）单井注水量。

该项目区自 2008 年投入开发，2011 年底开始对长 9 油藏实施了注水，注水时间较晚，地层亏空严重，结合采油厂实际，按照温和注水方式对该区延安组延 10、长 2 和长 9 油层组注水，按照实际产量计算所得日注水量进行注水，并对地层压力进行实时监测，确保地层压力保持在原始地层压力附近，根据地层压力变化，随时调整注水参数。

截至 2015 年底，延 10 油藏累计产液量 $82.41\times10^4m^3$，累计产油 $43.39\times10^4m^3$，平均含水率 38.5%，延安组平均单井日产油 $4.96m^3$。2015 年底之前延 10 油藏未注水。延 10 油藏井网规划为 7 点法井网，油水井注采比为 2∶1，原油密度为 $0.85g/m^3$，体积系数为 1.02。据此参数计算，注采平衡理论模式下，单井配注量为 $37.64m^3/d$。由于目前延安组没有注水，按照注采平衡理论，目前地层亏空严重，按照注采比 0.8~1.0 来计算，日注水量应为 $35.77\sim37.64m^3$。

截至 2015 年底，长 2 油藏累计产液量 $38.43\times10^4m^3$，累计产油 $24.8\times10^4m^3$，平均含水率 37.9%，延安组平均单井日产油 $4.31m^3$，2015 年底之前长 2 油藏累计注水量为 $8.27\times10^4m^3$。长 2 油藏井网规划为 7 点法井网，油水井注采比为 2∶1，原油密度为 $0.86g/m^3$，体积系数为 1.06。据此参数计算，注采平衡理论模式下，地层亏空 $30.16\times10^4m^3$，累计注采比为 0.21，亏空比较严重，达到注采平衡时的单井配注量为 $17.2m^3/d$，为了恢复地层能量，按照注采比 1.2~1.4 来计算，日注水量应为 $20.64\sim24.08m^3$。

截至2015年底，长9油藏累计产液量$13.24\times10^4m^3$，累计产油$8.42\times10^4m^3$，平均含水率35.4%，延安组平均单井日产油$0.77m^3$，2015年底之前长9油藏累计注水量为$34.61\times10^4m^3$。长9油藏井网规划为菱形反九点法井网，油水井注采比为3∶1，原油密度为$0.86g/m^3$，体积系数为1.06，据此参数计算，注采平衡理论模式下，达到注采平衡时的单井配注量为$5.49m^3/d$。按照累计注采比达到2.61，配注量为理论值的0.8~1.0来计算，日注水量$4.28\sim5.49m^3$。

3. 油水井综合治理

吴仓堡注水项目区2016—2018年油水井综合治理共226口井，具体工作部署为：

（1）水井：2016年完成油井转注54口，高压注水井治理6口；2017年完成油井转注12口，高压注水井治理8口；2018年完成油井转注11口，高压注水井处理6口；共计97口井实施措施。

（2）油井：2016年完成油井改造共45口，其中原层压裂4口，生产层位调整补孔24口，注转采11口，新井投产6口；2017年完成油井改造共49口，其中停躺井恢复2口，原层压裂4口，酸化解堵8口，生产层位调整补孔28口，注转采5口，新井投产2口；2018年完成油井改造共35口，其中原层补孔5口，原层压裂12口，生产层位调整补孔17口；共计129口。

经调整后，注采关系得到明显改善，注采井网基本覆盖整个项目区，水驱控制程度明显提高。

（四）注水开发效果

1. 注采井数比与注水面积

截至2018年6月，吴仓堡注水项目区油井开井244口，注水井开井85口，相较于2015年，注采井数比由1∶5.1提高至1∶2.9，注水面积由$9.1km^2$提高至$26.7km^2$。

其中通过细分注水单元，有效解决了吴仓堡注水项目区注采不对应问题，对比不同层系油藏2015年与2018年的注采对应率，延10^{1-1}油藏注采对应率由0上升至88.2%，延10^{1-2}油藏注采对应率由0上升至65.7%，长2油藏注采对应率由32.7%上升至96.2%，长9油藏注采对应率由14%上升至59.2%（图6-118）。

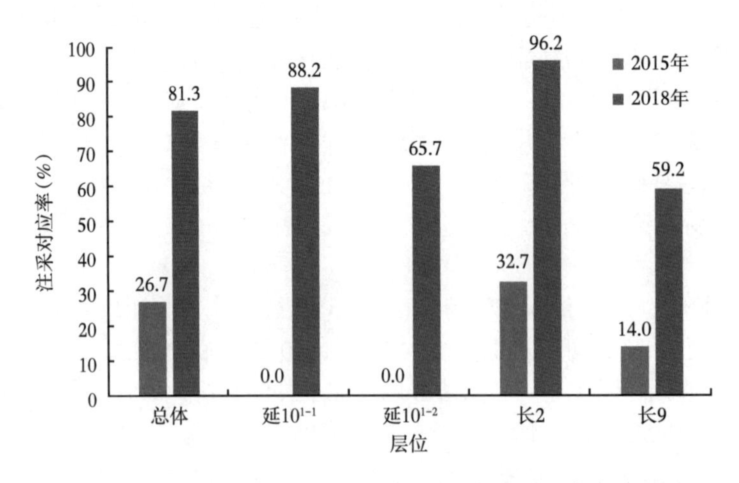

图6-118　吴仓堡项目区2015年与2018年注采对应率对比图

2. 产量与含水率

截至 2018 年 6 月底（图 6-119），吴仓堡注水项目区采油井开井 244 口，日产油 581t，综合含水率 44%，单井日均产油量 2.38t，注水井 85 口，日注水量 1169m³，单井日均注水量 13.75m³。与 2015 年 12 月对比，油井开井数减少 1 口，注水井增加 33 口，单井日产油由 2.14t 上升至 2.38t，综合含水率由 38.0% 上升至 44.0%，基本保持稳定，注水开发取得较好的效果。

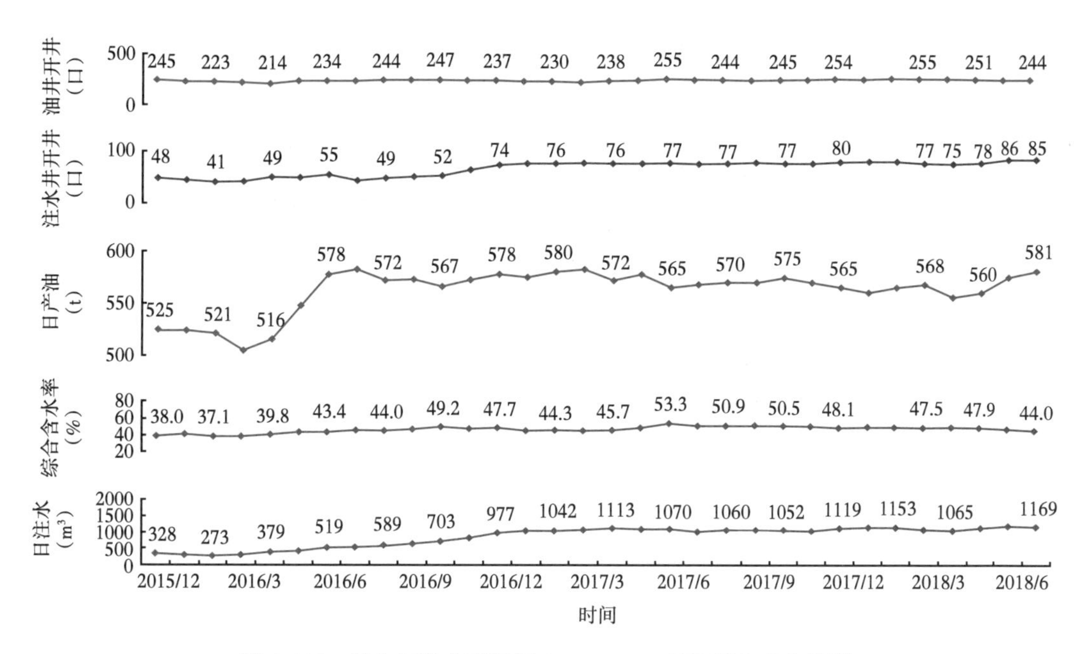

图 6-119　吴仓堡注水项目区 2015—2018 年注采生产曲线图

3. 地层能量恢复情况

根据 2016 年及 2018 年压力测试资料分析，延安组、长 9 地层压力略有回升，而长 2 地层压力仍持续下降，需进一步细分注水单元，加强注水（图 6-120）。

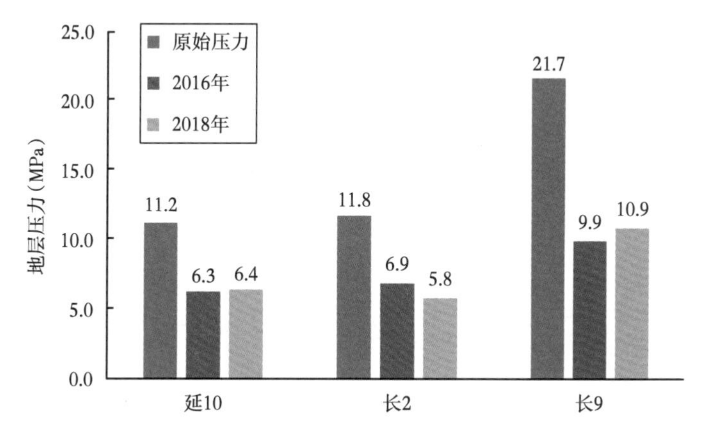

图 6-120　吴仓堡注水项目区地层压力恢复结果图

4. 水驱控制程度

截至 2018 年共转注油井 77 口，项目区水驱控制程度达到 69.9%，从 2016—2018 年各油层的水驱控制程度逐步提高，其中延 10 油层由 0% 提高到 79%，长 2 油层 25.1% 提高到 76.3%，长 9 油层由 42.5% 提高到 50.6%（图 6-121）。

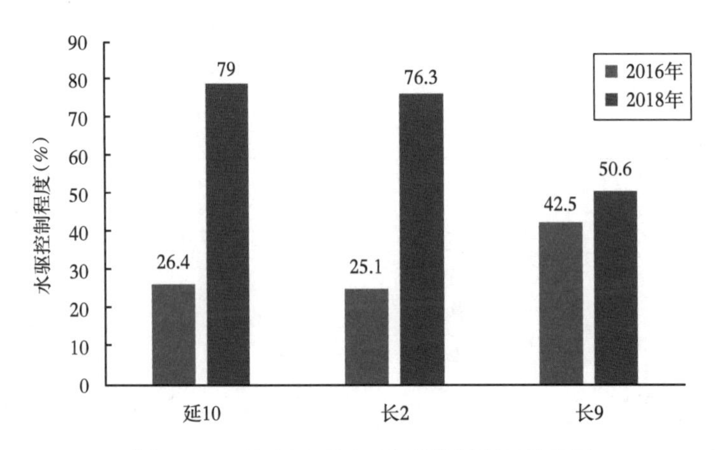

图 6-121　吴仓堡项目区水驱控制程度柱状图

2015 年 12 月，吴仓堡注水项目区注水受益井数共 70 口，其中单向水驱井 32 口，双向水驱井 29 口，多向水驱井 9 口。随注水井网完善，截至 2018 年，吴仓堡注水项目区注水受益井数达到 172 口，其中单向受益井 89 口，双向受益井 69 口，多向受益井 14 口。

对比 2016 年与 2018 年各开发层位受益井数，通过细分注水单元，各层受益井数均有一定程度提高（表 6-52）。

表 6-52　吴仓堡注水项目区各层 2016 年与 2018 年受益井数对比表

层位	年份	受益井数（口）	单向受益井（口）	双向受益井（口）	多向受益井（口）
延 10	2016	52	32	12	8
	2018	74	46	23	5
长 2	2016	16	6	6	4
	2018	31	15	13	3
长 9	2016	52	2	42	8
	2018	67	28	33	5

5. 水驱动用程度分析

通过吸水剖面测试，吴仓堡注水项目区 2016 年水驱储量动用程度为 67.4%，其中延 10 为 49.68%，长 2 为 63.8%，长 9 为 60%。至 2018 年吴仓堡注水项目区水驱动用程度为

59.8%，其中延 10 为 66.22%，长 2 为 55.7%，长 9 为 46.9%。可以看出随着细分注水单元，延 10 水驱动用程度有了大幅提高，多层系开发更为均衡，同时也说明吴仓堡注水项目区注水开发还有很大潜力可挖。

6. 综合递减率与自然递减率

吴仓堡注水项目区递减率都有所降低，其中综合递减率由 2015 年的 10.80% 降低到 2018 年的 6.19%，自然递减率由 2015 年的 15.59% 降低到 2018 年的 9.59%，产量下降的趋势得到一定的遏制，其中 2016 年综合递减降到 -2.52%，自然递减降低到 7.19%，效果最好（图 6-122）。

吴仓堡注水项目区主体含油层系较多，但开发以来仅用一套开发井网进行开发，导致平面井网不完善，纵向注采对应率差，严重影响开发效果。通过细分注水单元，在现有井网基础上对不同层位油藏进行进一步完善，按照分而治之思路分别建立了有效的压力驱替系统。与 2015 年 12 月对比，油井开井数减少 1 口，注水井增加 33 口，水驱控制程度与水驱动用程度明显上升，地层压力得到了一定的补充，综合递减率与自然递减率显著下降，整体开发形势逐渐好转。

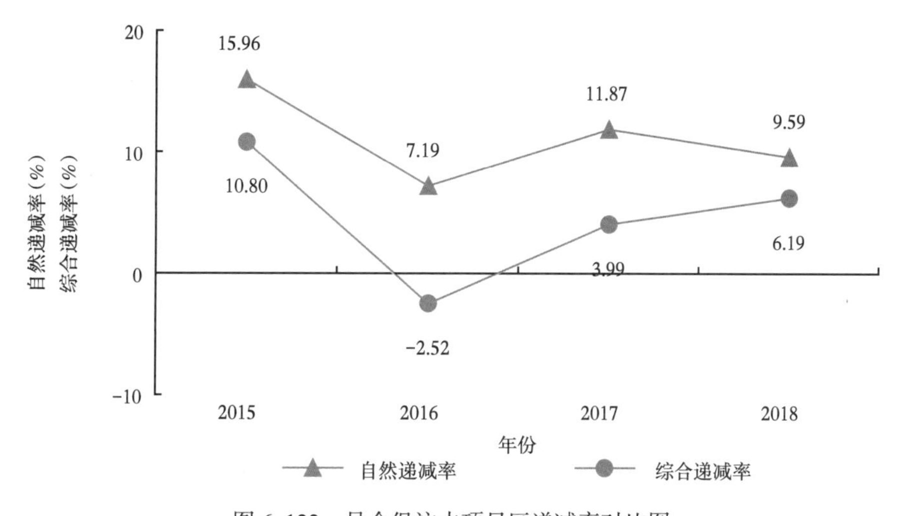

图 6-122 吴仓堡注水项目区递减率对比图

7. 措施效果综合评价

（1）停躺井恢复。

在地层压力逐渐恢复，注采对应基础上，对停躺井采取技改措施，进行生产恢复，截至 2018 年 6 月底共恢复 39 口井（表 6-53），技改恢复后单井平均产量在 2.39t，最高的吴 49-1365 井单井产量在 10.8t。

例如 W49-1033 井生产层位延 10，2014 年 4 月投产后未见油关停，2016 年 6 月 28 日进行原层酸化，酸化后日产油 5.1t，含水率 55%。截至 2018 年 6 月底累计增油 3616.98t（图 6-123）。

W49-1365 井生产层位延 10，2017 年 3 月 27 日进行原层酸化，酸化后日产油 10.8t，含水率 4%。截至 2018 年 6 月底累计增油 5104.72t（图 6-124）。

表 6–53　吴仓堡注水项目区停躺井恢复效果统计表

序号	井号	技改时间	技改措施	技改前产液（m³）	含水率（%）	技改前产油（t）	技改后产液（m³）	含水率（%）	技改后产油（t）
1	W49-610 井	2016/4/16	原层复压	2.50	70	0.64	12.44	84	1.69
2	W49-1365 井	2016/11/2	前置酸压裂	1.08	18	0.76	3.02	31	1.77
3	W49-215 井	2016/6/21	原层复压	0.50	32	0.29	13.94	31	8.18
4	W49-519 井	2016/6/5	原层复压	1.00	30	0.60	6.90	77	1.35
5	W49-982 井	2016/6/20	原层复压	1.00	3	0.82	3.35	68	0.91
6	W49-1033 井	2016/6/28	前置酸压裂	11.5	100	0.00	13.70	65	4.08
7	W49-1426 井	2016/9/23	前置酸压裂	1.73	75	0.37	15.40	100	0.00
8	W49-1162 井	2016/6/29	前置酸压裂	0.20	88	0.02	11.00	60	3.74
9	W49-492 井	2016/7/1	原层复压	2.76	22	1.83	7.34	32	4.24
10	W49-1027 井	2017/5/26	酸化解堵	2.20	9	1.70	2.50	8	1.96
11	W49-122 井	2017/5/17	前置酸压裂	0.87	3	0.72	16.74	38	8.82
12	W49-126 井	2017/3/27	酸化解堵	0.65	26	0.41	2.59	85	0.33
13	W49-1365 井	2017/3/29	酸化解堵	1.40	5	1.13	12.61	5	10.18
14	W49-1574 井	2017/3/27	酸化解堵	1.00	85	0.13	1.40	79	0.25
15	W49-324 井	2017/6/20	酸化解堵	1.00	47	0.45	0.98	69	0.26
16	W49-326 井	2017/5/19	酸化解堵	1.08	24	0.70	4.00	16	2.86
17	W49-940 井	2017/5/12	酸化解堵	0.65	26	0.41	1.10	28	0.67
18	W49-982 井	2017/5/1	前置酸压裂	2.20	39	1.14	8.42	60	2.86
19	W49-984 井	2017/5/5	前置酸压裂	1.50	2	1.25	10.09	27	6.26
20	W49-985 井	2017/5/22	前置酸压裂	1.08	8	0.84	0.70	3	0.58
21	W34 井	2017/5/6	前置酸压裂	0.10	55	0.04	8.85	89	0.83
22	W49-943 井	2017/6/24	前置酸压裂	2.50	52	1.02	12.80	75	2.72
23	W49-495 井	2017/7/8	酸化解堵	4.76	88	0.49	12.41	100	0.00
24	W49-324 井	2017/8/3	原层复压	0.65	39	0.34	13.00	80	2.21
25	W49-1031 井	2017/7/27	原层复压	0.70	45	0.33	1.00	4	0.82
26	W49-121 井	2017/8/10	前置酸压裂	2.48	24	1.60	12.30	85	1.57
27	W49-1574 井	2017/8/7	原层复压	1.00	57	0.37	1.00	63	0.31
28	W49-985 井	2017/8/9	前置酸压裂	0.50	10	0.38	3.10	78	0.58
29	W49-577 井	2017/10/2	酸化解堵	0.20	9	0.15	1.20	12	0.90
30	W49-577 井	2017/10/31	前置酸压裂	0.20	9	0.15	5.70	74	1.26
31	W49-616 井	2018/3/30	原层复压	0.10	100	0.00	12.42	100	0.00
32	W49-1290 井	2018/3/25	原层复压	0.32	100	0.00	13.56	100	0.00
33	W49-231 井	2018/4/17	原层复压	2.24	40	1.14	7.12	29	4.30
34	W49-495 井	2018/4/15	前置酸压裂	0.97	53	0.39	6.56	60	2.23
35	W49-613 井	2018/4/20	原层复压	0.50	90	0.04	5.08	95	0.22
36	W49-497 井	2018/4/30	前置酸压裂	2.38	64	0.73	6.48	80	1.10
37	W49-943 井	2018/5/30	原层复压	0.80	4	0.65	5.60	73	1.29
38	W49-645 井	2018/6/21	原层复压	2.60	48	1.15	14.10	58	5.03
39	W49-221 井	2018/7/7	前置酸压裂	1.59	2	1.32	10.93	25	6.97

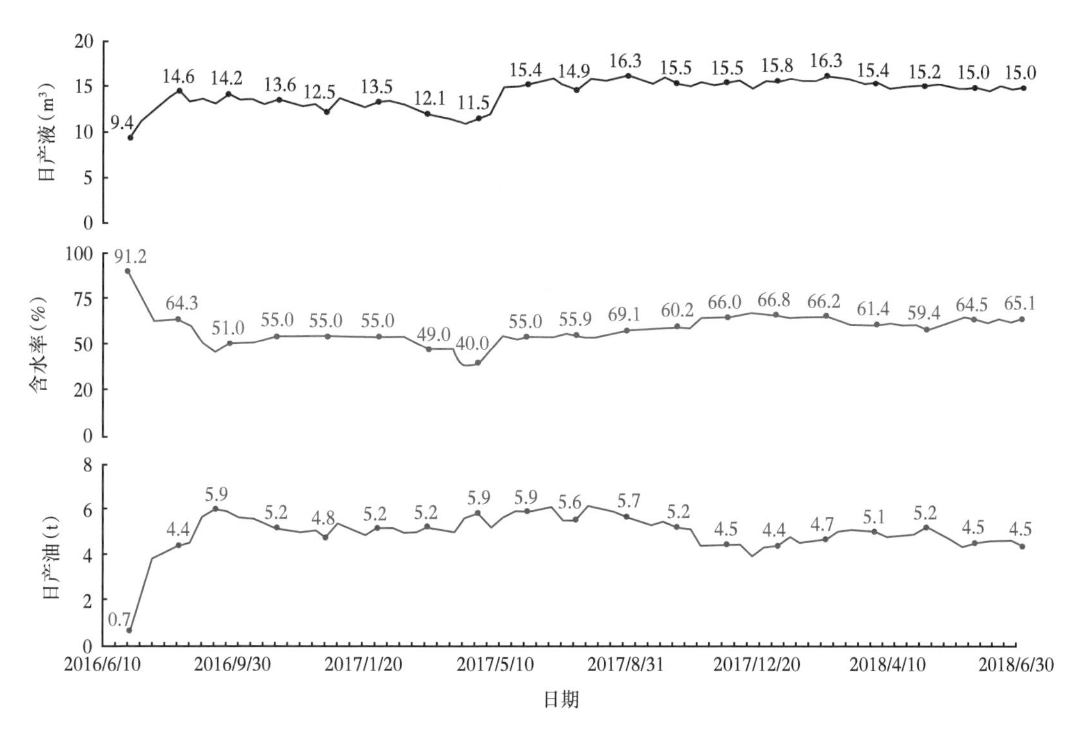

图 6-123　W49-1033 井生产曲线图

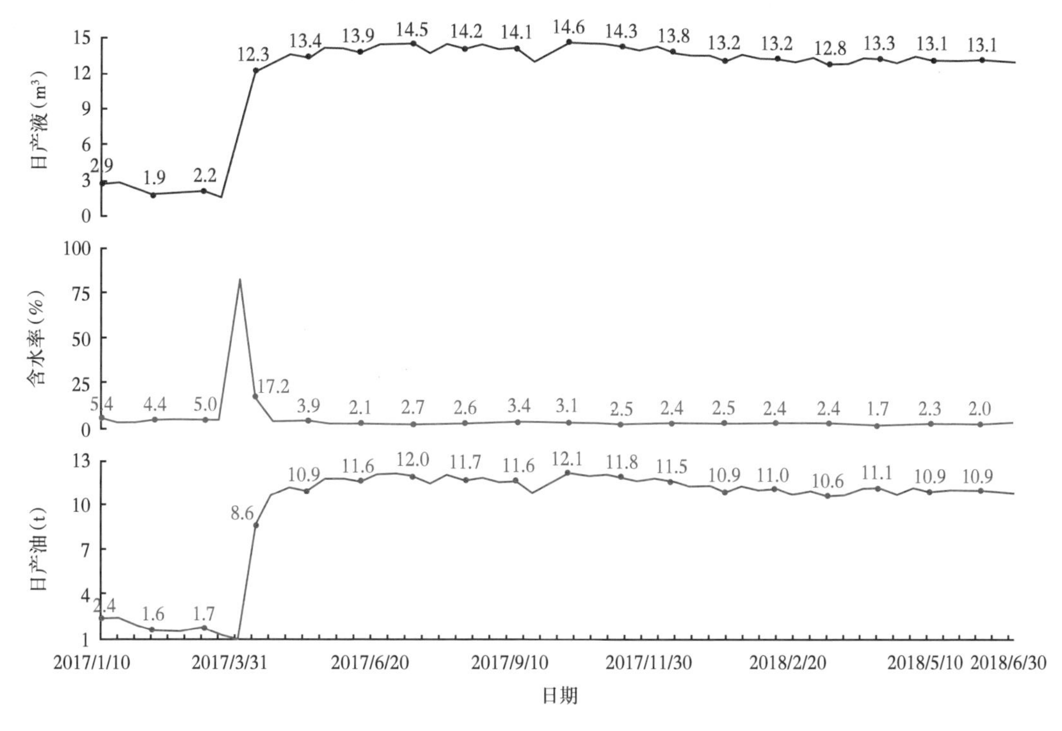

图 6-124　W49-1365 井生产曲线图

（2）高压水井治理。

吴仓堡注水项目区截至2018年6月底共治理16口高压水井，针对油藏地质特征以及各井的具体问题，提出酸化解堵和压裂解堵两种增注方法，效果比较明显，都能达到配注要求（表6-54）。

表6-54　吴仓堡注水项目区高压水井治理结果统计表

序号	井号	注水层位	日期	配注量（m^3）	日注水量（m^3）	套压（MPa）	油压（MPa）	措施内容
1	W49-1425井	延 10^{1-1}	2016/6/3	15	15.40	7.10	7.10	酸化增注
2	W49-153井	延 10^{1-1}	2016/6/13	20	20.02	12.75	12.75	酸化增注
3	W49-1004井	延 10^{1-1}	2016/5/20	15	15.12	3.91	3.91	酸化增注
4	W49-1214井	延 10^{1-1}	2016/5/20	15	15.20	10.00	11.00	酸化增注
5	W49-1363井	延 10^{1-1}	2016/7/14	20	20.51	2.00	2.00	酸化增注
6	W49-1428井	延 10^{1-1}	2016/5/20	0	0	3.60	3.60	酸化增注
7	W49-1002井	延 10^{1-1}	2017/1/8	15	15.10	8.77	8.76	酸化增注
8	W49-1004井	延 10^{1-1}	2017/3/11	15	15.12	3.91	3.91	酸化增注
9	W49-1363井	延 10^{1-1}	2017/2/26	20	20.51	2.00	2.00	酸化增注
10	W49-1364井	延 10^{1-1}	2017/3/12	15	15.54	12.70	12.70	酸化增注
11	W49-153井	延 10^{1-1}	2017/3/12	20	20.02	12.75	12.75	酸化增注
12	W49-159井	延 10^{1-1}	2017/3/10	15	15.62	10.95	10.95	酸化增注
13	W49-494井	延 9^2、延 9^3、延 10^{1-1}	2017/2/27	20	21.16	1.70	1.70	酸化增注
14	W5井	延 9^2、延 10^{1-1}	2017/3/12	10	10.02	0	0	酸化增注
15	W49-496井	延 10^{1-1}	2018/4/13	15	15.77	0	12.00	压裂增注
16	W49-607井	长6	2018/6/3	15	14.50	0	5.40	压裂增注

例如W49-494井位于油藏中部，2016年11月转注后，注水量达不到配注要求且注入压力较高，经分析认为近井地带堵塞，于2017年2月酸化解堵后，满足注入要求（图6-125）。

（3）注转采井效果分析。

为了完善井网以及注采对应关系，根据油藏发育情况对21口油井采油段进行技改，技改后产量平均为4.77t，含水率为46.42%，效果明显（表6-55）。

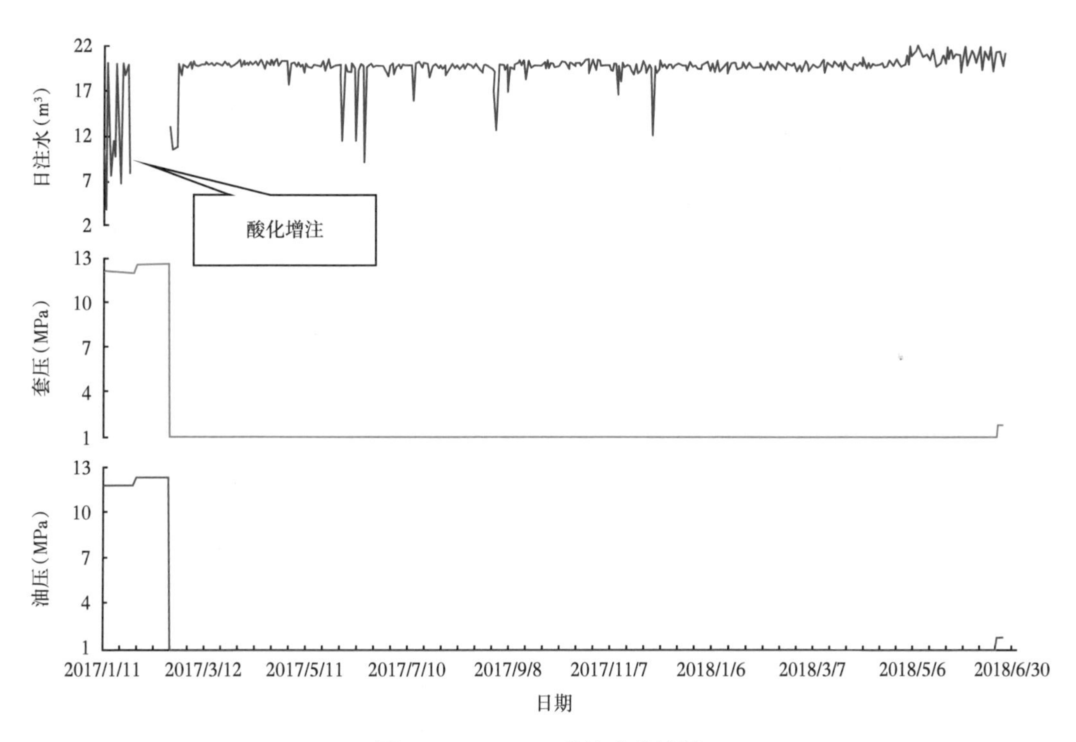

图 6-125　49-494 井注水曲线图

表 6-55　吴仓堡注水项目区回采井结果统计表

序号	井 号	技改时间	技改措施	技改后层位	射孔段（技改后）	技改后产液（m³）	含水率（%）	技改后产油（t）
1	W49-126 井	2016/8/21	注转采	延 10^{1-1}	1398~1400	0.76	18	0.52
2	W49-227 井	2016/7/16	注转采	富县	1457~1459	13.08	5	10.56
3	W49-642 井	2016/4/27	注转采	长 2^{1-3}、长 2^{1-3}	1487~1490 1499~1502	14.20	78	2.65
4	W49-677 井	2016/4/28	注转采	延 10^{1-1}	1393~1396	16.10	33	9.17
5	W49-681 井	2016/4/24	注转采	延 10^{1-1}	1337~1340	12.80	60	4.35
6	W49-1371 井	2016/4/29	注转采	延 10^{1-2}	1366.5~1368	11.90	40	6.06
7	W49-1165 井	2016/6/22	注转采	延 10^{1-1}	1350.5~1352.5	12.00	100	0
8	W49-1167 井	2016/5/10	注转采	延 10^{1-1}	1349~1351	7.10	60	2.41
9	W49-1027 井	2016/5/30	注转采	延 10^{1-1}	1420~1422	2.40	8	1.87
10	W49-139 井	2016/1/2	注转采	延 10^{1-2}	1391~1393	13.00	80	2.21
11	W49-214 井	2016/1/6	注转采	延 10^{1-2}	1363~1365	21.00	37	11.24
12	W49-327 井	2016/1/3	注转采	延 9^2、延 10^{1-1}	1315~1316.5 1345~1348	10.60	45	4.95

续表

序号	井名	技改时间	技改措施	技改后层位	射孔段（技改后）	技改后产液（m^3）	含水率（%）	技改后产油（t）
13	W49-377 井	2016/1/8	注转采	延 10^{1-1}	1421~1424	12.50	5	10.09
14	W49-680 井	2016/1/7	注转采	延 10^{1-1}	1349~1352	13.00	27	8.06
15	W49-1030 井	2016/6/7	注转采	延 10^{1-2}	1406~1408	15.00	77	2.93
16	W49-155 井	2017/6/1	注转采	延 10^{1-1}	1426~1428	15.40	96	0.52
17	W49-186 井	2017/7/31	注转采	延 9^2	1410~1411 1417~1419	5.10	69	1.34
18	W49-382 井	2017/5/1	注转采	延 10^{1-1}	1493~1495	14.40	14	10.52
19	W49-491 井	2017/5/22	注转采	延 9^2	1331~1332.5	4.76	13	3.52
20	W49-582 井	2017/5/5	注转采	延 10^{1-1}	1319~1321	13.60	70	3.46
21	W49-499 井	2017/5/2	注转采	延 9^3、延 10^{1-1}	1318~1320 1337~1339	7.23	40	3.68

经过“三年注水大会战”，各个注水项目区因地制宜，从油藏特征与开发矛盾出发，采取相对应的注水开发策略，使得各个注水项目区注水开发效果持续向好。注水见效区产量保持稳定，且稳中有增；注水完善区水驱控制程度大幅上升，产量稳定增长；注水攻关区含水率得到明显控制，产量明显上升，“三年注水大会战”取得了明显的效果。

第七章　延长油田注水开发展望

注水开发是特低渗透油藏提高开发水平和采收率最有效、最经济、最适用的技术手段。延长油田历经“三年注水规划”“三年注水大会战”和新“三年注水大会战”，原油稳产基础进一步夯实，油田开发形势持续向好。特别是两轮“注水大会战”期间，油田通过注水累计弥补老井基础产量 300×10^4t 以上，显著提升了开发效果，取得了明显的经济和社会效益，注水已经成为实实在在的“饭碗工程”和“效益工程”。虽然延长油田注水开发近几年取得了明显的进步，但是注水开发的潜力依然十分巨大，注水开发技术与管理的发展仍然任重而道远,“十四五”以来，延长石油明确提出“延长地下找延长、延长地上造延长、延长之内强延长、延长之外拓延长”的产业调整转型路径和“再造一个结构优、能耗低、效益好、实力强的新延长”的战略目标，油田作为延长石油发展的核心板块，在“十四五”乃至今后更长一个时期，都要将注水作为落实延长石油转型路径和战略目标的重要抓手，作为保持千万吨以上稳产规模的坚定基石。据了解，延长油田新“三年注水大会战”结束后，将在认真总结前两轮“三年注水大会战”的基础上，接续启动“三年精细注水大会战”，力争再用三年时间，使全油田新增注水面积 612km^2，新增水驱储量 2.33×10^8t，水驱面积占比提高到 72% 以上，水驱储量占比提高到 70% 以上，水驱产量占比达到 70% 以上，地层能量保持水平达到 70% 以上，全油田自然递减率控制在 11.4% 以内，采收率提高至 16.9% 以上。

第一节　油田注水开发后期面临的问题及技术对策

截至目前，国际国内油田开发使用过且技术比较成熟的方法包括注水、注气和火烧油层。其中，相对而言，注水是油田开发中最成熟、最经济、最有效的技术，同时也是最核心、最基础的一项工作；注气开采有利于地层压力得到维持、原油流动速率不会降低，更有利于原油开采提高原油采收率。

鄂尔多斯盆地中生界油层整体为低孔隙度低渗透、特低渗透甚至超低渗透，储层物性差、非均质性强，导致注水开发矛盾突出，普遍存在注水能力下降、地层能量不足、产量递减大和水驱采收率低等问题，主要表现在以下几个方面。

首先，现场注水开发效果受控于油藏本身的特殊性，如储层非均质性、渗透性、油层厚度等；也受注水开发过程影响，如开发制度、储层损害、流—固耦合效应等。近年来发展的水平井技术（郎兆新等，1994）、分段压裂及酸化技术、表面活性剂降压增注技术（贺宏普等，2006；付美龙等，2009；缪云等，2009）、同步注水、超前注水等技术，降压增注材料（易华等，2005）等，在鄂尔多斯盆地镇泾油田红河 105 井区（付绪凯等，2013）、F 油田长 6 超低渗透油藏（刘军全，2010）、华庆油田（李建山等，2014；赵继勇等，2015）等地应用均取得了良好效果。鄂尔多斯盆地低渗透、特低渗透、超低渗透油藏开发实践表明，超前注水效果较同步注水效果更好。但是，低渗透、特低渗透、超低渗透砂岩油藏现场注水中存在突出问题为：局部裂缝发育区注入水沿裂缝突进、引起水窜和水淹，裂缝不发育区物性差，导致注入压力高、水井欠注，储量动用程度低，因此，需要针对油藏类型特征和开发现状建立有效的压力驱替系统，优化井网、调整开发方案（李恕军等，2002），提高采收率。

其次，油藏高压欠注原因比较复杂，如因储层物性太差注水初期就欠注，或因储层非均质性强造成的欠注，或因长期注水过程造成损害而欠注。对此，现场采用酸化、压裂、解堵、防垢、清洗井筒、优化地面管网等治理措施，或应用表面活性剂降低油水界面张力，降压增注，提高采收率（肖啸等，2012；王守虎等，2012；张朔等，2013；赵琳等，2014；刘鹏等，2014；王桂娟等，2015）。其中，表面活性剂还具有乳化、分散、润湿、增溶等性能。表面活性剂驱大部分在水驱结束后进行，低渗透、特低渗透岩心实验表明，水驱后表面活性剂驱阶段也能获得相对较高的采收率。

另外，对于偏水湿的砂岩油藏，注水过程会产生水相渗吸现象，渗吸驱油也是这类油藏重要的驱油机理，毛细管力是渗吸驱油的主要动力。理论上，水湿油藏的毛细管半径越小，毛细管力越大，渗吸驱油动力越大，驱油效率越好（魏发林等，2004；马小明等，2008）。

当前，延长油田注水开采存在的主要问题为：（1）高/特高含水阶段，层间、层内和平面三大非均质性加剧导致的注入水低效、无效循环严重；（2）宏观、微观剩余油进一步分散，存在富集状态识别难和非连续渗流问题；（3）注采系统恶化导致的可采储量损失问题；（4）注水过程中的动态裂缝及其变化特征如何影响注水波及体积及驱油效率？（5）当前注水措施，针对油藏复杂地质条件、复杂边界的适应性较差；（6）常规油藏模拟软件在实际矿场应用时由于网格数据大导致计算代价高、历史拟合及生产优化难，并且难以直观获取井点间的流动相互作用，对井间优势通道分析、水窜治理等实际问题缺乏直接有效的分析能力。针对上述问题，需要超前谋划，精心组织，依据“综合研究，整体部署，分步实施，逐渐完善”的总体思路，针对各个注水项目区主要问题，开展精细地质研究，深化油藏认识与油藏模拟研究，开展分类攻关试验，探索精细分层注水技术、水平井注水技术等，紧盯开发动态，加强油藏监测，适时优化调整，提高水驱效率，实现科学高效开发。

因此，在明确对策方向基础上，持续加大延长油田股份有限公司级注水项目区治理、加快新增公司级注水项目区部署、巩固监管公司级注水项目区成果，结合不同类型油藏开发阶段和特点，坚持地质与动态相结合，技术与生产相结合、开发与效益相结合，持续开展综合调整治理，明确低产低效制约因素及潜力油藏提质增效方向及目标。进一步结合油田实际情况，优化和调整注水方式，合理进行注水开发。

鄂尔多斯盆地三叠系延长组、侏罗系延安组、直罗组油层整体属于低渗透、特低渗透甚至超低渗透，渗透性和传导性比较差，驱动压力较低，为了维持油田产量，需要针对油藏地质特征和开发现状，匹配选用超前注水、同步注水或周期注水等方式维系地层压力，保持地层能量，有效改善油田开采效率。

一、注水开发方式优化智能匹配

随着延长油田勘探开发程度提高，通过测井资料二次精细解释和其他相关新技术的应用，不断发现新含油层系或新含油区。针对延长油田延安组、延长组低渗透、特低渗透甚至超低渗透油藏特点，其新含油层系或新含油区的注水开发，建议初期优先考虑选用超前注水或同步注水开采方式，维持地层压力和原油产量，提高采收率。

超前注水技术，就是通过超前注水方式来帮助进行地层压力维持。由于低渗透油田弹性能比较低，对其开展超前注水的目的就是为了更进一步提升最终油田采收率。由于低渗透储层一般压力系数低、启动压差大，通过采用超前注水技术，补充地层能量。众所周知，超前注水时期会比油井投产提前 4 个月，地层压力会提高 20%。超前注水过程中，不能提前开采油田，避免地层压力下降。只要稳步进行注水，就能进一步提升地层压力，进而达成较高的压力梯度值，形成高质量压力驱替系统，从根源上规避由于地层压力下降导致储层物性变差或者是原油性质变差。另外，还能最大限度提升驱油效率以及波及系数，实现最佳采收率。

使用超前注水技术过程中地层压力会逐渐上升，地层压力上升为一个临界状态时，便不会再继续上升，而会呈现出一个较为平稳的压力状态。相关实验研究发现，使用该技术初期，低渗透油田的油气资源开采率并不能够马上有较为明显的提升，只有当地层压力到达了一个相对较为平稳状态时，低渗透油田油气资源开采率才会逐渐加大到最大值。这个较为平稳的压力状态约为原始地层压力的 120% 左右。因此，进行鄂尔多斯盆地油田开采过程中，保持相关压力 120% 左右，使鄂尔多斯盆地油田开采率达到最佳状态。

同时，还需要对最大注水强度进行严格界定。鄂尔多斯盆地相关实验研究揭示，当注水强度大于 $3.0m^3/(d\cdot m)$ 时，低渗透油田就能够达到最快见水速率，小于该值低渗透油田见水速率明显下降。因此，为使鄂尔多斯盆地油田油气资源开采率达到最佳状态，需要针对最大注水强度进行数值模拟和界定，保障油气资源开采率明显提升。

延长油田通过油藏精细研究，对吴起油田进行超前注水方案设计，确定了最优井网井距和注水时机，选择合理注水工艺，计算超前注水各项参数，现场精准实施超前注水，并通过产量、压力及注水波及效果对比进行详细分析及总结，认为先注后采即超前注水开发方式可以有效提高驱替压力、驱油效率及波及系数，提高采收率。

低渗透油藏常采用压裂技术进行储层改造，开采过程中，随着油藏压力和井底流压减小，这些压裂所造成的微裂缝可能会闭合，岩石孔隙度减小，渗透率降低。后期注水能够恢复地层压力，但是地层渗透率只能恢复到原来的 70% 左右，达不到高产、稳产需求。为此，低渗透油藏中需要实行同步注水，以达到降低自然递减、提高采收率的目的。应用同步注水能够及时补充地层能量，建立起有效驱替系统，减弱压敏效应对开发效果不利影响，减缓区块递减率，延长油井的稳产期和有效期，实现区块产能效益最大化，提高储量动用程度和采收率，实现产能效益最大化。如安塞油田长 2 油藏整体为一套开发层系、反九点法面积注水井网、250~300m 井距、同步注水保持压力开发，一次井网储量控制程度 90.7%，水驱储量动用程度 73.6%，注水两年以上达到 80.7%，地层压力保持水平 90% 以上，单井产能 4t/d。

同时，随着注水开发时间延长，油田必然会进入中高含水开发阶段，各种开发矛盾逐渐凸显，常规注采调整很难适应油田开发需要。目前，国内外大量的理论研究与矿场试验结果证明，间歇注水是改善水驱开发效果的经济有效方式，是油藏中高含水开发阶段的有效提高采收率方法，具有投资小、见效快、易操作等优点（黄红兵等，2021；欧阳华劲等，2021；李帮军等，2022）。间歇注水利用现有注水设备周期性改变注入量，调整地层压力场分布情况，使地层中的油水不断重新分布和层间交换，提高注入水的利用率，扩大注入水波及体积，提高水驱采收率。国内外低渗透、特低渗透油田周期注水开发实践揭示，对于具有严重非均质性的油区来说，通过周期注水可以确保油田的高效开采效果。

为了充分发挥储层裂缝与基质之间的渗吸作用，增大注水波及体积，提高水驱采收率，以延长油田X区块长6油藏为研究对象，利用室内静态渗吸实验分析逆向渗吸影响因素，并采用考虑渗吸作用的数值模拟技术对X区块尝试开展非稳态周期注水，进行周期注水实施参数优化。结果表明，X区块渗吸方式主要为逆向渗吸，储层渗透率、孔隙度增大可以提高渗吸驱油效率；随着含水饱和度增加，渗吸驱油效率降低；界面张力与渗吸驱油效率在一定范围内呈反比关系；X区块注水生产时，优选非稳态周期注水方式，优化工作制度为注20天停30天、注采比为1.0~1.2、注水量为8~12m^3/d。矿场现场实施结果表明，区块产油量小幅增加，含水率明显降低，较连续性注水开发方式可提高采收率2.5%~3.5%，为特低渗透油藏非稳态周期注水开发提供了现场应用依据（康胜松等，2019）。

分层注水技术主要用于油井开发中后期，当前，该技术已在我国大多数油田生产过程中广泛使用。针对多油层、多套井网的油区，引入分层注水的主要目的是平衡井中不同间隔注水的不均匀性，有效控制注入高渗透层的注水量，增加采油井中的采油量，达到很好的调节层间矛盾、控制油田的油水比、持续改善开发效果、提高采收率的目的。

智能精细分层注水过程中，首先根据储层性质、含油饱和度、油层压力、层间差异等非均质性，将储层划分为不同的流动单元与注水间隔，配备智能化注水系统给不同的目的层段提供压力，同时，依据不同目的层段的油藏地质特征和开发现状，分别实施不同的注水工艺，有效提高不同层段的驱替效率，挖掘各个油层的开发潜力、提高油层动用程度、达到油层增产的目的。进而，油藏工程方面，利用精细分层注水“硬数据”，实现大数据驱动下的油气水井智能注水优化，极大提高采收率。以期在实际油田开发中，基于循环神经网络的产量预测、生产措施的智能优化等应用取得好的效果（刘合，2021）。

另外，针对衰竭式开发地层压力下降过快，自然产能递减大的缺陷，基于裂缝性低渗透油田的注水吞吐机理研究、开发经验和现场实践，表明：水平井体积缝网，通过注水吞吐可实现地层能量补充，重力分异油水置换以及渗吸采油以达到提高采收率的目的。注水吞吐采出油量与周期注入量、注入速度、注入压力、焖井时间、岩石润湿性等紧密相关，实验证明不同润湿性油藏实施注水吞吐采油均有效，油藏岩石亲水性越强，越有利于实施注水吞吐采油。但是，由于毛细管力作用范围较小，渗吸速度较慢，注水吞吐提高提高采收率程度有限。微生物地下培养繁殖可以产生表面活性剂，降低油水界面张力，具有更好提高采收率潜力。

二、转变注水开发方式

低渗透油藏常规注水开发生产井收效程度低、低产低液、经济效益差，传统水驱开发技术已经不能适应低渗透油藏经济有效开发的要求，迫切需要调整开发思路，转变注水开发方式。吴忠宝等（2020）提出低渗透油藏的3个重要转变开发思想，即由注水建立孔隙驱替向缝网有效驱替转变（也就是低渗透油藏由径向驱替向线性驱替转变），由连续强化注水向异步注采、注水吞吐、油水井互换等灵活渗吸采油方式转变，由缩小井距提高水驱动用储量向体积改造提高单井缝控储量转变。并创建“体积压裂＋有效驱替＋渗吸采油”开发方式模型，应用于大港油田深层低渗透油藏 GD6X1 区块，初步实施效果显著，预计十年采出程度比常规水驱开发可提高 6%，最终采收率提高 10% 以上。新开发方式和开发模型有良好的推广应用前景，将在低渗透油田开发中发挥越来越重要的作用。

由此可见，注水为主多元复合的驱油措施并举，优化开发方案，将有效提高原油采收率。

三、补能、驱油一体化重复改造技术

鄂尔多斯盆地中生界油藏一般属于低压低渗透、超低渗透、致密油藏，受储层致密低压、长期注采条件下有效驱替系统难以建立等因素影响，部分油井产量递减大，采油速度和累计采出程度较低。为此，基于压力场及应力场分布规律研究，集成大斜度井或水平井分井段压裂改造、补充能量、渗吸驱油一体化重复改造技术优化设计，配套实施机械封隔与动态暂堵相结合的大排量高效分段复压工艺及管柱，测试后结果表明，改造后累计产油量明显提高，该技术对其他非常规储层提高单井产量及最终采出程度有一定借鉴（白晓虎等，2021）。如吴起油田针对 410 井长 6 特低渗透油层采取大强度压裂工艺，获得 18.9t/d 的工业油流后，投入试采，油井产量逐年上升，反映大强度压裂工艺对特低渗透油藏有良好效果。

由于低渗透油田存在渗吸—驱替双重渗流作用机理，周期注水、脉冲注水在一定程度上发挥了渗吸效应，如延长油田合理应用温和注水技术取得了好的开发效果。由此可见，合理的注采参数、注水时机与储层物性、流体性质、启动压力梯度、压敏效应、渗吸效应等因素相关，探索合理的地层能量补充方式、井网优化、注水水线调控等技术，如水平井体积压裂技术，有助于提高注水驱油效率。

总之，由于低渗透、特低渗透、超低渗透油藏的复杂性和多变性，以及注水开发过程中造成的油藏岩性、物性及孔隙结构、油水分布特征等复杂变化，针对不同类型油藏及其动态变化，在油藏开发不同时期，注水方式需进行实时优化调整，如适时调整复合 CO_2 驱油或与水交替驱油、化学驱油和微生物驱油等措施。探索以注水方式为主的多元复合优化匹配智能化开发系统研发，有助于低渗透、特低渗透油藏的高效开发、提高采收率。

第二节　注水开发技术发展趋势

针对复杂多变的低渗透、特低渗透和超低渗透油藏，需要根据油藏类型及其动态变化，在油藏开发不同时期，实施注水方式的实时优化调整，通过复合 CO_2 驱油或与水交替驱油、化学驱油和微生物驱油等措施匹配，探索智能化开发系统研发，达到低渗透、特低渗透油藏的高效开发提高采收率的目的。

一、CO_2 驱油、CO_2 与水交替驱油

气驱按气体类型可分为烃类气驱、CO_2 驱、氮气（N_2）驱、烟道气驱和空气驱；按驱

替状态可分为混相驱和非混相驱。气体因其黏度低、流度高、与储层配伍性好，低渗透油藏注入性好。并且，气体可使原油体积膨胀、黏度和界面张力下降、萃取原油、甚至可混相，特别适合于低渗透油藏提高采收率。

CO_2 在原油中具有较好的溶解性和较强的萃取能力，可大幅度降低原油黏度、膨胀增容，与原油多次接触混相降低界面张力，从而大幅度提高油藏采收率。矿场实践表明，与水驱相比，CO_2 吸气指数可提高 5 倍、启动压力降低 50%，大幅提高了注入能力，有效解决了低渗透油藏水驱开发存在的“注不进、采不出、采油速度低、采收率低”等难题。同时，注入 CO_2 可大规模封存于地下，实现 CO_2 高效减排。因此，CO_2 驱是低渗透油藏提高采收率、CO_2 减排和资源化利用的有效技术之一。

二、化学驱技术

化学驱是通过改变驱替流体的性质及驱替流体与原油之间的界面性质来提高原油采收率的技术，其基本原理有两个：一是扩大波及系数，二是提高微观驱油效率。根据驱油剂及驱油机理的不同，可分为聚合物驱、表面活性剂驱、碱驱、泡沫驱及相互组合形成的复合驱。化学驱经过近百年的发展，在中高渗透油藏的应用取得成功，已成为我国提高原油产量的重要技术。但是，由于低渗透油藏的地质特征和流体渗透流特征与中高渗透油藏的差异性，必然造成其理论与技术的不同（张金元等，2021）。

其中，泡沫驱利用各种气体（包括空气、氮气、天然气或其他气体）与泡沫剂混合形成泡沫作为驱替介质的驱替方法。由于泡沫对具有一定开度的裂缝性油藏具有较好封堵作用，因此低渗透油藏使用泡沫的主要目的是在气驱过程中抑制气体窜流，改善储层非均质性，延缓气体突破；但国内外尚没有明确泡沫适合封堵的裂缝窜流通道的尺度界限。泡沫体系的驱油效果主要取决于它的稳定性和流变性。这些性质除受泡沫体系自身性质影响外，还受渗透率、油藏温度、含油、水饱和度、泡沫质量、泡沫干度等因素影响。一般利用泡沫综合指数来综合表征泡沫性能。国内百色、中原、长庆等低渗透油田进行了小规模现场试验，但泡沫体系在油藏的稳定性、空气低温氧化和空气泡沫驱的安全性等关键因素制约其推广应用。延长油田低温油藏（$<$ 30℃）空气泡沫驱先导试验已经取得成功，证实了空气在低温油藏中可以实现安全、高效注入。

总之，泡沫驱适合于低渗透油藏，特别是水源相对匮乏的油区，具有较好的应用前景。

三、微生物驱技术

微生物采油技术（MEOR）利用微生物及其代谢产物作用于油藏从而提高原油采收率，具有施工简单、廉价、环保等特点。分子微生物学分析结果证实低渗透油藏存在大量采油功能微生物，如何使其短期内在油层中大量繁殖、产生具有采油功能的代谢产物，并长时间维持采油活性，是一项艰巨的工作。

菌体大小与地层孔隙喉道尺寸的匹配性、微生物在低渗透油藏的运移和增殖代谢是成功实施 MEOR 的首要前提。目前，微生物提高低渗透油藏原油采收率的机理还不明晰，缺少对微生物在低渗透油层中运移、增产作用的数学描述。

国内大庆油田、延长油田和长庆油田在低渗透油藏已开展了小规模矿场实践，特别是延长油田利用微生物的发酵产物与表面活性剂的协同效应研发的生物活性复合驱油技术应用效果良好。总体来说，储层特征、流体性质、菌液/激活剂性能及注入方式、注采井组连通性、剩余油分布状况等因素影响低渗透油藏微生物的采油效果。低渗透油藏微生物采油技术的潜力还未充分发挥，有望成为未来低渗透油田开发后期稳油控水的主要技术之一。

第三节　适合延长油田注水开发的技术展望

低渗透油藏是当前延长油田石油储量和产量增长的主体，目前开发方式以水驱开发为主，如何进一步提高单井产量、转变开发方式与降低开发成本是技术发展的关键。

注水开发技术是延长油田开发过程中的关键技术，而且基于不同油藏地质条件的差异性，注水技术的筛选也有差异。开发注水技术筛选，充分结合油田地质情况，针对不同油藏地质特征，合理进行注水现状分析，开展油藏精细描述分析、水驱油藏模拟等，强化剩余油分布规律研究和油藏参数的动态变化分析，注重差异化调整配套技术研发、探索与实践，合理进行注水方法调整及优化，开展未来注水开发方向实验研究和战略技术储备，确保立足油田油藏特征和开发现状分析基础上，合理进行注水开发技术研发与筛选，推动延长油田的注水开发效益提高，实现延长油田石油开采率的稳定提升。

一、精细分层注水技术

针对延长油田现阶段注水开发中存在的高/特高含水阶段非均质性加剧导致注入水低效无效循环严重、剩余油分布分散富集状态识别难和非连续渗流以及注采系统恶化导致可采储量损失3个主要问题，需要进一步提高对地质油藏的认识程度，精准把握剩余油富集状态，提高对零散剩余油和层内剩余油的动用程度，提升注水效率；同时，探索新型分散驱替体系等改善水驱技术，进一步扩大波及体积并在一定程度上提高洗油效率；将精细分层注水发展为精准定向注水和功能性水驱。

二、缝网匹配的水驱技术

长期注水过程中，油藏条件变化导致储层破裂产生新生裂缝，或导致原始状态下闭合的天然裂缝被激活产生有效裂缝。裂缝随注水量和压力动态延展，极大加剧了储层非均质性，并大大降低了水驱波及体积和水驱油效率。

鄂尔多斯盆地油气开发实践证实，注水开发过程中动态裂缝是导致油田三叠系油藏含水率快速上升的最主要原因。

针对上述油藏注水开发过程中存在的动态裂缝，需要进一步开展下述研究：

（1）地应力及裂缝展布动态预测、动态裂缝成因机理分析；

（2）搞清动态裂缝对水驱波及体积影响；

（3）井网与裂缝的匹配模式、优化水动力系统为目的的注采井网调整和注水政策界限。

三、水驱油藏模拟技术

延长油田现阶段注水开发中存在对于油藏复杂地质条件、复杂边界的适应性较差问题，而现有油藏模拟技术实际矿场应用时由于网格数据大导致计算代价高、历史拟合及生产优化难等问题，并且难以直观获取井间流动相互作用、分析井间优势通道以及提出水窜治理有效措施等。

针对上述问题，需要开展水驱油藏模拟技术研发进一步开展下列探索：

（1）探索砂岩储层多尺度流动模拟方法，建立一套可以准确描述砂岩孔隙介质微观渗流规律的理论体系，建立微观孔隙尺度到宏观油藏尺度的多相流动模拟方法，在微观尺度下对提高原油采收率技术进行研究；

（2）攻关基于现有油藏数值模拟技术，改善自主油藏数值模拟软件的运行性能，大幅提升油藏模拟计算的效率，支撑水驱剩余油精准描述及调整方案优化；

（3）探索计算机自动历史拟合技术，由辅助发展到自动化、智能化，进一步提升历史拟合效率和质量。

延长油田经过不断探索与实践，已经逐步从注好水、注够水向精细分层注水、有效注水、自动化智能注水转变，对应油藏、工程、管理工作重点和效益指标也随之变化，如油藏从关注水驱控制程度、注采对应率、油井双向收益率和油层利用率逐步向油层动用程度、含水上升率、预测水驱采收率、阶段可采储量采出程度、剩余可采储量采油速度、自然递减率、综合递减率和单井日产油递减幅度等转变，工程主要从注水井洗井周期、水质达标率和腐蚀速率向分注率和分注合格率等转变。

同时，随着计算机技术和自动化控制技术的不断发展进步，深化以物理模拟和油藏数值模拟为手段的机理研究，利用高精度组分模拟器、三维平板物理模拟等技术，有效提高计算速度和计算效率，优化注采井网调整、注入方式及参数，提高精细自动化智能化注采系统的针对性和有效性，有效提高采收率。

低渗透、特低渗透、超低渗透油藏开发不能单独依靠某一项技术，必须是多种手段、多种技术的合理配合，积极将水平井技术、多级压裂技术、注水井精准流量及流体成像测井技术等合理运用于低渗透、特低渗透、超低渗透油藏注水开发，打开低渗透、特低渗透、超低渗透油藏注水开发新思路，取得低渗透、特低渗透、超低渗透油藏的注水开发实时及全生命周期监测与智能决策系统化的新突破。

参考文献

艾望希，2002. 伞式集流型产液剖面测试技术的应用研究 [J]. 声学与电子工程（2）：40–42，49.

安错胜，高银山，李军建，等，2019. CO_2 驱在黄 3 长 8 油藏的适应性及应用潜力评价 [C]. 第十五届宁夏青年科学家论坛石化专题论坛论文集 . 宁夏回族自治区：《石油化工应用》杂志社 .

白晓虎，齐银，何善斌，等，2021. 致密储层水平井压裂—补能—驱油一体化重复改造技术 [J]. 断块油气田，28（1）：63–67.

拜文华，吕锡敏，李小军，等，2002. 古岩溶盆地岩溶作用模式及古地貌精细刻画—以鄂尔多斯盆地东部奥陶系风化壳为例 [J]. 现代地质（3）：292–298.

曹志松，申赵军，2010. 古地貌恢复方法及其优缺点 [C]. 环球人文地理·理论版 2011.08 下 . 重庆：重庆唐族文化传媒有限公司 .2010.

陈晨，张维，王文刚，等，2021. 吴起长 2 油藏单砂体刻画及剩余油挖潜方向 [J]. 石油化工应用，40（4）：95–97，107.

陈萍，2012. 低效油井成因及治理对策分析综述 [J]. 内蒙古石油化工，38（22）：32–34.

陈阳，2019. 塔河油田碳酸盐岩储层系列堵剂筛选与研究 [D]. 西安：西安石油大学 .

陈海涛，2019. 浅析套损井治理技术 [J]. 化工管理（33）：84–85.

陈全红，2007. 鄂尔多斯盆地上古生界沉积体系及油气富集规律研究 [D]. 西安：西北大学 .

陈小玮，2015. 再造百年延长—对话陕西延长石油（集团）有限责任公司总经理杨悦 [J]. 新西部（11）：29–31.

初伟，2009. 塔中 4 油田开发效果评价 [D]. 大庆：大庆石油学院 .

崔强，2020. 鄂尔多斯盆地延长油区不同层系油藏特征差异及开发调整对策 [D]. 西安：西北大学 .

代永革，2008. 智能分层测试技术研究与应用 [D]. 大庆：大庆石油学院 .

代玉斌，2016. 高含水油田开发效果评价方法及应用研究 [J]. 黑龙江科技信息（10）：72.

丁述基，1986. 达西及达西定律 [J]. 水文地质工程地质（3）：33–35.

窦宏恩，马世英，邹存友，等，2014. 正确认识低和特低渗透油藏启动压力梯度 [J]. 中国科学：地球科学，44（8）：1751–1760.

段杏宽，2014. 高尚堡油田低产低效井的判定及综合治理 [D]. 唐山：河北联合大学 .

段迎利，郭海敏，袁伟，等，2014. 集流式环空测井技术在吉林油田的应用 [J]. 石油天然气学报，36（9）：74–77，5.

樊春梅，梁全胜，2016. 延长油田储量经济评价的内容 [J]. 内蒙古石油化工，42（5）：83–85.

樊太亮，郭齐军，吴贤顺，1999. 鄂尔多斯盆地北部上古生界层序地层特征与储层发育规律 [J]. 现代地质（1）：32–36.

付金华，董国栋，周新平，等，2021. 鄂尔多斯盆地油气地质研究进展与勘探技术 [J]. 中国石油勘探，26（3）：19–40.

付美龙，王何伟，罗跃，等，2008. 吴旗油田表面活性剂降压增注物模实验和现场试验 [J]. 油田化学，25（4）：332–335.

付美龙，熊帆，2009. 河南油田聚合物驱地层堵塞机理研究 [J]. 钻采工艺，32（4）：77–79，109，120–121.

付绪凯，逯海红，赵茜，2013. 华北第一采油厂用精细化打造“油公司”[J]. 中国石油和化工标准与质量，33（15）：6–7.

干旭，2018. 陕北志丹油田长 4+5—长 6 储层特征评 [J]. 石化技术，25（8）：324.

高建刚，谢文献，卢建平，2003. 油井经济效益评价方法的研究与应用 [J]. 胜利油田职工大学学报（2）：37–39.

宫伟超，2018. 鄂尔多斯盆地延长组致密储层地质特征及压裂数值模拟［D］. 北京：中国地质大学（北京）.
谷建伟，张文静，张以根，等，2014. 亲油多孔介质残余油膜的微观运移机理［J］. 东北石油大学学报，38（1）：80-84，6.
谷建伟，钟子宜，张文静，等，2015. 亲水多孔介质残余油滴的微观运移机理［J］. 东北石油大学学报，39（1）：95-99，6-7.
郭彦如，赵振宇，付金华，等，2012. 鄂尔多斯盆地奥陶纪层序岩相古地理［J］. 石油学报，33（S2）：95-109.
郭正权，潘令红，刘显阳，等，2001. 鄂尔多斯盆地侏罗系古地貌油田形成条件与分布规律［J］. 中国石油勘探（4）：20-27.
韩德金，张凤莲，周锡生，等，2007. 大庆外围低渗透油藏注水开发调整技术研究［J］. 石油学报（1）：83-86，91.
韩小琴，石立华，柳朝阳，等，2018. 延长油田超低渗透油藏水平井分段压裂开采参数优化研究及应用［J］. 钻采工艺，41（6）：61-64，8-9.
贺光明，2018. 抽油机井合理工作制度的确定［J］. 化工管理，479（8）：241.
贺宏普，樊社民，毛中源，等，2006. 表面活性剂改善低渗油藏注水开发效果研究［J］. 河南石油（4）：37-38，10.
贺建宏，2011. 低渗透采油区注水开发项目技术可行性研究——以瓦村油田为例［D］. 西安：西安石油大学.
贺瑞平，高利军，2012. 压裂设计软件（FracproPT）在延长气田的应用［J］. 硅谷，5（16）：138+159.
贺永梅，2013. 郝家坪油区长2油藏评价及有利区块展望［J］. 中国石油和化工标准与质量，33（20）：146-147，185.
侯春华，陈武，赵小军，等，2014. 油田注水开发经济评价方法研究［J］. 西南石油大学学报：社会科学版，16（2）：7.
胡永乐，郝明强，陈国利，等，2019. 中国 CO_2 驱油与埋存技术及实践［J］. 石油勘探与开发，46（4）：716-727.
黄琪，曾顺鹏，熊川洪，等，2019. 致密油藏 CO_2 驱工艺参数优化试验研究［J］. 中国石油和化工标准与质量，39（18）：181-182.
黄第藩，王则民，石国世，1981. 陕甘宁地区印支期古地貌特征及其石油地质意义［J］. 石油学报（2）：1-10，113-114.
黄红兵，欧阳华劲，张军连，等，2021. 非均质大尺度模型周期注水改变液流方向实验［J］. 化学工程与装备（12）：33-34.
黄延章，2003. 低渗透油层渗流机理［M］. 北京：石油工业出版社.
霍明宇，2020. 超长冲程抽油机举升工艺技术研究［D］. 大庆：东北石油大学.
贾凯锋，计董超，高金栋，等，2019. 低渗透油藏 CO_2 驱油提高原油采收率研究现状［J］. 非常规油气，6（1）：107-114，61.
贾育宾，2014. 子北采油厂低渗透油田堵塞机理分析及解堵剂研究［D］. 西安：西安石油大学.
简强，2015. 鄂尔多斯盆地吴仓堡地区长9油层组储层特征研究［J］. 辽宁化工，44（4）：470-472.
蒋建勋，王永清，李海涛，等，2003. 注水开发油田水质优化方法研究［J］. 西南石油学院学报（3）：26-29，85.
姜瑞忠，刘小波，王海江，等，2008. 指标综合筛选方法在高含水油田开发效果评价中的应用——以埕东油田为例［J］. 油气地质与采收率，15（2）：4.
焦养泉，李思田，李祯，等，1998. 碎屑岩储层物性非均质性的层次结构［J］. 石油与天然气地质（2）：89-92.
康毅，2006. 油田油层堵塞机理及处理对策分析［J］. 甘肃科技，（9）：121，125-129.

康胜松，肖前华，高峰，等，2019. 特低渗油藏非稳态周期注水机理及应用 [J]. 石油钻采工艺，41（6）：768-772，816.

康晓珍，张德强，任雪艳，2011. 油田注水开发效果评价方法研究 [J]. 辽宁化工，40（11）：1151-1152，1155.

郎兆新，张丽华，程林松，1994. 压裂水平井产能研究 [J]. 石油大学学报（自然科学版）（2）：43-46.

雷蕾，2018. M 区块深层酸化解堵工艺技术研究与应用 [D]. 大庆：东北石油大学 .

雷欣慧，郑自刚，余光明，等，2020. 特低渗油藏水驱后二氧化碳气水交替驱见效特征 [J]. 特种油气藏，27（5）：113-117.

黎盼，2019. 低渗透砂岩储层微观孔隙结构表征及生产特征分析 [D]. 西安：西北大学 .

李浩，白海明，张志强，2019. 郝家坪油区长 2 油藏剩余油特征研究与应用 [J]. 中国石油和化工标准与质量，39（17）：146-147.

李嘉，2017. 环空井筒泡沫携砂规律研究 [D]. 青岛：中国石油大学（华东）.

李薇，闫伟林，白建平，2004. 淡水钻井液侵入对油层电阻率影响的理论分析和实验研究 [J]. 石油勘探与开发（3）：143-145.

李伟，杨永庆，王宝，等，2015. 关于延长油田采油井工作制度的探讨 [J]. 石化技术，22（9）：243.

李旭，李碧龙，2016. 郝家坪地区长 2 储层非均质性及其控制因素分析 [J]. 重庆科技学院学报（自然科学版），18（2）：36-39，43.

李阳，2020. 低渗透油藏 CO_2 驱提高采收率技术进展及展望 [J]. 油气地质与采收率，27（1）：1-10.

李安建，王京舰，陈广志，等，2008. 关于压裂优化设计实用分析方法的探讨 [J]. 内蒙古石油化工，34（24）：90-91.

李佰涛，张煜，2009. 套损井化学堵漏工艺技术研究及现场应用—以长庆油田分公司第三采油厂为例 [J]. 石油天然气学报，31（2）：354-355.

李帮军，白嘉毅，朱锦艳，2022. 吴起油田王洼子油区开发方案调整分析与研究 [J]. 中国石油和化工标准与质量，42（1）：129-130.

李承龙，张宇，2019. 特低渗透油藏水驱后气水交替注入提高采收率技术研究 [J]. 复杂油气藏，12（4）：63-67.

李道品，2003. 低渗透油田高效开发决策论 [M]. 北京：石油工业出版社 .

李丰辉，郑旭，石建荣，2017. 海上油田低产低效井筛选标准研究 [J]. 内蒙古石油化工，43（1）：34-36.

李凤杰，李磊，林洪，等，2013. 鄂尔多斯盆地吴起地区侏罗系侵蚀古河油藏分布特征及控制因素 [J]. 天然气地球科学，24（6）：1109-1117.

李功华，周军，段小坤，等，2013. 提高抽油机井系统效率的方法及措施 [J]. 中国石油和化工标准与质量，33（24）：70-72.

李建山，陆红军，杜现飞，等，2014. 超低渗储层混合水体积压裂重复改造技术研究与现场试验 [J]. 石油与天然气化工，43（5）：515-520.

李建新，2019. 鄂尔多斯盆地延长组、延安组成藏构造组合与油藏分布 [D]. 西安：西北大学 .

李江鹏，2011. 安塞油田长 10 油藏油井合理工作制度研究 [D]. 西安：西安石油大学 .

李劲峰，曲志浩，孔令荣，1999. 贾敏效应对低渗透油层有不可忽视的影响 [J]. 石油勘探与开发（2）：113-114，9.

李军建，林艳波，李亚玲，等，2016. 姬塬油田低产低效井综合治理研究 [J]. 石油化工应用，35（10）：60-65.

李士祥，邓秀芹，庞锦莲，等，2010. 鄂尔多斯盆地中生界油气成藏与构造运动的关系 [J]. 沉积学报，28（4）：798-807.

李恕军，柳良仁，熊维亮，2002. 安塞油田特低渗透油藏有效驱替压力系统研究及注水开发调整技术 [J].

石油勘探与开发(5):62-65.
李永锋，代波，怀海宁，等，2020. 安塞油田南部侏罗系古地貌与延安组油气成藏关系 [J]. 桂林理工大学学报，40(3):486-493.
李玉宏，李文厚，张倩，等，2020. 鄂尔多斯盆地及周缘沉积相图册 . 北京：地质出版社 .
李长喜，欧阳健，周灿灿，等，2005. 淡水钻井液侵入油层形成低电阻率环带的综合研究与应用分析 [J]. 石油勘探与开发(6):82-86.
李长喜，石玉江，周灿灿，等，2010. 淡水钻井液侵入低幅度—低电阻率油层评价方法 [J]. 石油勘探与开发，37(6):696-702.
蔺建武，2015. 延长油田勘探开发信息一体化的发展趋势及构想 [J]. 现代经济信息(13):311.
刘淼，2012. 多元注水经济效益评价方法与指标体系探讨 [J]. 中国石油和化工标准与质量，33(15):241.
刘鹏，王业飞，张国萍，等，2014. 表面活性剂驱乳化作用对提高采收率的影响 [J]. 油气地质与采收率，21(1):99-102.
刘合，2021. 石油勘探开发人工智能应用的展望 [J]. 智能系统学报，16(6):985.
刘大鹏，2021.WQ 油田吴仓堡侏罗系油藏开发制约因素分析 [J]. 辽宁化工，50(1):107-109，112.
刘建军，刘先贵，胡雅礽，等，2002. 低渗透储层流—固耦合渗流规律的研究 [J]. 岩石力学与工程学报(1):88-92.
刘金宝，2011. 子北采油厂低产低效井治理初探 [J]. 科技风，178(16):152-153.
刘婧慧，2020. 安塞油田套管损坏机理及防治措施研究 [D]. 西安：西安石油大学 .
刘军全，2010. F 油田长 6 超低渗油藏主要开发问题及技术对策 [J]. 海洋石油，30(4):92-98.
刘玉民，2014. 鄂尔多斯盆地柳沟油区北部长 6^1 储层特征研究 [D]. 北京：中国地质大学(北京).
路琴，桂风云，2008. 开展效益评价，转变观念 创新思路 锦 150 块注水开发提高区块采收率 [J]. 消费导刊(19):208，210.
吕成远，2003. 油藏条件下油水相对渗透率实验研究 [J]. 石油勘探与开发(4):102-104.
马小明，陈俊宇，唐海，等，2008. 低渗裂缝性油藏渗吸注水实验研究 [J]. 大庆石油地质与开发，27(6):64-68.
马薛丽，2019. 海上低渗气藏自生酸酸液体系及酸化工艺优化研究 [D]. 成都：西南石油大学 .
孟立娜，2013. 鄂尔多斯盆地吴起地区富县组—延 8 油层组地层划分及河型演化研究 [D]. 成都：成都理工大学 .
缪云，周长林，王斌，等，2009. 高温高盐低渗油层表面活性剂增注技术研究 [J]. 钻采工艺，32(2):71-73，117.
罗惕乾，2017. 流体力学 [M]. 北京：机械工业出版社 .
罗亚飞，2015. 吴起采油厂袁和庄区注水开发效果评价 [D]. 西安：西安石油大学 .
穆龙新，1999. 现代油藏精细描述技术和方法 [J]. 世界石油工业，6(12):36-40.
宁建奎，2014. 延长石油企业文化提升研究 [D]. 西安：西北大学 .
欧阳华劲，黄红兵，张军连，等，2021. 周期注水机理模型数值模拟 [J]. 化学工程与装备(12):78-80.
欧阳健，修立军，石玉江，等，2009. 测井低对比度油层饱和度评价与分布研究及其应用 [J]. 中国石油勘探，14(1):38-52，1.
潘永功，2019. 油水井套管漏失化学封堵技术研究 [D]. 荆州：长江大学 .
裘亦楠，1996. 石油开发地质方法论(二)[J]. 石油勘探与开发(3):48-51，99-100.
裘亦楠，1996. 石油开发地质方法论(一)[J]. 石油勘探与开发(2):43-47，115.
屈彦霖，2013. 定边采油厂樊学地区侏罗系油藏射孔工艺研究 [D]. 西安：西安石油大学 .
史野，夏景刚，周志强，等，2017. 吸水膨胀类堵漏材料研究进展 [J]. 化工管理(8):16.

宋佳，卢渊，伊向艺，等，2010. 镇泾油田套损分析及修复措施研究 [J]. 内蒙古石油化工，36（16）：24-25.
宋凯，吕剑文，凌升阶，等，2003. 鄂尔多斯盆地定边—吴旗地区前侏罗纪古地貌与油藏 [J]. 古地理学报（4）：497-507.
宋国奇，徐春华，樊庆真，等，2000. 应用层序地层学方法恢复加里东期古地貌——以济阳坳陷沾化地区为例 [J]. 石油实验地质，22（4）：350-354.
孙茂盛，2007. 泡沫流体冲砂洗井数值模拟研究及应用 [D]. 北京：中国石油大学 .
孙欣华，2016. 鄂尔多斯盆地吴仓堡长 9 特低渗透储层渗流特征研究 [J]. 非常规油气，3（6）：77-81.
唐天宇，任翙靖，郭琦，等，2020. 浅谈低渗透油田开采技术难点与开发对策 [J]. 石化技术，27（10）：149-150.
田坤，乔向阳，周进松，等，2019. 志丹油田延长组长 4+5—长 6 储层均质性特征研究 [J]. 西部探矿工程，31（1）：44-49.
田磊，陈启龙，刘燕平，等，2020. 高强度膨胀堵剂在超深套损井治理中的评价与应用研究 [J]. 油气井测试，29（2）：56-61.
田芷芃，2015. 注水开发效果评价 [D]. 西安：西安石油大学 .
王千，杨胜来，拜杰，等，2020. 非均质多层储层中 CO_2 驱替方式对驱油效果及储层伤害的影响 [J]. 石油学报，41（7）：875-884，902.
王勇，胡浩，2013. 新型降压减阻剂在超低渗透油田的应用［J］. 低渗透油气田（工艺技术与试验）（3）：128-130.
王峰，2007. 鄂尔多斯盆地三叠系延长组沉积、层序演化及岩性油藏特征研究 [D]. 成都：成都理工大学 .
王桂娟，李爱芬，王永政，等，2015. 低渗油藏表面活性剂降压增注性能评价研究［J］. 科学技术与工程，15（6）：69-73.
王家豪，王华，赵忠新，等，2003. 层序地层学应用于古地貌分析——以塔河油田为例 [J]. 地球科学（4）：425-430.
王强军，任发俊，曹成寿，等，2010. 氮气泡沫冲砂洗井工艺在靖边气田的应用 [J]. 石油化工应用，29（11）：35-37，45.
王守虎，张明霞，陆小兵，等，2011. 长庆超低渗透油藏华庆油田硫酸钡锶垢的防治 [J]. 石油天然气学报，33（5）：269-270.
王守虎，张明霞，姚斌，等，2012. 降压增注剂 JZJ 在超低渗油藏的应用［J］. 石油与天然气学报，34（3）：317-319.
王天航，2018. JN 油田注水开发效果评价研究 [D]. 西安：西安石油大学 .
王晓冬，2006. 渗流力学基础 [M]. 北京：石油工业出版社 .
王香增，2018. 特低渗油藏高效开发理论与技术 [M]. 北京：科学出版社 .
王香增，党海龙，高涛，2018. 延长油田特低渗油藏适度温和注水方法与应用［J］. 石油勘探与开发，45（6）：1026-1034.
王晓冬，2006. 渗流力学基础 [M]. 北京：石油工业出版社 .
王小勇，杨立华，何治武，等，2013. 智能凝胶尾追微膨胀水泥套损井化学堵漏技术 [J]. 钻井液与完井液，30（6）：17-20，92.
王艳玲，马国梁，常崇武，等，2012. 注采调控技术在吴仓堡长 6 油藏中的应用 [J]. 承德石油高等专科学校学报，14（3）：8-11.
王智林，林波，葛永涛，等，2019. 低渗油藏水驱后注 CO_2 补充能量机理及方式优化 [J]. 断块油气田，26（2）：231-235.
韦忠红，2006. 塔河油田 4 区奥陶系古地貌恢复研究 [J]. 内蒙古石油化工（7）：67-70.

魏发林，岳湘安，张继红，2004. 表面活性剂对低渗油湿灰岩表面性质及渗吸行为的影响 [J]. 油田化学（1）：52-55，67.
魏高沁，曹慧，杨乾霞，等，2014. 集流式过环空产出剖面测井工艺的应用及影响因素分析 [J]. 中国石油和化工标准与质量，34（11）：156.
吴敏，王朝霞，2021. 分层注水工艺在油田的应用 [J]. 化学工程与装备（12）：131-132.
吴雪琴，2012. 有杆抽油系统能耗与节能技术研究 [D]. 荆州：长江大学 .
吴忠宝，李莉，张家良，等，2020. 低渗透油藏转变注水开发方式研究——以大港油田孔南 GD6X1 区块为例 [J]. 油气地质与采收率，27（5）：105-111.
夏玲燕，2008. 鄂尔多斯盆地吴定地区侏罗纪早期沉积体系及有利区带预测研究 [D]. 西安：西北大学 .
夏日元，唐健生，关碧珠，等，1999. 鄂尔多斯盆地奥陶系古岩溶地貌及天然气富集特征 [J]. 石油与天然气地质，20（2）：133-136.
肖啸，宋昭峥，2012. 低渗透油藏表面活性剂降压增注机理研究 [J]. 应用化工，41（10）：1796-1798.
肖秋生，朱巨义，2009. 岩样核磁共振分析方法及其在油田勘探中的应用 [J]. 石油实验地质，31（1）：97-100.
谢辉，2021. 适度规模压裂的应用与分析 [J]. 化学工程与装备，290（3）：73-75.
徐伟，2020. 南泥湾油田开采过程中解堵技术研究 [D]. 西安：西安石油大学 .
徐胜玲，2019. 吴起采油厂长停井及低产低效井综合治理 [J]. 中国石油和化工标准与质量，39（10）：148-149.
许建红，马丽丽，2015. 低渗透裂缝性油藏自发渗吸渗流作用 [J]. 油气地质与采收率，22（3）：111-114.
薛宁，2019. 吴起油田吴仓堡油区侏罗系延安组油藏地质研究 [J]. 石化技术，26（9）：142，155.
薛婷，肖波，刘云飞，等，2014. 姬塬油田黄 3 长 8 油藏欠注井治理对策 [J]. 石油钻采工艺，36（3）：100-102.
阎庆来，何秋轩，等，1993. 低渗透储层中油水渗流规律的研究 . 低渗透油气藏勘探开发技术 [M]. 北京：石油工业出版社 .
阎长辉，羊裔常，董继芬，1999. 动态流动单元研究 [J]. 成都理工大学学报（自科版），26（3）：273-275.
杨浩，2017. 延长油田股份有限公司注水项目区绩效考核研究 [D]. 西安：西北大学 .
杨华，刘显阳，张才利，等，2007. 鄂尔多斯盆地三叠系延长组低渗透岩性油藏主控因素及其分布规律 [J]. 岩性油气藏，4（3）：1-6.
杨华，2012. 长庆油田油气勘探开发历程述略 [J]. 西安石油大学学报（社会科学版），21（1）：69-77.
杨淼，2014. J 油田低产低效井酸化增产技术研究 [D]. 成都：西南石油大学 .
杨琼，2004. 低渗透砂岩渗流特性试验研究 [D]. 北京：清华大学 .
杨俊杰，张伯荣，曾正全，1984. 陕甘宁盆地侏罗系古地貌油田的油藏序列及勘探方法 [J]. 大庆石油地质与开发（1）：74-84.
杨胜来，2004. 油层物理学 [M]. 北京：石油工业出版社 .
杨学云，那志强，2019. 致密油藏直井开发过程中的整体压裂设计及实施效果 [J]. 世界石油工业，26（1）：44-50.
易华，孙洪海，李飞雪，等，2005. 聚硅纳米材料在油藏注水井中降压增注机理研究 [J]. 哈尔滨师范大学自然科学学报（6）：66-69.
尹太举，张昌民，陈程，等，1999. 建立储层流动单元模型的新方法 [J]. 石油与天然气地质（2）：74-79.
于雷，王维斌，车飞，等，2014. 鄂尔多斯盆地吴旗油区下侏罗统古地貌特征与油气富集关系 [J]. 断块油气田，21（2）：147-151.
曾保全，程林松，李春兰，等，2010. 特低渗透油藏压裂水平井开发效果评价 [J]. 石油学报，31（5）：791-796.

张宇，周冕，李文斌，等，2020. 靖边油田侏罗系延安组延 9 油藏有效厚度下限研究 [J]. 辽宁化工，49（6）：729-731.

张斌，高向东，彦龙，等，2018. 注水开发全要素创新管理与实践 [J]. 国企管理（15）：106-113.

张恒，高飞龙，高勇，等，2021. 延长东部浅油层多压裂水平缝注水吞吐特点评价 [J]. 石化技术，28（12）：124-125，114.

张平，石金华，2006. 抽油井分层测压技术及其应用 [J]. 科技成果纵横（4）：89，91.

张锐，2010. 油田注水开发效果评价方法 [M]. 北京：石油工业出版社 .

张朔，蒋官澄，郭海涛，等，2013. 表面活性剂降压增注机理及其在镇北油田的应用 [J]. 特种油气藏，20（2）：111-114.

张伟，2013. 基于油田多源数据分析的油藏管理研究 [D]. 西安：长安大学 .

张才利，刘新社，杨亚娟，等，2021. 鄂尔多斯盆地长庆油田油气勘探历程与启示 [J]. 新疆石油地质，42（3）：253-263.

张德良，2010. 计算流体力学教程 [M]. 北京：高等教育出版社 .

张金元，王振宇，郭红强，等，2021. 南泥湾油田多段塞复合凝胶调驱技术应用 [J]. 延安大学学报（自然科学版），40（4）：85-88，92.

张进进，2016. 企业人力资源统计分析——以延长油田股份有限公司为例 [J]. 环球市场信息导报（26）：143-144.

张立宽，王震亮，曲志浩，等，2007. 砂岩孔隙介质内天然气运移的微观物理模拟实验研究 [J]. 地质学报（4）：539-544.

张明禄，王勇，卢涛，等，2002. 靖边气田下古生界气藏开发阶段储层描述方法 [J]. 低渗透油气储层研讨会论文摘要集 .

张佩玉，潘国忠，刘建伟，等，2008. 低压油井泡沫冲砂新技术的研究与应用 [J]. 钻采工艺（6）：82-84，170.

张尚锋，洪秀娥，郑荣才，等，2002. 应用高分辨率层序地层学对储层流动单元层次性进行分析——以泌阳凹陷双河油田为例 [J]. 成都理工学院学报（2）：147-151.

张世明，2019. 基于边界层理论的低渗透油藏非线性渗流新模型 [J]. 油气地质与采收率，26（6）：100-106.

张王斌，2019. 青海油田产出剖面现状及其影响因素分析 [J]. 化学工程与装备，267（4）：74-76.

张新征，张烈辉，熊钰，等，2005. 高含水油田开发效果评价方法及应用研究 [J]. 大庆石油地质与开发（3）：48-50，106.

赵琳，王增林，吴雄军，等，2014. 表面活性剂对超低渗透油藏渗流特征的影响 [J]. 油气地质与采收率，21（6）：72-75.

赵继勇，樊建明，何永宏，等，2015. 超低渗—致密油藏水平井开发注采参数优化实践——以鄂尔多斯盆地长庆油田为例 [J]. 石油勘探与开发，42（1）：68-75.

赵俊兴，陈洪德，张锦泉，1999. 鄂尔多斯盆地下侏罗统富县组沉积体系及古地理 [J]. 岩相古地理，19（5）：40-46.

赵双平，2011. 延长油田郑庄区注水开发项目技术经济评价研究 [D]. 西安：西安石油大学 .

赵亚文，2014. 靖边油田老庄延 9 储层特征及油气分布规律研究 [J]. 辽宁化工，43（6）：765-767.

赵永胜，董富林，邵进忠，等，1999. 储层流体流动单元的矿场试验 [J]. 石油学报（6）：43-46，107.

赵忠健，何志祥，李治平，2006. 多油层分层参数测试新方法研究与实践 [J]. 地质力学学报（1）：71-76.

郑小杰，2009. 陕北斜坡中东部早中侏罗世沉积体系及油气富集规律研究 [D]. 西安：长安大学 .

钟显，2006. 泡沫洗井液体系研究及综合性能评价 [D]. 成都：西南石油大学 .

朱海琦，2016. 延长油田某区块低产低效井间抽规律研究 [D]. 西安：西安石油大学 .

朱宗良，李克永，李文厚，等，2010. 鄂尔多斯盆地上三叠统延长组富油因素分析［J］. 地质科技情报，29（3）：75–78.

祝志敏，2017. 南堡油田酸化解堵工艺技术综合研究［D］. 成都：西南石油大学 .

Alden J Martin，付文敏，李祜佑，1998. 碳酸盐岩储层中岩石物理流动单元的特征［J］. 天然气勘探与开发（1）：61–75.

Amaefule J O，Altunbay M，Tiab D，et al，1994. Enhanced reservoir description：using core and log data to identify hydraulic（flow）units and predict permeabilityin uncored intervals/wells［C］// Society of Petroleum Engineers. 0.

Brackbill J U，D.B. Kothe，C Zemach，1992. A continuum method for modeling surface tension［J］. Journal of Computational Physics，100，335–354.

Davies D K，Vessell R K，Auman J B，1997. Improved prediction of reservoir behavior through integration of quantitative geological and petrophysical data［J］. SpeReservoir Evaluation & Engineering，2（2）：149–160.

Hearn C L，Hobson J P，Fowler M L，1986. Reservoir characterization for Simulation，Hartzog Draw Field，Wyoming［M］.Reservoir Characterization.

Hearn，C L，Ebanks，W J，1984. Geological factors influencing reservoir performance of the Hartzog Draw field Journal of Petroleom Technology，36（8）：1335–1334.

Hirt C W，Nichols B D，1981. Volume of fluid（VOF）method for the dynamics of free boundaries［J］. Journal of computational physics，39（1）：201–225.

Мархасин И Л，1977. Физико–химическая механка нефтяного пласта. изт. недра. Мо скова.

Issa R I，Ahmadi–Befrui B，Beshay K R，et al. 1986. Solution of the implicitly discretised fluid flow equations by operator–splitting. Journal of computational physics，62（1），40–65.

Jacksons S R，Tomutsa L，1990. 应用综合方法建立钟溪油田障壁岛油藏的定量流动模型 . 第二届国际储层表征技术研讨会译文集［C］. 北京：石油大学出版社，14–34.

Igbokwe L，Hossain M，张艺，2017. 不同油气田开发策略的经济可行性评估［J］. 石油科技动态（11）：52–61.

Lei Zhanxiang，Mu Longxin，2014. 低幅度强天然水驱油藏水动力学单元划分及差异化调整［C］// 中国石油勘探开发青年学术交流会 . 中国石油天然气集团公司 .

Mail A D，1988. Heterogeneities in fluvial sandstone：lessons from outcrop studies［C］. AAPG，72（6）682–697.

Mail A D，1985. Architectural–element analysis a new method of facies analysis applied fluvial deposits［J］. Earth Sci. Rev，22：261–267.

Tao Ning，Meng Xi，Bingtan Xu，et al. 2021. Effect of viscosity action and capillarity on pore–scale oil–water flowing behaviors in a low–permeability sandstone waterflood［J］. Energies，14（24），8200.

Patankar S V，Spalding，D B，1972. A calculation procedure for heat，mass and momentum transfer in three–dimensional parabolic flows［J］. International Journal of Heat and Mass Transfer，15（10）：1787–1806.

Rodriguez，Maraven S，1989. Facies Modeling and the Flow Unit Concept as Sedimentological Tool in Reservoir Description：A Case Study，SPE［J］.

Scott Hamlin H，Dutton S P，Tyler N，et al.1996. Depositional controls on reservoir properties in a braid–delta sandstone，Tirrawarra Oil Field，South Australia，AAPG Bulletin［J］. 80（2）：139–156.

SHYEH–YUNG J J，1995. Effect of injectant composition and pressure on displacement of oil by enriched hydrocarbon gases［C］. SPE.

G Ti，Ogbe D O，W，Munly，et al. 1995. The use of flow units as a tool for reservoir description：a case study［J］. SPE Formation Evaluation，10（2）：122–128.

Ubbink O, 1997. Numerical prediction of two fluid systems with sharp interfaces [D]. University of London: London, UK.

Ebanks W J, 1987. Flow unit concept—integrated approach to reservoir description for engineering projects: ABSTRACT[J]. Bulletin, 71.

ZICK A A, 1986. A combined condensing/vaporizing mechanism in the displacement of oil enriched gases[C]. SPE 15493.

Мархасин И Л, 1977. Физико-химическая механка нефтяного пласта.《изт. недра》. Мо скова.